我国近海海洋综合调查与评价专项 成果

广西壮族自治区海洋环境资源基本现状

孟宪伟　张创智　主编

海洋出版社

2014年·北京

图书在版编目(CIP)数据

广西壮族自治区海洋环境资源基本现状／孟宪伟,张创智主编. —北京:海洋出版社,2014.6
ISBN 978 – 7 – 5027 – 8374 – 7

Ⅰ. ①广… Ⅱ. ①孟… ②张… Ⅲ. ①海洋环境 – 现状 – 广西 ②海洋资源 – 现状 – 广西
Ⅳ. ①X145 ②P74

中国版本图书馆 CIP 数据核字(2013)第 067456 号

责任编辑:白 燕 朱 瑾
责任印制:赵麟苏

海洋出版社 出版发行

http://www. oceanpress. com. cn

北京市海淀区大慧寺路 8 号 邮编:100081
北京旺都印务有限公司印刷 新华书店北京发行所经销
2014 年 6 月第 1 版 2014 年 6 月第 1 次印刷
开本:889mm×1194mm 1/16 印张:33.5
字数:857 千字 定价:198.00 元
发行部:62132549 邮购部:68038093 总编室:62114335
海洋版图书印、装错误可随时退换

前 言
Foreword

广西沿海背靠大西南，面向东南亚，紧临广东、海南两省和越南，是广西及西南诸省经济发展的重要战略区域，是我国大西南地区最便捷的出海大通道和对外开放的窗口，是承担我国沿海进出口运输任务的区域性集散中心，更是广西外向型经济发展的前沿和新的经济增长区。2002年，中国与东盟各国签署了"中国与东盟全面经济合作框架协议"后，开始了中国—东盟自由贸易区的建设进程。2008年，"广西北部湾经济区发展规划"的批准实施，进一步加快广西近海海洋资源，特别是海岸带资源的开发利用，势必给近海和海岸带环境带来威胁。

为了在不破坏近海海洋环境的前提下，合理地开发近海海洋资源，确保广西海洋经济的可持续发展，必须查明广西近海及海岸带资源、环境现状。而20世纪八九十年代的广西近海环境与资源调查数据和资料已经不能真实反映当下日新月异的广西近海海洋环境和资源现状。为此，在"我国近海海洋综合调查与评价"专项（"908"专项）中，分别设置了广西近海海域综合调查与评价、广西近岸综合调查与评价两部分任务。本书是以上两个任务的调查研究成果的集成，系统体现了广西近海的环境和资源现状，实现了广西近海海洋资料和数据的全面更新，其目的是为广西海洋经济的可持续发展、海域使用管理、海洋生态环境保护、海洋减灾防灾及海洋开发战略规划提供翔实的背景资料。

《广西壮族自治区近海海洋环境资源基本现状》一书包括区域概况（区域概述、区域地质与水文环境特征概述和区域气候）、近海海洋环境（地形与地貌、海洋沉积物、物理海洋、海水化学、海洋生物与生态、滨海湿地）、海洋资源（岸线与滩涂资源、港口航运资源、砂矿资源、海岛资源、旅游资源和生物资源）、海洋灾害（环境灾害、地质灾害和生态灾害）、沿海社会经济（沿海社会经济概况、海洋经济与海洋产业）、海洋可持续发展（资源开发利用现状、环境现状和可持续发展建议），共6篇24章。

《广西壮族自治区近海海洋环境资源基本现状》一书由国家海洋局第一海洋研究所牵头编写，参加编写的单位包括国家海洋局第三海洋研究所、广西红树林研究中心、广西大学和广西水产研究所。

编写本书所需资料的取得还得到了广西第一测绘院、广西地图院、广西气候研究中心、北海市海洋局、钦州市海洋局和防城港市海洋局的大力协助；在编写过程中得到了广西"908"专项办领导和国家海洋局第一海洋研究所李培英所长、石学法教授和吴桑云教授的指导，在此一并表示感谢。

编者

2012 年 3 月 于青岛

CONTENTS 目 次

第三篇 广西近海资源

第四篇　广西近海海洋灾害

第五篇　广西沿海社会经济现状

第六篇 广西沿海经济的可持续发展

第一篇　广西近海区域概况

1　区域概况

广西壮族自治区地处我国南部，南临北部湾，与海南省隔海相望，东连广东，东北接湖南，西北靠贵州，西邻云南，西南与越南毗邻；广西沿海背靠大西南，面向东南亚，是西南诸省经济发展的重要战略区域。在全国区域经济发展和东南亚、亚太经济合作中广西沿海具有明显的区位优势。

1.1　区域地理位置与行政区划

广西沿海地区位于广西壮族自治区的最南端。海岸线东起粤桂交界处的洗米河口，西至中越边境的北仑河口（图 1.1），大陆海岸线长 1 628.6 km。沿海岛屿有 709 个，岛屿岸线长约 671 km，岛屿总面积 156 km²。

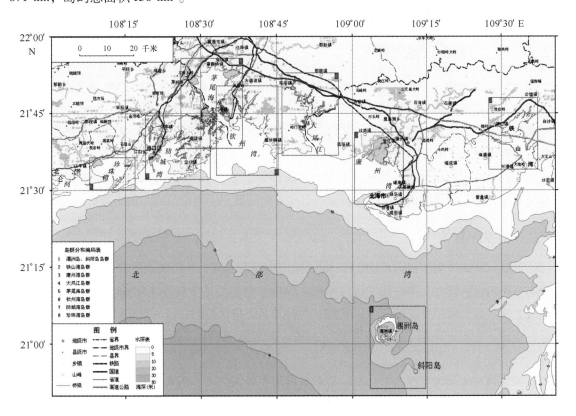

图 1.1　广西近海区域位置

与曲折、漫长海岸相伴，分布有珍珠湾、防城湾、钦州湾、廉州湾、铁山湾、英罗湾。这些海湾为广西提供了丰富的港口资源。

在行政区划上，广西沿海从东至西分属北海市、钦州市和防城港市管辖。其中，北海市下辖海城区和合浦县；防城港市下辖防城区、港口区和东兴市，而钦州市临海区只有钦南区。历史上，广西沿海三市隶属广东，自20世纪80年代初才划归广西管辖。隶属广西的30多年里，广西沿海三市的经济发展突飞猛进，日益成为广西经济发展的引擎。

1.2 海岛、海岸带和近海调查区地理概况

1.2.1 海岛调查区地理概况

广西海岛依湾（河口）集群分布，从西至东依次分布有珍珠湾海岛群、防城湾海岛群、茅尾海海岛群、钦州湾海岛群、大风江口海岛群、廉州湾海岛群和铁山港海岛群及远岸的涠洲岛和斜阳岛（图1.1）。在709个海岛中，有居民岛16个，分别是涠洲岛、斜阳岛、外沙岛、七星岛、渔江岛、南域岛、龙门岛、团和岛、犁头咀岛、簕沟墩、麻蓝（头）岛、渔沥岛、长榄岛、针鱼岭岛、大茅岭岛和山心岛。其他693个海岛为无居民岛。广西绝大多数岛屿分布于近岸，只有个别岛屿（如涠洲岛和斜阳岛）分布于远岸海域。

广西众多的海岛为其提供了丰富的土地、植被资源、港口资源和旅游资源；同时，个别海岛（如涠洲岛）周边海域蕴藏着丰富的油气资源及潜在的风能和潮汐能资源。

1.2.2 海岸带调查区地理概况

沿大陆岸线两侧，分布有宽阔的海岸带。广西海岸带陆域部分受NE、NW断裂构造控制，主要发育有志留系和第四纪地层；广西沿岸的潮滩主要见于钦州湾、铁山港、防城港内及南流江三角洲沿岸，潮滩宽，且坡度小。从外滩经中滩到内滩，沉积物分别为细砂质、泥砂质和淤泥质。滩涂面积达1 413.33 km²。

在广西潮间带广泛分布红树林。天然的红树林集中分布于英罗湾、铁山湾、廉州湾、钦州湾和北仑河口等。著名的山口红树林国家级自然保护区就位于英罗湾内和铁山湾的丹兜海内。

1.2.3 近海地理概况

广西0~20 m浅海面积达6 488.31 km²。水下地貌分为河口沙坝和潮流脊两个亚类。河口沙坝分布于南流江、钦江、茅岭江等河口地带；潮流沙脊主要见于钦州湾和铁山港，其延伸方向与潮流方向一致，常呈脊、槽（沟）相间，平行排列成指状伸展；浅海沉积物类型约10种，即砂砾、粗砂、中粗砂、粗中砂、细中砂、细砂、砂、黏土质砂、砂-粉砂-黏土、粉砂质黏土等。

广西近海海水最低温度为15.6℃，海水最高温度为30.1℃；近海海水最低盐度为24.8，海水最高盐度为29.5；广西近岸海域夏半年盛行S—SE风，冬半年盛行N—NE风；平均波高为0.3~0.6 m，常见浪为0~3级；广西沿海潮流类型主要为往复流，其流向在各个海区或港湾虽有不同，但基本上与岸线或河口湾内的深水槽走向一致。潮流性质，除21°20′N以北，109°00′E以东的海域，为不正规半日潮流外，其他海域均为不正规日潮流。

1.3　广西近海海洋调查研究历史

广西近海海洋科学调查与研究工作始于 20 世纪 50 年代，其中，大型的综合性调查包括"中越合作北部湾海洋综合调查（1959—1962 年）"、"广西海岸带和海涂资源综合调查（1980—1986 年）"、"广西海岛综合调查（1988—1993 年）"、"广西北部湾沿海海洋环境调查研究（1992—1996 年）"和"北部湾海洋环境综合调查"等；以生物资源调查为目的的专题调查包括"中越合作北部湾拖网鱼类资源调查（1958—1963 年）"、"南海北部近海虾类资源调查（1979—1982 年）"、"南海区渔业资源调查和区划（1980—1985 年）"、"北部湾渔业资源调查（1991—1995 年）"；以海洋化学和环境污染监测为目标的专题调查包括"南海污染监测（1979 年）"、"第二次全国海洋污染基线调查（1998—2000 年）"；以海洋地质地形调查为目的的"广西沿海海底地形测绘（1994—1996 年）"，以及 20 世纪 80 年代以来开展的以近海石油开发、海岸工程建设、海岸带开发和管理为目标的区域、局域调查研究工作等。

但是，以上的调查和研究工作都远不及 2005—2011 年间进行的由国家海洋局部署的、广西国土资源厅（后为广西海洋局）组织的"广西近海环境综合调查（广西'908'）"专项开展的调查。在该专项中，不仅调查的学科内容齐全，包括海岸线、水文、气象、地质、化学和生物（生态）等，而且空间范围也最广，包括了广西海岸带（陆域和潮间带）、海岛和广西近海海域。在广西，还特别增加了重点生态区、重点港湾和敏感河口调查。通过这次调查，真正实现广西近海资源、环境资料的全面更新，并且对广西资源和环境的变化也进行了初步评价。其调查和研究成果对广西沿海社会经济的可持续发展具有重要的参考价值。

1.4　小结

广西沿海地区位于广西壮族自治区的最南端。海岸线东起粤桂交界处的洗米河口，西至中越边境的北仑河口，大陆海岸线长 1 628.6 km。与曲折、漫长海岸相伴，分布有珍珠湾、防城湾、钦州湾、廉州湾、铁山湾和英罗湾。

在行政区划上，广西沿海从东至西分属北海市、钦州市和防城港市管辖。其中，北海市下辖海城区和合浦县，防城港市下辖防城区、港口区和东兴市，而钦州市临海区只有钦南区。

沿大陆岸线两侧，分布有宽阔的海岸带。广西海岸带陆域部分受 NE、NW 断裂构造控制，主要发育有志留系和第四纪地层；广西沿岸的潮滩幅宽且坡度小。从外滩经中滩到内滩，沉积物分别为细砂质、泥砂质和淤泥质。滩涂面积达 1 413.33 km²。

沿海岛屿有 709 个，岛屿岸线长约 671 km，岛屿总面积 156 km²。其中，有居民岛 16 个，其他海岛 693 个为无居民岛。广西绝大多数岛屿分布于近岸，只有个别岛屿（如涠洲岛和斜阳岛）分布于远岸海域。

广西 0~20 m 浅海面积达 6 488.31 km²。水下地貌分为河口沙坝和潮流脊两个亚类；浅海沉积物类型主要为砂、黏土质砂和粉砂质黏土等；广西近海海水最低温度为 15.6℃，最高温度为 30.1℃；近海海水最低盐度为 24.8，最高盐度为 29.5；广西近岸海域平均波高为 0.3~0.6 m；广西沿海潮流类型主要为往复流，其流向基本上与岸线或河口湾内的深水槽走向一致，潮流多为不正规日潮流。

2　区域地质与水文概况

　　广西近海位于北部湾北部。海岸线东起与广东省接壤的洗米河口，西至中越交界的北仑河口，东南与海南岛隔海相望，岸线全长约 1 628.6 km；广西近海滩涂广大，面积达 1 413.33 km²；0～20 m 浅海面积达 6 488.31 km²。独特地理位置赋予广西近海独特的自然环境。本章从水文、地质、地貌等方面概述广西近海的自然环境特征。

2.1　广西近海水文概况

2.1.1　海水温度

　　从 1960—2010 年北海海洋环境监测站海水温度观测结果来看，广西近海海水最低温度出现在 1 月和 2 月，月平均温度分别为 15.6℃和 16℃；海水最高温度出现在 6、7、8 和 9 月份，分别为 29.6℃、30.1℃、30℃和 29.1℃；3—5 月份为海水温度缓慢上升时期，而 10—12 月份为逐渐下降时期（图 2.1）。

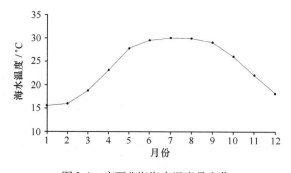

图 2.1　广西北海海水温度月变化

2.1.2　海水盐度

　　从 1960—2010 年北海海洋环境监测站海水温度观测结果来看，广西近海海水最低盐度出现在 6—9 月份，尤以 8 月份海水盐度最低；海水最高盐度出现在 3、4 和 5 月份，而 10—12 月份为逐渐上升时期（图 2.2）。

2.1.3　波浪

　　广西近岸海域夏半年盛行 S—SE 风，冬半年盛行 N—NE 风，4 月、5 月和 9 月为季风过渡期，风向不稳定。波浪随季节变化十分明显，以 SSW 向为主，其次为 NE 向。多年平均波高为 0.3～0.6 m，其中夏季 0.50～0.72 m，冬季 0.40～0.58 m，春季 0.35～0.51 m，秋季 0.45～

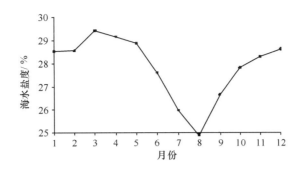

图2.2 广西北海月平均海水盐度

0.50 m。常见浪为0~3级，占全年波浪频率的96%。5~6级的波浪仅占0.07%~0.09%，多出现于台风季节。最大实测波高4.1~5.0 m（SE向），多年波浪平均周期1.8~3.4 s；最大波浪周期为8.7 s。

2.1.4 潮波

广西沿海海域的潮波主要由太平洋潮波传入南海，再进入北部湾，受地理条件及北部湾反射潮波的干涉而形成。潮波的运动主要由湾口输入的潮波能量维持。从琼州海峡进入的潮波，对广西近海的潮波运动影响不大。除铁山港为不正规日潮（比值A大于2.0小于4.0）外，其余区域均为正规日潮（比值A大于4.0），广西近岸海域潮波性质的分布见图2.3，全日潮时间占60%~70%，潮差较大，沿岸各地最大潮差6.25 m，平均潮差2.42 m，属于强潮岸段。

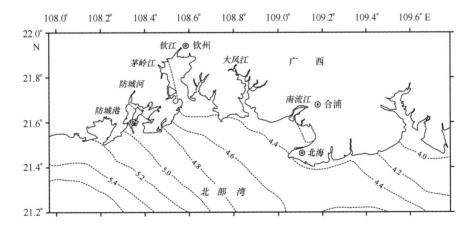

图2.3 广西近岸海域潮波性质 ［A＝（H_{01}＋H_{K1}）／H_{M2}］的分布

2.1.5 潮流

广西沿海潮流类型主要为往复流，其流向在各个海区或港湾虽有不同，但基本上与岸线或河口湾内的深水槽走向一致。涨潮时，海水流入湾内，并通过河口上溯到内河；落潮时，潮流流向偏南，潮流的旋转方向以顺时针为主（图2.4）。潮流性质，除21°20′N以北，109°00′E以东的海域，为不正规半日潮流（比值A大于0.5且小于2.0）外，其他海域均为不正规日潮流（比值A大于2.0且小于4）。

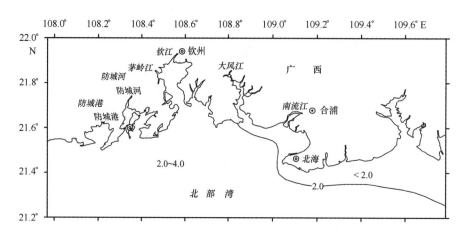

图 2.4 广西北部湾近岸海域潮流性质 $[A' = (W_{01} + W_{K1} / W_{M2})]$ 的分布

2.1.6 余流

广西近岸海域余流系统受风速、风向和潮汐、地形以及径流的影响。其中，风场对余流系统影响最大，偏北风时，海流流向偏南；偏南风时，海流流向偏北。冬季主干流偏向于湾口东部，势力较弱，夏季主干流偏向于西部，势力较强。总的趋势：冬、春季为逆时针方向环流（图 2.5），夏、秋季为顺时针方向环流。

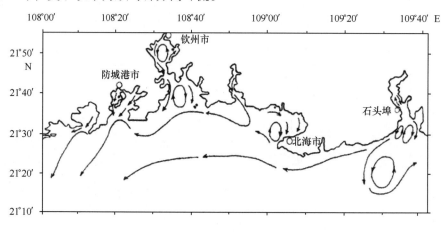

图 2.5 广西北部湾近岸海域冬季环流模式

2.2 广西近海地质与地貌

2.2.1 海岸带地质与地貌（陆地）

2.2.1.1 大地构造

广西沿海大地构造位于华南褶皱系西南端之一隅，地质构造运动比较复杂，各次构造运动都有所表现。断裂构造发育，主要以 NE、NW 为主。NE 向断裂为华夏构造体系，表现为压扭性，规模较大，动力变质明显，以中生代活动最为强烈，形成地堑式断裂系统；NW 向断裂为张扭性构造，规模相对北东向较小，其他小构造也较为发育。沿岸岩浆活动自第三纪开始逐渐活跃，到第四纪表现为最强烈，主要发生在山口新圩一带。

2.2.1.2 地貌形态

广西沿海地区地貌受构造的控制十分明显，无论是基岩侵蚀剥蚀台地的分布规律，还是本区主要河流或海湾的排列状况，如南流江、钦江、北仑河、铁山港、廉州湾、钦州湾等的延伸方向均反映出与北东（NE）和北西（NW）两组构造方向的一致性特征。

广西海岸带陆地地貌划分为三级类的有侵蚀剥蚀地貌、流水地貌、构造地貌、湖成地貌、重力地貌、海成地貌 6 类；人工地貌划分为三级类的有盐田、养殖场、港口码头、海堤、防潮闸、水库、防护林 7 类。以大风江为界，东部地貌类型是以古洪积 - 冲积台地为主，其次为三角洲平原、养殖场、海积平原、盐田、港口码头；西部地貌类型是以侵蚀剥蚀台地为主，其次为三角洲平原、养殖场、盐田。

2.2.1.3 地层

广西海岸带出露的地层从老到新有下古生界志留系、上古生界泥盆系、石炭系、二叠系、中生界侏罗系、白垩系和新生界第三系、第四系。其中以志留系、第四系分布广泛，其他地层出露面积较小。志留系地层主要分布于海岸带的中部和西部，东部有零星出露为一套地槽型复理石沉积，岩性以砂岩、细砂岩、粉砂岩、砂质泥岩、泥岩、页岩为主；第四系分布于江平、钦州、合浦、北海、营盘、南康、沙田、新圩等地，主要为洪积冲积相、冲积相、滨海相、三角洲相砂砾层、砂、砂质黏土层、黏土质砂层、黏土层和泥炭土层以及基性火山岩，其中更新统为砂砾层、砂层、砂质黏土层、黏土质砂层、黏土层和火山岩，全新统为砂层、砂砾层、砂质黏土层、黏土质砂层、黏土层和局部泥炭土。

2.2.1.4 岩浆岩

广西海岸带内岩浆岩不太发育，岩浆活动时代有华力西晚期、燕山早期、燕山晚期和喜马拉雅期。分侵入岩和喷出岩两类。侵入岩分布于东部、中部和西部，以酸性和中性为主，侵入下志留统、泥盆系、上二叠统和侏罗系中统；基性喷出岩分布于东部新圩一带。

2.2.2 潮间带地质与地貌

广西沿岸的潮滩主要见于钦州湾、铁山港、防城港内及南流江三角洲沿岸。钦州湾、南流江三角洲沿岸潮滩发育良好。钦州湾地区是潮滩发育较好的地区之一，尤其是钦州湾内湾茅尾海沿岸近 80% 的面积为潮滩。潮滩宽 5 ~ 7 km，坡度小于 1；南流江河口地区潮滩宽 2.5 ~ 5 km，潮滩坡度在 0.5 ~ 1.2 之间。

广西潮间带从外滩经中滩到内滩，沉积物分别为细砂质、泥砂质和淤泥质。低潮带沉积物中小于 0.01 mm 的物理性黏粒只占 13.6%；中潮带沉积物中小于 0.01 mm 的物理性黏粒占 30.7%；高潮带淤泥质沉积物中小于 0.01 mm 的物理性黏粒占 88.9%。

2.2.3 近海水下地质与地貌

广西近海水下地貌分为河口沙坝和潮流脊两个亚类。河口沙坝分布于南流江、钦江、茅岭江等河口地带，是河流和潮流共同作用的产物。河口沙坝的存在往往使河床或汊道河床进一步分汊。潮流沙脊主要见于钦州湾和铁山港，是近岸浅海中由潮流形成的线状沙体。其延伸方向与潮流方向一致，常呈脊、槽（沟）相间，平行排列成指状伸展。

广西沿岸浅海沉积物约10种，即砂砾、粗砂、中粗砂、粗中砂、细中砂、细砂、砂、黏土质砂、砂—粉砂—黏土、粉砂质黏土等。其主要类型分布为：北海港—白龙尾海区主要是粉砂—黏土，北海港—营盘海区主要是砂—粉砂，营盘—英罗港海区主要是砂－粉砂－黏土。

2.3 入海河流

广西沿岸主要入海河流有6条（图2.6），分别为南流江、大风江、钦江、茅岭江、防城河和北仑河。

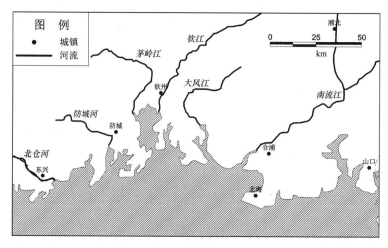

图2.6 广西沿岸主要入海河流

南流江源于玉林市大容山，于合浦县总江口分3支汇入北部湾，河长287 km，流域面积9 704 km^2，年平均入海水量68.3×10^8 m^3，年输沙量150×10^4 t；大风江源于灵山县伯劳乡万利村，于钦州炮台角附近入海，河长185 km，流域面积1 927 km^2，多年平均入海水量18.3×10^8 m^3，年输沙量36×10^4 t；钦江源于灵山县罗阳山，于钦江市附近呈网状汇入茅尾海，河长179 km，流域面积2 457 km^2，年平均入海水量19.6×10^8 m^3，年输沙量46.5×10^4 t；茅岭江源于钦州市龙门村，于防城港市茅岭汇入茅尾海，河长112 km，流域面积2 959 km^2，年平均入海水量29×10^8 m^3，年输沙量55.3×10^4 t；防城河源于十万大山，于防城县城南入海，河长90 km，流域面积750 km^2，年平均入海水量17.7×10^8 m^3，年输沙量14×10^4 t；北仑河源于防城港市防城区峒中镇捕老山东侧，向东南流汇入珍珠港，河长107 km，流域面积1 187 km^2，年平均入海水量29.4×10^8 m^3，年输沙量22.2×10^4 t。

2.4　小结

广西近海海水最低温度为15.6℃，最高温度为30.1℃；海水最低盐度为24.8，最高盐度为29.5。近岸海域波浪以 SSW 向为主，其次为 NE 向，波高为0.3~0.6 m；除铁山港为不正规日潮外，其余区域均为正规日潮，沿岸各地最大潮差6.25 m，平均潮差2.42 m，属于强潮岸段；除21°20′N 以北，109°00′E 以东的海域，为不正规半日潮流外，其他海域均为不正规日潮流；近岸海域余流冬季主干流偏向于湾口东部，势力较弱，夏季主干流偏向于西部，势力较强。

广西沿海大地构造位于华南褶皱系西南端之一隅，断裂构造主要以 NE、NW 为主；海岸带陆地地貌划分为三级类的有侵蚀剥蚀地貌、流水地貌、构造地貌、湖成地貌、重力地貌、海成地貌6类；人工地貌划分为三级类的有盐田、养殖场、港口码头、海堤、防潮闸、水库、防护林7类；海岸带出露的地层主要为志留系和第四系；海岸带内岩浆岩不太发育，岩浆活动时代有华力西晚期、燕山早期、燕山晚期和喜马拉雅期。

广西沿岸的潮滩主要见于钦州湾、铁山港、防城港内及南流江三角洲沿岸。钦州湾、南流江三角洲沿岸潮滩发育良好，潮滩坡度在0.5~1.2之间；从外滩经中滩到内滩，沉积物分别为细砂质、泥砂质和淤泥质。

广西近海水下地貌分为河口沙坝和潮流脊两个亚类，河口沙坝分布于南流江、钦江、茅岭江等河口地带；潮流沙脊主要见于钦州湾和铁山港，其延伸方向与潮流方向一致，常呈脊、槽（沟）相间，平行排列成指状伸展；沿岸浅海沉积物主要为砂、黏土质砂和粉砂质黏土等。

广西沿岸主要入海河流有南流江、大风江、钦江、茅岭江、防城河和北仑河。

3 区域气候

气候（气象）是影响近海海洋环境变化和生态系统健康的重要自然要素之一。本章利用近岸近50年来气象（海洋）观测站的观测资料，阐述广西近岸的气候特征。

3.1 基本气候要素的分布

3.1.1 气温

3.1.1.1 年平均气温

广西近岸各地年平均气温在21.1～24.2℃之间，其地域分布特点为：涠洲岛最高，东部沿岸区（合浦、北海）较西部沿岸区（钦州、防城、防城港、东兴）高（图3.1）。年均气温的分布受纬度的控制：纬度越高，其平均气温越低；纬度越低，年平均气温越高。

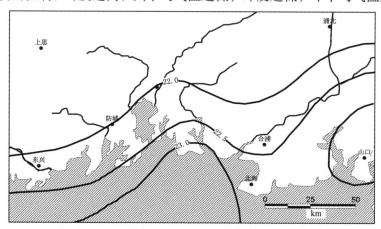

图3.1 广西近岸气温（℃）水平分布

3.1.1.2 月平均气温

近岸区月平均气温的变化趋势相似，各地均以7月份最高（图3.2），1月份最低。涠洲岛7月平均气温最高，高达29.0℃；钦州、防城1月平均气温较低，均为13.7℃。

3.1.1.3 极端最高气温和极端最低气温

与年均气候分布相似，广西近岸区年极端最高气温也以东兴最高，为38.4℃，涠洲岛最低，为35.8℃，其余各地在37.1～37.8℃之间。日最高气温大于等于35.0℃的酷热天气日

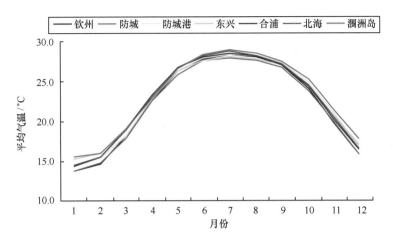

图 3.2　广西近岸区 2008 年平均气温逐月变化曲线

数，涠洲岛最少，年平均出现日数仅为 0.1 天；钦州和防城最多，年平均出现日数均为 4.8
天；其余各地为 1.3 ~ 3.2 天。

与极端最高气温分布相反，广西近岸区年极端最低气温以钦州最低，为 – 1.8℃；涠洲岛
最高，为 2.9℃；其余各地为 – 0.8 ~ 2.8℃。

3.1.1.4　气温的日差和年差

近岸区各地的年平均气温日差在 5.1 ~ 7.1℃ 之间。其中，涠洲岛最小，为 5.1℃；合浦
最大，为 7.1℃；其余各地为 6.4 ~ 7.0℃。

广西近岸区的气温年差在 13.6 ~ 15.6℃ 之间。其中，东兴最小，为 13.6℃；钦州最大，
为 15.6℃；其余各地在 14.3 ~ 15.1℃ 之间。

3.1.2　降水量

3.1.2.1　年季降水量的地域分布

1953—2008 年，广西近岸区年平均总降水量绝大多数年份在 1 000 mm 以上，大部地区
在 1 700 mm 以上。但在十万大山南侧的东兴、防城、防城港、钦州一带，年降水量在
2 140.8 ~ 2 770.9 mm 之间，其中东兴最大，达 2 770.9 mm；涠洲岛年降水量最少，为
1 385.4 mm。年平均降水量的地域上呈现西部沿岸区（东兴、防城、防城港、钦州）远多于
东部沿岸区（北海、合浦），沿岸地带多于内陆和涠洲岛区的特点（图 3.3）。

3.1.2.2　降水量的季节变化

受冬、夏季风交替的影响，各地的降水量季节分配不均匀，以夏季最多，冬季最少；钦
州、防城、合浦的春季降水量多于秋季降水量，东兴、防城港、北海、涠洲岛则秋季降水量
多于春季（表 3.1）。

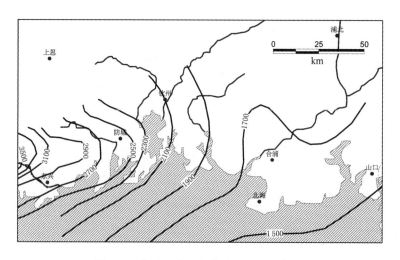

图 3.3 广西近岸区年降水量的空间分布

表 3.1 广西近岸区的降水量统计   单位：mm

项 目	西部沿岸区				东部沿岸区		涠洲岛区
	东兴	防城港	防城	钦州	合浦	北海	涠洲岛
冬季	123.8	110.9	135.5	125.2	101.6	94.1	90.7
春季	495.1	369.8	467.6	407.6	305.3	287.9	218.7
夏季	1 620.4	1 567.3	1 613.2	1 251.3	1 062.0	1 031.7	760.2
秋季	531.5	411.3	388.2	356.8	296.6	302.1	315.7
年降水量	2 770.8	2 459.3	2 604.5	2 140.9	1 765.5	1 715.8	1 385.3

3.1.3 蒸发量

3.1.3.1 年蒸发量

广西近岸区平均年蒸发量在 1 428.5 ~ 1 831.1 mm 之间，其地域分布特点是：涠洲岛区最大，东部沿岸区次之，海岸西岸最小。涠洲岛为 1 831.1 mm，北海、防城港为 1 807.9 ~ 1 825.3 mm，其余各地在 1 750 mm 以下（图 3.4）。

3.1.3.2 蒸发量的季节变化

除防城和防城港秋季蒸发量大于夏季蒸发量之外，大部分地区以夏季最大，秋季次之，春季较小，冬季最小。其中防城冬季蒸发量最小，为 266.8 mm；涠洲岛夏季蒸发量最大，达 576.9 mm（表 3.2）。

表 3.2 广西近岸区的蒸发量   单位：mm

项 目	西部沿岸区				东部沿岸区		涠洲岛区
	东兴	防城港	防城	钦州	合浦	北海	涠洲岛
冬季	230.1	338.6	266.8	293.2	309.4	323.4	310.3

项 目	西部沿岸区				东部沿岸区		涠洲岛区
	东兴	防城港	防城	钦州	合浦	北海	涠洲岛
春季	307.7	401.5	360.6	389.2	424.1	441.6	405.5
夏季	455.2	513.7	474.5	513.9	533.0	548.8	576.9
秋季	450.0	575.5	495.9	492.1	490.4	526.3	538.3
年平均蒸发量	1 443.0	1 829.3	1 591.8	1 688.4	1 756.9	1 840.1	1 831.0

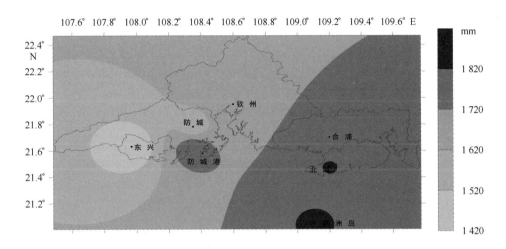

图 3.4　广西近岸区年蒸发量的空间分布

3.1.4　风

3.1.4.1　年风向频率

广西近岸区年主导风向为北风或偏北风。防城、东兴年最多风向分别为 NNE 和 NE，其频率分别为 21% 和 10%；其余各地最多风向均为 N，风向频率在 15%～21% 之间。不同风向的频率差异较大。静风频率涠洲岛区最小，东部沿岸区次之，西部沿岸区较大。各地静风频率为 4%～24%，其中涠洲岛最小，仅 4%，防城港次之，为 6%；东兴最大，为 24%；其余各地在 9%～13% 之间（图 3.5）。

3.1.4.2　风向的季节变化

广西海岛区地处南亚大陆的季风区域，风向有明显的季节性变化。大部地区冬季和秋季盛行偏北风；夏季盛行偏南风；春季中、后期盛行风向逐渐转为偏南风。

春季（3—5 月）是冬季风向夏季风过渡的季节，盛行风向不如冬季稳定，各地盛行风向仍以偏北风（N—NNE—NE）为主，但偏南风和偏西南风明显增多。静风频率以东兴最大，达 27%；涠洲岛最小，为 5%；其余各地在 7%～13% 之间。

夏季（6—8 月）受副热带高压控制，整个环流形势与冬季相反，各地的盛行风向从春季的偏北风，转向以偏南风（SE—S—SW）为主，其频率东兴为 33%，其余各地在 43%～56%

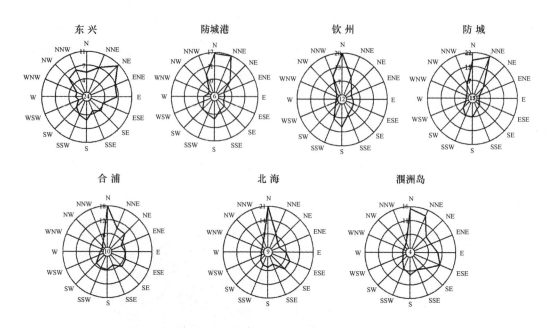

图 3.5　广西近岸区的累年风向频率玫瑰图

（图中心标示的数值为静风频率）

之间。静风频率东兴为 23%，防城为 17%，其余各地在 5% ～12% 之间。

秋季（9—11 月）是夏季风与冬季风的交替季节，风向由偏南风转为偏北风，盛行风向以 NNW ～N ～NE 为主，频率为 43% ～68%。秋季的静风频率，东兴最大，为 21%；涠洲岛最小，为 4%，防城港次小，为 5%；其余各地在 9% ～14% 之间。

3.1.4.3　年平均风速

各地年平均风速为 1.9 ～4.6 m/s。其地域分布特点是：涠洲岛区比海岸线一带大；平均风速随着离海岸线距离的增加而迅速增大，各地平均风速差异较悬殊。东兴最小，仅 1.9 m/s；涠洲岛最大，达 4.6 m/s，防城港次大，为 3.9 m/s；其余各地在 2.5 ～3.3 m/s 之间（图3.6）。

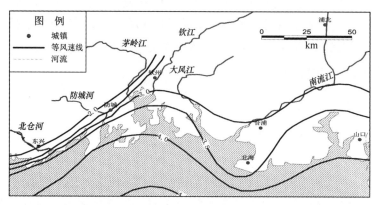

图 3.6　广西近岸区年平均风速的空间分布（m/s）

3.1.4.4　平均风速的季节变化

平均风速的季节变化大部地区以冬季平均风速最大，夏季较小；东兴则相反。涠洲岛冬季平均风速最大，达5.3 m/s；东兴冬季的平均风速最小，仅为1.7 m/s。钦州、东兴、合浦平均风速的季节变化较小，其余地区则变化较大。

3.1.4.5　极大风速

广西近岸区极大风速一般都较大，多由台风、寒潮和强对流天气造成。广西沿岸及涠洲岛年极大风速均在30.0 m/s以上，其中涠洲岛最大，达53.1 m/s，其余各地在30.6～38.1 m/s之间（表3.3）。年极大风速多出现在8—9月份。

表3.3　广西近岸区的极大风速　　　　　　　　　　　　　　单位：m/s

气象要素	西部沿岸区			东部沿岸区	涠洲岛区
	东兴	防城港	防城	北海	涠洲岛
1月	10.6	21	20	20.4	23.3
2月	12.3	22.7	20.4	19.2	21.7
3月	14.6	21.5	22.9	23.1	24.8
4月	13.5	29.6	21.9	30.2	25.6
5月	18.5	23.5	21.7	29.1	20.4
6月	16.5	20.4	22.3	38.1	20.8
7月	20.8	26.7	27.7	34.2	34.3
8月	34.2	36	27.1	37.9	53.1
9月	21.5	29.8	30.6	35.2	32.9
10月	14.4	24.4	22.7	24.6	39
11月	15	25.8	22.1	18.7	23.1
12月	12.3	22.5	21.3	22.7	23.1
年极大风速	34.2	36	30.6	38.1	53.1

3.1.5　相对湿度

3.1.5.1　年相对湿度

广西近岸区气候湿润，年平均相对湿度为79%～82%，其地理分布较均匀，无明显干湿区之分，各地数值的大小差异甚小。其中防城港最小，为79%；东兴、涠洲岛最大，为82%；其余各地均为81%（图3.7）。

3.1.5.2　相对湿度的季节变化

相对湿度随着冬夏季风的更迭，全年各月也发生变化。就季节而言，广西近岸区大部地区以秋季最小，冬季次之；除北海、涠洲岛春季大于夏季，其余各地为夏季大于春季（表3.4）。

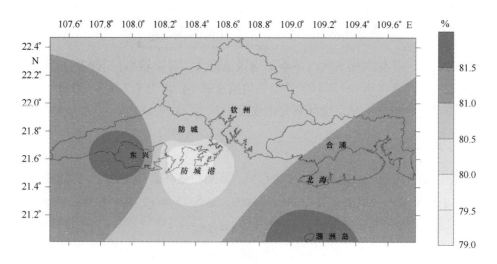

图 3.7　广西近岸区年平均相对湿度空间分布（%）

表 3.4　广西近岸区的相对湿度　　　　　　　　　　　　　　　　　　　　　　　%

气象要素	西部沿岸区				东部沿岸区		涠洲岛区
	钦州	防城	防城港	东兴	合浦	北海	
冬季	76	77	74	79	78	78	80
春季	84	84	84	86	84	84	87
夏季	85	86	85	87	85	83	82
秋季	76	76	73	78	78	77	77
年平均值	81	81	79	82	81	81	82
年最小值	8	12	11	7	11	3	9

3.1.6　日照

3.1.6.1　年日照时数的地域分布

广西近岸区年日照时数在 1 539.8 ~ 2 232.5 h 之间。地域分布特点是：涠洲岛最多，其次是东部沿岸区，西部沿岸区最少（图 3.8）。防城、东兴在 1 550 h 以下，其中东兴最少，为 1 539.8 h。北海、涠洲岛在 2 000 h 以上，以涠洲岛最多，全年日照时数达 2 232.5 h。其余各地为 1 640.6 ~ 1 925.0 h。

3.1.6.2　日照时数的季节变化

各地日照时数以冬季最少，仅占全年日照时数的 15% ~ 17%；春季次少，占全年日照时数的 18% ~ 23%；钦州、合浦、北海、涠洲岛夏季多于秋季，东兴、防城、防城港秋季多于夏季（表 3.5）。

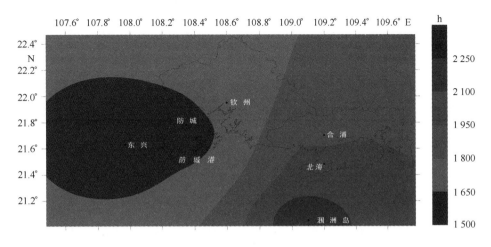

图 3.8 广西近岸区年日照时数空间分布（h）

表 3.5 广西近岸区的日照时数

单位：h

项 目	西部沿岸区				东部沿岸区		涠洲岛区
	钦州	防城	防城港	东兴	合浦	北海	
冬季	279.4	234.2	246	238	324.5	345	380.5
春季	346.4	293.7	324	271.2	396.2	437.6	508.5
夏季	568.4	499.1	518.7	499.5	620.1	631.9	701.6
秋季	558.1	517.1	551.9	531.1	584.2	613.8	641.7

3.2 50 多年来广西近岸基本气候要素的变化

在全球变暖的背景下，广西沿岸及涠洲岛地区的气候也发生了明显变化。主要表现为：气温显著升高，降水量呈增多趋势，日照有所减少。气候灾害、极端天气气候事件发生的频率和强度出现变化，旱涝灾害有所增加，台风影响个数略有减少，雷暴、大风、霜冻日数呈减少趋势，高温天气明显增多，低温冷害减少。极端天气气候事件造成的灾害损失呈增大趋势。

3.2.1 气温的变化

1953—2008 年的 56 年观测资料显示，广西沿岸及涠洲岛年平均气温升高了 0.57℃，升温速率为 0.01℃/a；沿岸年平均气温升高了 0.57℃，升温速率为 0.01℃/a；涠洲岛年平均气温升高了 0.68℃，升温速率为 0.012℃/a。

自 1953 年以来，广西近岸的年平均气温大体可划分为四个阶段（图 3.9）：1953—1966 年为一个温度较高时段；1967—1985 年为一个温度低值段，平均温度大约有 0.5℃的降低；1986—1996 年为一个温度较高段；1997—2008（2009）年为温度最高值段。频谱分析结果表明，50 多年来广西近岸的气温显示了 9.33 ~ 6.6a 和 4.00 ~ 3.86a 两个周期。

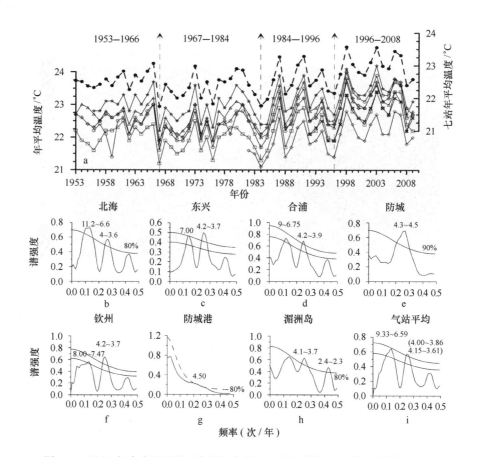

图3.9　近50年来广西近岸区年平均气温变化及各测站气温的频谱分析结果

涠洲－星形，合浦－空心点，北海－三角，东兴－十字，钦州－方框，防城－菱形，防城港－叉形。为清楚起见，7个测站的平均值上移。

3.2.2　降水变化

1953—2008年各区域年降水量均呈增多趋势，沿岸、涠洲岛及七站平均增幅分别为3.76 mm/a、6.37 mm/a和6.26 mm/a。1953—2008年的56年间，涠洲岛、沿岸及七站平均的年降水量分别增多了210.5 mm、356.8 mm和350.7 mm，总体变化趋势较为明显。

降水量的年际变化亦较明显，1956—1958年、1961—1969年、1977年、1989年、1991—1992年、2003—2007年为少雨期，1970—1976年、1993—2002年、2008年为多雨期（图3.10）。频谱分析结果显示，年降水量大致显示了两个周期，一个是约7a周期，另一个接近4a。

涠洲－星形，合浦－空心点，北海－三角，东兴－十字，钦州－方框，防城－菱形，防城港－叉形。为清楚起见，7个测站的平均值上移。

3.2.3　日照变化

1953—2008年间近岸区年日照时数均呈减少趋势，涠洲岛、沿岸平均值、七站平均值的减幅分别为0.58 h/a、2.87 h/a和2.78 h/a。1953—2008年的56年间，涠洲岛、沿岸、七站平均的年日照时数分别减少了32.3 h、160.8 h和155.6 h（图3.11），各地日照时数的年际

变化较大。总体来看，涠洲岛的日照变化趋势不明显，但沿岸与总平均值的变化趋势较为
明显。

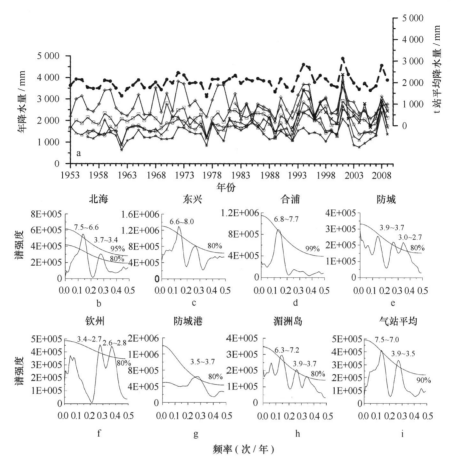

图 3.10 近 50 年来广西近岸区年降水量变化的频谱分析结果

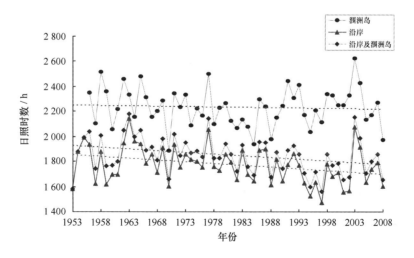

图 3.11 1953—2008 年广西近岸区年日照时数变化图

3.3 小结

广西海岸各地年平均气温在 21.1~24.2℃ 之间，最高气温为 38.4℃，最低气温为 -1.8℃，日温差在 5.1~7.1℃ 之间；年降水量在 2 140.8~2 770.9 mm 之间，以夏季降雨最多，冬季最少；近岸区平均年蒸发量在 1 428.5~1 831.1 mm 之间，夏季蒸发量最大，冬季最小；近岸区冬季和秋季盛行偏北风，夏季盛行偏南风，春季中、后期盛行风向逐渐转为偏南风；沿岸各地年平均风速为 1.9~4.6 m/s，极大风速均在 30.0 m/s 以上；广西近岸区气候湿润，年平均相对湿度为 79%~82%，大部地区夏季湿度最大，秋季最小；近岸区年日照时数在 1 539.8~2 232.5 h 之间，各地日照时数以夏季最多，冬季最少。

近 60 年来，广西沿岸年平均气温升高了 0.57℃，升温速率为 0.01℃/a；年均降水量呈增多趋势，60 年里降水量年均增多了 350.7 mm；年日照时数呈减少趋势，60 年里日照时数年均减少了 155.6 h。

第二篇　广西近海海洋环境

4　广西近海地形地貌

自海岸线以下，近海地形地貌特征及其冲淤变化直接受物源供应和海洋动力环境的影响。但是由于潮间带和海底的海洋动力条件并不相同，因此，近海地形地貌实际上包括两大部分，一是潮间带地形地貌，二是海水以下（海底）地形地貌。因此，本章分别阐述广西潮间带和广西近海海底地形地貌特征。

4.1　广西海岸带潮间带地形地貌

4.1.1　海岸带潮间带地貌类型

按三级地貌分类原则，广西海岸带潮间带地貌分为砂质（包括砂砾质）海岸潮间带、粉砂淤泥质海岸潮间带、基岩海岸潮间带、生物（红树林和海草）海岸潮间带 4 大类（表4.1）；按照各类滩地所处的潮间带位置，分为高潮带、中潮带、低潮带 3 个主要分带；根据各个地貌单元的现代动力地貌过程，分为侵蚀的、侵蚀堆积的、堆积的 3 种成因地貌类型。

表 4.1　广西海岸潮间带地貌分类表

三级地貌类型			四级地貌类型	微地貌形态与结构
潮间带地貌	基岩海岸潮间带地貌		海蚀平台	海蚀崖、海蚀柱、海蚀穴
			碎石滩	
			卵石滩	
	砂质海岸潮间带地貌	高潮位沙滩	堆积的高潮位沙滩	蟹穴、砾石－贝壳－垃圾富集带、
			侵蚀堆积的高潮位沙滩	
			侵蚀的高潮位沙滩	
		中潮位沙滩	堆积的中潮位沙滩	滩脊、滩槽、沙波、纵向沙垄、侵蚀残余体、侵蚀洼地、潮水沟、蟹穴、生物爬痕、流痕、浪痕
			侵蚀堆积的中潮位沙滩	
			平坦的中潮位侵蚀堆积沙滩	
			起伏的中潮位侵蚀堆积沙滩	
			侵蚀的中潮位沙滩	
			平坦的中潮位侵蚀沙滩	
			起伏的中潮位侵蚀沙滩	
		低潮位沙滩	堆积的低潮位沙滩	滩脊、滩槽、沙波、侵蚀残余体、侵蚀洼地、潮水沟、生物爬痕、流痕、浪痕
			侵蚀堆积的低潮位沙滩	
			平坦的低潮位侵蚀堆积沙滩	
			起伏的低潮位侵蚀堆积沙滩	
			侵蚀的低潮位沙滩	
			平坦的低潮位侵蚀沙滩	
			起伏的低潮位侵蚀沙滩	

续表4.1

三级地貌类型		四级地貌类型	微地貌形态与结构
潮间带地貌	砂砾质海岸潮间带地貌	侵蚀的砂砾滩	
		侵蚀堆积的砂砾滩	
	粉砂淤泥质海岸潮间带地貌 高潮带	侵蚀的高潮位泥滩	
		侵蚀堆积的高潮位泥滩	
		堆积的高潮位泥滩	
		侵蚀的高潮位砂泥混合滩	
		侵蚀堆积的高潮位砂泥混合滩	
		堆积的高潮位砂泥混合滩	
	中潮带	侵蚀的中潮位泥滩	
		侵蚀堆积的中潮位泥滩	
		堆积的中潮位泥滩	
		侵蚀的中潮位砂泥混合滩	
		侵蚀堆积的中潮位砂泥混合滩	
		堆积的中潮位砂泥混合滩	
	低潮带	堆积的低潮位泥滩	
		侵蚀堆积的低潮位砂泥混合滩	
		堆积的低潮位砂泥混合滩	
	生物海岸潮间带地貌 红树林滩	茂密的红树林泥滩	
		稀疏的红树林泥滩	
		茂密的红树林砂泥滩	
		稀疏的红树林砂泥滩	
		茂密的红树林沙滩	
		稀疏的红树林沙滩	
		茂密的红树林碎石滩	
		稀疏的红树林碎石滩	
	草滩	砂质草滩	
		砂泥质草滩	
		泥质草滩	
	稀疏红树草滩	稀疏红树泥质草滩	
		稀疏红树砂泥质草滩	
	珊瑚礁	低潮带珊瑚岸礁	
	人工地貌	养殖区（虾池）	
		海堤	
		码头	
		围垦地	

4.1.1.1　基岩地貌

广西基岩海岸潮间带地貌类型包括：海蚀平台（岩滩）、卵石滩、碎石滩。海蚀平台主要由波浪沿岩层的侵蚀作用而形成；卵石滩主要由开阔基岩海岸在波浪作用下而形成；碎石滩是由破碎岩石或风化岩石在波浪、海流的侵蚀作用下形成，如防城港西湾和东湾的碎石滩等。

4.1.1.2　砂质（含砂砾质）海岸地貌

1）高潮带沙滩

广西海岸的砂质海岸普遍遭受侵蚀，大部分沙滩的高潮带以侵蚀作用为主，高潮带进流坡狭窄，滩肩很少。少数沙滩具有滩肩和完整的进流坡。按照高潮带沙滩的现代动力地貌过程，分为侵蚀的、侵蚀堆积的和堆积的三种亚类。

（1）侵蚀的高潮带沙滩

广西砂质海岸的侵蚀作用主要是海滩围垦造成的。一方面，海滩围垦使潮间带纳潮面积和纳潮量减小，改变海岸动力状况，高潮时波浪未经多次破碎直接作用于海堤上，使高潮带动力作用变强；另一方面，围垦活动导致沙滩泥沙来源减少，使原来的高潮带沉积物不能再参与现代海滩的动力地貌过程。有些古海岸沙堤岸的高潮带沙滩也遭受侵蚀，滩肩消失，进流坡变陡，出现侵蚀陡坎，古沙堤岸线侵蚀后退。

（2）侵蚀堆积的高潮带沙滩

主要特征是有宽度不大的滩肩和较完整的进流坡。主要分布在少数古洪积冲积平原海岸和古海岸沙堤岸。如北海市东南部的山角村附近海岸，古洪积冲积平原在海岸形成松散沉积层构成的海蚀崖。崖前的高潮位沙滩进流坡较平缓，坡上有不同潮高期的高潮位漂浮物。

（3）堆积的高潮带沙滩

堆积的高潮带沙滩的主要特征是有较宽的滩肩和完整的进流坡。主要分布在泥沙来源丰富的古海岸沙堤岸和河口（或湾口）海岸。如东兴市江平镇沥尾岛东段的沙堤和防城港湾西岸的大坪坡附近沙坝等。

2）中潮带沙滩

中潮位沙滩是广西砂质海岸发育最典型的沙滩地貌类型。根据中潮位沙滩的现代动力地貌过程，可分为侵蚀的、侵蚀堆积的和堆积的中潮位沙滩三种亚类。

（1）堆积的中潮位沙滩

主要分布在泥沙来源较丰富的河口海岸潮间带，如北仑河口湾内的沙滩由河流入海泥沙的不断供应，持续堆积而形成。

（2）侵蚀堆积的中潮位沙滩

形成的现代动力地貌过程为侵蚀、堆积作用交替发生，滩面沉积物总量基本稳定，但滩面地形可变化。该类型的沙滩在广西砂质海岸潮间带分布广泛，沙滩微地貌类型丰富，地形起伏明显。按照沙滩上发育的典型微地貌类型，又可分为滩脊—滩槽发育的中潮位侵蚀堆积沙滩（图4.1）、沙波发育的中潮位侵蚀堆积沙滩（图4.2）、纵向沙垄发育的中潮位侵蚀堆积沙滩（图4.3）、潮流沙脊发育的中潮位侵蚀堆积沙滩及平坦的中潮位侵蚀堆积沙滩分布（图4.4）。

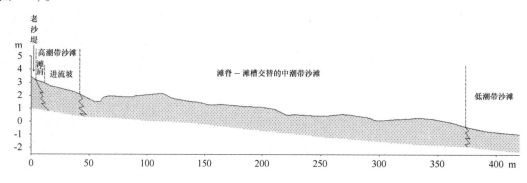

图4.1 防城港湾西侧大坪坡附近实测海滩剖面图

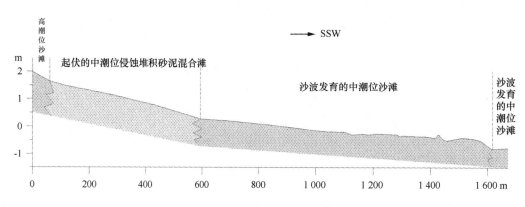

图4.2 总路口村附近潮间带实测地形地貌剖面图

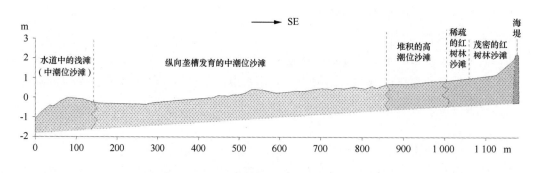

图4.3 珍珠湾西南岸（吴屋村西北）潮间带实测地形地貌剖面图

（3）侵蚀的中潮位沙滩

在广西海岸带，造成泥沙来源减少大多是由于人工围垦所致，其次是入海河流上游建闸控制了自然河流泥沙入海。此外，由于养殖池、盐田的排水口向潮间带排水，造成局部潮间带冲刷，也造成了中潮位沙滩侵蚀。

3）低潮带沙滩

低潮带沙滩在地形上多表现为向海倾斜的斜坡带。可划分出低潮位堆积沙滩、低潮位侵

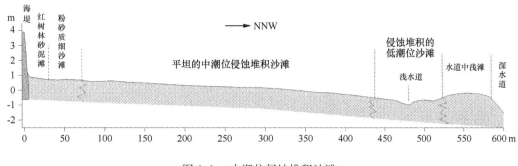

图 4.4　中潮位侵蚀堆积沙滩

蚀堆积沙滩和低潮位侵蚀沙滩。对于难以分辨侵蚀、堆积状态的低潮位沙滩，统称为低潮位沙滩。

（1）堆积的低潮位沙滩

主要分布在大型砂质海湾中，如北仑河口湾、珍珠湾、防城港湾、茅尾海、大风江、廉州湾、铁山港南部（铁山港大桥以南）等海湾的低潮位沙滩。

（2）侵蚀堆积的低潮位沙滩

主要分布在开敞海岸潮间带。根据滩面微地貌及起伏特征，可分为起伏的低潮位侵蚀堆积沙滩和平坦的低潮位侵蚀堆积沙滩两个亚类：起伏的低潮位侵蚀堆积沙滩（图 4.5）和平坦的低潮位侵蚀堆积沙滩。

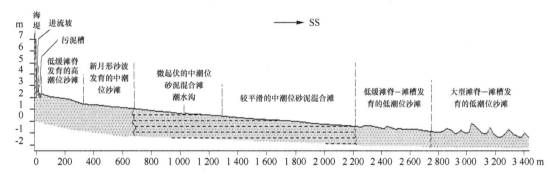

图 4.5　北海市那隆水产收购站附近潮间带实测地貌剖面图

（3）侵蚀的低潮位沙滩

主要分布在潮间带有基岩出露的海岸，如防城港市企沙半岛南岸西段（石角头—西沥）、企沙港东侧沙耙墩岛附近的低潮位沙滩、白龙半岛沿岸的低潮位沙滩等。

4）砂砾滩

广西海岸主要是基岩岬湾型海岸，有砂砾滩广泛分布。但砂砾滩的宽度都较小。大部分砂砾滩分布在高–中潮带，其低潮带多为砂泥混合滩或沙滩（图 4.6）。砂砾滩一般分布在基岩海岸附近，与海蚀平台、卵石滩等伴生。在广西海岸带，砂砾滩主要分布在侵蚀剥蚀台地海岸和基岩岛屿周围。

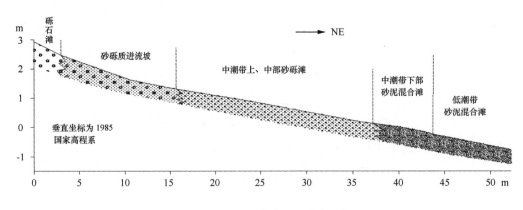

图 4.6　英罗港马鞍岭附近砂砾滩实测剖面图

4.1.1.3　粉砂淤泥质海岸地貌

粉砂淤泥质海岸潮间带地貌类型主要有泥滩、砂泥混合滩和粉砂质细砂滩。泥滩主要分布在高潮带，有些岸段中、低潮带也有泥滩分布。高潮带泥滩上往往有红树林或海草生长，形成红树林泥滩或草滩。

1）泥滩

泥滩是由粉砂和黏土沉积构成的潮间带滩地，又称海涂。在广西海岸带，泥滩主要分布在溺谷型海湾岸和现代河口三角洲海岸。按照泥滩的空间位置，可分为高潮位泥滩、中潮位和低潮位泥滩（图 4.7）。大部分高潮位泥滩都有红树林生长，因此又是红树林泥滩，以堆积作用为主，但是，由于人工围垦，直接从红树林带取土修建海堤，造成很多岸段海堤之下出现一个没有红树林的而遭受侵蚀的泥滩低洼带，形成侵蚀的高潮位泥滩；广西潮间带的中潮位泥滩主要是堆积的泥滩，局部有侵蚀现象；滩面高程在理论深度基准面以上 2～3.5 m。堆积速率较高，生物资源丰富；中潮位泥滩没有红树林生长，目前已被开发成围网养殖区。

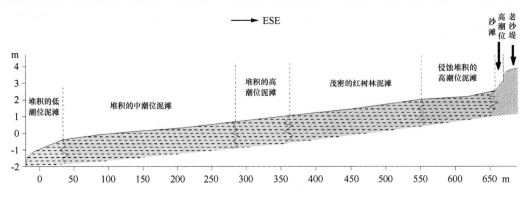

图 4.7　钦州市犀牛角镇大王山村附近潮间带实测地形地貌剖面图

2）砂泥混合滩

砂泥混合滩是广西海岸潮间带分布最广的地貌类型，不仅分布在粉砂淤泥质海岸和红树林海岸，在砂质海岸和基岩海岸潮间带，也有砂泥混合滩分布。不同类型海岸的砂泥混合滩沉积物粒度组成、滩面形态有着明显的差别。砂质海岸的砂泥混合滩沉积物中砂粒级成分含量较高；粉砂淤泥质海岸的砂泥混合滩沉积物中粉砂和黏土粒级成分含量较高。基岩海岸（包括基岩风化壳海岸）的砂泥混合滩沉积物中多含有碎石块，称之为碎石砂泥混合滩。按其发育的空间位置可划分为高潮位砂泥混合滩、中潮位砂泥混合滩和低潮位砂泥混合滩。高潮位砂泥混合滩分布范围较小；中潮位砂泥混合滩又进一步分为宽阔海湾及三角洲海岸的中潮位砂泥混合滩（图4.8）、狭长形溺谷海湾内和岛屿周围的中潮位砂泥混合滩（图4.9）和砂质海岸的中潮位砂泥混合滩；低潮位砂泥混合滩主要分布在狭长的溺谷型海湾和龙门岛群的岛屿间水道（图4.10）。

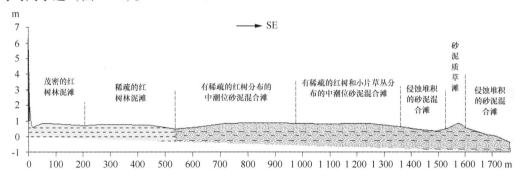

图4.8　钦州市茅尾海北部沙田墩附近潮间带地形地貌实测剖面图

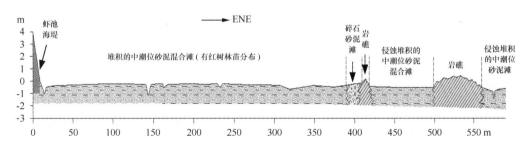

图4.9　龙门岛西村附近的中潮位砂泥混合滩实测地形地貌剖面图

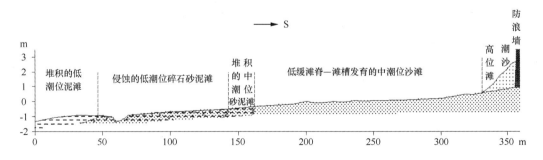

图4.10　龙门岛北村北面潮间带实测剖面图（LM01断面）

4.1.1.4 生物海岸地貌

广西生物海岸地貌可划分为红树林滩、草滩和稀疏的红树草滩。根据其生长区域的底质类型分别将三种生物地貌进一步划分为红树林泥滩、红树林沙滩、红树林砂泥滩、红树林碎石滩，泥质草滩、砂质草滩、砂泥质草滩等。

红树林泥滩主要分布在现代河流三角洲海岸，其次在波浪作用较弱的溺谷型海湾内也有泥质红树林滩分布；红树林沙滩分布在砂质海岸，面积较小；红树林砂泥滩是广西红树林滩中分布最广的一种地貌类型，分布在砂泥混合沉积潮间带，特别是溺谷型河口湾内和大多数岛屿周围都有砂泥质红树林滩分布；红树林碎石滩主要分布在溺谷型海湾内的基岩岬角岸段。

在广西海岸潮间带草滩主要是芦苇、大米草等草本植物覆盖的潮间滩地。泥质草滩主要分布在现代河口三角洲海岸；砂质草滩主要分布在砂质海岸，往往构成局部的沙滩高地；砂泥质草滩的分布范围较广，一般与砂泥混合滩共生。

稀疏红树草滩景观类似热带稀树草原。在芦苇或大米草滩中，零星地分布着一些单株的红树。

4.1.1.5 人工地貌

广西海岸带沿海地区人工地貌较为突出，规模较大，尤其是近20多年来迅速发展的海水养殖业、港口运输业、临海工业，使广西沿岸人工地貌种类、规模发生了较大变化，构成了广西海岸中的人工海岸的特色之一。广西沿岸的主要人工地貌有养殖场、盐田、港口码头、人工海堤等。

1）养殖场

养殖场指海水养殖场，是广西沿海地区主要的人工地貌，广泛分布于广西沿海地区，规模较大，总面积达 343.8 km²，占广西海岸带地貌成因类型的总面积 3 271.42 km² 的 10.51%。其中，由南流江三角洲平原开辟形成的养殖场规模最大，总面积达 53.31 km²，占广西海岸带沿海养殖场总面积 343.80 km² 的 15.56%；其次为由钦江三角洲平原开辟形成的养殖场的面积为 27.77 km²，占养殖场总面积的 8.08%；再者为由江平海积平原开辟形成的养殖场面积为 21.26 km²，占养殖场总面积的 6.18%；由大冠沙海积平原及盐田开辟形成的养殖场面积为 17.97 km²，占养殖场总面积的 5.238%；由北暮盐场开辟形成的养殖场面积为 14.68 km²，占养殖场总面积的 4.27%。其余海岸带区域的养殖场面积均较小。

2）盐田

广西沿海盐田主要分布于广西沿海东部北暮盐场、竹林盐场、榄子根盐场、中部犀牛脚盐场、西部企沙盐场和江平盐场等地，总面积为 23.35 km²，占广西海岸带地貌各成因类型的总面积的 0.71%。盐田外缘均由人工海堤保护而存在，后缘与海积平原相连（图 4.11）。

3）港口码头

广西海岸曲折，港湾众多，有利于进行港口码头建设。目前广西海岸带（不包括海岛）沿岸港口码头主要有北海港深水码头、钦州港、沙田港、闸口港、铁山港（不包括籍沟墩

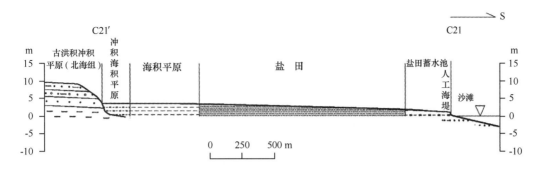

图 4.11　竹林盐田自海向陆地地貌类型

岛）、营盘港、电建渔港、北海渔业基地、北海外沙渔港、西场官井港、犀牛脚渔港、茅岭港西岸码头、企沙渔港、潭油港、防城港电厂码头、白龙尾珍珠港、江山石角码头、江平潭吉码头、江平万尾京岛港、东兴竹山港 20 个。总面积 10.57 km²，占广西海岸带地貌成因类型的总面积的 0.32%。其中钦州港、北海港是广西沿海三大港口中的两个。近 10 年来，广西沿海港口码头及港口工业发展迅猛，尤其是钦州市。目前，钦州港已建成（不包括已建成勒沟墩岛的勒沟作业区）果子山作业区、鹰岭作业区及金鼓光作业区，总面积为 4.46 km²，北海港深水码头区和北海铁山港作业区 1.90 km²，再者为北海港深水码头区 1.06 km²，其余均为小型商渔港。

4）海堤（海档）

海堤是指人为建设的防止海洋灾害如海水、波浪、台风暴潮侵蚀海岸的石质或泥质堤坝，除英罗港国家级红树林保护区内侧海堤为泥质建筑外，广西沿海几乎所有海堤都为石质海堤。人工石质海堤是由水泥混凝土与坚硬的花岗岩块或石灰岩块建成，广泛分布于广西沿岸。人工海堤对海积平原、河口三角洲平原、临海农田、耕地、村庄、海水养殖场、港口码头、港口工业城镇区、滨海旅游区等起到防灾减灾保护作用。海堤按防灾减灾等级高低可分为标准海堤和一般海堤，标准海堤是按 20 年一遇标准建设。广西沿海的标准海堤有平田海堤、南康河口青山头海堤、北海竹林海堤、大冠沙海堤、南流江主流沙岗—西场海堤、钦州康熙岭海堤、防城马正开海堤、东兴竹山海堤、东兴市江平榕树头海堤、江平沥尾—巫头海堤等。广西沿岸各市海堤总长度为 653.585 km，其中，北海市沿岸拥有海堤最多，为 290.18 km，其次为钦州市，为 216.90 km，防城港市最少为 146.505 km。

5）防潮闸

沿海地区的拦海大坝，人工海堤通常建有防潮闸，以便洪涝排泄和潮水进出。根据海堤的长短和保护养殖场、盐田、耕地面积大小，一般每条海堤建设 1～6 座防潮闸。防潮闸有大有小，如南康河口拦海大坝防潮闸较大，大冠沙海堤和沙岗—西场海堤的防潮闸较小。据统计，广西沿海人工海堤及拦海大坝中建有大小防潮闸共 1 340 座，其中，钦州市最多，为 687 座，其次是防城港市 403 座，北海市最少 250 座。

4.1.2 海岸带潮间带地貌类型的空间分布

4.1.2.1 防城港管辖段潮间带地貌类型分布

防城港市海岸西起北仑河岸东兴市区，东北至茅尾海西部茅岭江。包括北仑河河口湾、沥尾岛南岸、珍珠湾、白龙半岛、防城港湾（西湾和东湾）、企沙半岛南岸、企沙港、钦州湾西岸、茅尾海西岸。

1）北仑河口区（东兴市区—沥尾岛北岸）

北仑河口区潮间带主要地貌类型是沙滩和红树林滩，其次是草滩、砂泥混合滩、砂砾滩，局部有泥滩分布（图4.12）。

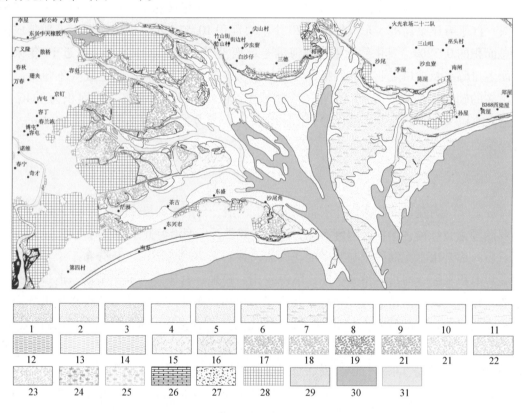

图 4.12 北仑河口区潮间带地貌类型分布

1：堆积的高潮位沙滩；2：侵蚀堆积的高潮位沙滩；3：侵蚀的高潮位沙滩；4：堆积的中潮位沙滩；5：侵蚀堆积的中潮位沙滩；6：平坦的中潮位侵蚀堆积沙滩；7：起伏的中潮位侵蚀堆积沙滩；8：堆积的低潮位沙滩；9：侵蚀堆积的低潮位沙滩；10：平坦的低潮位侵蚀堆积沙滩；11：起伏的低潮位侵蚀堆积沙滩；12：堆积的高潮位泥滩；13：堆积的中潮位泥滩；14：堆积的低潮位泥滩；15：堆积的中潮位砂泥混合滩；16：侵蚀堆积的中潮位砂泥混合滩；17：茂密的红树林泥滩；18：茂密的红树林砂泥滩；19：茂密的红树林沙滩；20：茂密的红树林碎石滩；21：稀疏的红树林泥滩；22：稀疏的红树林砂泥滩；23：稀疏的红树林沙滩；24：泥质草滩；25：砂质草滩；26：岩滩（海蚀平台）；27：砂砾滩；28：养殖区；29：潮水沟与潮间带河道、水道；30：海域；31：人工围垦区及海堤。

（1）东兴市区—长湖江口（独墩岛以西）

主要是感潮河段，河流两岸主要是砂砾滩，局部有草滩和稀疏红树林滩。砂砾滩以侵蚀为主，草滩和稀疏红树林沙滩以堆积作用为主。

（2）长湖江口—竹山街岸段

主要地貌类型是红树林覆盖的河口边滩，沉积物为含泥的砂和砂砾。由于有人工丁字坝和红树林的促淤作用，这一段河口边滩现代动力地貌过程以堆积作用为主。只有岸边狭窄的砂砾滩受侵蚀。此外，这段海岸岸外（北仑河河道中）有河口浅滩，现代动力地貌过程以堆积作用为主。

（3）竹山街—沥尾岛北岸

高潮带地貌类型为沙滩、砂砾滩和红树林沙滩、砂质草滩。高潮位沙滩和砂砾滩都遭受不同程度的侵蚀作用，红树林沙滩和砂质草滩以堆积作用为主；中潮带和低潮带地貌类型主要是沙滩，局部有砂泥混合滩和低潮位泥滩分布，中潮位沙滩的上部动力地貌过程侵蚀、堆积作用交替，下部以堆积作用为主；低潮位沙滩、砂泥混合滩、泥滩都是以堆积过程为主。总体上，该段海岸的潮间带冲淤动态以堆积过程为主，但海岸线和高潮带沙滩、砂砾滩受侵蚀。

2）沥尾岛南岸

沥尾岛南岸高潮位沙滩狭窄，局部缺失。中潮带是大型滩脊—滩槽发育的沙滩（图4.13），侵蚀—堆积过程强烈。西端舌状沙滩的低潮带也有滩脊—滩槽发育。该段高潮带以侵蚀作用为主；中潮带侵蚀—堆积过程强烈，沙滩地貌演变剧烈；低潮带沙滩相对稳定，侵蚀—堆积过程缓慢。

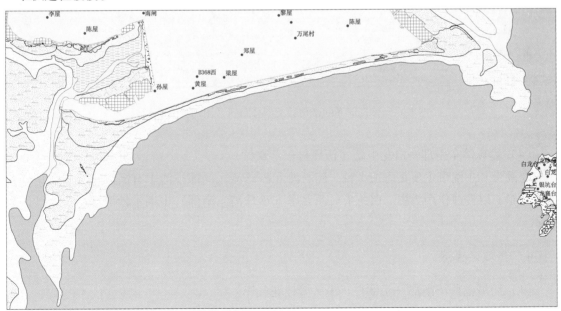

图4.13　沥尾岛南部潮间带地貌类型分布图（图例见图4.12）

3）珍珠湾—白龙半岛

（1）珍珠湾西南岸（沥尾岛东端东头沙—北仑河口红树林自然保护区13号界碑）
高潮带地貌类型有堆积的高潮位沙滩和红树林沙滩（图4.14），动力地貌过程以堆积作用为主。中潮带和低潮带地貌类型为起伏的侵蚀堆积沙滩。其中，中潮带地貌形态演变过程较强烈，侵蚀—堆积作用交替变化，滩面不稳定。低潮带侵蚀—堆积作用较弱。

（2）珍珠湾西部—西北部（北仑河口红树林自然保护区13号界碑—黄竹江口）

高潮带主要是红树林覆盖的砂泥混合滩和高潮位沙滩，以堆积作用为主；中潮带和低潮带都是沙滩，以堆积作用为主，中潮带局部有弱侵蚀作用。

（3）珍珠湾东北部（黄竹江口—沥恩村岸段）

高潮带主要是红树林泥滩，以堆积作用为主，局部有侵蚀的砂砾滩分布；中潮带主要是砂泥混合滩，以堆积作用为主；低潮带为堆积的沙滩。该段地貌过程总体上以堆积作用为主。

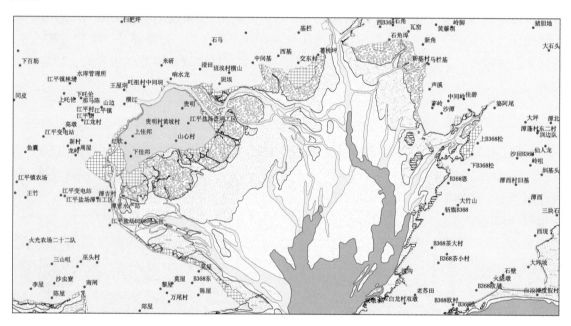

图 4.14　珍珠湾潮间带地貌类型分布图（图例见图 4.12）

（4）珍珠湾东南部—白龙半岛（沥恩村—沥欧村）

高潮带和中潮带主要是海蚀平台、碎石滩和砂砾滩，局部小湾中有高潮位沙滩和中潮位沙滩分布，以侵蚀作用为主。白龙半岛西北岸（珍珠湾东南部）中潮带沙滩和低潮带沙滩较稳定。

4）防城港西湾

（1）防城港西湾南部（沥欧村—牛头岭桂花气库）

高潮带分布有沙滩、砂砾滩、碎石滩、海蚀平台等，以侵蚀作用为主；中潮带主要分布有滩脊—滩槽发育的沙滩，侵蚀、堆积作用交替；低潮位沙滩相对平坦，表现为向海倾斜的狭长斜坡带，大都稳定淤长（图 4.15）。

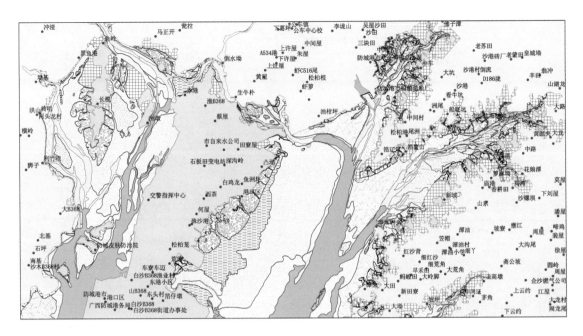

图 4.15 防城湾北部潮间带地貌类型分布图（图例见图 4.12）

（2）防城港西湾中部（牛头岭桂花气库—大沥村）

本段海岸是典型的基岩岬角—港湾岸。岬角处潮间带为海蚀平台和碎石砂砾滩，有时低潮带有狭窄的沙滩分布，以侵蚀为主；小港湾内高潮带为砂砾滩或粗砂滩，局部有红树林砂泥滩分布，以侵蚀为主；较大的海湾内中潮带为砂泥混合滩，其他小海湾内中潮带为沙滩，以弱侵蚀—弱堆积为主；低潮带多为狭窄的沙滩，以弱侵蚀—弱堆积为主。

（3）防城港西湾北部（大沥村—渔沥岛白沙沥渔业村一线以北）

西岸高潮带主要是砂砾滩、红树林碎石滩、红树林砂泥滩。红树林砂泥滩以堆积为主，其他地貌单元以侵蚀为主；中潮带以砂泥混合滩为主，局部有泥滩分布，以堆积为主；低潮带为潮间带水道。东岸（渔沥岛西岸）和湾中浅滩（包括针鱼岭岛、长榄岛周围潮间带）地貌类型有红树林砂泥滩、高潮位沙滩、中潮位沙滩和低潮位沙滩，以堆积作用为主，局部有侵蚀—堆积沙滩分布。

5）防城港东湾

（1）渔沥岛南部（箔子墩以南）

主要是从潮间带沙滩采挖泥沙围填而成的人工陆地。渔沥岛东岸南部潮间带分布有中潮位和低潮位沙滩；箔子墩东部的沙滩上由于采沙形成了一串深坑；深坑带以南潮间带以侵蚀—堆积为主（图 4.16）。

（2）渔沥岛东岸北部（箔子墩—防城江东分支河道）

高潮带主要分布有红树林砂泥滩和泥滩，以堆积作用为主；中潮和低潮带主要为沙滩，局部有小片砂泥混合滩分布，以堆积作用为主。

（3）防城港东湾北部的榕木江支汊南段（防城港市船舶造船厂以南）

西岸高潮带主要为红树林砂泥滩；中潮带为砂泥混合滩；低潮带为狭窄的沙滩。东岸缺失高潮滩；中潮带为砂泥混合滩；低潮带为沙滩。总体上，该段以堆积为主。

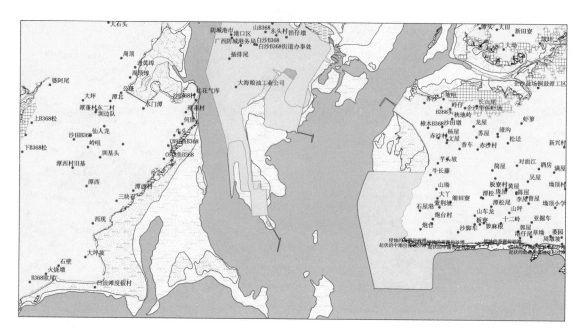

图 4.16　防城湾南部潮间带地貌类型分布图（图例见图 4.12）

（4）榕木江支汊的北部

高潮带为红树林泥滩和堆积的泥滩；中潮带主要是砂泥混合滩；低潮带为潮间带河道及河道中浅滩。该段以堆积为主。

（5）风流岭江支汊西北岸

高潮带为红树林砂泥混合滩、红树林泥滩和堆积的泥滩；中潮带为砂泥混合滩，以堆积为主。局部基岩岸段高潮带为有岩礁出露的碎石砂泥滩或砂砾滩，遭受侵蚀作用。

（6）风流岭江东南岸南段（箩麻坳—原油码头）

高潮带为红树林砂泥滩和砂砾滩；中潮带和低潮带为侵蚀堆积的沙滩。该段海岸高潮带红树林滩以堆积为主，砂砾滩以侵蚀为主；中潮带和低潮带沙滩侵蚀—堆积作用交替，但侵蚀—堆积过程缓慢，滩面地形相对稳定。

（7）风流岭江东南岸的东北段（箩麻坳以东）

高潮带泥滩和红树林砂泥滩，以堆积为主。

防城港东湾东岸中南部（原油码头—云约江支汊—赤沙）：高潮带主要为泥滩、红树林砂泥滩和红树林泥滩；中潮带为砂泥混合滩；低潮带为沙滩。现代动力地貌过程以堆积作用为主，局部基岩海岸有侵蚀的岩滩和砂砾滩分布。

（8）防城港东湾南部（赤沙电厂以南—石角头）

潮间带地貌类型为含砾石的沙滩，现代动力地貌过程为侵蚀—堆积过程。牛长蒻村以南现已被人工围垦。

6）企沙半岛南岸

（1）企沙半岛南岸西段（石角头—港仔村）

潮间带地貌以高潮带沙滩、中潮带岩滩与沙滩交错分布为特征。低潮带为砂砾滩与岩滩混杂分布，以侵蚀作用为主。

（2）企沙半岛南岸东段（港仔村—东头村）

高潮带为侵蚀沙滩；中潮带和低潮带为有滩脊—滩槽发育的沙滩，侵蚀—堆积作用交替发生。低潮带局部有礁石出露。海岸线受侵蚀，老海岸沙堤前发育侵蚀陡坎（图4.17）。

（3）企沙港和北港

企沙港和北港是两个溺谷型河口湾，沿岸陆地为侵蚀剥蚀台地，地形崎岖，基岩岬角与小型港湾交错分布，海岸线曲折。潮间带地貌类型复杂多样。高潮带红树林砂泥滩与岩礁、碎石滩、砂砾滩、沙滩交错分布；中潮带和低潮带主要为砂泥混合滩，局部岸段低潮带为狭窄的沙滩。岬角岸段高潮带动力地貌过程以侵蚀、夷平作用为主。小型港湾岸段多为红树林砂泥滩，以堆积作用为主。中潮带和低潮带则以堆积作用为主（图4.17，图4.18）。

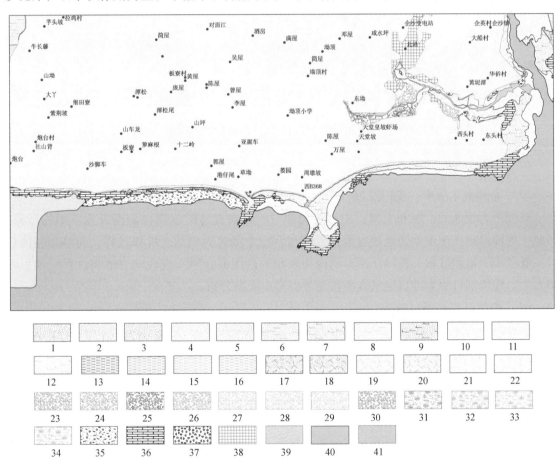

图4.17 企沙半岛南部潮间带地貌类型分布图

1：堆积的高潮位沙滩；2：侵蚀堆积的高潮位沙滩；3：侵蚀的高潮位沙滩；4：堆积的中潮位沙滩；5：侵蚀堆积的中潮位沙滩；6：平坦的中潮位侵蚀堆积沙滩；7：起伏的中潮位侵蚀堆积沙滩；8：平坦的中潮位侵蚀沙滩，9：起伏的中潮位侵蚀沙滩；10：堆积的低潮位沙滩；11：侵蚀堆积的低潮位沙滩；12：起伏的低潮位侵蚀堆积沙滩；13：堆积的高潮位泥滩；14：侵蚀堆积的高潮位泥滩；15：堆积的中潮位泥滩；16：堆积的低潮位泥滩；17：堆积的高潮位砂泥混合滩；18：侵蚀堆积的高潮位砂泥混合滩；19：堆积的中潮位砂泥混合滩；20：侵蚀堆积的中潮位砂泥混合滩；21：堆积的低潮位砂泥混合滩；22：侵蚀堆积的低潮位砂泥混合滩；23：茂密的红树林泥滩；24：茂密的红树林砂泥滩；25：茂密的红树林沙滩；26：茂密的红树林碎石滩；27：稀疏的红树林泥滩；28：稀疏的红树林砂泥滩；29：稀疏的红树林沙滩；30：稀疏的红树林碎石滩；31：泥质草滩；32：砂泥质草滩；33：砂质草滩；34：稀疏红树砂泥质草滩；35：砂砾滩；36：岩滩（海蚀平台）；37：碎石滩；38：养殖区；39：潮水沟与潮间带河道、水道；40：海域；41：人工围垦区及海堤。

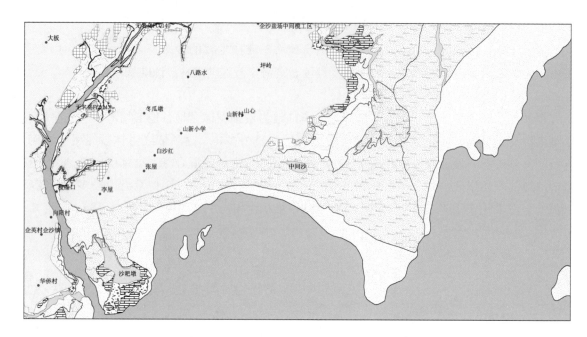

图 4.18　钦州湾西岸企沙港—榄埠江口潮间带地貌类型分布图（图例见图 4.17）

7）钦州湾西岸

（1）企沙港东南岸—榄埠江口

高潮带为侵蚀的沙滩和岩滩；中潮带为滩脊—滩槽发育的沙滩；低潮带为堆积的沙滩。因此，本段海岸高潮带动力地貌过程为侵蚀过程，中潮带为侵蚀—堆积过程，局部为侵蚀过程；低潮带为堆积过程。榄埠江河口湾内为堆积的砂泥混合滩，现代动力地貌过程以堆积作用为主。榄埠江口—大冲口尾基岩岬角与沙堤海岸交替分布。

（2）榄埠江口—港口村

发育宽阔的潮间带沙滩。中潮带上部发育巨型滩脊—滩槽系列，中部为起伏的侵蚀堆积沙滩，下部为平坦的侵蚀堆积沙滩。低潮带为平坦的堆积沙滩。潮间带地貌冲淤动态分布特征是，海岸线和高潮带进流坡侵蚀，中潮带沙滩侵蚀—堆积交替，低潮带沙滩堆积展宽。大冲口湾是一个砂泥混合滩充填的潮汐汊道式海湾，以堆积作用为主。

（3）大冲口—旧洋江口

高潮带岩滩、碎石滩和沙滩交错分布，局部有红树林砂泥滩分布；中潮带和低潮带为堆积的沙滩。本段海岸高潮带以侵蚀作用为主，中潮带和低潮带以堆积作用为主（图 4.19）。

（4）旧洋江口—平石江口

主要地貌类型是堆积的泥滩，以堆积作用为主。平石江南岸主要地貌类型是侵蚀—堆积的砂泥混合滩，动力地貌过程为侵蚀—堆积过程。北岸主要为堆积的砂泥混合滩。

龙门岛群水道中潮间带地貌类型主要是砂泥混合滩和岩滩。岬角海岸的岩滩以侵蚀作用为主，砂泥混合滩动力地貌过程为侵蚀—堆积过程（图 4.20）。

8）茅尾海西岸

（1）龙门岛东北岸（龙门港水厂—瓦窑江口）

潮间带地貌主要为砂泥混合滩和红树林滩，动力地貌过程为侵蚀—堆积过程。

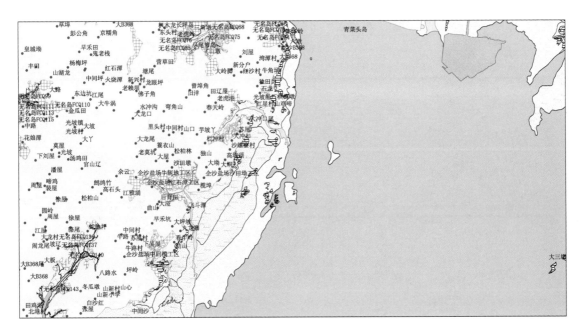

图4.19　钦州湾西岸榄埠江口—旧洋江口潮间带地貌类型分布图（图例见图4.17）

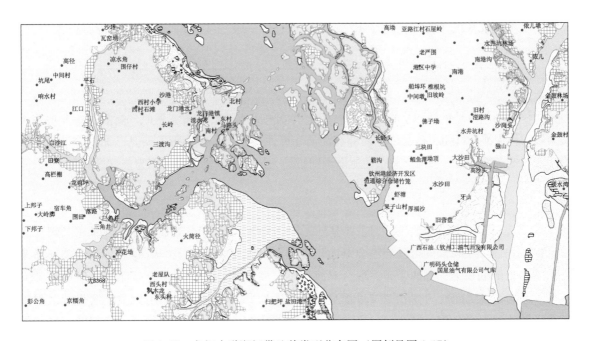

图4.20　龙门水道潮间带地貌类型分布图（图例见图4.17）

（2）瓦窑江口—大基围江口

高潮带主要是红树林泥滩，中潮带为砂泥混合滩，低潮带为沙滩。中潮带砂泥混合滩动力地貌过程为侵蚀—堆积过程，红树林滩和低潮带沙滩以堆积作用为主。大基围江口以北潮间带为茅岭江边滩，地貌类型为砂泥混合滩，动力地貌过程以堆积作用为主（图4.21）。

4.1.2.2　钦州管辖段潮间带地貌类型分布

钦州市海岸西北起自茅岭江口，东至大风江中部丹竹江西北岸。包括茅尾海、七十二泾

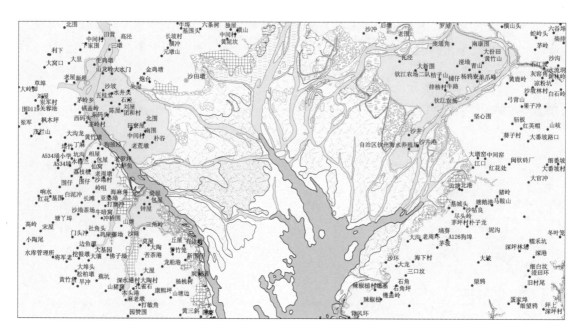

图 4.21　茅尾海潮间带地貌类型分布图（图例见图 4.17）

岛群、钦州湾北岸的金鼓江、鹿耳环江、大灶江、犀牛脚—乌雷、三娘湾、红路框—大田框、大风江。

1）茅尾海

茅尾海潮间带是钦江和茅岭江入海泥沙充填堆积而成的下三角洲平原。高潮带主要地貌类型为红树林泥滩和红树林砂泥滩，局部有泥质和砂泥质草滩；中潮带主要是砂泥混合滩，局部为沙滩；低潮带主要为沙滩。整个茅尾海潮间带动力地貌过程以堆积作用为主（图 4.21）。

2）七十二泾岛群—钦州港

七十二泾岛群潮间带地貌类型主要是砂泥混合滩和红树林砂泥滩。岛群西部（老鸦环岛以西）岛屿面积小，潮间带砂泥混合滩面积较大，以堆积作用为主。岛群东部（老鸦环岛及其以东）岛屿面积大，潮间带砂泥混合滩面积小，多为侵蚀堆积的碎石砂泥滩。但仙人井大岭岛—箢沟墩岛之间红树林砂泥滩和砂泥混合滩连片分布，以堆积作用为主。钦州港区附近只有零星的砂泥混合滩，局部有小片红树林砂泥滩分布，现代动力地貌过程为侵蚀—堆积作用过程（见图 4.20）。

3）金鼓江—大灶江

金鼓江、鹿耳环江和大灶江河口湾内潮间带地貌类型都是砂泥混合滩，以堆积作用为主。金鼓江口—鹿耳环江口岸段高潮带为岩滩和侵蚀的沙滩，中潮带为侵蚀堆积的沙滩，低潮带为宽阔的堆积沙滩（见图 4.21，图 4.22）。高潮带动力地貌过程以侵蚀作用为主，中潮带为侵蚀—堆积作用过程，低潮带的堆积可能与人工围垦有关。

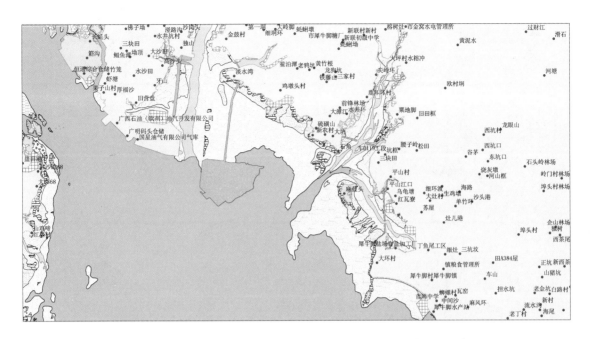

图4.22 钦州湾北岸金鼓江—犀牛脚水产站岸段潮间带地貌类型分布图（图例见图4.17）

4）大灶江口—乌雷炮台

（1）麻兰头岛—犀牛脚水产站岸段

高潮带是岩滩，其次是侵蚀的沙滩进流坡。麻兰岛—大灶江口南侧陆地之间的浅滩有起伏的中潮位沙滩分布，其他岸段基本没有中潮位沙滩。低潮带为侵蚀堆积的沙滩（图4.23）。本段海岸潮间带动力地貌过程的特征是高潮带以侵蚀作用为主，中潮带和低潮带侵蚀—堆积作用交替。

（2）犀牛脚水产站—乌雷炮台岸段

高潮带主要是沙滩进流坡和岩滩；中潮带以岩滩为主，局部有碎石砂泥混合滩分布；低潮带主要为砂砾滩。乌雷伏波庙—南珠集团虾苗基地岸段高潮带为沙滩进流坡，中潮带和低潮带都是岩滩。动力地貌过程以侵蚀作用为主。

5）南珠集团虾苗基地—三娘湾

东花根村以西岸段高潮带主要为岩滩，中潮带和低潮带为堆积的沙滩。东花根村以东岸段高潮带地貌类型是侵蚀的沙滩，中潮带上部为由滩脊—滩槽发育的沙滩，中潮带下部和低潮带为缓慢堆积的沙滩。三娘湾村东部岬角高潮带为岩滩（图4.23）。这段海岸潮间带动力地貌过程的特征是高潮带以侵蚀作用为主，中潮带侵蚀—堆积交替，低潮带以堆积作用为主。

6）三娘湾村东—大风江口门

（1）三娘湾村东—狮子头和苏屋村—中三墩

两段海岸高潮带为狭窄的沙滩进流坡，海岸线和高潮带沙滩动力地貌过程以侵蚀作用为主。狮子头—苏屋村和中三墩—大风江口（大王山村）两段海岸高潮带地貌类型为泥滩和红树林泥滩，动力地貌过程以堆积作用为主。

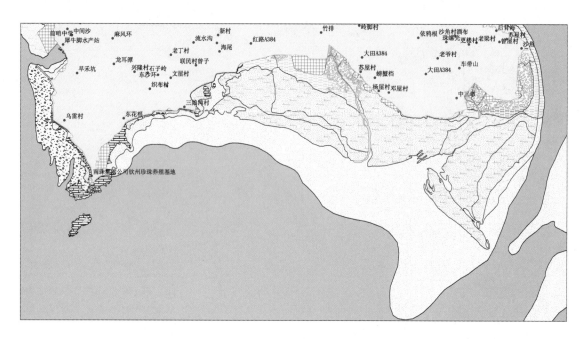

图 4.23　钦州湾东北岸—犀牛脚水产站—大风江口岸段潮间带地貌类型分布（图例见图 4.17）

（2）三娘湾村东—大王山村

全岸段的中潮带地貌类型主要是由滩脊—滩槽发育的沙滩，其次是平坦的侵蚀堆积沙滩和砂泥混合滩，动力地貌过程表现为侵蚀—堆积作用交替。中潮带地形地貌变化剧烈。低潮带地貌类型主要为堆积的沙滩，局部有侵蚀堆积的沙滩分布。低潮带动力地貌过程以堆积作用为主（图 4.23）。

7）大风江西岸南段（大王山村—鸡笼山岛）

（1）大王山—沙角岸段

潮间带地貌类型主要是泥滩，高潮带上部为红树林泥滩，局部有沙滩分布（图 4.24）。总体上，本段海岸潮间带动力地貌过程以堆积作用为主。

（2）沙角村—大石头村东岸段

高潮带地貌类型主要是红树林砂泥滩，中潮带上部为侵蚀堆积的砂泥混合滩，中潮带下部和低潮带为堆积的泥滩。本段海岸潮间带上部动力地貌过程表现为侵蚀—堆积作用交替，下部以堆积作用为主。

（3）大石头村东—沙环村南岸段

高潮带为狭窄的沙滩和碎石滩，动力地貌过程以侵蚀作用为主。中潮带和低潮带都是砂泥混合滩，动力地貌过程特征是侵蚀—堆积作用交替。

（4）沙环村—鸡笼山岛岸段

高潮带为侵蚀的沙滩，中潮带上部为侵蚀堆积的沙滩，中潮带下部和低潮带都是堆积的泥滩。鸡笼山岛南部高潮带为红树林砂泥滩。沙环村—鸡笼山岛岸段高潮带动力地貌过程以侵蚀作用为主，中潮带上部侵蚀—堆积作用交替，中潮带下部和低潮带以堆积作用为主。

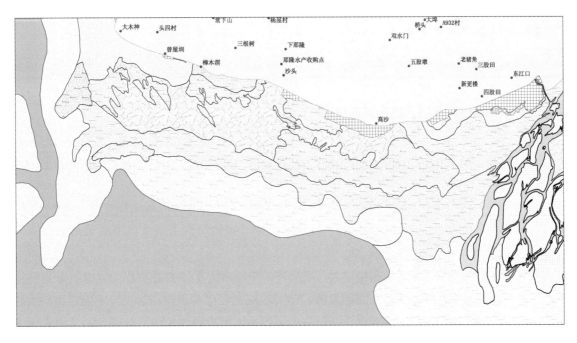

图 4.24　大风江口—南流江口岸段潮间带地貌类型分布图（图例见图 4.17）

8）大风江中、北部（鸡笼山岛以北）

大风江中、北部是典型的溺谷型河口湾，潮间带地貌类型主要是充填堆积的砂泥混合滩和红树林砂泥滩为主，局部基岩岸段有岩滩和碎石滩分布。潮间带动力地貌过程以堆积作用为主，局部有侵蚀现象。

4.1.2.3　北海管辖段潮间带地貌类型分布

北海市海岸西起大风江中部的丹竹江东南岸，东至桂粤交界的英罗港。包括大风江溺谷湾海岸、大木神—南流江口砂质海岸、廉州湾南流江三角洲（廉州湾）、冠头岭基岩海岸、北海市东南部（冠头岭—铁山港口门）砂质海岸、铁山港溺谷湾海岸、沙田镇—英罗港口门砂质海岸、英罗港溺谷湾海岸等岸段。

1）大风江东南部

丹竹江东南岸及河口湾内的海岛、湾中浅滩的潮间带地貌类型主要是红树林砂泥滩和中潮位砂泥混合滩，现代动力地貌过程以堆积作用为主。丹竹江口以南至鲁根嘴沿岸及大风江湾中岛屿周围的潮间带地貌类型主要是泥滩，其次为红树林泥滩，局部有砂泥混合滩分布。现代动力地貌过程以堆积作用为主。鲁根嘴—下卸江岸段潮间带地貌类型主要是砂泥混合滩，其次为红树林砂泥滩和砂泥质草滩。现代动力地貌过程以堆积作用为主。下卸江—大木神（大风江口）潮间带地貌类型由砂泥混合滩逐渐过渡为沙滩。中潮带沙滩以堆积作用为主，低潮带沙滩侵蚀—堆积作用交替。大风江口门处的湾口浅滩主要是低潮位沙滩，动力地貌过程为侵蚀—堆积过程（见图 4.24）。

2）大风江口—南流江口

本段海岸潮间带地貌主要是沙滩，中潮带中部有砂泥混合滩分布。现代动力地貌过程为侵蚀—堆积作用交替（见图4.24）。中潮带下部—低潮带有大型滩脊—滩槽系列和沙波发育，侵蚀—堆积作用变化较强，地貌形态变化较快。

3）廉州湾（南流江三角洲海岸）

廉州湾北部是南流江入海泥沙充填堆积而成的三角洲平原。七星岛、南域岛、渔江岛、针鱼曼岛等岛屿都是堆积岛。它们与东、西两侧的堆积平原一起构成南流江的上三角洲平原。廉州湾北部潮间带则是南流江三角洲的下三角洲平原。廉州湾潮下带浅滩主要是南流江入海泥沙充填堆积而成的水下三角洲平原。

廉州湾潮间带地貌类型的分布格局为：高潮带—中潮带上部主要是堆积的泥滩，分流河道的河口附近高潮带为红树林泥滩和泥质草滩。动力地貌过程以堆积作用为主。中潮带主要为砂泥混合滩，侵蚀—堆积作用交替变化。针鱼曼岛东侧分流河道以西的中潮位砂泥混合滩总体上以堆积作用为主（图4.25），分流河道以东的中潮位砂泥混合滩侵蚀—堆积作用交替。低潮带地貌类型主要是侵蚀堆积的沙滩，滩面地形完整性低，潮水沟纵横交错，地貌形态演变快。

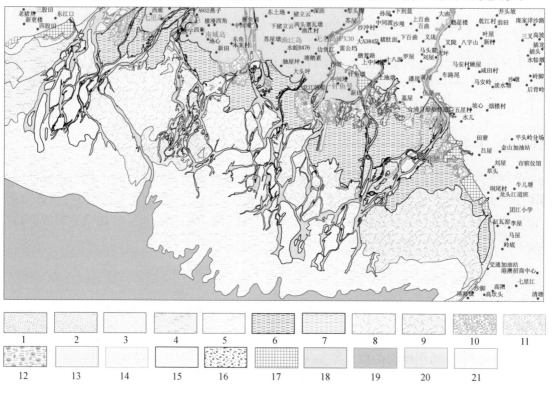

图 4.25　廉州湾潮间带地貌类型分布图

1：堆积的高潮位沙滩；2：侵蚀堆积的高潮位沙滩；3：堆积的中潮位沙滩；4：平坦的中潮位侵蚀堆积沙滩；5：平坦的低潮位侵蚀堆积沙滩；6：堆积的高潮位泥滩；7：侵蚀堆积的高潮位泥滩；8：堆积的中潮位砂泥混合滩；9：侵蚀堆积的中潮位砂泥混合滩；10：茂密的红树林泥滩；11：稀疏的红树林泥滩；12：泥质草滩；13：河口心滩；14：河口边滩；15：河口沙坝；16：砂砾滩；17：养殖区；18：潮水沟与潮间带河道、水道；19：海域；20：沙岛；21：人工围垦区及海堤

廉州湾东南部北海市外沙以东是砂质海岸，潮间带地貌类型主要是沙滩，动力地貌过程为侵蚀—堆积作用交替。其中，高潮带沙滩狭窄，动力地貌过程以侵蚀作用为主。

4）北海市冠头岭海岸

北海市外沙以南—南沥港是一个基岩岸段，潮间带地貌类型主要是海蚀平台和砂砾滩，局部有卵石滩分布。动力地貌过程以侵蚀作用为主（图4.26）。

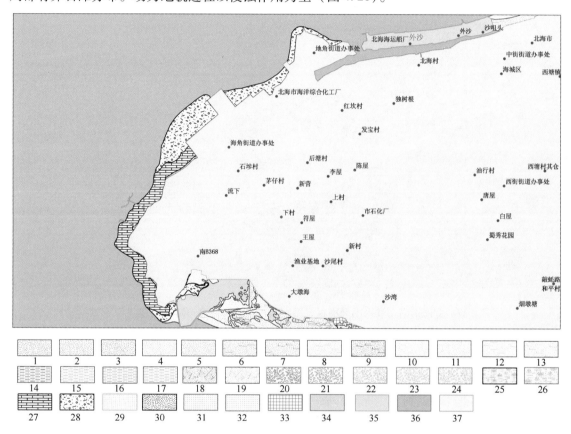

图4.26 北海市冠头岭（地角—南沥港）潮间带地貌类型分布图

1：堆积的高潮位沙滩；2：侵蚀堆积的高潮位沙滩；3：侵蚀的高潮位沙滩；4：堆积的中潮位沙滩；5：侵蚀堆积的中潮位沙滩；6：平坦的中潮位侵蚀堆积沙滩；7：起伏的中潮位侵蚀堆积沙滩；8：平坦的中潮位侵蚀沙滩；9：起伏的中潮位侵蚀沙滩；10：堆积的低潮位沙滩；11：侵蚀堆积的低潮位沙滩；12：平坦的低潮位侵蚀堆积沙滩；13：起伏的低潮位侵蚀堆积沙滩；14：堆积的高潮位泥滩；15：堆积的中潮位泥滩；16：侵蚀堆积的中潮位泥滩；17：堆积的低潮位泥滩；18：堆积的高潮位砂泥混合滩；19：堆积的中潮位砂泥混合滩；20：茂密的红树林泥滩；21：茂密的红树林砂泥滩；22：稀疏的红树林泥滩；23：稀疏的红树林砂泥滩；24：稀疏的红树林砂滩；25：砂泥质草滩；26：砂质草滩；27：岩滩（海蚀平台）；28：砂砾滩；29：高潮位沙脊；30：潮间带沙脊；31：河口心滩；32：河口边滩；33：养殖区；34：潮水沟与潮间带河道、水道；35：潟湖；36：海域；37：人工围垦区及海堤、码头

5）北海市东南部砂质海岸（渔沥港—铁山港西岸北海电厂）

本段海岸是广西壮族自治区规模最大、潮间带地貌类型最丰富的砂质海岸。

（1）南沥港—小老虎村南部岸段

潮间带宽度600～1 000 m，岸外滩脊堆积到高潮位以上，形成堡岛沙坝式滩脊。堡岛沙坝北部是中潮位沙滩洼地以充填堆积为主，堡岛沙坝南部（向海侧）的中潮位和低潮位沙滩侵蚀—堆积作用交替（图4.27）。本段海岸高潮位沙滩和堡岛沙坝式滩脊以堆积作用为主，堡岛沙坝内的中潮位沙滩也以堆积作用为主，但沙滩洼地中部低洼带落潮时起着排水沟的作用，以侵蚀作用为主。堡岛沙坝南侧的中潮位沙滩上发育滩脊—滩槽形态，侵蚀—堆积过程交替。低潮位沙滩上有低缓的滩脊—滩槽形态发育，侵蚀—堆积作用交替发生。

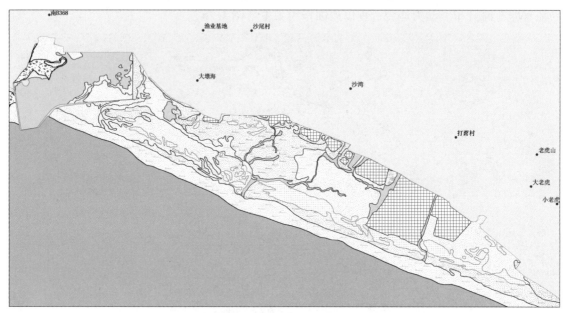

图4.27　北海市南沥港—小老虎村岸段潮间带地貌类型分布图（图例见图4.26）

（2）小老虎村—白虎头岸段

高潮位沙滩滩肩平坦，进流坡缓，以堆积作用为主。中潮位和低潮位沙滩上中潮带为充填堆积的沙滩。北岸有红树林砂泥滩分布。沙虫寮港河口湾内及上游河口边滩动力地貌过程以堆积作用为主。都有滩脊—滩槽形态发育，侵蚀—堆积作用交替发生（图4.28）。

（3）沙虫寮港河口湾

中潮带为充填堆积沙滩，北岸分布有红树林，沙虫寮港河口湾内及上游河口边滩动力地貌过程以堆积作用为主。

（4）乌黎村—西村港口岸段

高潮带为红树林砂泥滩，以堆积作用为主；中潮带沙滩有纵向沙垄、滩脊—滩槽等微地貌形态发育，侵蚀—堆积作用交替发生，侵蚀带与堆积带交错分布；低潮位沙滩有低缓沙波和纵向沙垄等微地貌发育，侵蚀—堆积作用过程交替。

（5）西村河河口边滩和心滩

主要为砂泥混合滩，北段边滩红树林茂密。西村河河口湾潮间带动力地貌过程以堆积作用为主。

（6）西村港—白龙港

高潮带沙滩分布不连续，大部分岸段缺失高潮位沙滩，局部有红树林沙滩分布，海岸线和高潮位沙滩遭受侵蚀作用，只有局部红树林砂泥滩和红树林外的沙滩以堆积作用为主；中潮带沙滩发育滩脊—滩槽、潮流沙脊、纵向沙垄等微地貌形态，侵蚀—堆积作用过程变化剧

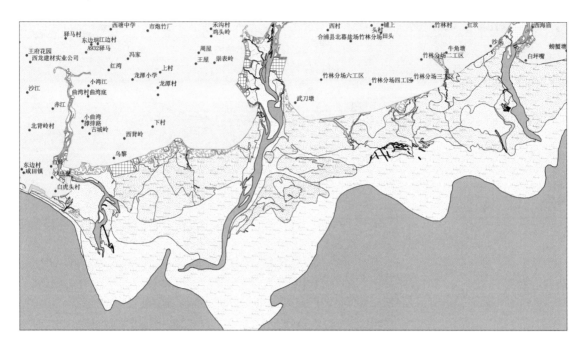

图 4.28 北海市白虎头村—白龙港岸段潮间带地貌类型分布图（图例见图 4.26）

烈；低潮带沙滩发育沙波和低缓滩脊—滩槽等微地貌形态。本段海岸中潮带和低潮带动力地貌过程都是侵蚀—堆积交替的过程。白龙河河口边滩和河口心滩都是以堆积作用为主的砂泥混合滩。

（7）白龙港—营盘港岸段

高潮带主要为侵蚀的沙滩（进流坡），局部有较宽的堆积沙滩分布；中潮带沙滩发育沙波群、沙脊群和滩脊—滩槽等微地貌形态，侵蚀—堆积作用交替，滩面地形变化剧烈；低潮带沙滩有沙波发育，动力地貌过程为弱侵蚀—弱堆积过程（图 4.29）。

（8）营盘港—淡水口岸段

高潮带地貌类型是侵蚀的沙滩；中潮带沙滩发育沙脊群和纵向沙垄，侵蚀—堆积作用交替，滩面地形变化剧烈；低潮带沙滩有沙脊发育，动力地貌过程为弱侵蚀—弱堆积过程。受人工围垦工程的影响，青山头—淡水口岸段中潮带下部和低潮带沙滩近期发生堆积，滩面变平整（图 4.29）。

（9）槟榔根围垦区—北暮盐场北暮分场东部

本段海岸岸线较平直，高潮带沙滩和海岸线受侵蚀，中潮带沙滩发育纵向沙垄，侵蚀—堆积作用交替发生。低潮带沙滩较平坦，动力地貌过程为弱侵蚀—弱堆积过程。

（10）北暮盐场北暮分场东部—北海电厂岸段

潮间带有滩脊—滩槽形态发育，冲淤变化剧烈，部分滩脊淤积达到高潮位以上。中潮带和高潮带动力地貌过程为强侵蚀—强堆积过程，滩面地形变化剧烈；低潮带沙滩较平坦，动力地貌过程为弱侵蚀—弱堆积过程。

6）北海电厂—煤气码头

北海电厂—石头埠码头岸段主要为人工海岸。石头埠码头—煤气码头岸段潮间带地貌类

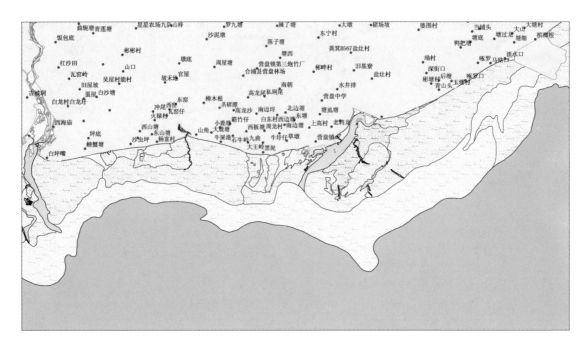

图 4.29　北海市白龙港—淡水口岸段潮间带地貌类型分布图（图例见图 4.26）

型主要为泥滩，其次为红树林泥滩。动力地貌过程以堆积作用为主。

7）煤气码头—白沙头港

本段海岸潮间带地貌类型主要是沙滩。其中高潮位沙滩以堆积为主，沙滩宽度较大。中潮位沙滩为弱侵蚀—弱堆积的平缓沙滩。低潮位沙滩以堆积为主。

8）白沙头港—海角

白沙头港以北的铁山港西岸潮间带地貌类型主要是砂泥混合滩，高潮带和中潮带上部有红树林砂泥滩，中潮带大部分为砂泥混合滩，低潮带有沙滩分布。本段海岸潮间带动力地貌过程以堆积作用为主。

9）铁山港东岸北部（海角—铁山港跨海大桥）

本段海岸潮间带地貌类型主要是泥滩，高潮带和中潮带上部有红树林泥滩和红树林砂泥滩分布。局部有高潮带沙滩和砂砾滩及岩礁分布。总体上本段海岸潮间带动力地貌过程以堆积为主。

10）铁山港东岸中部（铁山港跨海大桥—沙尾）

本段海岸地貌类型分布特征是：高潮带主要为红树林砂泥滩，中潮带主要为沙滩，局部为砂泥混合滩，低潮带为沙滩。潮间带动力地貌过程以堆积作用为主。老鸦港以南中潮带沙滩动力地貌过程为侵蚀—堆积作用交替的过程。

11）丹兜海

丹兜海潮间带是那郊河入海泥沙充填堆积而成的下三角洲平原。其高潮带地貌类型为泥滩和红树林泥滩，中潮带主要为砂泥混合滩，低潮带为沙滩。动力地貌过程以堆积作用为主

（图 4.30）。

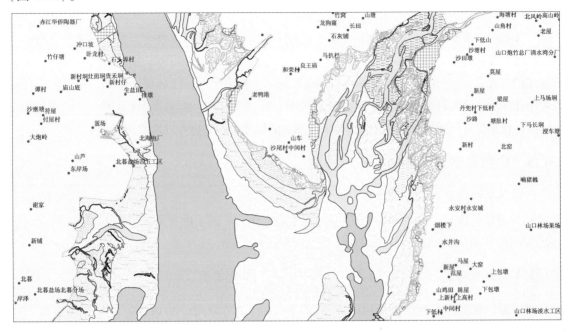

图 4.30　北海市铁山港南部丹兜海及附近岸段潮间带地貌类型分布图（图例见图 4.26）

12）沙田镇—北暮盐场榄子根分场乌坭工区

本段海岸是较典型的砂质海岸。高潮带沙滩狭窄。中潮带沙滩宽阔，发育沙波群、沙脊群、纵向沙垄、滩脊—滩槽等微地貌形态。低潮带上部也有沙波发育。本段海岸潮间带动力地貌过程表现为侵蚀—堆积作用交替。其中中潮带沙滩侵蚀—堆积作用强烈，滩面微地貌丰富，地形变化剧烈（图 4.31）。

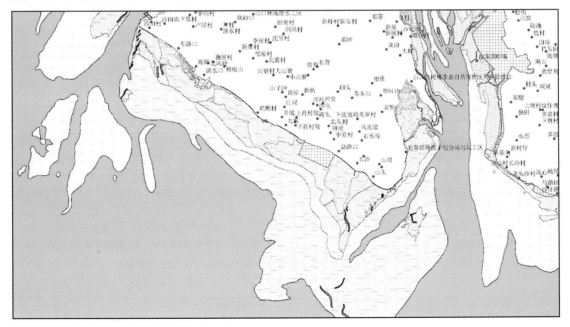

图 4.31　北海市铁山港东岸沙田村—英罗港南部潮间带地貌类型分布图（图例见图 4.26）

13）英罗港

红头岭—马鞍岭西侧岸段高潮带地貌类型为红树林砂泥滩，中潮带为砂泥混合滩。动力地貌过程以堆积作用为主。但红头岭（火山岩台地）和马鞍岭沿岸为火山岩台地构成的海蚀崖，崖下有崩塌的玄武岩块经磨圆而成的巨砾。马鞍岭东侧—大村南部有一段砂砾滩海岸。动力地貌过程以侵蚀作用为主。大村东部以北海岸主要是红树林岸。高潮带主要为红树林泥滩，中潮带为堆积的泥滩，低潮带为侵蚀堆积的沙滩。英罗港北部潮间带动力地貌过程以堆积作用为主。

4.1.3 广西典型海岛潮间带地形地貌

广西各类海岛共有 709 个，其中陆连岛 380 个，近岸岛 3 个。由于在海岸带潮间带地形地貌一节中已经涉及了绝大部分的陆连岛。因此本节只对近岸的（距离大陆岸线在 10 km 以上）涠洲岛、斜阳岛的潮间带地形地貌特征进行阐述。

4.1.3.1 典型海岛（涠洲岛—斜阳岛）潮间带地貌类型

按照海岸带潮间带地貌分类原则，将涠洲岛—斜阳岛潮间带的划分为基岩海岸地貌、砂质（含砂砾质）海岸地貌和生物海岸带地貌 3 大类。

1）基岩海岸地貌

涠洲岛和斜阳岛的基岩海岸地貌类型主要包括海蚀平台（岩滩）、卵石滩和碎石滩（图4.32）。

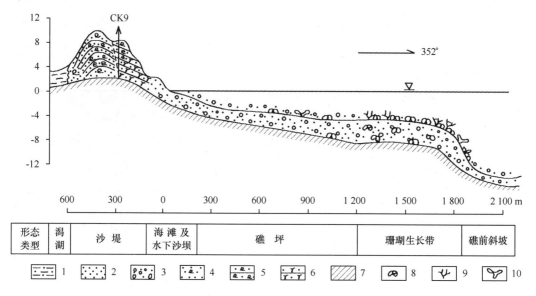

形态类型	潟湖	沙堤	海滩及水下沙坝	礁坪	珊瑚生长带	礁前斜坡

图 4.32 涠洲岛北港附近珊瑚岸礁地貌实测剖面（据王国忠，2001，改编）

1：砂质淤泥；2：砂；3：砾石及珊瑚断枝；4：含生物碎屑砂；5：生物碎屑海滩岩；6：珊瑚碎屑海滩岩；
7：基岩（火山碎屑岩）；8：块状珊瑚；9：枝状珊瑚；10：葡萄状珊瑚

（1）海蚀平台（岩滩）

涠洲岛东南岸的海蚀平台最为典型。组成岩石为火山凝灰岩，岩层产状近水平。波浪在海蚀崖崖麓沿层侵蚀，形成巨大的海蚀穴和海蚀洞。海蚀穴顶部的岩层不堪重负时，成层塌落在崖前海蚀平台上。海蚀崖近直立，崖前海蚀平台表面平坦而宽阔；斜阳岛和龙门岛群外部的一些岛屿，海岸海蚀崖陡立，崖壁上有多层海蚀穴和海蚀洞，海蚀平台狭窄，几乎不存在潮间带岩滩。

（2）卵石滩

涠洲岛基岩海岸处于开阔海域中，但涠洲岛的岩石成层性好，破碎的岩块呈平板状，难以磨圆成卵石形态。局部见珊瑚碎块磨圆而成的卵石。

（3）碎石滩

在开阔海域的岬角海岸的碎石滩，碎石块个体大。如涠洲岛的碎石块粒径大多在30～50 cm 以上，有的可达1 m 以上。

2）砂质（含砂砾质）海岸地貌

根据涠洲岛验潮站资料 [涠洲岛最低低潮位为 -0.32 m（水尺零点以下0.32 m），平均低潮位为1.03 m，当地平均海面为2.10 m，平均高潮位为3.36 m，最高高潮位为5.12 m，据李树华等，2001]，大致确定高滩对应的85 高程范围为3.36～2.10 m，中滩范围为2.10～1.03 m，低滩范围为1.03～-0.32 m。据此将涠洲岛潮间带分为高潮带、中潮带和低中潮带（图4.32）。

（1）低潮带砂砾滩

涠洲岛潮间带的低潮位砂砾滩有两种分布形式：一种是分布于相对平坦的向海倾斜低潮带，砾、砂混杂，但以砾石为主，砾石为玄武岩；另一种是分布于低潮带与中潮带连接部的凹地内，砾、砂混杂，但以砂为主，砾石仍为玄武岩。

（2）低潮带砂滩

涠洲岛潮间带的低潮带与中、高潮带之间在地形上界限分明。低潮带砂滩呈圆弧形，类似沿岸沙坝，滩面平坦，坡角变化在2°之间，底质沉积物以细砂为主，水边线附近由于即时波浪作用，粒度略粗化。

（3）中、高潮带砂滩

涠洲岛潮间带的中、高潮带地形较陡，坡度多在5°～7°之间，最大可达14°。中滩滩面比较平滑，滩面物质以细砂为主，坡脚处为砾质砂（含珊瑚砾石）；高潮带滩面物质分布也不均匀，坡度较陡的地方多以中细砂为主，坡度较缓的地方（即每一个陡坡的坡脚处）堆积有粒度较粗的含珊瑚砾石中细砂，反映出高潮位的动态变化。

3）生物（珊瑚礁坪）地貌

珊瑚礁坪是涠洲岛潮间带特征地貌类型之一，主要发育于低潮带和水下岸坡。礁坪宽达1 025 m，块状珊瑚占优势，优势种为橙黄珊瑚、秘密角蜂巢珊瑚、交替扁脑珊瑚；局部有枝状珊瑚密集生长，主要属种有葡匐鹿角珊瑚、美丽鹿角珊瑚。在礁坪靠岸一侧的局部岸段分布有小面积的洼地，洼地周围有1.0～1.5 m 高的陡坎。在大潮和风暴潮期间，仍受到海水的作用。洼地内沉积物为灰黑色、灰黄色含少量生物碎屑的淤泥质砂（见图4.32）。

4.1.3.2 典型海岛（涠洲岛—斜阳岛）潮间带地貌类型分布

1）涠洲岛

岩滩、砂（砾）滩和珊瑚礁坪是涠洲岛潮间带的主要地貌类型，但3者在空间上的分布存在很大差异（图4.33）。本节按照涠洲岛西侧、西北、北侧、东北、东侧、东南、南侧和西南8个方向具体描述涠洲岛潮间带的地貌类型分布。

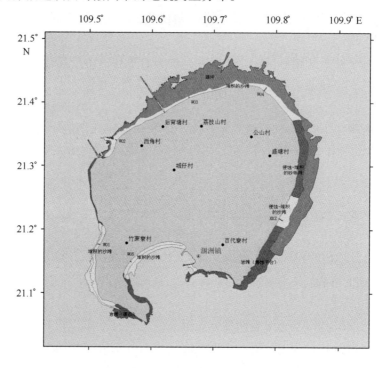

图 4.33　涠洲岛潮间带地貌类型分布

（1）西侧

涠洲岛西侧潮间带分为南、北两段，北段为岩滩地貌；南段为沙滩地貌，以堆积作用为主。在垂直岸线方向上，尽管地形变化较大，但地貌类型变化不大，高、中、低带都是堆积性砂滩地貌（图4.34）。

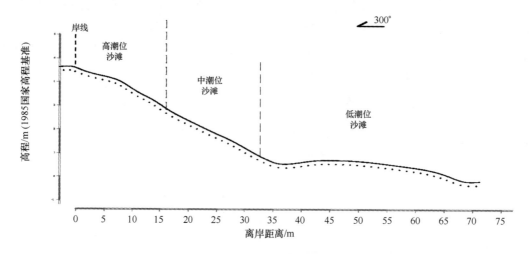

图 4.34　涠洲岛西南竹节寨海滩 W01 剖面实测地形地貌图

（2）西北侧

润洲岛西北向潮间带低潮带的向海一侧分布有珊瑚礁坪，范围较窄，向岸一侧的缓坡低潮带分布有范围较宽的玄武岩砾石滩；地形较陡的中、高带皆为堆积性沙滩（图4.35）。

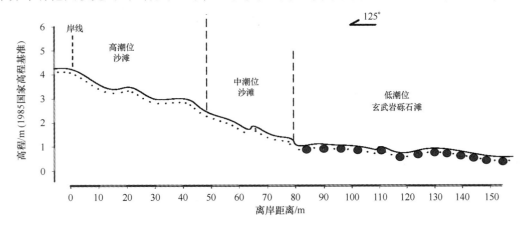

图4.35 润洲岛西北侧南油码头W02剖面实测地形地貌图

（3）北侧

润洲岛北侧潮间带低潮带的向海一侧分布有珊瑚礁坪，范围宽达1 025 m，向岸一侧地形起伏不大，低、中、高潮带皆为堆积性沙滩（图4.36）。

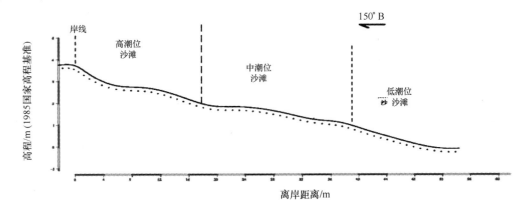

图4.36 润洲岛北侧W03剖面实测地形地貌图

（4）东北侧

润洲岛东北部潮间带低潮带的向海一侧分布有珊瑚礁坪，范围较宽，但不及正北部的珊瑚礁坪，向岸一侧低潮带地形起伏不大，但中、高潮地带地势明显升高。绝大部分低潮带为堆积性沙滩，但在低潮带与中潮带过渡带的低凹处分布砾石滩（图4.37）；中、高潮带皆为堆积性沙滩。

（5）东侧

润洲岛东侧潮间带分为南、北两段，北段低潮带向海一侧为较宽的珊瑚礁坪，向岸一侧的低、中、高潮带皆为侵蚀—堆积性沙砾滩；南段低潮带向海一侧为较宽的珊瑚礁坪，向岸一侧的低潮带地形平缓，为侵蚀—堆积性沙滩，但在低潮带与中潮带过渡区的低凹带为砾石

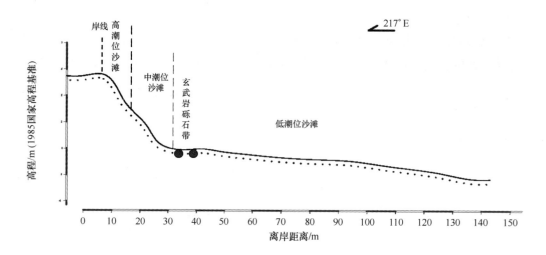

图 4.37　涠洲岛东北侧苏牛角坑 W04 剖面实测地形地貌图

滩；中、高潮带皆为侵蚀—堆积性沙滩（图 4.38）。

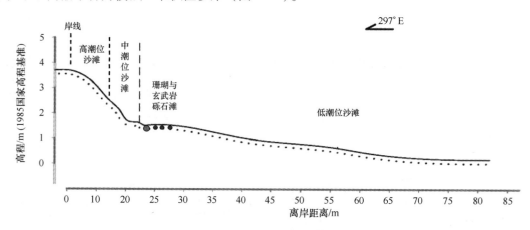

图 4.38　涠洲岛东侧石盘河 XKZ 剖面实测地形地貌图

（6）东南侧

涠洲岛东南部潮间带也分为南、北两段，北段低潮带向海一侧为较宽的珊瑚礁坪，向岸一侧的低、中、高潮带皆为侵蚀—堆积性沙砾滩；南段为岩滩地貌（海蚀平台）。

（7）南部

涠洲岛南部潮间带分为东、西两段。西段的高、中、低潮带皆为堆积性沙滩，而东段则为岩滩。

（8）西南部

涠洲岛西南部潮间带皆为岩滩。

2）斜阳岛

斜阳岛潮间带地貌类型简单，环岛皆为基岩地貌。但东北侧为海蚀平台，西南侧为海蚀崖（图 4.39）。

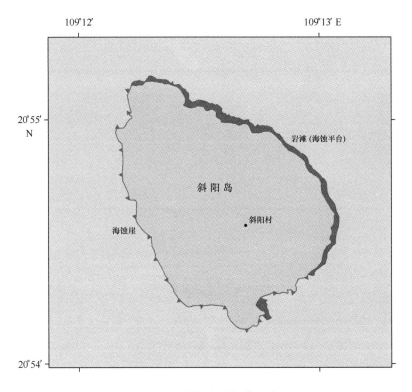

图 4.39 斜阳岛潮间带地貌

4.2 广西近海海底地形地貌

4.2.1 广西近海海底地形

广西近海海域属半封闭的大陆海域,除少数港湾(铁山港、钦州湾、防城港和珍珠港)外,地形开阔平坦,微向海缓缓倾斜,坡度在 0.3 ~ 7 之间(图 4.40);水深在 0 ~ 15 m 之间,西侧珍珠湾、防城港湾外水深较深;等深线基本为西北—东南走向,但由东至西有约 6 条水深在 5 m 以深的水道分别通向铁山港、廉州湾、钦州湾、防城港和珍珠港,而各港湾内等深线多为南北走向,但因湾内滩涂、礁石等的影响又进一步分叉。

4.2.2 广西近海海底地貌

4.2.2.1 地貌分类原则

海底地貌形态是海洋动力过程的直接反映。根据"形态与成因相结合,内营力与外营力相结合,分类与分级相结合"的原则,按地貌成因主导因素,采取分析组合方法,依分布规模,按先宏观后微观,先群体后个体的顺序进行划分。据此,将广西近海海底地貌先按三级划分,然后再进行四级划分。

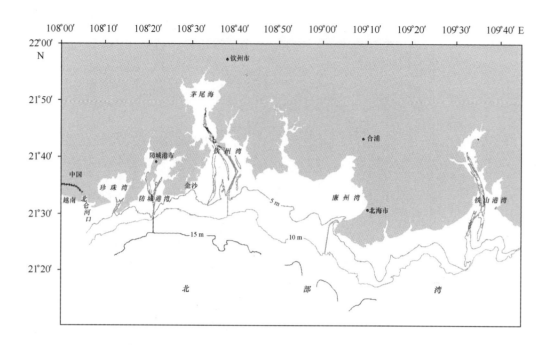

图4.40　广西近海地形概况

4.2.2.2　三级地貌类型及其分布

广西近海海底三级地貌包括水下三角洲、水下岸坡、水下古滨海平原和海底平原4种类型，分别标记为Ⅲ$_1$、Ⅲ$_2$、Ⅲ$_3$和Ⅲ$_4$。

1）水下三角洲（Ⅲ$_1$）

水下三角洲分布在北海半岛的西北部海域，位于北海港海滩前缘，主要由南流江入海泥沙堆积而成，亦称南流江水下三角洲。该水下三角洲内侧起自0 m等深线（理论最低潮面，下同），呈宽舌状向海延伸，外缘最深处水深7～8 m，面积约135 km^2；水下三角洲表面平缓，平均坡度约在7（图4.41）。水下三角洲表层沉积物内缘颗粒较粗，主要为细砂及粉砂，向外颗粒逐渐变细，主要为砂－粉砂－黏土。其上发育有残积砂、沙波纹等微地貌。

2）水下岸坡（Ⅲ$_2$）

广西近海水下岸坡主要分布在东部沿岸，东起铁山港口外西侧，西至钦州湾口外东侧，位于水下三角洲外测（图4.41）。水下岸坡东西长约90 km，南北宽约5～15 km，中部较宽，最宽可达20 km，两侧较窄，并向两端尖灭，分布面积约1 166 km^2。水下岸坡内缘起自0 m等深线或水下三角洲外缘（水深0～8 m）；水下岸坡外缘水深一般为5～10 m，最深可达15 m。水下岸坡近岸较陡，坡度约为1.5～10；远岸较平缓，坡度约0.4～1。水下岸坡表层主要为砂质沉积物所覆盖，往外则变为含泥沉积，界线较为清楚；岸坡东部往外变为残积砂，其外缘界线则不太清楚。水下岸坡上发育有残积砂、沙波纹、冲蚀沟槽、珊瑚残骸、残积土、岩礁、挖坑、拖痕等微地貌。

3）水下古滨海平原（Ⅲ₃）

广西近海的水下古滨海平原东起铁山港口外，西至钦州湾口外，呈带状环绕在水下岸坡的外缘（图4.41）。水下古滨海平原东西跨度达120 km，宽度一般在8 km左右，中部最宽可达14 km，向两侧逐渐变窄乃至消失，总面积约1 208 km²。水下古滨海平原内缘水深一般为5～10 m，外缘水深一般在15～20 m之间；东西两端水深迅速变浅。水下古滨海平原中部及西部比较平缓，微微向海倾斜，坡度约在0.3～0.6之间；平原东部则大体上向西南倾斜，坡度一般在0.5～0.8之间。水下古滨海平原西部表层覆盖着土黄色含砾中粗砂层，夹大量受到强烈磨损的贝壳碎片。水下古滨海平原由海面上升时形成的滨海沉积物构成。水下古滨海平原表面发育有残积砂、残积土、沙波纹、挖坑拖痕、沙脊等微地貌。

4）海底平原（Ⅲ₄）

广西近海的海底平原分布在水下古滨海平原的外侧及钦州湾口以西沿岸的广阔海域（图4.41），面积约3 026 km²。区内海底平原水深在8～17 m之间，地形平缓，海底坡度一般在0.3～0.6之间。表层沉积物主要为粉砂质黏土，北部为砂–粉砂–黏土。区内海底平原上发育有残积砂、残积土、沙波纹、岩礁、挖坑、拖痕等微地貌。

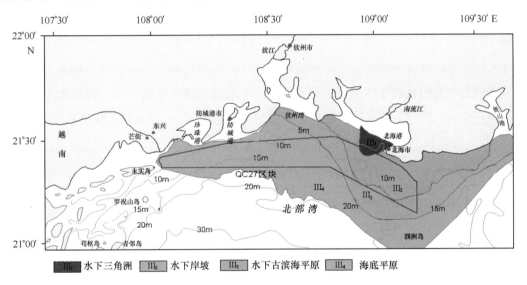

图4.41　广西近海海底三级地貌略图

4.2.2.3　四级地貌类型及其分布

广西近海海底四级地貌类型除拖痕、挖坑等人为地貌形态外，尚见多种自然地貌形态，如残积砂体、沙波纹、冲刷沟槽、残积土、礁石、珊瑚碎枝、沙脊等。

1）残积砂体

残积砂体是广西近海最为主要的一种微地貌类型，分布最为广泛，主要分布于北部，钦州湾东侧出现较多，其展布方向平行等深线分布；随着水深增加，残积砂体显著减少。钦州湾以西至白龙尾一带尚可见残积砂体分布，但已不能相连成片（图4.42）。

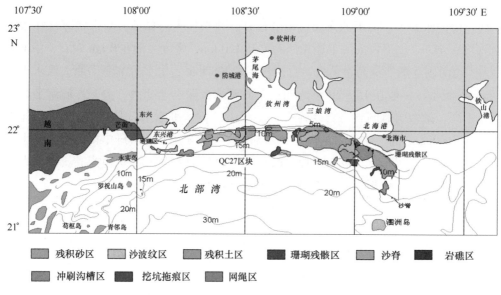

图4.42　广西近海四级地貌（微地貌）类型分布

2）沙波纹

沙波纹也是广西近海海底常见的微地貌类型。沙波纹与残积砂体相邻、相连，或分布于其上，表现为较为明显的伴生关系（图4.42）。沙波纹常成片连续分布，波纹大小不一，走向以北西向为主；少数沙波纹断续分布或交错相连，主要分布于广西近海北部，波纹长度为50～200 m。

3）残积土

残积土主要分布于广西近海东南部和西北部（图4.42），呈片状分布，但西北部残积土伴随零星礁石出现，指示残积土的形成是岩礁风化后的产物。

4）沙脊

沙脊仅出现于广西近海的东南角—涠洲岛一带（图4.42），沙脊主体的较缓侧沙纹细而长；较陡侧须状沙纹则较少发现。

5）礁石

岩礁主要分布于广西近海西南侧，东侧局部亦有礁石成零散分布（图4.42），大小不一，形态各异，一般不足30 m；南侧可见礁石成片分布，规模较大，纵横交错，分布范围可达400～600 m，常伴生有已经风化剥蚀的残积土存在。礁石可能为西南侧岛礁群往东延伸的水下部分。

6）珊瑚碎枝

　珊瑚残骸主要分布于广西近海东北角靠近北海一带，且出现范围较小。周边常伴生有礁石存在（图4.42）。以往的调查研究亦表明，在南侧往往有珊瑚碎枝分布。

7）冲刷沟槽

海底冲刷槽系潮流冲刷掘蚀致深的线形或长条形海底负地形地貌，单槽痕不深，大多出现在水流交汇、流态复杂、水深较浅的海区。广西近海海底的冲刷沟槽主要分布于东侧靠近北海市一带（图4.42），可能与南流江及其支流对海底地形的冲刷有关。

8）坑槽

广西近海海底局部可见挖坑分布，形状不规则，大小各异，零散分布（图4.42）。其形成原因有可能是大船抛锚所致，或者受底流反复冲蚀引起。

9）拖痕

广西近海海底常见因海底拖网捕捞作业产生的拖痕。拖痕有深有浅，长短不一，从数百米到上千米，方向以南北向居多。有的拖痕纵横交错，有的并行排列（图4.42）。

4.3　小结

按三级地貌分类原则，广西海岛、海岸带潮间带地貌分为砂质（包括砂砾质）海岸潮间带、粉砂淤泥质海岸潮间带、基岩海岸潮间带、生物（红树林和海草）海岸潮间带4大类；按照各类滩地所处的潮间带位置，分为高潮带、中潮带、低潮带3个主要分带；根据各个地貌单元的现代动力地貌过程，分为侵蚀的、侵蚀堆积的、堆积的3种成因地貌类型。

广西近海海域属半封闭的大陆海域，除少数港湾（铁山港、钦州湾、防城港和珍珠港）外，地形开阔平坦，微向海缓缓倾斜，坡度为0.3～7；水深在0～15 m之间，西侧珍珠湾、防城港湾外水深较深；等深线基本为西北—东南走向，但由东至西有约6条水深在5 m以深的水道分别通向铁山港、廉州湾、钦州湾、防城港和珍珠港，而各港湾内等深线多为南北走向。

广西近海海底三级地貌包括水下三角洲、水下岸坡、水下古滨海平原和海底平原4种类型；四级地貌类型除拖痕、挖坑等人为地貌形态外，尚见多种自然地貌形态，如残积砂体、沙波纹、冲刷沟槽、残积土、礁石、珊瑚碎枝、沙脊等。

5　广西近海沉积物特征

海洋沉积物特征包括沉积类型、沉积物矿物组成和沉积物化学特征。由于潮间带和海底沉积物的物质来源和沉积过程并不相同，因而沉积物特征也不同。因此，本章分别阐述广西潮间带和近海海底沉积物特征。

5.1　广西近海沉积物类型

沉积物类型是海底环境的基本表征。沉积物类型不仅决定了沉积物的物质组成，而且制约了海底形貌的演变，更重要的是直接控制了海底矿产资源的分布。

5.1.1　广西潮间带沉积物类型

5.1.1.1　海岸带潮间带沉积物类型

1）沉积物分类命名

以尤登—温德华氏等比制 Φ 值为粒级标准，采用谢帕德的三角图分类法对广西海岸带潮间带表层沉积物分类和命名。但是，由于广西海岸潮间带表层沉积物砾石和砂质粒组含量较高，为了与前人工作进行对比，在谢帕德分类的基础上，采用 1975 年海洋调查规范第四分册海洋地质调查中对粗粒沉积物命名原则把砂细分为粗砂、中砂和细砂。根据以上分类命名原则，将广西海岸带潮间带 344 件表层沉积物样品进行了分类命名。所有样品代表的沉积物类型统计于表 5.1 中。

从表 5.1 可以看出，广西海岸潮间带表层沉积物类型共有 10 种，由粗至细分别为：砾砂（GS）、粗砂（CS）、中砂（MS）、细砂（FS）、泥质砂（T－Y－S）、粉砂质砂（TS）、黏土质砂（YS）、砂－粉砂－黏土（STY）、黏土质粉砂（YT）和粉砂质黏土（TY）。

表 5.1　广西海岸带各岸段潮间带表层沉积物类型组成

岸段	砾砂（GS）	粗砂（CS）	中砂（MS）	细砂（FS）	泥质砂（T－Y－S）	粉砂质砂（TS）	黏土质砂（YS）	砂－粉砂－黏土（STY）	黏土质粉砂（YT）	粉砂质黏土（TY）
北海	2	30	13	43	17	11	3	4	1	0
钦州	4	16	5	34	18	5	10	22	2	9
防城港	3	2	6	70	6	2	1	4	0	1
合计	9	48	24	147	41	18	14	30	3	10

注：砂砾、砂质黏土各只有 1 个，分别归为砾砂和粉砂质黏土

总体来看，北海岸段样品颗粒最粗，有 119 个（95.97%）样品粗粒（砾粒、砂粒）组分在 50% 以上，其中含砾石 10% 以上的有 10 个；防城港岸段的底质类型最集中，有 70 个（73.6%）样品为细砂；钦州岸段则细粒样品最多，有 33 个（26.4%）样品含黏粒超过 20%（图 5.1）。

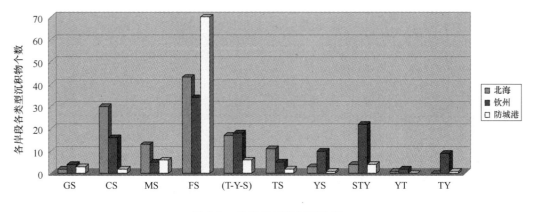

图 5.1　各岸段样品类型分布

2）沉积类型分布

（1）砾砂（GS）或砂砾

砾砂只有 1 个样品，位于广西与广东两省交界的英罗湾西岸的岩滩上；砂砾，分布区域有限，只在廉州湾的沙岛以及大风江西岸、钦州犀牛角和乌雷、钦州湾湾口东西两岸等地与岩滩相伴出现（图 5.2）。

（2）粗砂（CS）

在北海西村港以东至石头埠岸段的高潮滩或中潮滩呈条带状出现，在钦州大环半岛与马兰头岛之间的潮间浅滩处为细粗砂和含砾粗砂（图 5.2），推测为基岩岸段侵蚀残留沉积。整体比较，北海岸段粗砂组分含量比钦州岸段粗砂组分含量大，对应细砂组分含量比钦州岸段低。

（3）中砂（MS）

中砂比粗砂分布区域小，主要分布在铁山港丹兜海以东至英罗湾西岸的高潮中潮滩，以及北海西村港以西至冠头岭高中潮滩处。在钦州鹿耳环江以西碎石滩和防城港西湾湾顶针鱼岭低潮滩有零星分布（图 5.2）。

（4）细砂（FS）

分布最为广泛，占所有 344 个样品的 42.7%。在北海主要分布在铁山港湾口东岸的低潮滩附近，以及西岸向西至营盘镇的低潮滩附近。在廉州湾至大风江东岸的低潮带，在钦州的钦州湾外湾的东西两侧的中、低潮带，以及防城湾和珍珠湾的中、低潮滩处广泛分布（图 5.2）。

（5）泥质砂（T－Y－S）

分布在北海铁山港丹兜海东岸至沙田岸段的中、低潮滩以及充美岸段的高潮滩；在钦州主要分布在茅尾海湾顶大榄江和钦江入海口的水下三角洲区，以及茅岭江入海口处；在三娘湾养殖场附近和珍珠湾顶东部的低潮带（图 5.2）也有零散分布。

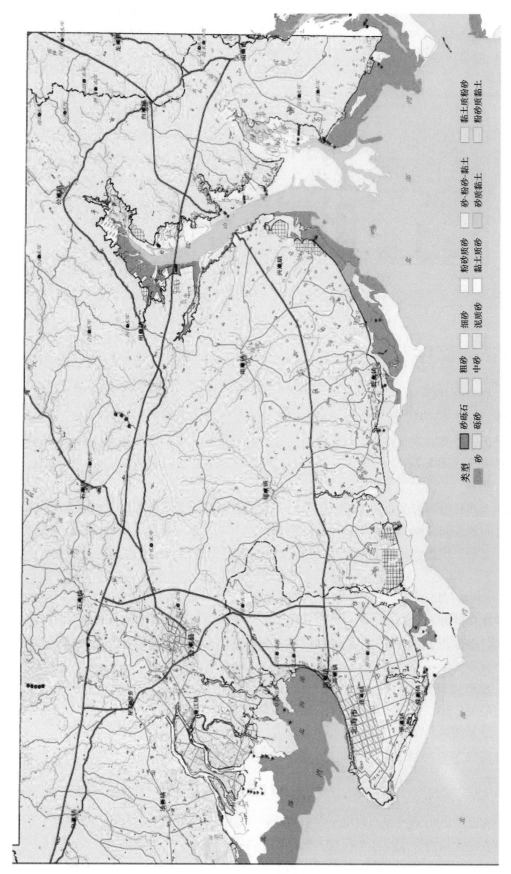

图 5.2a 英罗湾至廉州湾岸段潮间带沉积类型分布图

类型
砂砾石　粗砂　细砂　粉砂质砂　砂-粉砂-黏土　黏土质粉砂
砂　砾砂　中砂　泥质砂　黏土质砂　砂质黏土　粉砂质黏土

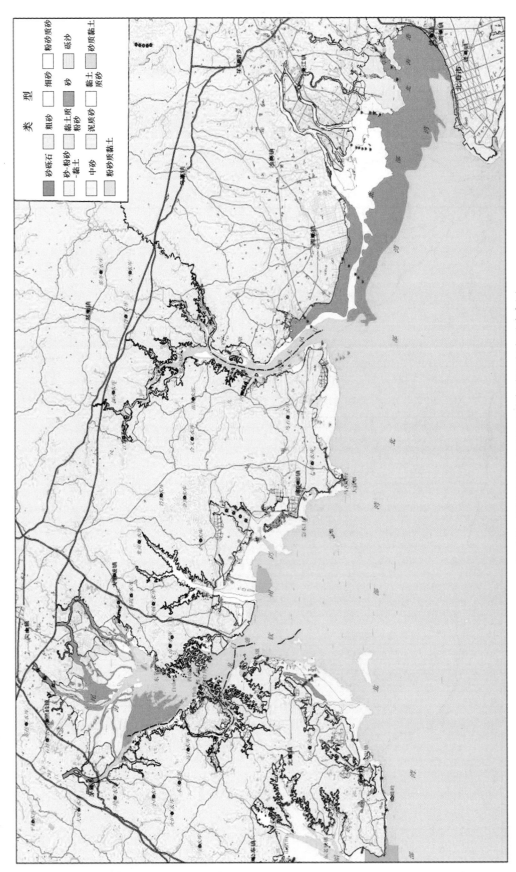

类 型

砂砾石　粉砂质砂

砂-粉砂-　细砂　砾砂
黏土

中砂　黏土质　砂
粉砂

粉砂质黏土　泥质砂　砂质黏土

图 5.2b　廉州湾至钦州湾岸段潮间带沉积类型分布图

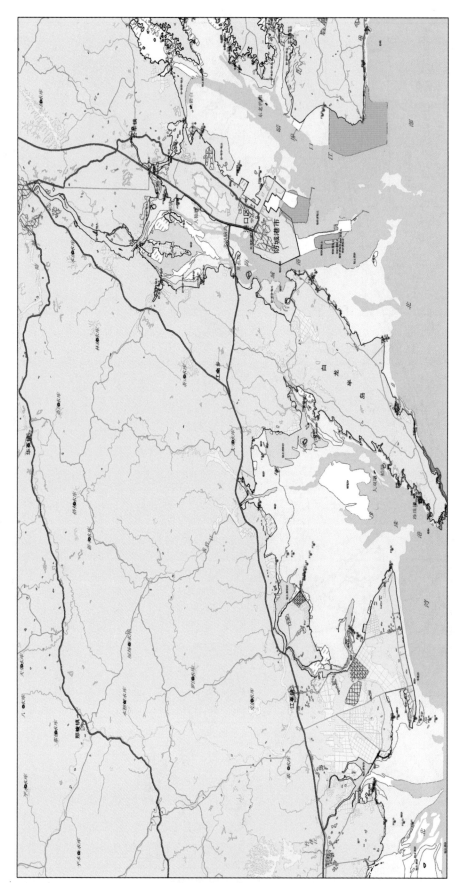

图 5.2c 防城港至北仑河口岸段潮间带沉积类型分布图

（6）粉砂质砂（TS）

主要分布在北海铁山港湾口、丹兜海湾口及以北的东岸至湾顶的低潮带附近，以及廉州湾南流江西出海口的中潮滩、钦州金鼓江东出海口的中潮滩和防城港江平竹排江出海口大堤外侧等局部区域（图5.2）。

（7）黏土质砂（YS）

主要分布在大风江东支丹竹江与大风江交汇处、大风江口东出海口、大风江口西岸的高中滩、钦江入海口的江心滩及其东岸段的高中滩；钦州湾湾口西岸的低潮滩的局部也有分布（图5.2）。

（8）砂—粉砂—黏土（STY）

主要分布在茅尾海东、西两侧的中潮带和低潮带；在北海主要分布在铁山港湾顶和石头埠养殖池外岸段；在防城港主要分布在防城港湾东湾沿岸和西湾湾顶以及西湾入海口牛头岸段；在钦州分布较广，大风江口出海口的西岸、钦州湾外湾东侧鹿耳环江出海口外西北岸段和金鼓江入海口东、西两岸，以及西岸白蚁岭以北岸段等局部出现（图5.2）。

（9）黏土质粉砂（YT）

局部分布。在丹兜海的湾内、廉州湾、大风江口以西和茅尾海、珍珠湾湾顶以及竹排江入海口的入口大堤内侧的岸段出现（图5.2）。

（10）砂质黏土（SY）和粉砂质黏土（TY）

只在钦州湾外湾西岸沙寮岸段的低潮线附近出现（图5.2）。粉砂质黏土分布在钦州所辖岸段的局部，如大风江口靠近出海口的西岸、茅尾海靠近湾口东岸以及茅岭江外的低潮带（图5.2）。

5.1.1.2　典型海岛潮间带沉积物类型

广西各类海岛共有709个，其中陆连岛380个，沿岸岛326个，近岸岛3个。由于在海岸带潮间带沉积物类型一节中已经涉及了绝大部分的陆连岛和沿岸。因此本节只对近岸的（距离大陆岸线在10 km以上）涠洲岛、斜阳岛的潮间带地形地貌特征进行阐述。

1）涠洲岛潮间带沉积物类型

涠洲岛周边海滩砂质沉积物中不含粉砂和黏土组分，以砂和砾石为主（图5.3）。砂粒级组分为0% ~100%，平均为91.0%；砾石组分为0.3% ~100%，平均为17.1%；平均粒径介于 -0.24 ~2.71φ 之间，平均为1.74φ。涠洲岛潮间带表层沉积物的组成比较单一，物质来源以海岸侵蚀供沙和珊瑚礁碎屑为主。从沉积物平均粒径与潮位的关系看（图5.4），潮上带沉积以粗砂—中砂为主，平均粒径大致在 1 ~2φ 之间，与高滩沉积物没有显著差别；高滩沉积物平均粒径的变化范围较大，从 -0.24 ~2.71φ 不等，沉积物类型以粗砂—中砂为主，亦含有较粗的砾砂、砾石（多为珊瑚砾石）和细砂；中滩沉积物平均粒径变化范围相对较小，大致在 1.25 ~2.5φ 之间，相应沉积物类型以中细砂和细砂为主；低滩沉积物平均粒径变化范围在 0.5 ~2.5φ 之间，沉积物类型以细砂为主，但中、低滩过渡带通常含有粗砂和砾砂等粗碎屑沉积。

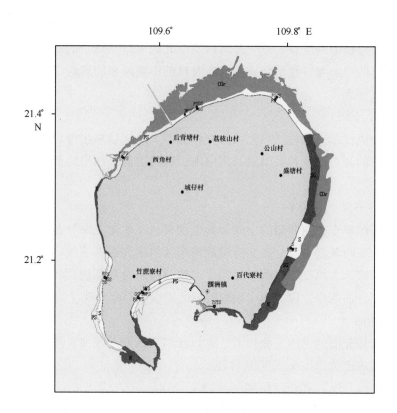

图 5.3 涠洲岛潮间带底质类型分布图

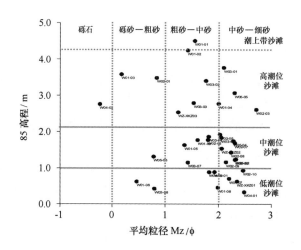

图 5.4 涠洲岛潮间带沉积物平均粒径与潮位的关系

2）斜阳岛潮间带沉积物类型

斜阳岛周边，潮间带底质类型以基岩（R）为主，局部见有砾石（G）、砂砾（SG）和砾砂（GS）沉积物堆积（图 5.5）。

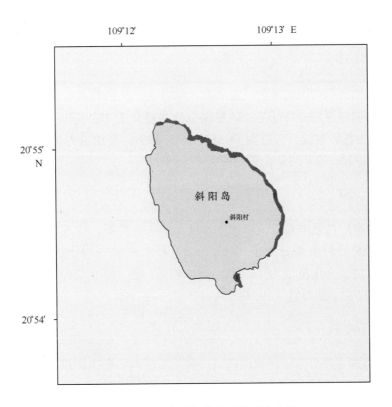

图 5.5 斜阳岛潮间带底质类型分布图

5.1.2 近海海底沉积物类型

5.1.2.1 海底沉积物类型

广西海域内沉积物类型较为简单，沉积物类型主要分为黏土质粉砂、砂、粉砂质砂、粉砂质黏土、黏土质砂、砂质粉砂 6 种。其中黏土质粉砂占 35% 左右，砂（S）和砂质粉砂（ST）各占 25% 左右，粉砂质砂（TS）占 10%，黏土质砂以及粉砂质黏土的含量最低共计 5% 左右（图 5.6）。

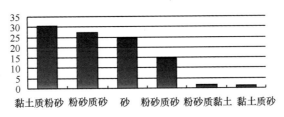

图 5.6 广西近海海底沉积物类型统计

1）砂（S）

呈灰 - 黄褐色，松散状，偶尔含贝壳及其碎片。整体来讲，砂粒级组分占绝对优势，百分含量在 75% 以上（75.93% ~ 100%），平均含量为 88.57%；粉砂粒级组分含量较低，变化于 0 ~ 23.25% , 平均值为 7.62% ; 黏土粒级组分含量不足 9% , 平均含量为 1.75% 。

2)粉砂质砂 (TS)

粉砂质砂为粗细沉积物间的一种过渡类型,以青灰 - 灰色为主。
该类型沉积物的粒度组分特征是:砂粒级组分含量介于 39.98% ~ 74.98% 之间,平均值为 57.27% ;其次为粉砂粒级,一般为 15.66% ~ 48.48% ,平均值为 34.31% ;黏土粒级组分含量低,变化于 0.90% ~ 24.59% ,平均值为 7.84% 。

3)砂质粉砂 (ST)

该类型沉积物在广西近海是粗细沉积物间过渡的主要类型,约占整个海域的 25% 。砂质粉砂的粒度组成以粉砂粒级组分为主,含量在 37.75% ~ 74.99% 之间,平均值为 58.35% 。砂粒级组分含量次之,变化范围为 13.43% ~ 48.43% ,平均值为 28.88% ;黏土粒级组分含量为 1.95% ~ 26.77% ,平均值为 12.44% 。

4)黏土质砂 (YS)

黏土质砂 (YS)主要分布于钦州湾湾口。黏土质砂的物质组成以粉砂粒级组分为主,含量为 40% ~ 50% 。此外,黏土粒级组分含量也较高,变化范围为 12.23% ~ 54.67% ,平均值为 34.16% ,而砂粒级组分含量则相对较低,大部分站位低于 20% ,平均值仅 15.61% ,变化幅度为 0.45% ~ 21.87% ,且多属于细砂。

5)黏土质粉砂 (YT)

黏土质粉砂 (YT)为区域内分布范围最广的沉积物类型,也是粒度最细的一类沉积物。粉砂含量为 50% ~ 60% ,黏土含量为 40% ~ 50% ;粗粒部分以极细砂为主,含量小于 10% 。这些沉积物绝大部分是陆源碎屑,砂以粉砂粒级组分为主,含量为 43.75% ~ 75.32% ,平均值 64.90% 。黏土粒级组分含量比砂质沉积物高,平均值达到 25.81% ,而砂粒级组分含量则很低,含量变化于 0.01% ~ 27.12% ,平均值只有 9.26% 。

6)粉砂质黏土 (TY)

砂质组分平均为 6.12% ,粉砂组分平均为 36.30% ,黏土组分平均为 57.57% 。

5.1.2.2 海底沉积物类型分布

广西海域内沉积物总体呈带状分布 (图 5.7),以西南角的黏土质粉砂最细,沿东北 60° 方向粒径逐渐变粗,依次为砂质粉砂、粉砂质砂、砂。钦州湾表层沉积物虽类型较多,但砂与粉砂质砂分布最为广泛。砂 (S)主要分布于北部湾北部沿岸地区,多在短源河流的河口附近,在北部湾湾顶的河口砂一般呈舌状分布,而出露在北部湾中部的砂则是末次冰期时低海面的沉积;粉砂质砂 (TS)主要分布于北部湾东北部海域,钦州湾以南 20 m 水深附近以及涠洲岛的外围也有分布;砂质粉砂 (ST)主要分布于陆架海域;黏土质砂 (YS)主要分布于钦州湾湾口;黏土质粉砂 (YT)基本上平行海岸展布,分布在 50 m 水深以浅的内陆架。粉砂质黏土 (TY)主要分布于钦州湾湾口的东侧潮流深槽。

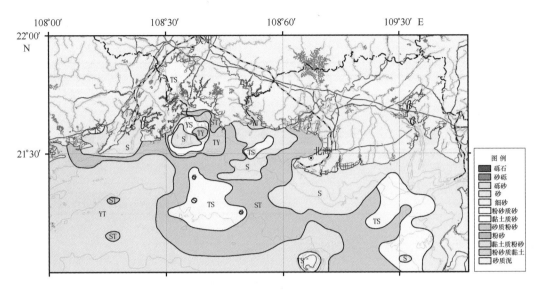

图 5.7   广西近海沉积物类型分布图

广西近海海底沉积物类型的分布特征与海水的动力环境密切相关。入海河流携带的粗粒物质因水动力降低，首先在近岸和河口被沉积下来，但同时受到潮流深槽影响也分布有二次混合沉积的泥质砂。向海延伸因水动力降低，沉积物颗粒渐变细。西南角黏土质粉砂的大片分布，应该与沿岸流有十分密切的关系。向西运动的沿岸流将细颗粒携带而沿途又不断地被沉积所致。

5.2   广西近海矿物组成

5.2.1   广西近海沉积物主要轻矿物分布

广西近海沉积物轻矿物种类主要有以下 10 种：石英、钾长石、斜长石、白云母、海绿石、绿泥石、方解石、文石、长石、黑云母，还有一定含量的风化碎屑、风化云母、生物碎屑、岩屑等。轻矿物中以石英为主，石英含量占 57% 以上，其次为斜长石、绿泥石、钾长石。本节主要对石英、斜长石、绿泥石、钾长石分别进行讨论。

5.2.1.1   石英

石英颗粒百分数最大值为 98.67%，最小值仅为 1%，平均为 57.52%。石英含量成带状分布平行于岸线并由北向南逐渐递减。高值区出现在大风江、铁山港、钦州企沙附近海域，含量在 85% 以上。随离岸距离的增加，石英颗粒百分含量迅速下降。距岸线 10 km，颗粒含量降到 45% 以下（图 5.8）。石英主要呈粒状，无色、浅黄、浅绿色，次棱角状 - 次圆状。

5.2.1.2   斜长石

斜长石颗粒百分数 0 ~ 59%，平均数为 10.55%。斜长石含量普遍较低，高值区主要分布于涠洲岛东侧海域，北海港的南面海域。除北海港以外，广西其余各港湾里斜长石含量均不超过5%（图5.9）。斜长石呈白色，已风化强烈，硬度明显降低。

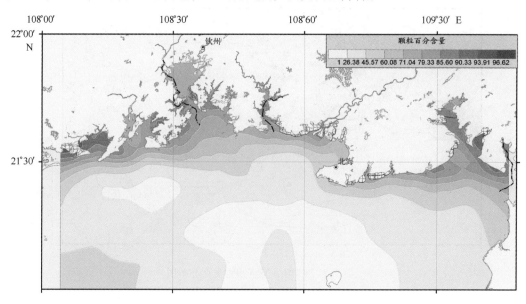

图5.8　石英颗粒百分含量分布图

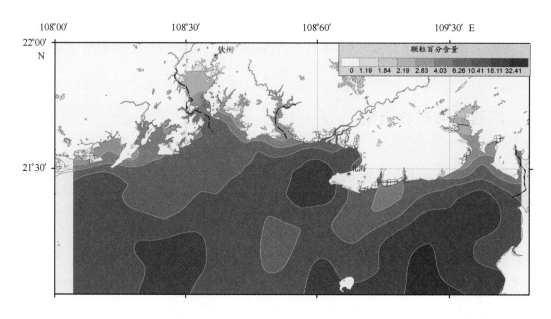

图5.9　斜长石颗粒百分含量分布图

5.2.1.3　绿泥石

绿泥石颗粒百分数最高为47%，平均数为6.59%。广西近海基本都有少量分布，百分数随水深增加而变大。高值区主要出现在涠洲岛以西。北海港相对其他港湾含量也有所增加（图5.10）。

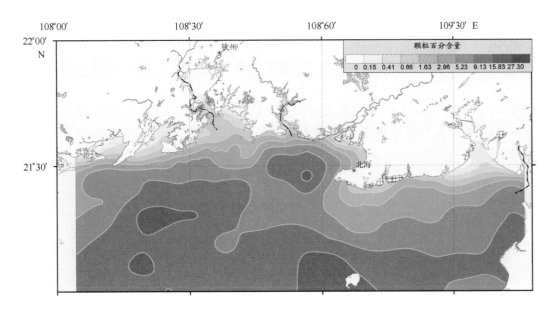

图5.10　绿泥石颗粒百分含量分布图

5.2.1.4　钾长石

钾长石颗粒百分数最高为28%，平均数为3.31%。钾长石的分布与斜长石分部基本一致，含量随水深增加而变大，但普遍含量均不高。高值区位于涠洲岛东侧（图5.11）。

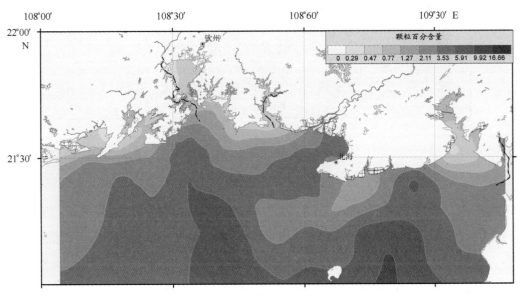

图5.11　钾长石颗粒百分含量分布图

5.2.2　广西近海沉积物主要重矿物分布

广西近海重矿物主有包括普通角闪石、透闪石、电气石、锆石、钛铁矿、绿帘石、褐铁矿、辉石、石榴子石、榍石、磁铁矿、赤铁矿、黑云母、白云母、绿泥石、透辉石、紫苏辉

73

石、磷灰石、十字石、金红石、独居石、自生黄铁矿、白钛石、锐钛矿等60种。此外还含有少部分风化碎屑和岩屑。

广西近海重矿物含量由于受沿岸富含钛铁矿的第三系砂砾层影响，钛铁矿的含量最高，重矿物颗粒百分数可达23.92%，同时褐铁矿、赤铁矿的含量也相对较高，颗粒百分数分别为6.92%、3.71%。除这3种铁矿之外，重矿物含量较高的还有电气石16.93%、锆石10.96%、白钛石6.71%。受绿泥石风化影响，广西近海普遍存在有少量磷钇矿，含量1.16%。

5.2.2.1 钛铁矿

钛铁矿呈粒状，亮黑色，少量呈褐黑色，次棱角－次圆状。钛铁矿在广西近海呈西高东低的态势分布。高值区分布于大风江江口、钦州湾、珍珠湾及其以南海域，颗粒百分含量均在35%以上。铁山港相对较低，铁山港西南面海域含量最低（图5.12）。

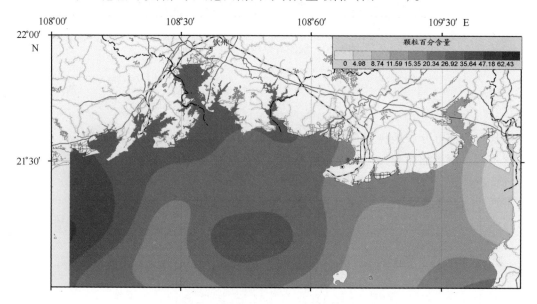

图5.12　钛铁矿颗粒百分含量分布图

5.2.2.2 褐铁矿与赤铁矿

褐铁矿呈粒状，褐色，条痕黄褐色。高值区位于钦州湾，并向四周递减。百分含量最高为45.35%（图5.13）；赤铁矿呈粒状，暗红色，条痕红色。平行于岸线成带状分布，等深线15 m两侧百分含量较高。北海与涠洲岛之间有一高值区，百分含量可达17.86%（图5.14）。

5.2.2.3 电气石

电气石呈短柱、粒状，褐色居绝大多数，少数有蓝色、褐红色等，次棱角状为主，少量次圆状。电气石的分布与赤铁矿相似，平行于岸线成带状分布，整体分布东部高于西部。高值区位于铁山港的南面，百分含量54%以上（图5.15）。

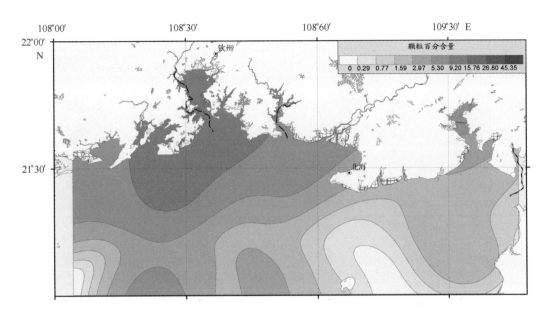

图5.13　褐铁矿颗粒百分含量分布图

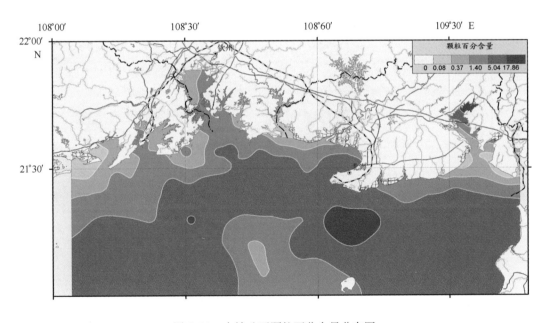

图5.14　赤铁矿石颗粒百分含量分布图

5.2.2.4　锆石

锆石呈柱、粒状，无色，次棱角－次圆状。锆石分布受河流影响严重。高值区主要分布于钦州湾、铁山港以南、北海港南面水深20 m海域，百分含量可达30%以上（图5.16）。

5.2.2.5　白钛石

白钛石呈粒状，灰白色，条痕白色。铁山港—北海港—钦州港一线白钛石百分含量较低，不超过1%。随着水深增加，百分含量逐渐变大，最大可达32.58%。企沙港附近海域相对较

75

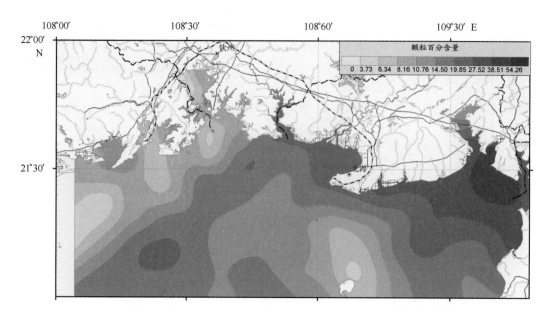

图 5.15　电气石颗粒百分含量分布图

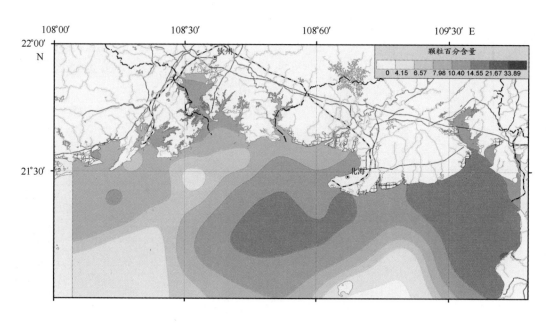

图 5.16　锆石颗粒百分含量分布图

高可达 10%（图 5.17）。

5.2.2.6　磷钇矿

　　磷钇矿呈粒状，褐色，油脂光泽，一轴晶，平行消光。珍珠湾及附近海域百分含量值稍高可达 5%，其余海域值都较低。沿岸海域明显大于外围海域（图 5.18）。

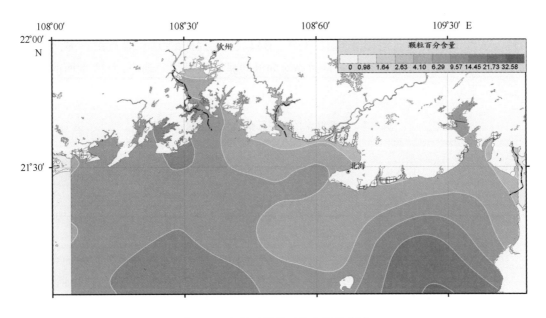

图 5.17 白钛石颗粒百分含量分布图

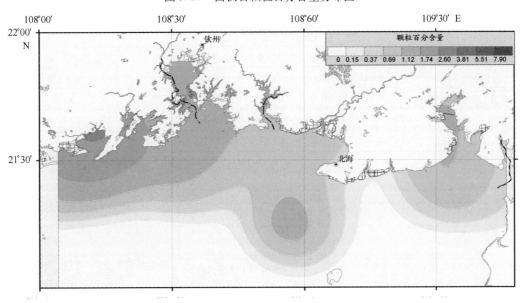

图 5.18 磷钇矿颗粒百分含量分布图

5.3 广西近海沉积化学

5.3.1 广西潮间带沉积化学

5.3.1.1 海岸带沉积化学特征

1）有机碳

广西潮间有机碳含量范围在 0.03% ~ 5.17% 之间，平均值为 1.07%。有机碳含量区域变化较大，各岸段按 TOC 均值由大到小排序为：北海段（1.66）、钦州段（1.04）、防城段（0.65）（表5.2）。在垂直海岸方向上，C07、Q32、F14 剖面的 TOC 含量由高滩向低滩呈轻微减少的趋势；C11 和 F21 剖面的含量由高滩向低滩呈轻微增加的趋势；Q23 剖面的含量由高滩向低滩呈平躺的"S"型，增减趋势不明显（图5.19）。

表5.2　广西海岸带表层沉积物分析结果统计表

分析项目	污染物名称	全岸段		北海段		钦州段		防城段	
		含量范围	平均值	含量范围	平均值	含量范围	平均值	含量范围	平均值
有机类	有机碳/（%）	0.03~5.17	1.07	0.16~5.17	1.66	0.30~2.10	1.04	0.03~1.37	0.65
	油类/（mg·kg⁻¹）	10.6~541.2	88.4	10.6~138.0	61.0	26.3~541.2	121.5	18.7~242.5	74.2
营养盐	总氮/（%）	Δ~0.135	0.045	Δ~0.048	0.022	0.017~0.135	0.063	0.002~0.091	0.043
	总磷/（%）	Δ~0.082	0.021	Δ~0.030	0.008	0.007~0.082	0.032	0.0007~0.041	0.020
重金属	铜/（mg·kg⁻¹）	Δ~66.5	20.8	Δ~29.4	12.5	11.7~66.5	26.5	5.2~48.8	21.1
	铅/（mg·kg⁻¹）	7.4~65.8	23.3	9.3~65.8	24.2	9.4~46.7	24.4	7.4~64.2	21.3
	锌/（mg·kg⁻¹）	17.1~127.7	51.9	23.6~87.2	61.0	18.1~127.7	56.8	17.1~86.2	39.8
	铬/（mg·kg⁻¹）	13.4~114.0	39.2	21.8~77.6	35.4	17.8~90.5	42.1	13.4~114.0	39.0
	镉/（mg·kg⁻¹）	0.010~0.530	0.115	0.026~0.530	0.199	0.020~0.287	0.110	0.010~0.153	0.055
	汞/（mg·kg⁻¹）	0.009~0.215	0.060	0.015~0.215	0.090	0.013~0.129	0.062	0.009~0.092	0.036
	砷/（mg·kg⁻¹）	2.9~34.1	10.6	3.6~34.1	14.1	3.9~17.3	10.3	2.9~18.4	8.1
氧化还原环境	硫化物/（mg·kg⁻¹）	Δ~250.2	41.9	Δ~177.2	55.7	Δ~250.2	54.0	Δ~56.7	10.6
	Eh/（mV）	-75.9~641.3	137.3	-75.9~618.0	113.0	-21.7~641.3	149.2	-12.0~459.5	155.8
	pH 值	4.8~8.8	7.3	5.8~8.6	7.4	4.8~8.8	7.2	6.0~7.9	7.2

备注："Δ"为未检出符号；有机氯农药类（666、DDT）、多环芳烃类（PAHs）和多氯联苯（PCBs）均低于检出限。

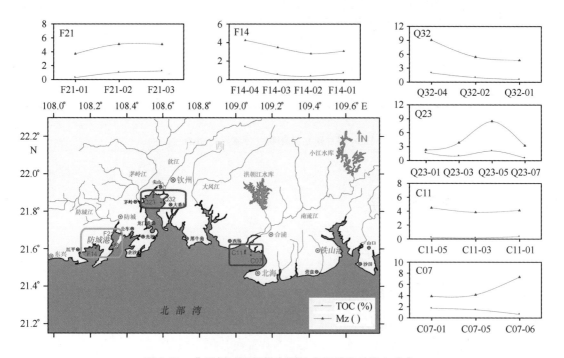

图5.19　典型剖面沉积物中颗粒有机碳的垂岸向分布

2) 石油类

广西海岸带潮间带沉积物中的石油类含量范围在 10.6 ~ 541.2 mg/kg 之间，平均值为 88.4 mg/kg。各岸段按其均值由大到小排序为：钦州段（121.5）、防城段（74.2）、北海段（61.0）（表5.2）。在垂直海岸方向上，Q23 剖面的含量由高滩向低滩呈轻微减少的趋势；C07 和 F21 剖面的含量由高滩向低滩呈轻微增加的趋势；C11、Q32、F14 剖面的含量相对稳定，变化不明显（图 5.20）。

3) 总氮

广西海岸带潮间带沉积物中 TN 含量范围在 Δ ~ 0.135% 之间，平均值为 0.045%。TN 含量区域变化较大，各岸段按其均值由大到小排序为（%）：钦州段（0.063）、防城段（0.043）、北海段（0.022）（表5.2）。在垂直海岸方向上，Q32、F14 剖面的含量由高滩向低滩呈轻微减少的趋势；C07、C11 和 F21 剖面的含量由高滩向低滩呈轻微增加的趋势；Q23 剖面的含量由高滩向低滩呈平躺的"S"型。各剖面内 TN 的含量变化较 TP 和石油类的变化幅度稍大，垂岸向分异特征明显（图 5.20）。

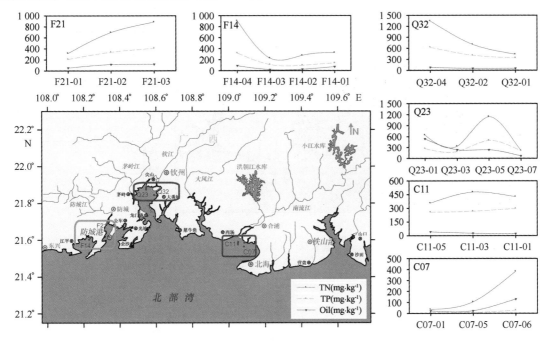

图 5.20 典型剖面沉积物中石油类、TN 和 TP 含量的垂岸向分布特征

4) 总磷

广西海岸带潮间带沉积物中的总磷含量范围在 Δ ~ 0.082% 之间，平均值为 0.021%。总磷含量区域变化较大，各岸段按其均值由大到小排序（%）：钦州段（0.032）、防城段（0.020）、北海段（0.008）（表5.2）。在垂直海岸方向上，Q32、F14 剖面的含量由高滩向低滩呈轻微减少的趋势；C07、C11 和 F21 剖面的含量由高滩向低滩呈轻微增加的趋势；Q23 剖面的含量由高滩向低滩呈平躺的"S"型。各剖面内 TP 的含量变化均不大，垂岸向分异特

征不明显（图 5.20）。

5）铜

广西海岸带潮间带沉积物中 Cu 含量范围在 Δ ~ 66.5 mg/kg 之间，平均值为 20.8 mg/kg。Cu 含量区域变化较大，各岸段按其均值由大到小排序为：钦州段（26.5）、防城段（21.1）、北海段（12.5）（表 5.2）。在垂直海岸方向上，分布趋势与 TOC 的分布保持一致。整体而言，C07、F21 剖面的含量分布略呈"∧"型，中滩的含量略高于高、低滩；C11、Q23 和 F14 剖面的含量分布整体呈"V"型，即低滩的含量最高，其次是高滩，中滩的最低；Q32 剖面的含量由高滩向低滩呈逐渐减少的趋势。各剖面内 Cu 的含量变化较大，垂岸向分异特征明显（图 5.21）。

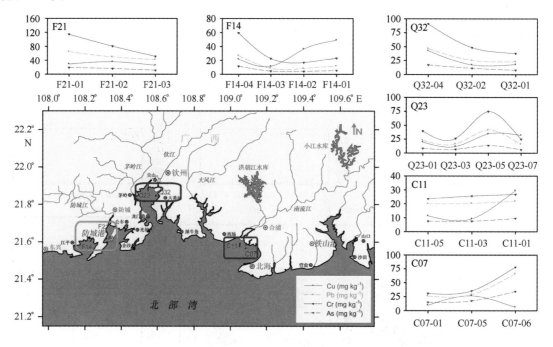

图 5.21 典型剖面沉积物中 Cu、Pb、Cr 和 As 含量的垂岸向分布特征

6）铅

广西海岸带潮间带沉积物中 Pb 含量范围在 7.4 ~ 65.8 mg/kg 之间，平均值为 23.3 mg/kg，各岸段按其均值由大到小排序为：钦州段（24.4）、北海段（24.2）、防城段（21.3）（表 5.2）。在垂直海岸方向上，分布趋势（除 C07 剖面外）与 TOC 的分布保持一致。整体而言，C07、C11 剖面的含量由高滩向低滩呈逐渐增加的趋势，C07 剖面低滩的含量明显高于高、中滩，但 C11 的增加趋势不明显；Q32、F14 和 F21 剖面的含量由高滩向低滩呈逐渐减少的趋势，高滩的含量均明显高于中、低滩；Q23 剖面的含量由高滩向低滩呈平躺的"S"型。各剖面内 Pb 的含量均有较大的起伏波动，垂岸向分异特征明显（图 5.21）。

7）铬

广西海岸带潮间带沉积物中 Cr 含量范围在 13.4 ~ 114.0 mg/kg 之间，平均值为 39.2 mg/kg，各岸段按其均值由大到小排序（mg/kg）：钦州段（42.1）、防城段（39.0）、北海段（35.4）（表5.2）。在垂直海岸方向上，分布趋势与Pb的分布保持一致。整体而言，C07、C11剖面的含量由高滩向低滩呈逐渐增加的趋势，C07剖面低滩的含量明显高于高、中滩，但C11的增加趋势不明显；Q32、F14和F21剖面的含量由高滩向低滩呈逐渐减少的趋势，高滩的含量均明显高于中、低滩；Q23剖面的含量由高滩向低滩呈平躺的"S"型。各剖面内Cr的含量均有较大的起伏波动，垂岸向分异特征明显（图5.21）。

8）砷

广西海岸带潮间带沉积物中As含量范围在2.9~34.1 mg/kg之间，平均值为10.6 mg/kg。各岸段按其均值由大到小排序为：北海段（14.1）、钦州段（10.3）、防城段（8.1）（表5.2）。在垂直海岸方向上，分布趋势与Pb、Cr的分布保持一致。整体而言，C07、C11剖面的含量由高滩向低滩呈逐渐增加的趋势，C07剖面低滩的含量明显高于高、中滩，但C11的增加趋势不明显；Q32、F14和F21剖面的含量由高滩向低滩呈逐渐减少的趋势，高滩的含量均明显高于中、低滩；Q23剖面的含量由高滩向低滩呈平躺的"S"型。各剖面内As的含量起伏波动不大，其垂岸向分异特征不明显（图5.21）。

9）锌

广西海岸带潮间带沉积物中Zn含量范围在17.1~127.7 mg/kg之间，平均值为51.9 mg/kg，各岸段按其均值由大到小排序为：北海段（61.0）、钦州段（56.8）、防城段（39.8）（表5.2）。在垂直海岸方向上，分布趋势与TOC的分布类似。整体而言，C07、C11和F21剖面的含量由高滩向低滩呈缓慢增加的趋势，尤其是C07和C11剖面的增加趋势不明显；Q32和F14剖面的含量由高滩向低滩呈逐渐减少的趋势，高滩的含量均明显高于中、低滩；Q23剖面的含量由高滩向低滩呈平躺的"S"型。Q23、Q32和F14剖面内Zn含量起伏较大，垂岸向分异特征明显；其余3条无明显垂岸向分异特征（图5.22）。

10）镉

广西海岸带潮间带沉积物中Cd含量范围在0.010~0.530 mg/kg之间，平均值为0.115 mg/kg。各岸段按其均值由大到小排序为：北海段（0.199）、钦州段（0.110）、防城段（0.055）（表5.2）。在垂直海岸方向上，分布趋势与Zn的分布类似。整体而言，C07剖面的垂岸向分布呈"∧"型，即中滩的Cd含量最高；F21剖面的含量由高滩向低滩呈迅速增加的趋势；C11和Q32剖面的含量由高滩向低滩呈缓慢减少的趋势；Q23和F14剖面的含量由高滩向低滩呈平躺的"S"型。剖面内Cd含量起伏较大，其垂岸向分异特征明显（图5.22）。

11）汞

广西海岸带潮间带沉积物中Hg含量范围在0.009~0.215 mg/kg之间，平均值为0.060 mg/kg。各岸段按其均值由大到小排序为：北海段（0.090）、钦州段（0.062）、防城段（0.036）（表5.2）。在垂直海岸方向上，分布趋势与Zn的分布类似。整体而言，C07、C11和F21剖面的含量由高滩向低滩呈缓慢增加的趋势，尤其是C07和C11剖面的增加趋势不明显；Q32和F14剖面的含量由高滩向低滩呈逐渐减少的趋势，高滩的含量均明显高于中、低

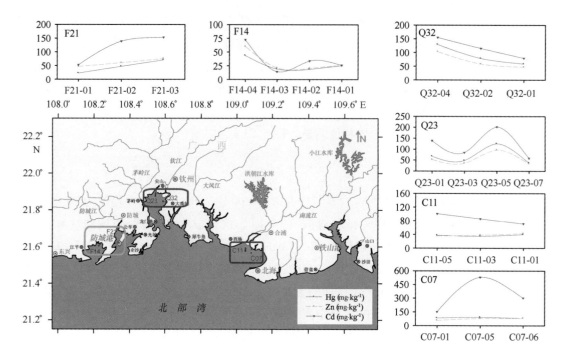

图 5.22　典型剖面沉积物中 Hg、Zn 和 Cd 含量的垂岸向分布

滩；Q23 剖面的含量由高滩向低滩呈平躺的"S"型。Q23、Q32、F14 和 F21 剖面内 Hg 含量变化较大，其垂岸向分异特征明显；其余 3 条则无明显垂岸向分异特征（图 5.22）。

12）Eh

广西海岸带潮间带沉积物 Eh 范围在 −75.9 ~ 641.3 mV 之间，平均值为 137.3 mV（共 265 站），负值站 18 个，占总测站的 6.8%。Eh 低值区主要分布在湾内和河口区；高值区主要分布在开放式海滩段，其底质类型以砂质为主（表 5.2）。广西岸段潮间带底质 Eh 主要以氧化型为主，还原型底质次之。

13）pH 值

广西海岸带潮间带沉积物 pH 值范围在 4.8 ~ 8.8 之间，平均值为 7.3（共 265 站）；弱酸性（<7）站 56 个，占总测站的 21.1%。整体而言，弱酸环境主要分布在湾内（茅尾海）和河口区（大风江口）；开放式岸段的 pH 值普遍高于湾内。各岸段按其均值由大到小排序为：北海段（7.4）、钦州段（7.2）、防城段（7.2），其中钦州段与防城段均值相等（表 5.2）。广西岸段潮间带底质主要以弱碱性为主，弱酸性底质次之。

14）硫化物

广西海岸带潮间带沉积物内硫化物含量范围在 Δ ~ 250.2 mg/kg 之间，平均值为 41.9 mg/kg。硫化物含量区域分布差异较大，高值区主要分布在湾内（铁山港湾、廉州湾和茅尾海湾顶）和河口区（大风江口）。各岸段按其均值由大到小排序为：北海段（55.7）、钦州段（54.0）、防城段（10.6）（表 5.2）。

5.3.1.2 广西典型海岛（涠洲岛）潮间带沉积化学

由于广西近海绝大多数海岛都位于海岸潮间带内，而这类海岛潮间带沉积物的化学特征已在前一节阐述，因此本节只阐述距陆岸较远的涠洲岛潮间带典型剖面沉积物化学特征。剖面编号和分布（图 5.23）。

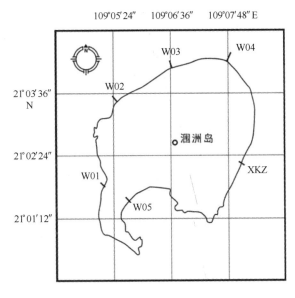

图 5.23　涠洲岛潮间带沉积化学剖面分布

1）有机碳

6 条剖面沉积物中的有机碳含量范围介于 0.021% ~ 0.066% 之间，均值为 0.041%。在垂直岸线方向上，剖面 W02、W03、W04、W05 和 XKZ 的有机碳变化规律类似，表现为中滩高、高滩低，低滩介于高滩和中滩之间；W01 剖面表现为由高滩到低滩逐渐增大的趋势（图 5.24）。

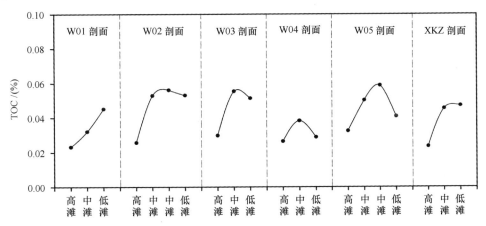

图 5.24　涠洲岛潮间带剖面的 TOC 分布特征

2) 石油类

6 条剖面沉积物中的油类含量范围介于 0.02 ~ 58.03 mg/kg 之间,均值为 3.54 mg/kg。在垂直岸线方向上,剖面 W01、W05 的油类均表现由高滩向低滩逐渐减少的趋势;而 W02、W03 剖面类似"V"字形,表现为高滩高、中滩低,低滩介于高滩和中滩之间(图 5.25)。

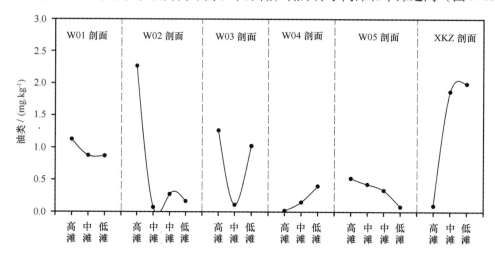

图 5.25 涠洲岛潮间带剖面的油类分布特征

3) 总磷

6 条剖面沉积物中的 TP 的含量范围介于 0.018% ~ 0.087% 之间,均值为 0.039%。在垂直岸线方向上,剖面 W01、W02、W03、W04 的油类呈"V"型,含量均保持在 0.02% 附近且在剖面上变化不大;W05 剖面类似平躺的"S"字形,表现为高滩高、低滩低,中滩起伏较大(图 5.26)。

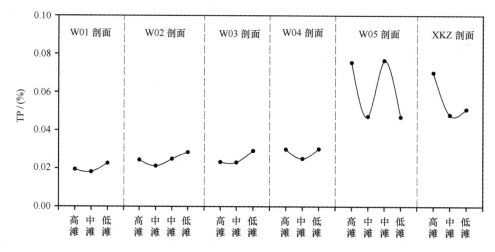

图 5.26 涠洲岛潮间带剖面的 TP 分布特征

4）汞

6条剖面沉积物中Hg的含量范围介于0.006~0.018 mg/kg之间，均值为0.010 mg/kg。在垂直岸线方向上，剖面W01、W02、W03汞的变化规律一致，表现为中滩高、高滩低；W04剖面汞表现为由低滩到高滩逐渐减小的趋势；W05剖面与XKZ剖面变化规律类似，表现为中滩低、高滩高（图5.27）。

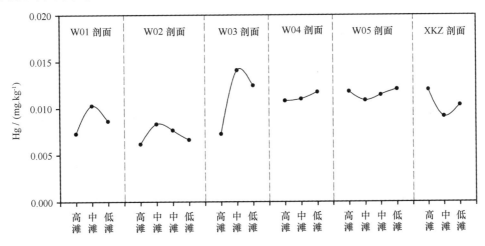

图5.27 涠洲岛潮间带剖面的Hg分布特征

5）铜

6条剖面沉积物中Cu的含量范围介于5.42~59.67 mg/kg之间，均值为15.91 mg/kg。在垂直岸线方向上，剖面W01、W04的Cu均表现为低滩与高滩含量相近，差别在于前者中滩为高值、后者中滩为低值；W03剖面的Cu表现出低滩到高滩逐渐降低；W02、W05、XKZ剖面的Cu变化规律接近，呈现由低滩到高滩逐渐增高的趋势（图5.28）。

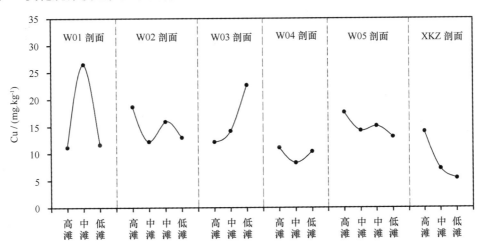

图5.28 涠洲岛潮间带剖面的Cu分布特征

6）铅

6 条剖面沉积物中 Pb 的含量范围介于 1.32~9.52 mg/kg 之间，平均值为 3.43 mg/kg。在垂直岸线方向上的分布（图 5.29）。W01 剖面中滩为高值，高滩为低值；W03 剖面表现为低滩到高滩 Pb 含量逐渐增高；W02、W04、W05、XKZ 剖面变化规律较为接近，均表现出由低滩到高滩逐渐降低的趋势（图 5.29）。

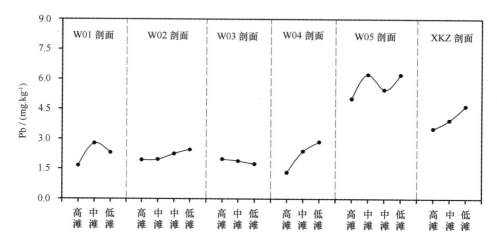

图 5.29　涠洲岛潮间带剖面的 Pb 分布特征

7）锌

6 条剖面沉积物中 Zn 的含量范围介于 7.23~41.78 mg/kg 之间，均值为 17.10 mg/kg。在垂直岸线方向上，W01 剖面 Zn 在中滩含量较高，低滩与高滩接近；W02 和 W04 剖面 Zn 高、中、低滩含量变化不大；W03 剖面 Zn 从低滩到高滩逐渐降低；W05 和 XKZ 剖面 Zn 的变化规律类似，呈现低滩到高滩逐渐增加的趋势（图 5.30）。

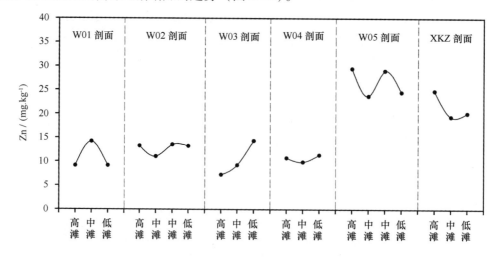

图 5.30　涠洲岛潮间带剖面的 Zn 分布特征

8）镉

6 条剖面沉积物中 Cd 的含量范围介于 0.001 ~ 0.057 mg/kg 之间，均值为 0.043 mg/kg。在垂直岸线方向上，剖面 W01、W04、W05 的变化规律类似，表现为低滩到高滩 Cd 含量逐渐增高，但变化幅度不大；W02 剖面的 Cd 含量高值出现在低滩，低值出现在中滩；W03 和 XKZ 剖面 Cd 含量变化趋势接近，表现为由低滩到高滩逐渐降低（图 5.31）。

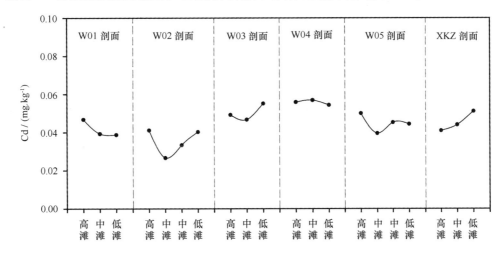

图 5.31　涠洲岛潮间带剖面的 Cd 分布特征

9）铬

6 条剖面沉积物中 Cr 的含量范围介于 6.13 ~ 67.75 mg/kg 之间，均值为 31.69 mg/kg。在垂直岸线方向上，W01、W02、W04、W05、XKZ 剖面 Cr 的变化规律基本一致，低滩到中滩有小幅度降低，中滩到高滩有显著升高；W03 剖面 Cr 表现为低滩到高滩逐渐增高；6 个剖面的 Cr 含量均以高滩位置为极高值（图 5.32）。

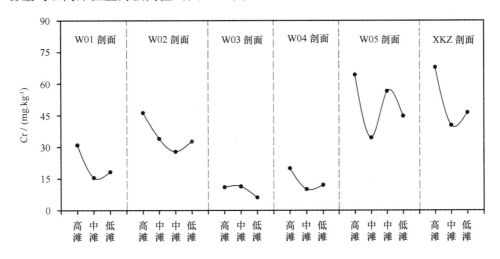

图 5.32　涠洲岛潮间带剖面的 Cr 分布特征

10）砷

6 条剖面沉积物中 As 的含量范围介于 6.46～11.37 mg/kg 之间，均值为 7.89 mg/kg。在垂直岸线方向上，剖面 W01、W02 沉积物中 As 的含量变化不大；剖面 W03 沉积物中 As 在低滩的含量明显高于高滩和中滩，高滩、中滩变化不大；剖面 W04、W05、XKZ 沉积物中 As 的变化规律大体一致，由低滩到高滩逐渐降低（图 5.33）。

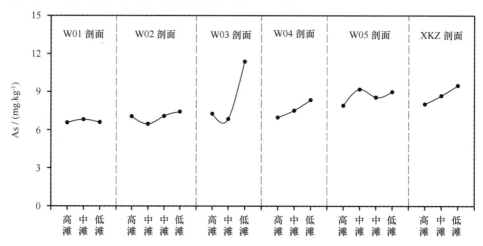

图 5.33　涠洲岛潮间带剖面的 As 分布特征

5.3.2　近海海底沉积物化学

5.3.2.1　石油类和有机质

广西近海海底表层沉积物中石油类含量变化范围是（7.8～1035）×10^{-6}，平均值为 158×10^{-6}。最高含量分布在防城湾，珍珠湾沿岸区域、钦州湾和 21°20′N，108°45′E 附近含量较高；海域西南角附近石油类含量最低，海域东半部区域也较低（图 5.34）。

有机质含量从 0.14%～3.65%，平均为 1.38%。整体上，近岸表层沉积物中有机质含量较高，最高浓度分布于企沙半岛南侧附近，其次珍珠湾、防城湾、钦州湾和铁山湾近岸区域有机质含量也较高。海域东南角和西南角含量较低（图 5.34）。

5.3.2.2　氧化还原电位和硫化物

广西近海海底表层沉积物中氧化还原电位最低为 −162 mV，最高为 389 mV，平均值是 83 mV。防城湾、珍珠湾和 21°30′N，108°45′E 附近为负电位区域，海域东部、西南部及钦州湾为正电位区域（图 5.35）。

硫化物含量最高达到 367×10^{-6}，平均为 83×10^{-6}。硫化物分布趋势（图 5.35）与氧化还原电位基本分布趋势相反。高值区域在防城湾，21°20′N，108°50′E 附近以及珍珠湾至海区西侧。21°30′N，108°20′E 附近，钦州湾及调查区域东半部为低值区。

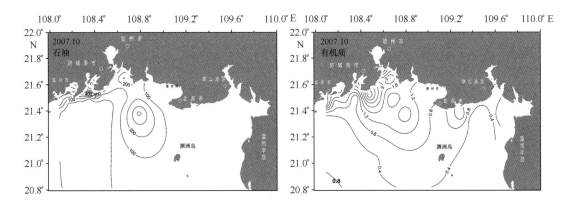

图 5.34　广西近海表层沉积物中石油类（$\times 10^{-6}$）和有机物（%）平面分布图

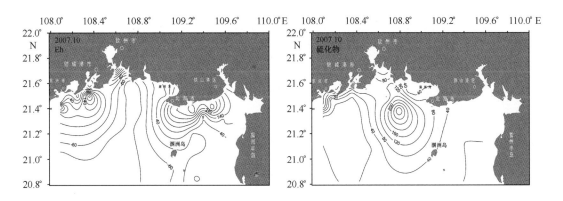

图 5.35　广西近海表层沉积物中氧化还原电位（mV）和硫化物（$\times 10^{-6}$）平面分布图

5.3.2.3　总氮、总磷

　　广西近海海底表层沉积物中总氮含量变化范围是（515～1 384）$\times 10^{-6}$，平均为 827 $\times 10^{-6}$。沉积物中总氮的分布趋势与海水中总氮分布趋势类似（图 5.36），最高含量也分布在钦州湾北部区域，其次在铁山湾北部区域和珍珠湾。低含量区域位于海域的南部。

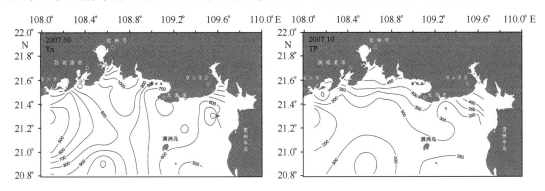

图 5.36　广西近海表层沉积物中总氮（$\times 10^{-6}$）和总磷（$\times 10^{-6}$）平面分布图

广西近海海底表层沉积物中总磷含量变化范围是 $243 \times 10^{-6} \sim 554 \times 10^{-6}$，平均为 397×10^{-6}。在近岸海域总磷较高，远岸较低，等值线基本东西走向平行分布（图5.36），其中钦州湾北部区域和铁山湾北部区域最高，而南部区域总磷含量比较低。

5.3.2.4　重金属

1) 铜

广西近海海底表层沉积物中铜含量变化范围是 $(3.19 \sim 9.65) \times 10^{-6}$，平均为 6.26×10^{-6}。近岸区域沉积物中的铜含量最高，主要集中在防城湾沿岸、江山半岛沿岸、廉州湾沿岸和铁山湾沿岸，海域东南部最低，其次是海域西南部（图5.37）。

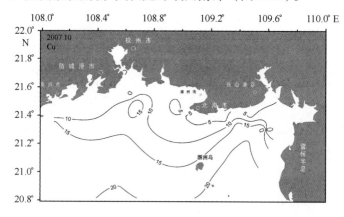

图5.37　广西近海表层沉积物中铜含量平面分布图（$\times 10^{-6}$）

2) 铬、锌

广西近海海底表层沉积物中铬含量变化范围是 $(7.0 \sim 39.0) \times 10^{-6}$，平均为 22.9×10^{-6}。沉积物中铬分布规律与铜接近，近岸高，远岸低；防城湾沿岸、江山半岛沿岸和铁山湾沿岸沉积物中铬浓度较高；海域东南部最低（图5.38）。

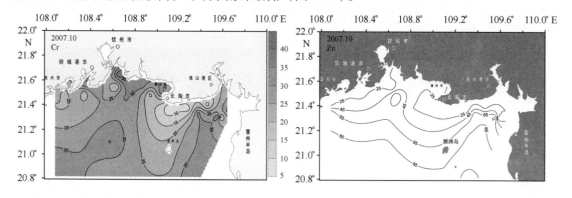

图5.38　广西近海表层沉积物中铬（$\times 10^{-6}$）和锌（$\times 10^{-6}$）含量平面分布图

锌最高含量为 40.3×10^{-6}，最低是 7.4×10^{-6}，平均为 22.3×10^{-6}。近岸高，远岸低（图5.38）。铁山湾北部区域和廉州湾区域沉积物中锌浓度最高。海域东南部和西南角最低。

3）砷、镉

广西近海海底表层沉积物中砷含量变化范围是 $(1.60 \sim 8.79) \times 10^{-6}$，平均为 4.63×10^{-6}。砷的分布规律与锌类似。铁山湾北部区域沉积物中砷浓度最高，其次在钦州湾至廉州湾沿岸一带。海域西南角较低（图5.39）。

镉含量变化范围是 $0.17 \times 10^{-6} \sim 0.86 \times 10^{-6}$，平均为 0.47×10^{-6}。沉积物中镉分布规律与铜相反，近岸浓度较低，包括珍珠湾沿岸、防城湾沿岸、钦州湾沿岸、江山半岛沿岸和铁山湾北部区域，最低在调查区域东部中测区域。最高值中心在 $21°30'N$，$108°40'E$ 附近，调查区域西南角和东南角较高（图5.39）。

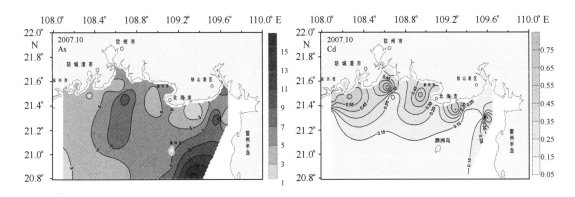

图5.39　广西近海表层沉积物中砷（$\times 10^{-6}$）和镉（$\times 10^{-6}$）平面分布图

4）汞、铅

广西近海海底表层沉积物中汞最低含量为 0.022×10^{-6}，最高为 0.056×10^{-6}，平均值是 0.037×10^{-6}。汞最高在海域东南角，其次在北海市西侧 $21°30'N$，$109°00'E$ 附近和防城湾，再次在铁山湾北部区域。钦州湾及钦州湾南侧和 $21°20'N$，$109°10'E$ 至 $21°30'N$，$109°40'E$ 连线之间为低值区域（图5.40）。

广西近海海底表层沉积物中铅含量变化范围是 $5.8 \times 10^{-6} \sim 49.4 \times 10^{-6}$，平均为 26.7×10^{-6}。铅的分布规律与汞类似，防城湾海域和海域东南角沉积物中铅浓度最高，钦州湾至廉州湾沿岸及铁山湾北部区域铅含量也较高。铅最低浓度位于 $21°20'N$，$109°10'E$ 至 $21°30'N$，$109°40'E$ 连线之间（图5.40）。

5.3.3　广西近海沉积物化学环境质量评价

海洋沉积物环境化学质量的评价方法较多，包括地质累积指数法、潜在生态危害指数法和沉积物富集系数法和次生相富集系数法等。为了充分利用现有资料和已有研究成果，克服各类方法固有的局限性和不足之处，本节对潮间带沉积物环境化学质量分别采用单因子标准

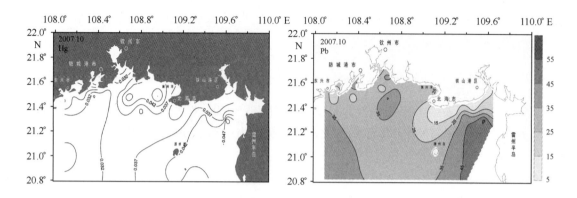

图 5.40　广西近海表层沉积物中汞（×10⁻⁶）和铅（×10⁻⁶）平面分布图

指数法、综合指数法和富集系数法进行评价，而对于近海海底沉积物环境化学质量只采用单因子标准指数法进行评价。

5.3.3.1　海岸带潮间带沉积物化学环境质量评价

1）单因子标准指数评价

沉积物环境化学质量单因子标准指数的计算公式为：

$$P_i = C_i / S_i \tag{式5.1}$$

式中，P_i 为化学因子 i 的标准指数；C_i 为化学因子 i 的实测值；S_i 为化学因子 i 的质量标准值。这里，对于重金属、有机碳、油类和硫化物采用国家海洋沉积物一类标准进行评价；对于总氮和总磷采用加拿大安大略省环境和能源部（1992）发布的总氮（550 mg/kg）和总磷（600 mg/kg）的评价标准。

利用式 5.1 计算出的有机碳、油类、TN、TP、Hg、Cu、Pb、Zn、Cd、Cr、As 和硫化物 12 项化学因子的标准指数列于表 5.3 中，并展示于图 5.41~图 5.43 中。可以看出，广西海岸潮间带沉积物各化学因子的标准指数从大到小的排序为：TOC（0.59）、TN（0.55）、Cu（0.51）、As（0.50）、Cr（0.42）、Zn（0.39）、Pb（0.32）、Cd（0.30）、Hg（0.30）、TP（0.23）、硫化物（0.17）、石油类（0.13）、其中 Cd 等于 Hg。总氮的超标率最高，高达 21.8%；其次为有机质，超标率为 17.9%；其余因子的超标率均接近或低于 10%。表明广西潮间带沉积物的主要污染物为营养盐污染和有机污染，重金属的污染相对较轻。

在空间分布上，Cu、Pb、Cr、As、TN、TP 和石油类的标准指数从大到小排序为：防城港段、钦州段、北海段；有机碳、硫化物、Hg、Zn 和 Cd 的标准指数从大到小的排序为：北海段、防城港段、钦州段（表 5.3）。

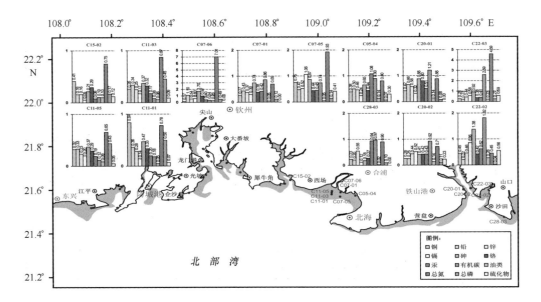

图 5.41 北海段潮间带表层沉积物单站质量要素分布特征

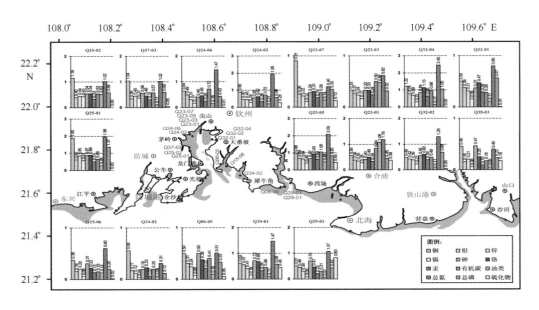

图 5.42 钦州段潮间带表层沉积物单站质量要素分布特征

表 5.3 表层沉积物超标站位数和超标率统计表 %

区域	指标	Hg	Cu	Pb	Zn	Cd	Cr	As	TOC	TN	TP	硫化物	石油类
广西全段	最小值	0.05	0.00	0.03	0.11	0.02	0.00	0.03	0.02	0.04	0.01	0.00	0.01
广西全段	最大值	1.08	1.90	1.22	0.85	1.64	1.43	1.71	2.59	2.45	1.37	0.83	1.08
广西全段	均值	0.30	0.51	0.32	0.39	0.30	0.42	0.50	0.59	0.55	0.23	0.17	0.13
北海段	均值	0.34	0.36	0.28	0.44	0.41	0.34	0.53	0.73	0.19	0.05	0.22	0.07
钦州段	均值	0.18	0.60	0.35	0.27	0.11	0.49	0.41	0.32	0.77	0.32	0.04	0.15
防城港段	均值	0.31	0.76	0.41	0.38	0.22	0.53	0.51	0.52	1.15	0.54	0.21	0.24

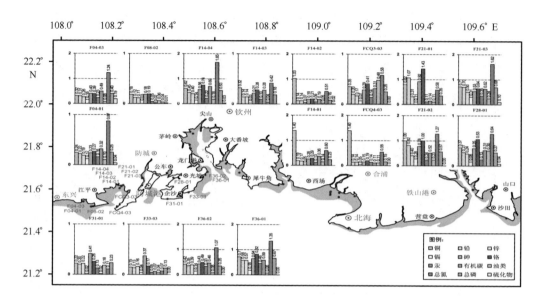

图 5.43　防城段潮间带表层沉积物单站质量要素分布特征

2）综合指数评价

在上述各项单因子指数评价基础上，采用平均值的综合指数法计算单站多参数沉积物质量。沉积物质量综合指数计算公式为：

$$PI = \frac{1}{n} \sum_{i=1}^{n} p_i \qquad (式5.2)$$

按照《全国海岸带和海涂资源综合调查》中沉积物环境化学质量分级标准（表5.4），将广西海岸带潮间带沉积物的综合指数进行分级，并以此评价广西海岸带潮间带沉积物的环境化学质量。

表5.4　沉积物质量等级划分

质量分级	清洁	尚清洁	允许	轻污染	污染	重污染	恶性污染
综合质量指数（PI）	<0.3	≥0.3 <0.7	≥0.7 <1	≥1 <2	≥2 <3	≥3 <5	≥5

结果表明，广西海岸带潮间带沉积物化学环境整体上处于清洁和尚清洁状态，局部少数站位处于允许状态，污染相对较轻，综合指数介于0.09～0.95之间（均值0.37），均小于1。

潮间带底质环境综合污染指数的空间分布上具有如下特征：清洁站占总测站的38.5%，主要分布在防城段、钦州湾的外湾段和北海的银滩段等区域；尚清洁站占总测站的57.7%，主要分布在茅尾海、廉州湾、铁山港湾、防城港湾等海湾内；允许站占总测站的3.8%，均位于茅尾海内。

整体而言，茅尾海内潮间带沉积物受污染程度最重，其次是南流江口，随后是铁山港湾、大风江口和防城港湾，其他区域受污染程度较轻。潮间带污染程度的区域性差异，主要是受入海污染物质排放量的大小和海水交换的强弱所控制。受污染重的站位，出现在入海污染物质多或海水交换比较缓慢的港湾海区；受污染类型较轻区域出现在入海污染物质少或海水交换良好的开阔式海区。

3）潮间带沉积物污染类型的划分

潮间带底质污染类型评价采用超标分类评价法，评价的因子有重金属（Cu、Pb、Zn、Cr、Hg、Cd、As）、有机类（有机碳、油类）、营养盐（总氮、总磷）和硫化物，共计 12 项。根据国家一类沉积物标准，统计潮间带沉积物污染物质超标情况，然后根据超标污染物质的不同组合来划分污染类型，共划分出 5 个污染类型和 15 个污染亚类（表 5.5 和图 5.44）。

表 5.5　广西海岸带底质污染类型表

污染类型及亚类组合	分布区域
Ⅰ. 无污染物质超标类型	北海：沙冲、石头埠、英罗湾 钦州：杨屋村、金鼓、新围仔、沙牯良、红瓦寮、高沙头 防城：沙尾、孙屋、山脚、新坡、炮台、张屋、沙潭
Ⅱ. 一种污染物质超标污染类型	
Ⅱ₁ Hg 污染亚类	北海：峒尾
Ⅱ₂ Cu 污染亚类	防城：山脚、白龙
Ⅱ₃ Cd 污染亚类	北海：沙冲
Ⅱ₄ As 污染亚类	北海：木案、卸江
Ⅱ₅ TOC 污染亚类	北海：石头埠、榄子根
Ⅱ₆ TN 污染亚类	钦州：黄坭坎、沙角、沙牯良 防城：沙尾、山脚、两头龙、沙螺辽
Ⅲ. 两种污染物质超标污染类型	
Ⅲ₁ As–Pb 污染亚类	北海：沙冲
Ⅲ₂ Cr–Pb 污染亚类	防城：两头龙
Ⅲ₃ Cu–TN 污染亚类	钦江：丘屋、梁屋
Ⅲ₄ TOC–As 污染亚类	北海：榄根
Ⅲ₅ TN–油类 污染亚类	钦州：新围仔
Ⅲ₆ TN–TOC 污染亚类	钦州：新围仔
Ⅳ. 三种污染物质超标污染类型	
Ⅳ₁ TN–Cu–Cr 污染亚类	防城：两头龙
Ⅳ₂ TN–Cu–TP 污染亚类	钦江：丘屋
Ⅴ. 四种污染物质超标污染类型	
Ⅴ₁ TN–Cu–Cr–TP 污染亚类	钦州：沙牯良

Ⅰ类污染类型（无污染物质超标）：该类型有 17 站，占总站数的 35.42%，主要分布在开阔式潮滩段。

Ⅱ类污染类型（一种污染物质超标）：该类型有 21 站，占总站数的 43.75%，主要为 TN 污染亚类，其次为 As、Cu 污染亚类。

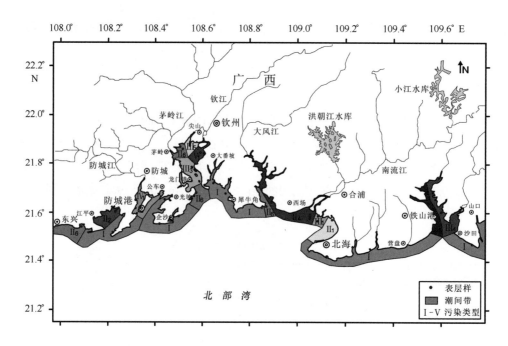

图 5.44　广西潮间带底质污染类型图（污染名称见表 5.5）

Ⅲ类污染类型（两种污染物质超标）：该类型有 7 站，占总站数的 14.58%，主要为 Cu - TN 污染亚类。

Ⅳ类污染类型（三种污染物质超标）：该类型有 2 站，占总站数的 4.17%，TN - Cu - Cr 和 TN - Cu - TP 污染亚类。

Ⅴ类污染类型（四种污染物质超标）：该类型有 1 站，占总站数的 5.56%，为 TN - Cu - Cr - TP 污染亚类。

根据上述污染物质的空间分布和超标站位分布特征，潮间带底质环境质量具有如下特征：

（1）广西海岸带表层沉积物的主要污染物是 TN，主要分布在茅尾海内；其次是 Cu 和 As，Cu 的超标站位分布在茅尾海和珍珠湾内，而 As 的超标站位主要分布在南流江口附近；其余要素污染相对较轻，呈零星超标或无超标。

（2）各种污染物质的超标站位主要分布在河口和港湾内，如南流江口的 Hg、Pb、Cd、As 元素超标，茅尾海内的 TN、TP、TOC、石油类、Cu 等元素超标，防城江口的总氮、Cu、Pb、Cr 元素超标。

（3）各种污染物质的平面分布是从沿岸往外海减少，如：Hg、Cu、Pb、Zn、Cr、As、TN 和 TP；河口区高于沿岸区，港湾内高于港湾外。这反映了上述污染物质主要经由河流被携带入海，再在浪、潮、流的作用下由岸往海方向传播。

（4）重金属和营养盐的区域分布有明显的差异，重金属的超标站位主要位于南流江口，而营养盐的超标站位主要位于茅尾海内。这不仅与当地的产业结构密切相关，而且与站位所处区域的水动力环境有关。一来北海市的工业排污项目要多于钦州和防城，二来茅尾海是一个口袋形状的内海，水动力条件较弱，不利于污染物质的再迁移。

5.3.3.2　海岛潮间带沉积物化学环境质量评价

为了全面了解广西潮间带沉积物的环境质量状况，本次对海岛底质的环境质量状况也进行了详细的分析和评价。为便于研究潮滩底质环境的区域差异，按照广西海岛所处的地理位置，将其划分为 9 大区块进行研究（图 5.45）。

1）单因子标准指数评价

海岛潮间带表层沉积物的 TOC、石油类、TN、TP、Hg、Cu、Pb、Zn、Cd、Cr、As 和硫化物 12 项化学因子单因子评价结果如表 5.6 所示。单因子评价指数均值由大到小排序为：TP（1.00）、Cu（0.92）、TN（0.65）、As（0.52）、Cr（0.49）、Pb（0.34）、Zn（0.30）、Hg（0.18）、TOC（0.17）、Cd（0.11）、硫化物（0.06）、石油类（0.04）。TP 和 Cu 的超标率分别高达 38.19% 和 30.56%；TN 的超标率为 20.14%；As 和 Cr 的超标率均为 8.33%；Pb 和 Zn 的超标率分别为 2.08% 和 1.39%；而 Cd、Hg、TOC、石油类和硫化物均无超标。可见，广西海岛沉积物的主要污染物为营养盐和 Cu，其他重金属等的污染相对较轻。

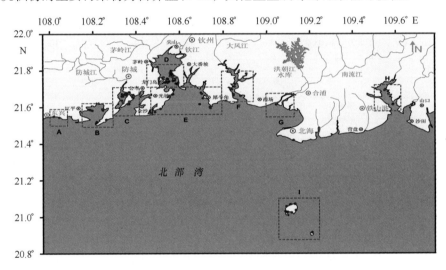

图 5.45 广西海岛地理位置分区

A. 北仑河口；B. 珍珠湾；C. 防城港湾；D. 龙门群岛；E. 钦州湾；F. 大风江口；
G. 南流江口；H. 铁山港湾；I. 涠洲斜阳岛区

表 5.6 广西海岛表层沉积物中污染要素的单因子评价指数均值

区域	代号	Hg	Cu	Pb	Zn	Cd	Cr	As	TOC	TN	TP	油类	硫化物
全部岛屿	全岛	0.18	0.92	0.34	0.30	0.11	0.49	0.52	0.17	0.65	1.00	0.04	0.06
北仑河口	A	0.24	1.02	0.73	0.28	0.14	0.31	0.24	0.26	0.80	1.02	0.08	0.00
珍珠湾	B	0.07	0.29	0.16	0.11	0.22	0.19	0.17	0.11	0.44	0.47	0.02	0.01
防城港湾	C	0.17	0.79	0.30	0.25	0.16	0.41	0.30	0.22	0.62	0.95	0.10	0.01
龙门群岛	D	0.33	1.48	0.62	0.56	0.02	0.70	0.77	0.28	0.95	1.37	0.04	0.14
钦州湾	E	0.12	1.39	0.25	0.16	0.03	0.64	0.55	0.05	0.60	0.60	0.01	0.02
大风江口	F	0.13	0.62	0.35	0.31	0.15	0.62	0.80	0.17	1.02	0.63	0.01	0.13
南流江口	G	0.16	0.58	0.38	0.27	0.14	0.38	0.63	0.06	0.60	0.60	0.00	0.00
铁山港湾	H	0.06	0.53	0.10	0.13	0.10	0.15	0.61	0.04	0.22	0.25	0.00	0.02
涠洲斜阳岛区	I	0.05	0.45	0.06	0.11	0.09	0.40	0.39	0.02	0.02	0.65	0.01	0.00

TP、Hg、Cu、Zn、Cr、有机碳和硫化物的单因子标准指数在龙门群岛的潮间带沉积物中最高；As 和 TN 的单因子标准指数在大风江口岛屿的潮间带沉积物中最高；Pb 的单因子标准指数在北仑河口海岛的潮间带沉积物中最高；Cd 的单因子标准指数在珍珠湾海岛的潮间带沉积物中最高；油类的单因子标准指数在防城湾海岛的潮间带沉积物中最高。

2）综合指数评价

基于单因子污染指数评价结果，采用均值型综合污染指数对海岛潮间带底质环境质量进行综合评价的结果表明，广西海岛表层沉积物的综合污染指数介于 0.00 ~ 1.44 之间，均值为 0.37（图 5.46）。其中，清洁站位（$PI < 0.3$）占总测站的 49.31%，尚清洁站位（$0.3 \leqslant PI < 0.7$）占 49.31%，允许站位（$0.7 \leqslant PI < 1$）占 6.25%，轻污染站位（$1 \leqslant PI < 2$）占 2.08%。这说明广西海岛底质环境在整体上处于清洁和尚清洁状态，局部少数站位处于允许和轻污染状态，污染程度相对较轻。

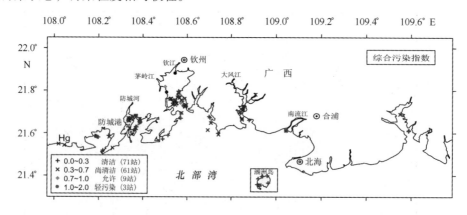

图 5.46　海岛潮间带沉积物综合污染指数分布

清洁站位共 71 站，主要分布在涠洲岛、渔沥岛、珍珠湾、钦州湾和铁山港湾内的岛屿潮间带；尚清洁站位共 61 站，主要分布在渔沥岛、龙门群岛、大风江口、南流江口等岛屿潮间带；允许站位 9 站，多位于龙门群岛和渔沥岛潮间带；轻污染站位共 3 站，分别位于在龙门岛、钦州港和渔沥岛潮间带。

整体而言，龙门群岛潮间带沉积物受污染程度最重，其次是渔沥岛，铁山港湾和钦州湾内的海岛以及涠洲岛等海域污染相对较轻。潮间带污染程度的区域性差异，主要是受邻近入海污染物质排放量的多少和海水交换的强弱所控制。受污染重的站位，多出现在入海污染物质多或海水交换比较缓慢的港湾海区；受污染类型较轻的区域，多出现在入海污染物质少或海水交换良好的开阔式海区（如涠洲岛）。

5.3.3.3　近海海底沉积物化学环境质量评价

采用单因子标准指数法对广西近海海底沉积物 Cu、Pb、Zn、Cd、Hg、Cr、As、总有机碳、硫化物和石油类评价结果表明（表 5.7，图 5.47），Cu、Zn、Hg、Cr 和 As 的标准指数在 0.19 ~ 0.31 之间，均符合一类沉积物标准；Pb 的标准指数范围为 0.10 ~ 0.97，符合一类沉积物标准；Cd 的标准指数范围为 0.14 ~ 1.71，有 10 站超标，超标率为 27.8%；总有机碳有

5 站超标，占总站位的 13.9%；总氮标准指数范围为 0.58 ~ 2.52，大部分站位都超标，超标率达 83.3%；总磷的标准指数均值为 0.60，没有出现超标站位；硫化物的指数范围为 0.01 ~ 1.22，仅有 GX08 和 GX15 站位硫化物含量超标；石油类评价指数范围为 0.01 ~ 2.07，仅有靠近防城港的 GX14 和 GX15 站位石油类含量超标。

表 5.7　广西近海海底沉积物质量评价指数表

项目	范围	均值	项目	范围	均值
Hg	0.11 ~ 0.28	0.19	硫化物	0.01 ~ 1.22	0.23
Cu	0.09 ~ 0.72	0.29	石油烃	0.00 ~ 2.07	0.23
Pb	0.10 ~ 0.97	0.51	有机碳	0.07 ~ 1.83	0.54
Zn	0.05 ~ 0.73	0.28	总氮	0.58 ~ 2.52	1.42
Cd	0.14 ~ 1.71	0.71	总磷	0.28 ~ 0.92	0.60
Cr	0.09 ~ 0.49	0.31	666 *	0.01 ~ 0.02	0.01
DDT *	0.10 ~ 0.15	0.11	PCBs *	/	/

注：* 表示仅有 5 个站位检出；/ 表示未检出

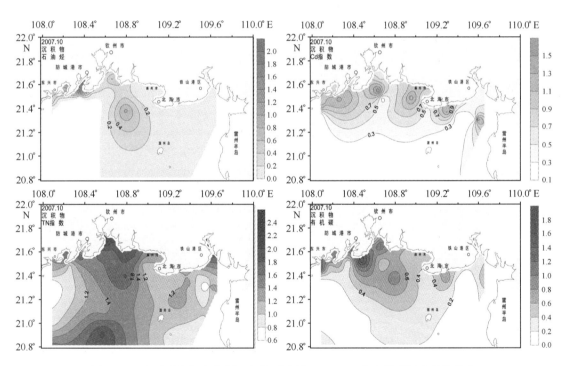

图 5.47　广西近海海底表层沉积物石油烃、Cd、TN 和有机碳标准指数分布

5.3.4　近海沉积物化学环境变化及其与人类活动的关系

海岸带是人类活动最强烈的区域，因此，海岸潮间带沉积物的污染物质的变化直接记录了人类活动方式、强度的变化及其对沉积物化学环境的影响。本节以广西潮间带 6 根短柱样（柱长介于 64 ~ 97 cm）为研究对象，在年龄框架构建的基础上，利用污染物质的埋藏通量变化讨论沉积化学环境变化及其与人类活动的关系。

5.3.4.1 柱状沉积物年龄框架

利用柱状沉积物^{210}Pb$_{ex}$测试结果，采用恒定沉积能量模式（Constant Initial Concentration，CIC），得到广西海岸带柱状沉积物中^{210}Pb$_{ex}$的比活度与深度关系的拟合曲线（$y = a \times e^{bx}$，图5.48），据此求出柱状沉积物的平均沉积速率，进而计算出各柱状沉积物的底层年龄（表5.8）。

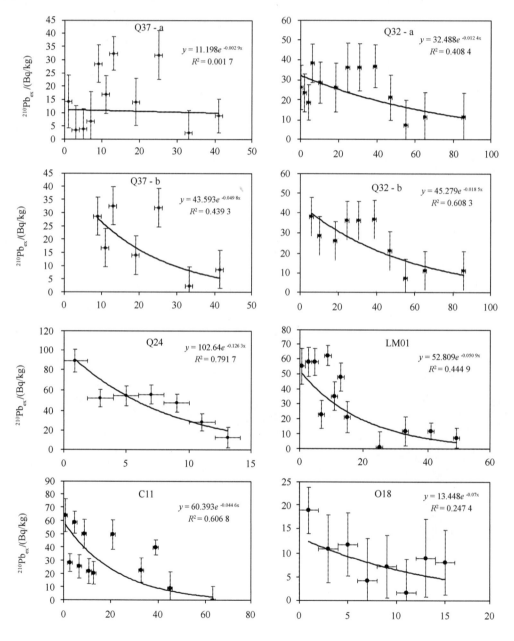

图 5.48　广西海岸潮间带柱状沉积物中^{210}Pb$_{ex}$与深度的关系图

表 5.8　广西海岸潮间带柱状沉积物的^{210}Pb测年结果及其沉积速率

柱号	拟合曲线	拟合系数 R^2	柱长/cm	年龄/a	沉积速率/（cm·a^{-1}）
Q37	$y = 43.593\text{e}^{-0.0498x}$	0.4393	90	143	0.63
Q32	$y = 45.279\text{e}^{-0.0185x}$	0.6083	86	51	1.68
Q24	$y = 102.64\text{e}^{-0.1263x}$	0.7917	82	328	0.25
LM01	$y = 52.809\text{e}^{-0.0509x}$	0.4449	97	159	0.61
C11	$y = 60.393\text{e}^{-0.0446x}$	0.6068	64	91	0.70
O18	$y = 13.448\text{e}^{-0.07x}$	0.2474	84	191	0.44

5.3.4.2　柱状沉积物污染物质通量变化

1）总有机碳（TOC）、总氮（TN）、总磷（TP）的埋藏通量变化

沉积物中生源要素埋藏通量的计算公式为：

$$BF_i = C_i \cdot S_i \cdot \rho_i \tag{式5.3}$$

式中，BF_i 为生源要素埋藏通量 mg/（cm^2·y）；C_i 为生源要素含量（mg/g）；S_i 为沉积物累积速率（cm/y）；ρ_i 为沉积物干密度（g/cm^3）；i 为沉积物某一层的深度（cm）。

$$\rho_i = \frac{2.6 \times D}{D + 2.6 \times (1 - D)} \tag{式5.4}$$

按照 5.3 式，利用柱状沉积物沉积速率，且沉积物干密度按式 5.4 计算，得到广西海岸潮间带沉积物中总有机碳（TOC）、总氮（TN）、总磷（TP）的埋藏通量变化（图 5.49）。

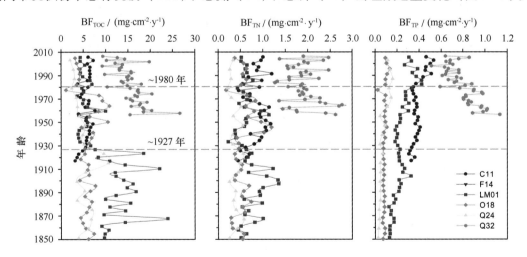

图 5.49　广西近岸柱状沉积物中 TOC、TN、TP 含量的垂向分布及其埋藏通量

从图 5.49 可以看出，位于钦江口附近 Q32 柱中的 TOC、TN、TP 埋藏通量最高，其次是位于南流江口的 C11 柱，表明河流输入是氮、磷等生源要素的主要来源。

从埋藏通量的时间变化来看，在 20 世纪 30 年代以前，TOC、TN、TP 的埋藏通量比较稳定；30 年代以后，TOC 的埋藏通量出现明显的较少趋势，特别是位于钦州湾内的 LM01、Q24 和 Q32 柱状沉积物，其 TOC 埋藏通量从 15 mg/（cm^2·y）突降至 5 mg/（cm^2·y），TOC 埋藏通量的一致衰减可能与该区红树林系统的衰退有关；从 80 年代开始，由于沿岸工农业的迅

猛发展，在人类活动的影响和干预下，广西近岸海域的富营养化程度不断加重，致使 TN、TP，其埋藏通量不断增大，如 C11 柱状沉积物中 TN 的埋藏通量在这个时期从 0.5 mg/（cm² · y）增加到 1.0 mg/（cm² · y），TP 的埋藏通量也从 0.35 mg/（cm² · y）激增到 0.5 mg/（cm² · y）；而到了 21 世纪初，由于加大了沿岸治污措施，广西近岸的富营养化程度虽得到了一定程度的减轻，但各生源要素的埋藏通量并无显著下降，基本保持在了 20 世纪 90 年代的水平。

2）重金属元素的过剩通量变化

柱状沉积物中重金属过剩通量的变化可以反映重金属人为源的输入强度并以此反演相邻陆域工农业活动的历史演变。过剩通量（MF_{xs}）的计算公式如下：

$$MFxs_{(i)} = Mxs_{(i)} \cdot Si \cdot \rho_i \tag{式 5.5}$$

$$Mxs_{(i)} = M_{(i)} - Mbackgroud_{(i)} \tag{式 5.6}$$

式中，$MF_{xs(i)}$ 为过剩重金属通量［μg/（cm² · y）］；$M_{xs(i)}$ 为过剩重金属浓度（μg/g）；S_i 为沉积物累积速率（cm/y）；ρ_i 为沉积物干密度（g/cm³）；D 为沉积物干湿重量比（%）；i 为沉积物某一层的深度（cm）。

按照 5.5 式，利用柱状沉积物沉积速率，且沉积物干密度按式 5.4 计算，得到广西海岸潮间带沉积物中重金属的过剩通量变化（图 5.50）。

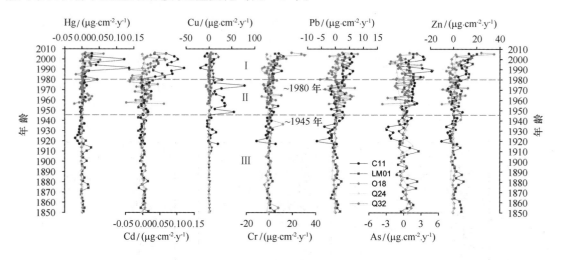

图 5.50　近 60 年来重金属过剩通量的变化

从重金属过剩通量的时间变化特征（图 5.50）来看，在 20 世纪 40 年代以前，过剩通量始终保持在一个比较低且接近零的水平上，说明在这段时间内重金属的输入以自然源为主；从 40 年代末到 80 年代初，随着海水养殖业的兴起，传统含铜消毒剂（如 CuSO₄）的大量使用，Cu 元素的人为输入大幅提升，尤其表现在南流江口的 C11 柱，而其他元素的过剩通量依然很低；从 80 年代开始，随着沿岸工农业的发展，在人类活动的影响和干预下，潮间带沉积物中重金属的过剩通量不断增加，尤其是近十年来增加的尤为严重。例如，南流江口的 C11 柱沉积物中 Hg、Pb、Zn、Cd 和 Cr 的过剩通量分别从 80 年代初的 0.02 μg/（cm² · a）、4.87 μg/（cm² · a）、3.68 μg/（cm² · a）、0.02 μg/（cm² · a）和 3.20 μg/（cm² · a）增加到现在的 0.14 μg/（cm² · a）、8.82 μg/（cm² · a）、16.83 μg/（cm² · a）、0.11 μg/（cm² · a）

和 12.58 μg/（cm² · a），分别增长了近 7、1.81、4.57、5.5 和 3.93 倍；龙门岛潮间带 LM01 柱状中的 Cu、Cd、Pb 和 Zn 的过剩通量分别从 80 年代初的 5.86 μg/（cm² · a）、0.01 μg/（cm² · a）、0.65 μg/（cm² · a）和 1.52 μg/（cm² · a）增加到现在的 20.75 μg/（cm² · a）、0.05 μg/（cm² · a）、3.38 μg/（cm² · a）和 20.10 μg/（cm² · a），分别为增长前的 3.5、4.4、5.2 和 3.93 倍。

3）潮间带沉积物污染物质来源及其与人类活动的关系

为了深入了解广西潮间带沉积物污染物质来源与人类活动历史的关系，以位于南流江口的 C11 柱状沉积物作为研究对象，对 20 种常、微量元素进行 R 型因子分析。从污染物来源角度研究人类活动历史对污染物质富集的影响。

按方差最大旋转和特征值大于 1 的方法对原数据变量进行降维，共获得 4 个因子。这 4 个因子的方差贡献分别为 40.6%、26.0%、9.7% 和 8.0%，累积方差贡献率为 84.3%，其因子载荷见表 5.9。各因子代表的元素组合及其与污染物质来源的关系解释如下：

F_1 因子：该因子代表的元素组合为 Pb、Zn、Cr、As、Ba、Sr、Ti、Al_2O_3、Fe_2O_3、MgO、K_2O。这套元素组合代表了陆源碎屑组合。Pb、Zn、Cr、As 与该因子具有较好相关关系，因子载荷介于 0.56 ~ 0.73，表明这几种元素有相当一部分来自于自然源。

表 5.9　C11 柱状沉积物中公共因子载荷矩阵

元素 ＼ 因子	F_1 自然源	F_2 工业源	F_3 有机源	F_4 生物源
Hg	−0.08	0.77	0.09	−0.07
Cu	0.15	−0.12	−0.22	−0.76
Pb	0.67	0.61	0.27	−0.14
Zn	0.56	0.69	0.35	−0.03
Cd	−0.20	0.87	0.14	0.33
Cr	0.73	0.39	0.37	−0.10
As	0.56	0.63	−0.07	−0.25
TOC	0.25	0.40	0.75	0.07
TN	0.24	0.16	0.80	−0.02
TP	0.05	0.83	0.23	0.19
Ba	0.95	−0.06	0.14	−0.02
Mn	0.32	0.72	0.06	0.22
Sr	0.87	0.23	−0.05	0.34
Ti	0.87	0.36	0.12	0.13
Al_2O_3	0.96	−0.09	0.13	−0.04
Fe_2O_3	0.93	0.26	0.12	−0.12
MgO	0.94	0.24	0.20	0.06
CaO	0.22	0.20	−0.34	0.73
Na_2O	0.41	0.83	0.17	0.18
K_2O	0.96	−0.08	0.10	−0.05
方差贡献	40.6%	26.0%	9.7%	8.0%

F_2 因子：该因子代表的元素组合为 Hg、Pb、Zn、Cd、As、TP、Mn、Na_2O。其中，Hg、Pb、Zn、Cd、As、TP 和 Mn 的因子载荷介于 0.61 ~ 0.87 之间，而 Al_2O_3 的载荷为 - 0.09。这表明该因子为典型的工业污染源因子，且 Hg 和 Cd 的来源主要受该因子控制。

F_3 因子：该因子代表的元素组合为 TOC 和 TN，表明该因子为有机污染因子。因此通过其得分的变化与人类活动因子的对比，便能解释有机污染物质的富集与人类活动的关系。

从 F_2 因子得分与工业产值和煤、石油消耗量的关系（图 5.51a）来看，在 1980—1990 年间 F_2 因子得分呈相对稳定的趋势，这与同期广西的工业产值和化石燃料（煤炭和石油）的消费量无明显增长一致；1990—2000 年间，随着工业化进程的加快，化石燃料的消费量递增，工业产值和排污量呈比例递增，如攀钢集团和金光纸业集团等大型排污企业于此期间进驻北部湾，进而导致了 2000 年前后 F_2 因子得分最大，即 Hg、Cd 和 Zn 等重金属污染程度最强；2000 年之后，随着北部湾经济区的重工业建设被提上议程，工业生产总值和消费量较之以前有了突飞猛进的发展，但重金属的入海通量并无明显的增长趋势，表明广西污染物质排放得到了一定程度的限制。

F_3 因子得分因子在 20 世纪 70 年代初之前基本保持恒定（图 5.51b），并于 70 年代初其含量迅速递减，到 80 年代之后逐渐增大。这一增大趋势对应于广西人口数量的快速增加。此外，在 1995—2005 年间，南流江口沉积物中 TOC 和 TN 的变化也于其干流水体中 COD 和氨氮含量的变化一致，表明近几十年来南流江流域生活污水排放量逐年增加，导致干流水质恶化的同时，也加剧了三角洲沉积物的有机污染程度。

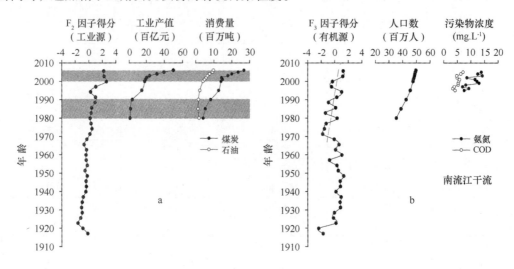

图 5.51　F_2 和 F_3 因子得分与人类活动相关要素的时间演变关系

5.4　小结

广西海岸带潮间带表层沉积物中，粗粒砂质沉积物比细粒泥质沉积物分布广泛，而粗粒砂质沉积物中以细砂分布最广，粗砂次之，细粒泥质沉积物中以泥质砂分布最广，砂－粉砂－黏土次之；涠洲岛潮间带砂质沉积物中不含粉砂和黏土组分，以砂和砾石为主；斜阳岛潮间带底质类型以基岩（R）为主，局部见有砾石（G）、砂砾（SG）和砾砂（GS）沉积物堆积。

广西近海海底沉积物总体呈带状分布，以西南角的黏土质粉砂最细，沿东北 60°方向粒径逐渐变粗，依次为砂质粉砂、粉砂质砂、砂；砂主要分布于北部湾北部沿岸地区，多在短源河流的河口附近，在北部湾湾顶的河口砂一般呈舌状分布，而出露在北部湾中部的砂则是末次冰期时低海面的沉积；粉砂质砂主要分布于北部湾东北部海域；砂质粉砂主要分布于陆架海域；黏土质砂主要分布于钦州湾湾口；黏土质粉砂基本上平行海岸展布，分布在 50 m 水深以浅的内陆架；粉砂质黏土主要分布于钦州湾湾口的东侧潮流深槽。

广西近海沉积物轻矿物种类主要有石英、钾长石、斜长石、白云母、海绿石、绿泥石及风化碎屑等，近海重矿物主有包括普通角闪石、透闪石、电气石、锆石、钛铁矿、绿帘石、褐铁矿等；石英、钛铁矿、褐铁矿和锆石等矿物富集于近岸沉积物中，而钾长石、斜长石、绿泥石和电气石等在远岸沉积物中富集。

海岸带沉积物中各种污染物质（Hg、Cu、Pb、Zn、Cr、As、总氮和总磷）从沿岸往外海减少，河口区高于沿岸区，港湾内高于港湾外，但 Cd 的平面分布特征却恰恰相反，远岸海域明显高于近岸海域，湾外高于湾内；重金属的超标站位主要位于南流江口，而营养盐的超标站位主要位于茅尾海内；南流江口和茅尾海内潮间带沉积物受污染程度最重，其次是铁山港湾、大风江口和防城港湾，其他区域受污染程度较轻。广西海岸带底质环境在整体上处于清洁和尚清洁状态，局部少数站位处于允许状态，污染相对较轻。南流江口的污染物（尤其是重金属）始于 20 世纪 80 年代初，而茅尾海内的污染物始于 90 年代初。

总体上，广西近海海底沉积物中的重金属和有机污染物表现出近岸含量高，而远岸区含量低的特点，但沉积物化学环境质量良好。沉积物种总氮污染较重，多数站位沉积物质量为二类；部分站位的镉、有机碳、硫化物和石油烃超过一类沉积物标准；其余均符合一类标准。

6 广西近海水文环境特征

海水的运动是海洋环境发生变化的基本动力。潮汐、潮流、余流、环流等构成了近海水文环境的主要内涵。本章重点阐述广西近海潮汐、潮流、余流、环流等海水物理环境特征。

6.1 潮汐

广西沿海的潮汐主要是太平洋潮波经巴士海峡和巴林塘海峡进入南海，经北部湾口进入北部湾形成的。

6.1.1 潮汐类型

按照我国现行的潮汐类型划分标准，将广西近海的潮汐类型划分为正规全日潮和不正规全日潮两大类（表6.1和表6.2）。除铁山港属不正规全日潮外，其他各湾和近海都属于正规全日潮。

与20世纪80年代相比（表6.1），当前的广西近海潮型系数（F值）除涠洲岛海域有增大外，其他4个港湾（珍珠港、防城港、钦州湾和铁山港）均有不同程度的减小，但潮汐类型均未改变。

从季节性变化来看，在夏、冬两季，潮型系数较大，而春、秋两季较小（表6.2）。

表 6.1 广西近海的潮汐类型

区域		珍珠港	防城港	钦州湾	铁山港	涠洲岛海区
20世纪80年代	F值	5.53	5.2	/	3.29	4.68
	潮型	正规全日潮	正规全日潮	/	不正规全日潮	正规全日潮
2009年2月份	F值	5.05	4.06	4.31	2.81	4.95
	潮型	正规全日潮	正规全日潮	正规全日潮	不正规全日潮	正规全日潮

表 6.2 广西近海的潮汐类型

测站		春	夏	秋	冬	平均
M1	F值	4.57	5.68	4.42	5.54	5.05
	潮型	正规全日潮	正规全日潮	正规全日潮	正规全日潮	正规全日潮
M2	F值	3.94	4.69	4.02	6.20	4.71
	潮型	不正规全日潮	正规全日潮	正规全日潮	正规全日潮	正规全日潮

6.1.2 潮差

潮差是潮汐强弱的主要标志。广西沿岸是整个北部湾的最大潮差区,各港湾的平均潮差都在 2 m 以上,最大潮差大于 4 m,其中铁山港的石头埠的最大潮差达 7.03 m。因此,广西海岸属于强潮海岸。广西海湾潮差的时、空变化呈现如下特点:

6.1.2.1 在空间上,外海潮差小于沿岸潮差,湾外潮差小于湾内潮差;在相同纬度带,潮差自西向东增大。如涠洲岛的最大潮差和平均潮差均小于沿岸各站的潮差;钦州湾湾外企沙站月平均潮差小于湾内的龙门站;自西向东月平均潮差由小到大的排序为白龙尾、防城港、企沙、龙门、石头埠。

6.1.2.2 在时间上,港湾的最大潮差均出现在全日潮,最小潮差都出现在半日潮,全日潮的平均潮差均大于半日潮的一倍以上;广西沿岸大潮都出现在全日潮期间,而小潮都出现在半日潮期间。

6.1.2.3 不正规全日潮港湾潮差明显大于正规全日潮港湾的潮差。如铁山港内石头埠站潮差比防城港潮差大 0.61 m,比珍珠港潮差大 0.69 m。

广西近海的平均潮差也都在 2 m 以上,最大潮差也大于 4 m,而且春季潮差明显大于其他三季(表 6.3)。

表 6.3 广西近海测站潮差统计
单位: m

测站/潮差	平均潮差				最大潮差				最小潮差			
	春	夏	秋	冬	春	夏	秋	冬	春	夏	秋	冬
M1	2.74	2.83	3.39	2.74	4.03	4.46	4.48	4.35	0.32	0.22	0.74	0.15
M2	3.13	2.89	3.07	2.16	4.27	4.57	4.75	4.39	0.28	0.24	0.45	0.07

6.1.3 潮汐历时

广西近岸海域的潮汐历时相差悬殊,长的可达 16 h 以上,短的不足 3 h。

在全日潮期间,各地的最长涨潮历时都在 15 h 34 min ~ 16 h 30 min 之间,最短涨潮历时在 13 h 10 min ~ 14 h 03 min 之间,平均涨潮历时为 14 h 07 min ~ 14 h 47 min 不等;最长落潮历时为 10 h 50 min ~ 11 h 59 min 之间,最短落潮历时在 8 h 20 min ~ 9 h 40 min 之间,平均落潮历时为 10 h 12 min ~ 10 h 32 min 不等;涨、落潮相比,各地都为涨潮历时长。

在半日潮期间,各地最长涨潮历时都在 7 h 30 min ~ 9 h 47 min 之间,最短涨潮历时在 3 h 22 min ~ 9 h 47 min 之间,平均涨潮历时为 5 h 54 min ~ 6 h 22 min 不等;最长落潮历时为 8 h 4 min ~ 9 h 31 min,最短落潮历时为 2 h 01 min ~ 3 h 39 min,平均落潮历时为 6 h 00 min ~ 6 h 48 min 不等;涨、落潮相比,除钦州湾龙门站为涨潮历时比落潮历时长 22 min 外,各地落潮历时比涨潮历时长,但历时差比全日潮期间的小,多在 20 min 左右,其中涠洲海区只差 2 min,涨、落潮历时几乎相等。

6.1.4 大潮出现规律

广西近岸海区的大潮常在初一、十五前出现,但出现的具体日期也很少有规律。全年共出现 27 次大潮，初一、初二、初三、初五、初六、十五和十九各出现 2 次，初十、十一、十四、十八、廿一、廿二和廿五各出现 1 次，十六和廿九各出现 3 次。

6.2 潮流

潮流是海水在天体引潮力作用下所产生的一种周期性的水平流动。实测的海水流动通常包含潮流和余流。余流则是由海水密度的水平分布不均及风应力、降水、气压变化、入海径流等因素所引起的在一定时期内的一种较稳定的流动，其速度与潮流速相比很小。故在沿岸和港湾等有潮海域，也常把实测的水体流动称之为潮流。广西近海的潮流与潮汐相辅相成，受控于太平洋传入的潮波，并受北部湾海床、岛屿、海岸和港湾地形等影响，使得潮流性质、大小、方向及流动形式因时、因地而异，较复杂。

6.2.1 潮流类型

广西海湾区的春季潮流类型系数在 1.5~8.6 之间，存在不正规半日潮流、不正规全日潮流和正规全日潮流 3 种类型，并因地、因层而异。珍珠港湾外表层为不正规全日潮流，中层和底层为正规全日潮流，湾内为不正规全日潮流；防城港均为正规全日潮流；钦州湾均为不正规全日潮流；铁山港湾口为不正规全日潮流，湾内均为不正规半日潮流。4 个重点港湾的潮流类型系数相比，在总体上由大到小依次为防城港、珍珠港、钦州湾、铁山港。

广西近海不同季节、不同水层的潮流类型系数介于 1.55~6.82 之间。在秋、冬季，不同水层都属于不正规全日潮流；在夏季，M1 测站的表层（0~15 m）属于不正规全日潮流，在中、底层（20 m 以下）属于不正规半日潮流，而 M2 测站各层都属于正规全日潮流；在春季，M1 测站的表层（0~10 m）属于不正规全日潮流，在中、底层（15 m 以下）属于不正规半日潮流，而 M2 测站各层都属于不正规全日潮流。

6.2.2 潮流运动形式

潮流运动形式可分为旋转流和往复流两种，在开阔的海域一般多为旋转流，在沿岸和港湾水域因受地形、水下地貌或入海径流等影响，常形成往复流。往复流是旋转流的一种特殊形式，通常以潮流椭圆率 K 的绝对值来判别，当 |K| = 1 时，潮流椭圆成圆形，各方向流速相等，为理想的旋转流；当 |K| = 0 时，潮流椭圆为一直线，海水在一条直线上做来回流动，为典型的往复流。事实上，在自然水域中理想的旋转流和典型的往复流是很少存在的，往往是两种形式同时并存，只是看哪种形式显著而已。|K| 值通常在 0~1 之间，|K| 值越大，旋转流的形式越显著，|K| 值越小，往复流的形式越显著。

广西各海湾主要分潮流的 |K| 值均为湾外和湾口的较大，表明各港湾湾外或湾口的潮流运动具有一定的旋转性。湾内的 |K| 值均不足 0.30，多数都在 0.1 以下，表明港湾内的潮流运动以往复流为主。

广西近海各层不同季节的潮流（O1、K1 和 M2 分潮）椭圆率绝对值普遍较小，表明广西近海潮流形式介于往复流和旋转流之间，更偏向于往复流。不同深度的椭圆率比较发现可见，椭圆率大体上呈现出沿水深略微变大的趋势，表明随着深度的增大，旋转性增强。

6.2.3　流速与流向

6.2.3.1　海湾区潮流最大流速与流向

在日潮海湾，大、小潮的变化规律较复杂。为便于阐述实测流速流向，按照大、小潮期统计实测流速流向。

1）大潮期的最大流速与流向

在大潮期，海湾测得的涨潮最大流速及其流向分别为 1.14 m/s 和 330°；落潮最大流速及其流向分别为 1.31 m/s 和 131°。涨、落潮最大流速均出现在钦州湾龙门水道上口（茅尾海出口）表层。其他 3 个海湾的最大流速都与潮差相对应，即潮差大，流速就大，反之亦然。

涨、落潮相比，除珍珠港外，各海湾均为落潮最大流速大于涨潮最大流速。

2）小潮期的最大流速与流向

在小潮期，各海港湾的最大流速依旧出现在龙门水道上口，其涨、落潮最大流速和相应的流向分别为 1.03 m/s、327° 和 1.17 m/s、174°。

6.2.3.2　近海潮流最大流速与流向

广西近海四个季节各层实测最大流速值变化范围分别在 19.2 ~ 103.0 cm/s 和 42.1 ~ 90.1 cm/s。四季最大流速都出现在表层，并且随水深逐渐增大而减小；除表层外，流向代表各层的涨、落潮的主方向。表、中、底层各层潮流最大流速的差异说明表层风应力和底摩擦作用对潮流的影响。从季节对比看，总体上，秋季明显较大而夏季较小。

6.3　余流

余流是实测海流分离出潮流后的水体运动。由于它具有单向流动性质，故河口、港湾、浅海的泥沙、污染物等输移与其有着密切的关系。广西沿岸与港湾的余流，通常由径流、季风、潮汐不对称与北部湾湾流等多种因素所致。其中湾流所致余流较稳定；径流和季风所致余流具有明显的季节变化；潮致余流因受港湾地形影响，随大、小潮而变，较复杂，并在湾内、湾外各具特点。

6.3.1　湾内余流

在冬末春初时节，由于江河入湾径流少，湾内余流主要由偏北风与东北偏东风所致，并含潮致余流的组分较高；又因大、小潮对湾域地形的淹没度不同，导致潮致余流的强度不一，通常大潮期的潮致余流强度比小潮期的强，故在大潮期各港湾的余流显得更加复杂。在珍珠港，表层余流指向外海，中层和底层指向余流湾内；在防城港，表层余流指向外海，东部 F3 站的中层和底层余流均指向湾内，而东部 F2 站的中层和底层余流指向湾外；钦州湾各层余流均为内湾指向东南，外湾指向东北；铁山港除 T3 站表层外，所有水层的余流均指向湾内

（图6.1）。

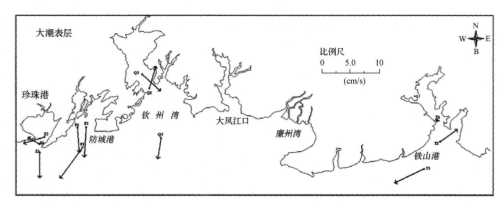

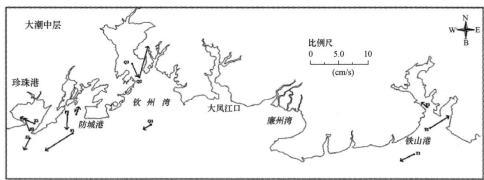

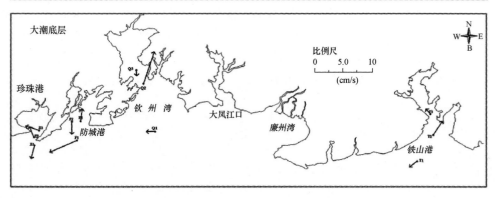

图6.1　广西海湾大潮期余流流向

　　在小潮期，除珍珠港的余流与大潮期的指向相同外，其余各港湾各层都指向外海（图6.2）。大、小潮相比，在总体上各港湾都表现为小潮期的余流流向较单一，多向湾口流动，余流速度比大潮期大。这是因为大潮期的潮致余流组分高，而潮致余流和风致余流的流向不一，故使合成后的余流速减小。

6.3.2　湾外余流

　　湾外余流反映了冬季广西沿岸的余流状况，不论大潮，还是小潮期间，表层和中层因受冬末春初偏北风和东北风影响，各站余流均朝偏南向或西南向流动（图6.2）；而底层主要受北部湾湾流影响，其余流由东向西多朝偏西向流动。

湾内外相比，为湾外余流大，大潮期湾外最大余流速达到 13.2 cm/s，比湾内最大 11.9 cm/s 大 1.3 cm/s；小潮期湾外最大余流速为 26.9 cm/s，比湾内最大 14.6 cm/s 大 12.3 cm/s。

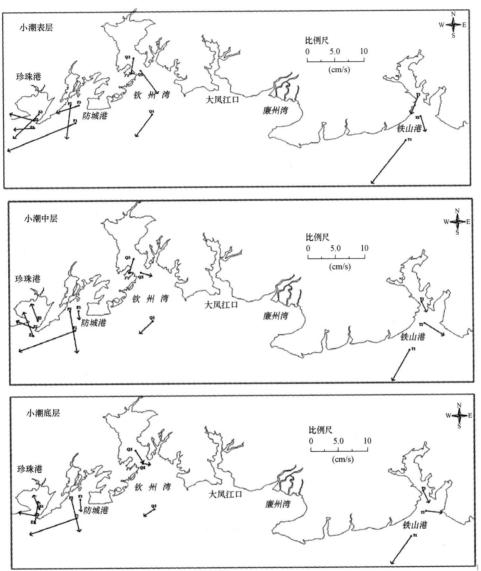

图 6.2　广西海湾小潮期余流流向

6.3.3　近海余流

在春季，各层余流数值均不大，量值均不超过 5 cm/s。各层余流流向指向西北偏西，上层呈右旋转向，下层则是左旋变化；在夏季，各层的余流流速小，在 5.6~9.1 cm/s 之间变化，随水深增大呈左旋偏转的变化，余流流向向南；在冬季，各层的余流数值在 1.4~6.9 cm/s 的范围内变化，余流基本随水深增大逐渐减小，各层流向则在 60°~68° 的范围顺时针变化（图 6.3）。

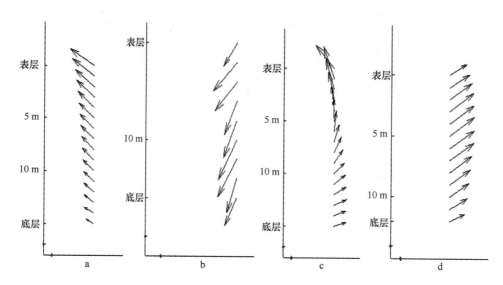

图 6.3　广西近海 M2 测站春、夏、秋、冬季（从左至右）余流特征
a：春季；b：夏季；c：秋季；d：冬季

6.4　北部湾湾流

北部湾湾流呈逆时针流动，它从湾口东部莺歌海沿海南岛西海岸向北流，至雷州半岛西岸转向，到广西近海由东向西流。

6.5　广西近海波浪

利用国家"908 专项"在北部湾北部波浪测量结果，阐述广西近海波浪的波高和波向特征。

6.5.1　波高

广西近海春季波高在 0.1 ~ 0.3 m 之间，最大波高分布于廉州湾和铁山港外侧海域，在廉州湾和铁山港之间及珍珠外侧海域波高较小；夏季波高在 0.3 ~ 4.5 m 之间，最大波高分布于铁山港湾西侧，并由此向西逐渐降低；冬季波高在 0.2 ~ 2.0 m 之间，最大波高分布于广西近海的东部和西部，而在中部的廉州湾外，波高较小（图 6.4）。可见，广西近海的波高冬季大于夏季，夏季大于春季。

6.5.2　波向

广西近海春季波向变化较大。在防城湾和珍珠湾外，总体呈西南方向，并向深水区转为正南方向；廉州湾外的浅水区，呈正北方向，而在深水区呈西北方向；在铁山港外呈东南方向。广西近海夏季波向总体呈东南方向，在珍珠湾以西为西南方向。广西近海冬季波向总体呈东南方向（图 6.5）。

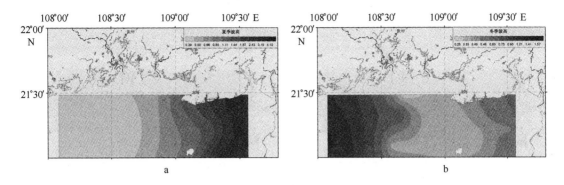

图 6.4　广西近海夏季（a）和冬季（b）波向平面分布

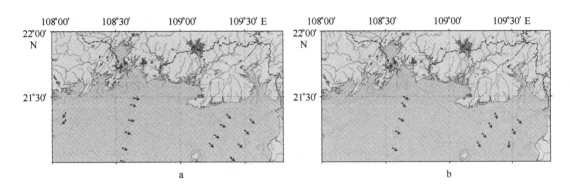

图 6.5　广西近海夏季（a）和冬季（b）波向平面分布

6.6　广西近海海水透明度和水色

利用国家"908 专项"在北部湾北部水文参数测量结果，阐述广西近海海水的透明度和水色特征。

6.6.1　水色

广西近海春季海水的水色变化范围为 6.8～14，水色较高值分布于铁山港湾至钦州湾之间的海域，钦州湾以西水色值较低，并没有呈现出从近岸浅水向深水区水色值降低的趋势；广西近海夏季海水的水色变化范围为 3.9～15，与春季相比，变化梯度明显增大，铁山港湾西侧海域水色值依然较高，但就广西近海整个区域来看，从近岸浅水向深水区水色值降低；广西近海秋季海水的水色变化范围为 7.9～15，明显高于春季和夏季，但变化趋势与夏季相似；广西近海冬季海水的水色变化范围为 8.6～14，水色的高值分布范围明显大于其他三季，而且没有呈现出明显的从近岸浅水向深水区水色值降低的趋势，而是表现为从东向西，水色值逐渐降低（图 6.6）。

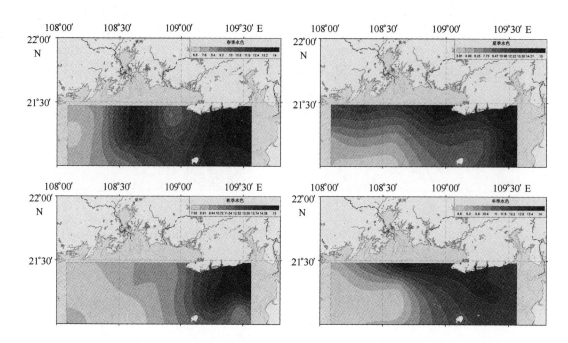

图 6.6　广西近海海水水色值的平面分布

6.6.2　透明度

广西近海春季海水的透明度变化范围为 2.58 ~ 13 m，透明度较大深度值分布于西部的珍珠湾和防城湾外，而在铁山港湾以西，透明度深度值最小；广西近海夏季海水的透明度变化范围为 0.67 ~ 21 m，与春季相比，变化梯度明显增大，铁山港湾西侧海域透明度深度值依然较小，但就近海整个区域来看，从近岸浅水向深水区透明度深度值增大；秋季海水透明度变化范围为 1.7 ~ 9.2 m，变化趋势与夏季相似；冬季海水的透明度变化范围为 2.79 ~ 10.2 m，变化趋势与夏季和秋季相似（图 6.7）。

总体看，广西近海海水透明度空间分布的季节性变化不大，表现出从西南深水向东北近岸浅水，透明度深度变浅。这种变化趋势大体与海水水色变化趋势相反。

6.7　广西近海海水温度

6.7.1　广西近海海水温度的平面分布

6.7.1.1　春季海水温度分布

广西近海春季表层海水温度范围为 16.92 ~ 20.82℃，平均为 18.83℃（图 6.8a）；底层水温变化范围是 17.28 ~ 21.29℃，平均为 19.04℃，高于表层（图 6.9a）。表层海水和底层海水温度的分布趋势基本相同，都表现为西北近岸低，东南远岸水温高，其中，防城湾水域最低。

6.7.1.2　夏季海水温度分布

广西近海夏季表层海水温度范围为 30.5 ~ 32.7℃，平均为 31.5℃（图 6.8b）；底层海水

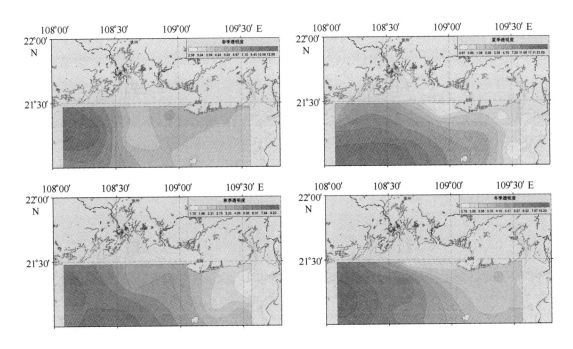

图 6.7　广西近海水透明度的平面分布

温度范围为 30.2 ~ 31.6℃，平均为 30.9℃，低于表层（图 6.9b）。表层海水和底层海水温度的分布趋势基本相同，都表现为近岸水温高，远岸水温低。钦州湾水域、防城湾南部水域及海域东侧中部水域温度较高，而海域南侧水温较低。

6.7.1.3　秋季海水温度分布

广西近海秋季表层海水温度范围为 26.0 ~ 28.0℃，平均为 27.1℃。表层水温东部高，西部低；东南部区域水温最高，西部珍珠湾水温最低（图 6.8c）。底层温度分布规律与表层接近，基本东部高，西部水温低（图 6.9c）。

6.7.1.4　冬季海水温度分布

广西近海冬季表层海水温度范围为 16.7 ~ 19.4℃，平均 17.6℃。近岸区域水温相对较低，远岸水域较高，最高值中心分布在 21°30′N，108°40′E 到海区东南角的直线上（图 6.8d）。底层海水温度范围为 16.7 ~ 19.7℃，平均为 17.6℃，与表层接近（图 6.9d）。底层分布趋势与表层类似，也是近岸相对较低，远岸较高，最高水温分布在调查海区中间的区域。

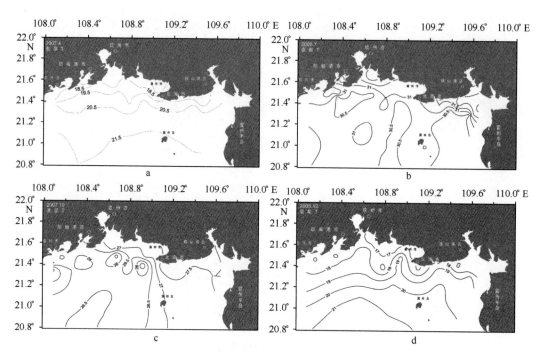

图 6.8　广西近海表层海水温度分布（℃）

a：春季；b：夏季；c：秋季；d：冬季

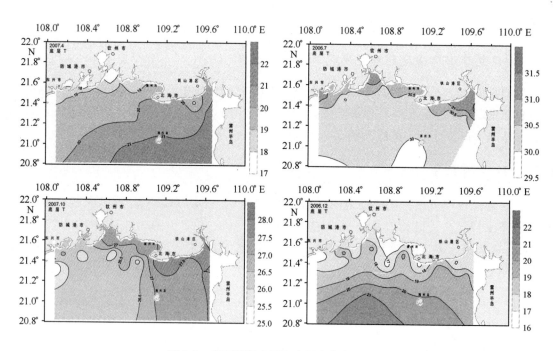

图 6.9　广西近海底层海水温度分布（℃）

a：春季；b：夏季；c：秋季；d：冬季

6.7.2　广西近海海水温度的垂直变化

6.7.2.1　春季海水温度的垂直变化

广西近海 B18 站 ［坐标：(21.2187°N, 108.6020°E)］ 和 B11 站 ［坐标：(21.1948°N, 108.3312°E)］ 海水温度垂直分布表明（图 6.10），总体上，从表层海水 10 m 深度，海水温度呈现降低趋势，而 10 m 以下，海水温度几乎不变。

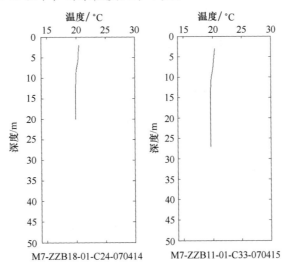

图 6.10　近海 B18 站和 B11 站春季海水温度垂直变化

6.7.2.2　夏季海水温度的垂直变化

广西近海 B21 站 ［坐标：(21.4832°N, 108.6692°E)］ 和 B14 站 ［坐标：(21.3478°N, 108.0886°E)］ 海水温度垂直分布表明（图 6.11），总体上，上层海水温度略高，而下层海水温度略低。

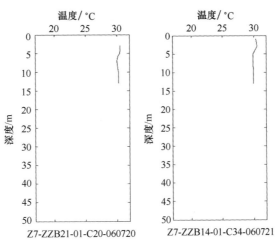

图 6.11　近海 B21 站和 B14 站夏季海水温度垂直变化

6.7.2.3 秋季海水温度的垂直变化

广西近海 B18 站〔坐标：(21.2187°N，108.6020°E)〕和 B11 站〔坐标：(21.1948°N，108.3312°E)〕海水温度垂直分布表明（图6.12），上层和下层温度基本一致，都在 26.0℃ 左右，但在 15 m 深度以下出现轻微逆温。这种现象很可能是天气过程造成的上层海水热量散失所致。

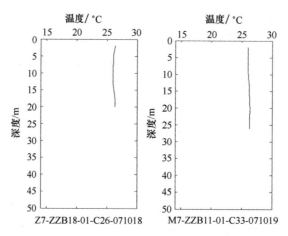

图 6.12　近海 B18 站和 B11 站秋季海水温度垂直变化

6.7.2.4 冬季海水温度的垂直变化

广西近海 B18 站〔坐标：(21.2187°N，108.6020°E)〕和 B11 站〔坐标：(21.1948°N，108.3312°E)〕海水温度垂直分布表明（图6.13），海水温度都在 20.0℃ 左右，从表层到底层水温差异很小，表现出均匀混合的特点。

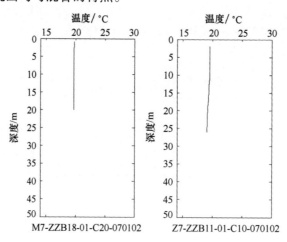

图 6.13　近海 B18 站和 B11 站冬季海水温度垂直变化

6.7.3　广西近海海水温度的断面分布

6.7.3.1　春季海水温度的断面分布

广西近海 B22（20.8973°N，108.7722°E）—B28（21.3955°N，108.9154°E）断面和 B08（20.8194°N，108.3319°E）—B14（21.4319°N，108.3369°E）断面的春季海水温度变化表明（图 6.14），表层水温在 20.0 ~ 22.0℃之间，底层水温在 19.5 ~ 21.5℃之间；表层和底层都体现出近岸温度低、远岸温度高的分布趋势。20.0 ~ 21.0℃的表层冷水正沿着海底向白龙尾海域下沉，促进白龙尾岛附近海域春 - 夏季冷水团的形成。

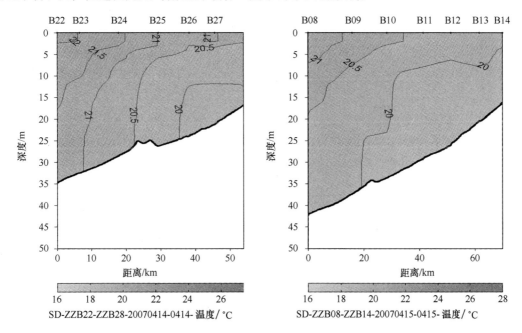

图 6.14　近海春季海水温度断面分布

6.7.3.2　夏季海水温度的断面分布

广西近海 B22（20.8973°N，108.7722°E）—B28（21.3955°N，108.9154°E）断面和 B08（20.8194°N，108.3319°E）—B14（21.4319°N，108.3369°E）断面的夏季海水温度变化表明（图 6.15），表层海水温度在 30.5℃左右，底层海水温度在 30.0℃左右，温度在垂直方向上的差异都不大；从近岸到远海也没有明显的温度差异。

6.7.3.3　秋季海水温度的断面分布

广西近海 B22（20.8973°N，108.7722°E）—B28（21.3955°N，108.9154°E）断面和 B08（20.8194°N，108.3319°E）—B14（21.4319°N，108.3369°E）断面的秋季海水温度变化表明（图 6.16），断面的海水水温都在 25.5 ~ 26.5℃之间，近岸的水温约比远海的水温低 0.5℃；温度在垂直方向上较均匀，没有明显的垂直温度差异。

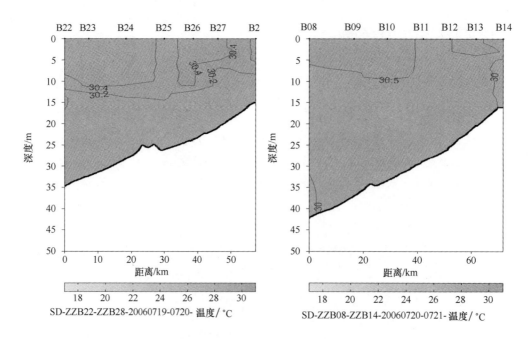

图 6.15　近海夏季海水温度断面分布

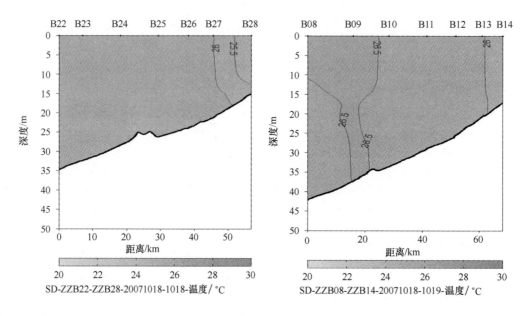

图 6.16　近海秋季海水温度断面分布

6.7.3.4　冬季海水温度的断面分布

　　广西近海 B22（20.8973°N，108.7722°E）—B28（21.3955°N，108.9154°E）断面和 B08（20.8194°N，108.3319°E）—B14（21.4319°N，108.3369°E）断面的冬季海水温度变化表明（图 6.17），断面南部（远离陆地）的水温在 21.0℃以上，断面北部（近岸）的水温则在 18.0~19.0℃之间，形成北冷南暖的趋势，这与冬季的太阳辐射和陆地的影响有关；等温线基本呈垂直状态，可见温度垂直方向分布较为均匀。

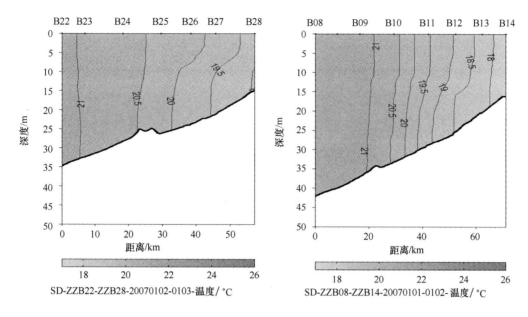

图 6.17　近海秋季海水温度断面分布

6.8　广西近海海水盐度

6.8.1　海水盐度的平面分布

6.8.1.1　春季海水盐度分布

广西近海春季表层海水盐度范围为 25.56 ~ 33.37，平均为 31.82。近岸盐度低，远岸盐度高，最低值在北海市附近廉州湾海域，高值区在海域南部和东南部（图 6.18a）。底层海水盐度范围为 25.83 ~ 33.06，平均为 31.96。底层海水盐度分布规律为北低南高，等盐线分布规律，海域最低值分布于茅尾海外钦州湾水域，高值区在南侧水域（图 6.19a）。

6.8.1.2　夏季海水盐度分布

广西近海夏季表层海水盐度范围为 13.85 ~ 32.84，平均为 26.44。近岸盐度低，远岸盐度高，最低值在北海市西部廉州湾外海域，高值区在调查海域东南角和西南角（图 6.18b）。底层海水盐度范围为 27.15 ~ 32.74，平均为 31.74。底层盐度分布规律为北低南高，等盐线基本东西走向，海域最低值在茅尾海外钦州湾水域，高值区在南侧水域（图 6.19b）。

6.8.1.3　秋季海水盐度分布

广西近海秋季表层海水盐度范围为 27.65 ~ 31.40，平均为 30.12。近岸低，远岸高，等盐线基本与海岸线平行；钦州湾和廉州湾表层海水盐度最低，海域南侧最高（图 6.18c）。底层海水盐度范围为 27.95 ~ 31.70，平均为 30.60，分布趋势与表层接近，最低值区域在钦州湾，调查海域南侧水体最高（图 6.19c）。

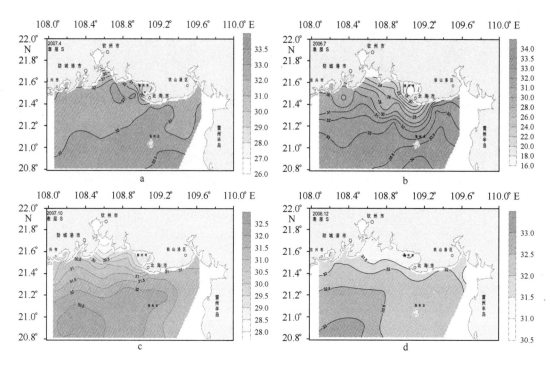

图 6.18　广西近海表层海水盐度分布

a：春季；b：夏季；c：秋季；d：冬季

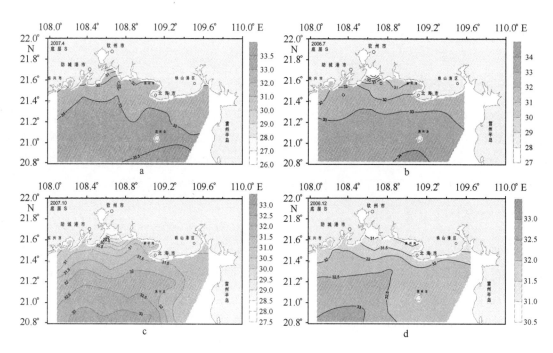

图 6.19　广西近海底层海水盐度分布

a：春季；b：夏季；c：秋季；d：冬季

6.8.1.4　冬季海水盐度分布

广西近海冬季表层海水盐度范围为 30.78 ~ 32.34，平均为 31.56。表层盐度等值线分布与岸线平行，最低值在茅尾海外的钦州湾北部和廉州湾部，最高值在调查海区南部区域（图 6.18d）。底层海水盐度范围为 30.57 ~ 32.39，平均为 31.55，与表层接近，其分布趋势与表层海水类似，也是北低南高，最低值在茅尾海外的钦州湾北部和廉州湾水域；高值区在调查海区南部区域（图 6.19d）。

6.8.2　海水盐度的垂直分布

6.8.2.1　春季海水盐度垂直变化

广西近海 B14 站（坐标：21.4459°N，108.3410°E）和 B03 站（坐标：21.0083°N，108.0932°E）春季海水盐度垂直分布表明（图 6.20），受广西沿岸河口径流的影响，该海区的盐度较北部湾中部和南部的大部分海区都偏低，表现出河流冲淡水的性质。两个站位盐度在 5 m 层以下分布都较为均匀，只有 5 m 层以上盐度明显较低。中下层盐度在 33.0 左右，比表层高 0.5 ~ 1.0。

6.8.2.2　夏季海水盐度垂直变化

广西近海 B14 站（坐标：21.4459°N，108.3410°E）和 B21 站（坐标：21.4832°N，108.6692°E）夏季海水盐度垂直分布表明（图 6.21），B21 站表层盐度约为 30.0，底层盐度则在 32.5 左右；B14 站受河口径流影响更强，表层盐度在 21.0 左右，底层盐度约为 32.0。两个站位的盐度都表现出表层低盐、底层高盐的趋势，体现出河流冲淡水的性质。

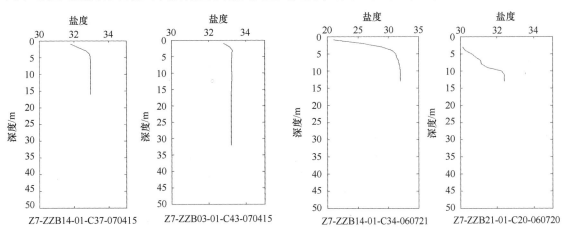

Z7-ZZB14-01-C37-070415　　Z7-ZZB03-01-C43-070415　　Z7-ZZB14-01-C34-060721　　Z7-ZZB21-01-C20-060720

图 6.20　春季 B14 站、B03 站海水盐度垂直分布　　图 6.21　夏季 B21 站、B14 站盐度垂直分布

6.8.2.3　秋季海水盐度垂直变化

广西近海 B07 站（坐标：21.3478°N，108.0886°E）和 B21 站（坐标：21.4832°N，108.6692°E）秋季海水盐度垂直分布表明（图 6.22），两个站位的盐度都在 30.5 ~ 31.0 之

间，较北部湾其他海区盐度低。在垂直方向上，10 m 层以上盐度较均匀，10 m 层以下盐度略有增大。

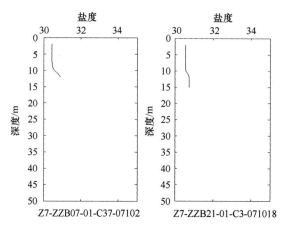

图 6.22　秋季 B07 站、B21 站盐度垂直分布图

6.8.2.4　冬季海水盐度垂直变化

广西近海 B14 站（坐标：21.3478°N，108.0886°E）和 B21 站（坐标：21.4832°N，108.6692°E）冬季海水盐度垂直分布表明（图 6.23），受河流冲淡水影响，各层海水的盐度都比较低，B14 站受河口影响稍弱，各层盐度在 32.0 左右，B21 站受河口影响较强，各层盐度在 31.5 左右；而且由于冬季东北季风引起的强混合作用，盐度在垂直方向上表现出均匀地分布。

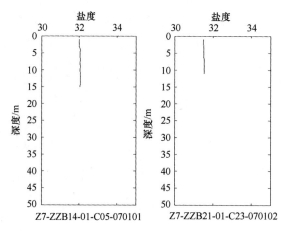

图 6.23　冬季 B14 站、B21 站盐度垂直分布图

6.8.3　海水盐度的断面分布

6.8.3.1　春季海水盐度断面分布

广西近海 B08（20.8194°N，108.3319°E）—B14（21.3478°N，108.0886°E）断面和 B01（20.8135°N，108.0831°E）—B07（21.3479°N，108.0910°E）断面的春季海水盐度变化

表明（图6.24），受河口径流影响，海水盐度呈现出近岸低，远海高，表层低，中下层高的特点。例如，北部的B14站和B07站表层盐度都达到32.0以下，中下层盐度在32.8左右；而远海的B01站和B08站各层盐度则都在33.4左右。

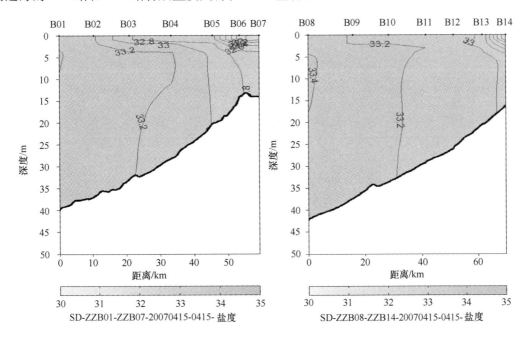

图6.24 春季B08—B14、B01—B07断面盐度分布

6.8.3.2 夏季海水盐度断面分布

广西近海B08（20.8194°N，108.3319°E）—B14（21.3478°N，108.0886°E）断面和B22（20.8994°N，108.7768°E）—B28（21.3934°N，108.9158°E）断面的夏季海水盐度变化表明（图6.25），近岸海水盐度较低，远海海水盐度高，表层海水盐度低，底层海水盐度高，表现出冲淡水的性质。例如，近岸的B28站和B14站表层海水盐度分别降低到30.0和21.0左右。

6.8.3.3 秋季海水盐度断面分布

广西近海B08（20.8194°N，108.3319°E）—B14（21.3478°N，108.0886°E）断面和B15（20.9247°N，108.5623°E）—B21（21.4702°N，108.6214°E）断面的秋季海水盐度变化表明（图6.26），上层盐度低、下层盐度高，但上、下层盐度差异较小，表现出混合较均匀的特点；近岸端的海水盐度约为31.5，远岸端海水盐度约为32.5，即近岸海水盐度低于远岸海水盐度，体现了河口冲淡水对近海海水盐度的影响。

6.8.3.4 冬季海水盐度的断面分布

广西近海B08（20.8194°N，108.3319°E）—B14（21.3478°N，108.0886°E）断面和B15（20.9247°N，108.5623°E）—B21（21.4702°N，108.6214°E）断面的冬季海水盐度变化表明（图6.27），海水盐度近岸低，远海高，例如近岸端B21和B14站的海水盐度分别为

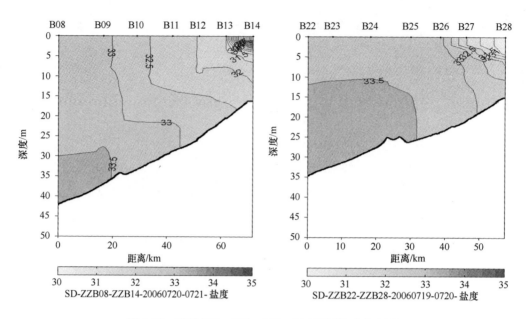

图 6.25　夏季 B22—B28、B08—B14 断面盐度分布图

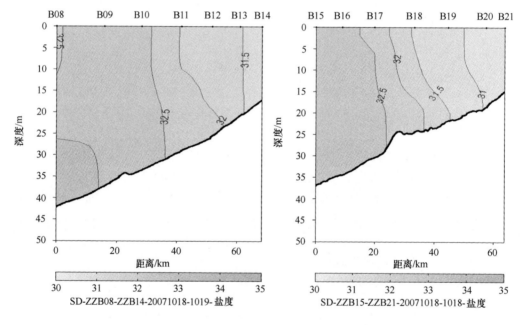

图 6.26　秋季 B15—B21、B08—B14 断面盐度分布

31.5 和 32.0 左右，而远岸端海水盐度则为 33.0 左右，表现出冲淡水对广西近海海水盐度的
影响。

对比广西近海四个季节的盐度变化特征发现，夏季该海区表层海水盐度达到最低，最低
值在 21.0 左右，这与夏季充沛的河流径流量有关；冬季表层海水盐度则很高，最低值在 32.0
左右，远远高于夏季的最低盐度值，反映出此时河流处于枯水期。秋季该海区表层盐度介于
二者之间，最低盐度值在 31.0 左右。春季表层海水盐度与冬季相近。

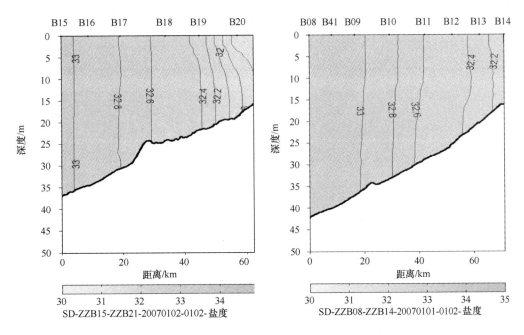

图 6.27　冬季 B15 – B21、B08 – B14 断面盐度分布

6.9　小结

广西近岸潮汐除铁山港属不正规全日潮外，其他各湾和近海都属于正规全日潮；广西海岸属于强潮海岸，各海湾的平均潮差都在 2 m 以上，最大潮差大于 4 m；近岸海域的潮汐历时相差悬殊，长的可达 16 h 以上，短的不足 3 h；大潮常在初一、十五前出现，全年共出现27 次大潮。

广西海湾区的春季存在不正规半日潮流、不正规全日潮流和正规全日潮流 3 种类型：珍珠港湾外表层为不正规全日潮流，中层和底层为正规全日潮流，湾内为不正规全日潮流；防城港均为正规全日潮流；钦州湾均为不正规全日潮流；铁山港湾口为不正规全日潮流，湾内均为不正规半日潮流。在秋、冬季，不同水层都属于不正规全日潮流。潮流形式介于往复流和旋转流之间，更偏向于往复流，但随着深度的增大，旋转性增强。在大潮期，涨潮最大流速及其流向分别为 1.14 m/s 和 330°；落潮最大流速及其流向分别为 1.31 m/s 和 131°；小潮期，各海港湾的涨、落潮最大流速和相应的流向分别为 1.03 m/s、327°和 1.17 m/s、174°。

冬末春初时节的大潮期间，在珍珠港，表层余流指向外海，中层和底层指向余流湾内；在防城港，表层余流指向外海，钦州湾各层余流均为内湾指向东南，外湾指向东北；铁山港所有水层的余流均指向湾内。在小潮期，除珍珠港的余流与大潮期的指向相同外，其余各港湾各层都指向外海。大、小潮相比，在总体上各港湾都表现为小潮期的余流流向较单一，多向湾口流动，余流速度比大潮期大。

春季波高在 0.1 ～ 0.3 m 之间，最大波高分布于廉州湾和铁山港外侧海域，在廉州湾和铁山港之间及珍珠外侧海域波高较小；夏季波高在 0.3 ～ 4.5 m 之间，最大波高分布于铁山港湾西侧，并由此向西逐渐降低；冬季波高在 0.2 ～ 2.0 m 之间，最大波高分布于广西近海的东部和西部，而在中部的廉州湾外，波高较小。近海春季波向变化较大：在防城湾和珍珠湾外，总体呈西南方向，并向深水区转为正南方向；廉州湾外的浅水区，呈正北方向，而在深水区呈西北方向；在铁山港外呈东南方向。夏季波向总体呈东南方向，而在珍珠湾以西为西南方向；冬季波向总体呈东南方向。

广西近海春季海水的水色变化范围为6.8~14，水色较高值分布于铁山港湾至钦州湾之间的海域；夏季海水的水色变化范围为3.9~15，从近岸浅水向深水区水色值降低；秋季海水的水色变化范围为7.9~15，变化趋势与夏季相似；冬季海水的水色变化范围为8.6~14，从东向西，水色值逐渐降低。

广西近海春季海水的透明度变化范围为2.58~13 m，透明度较大深度值分布于西部的珍珠湾和防城湾外；夏季海水的透明度变化范围为0.67~21 m，从近岸浅水向深水区透明度深度值增大；秋季海水透明度变化范围为1.7~9.2 m，变化趋势与夏季相似；冬季海水的透明度变化范围为2.79~10.2 m，变化趋势与夏季和秋季相似。

广西近海春季表层海水温度平均为18.83℃，底层水温平均为19.04℃；夏季表层海水温度平均为31.5℃，底层海水温度平均为30.9℃；秋季表层海水温度平均为27.1℃；冬季表层海水温度平均为17.6℃，底层海水温度平均为17.6℃。表层海水和底层海水温度的分布趋势基本相同，都表现为西北近岸低，东南远岸水温高。

广西近海春季表层海水盐度平均为31.82，底层平均为31.96；夏季表层海水盐度平均为26.44，底层平均为31.74；秋季表层海水盐度范围平均为30.12，底层平均为31.74；冬季表层海水盐度范围平均为31.56，底层平均为31.55。近岸海水盐度低，远岸盐度高；夏、秋两季表层海水盐度明显低于底层，而春、冬两季表层和底层海水盐度差别不大。

7　广西近海海水化学

海水化学元素（或化合物），特别是营养元素和污染元素及其化合物是海洋环境的基本表征，也是评价海洋环境质量的主要环境因子。本章综合分析广西近海的海水化学特征，在此基础上，评价广西海水环境质量。

7.1　海水化学要素的平面分布

7.1.1　海水溶解氧的分布

7.1.1.1　春季海水溶解氧的分布

广西近海春季表层水体溶解氧含量范围为 $176 \sim 245$ μmol/dm^3（$5.62 \sim 7.85$ mg/dm^3），平均为 220 μmol/dm^3（7.03 mg/dm^3），其分布呈斑块状（图 7.1a），海域中部 $21°30'$N，$108°50'$E 处溶解氧最低，而在西南和防城湾及钦州湾海域，表层水体溶解氧含量较高；底层水溶解氧含量范围为 $165 \sim 243$ μmol/dm^3（$5.27 \sim 7.77$ mg/dm^3），平均为 215 μmol/dm^3（6.88 mg/dm^3），低于表层，其分布趋势与表层类似（图 7.1b），海域中部 $21°30'$N，$108°50'$E 处溶解氧最低，防城湾、珍珠湾及钦州湾海域水体溶解氧含量较高。

7.1.1.2　夏季海水溶解氧的分布

广西近海夏季表层水体溶解氧含量范围为 $132 \sim 248$ μmol/dm^3（$4.22 \sim 7.92$ mg/dm^3），平均为 197 μmol/dm^3（6.29 mg/dm^3），其分布呈斑块状（图 7.1c），钦州湾 $21°30'$N，$108°40'$E 处海域溶解氧最低，低于 150 μmol/dm^3，海域东部表层水体溶解氧含量较高，北海市南部海域表层水体溶解氧含量最高，超过 230 μmol/dm^3，其次是海域最东侧，溶解氧含量超过 210 μmol/dm^3；底层水体溶解氧含量范围为 $120 \sim 212$ μmol/dm^3（$3.85 \sim 6.77$ mg/dm^3），平均为 167 μmol/dm^3（5.35 mg/dm^3），低于表层，整体上东部水域和北部近岸底层水体溶解氧含量高，超过 200 μmol/dm^3，西侧底层水体溶解氧含量较高，超过 180 μmol/dm^3，而海域中间区域底层水体溶解氧含量低，低于 150 μmol/dm^3（图 7.1d）。

7.1.1.3　秋季海水溶解氧的分布

广西近海秋季表层水体的溶解氧含量范围为 $177 \sim 240$ μmol/dm^3，平均为 209 μmol/dm^3（6.69 mg/dm^3），其分布基本呈近岸低，远海高的趋势（图 7.1e），铁山湾海域表层水溶解氧最低，其次为钦州湾至廉州湾一带，而北海市南部 $21°23'$N，$109°05'$E 附近海域表层海水溶

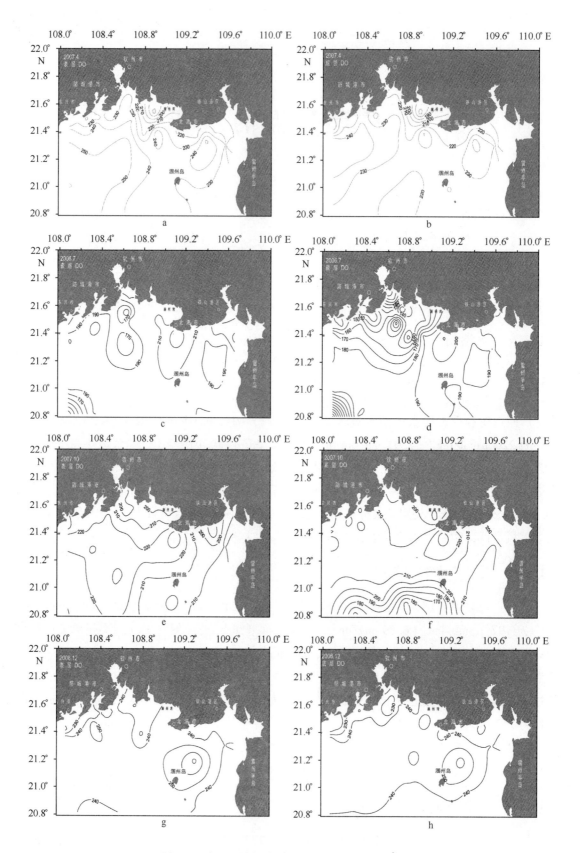

图 7.1 广西近海海水溶解氧分布（μmol/dm³）

a：春季表层；b：春季底层；c：夏季表层；d：夏季底层；e：秋季表层；f：秋季底层；g：冬季表层；h：冬季底层

解氧含量最高，海域西部和东南角表层水体溶解氧含量也较高；底层海水溶解氧含量范围为 187～237 μmol/dm³（5.99～7.58 mg/dm³），平均为 207 μmol/dm³（6.61 mg/dm³），略低于表层，北海市南部 21°23′N，109°05′E 附近和珍珠湾、防城湾一带底层海水溶解氧含量高，海域东部中间区域和廉州湾底层海水溶解氧含量低（图 7.1f）。

7.1.1.4 冬季海水溶解氧的分布

广西近海冬季表层水体溶解氧含量变化范围为 218～248 μmol/dm³（6.97～7.95 mg/dm³），平均为 235 μmol/dm³（7.53 mg/dm³），表层海水溶解氧在茅尾海外钦州湾北部和北海北部廉州湾外水域最高，江山半岛沿岸水域、海区西侧边缘水域和南部远岸表层海水溶解氧较低（图 7.1g）；底层水体中溶解氧含量变化范围为 209～257 μmol/dm³，平均为 233 μmol/dm³（7.47 mg/dm³），略低于表层，呈斑块状分布（图 7.1h），最高值出现在廉州湾外水域和钦州湾北部水域，最低值出现在海域西部边缘水域，其次为钦州湾水域 21°30′N，108°40′E 附近。

7.1.2 海水 pH 值分布

7.1.2.1 春季海水 pH 值分布

广西近海春季海水的 pH 值变化范围为 7.69～7.91，平均为 7.86，其分布基本呈现近岸低，远岸高的特点，等值线呈西北—东南走向平行分布，其中海域东北部的铁山湾区域和钦州湾区域较低，海域西南部和中部南侧区域较高（图 7.2a）；底层海水的 pH 值变化范围为 7.69～7.92，平均为 7.86，与表层接近，其分布趋势与表层海水一致，也呈现近岸低，远岸高，等值线呈西北—东南走向平行分布的特点，海域东北部的铁山湾区域最低，西南部最高（图 7.2b）。

7.1.2.2 夏季海水 pH 值分布

广西近海夏季表层水体 pH 值变化范围为 8.09～8.52，平均为 8.29。海区北海市西侧和中部海域 pH 值最高，海域西部 pH 值分布较均匀，东部呈现由近岸向远岸递增的趋势，铁山湾水域最低，等值线东西走向（图 7.2c）；底层水体 pH 值变化范围为 8.09～8.39，平均为 8.23，略低于表层，最高 pH 值分布于茅尾海外钦州湾水域，21°30′N，108°45′E 附近水体的 pH 值较低；海域西部底层水体的 pH 值比中部略高；海域东部底层水体的 pH 值分布规律与表层分布规律一致，铁山湾水域最低，呈现由近岸向远岸递增的趋势，等值线东西走向（图 7.2d）。

7.1.2.3 秋季海水 pH 值分布

广西近海秋季表层水体 pH 值变化范围为 7.81～8.19，平均为 8.06，pH 值近岸低，远岸高，并由北向南递增，基本呈东西走向分布，最高值出现在海区南侧，最低值出现在钦州湾北部（图 7.2e）；底层水体 pH 值变化范围为 7.81～8.19，平均为 8.06，其分布规律与表层海水一致，也呈现由近岸向远岸递增的趋势，最低值出现在茅尾海外钦州湾水域，最高值在海域中部南侧 21°30′N，109°10′E 附近（图 7.2f）。

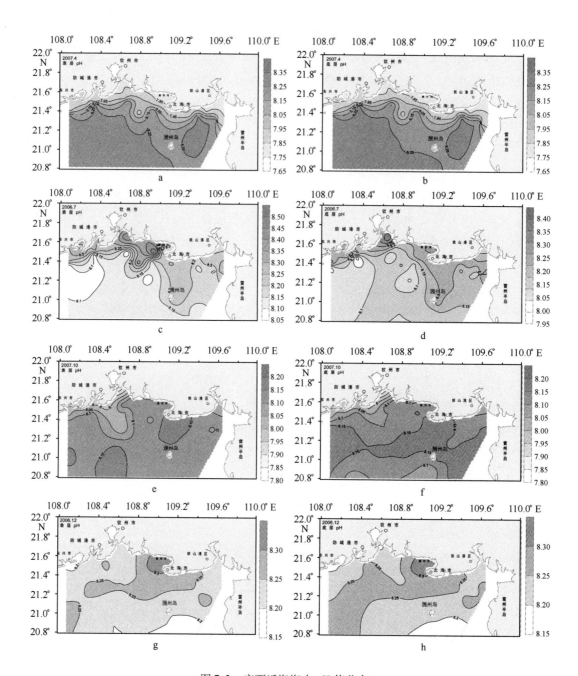

图 7.2 广西近海海水 pH 值分布

a：春季表层；b：春季底层；c：夏季表层；d：夏季底层；e：秋季表层；f：秋季底层；g：冬季表层；h：冬季底层

7.1.2.4 冬季海水 pH 值分布

广西近海冬季表层水体 pH 值变化范围为 8.19～8.34，平均为 8.24，中部高，东西两侧低，最高值出现在北海西部廉州湾外水域，西北方向及东北方向近岸水域 pH 值较低（图7.2g）；底层水体 pH 值变化范围为 8.19～8.34，平均为 8.24，其分布规律与表层海水一致（图 7.2h）。

7.1.3 海水总碱度分布

7.1.3.1 春季海水总碱度分布

广西近海春季表层水体总碱度变化范围为 2.11 ~ 2.17 mmol/dm^3，平均为 2.14 mmol/dm^3，基本呈现西部低，东部高的特征，最低值在白龙半岛周围，最高值出现在东南角和北海市周边海域（图 7.3a）；底层水体总碱度变化范围为 2.11 ~ 2.17 mmol/dm^3，平均为 2.14 mmol/dm^3。底层海水总碱度分布规律与表层一致（图 7.3b）。

7.1.3.2 夏季海水总碱度分布

广西近海夏季表层水体总碱度变化范围为 0.85 ~ 2.15 mmol/dm^3，平均为 1.56 mmol/dm^3，由近岸向远岸递增，最低值出现在钦州至北海沿岸一带，最高值区域出现在海区东部的最南侧和西部的 21°20′N，108°20′E 海域附近（图 7.3c）；底层水体总碱度变化范围为 0.84 ~ 2.29 mmol/dm^3，平均为 1.75 mmol/dm^3，略高于表层，其分布规律与表层一致（图 7.3d）。

7.1.3.3 秋季海水总碱度分布

广西近海秋季表层水体总碱度变化范围为 1.39 ~ 2.50 mmol/dm^3，平均为 2.04 mmol/dm^3，最高值出现在廉州湾海域，其次在海区东侧，最低值区域出现在茅尾海外钦州湾北部，其次在海区东南部 21°30′N，109°30′E 附近，并向北形成一低值水舌（图 7.3e）；底层水体总碱度变化范围为 1.33 ~ 2.43 mmol/dm^3，平均为 2.07 mmol/dm^3，其分布规律与表层一致（图 7.3f）。

7.1.3.4 冬季海水总碱度分布

广西近海冬季表层水体总碱度变化范围为 1.66 ~ 1.85 mmol/dm^3，平均为 1.74 mmol/dm^3，钦州湾北部和廉州湾外水域碱度较低，远海较高（图 7.3g）；底层水体总碱度变化范围为 1.66 ~ 1.95 mmol/dm^3，平均为 1.75 mmol/dm^3，与表层接近，其总体分布规律与表层类似，但最高值出现在江山半岛南面的水域（图 7.3h）。

7.1.4 海水悬浮物分布

7.1.4.1 春季悬浮物分布

广西近海春季表层水体悬浮物含量范围为 3.8 ~ 13.0 mg/dm^3，平均为 8.5 mg/dm^3，中部高，东西两侧低，高值区出现在江山半岛南部 21°30′N，108°50′E 附近海域（图 7.4a）；底层水体悬浮物含量范围为 6.8 ~ 20.0 mg/dm^3，平均为 11.3 mg/dm^3，高于表层，最高区域出现在钦州湾，由此向外递减，海域西部最低（图 7.4b）。

7.1.4.2 夏季悬浮物分布

广西近海夏季表层水体悬浮物含量变化范围为 2.3 ~ 22.3 mg/dm^3，平均为 10.6 mg/dm^3，

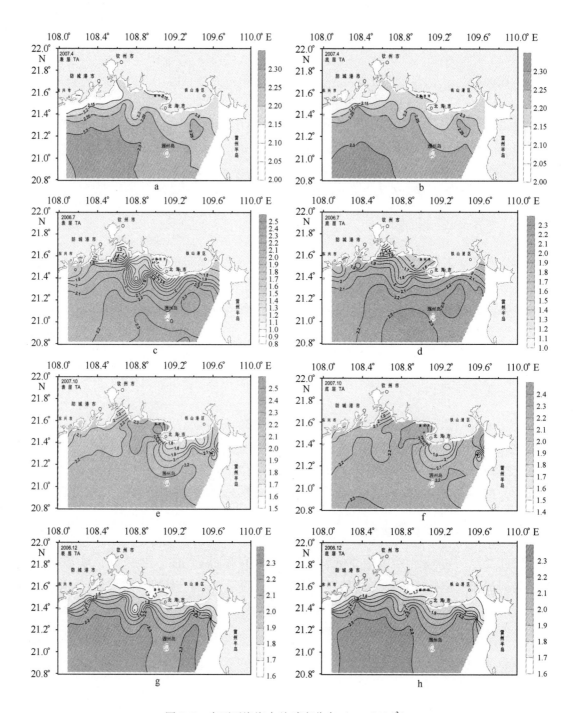

图 7.3　广西近海海水总碱度分布（mmol/dm³）

a：春季表层；b：春季底层；c：夏季表层；d：夏季底层；e：秋季表层；f：秋季底层；g：冬季表层；h：冬季底层

近岸高，远岸低（图 7.4c），高值区出现在廉州湾以西，在防城湾外、茅尾海湾口外侧水域和铁山湾海域悬浮物含量也较高，低值出现在海区南部；底层水体悬浮物含量变化范围为 5.1 ~ 35.4 mg/dm³，平均为 14.4 mg/dm³，高于表层，基本呈现出近岸高，远岸低的特点（图 7.4d），但高值区主要出现在防城湾外水域和茅尾海湾口外侧水域，低值出现在海域西部。

7.1.4.3　秋季悬浮物分布

广西近海秋季表层水体悬浮物含量范围为 8.0 ~ 44.8 mg/dm³，平均为 19.1 mg/dm³，呈斑块状分布（图 7.4e），钦州湾最高，其次是白龙半岛东南 21°30′N，108°20′E 附近海域及珍珠湾一带及东南角海域，低值区在企沙半岛南 21°30′N，108°30′E 附近和北海市周边及北海以南区域；底层水体悬浮物含量变化范围为 7.1 ~ 72.2 mg/dm³，平均为 24.6 mg/dm³，高于表层，其分布与表层相似（图 7.4f）。

7.1.4.4　冬季悬浮物分布

广西近海冬季表层水体悬浮物含量范围为 5.1 ~ 21.4 mg/dm³，平均为 12.8 mg/dm³，近岸高，远岸低（图 7.4g），最高值出现在钦州湾北部、廉州湾外和防城湾北部水域，海区西南角最低；底层水体悬浮物含量变化范围为 4.7 ~ 40.2 mg/dm³，平均为 13.7 mg/dm³，略高于表层。其分布规律与表层接近（图 7.4h）。

7.1.5　海水总有机碳分布

7.1.5.1　春季总有机碳分布

广西近海春季表层水体总有机碳变化范围为 1.14 ~ 3.70 mg/dm³，平均为 1.59 mg/dm³，TOC 高值分布在北海市东南方向 21°23′N，109°05′E 海域附近，海域东南角和珍珠湾、防城湾一带 TOC 含量较低（图 7.5a）；底层水体总有机碳变化范围为 1.15 ~ 3.19 mg/dm³，平均为 1.58 mg/dm³，与表层接近，其分布趋势与表层相近（图 7.5b），廉州湾西侧 TOC 含量最高，海域东南角和企沙半岛南侧水体 TOC 含量较低。

7.1.5.2　夏季总有机碳分布

广西近海夏季表层海水总有机碳变化范围为 1.61 ~ 21.8 mg/dm³，平均为 6.1 mg/dm³，近岸水体 TOC 含量低，海域西侧含量也较低，海区东南部含量最高，防城湾水域含量也较高（图 7.5c）；底层海水总有机碳变化范围为 1.38 ~ 32.0 mg/dm³，平均为 7.08 mg/dm³，略高于表层，高值区出现在海域东南部，西部和中部水体含量较低（图 7.5d）。

7.1.5.3　秋季总有机碳分布

广西近海秋季表层海水总有机碳变化范围为 1.57 ~ 8.45 mg/dm³，平均为 3.00 mg/dm³，中部水体 TOC 含量低，东西两侧较高（图 7.5e），高值区出现在铁山港、东南角和西南角，钦州湾和江山半岛近岸浓度也较高；底层水体中总有机碳变化范围为 1.72 ~ 6.46 mg/dm³，平均为 2.61 mg/dm³，低于表层，高值区出现在 21°30′N，108°55′E 附近，其次出现在海域西北部和东部，西南部 109°05′E 和 109°10′E 附近含量较低（图 7.5f）。

7.1.5.4　冬季总有机碳分布

广西近海冬季表层海水总有机碳变化范围为 1.32 ~ 4.55 mg/dm³，平均为 2.10 mg/dm³，

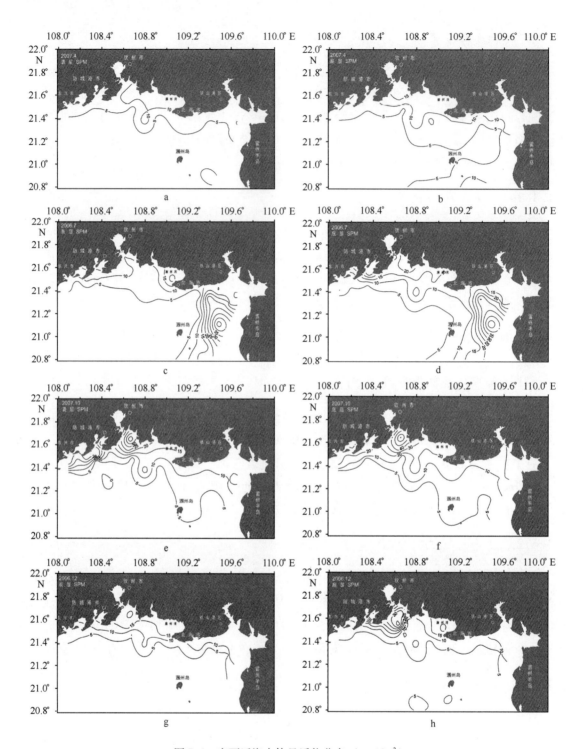

图7.4　广西近海水体悬浮物分布（mg/dm³）

a：春季表层；b：春季底层；c：夏季表层；d：夏季底层 e：秋季表层；f：秋季底层；g：冬季表层；h：冬季底层

近岸高，远岸低（图7.5g），低值区分布在珍珠湾、钦州湾、防城湾北部至江山半岛东南一带和21°30′N，109°20′E区域，高值区位于海域东南角、铁山湾北部和海域西南角；底层海水总有机碳变化范围为1.30～3.37 mg/dm³，平均为2.07 mg/dm³，与表层接近，近岸高，远岸低（图7.5h）。

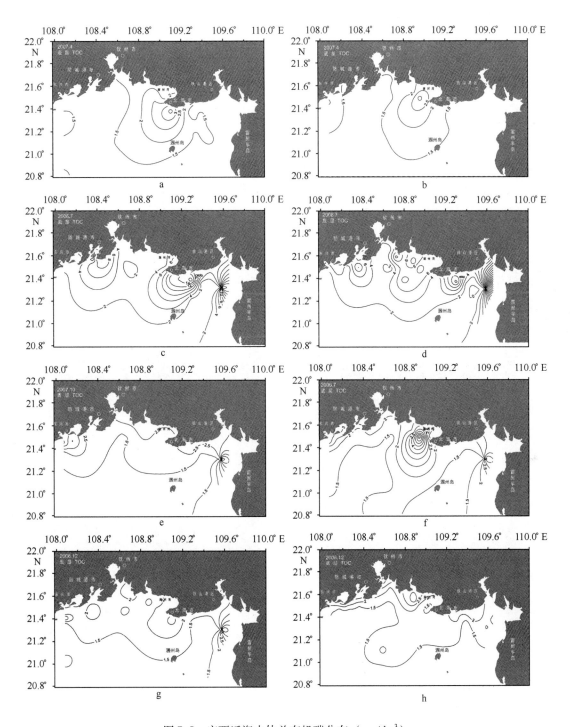

图7.5 广西近海水体总有机碳分布（mg/dm³）

a：春季表层；b：春季底层；c：夏季表层；d：夏季底层；e：秋季表层；f：秋季底层；g：冬季表层；h：冬季底层

7.1.6 海水表层石油类分布

7.1.6.1 春季石油类分布

广西近海表层水体石油类含量范围为11.2～70.0 μg/dm³，平均为19.1 μg/dm³，最高浓

137

度在北海市西部廉州湾外海域，超过 60 μg/dm³，其次是企沙半岛南侧 21°30′N，108°30′E 海域附近和 21°30′N，109°30′E 海域附近（图 7.6a）；低值区出现在珍珠湾、防城湾、钦州湾、江山半岛南部水域，北海市东南部海域和调查海域东南角，低于 15 μg/dm³。

7.1.6.2　夏季石油类分布

广西近海夏季表层海水石油类含量范围为 4.5 ~ 72.5 μg/dm³，平均为 22.0 μg/dm³，最高浓度出现在廉州湾外海域，超过 60 μg/dm³，其次是钦州湾 21°30′N，108°40′E 海域附近，超过 50 μg/dm³（图 7.6b）；最低值出现在海域东南部，低于 10 μg/dm³。

7.1.6.3　秋季石油类分布

广西近海秋季表层海水石油类含量范围为 13.6 ~ 82.5 μg/dm³，平均为 28.4 μg/dm³，基本呈现近岸高，远岸低的分布趋势（图 7.6c），铁山湾、钦州湾东部、防城湾和珍珠湾近岸为高浓度区域；东南部 21°30′N，109°20′E 海域附近、北海市周边海域和企沙半岛以南为低浓度区域。

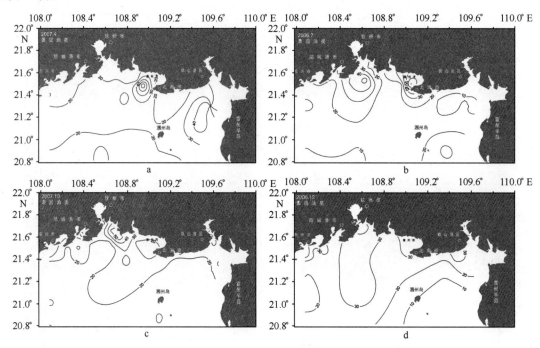

图 7.6　广西近海表层油类含量分布（μg/dm³）
a：春季；b：夏季；c：秋季；d：冬季

7.1.6.4　冬季石油类分布

广西近海冬季表层海水石油类含量范围为 20.2 ~ 51.3 μg/dm³，平均为 30.7 μg/dm³，呈斑块状分布（图 7.6d），海域最西侧浓度最高，其次是珍珠湾西北部、钦州湾北部、廉州湾外、铁山湾北部水域；防城湾及江山半岛南部水域和北海南部水域较低。

7.1.7　海水营养盐分布

7.1.7.1　硝酸盐分布

1）春季

广西近海春季表层水体硝酸盐变化范围为 0.15~11.5 $\mu mol/dm^3$（0.002 1~0.161 mg/dm^3），平均值为 2.54 $\mu mol/dm^3$（0.035 6 mg/dm^3），北部近岸高，最高浓度钦州湾水域和廉州湾外水域，其次是海区西南角，海区中部南侧和珍珠湾湾口处硝酸氮浓度最低（图 7.7a）；底层水体硝酸盐浓度范围为 0.10 $\mu mol/dm^3$（0.001 4 mg/dm^3）~12.8 $\mu mol/dm^3$（0.179 mg/dm^3），平均值为 1.94 $\mu mol/dm^3$（0.027 2 mg/dm^3），低于表层（图 7.7b），整体上近岸浓度高，远岸低，最高浓度出现在钦州湾水域，其次是海区西北角和东南角，最低浓度出现在海区中部南侧。

2）夏季

广西近海夏季表层水体硝酸盐变化范围为 0.61~21.1 $\mu mol/dm^3$（0.008 5~0.295 mg/dm^3），平均值为 5.24 $\mu mol/dm^3$（0.073 4 mg/dm^3），最高浓度出现在廉州湾外和钦州湾水域，海区东南角和西南角硝酸盐浓度最低（图 7.7c）；底层水体硝酸盐浓度由低于检出限到 14.4 $\mu mol/dm^3$（0.202 mg/dm^3），平均为 2.59 $\mu mol/dm^3$（0.036 2 mg/dm^3），低于表层，近岸浓度高，远岸低，最高浓度出现钦州湾水域，基本呈东西向分布（图 7.7d）。

3）秋季

广西近海秋季表层水体硝酸盐变化范围为 0.10~19.9 $\mu mol/dm^3$（0.001 4~0.279 mg/dm^3），平均值为 3.70 $\mu mol/dm^3$（0.051 8 mg/dm^3），近岸浓度高，远岸低，由北向南递减（图 4.7e），其中钦州湾北部水域浓度最高，其次在铁山湾北部水域；海区西南部水域硝酸氮浓度最低；底层水体硝酸盐浓度范围为 0.021 $\mu mol/dm^3$（0.000 3 mg/dm^3）~19.2 $\mu mol/dm^3$（0.269 mg/dm^3），平均为 3.279 $\mu mol/dm^3$（0.045 9 mg/dm^3），低于表层，其分布规律与表层一致（图 4.7f）。

4）冬季

广西近海冬季表层水体硝酸盐浓度变化范围为 0.46~4.74 $\mu mol/dm^3$，平均为 2.32 $\mu mol/dm^3$（0.032 5 mg/dm^3），呈斑块状分布（图 7.7g），分布趋势与夏季相比变化很大，西部区域、企沙半岛南部，钦州湾北部、北海市附近海域及 21°20′N，109°30′E 附近为高浓度区域，白龙半岛南部、江山半岛南部及 21°20′N，109°20′E 附近为低浓度区域；底层水体硝酸盐浓度范围为 0.50~4.50 $\mu mol/dm^3$（0.007 0~0.063 0 mg/dm^3），平均为 2.02 $\mu mol/dm^3$（0.028 3 mg/dm^3），略低于表层，也呈为斑块状分布（图 7.7h），白龙半岛南部、钦州湾北部、北海市南部 21°20′N，109°10′E 附近及铁山湾北部水体为高浓度区域，钦州湾中部 21°30′N，108°40′E 附近和铁山湾中部 21°40′N，109°40′E 附近为低浓度区域。

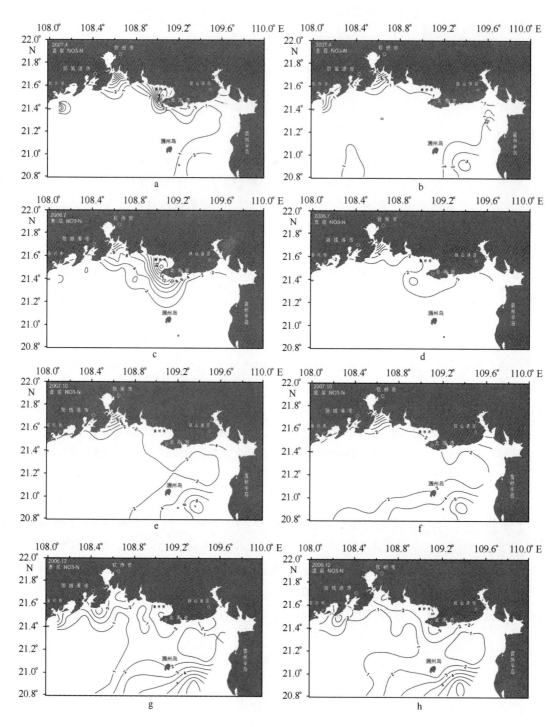

图 7.7　广西近海水体硝酸盐分布（μmol/dm³）

a：春季表层；b：春季底层；c：夏季表层；d：夏季底层；e：秋季表层；f：秋季底层；g：冬季表层；h：冬季底层

7.1.7.2　亚硝酸盐分布

1）春季

广西近海春季表层海水亚硝酸盐变化范围为 0.040 ~ 0.779 μmol/dm³，平均为

0.256 μmol/dm³（0.003 59 mg/dm³），东北近岸高，西南远岸低，其中钦州湾水域和廉州湾外最高，其次海区东南角，海域中部南侧和西南部亚硝酸盐含量最低（图7.8a）；底层海水亚硝酸盐变化范围为0.050～0.743 μmol/dm³（0.000 70～0.010 4 mg/dm³），平均为0.224 μmol/dm³（0.003 14 mg/dm³），略低于表层，其分布趋势与表层基本一致，钦州湾北部、江山半岛南侧21°30′N，108°55′E附近和东南角高，北海市西侧21°30′N，109°E附近水域亚硝酸盐含量也较高，海区西南角和南部21°23′N，109°10′E区域亚硝酸盐含量最低（图7.8b）。

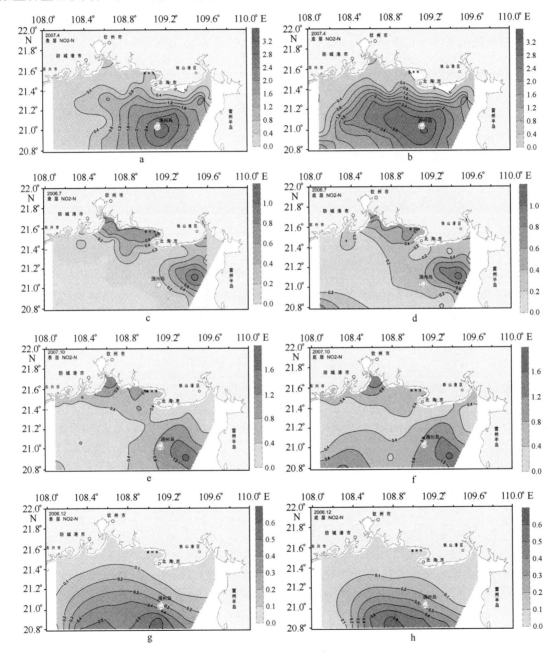

图7.8　广西近海水体亚硝酸盐分布（μmol/dm³）

a：春季表层；b：春季底层；c：夏季表层；d：夏季底层；e：秋季表层；f：秋季底层；g：冬季表层；h：冬季底层

2）夏季

广西近海夏季表层海水亚硝酸盐浓度范围为低于检出限至 1.09 μmol/dm^3，平均为 0.40 μmol/dm^3（0.005 54 mg/dm^3），近岸高，远岸低，其中钦州湾和铁山湾海域最高，海域南部亚硝酸氮含量最低（图 7.8c）；底层海水亚硝酸盐浓度范围为低于检出限 – 1.03 μmol/dm^3（0.014 4 mg/dm^3），平均为 0.34 μmol/dm^3（0.004 73 mg/dm^3），略低于表层，其分布趋势与表层基本一致，近岸高，远岸低，钦州湾水域和铁山湾海域最高，北海市以西 21°30′N，109°E 附近水域亚硝酸盐含量也较高，南部水体中亚硝酸氮含量最低（图 7.8d）。

3）秋季

广西近海秋季表层海水亚硝酸盐变化范围为 0.050 ~ 1.55 μmol/dm^3（0.000 70 ~ 0.021 7 mg/dm^3），平均为 0.62 μmol/dm^3（0.008 68 mg/dm^3），近岸高，远岸低，其中钦州湾和铁山湾海域最高，海域东南部亚硝酸盐含量最低（图 7.8e）；底层海水亚硝酸盐变化范围为0.040 ~ 1.58 μmol/dm^3（0.000 56 ~ 0.022 1 mg/dm^3），平均为 0.63 μmol/dm^3（0.008 73 mg/dm^3），略高于表层，底层亚硝酸盐和表层分布趋势基本一致（图 7.8f）。

4）冬季

广西近海冬季表层海水亚硝酸盐浓度范围为低于检出限 ~ 0.060 μmol/dm^3（0.000 841 mg/dm^3），平均值为 0.017 μmol/dm^3（0.000 243 mg/dm^3），呈斑块状分布，钦州湾浓度最高，其次是珍珠湾和北海市周边海域，海域西南角浓度最低，其次是防城湾及江山半岛南部水域（图 7.8g）；底层水体亚硝酸盐浓度范围为低于检出限 ~ 0.100 μmol/dm^3（0.001 40 mg/dm^3），平均为 0.024 μmol/dm^3（0.000 333 mg/dm^3），略高于表层，也呈斑块状分布，钦州湾北部浓度最高，海区东南部和西南角浓度也较高，珍珠湾、钦州湾中部，廉州湾以西和铁山湾北部水域含量较低（图 7.8h）。

7.1.7.3　铵盐分布

1）春季

广西近海春季表层海水铵盐变化范围为 0.03 ~ 5.07 μmol/dm^3（0.000 4 ~ 0.071 0 mg/dm^3），平均浓度为 1.39 μmol/dm^3（0.019 4 mg/dm^3），高值区分布在钦州湾北部、廉州湾外和海区西南角、东南角，低值区分布在海域中部南侧（图 7.9a）；底层水体铵盐变化范围为 0.06 ~ 5.52 μmol/dm^3（0.000 8 ~ 0.077 3 mg/dm^3），平均浓度为 1.28 μmol/dm^3（0.017 9 mg/dm^3），略低于表层，最高值中心位于钦州湾北部和海区西南角，北海市东南水体含量最低（图 7.9b）。

2）夏季

广西近海夏季表层海水铵盐变化范围为 0.26 ~ 2.54 μmol/dm^3（0.003 6 ~ 0.035 6 mg/dm^3），平均浓度为 1.22 μmol/dm^3（0.017 1 mg/dm^3），高值区分布在钦州湾、防城湾和

铁山湾水域，北海以西 21°30′N，109°E 附近水域含量较高，低值区分布在海域东南角和西北角（图 7.9c）；底层水体铵盐变化范围为 0.37 ~ 4.21 μmol/dm³（0.005 2 ~ 0.059 0 mg/dm³），平均浓度为 1.19 μmol/dm³（0.016 6 mg/dm³），略低于表层，最高值中心位于企沙半岛南侧 21°30′N，108°30′E 附近，珍珠湾和海区东南角含量最低（图 7.9d）。

3）秋季

广西近海秋季表层海水铵盐变化范围为 0.83 ~ 7.36 μmol/dm³（0.011 6 ~ 0.103 mg/dm³），平均浓度为 1.93 μmol/dm³（0.027 0 mg/dm³），高值区位于铁山湾北部，其次在钦州湾北部，低值区分布在海域南侧的中西部区域（图 7.9e）；底层水体铵盐变化范围为 0.38 ~ 5.74 μmol/dm³（0.005 3 ~ 0.080 3 mg/dm³），平均浓度为 1.86 μmol/dm³（0.026 1 mg/dm³），略低于表层，其分布规律与表层一致（图 7.9f）。

4）冬季

广西近海冬季表层海水的铵盐变化范围为 0.60 ~ 2.30 μmol/dm³（0.008 4 ~ 0.032 2 mg/dm³），平均浓度为 1.56 μmol/dm³（0.021 9 mg/dm³），海域西部，特别西部沿岸一带浓度最高，海域中部北海市南侧浓度最低（图 7.9g）；底层水体铵盐变化范围为 0.40 ~ 2.60 μmol/dm³，平均浓度为 1.53 μmol/dm³（0.021 4 mg/dm³），略低于表层，其分布规律与表层类似（图 7.9h）。

7.1.7.4　总无机氮分布

1）春季

广西近海春季表层海水中无机氮变化范围为 0.30 ~ 17.4 μmol/dm³（0.004 2 ~ 0.243 mg/dm³），平均为 4.18 μmol/dm³（0.058 5 mg/dm³）；底层海水中无机氮变化范围为 0.43 ~ 19.1 μmol/dm³（0.006 0 ~ 0.267 mg/dm³），平均为 3.49 μmol/dm³（0.048 8 mg/dm³），略低于表层。春季海水中无机氮分布规律与硝酸氮一致。

2）夏季

广西近海夏季表层海水中无机氮变化范围为 1.02 ~ 23.1 μmol/dm³（0.014 3 ~ 0.323 mg/dm³），平均为 6.86 μmol/dm³（0.096 1 mg/dm³）。底层海水中无机氮变化范围为 0.59 ~ 16.7 μmol/dm³（0.008 3 ~ 0.234 mg/dm³），平均为 4.11 μmol/dm³（0.057 5 mg/dm³），约为表层平均浓度的 60%。夏季海水中无机氮分布规律与硝酸氮一致。

3）秋季

广西近海秋季表层海水无机氮变化范围为 1.57 ~ 23.0 μmol/dm³（0.022 0 ~ 0.322 mg/dm³），平均为 6.25 μmol/dm³（0.087 5 mg/dm³）；底层海水无机氮变化范围为 1.09 ~ 22.7 μmol/dm³（0.015 3 ~ 0.318 mg/dm³），平均为 5.77 μmol/dm³（0.080 8mg/dm³），略低于表层。秋季海水中无机氮分布规律与硝酸氮一致。

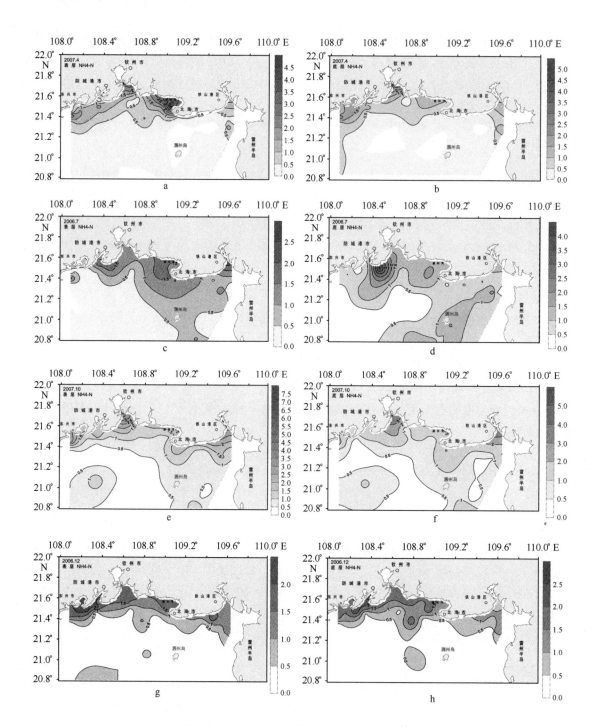

图 7.9　广西近海水体铵盐分布（μmol/dm³）

a：春季表层；b：春季底层；c：夏季表层；d：夏季底层；e：秋季表层；f：秋季底层；g：冬季表层；h：冬季底层

4）冬季

广西近海冬季表层海水无机氮变化范围为 1.66～6.14 μmol/dm³（0.023 3～0.086 0 mg/dm³），平均值为 3.90 μmol/dm³（0.054 6 mg/dm³），西部沿岸一带浓度最高，其次是廉州湾一带及 21°20′N，109°30′E 附近区域，21°20′N，109°20′E 附近和 21°30′N，108°50′E 附

近最低。底层海水无机氮变化范围为 1.70 ~ 6.69 μmol/dm³（0.023 8 ~ 0.093 6 mg/dm³），平均为 3.58 μmol/dm³（0.050 1 mg/dm³），略低于表层，高浓度区域在白龙半岛南部、防城湾、钦州湾北部和铁山湾北部水域，低值区在钦州湾 21°30′N，108°40′E 附近和铁山湾中部。

7.1.7.5 活性磷酸盐分布

1）春季

广西近海春季表层海水活性磷酸盐变化范围为 0.090 ~ 0.571 μmol/dm³（0.002 8 ~ 0.017 7 mg/dm³），平均值为 0.290 μmol/dm³（0.009 0 mg/dm³），高浓度区位于廉州湾和钦州湾之间的沿岸及区域东南角，珍珠湾水体中磷酸盐含量最低（图 7.10a）；底层海水活性磷酸盐变化范围为 0.061 ~ 0.471 μmol/dm³（0.001 9 ~ 0.014 6 mg/dm³），平均为 0.271 μmol/dm³（0.008 4 mg/dm³），略低于表层，呈斑块状分布（图 7.10b），高值区位于东南角、钦州湾北部、江山半岛东南 21°30′N，108°55′E 附近海域，低值区位于海区西部至防城湾一带，并由 21°20′N，109°20′E 向北形成一个次低值水舌。

2）夏季

广西近海夏季表层海水活性磷酸盐浓度变化范围为 0.030 ~ 0.348 μmol/dm³（0.000 93 ~ 0.010 8 mg/dm³），平均值为 0.089 μmol/dm³（0.002 76 mg/dm³），高浓度区位于东部的 21°20′N，109°30′E 附近，铁山湾、廉州湾和钦州湾沿岸区域磷酸盐含量也较高，海域西部水体磷酸盐含量较低（图 7.10c）。底层海水活性磷酸盐浓度范围为 0.010 ~ 0.371 μmol/dm³（0.000 31 ~ 0.011 5 mg/dm³），平均为 0.104 μmol/dm³（0.003 23 mg/dm³），略高于表层，最高值位于海域西南角，铁山湾、北海市以南海域 21°20′N，109°10′E 附近和钦州湾北部海域磷酸盐含量较高，低值区分布于珍珠湾，并由珍珠湾向东形成一个低值水舌（图 7.10d）。

3）秋季

广西近海秋季表层海水活性磷酸盐浓度变化范围为 0.050 ~ 0.519 μmol/dm³（0.001 55 ~ 0.016 1 mg/dm³），平均值为 0.130 μmol/dm³（0.004 03 mg/dm³），最高值位于钦州湾一带，其次在铁山湾北部和 21°30′N，108°10′E 附近（图 7.10e），低值区位于海区东南角 21°25′N，109°40′E 附近和南部 21°20′N，108°25′E 和 21°20′N，109°00′E 附近；底层海水活性磷酸盐浓度变化范围为 0.040 ~ 0.439 μmol/dm³（0.001 24 ~ 0.013 6 mg/dm³），平均为 0.138 μmol/dm³（0.004 28 mg/dm³），略高于表层，高浓度值分布于钦州湾一带，其次是铁山湾北部，而海区南部水体磷酸盐含量较低（图 7.10f）。

4）冬季

广西近海冬季表层海水活性磷酸盐浓度变化范围为 0.020 ~ 0.080 μmol/dm³（0.000 62 ~ 0.002 48 mg/dm³），平均值为 0.042 μmol/dm³（0.001 31 mg/dm³），呈斑块状分布（图 7.10g），高值中心分别位于珍珠湾、白龙半岛周边区域、21°20′N，109°20′E 附近区域和江山半岛西侧 21°40′N，108°40′E 附近区域，低值中心位于企沙半岛东南、江山半岛和廉州湾之间的水域。底层海水活性磷酸盐浓度变化范围为 0.020 ~ 0.090 μmol/dm³，平均为 0.045 μmol/dm³（0.001 39 mg/dm³），略高于表层，也呈斑块状（图 7.10h），高值中心位于 21°20′N，109°20′E 附近区域、铁山湾北部和海区西南角，铁山湾中部 21°30′N 附近区域、廉州湾西部水域和企沙半岛南侧 21°30′N，108°30′E 附近水域为低值中心。

7.1.7.6 活性硅酸盐

1）春季

广西近海春季表层海水活性硅酸盐浓度范围为 16.3 ~ 33.6 μmol/dm³，平均 23.6 μmol/dm³（0.660 mg/dm³），最高值位于廉州湾外水域，其次是钦州湾北部和铁山湾北部，海域西侧水体浓度较低，低值中心位于防城湾湾口外侧 21°30′N，108°20′E 附近（图 7.11a）；底层海水活性硅酸盐浓度范围为 17.0 ~ 27.6 μmol/dm³（0.476 ~ 0.773 mg/dm³），平均值为 21.9 μmol/dm³（0.613 mg/dm³），略低于表层，最高浓度区位于江山半岛东南 21°30′N，108°55′E 附近，其次是钦州湾北部和铁山湾，白龙半岛南侧和海域东南部 21°23′N，109°30′E 附近水体中硅酸盐含量较低（图 7.11b）。

2）夏季

广西近海夏季表层海水活性硅酸盐浓度范围为 4.0 ~ 50.6 μmol/dm³，平均为 17.0 μmol/dm³（0.477 mg/dm³），最高值位于廉州湾外水域，其次是钦州湾北部，而海域东南角浓度最低（图 7.11c）；底层海水活性硅酸盐浓度范围为 6.2 ~ 35.1 μmol/dm³（0.174 ~ 0.983 mg/dm³），平均值为 16.5 μmol/dm³（0.462 mg/dm³），略低于表层，西部高，东部低，最高浓度区域位于钦州湾北部，其次是白龙半岛南部，铁山湾和北海周边海域含量较低，珍珠湾附近小片海域浓度也较低（图 7.11d）。

3）秋季

广西近海秋季表层海水活性硅酸盐浓度范围为 16.2 ~ 52.6 μmol/dm³（0.454 ~ 1.474 mg/dm³），平均为 23.8 μmol/dm³（0.666 mg/dm³），近岸高，最高值位于钦州湾北部，其次是珍珠湾和铁山湾，而海域南部硅酸盐含量较低，并分别在 21°20′N，108°20′E 和 21°20′N，109°10′E 附近向北形成两个低值水舌（图 7.11e）；底层海水活性硅酸盐浓度变化范围为 15.9 ~ 37.9 μmol/dm³（0.446 ~ 1.061 mg/dm³），平均值为 22.8 μmol/dm³（0.639 mg/dm³），略低于表层，整体上近岸高于远海，最高浓度区位于钦州湾北部，最低浓度区位于 21°30′N，108°15′E 和 21°25′N，109°10′E 附近（图 7.11f）。

4）冬季

广西近海冬季表层海水活性硅酸盐浓度范围为 6.7 ~ 28.7 μmol/dm³（0.188 ~ 0.803 mg/dm³），平均为 12.3 μmol/dm³（0.343 mg/dm³）。中部海域硅酸盐浓度较高，21°30′N，108°40′E 附近水域硅酸盐浓度最高，东西两侧浓度较低，海域最东部和最西部硅酸盐浓度最低（图 7.11g）；底层海水活性硅酸盐浓度变化范围为 6.9 ~ 36.2 μmol/dm³（0.194 ~

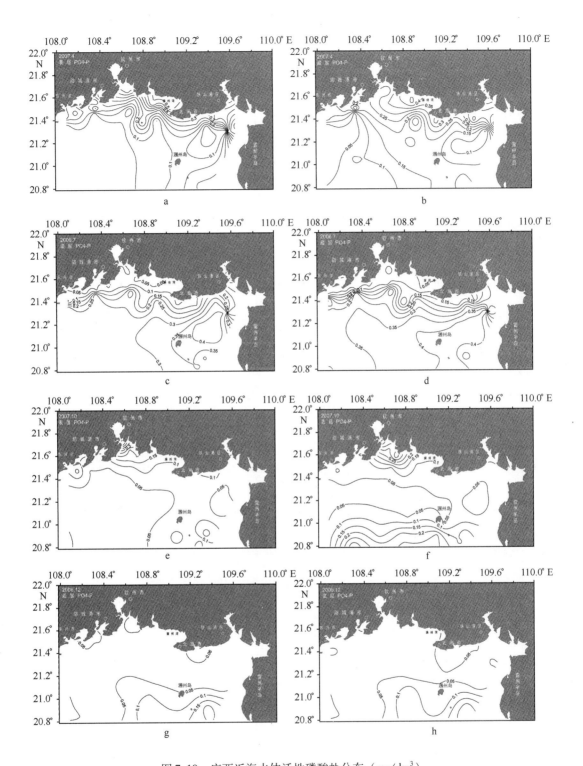

图7.10　广西近海水体活性磷酸盐分布（mg/dm³）

a：春季表层；b：春季底层；c：夏季表层；d：夏季底层；e：秋季表层；f：秋季底层；g：冬季表层；h：冬季底层

1.014 mg/dm³），平均值为 14.3 μmol/dm³（0.400 mg/dm³），高于表层，其分布趋势和表层接近，中部高，东西两侧低。最高区域位于钦州湾和21°30′N，108°40′E附近水域，海域东南角和西南角水域浓度较低（图7.11h）。

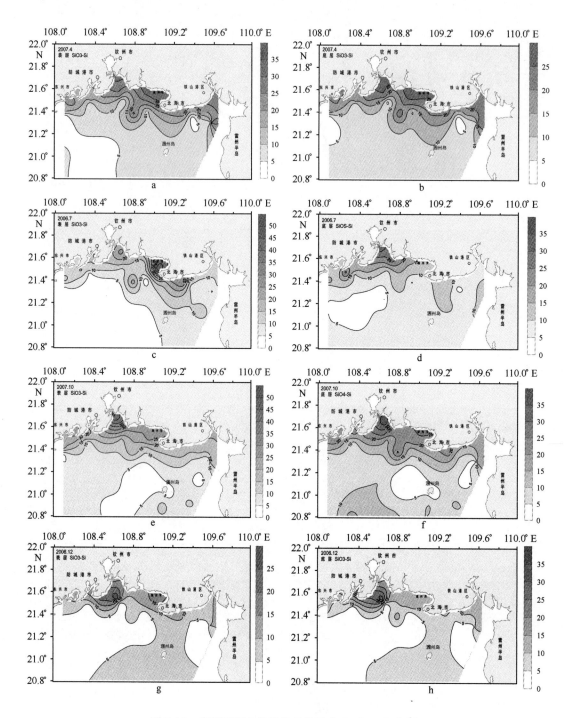

图 7.11　广西近海水体活性硅酸盐分布（μmol/dm^3）

a：春季表层；b：春季底层；c：夏季表层；d：夏季底层；e：秋季表层；f：秋季底层；g：冬季表层；h：冬季底层

7.1.7.7　溶解态氮

1）春季

广西近海春季表层海水溶解态氮浓度变化范围为 4.69 ~ 44.3 μmol/dm^3（0.065 7 ~

0. 620 mg/dm³），平均值为 14. 1 μmol/dm³（0. 198 mg/dm³），其分布趋势与硝酸氮和无机氮基本一致，最高值位于钦州湾北部，其次是廉州湾外，海域中部南侧溶解总氮浓度较低（图7. 12a）；底层海水溶解态氮浓度变化范围为 3. 35 ~ 37. 8 μmol/dm³（0. 047 ~ 0. 529 mg/dm³），平均为 12. 1 μmol/dm³（0. 169 mg/dm³），低于表层，近岸溶解总氮浓度高于远岸区域，最高浓度区位于钦州湾北部，其次在防城湾口和铁山湾北部，海域中部水南侧浓度较低（图7. 12b）。

2）夏季

广西近海夏季表层海水溶解态氮浓度变化范围为 2. 21 ~ 41. 4 μmol/dm³（0. 031 ~ 0. 580 mg/dm³），平均值为 11. 5 μmol/dm³（0. 161 mg/dm³），其分布趋势与硝酸氮和无机氮一致，最高值位于廉州湾外水域，其次是铁山湾及钦州湾北部水域，海域西南角和东南角水体中溶解总氮浓度较低（图7. 12c）；底层海水溶解态氮浓度变化范围为 2. 29 ~ 21. 4 μmol/dm³（0. 032 ~ 0. 299 mg/dm³），平均值为 7. 36 μmol/dm³（0. 103 mg/dm³），约为表层平均浓度的64%，近岸溶解总氮浓度高于远岸区域，其最高浓度分布在钦州湾北部水域，而海域西南部浓度较低（图7. 12d）。

3）秋季

广西近海秋季表层海水溶解态氮浓度变化范围为 2. 93 ~ 24. 4 μmol/dm³（0. 041 ~ 0. 341 mg/dm³），平均值为 9. 57 μmol/dm³（0. 134 mg/dm³），其分布趋势与硝酸氮和无机氮一致，最高值位于钦州湾北部水域，其次是铁山湾及北部水域，低值区位于海区西南部附近，由 21°20′N，108°40′E 附近形成一低溶解总氮水舌（图7. 12e）；底层海水溶解态氮浓度变化范围为 3. 64 ~ 27. 9 μmol/dm³（0. 051 ~ 0. 390 mg/dm³），平均值为 9. 36 μmol/dm³（0. 131 mg/dm³），略低于表层（图7. 12f）。

4）冬季

广西近海冬季表层海水溶解态氮浓度变化范围为 2. 97 ~ 7. 04 μmol/dm³（0. 041 6 ~ 0. 098 6 mg/dm³），平均值为 5. 41 μmol/dm³（0. 075 8 mg/dm³），呈斑块状分布，海域西北角、东南角、廉州湾、企沙半岛南部水体和钦州湾北部为高值区域，白龙半岛南部水体、江山半岛和廉州湾之间的水体、21°20′N，109°20′E 附近水域为低值区域（图7. 12g）；底层水体溶解态氮浓度变化范围为 3. 05 ~ 11. 0 μmol/dm³（0. 042 7 ~ 0. 154 mg/dm³），平均值为 5. 40 μmol/dm³（0. 075 6 mg/dm³），与表层接近，铁山湾北部水体中溶解态氮浓度最高，防城湾、钦州湾北部和21°20′N，109°10′E 附近水域浓度也较高，而海域西南角、江山半岛和廉州湾之间的水体及海域东南角浓度较低（图7. 12h）。

7.1.7.8 溶解态磷

1）春季

广西近海春季表层海水溶解态磷的浓度范围为 0. 329 ~ 2. 57 μmol/dm³，平均为

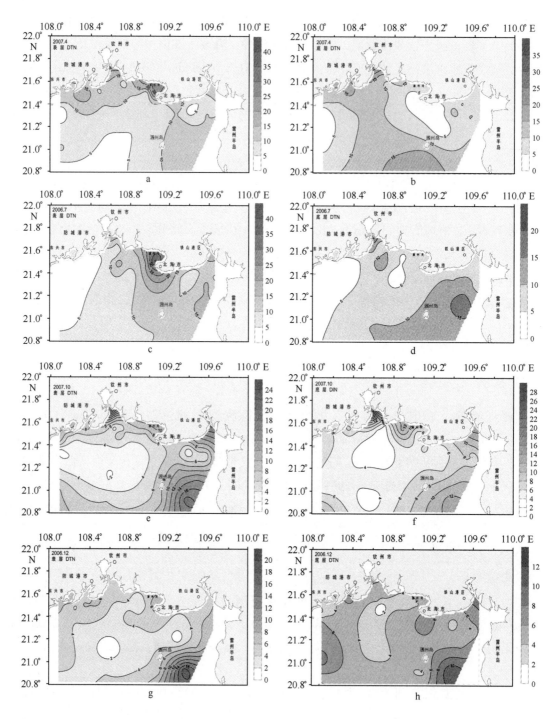

图7.12 广西近海水体溶解态氮分布（μmol/dm³）

a: 春季表层；b: 春季底层；c: 夏季表层；d: 夏季底层；e: 秋季表层；f: 秋季底层；g: 冬季表层；h: 冬季底层

1.57 μmol/dm³（0.048 7 mg/dm³），高浓度区域位于查海域西部和防城湾，海域东半部浓度较低，在21°30′N，108°10′E附近为一低浓度中心（图7.13a）。底层海水溶解态磷的浓度范围为0.552~2.46 μmol/dm³（0.017 1~0.076 3 mg/dm³），平均为1.65 μmol/dm³（0.051 2 mg/dm³），略高于表层，其分布趋势与表层类似（图7.13b），西部高，东部低，最高值位于海区西侧和防城湾，低值区位于廉州湾外水域和铁山湾。

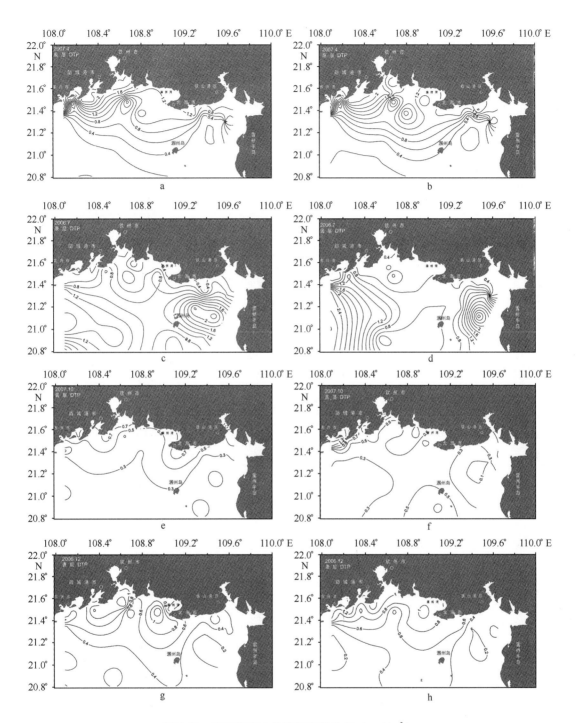

图 7.13 广西近海水体溶解态磷分布（mg/dm³）

a：春季表层；b：春季底层；c：夏季表层；d：夏季底层；e：秋季表层；f：秋季底层；g：冬季表层；h：冬季底层

2）夏季

广西近海夏季表层海水溶解态磷浓度范围为 0.203～1.06 μmol/dm³（0.006 3～0.032 9 mg/dm³），平均为 0.519 μmol/dm³（0.016 1 mg/dm³），最低浓度位于近岸水域，最高浓度位于海域中部企沙半岛 21°30′N，108°30′E 附近、江山半岛 21°30′N，108°45′E 附近和北海市西部 21°30′N，109°3E 附近水域（图 7.13c）；底层水体溶解态磷浓度范围为 0.255～1.29

151

μmol/dm³（0.007 9 ~ 0.040 0 mg/dm³），平均为 0.548 μmol/dm³（0.017 0 mg/dm³），略高于表层，近岸低，远岸高（图 7.13d），最高值位于海区西侧珍珠湾口外，低值区位于铁山湾和钦州湾北部。

3）秋季

广西近海秋季表层海水溶解态磷浓度范围为 0.184 ~ 1.01 μmol/dm³（0.005 7 ~ 0.031 4 mg/dm³），平均为 0.558 μmol/dm³（0.017 3 mg/dm³），最高浓度位于钦州湾北部和铁山湾北部，其次为企沙半岛周边海域、北海市南侧 21°25′N，109°10′E 附近和海域西南角中部企沙半岛，江山半岛 21°30′N，108°45′E 附近和北海市以西 21°30′N，109°10′E 附近浓度也较高，低值区位于海区东部和 21°30′N，108°45′E 附近水域（图 7.13e）；底层水体溶解态磷浓度范围为 0.255 ~ 1.59 μmol/dm³（0.007 9 ~ 0.049 4 mg/dm³），平均为 0.619 μmol/dm³（0.019 2 mg/dm³），略高于表层，最高值位于珍珠湾一带，其次是钦州湾和江山半岛东南，低值区位于海区南部（图 7.13f）。

4）冬季

广西近海冬季表层海水溶解态磷浓度范围为 0.068 ~ 1.46 μmol/dm³，平均为 0.765 μmol/dm³（0.023 7 mg/dm³），近岸低，远岸高（图 7.13g），最低值位于东部海域，尤其是铁山湾和廉州湾，浓度分别低于 0.4 μmol/dm³ 和 0.2 μmol/dm³，最高浓度范围位于海域中西部的远岸区域；底层海水溶解态磷浓度范围为 0.200 ~ 1.44 μmol/dm³（0.006 2 ~ 0.044 7 mg/dm³），平均为 0.900 μmol/dm³（0.027 9 mg/dm³），高于表层，东部低，西部高（图 7.13h），铁山湾水域中总溶解态磷含量最低，西部近岸区总溶解态磷含量最高，尤其是珍珠湾。

7.1.7.9 总氮

1）春季

广西近海春季表层海水总氮含量范围为 6.74 ~ 47.4 μmol/dm³（0.094 3 ~ 0.663 mg/dm³），平均为 20.5 μmol/dm³（0.287 mg/dm³），其分布趋势与硝酸氮、无机氮和溶解总氮不一致，规律性较差，大体呈板块状分布，最高值位于钦州湾北部，其次是防城湾湾口南 21°30′N，108°20′E 附近、廉州湾外及海区东南角，海域中部南侧 21°20′N，109°00′E 附近浓度较低（图 7.14a）；底层水体总氮含量范围为 5.87 ~ 38.1 μmol/dm³（0.082 2 ~ 0.533 mg/dm³），平均为 16.7 μmol/dm³（0.234 mg/dm³），低于表层，其分布趋势也呈斑块状，最高值位于钦州湾北部，其次是铁山湾及防城湾湾口南 21°30′N，108°20′E 附近，海域中部南侧 21°20′N，109°00′E 附近和东部为低值区域（图 7.14b）。

2）夏季

广西近海夏季表层海水总氮含量范围为 6.76 ~ 42.0 μmol/dm³（0.094 7 ~ 0.588 mg/dm³），平均为 18.3 μmol/dm³（0.256 mg/dm³），其分布趋势与硝酸氮、无机氮和溶解总氮一致，近岸高，远岸低，最高值位于廉州湾外，其次是铁山湾及钦州湾北部，海域西南角浓度较低（图7.14c）；底层水体总氮含量范围为4.94～30.8 μmol/dm³（0.069 2～0.431 mg/dm³），平均为14.7 μmol/dm³（0.206 mg/dm³），低于表层，其分布趋势与硝酸氮和无机氮一致，近岸高，远岸低，最高值位于钦州湾北部及铁山湾及廉州湾外，西南部为低值区域（图7.14d）。

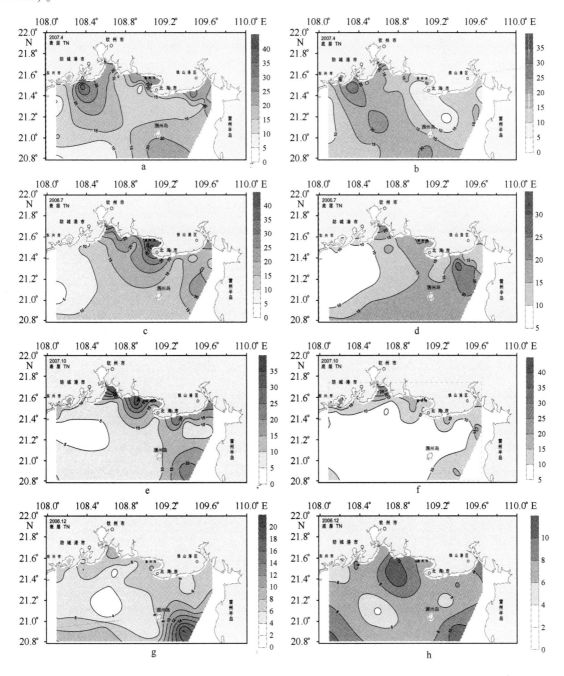

图7.14　广西近海水体总氮分布（μmol/dm³）

a：春季表层；b：春季底层；c：夏季表层；d：夏季底层；e：秋季表层；f：秋季底层；g：冬季表层；h：冬季底层

3）秋季

广西近海秋季表层海水总氮含量范围为 6.50～35.8 μmol/dm³（0.091～0.501 mg/dm³），平均为 16.6 μmol/dm³（0.233 mg/dm³），其分布趋势与硝酸氮、无机氮和溶解总氮接近，近岸高，远岸低，最高值位于铁山湾及钦州湾北部和江山半岛东南 21°30′N，108°55′E 附近，西南部浓度较低（图 7.14e）；底层水体总氮含量范围为 7.36～42.8 μmol/dm³（0.103～0.599 mg/dm³），平均为 16.5 μmol/dm³（0.231 mg/dm³），略低于表层，其分布趋势为近岸高，远岸低，最高值位于钦州湾北部及铁山湾、珍珠湾和海区东南角 21°20′N，109°35′E 附近，而海域西南部及防城湾和海区东部 21°25′N，109°40′E 附近为低值区域（图 7.14f）。

4）冬季

广西近海冬季表层海水总氮含量范围为 4.19～9.64 μmol/dm³（0.059～0.135 mg/dm³），平均为 6.99 μmol/dm³（0.098 mg/dm³），钦州湾北部、防城湾外及廉州湾为高浓度区域，其次是海域东西边缘区域，而白龙半岛南部、江山半岛和廉州湾之间及其南部总氮浓度较低（图 7.14g）；底层海水总氮含量范围为 4.53～11.4 μmol/dm³（0.063～0.159 mg/dm³），平均为 7.57 μmol/dm³（0.106 mg/dm³），略高于表层，最高值分布在江山半岛南部及铁山湾北部水域，其次是防城湾及钦州湾北部水域，海域西南角和东南水域浓度较低（图 7.14h）。

7.1.7.10 总磷

1）春季

广西近海春季表层海水总磷含量范围为 1.07～7.00 μmol/dm³（0.033 1～0.217 mg/dm³），平均为 3.11 μmol/dm³（0.096 3 mg/dm³），呈斑块状分布，海域西南角、江山半岛东南 21°30′N，108°50′E 附近为高浓度区，白龙半岛周围、北海周边、21°30′N，109°20′E 附近和铁山湾为低浓度区（图 7.15a）。底层海水总磷含量范围为 0.629～5.74 μmol/dm³（0.019 5～0.178 mg/dm³），平均值为 2.72 μmol/dm³（0.084 2 mg/dm³），低于表层，铁山湾、钦州湾外 21°30′N，108°40′E 附近和海区西侧为高浓度区，珍珠湾口外、海域东南角和江山半岛周边为低浓度区（图 7.15b）。

2）夏季

广西近海夏季表层海水总磷含量范围为 0.223～2.14 μmol/dm³（0.006 9～0.066 2 mg/dm³），平均为 1.05 μmol/dm³（0.032 4 mg/dm³），呈斑块状分布，珍珠湾、企沙半岛南侧和廉州湾为高浓度区，白龙半岛南侧、钦州湾北部和铁山湾为低浓度区（图 7.15c）；底层海水总磷含量范围为 0.474～2.58 μmol/dm³（0.014 7～0.079 9 mg/dm³），平均值为 1.23 μmol/dm³（0.038 1 mg/dm³），略高于表层，白龙半岛南侧、防城湾和钦州湾口为高浓度区，海域东部铁山湾总磷浓度最低，江山半岛至廉州湾沿岸和防城湾外企沙半岛南部浓度较低（图 7.15d）。

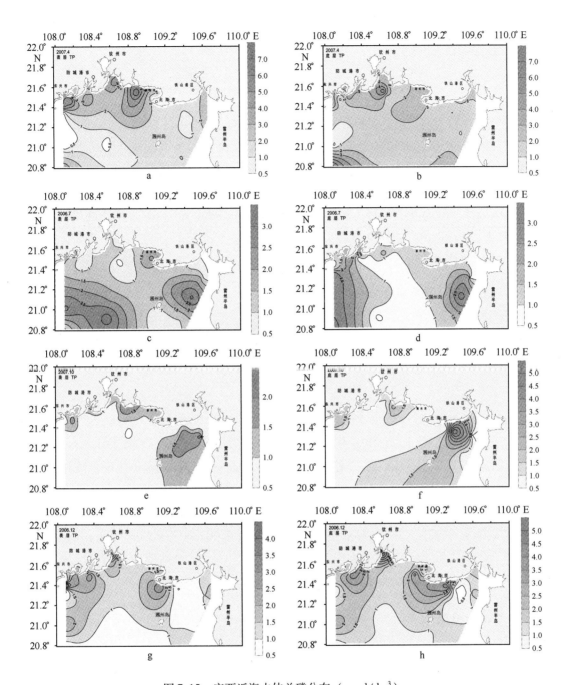

图 7.15　广西近海水体总磷分布（μmol/dm³）

a：春季表层；b：春季底层；c：夏季表层；d：夏季底层；e：秋季表层；f：秋季底层；g：冬季表层；h：冬季底层

3）秋季

广西近海秋季表层海水总磷含量范围为 0.448 ~ 1.98 μmol/dm³（0.013 9 ~ 0.061 4 mg/dm³），平均为 1.03 μmol/dm³（0.032 0 mg/dm³），近岸总磷浓度较高，高值区位于江山半岛周边、防城湾和 21°30′N，108°10′E 附近，海域南部总磷含量较低，在 21°20′N，108°50′E 和 21°20′N，109°30′E 附近向北形成两个低值水舌（图 7.15e）；底层海水总磷含量范围为 0.535 ~ 2.19 μmol/dm³（0.016 6 ~ 0.067 9 mg/dm³），平均值为 1.12 μmol/dm³（0.034 8 mg/dm³），略高

于表层，其分布趋势与表层一致，海域西部、江山半岛周围和铁山湾含量较高，海域南部的中东部总磷浓度较低（图7.15f）。

4）冬季

广西近海冬季表层海水总磷含量范围为0.458～4.84 μmol/dm³（0.014 2～0.150 mg/dm³），平均为1.82 μmol/dm³（0.056 3 mg/dm³），其分布规律基本为西南部水体高，东北部水体低，高值区位于海区西南角、钦州湾北部和北海市南部水域，低值区位于海区东部和铁山湾北部水体（图7.15g）；底层海水总磷含量范围为0.458～5.68 μmol/dm³（0.014 2～0.176 mg/dm³），平均值为2.15 μmol/dm³（0.066 5 mg/dm³），高于表层，高值区位于钦州湾北部水域、防城湾南部水域和北海市东南方向水域，低值区位于江山半岛南部水域和海区东南方向海域（图7.15h）。

7.1.8　表层海水重金属分布

7.1.8.1　铜

1）春季

广西近海春季表层水体中铜浓度的变化范围为0.001 44～0.002 14 mg/dm³，平均为0.001 82 mg/dm³。整体上东部水体中铜浓度较高（图7.16a），最高值位于铁山湾；在21°23′N，109°30′E附近、21°30′N，108°55′E附近和防城湾也较高。海域西侧水体中铜浓度相对较低。

2）夏季

广西近海夏季表层水体中铜浓度的变化范围为0.002 00～0.005 45 mg/dm³，平均为0.003 00 mg/dm³。其分布基本为远岸高于近岸（图7.16b），最高值位于防城湾南21°30′N，108°20′E附近和北海水域西侧21°30′N，109°E附近。

3）秋季

广西近海秋季表层水体中铜浓度的变化范围为0.001 66～0.002 24 mg/dm³，平均为0.001 92 mg/dm³。最高浓度位于21°20′N，109°20′E附近，其次是铁山湾北部和白龙半岛南部21°25′N，108°15′E附近；最低浓度分布于21°20′N，109°30′E附近水域；防城湾、钦州湾及江山半岛近岸区域水体中铜含量也相对较低（图7.16c）。

4）冬季

广西近海冬季表层水体中铜浓度的变化范围为0.002 12～0.007 22 mg/dm³，平均为0.002 72 mg/dm³。海域中部钦州湾铜含量最高，高值中心位于21°20′N，108°40′E附近，等值线以此为中心向四周递减，海域东部水体铜含量最低（图7.16d）。

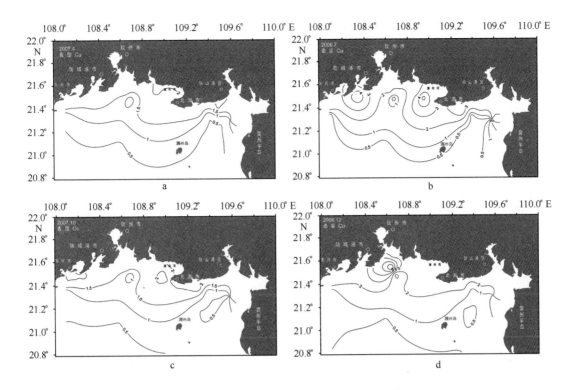

图 7.16　广西近海表层水体铜分布（mg/dm³）

a：春季；b：夏季；c：秋季；d：冬季

7.1.8.2　铅

1）春季

广西近海春季表层海水铅浓度范围为 0.000 002 ~ 0.000 924 mg/dm³，平均为 0.000 209 mg/dm³。其分布规律基本是近岸高，远海低。高浓度值分布在铁山湾、防城湾和钦州湾，最低浓度分布于海区中南部（图 7.17a）。

2）夏季

广西近海夏季表层海水铅浓度范围为 0.000 224 ~ 0.004 85 mg/dm³，平均为 0.001 03 mg/dm³。近岸铅含量较低，最高值分布于钦州湾东 21°30′N，108°50′E 附近，在 21°30′N，108°15′E 附近和 21°30′N，109°30′E 附近浓度也较高（图 7.17b）。

3）秋季

广西近海秋季表层海水铅浓度范围为 0.000 011 ~ 0.000 724 mg/dm³，平均为 0.000 238 mg/dm³。铁山港北部水体中铅含量最高，北海市西侧 21°30′N，108°55′E 附近、防城湾和钦州湾水体中铅含量也较高。海域西侧水体中铅含量较低，21°30′N，108°45′E 附近和 21°20′N，109°20′E 附近为低值中心（图 7.17c）。

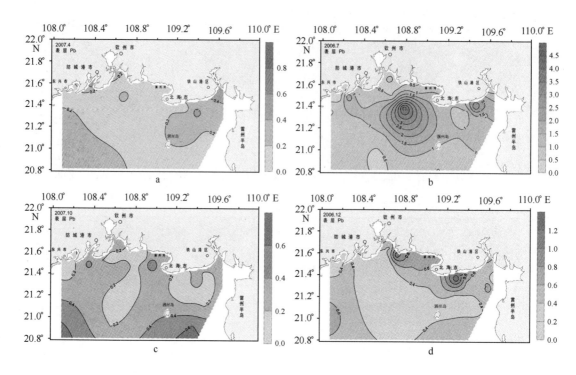

图 7.17　广西近海表层水体铅的分布（mg/dm³）

a：春季；b：夏季；c：秋季；d：冬季

4）冬季

广西近海冬季表层海水铅浓度范围为 0.000 252 ~ 0.001 36 mg/dm³，平均浓度为 0.000 527 mg/dm³。海区东部水域含量高，西部低。最高值位于 21°20′N，109°20′E 附近及江山半岛附近。钦州湾以西的海域水体中铅含量较低（图 7.17d）。

7.1.8.3　锌

1）春季

广西近海春季表层海水锌浓度范围为 0.005 9 ~ 0.072 8 mg/dm³，平均浓度为 0.012 8 mg/dm³。最高值位于珍珠湾外 21°30′N，108°10′E 附近及铁山湾。其他区域中锌浓度较低，均低于 0.010 mg/dm³（图 7.18a）。

2）夏季

广西近海夏季表层海水锌浓度范围为 0.006 4 ~ 0.088 4 mg/dm³，平均浓度为 0.017 1 mg/dm³。含量最高的水域位于企沙半岛南侧的 21°30′N，108°30′E 附近，超过 0.075 mg/dm³；其他水域锌含量基本均低于 0.025 mg/dm³（图 7.18b）。

3）秋季

广西近海秋季表层海水锌浓度范围为 0.005 74 ~ 0.0322 m g/dm³，平均浓度为 0.010 1

mg/dm^3。最高浓度分布在铁山港北部，其次是江山半岛附近21°30′N，108°50′E水域。海域西北侧水体和东南区域部分水体中锌含量最低（图7.18c）。

4）冬季

广西近海冬季表层海水锌浓度范围为0.007 3～0.102 mg/dm^3，平均为0.018 9 mg/dm^3。海区东、西两侧水域浓度较高，中部水域锌浓度较低（图7.18d）。白龙半岛南侧21°30′N，108°20′E附近浓度最高，其次是铁山湾及其南侧水域。企沙半岛南部水域和北海市周边水域浓度最低。

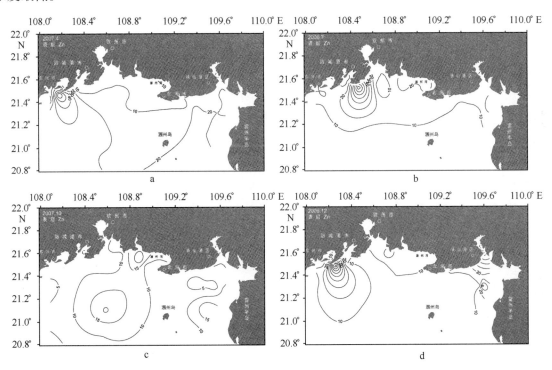

图7.18　广西近海表层水体锌分布（mg/dm^3）
a：春季；b：夏季；c：秋季；d：冬季

7.1.8.4　镉

1）春季

广西近海春季表层海水镉浓度范围为0.000 031 5～0.000 145 mg/dm^3，平均为0.000 063 7 mg/dm^3，近岸高于远海。最高值位于铁山湾，最低值位于海域中部南侧（图7.19a）。

2）夏季

广西近海夏季表层海水镉浓度范围为0.000 052 5～0.000 143 mg/dm^3，平均为0.000 075 1 mg/dm^3。最高值在北海南部，西部和钦州湾—北海沿岸最低（图7.19b）。

3）秋季

广西近海秋季表层海水镉浓度范围为 0.000 030 ~ 0.000 134 mg/dm³，平均为 0.000 078 mg/dm³。铁山湾北部镉浓度最高，海区西南角、钦州湾、21°20′N，109°30′E 附近和防城湾浓度也较高。海区中部及西北角浓度相对较低（图7.19c）。

4）冬季

广西近海冬季表层海水镉浓度范围为 0.000 0518 ~ 0.000 127 mg/dm³，平均为 0.000 065 9 mg/dm³。近岸高于远岸。最高浓度区位于铁山湾，最低浓度区位于中西部的远岸区域（图7.19d）。

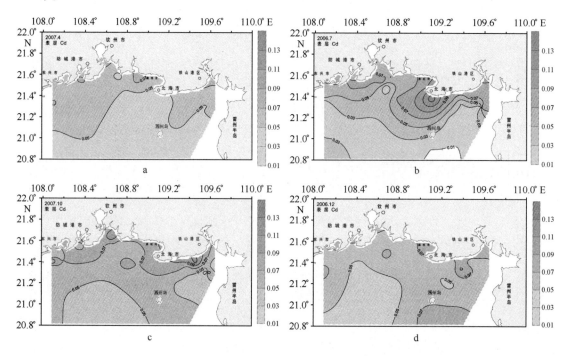

图 7.19　广西近海表层水体镉分布（mg/dm³）
a：春季；b：夏季；c：秋季；d：冬季

7.1.8.5　砷

1）春季

广西近海春季表层海水砷浓度范围为 0.002 11 ~ 0.009 45 mg/dm³，平均为 0.005 06 mg/dm³。高值区位于海区东南角，铁山湾、钦州湾和海区西南角砷含量也较高。低值区位于珍珠湾和白龙半岛东南部及钦州湾外 21°30′N，108°40′E 附近（图 7.20a）。

2）夏季

广西近海夏季表层海水砷浓度范围为 0.005 5 ~ 0.011 5 mg/dm³，平均为 0.009 5 mg/dm³。

近岸低于远岸，由北向南递增，等值线基本呈东西分布（图7.20b）。

3）秋季

广西近海秋季表层海水砷浓度范围为 0.003 10 ~ 0.009 84 mg/dm³，平均为 0.005 15 mg/dm³。最高浓度分布于防城湾及海域东南角和防城湾外；防城湾口，钦州湾至廉州湾沿岸及北海市周边水体中砷含量较低（图7.20c）。

4）冬季

广西近海冬季表层海水砷浓度范围为 0.005 9 ~ 0.014 2 mg/dm³，平均为 0.009 9 mg/dm³。砷的高浓度区位于北海市周边海域和铁山湾北部水域，等值线呈半球状分布，向四周递减，海域西部水体砷含量最低（图7.20d）。

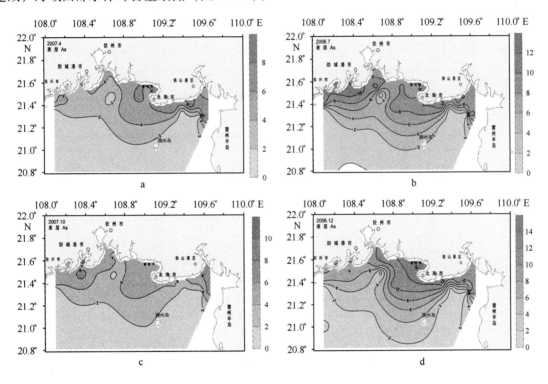

图7.20　广西近海表层水体砷分布（mg/dm³）

a：春季；b：夏季；c：秋季；d：冬季

7.1.8.6　铬

1）春季

广西近海春季表层海水铬浓度范围为 0.003 14 ~ 0.004 03 mg/dm³，平均为 0.003 77 mg/dm³。其分布规律基本是近岸低，远海高。高值区位于海区中部南侧 21°30′N，108°50′E 附近和企沙半岛南侧 21°30′N，108°25′E 附近。海区西南角、钦州湾、廉州湾和铁山湾水体中铬浓度较低（图7.21a）。

2）夏季

广西近海夏季表层海水铬浓度范围为 0.002 63 ~ 0.005 49 mg/dm³，平均为 0.004 19 mg/dm³。其等值线基本呈西北—东南走向展布，钦州湾到北海沿岸铬浓度最低，尤其是廉州湾外海域，铬浓度值低于 0.003 2 mg/dm³，海域西南水体中铬含量最高，超过 0.005 3 mg/dm³（图7.21b）。

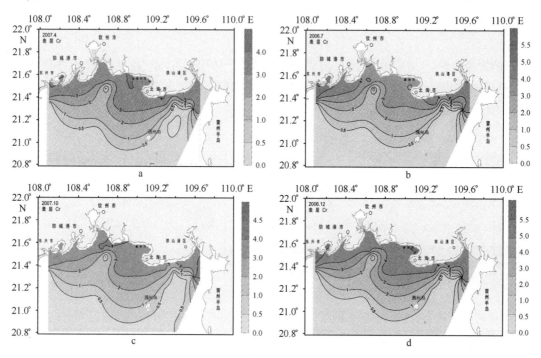

图 7.21　广西近海表层水体铬分布（mg/dm³）
a：春季；b：夏季；c：秋季；d：冬季

3）秋季

广西近海秋季表层海水铬浓度范围为 0.003 09 ~ 0.004 45 mg/dm³，平均值为 0.003 71 mg/dm³。最高浓度分布于江山半岛南部 21°30′N，108°45′E 附近及海区东南角和西南角区域，21°20′N，109°20′E 附近铬浓度最低，在防城湾南部区域，铬浓度也较低（图7.21c）。

4）冬季

广西近海冬季表层海水铬浓度范围为 0.004 24 ~ 0.005 07 mg/dm³，平均为 0.004 69 mg/dm³。海区东、西两侧水体中铬含量高，中部水体铬含量较低，尤其是钦州湾北部水体中铬浓度最低（图7.21d）。

7.1.8.7 汞

1）春季

广西近海春季表层海水汞的浓度范围为 0.000 019 ~ 0.000 150 mg/dm³，平均为 0.000 042 mg/dm³。其分布基本呈现近岸高的趋势，最高区域位于廉州湾外水域，钦州湾和防城湾湾口外汞浓度也较高。海区中部南侧存在由南向北的低值水舌（图 7.22a）。

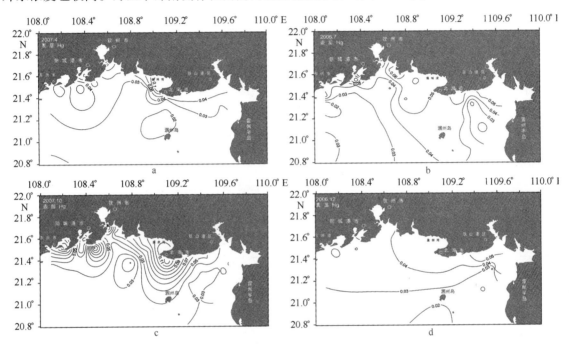

图 7.22 广西近海表层水体汞分布（mg/dm³）
a：春季；b：夏季；c：秋季；d：冬季

2）夏季

广西近海夏季表层海水汞的浓度范围为 0.000 030 ~ 0.0000 80 mg/dm³，平均为 0.000 050 mg/dm³。基本呈现近岸汞含量高，远岸低的趋势（图 7.22b）。最高值位于防城湾海域，铁山湾和钦州湾东侧附近水域也较高，而海域中西部水体中汞含量较低。

3）秋季

广西近海秋季表层海水汞的浓度范围为 0.000 002 7 ~ 0.000 126 mg/dm³，平均为 0.000 058 7 mg/dm³。北海市南部 21°20′N，109°10′E 附近水体中汞浓度最高，在珍珠湾和企沙半岛南侧水体 21°30′N，108°30′E 附近，汞浓度也较高。防城湾、钦州湾及钦州湾南部水体和铁山湾汞的浓度相对较低（图 7.22c）。

4）冬季

广西近海冬季表层海水汞的浓度范围为 0.000 032 ~ 0.000 059 mg/dm³，平均为 0.000 042

mg/dm^3。东部水域汞含量明显高于西部水域（图7.22d）。浓度较高的区域分别是21°20′N，109°30′E附近和21°20′N，109°05′E附近水域；浓度较低的区域位于珍珠湾和企沙半岛南侧21°30′N，108°30′E附近水域。

7.2 海水化学要素的季节性变化

在上述广西近岸海水化学要素平面分布特征的基础上，本节着重概述广西近海各化学要素含量和空间分布规律的季节性差异。

7.2.1 海水化学要素含量的季节性差异

7.2.1.1 海水pH值季节性差异

广西近海海水全年pH值的季节变化并不明显（图7.23），围绕着pH值为8.0上下波动。夏季海水pH值最大，春季海水pH值最小。

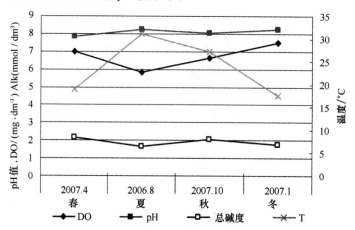

图7.23 广西近海溶解氧、pH值和总碱度的季节变化

7.2.1.2 海水溶解氧季节性差异

广西近海海水溶解氧含量四季变化按从高到低的排序为：冬季、春季、秋季、夏季（图7.23）。

7.2.1.3 海水总碱度季节性差异

广西近海海水总碱度的四季变化按从高到低的排序为：春季、秋季、冬季、夏季（图7.23）。

7.2.1.4 海水悬浮物季节性差异

广西近海中的悬浮物含量的四季变化按从高到低的排序为：秋季、冬季、夏季、春季（图7.24）。

7.2.1.5　海水总有机碳季节性差异

广西沿海海水中总有机碳的季节变化比较明显（图7.25），按含量从高到低的排序为：夏季、秋季、冬季、春季。

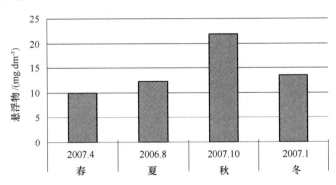

图7.24　广西近海水体悬浮物的季节变化

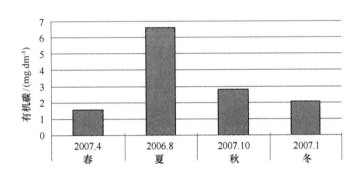

图7.25　广西近海水体总有机碳的季节变化

7.2.1.6　表层海水油类的季节性差异

广西近海表层海水油类含量的季节性变化按从高到低的排序为：冬季、秋季、夏季、春季（图7.26）。

7.2.1.7　海水5项营养盐的季节性变化

广西近海水体中活性硅酸盐、铵盐和活性磷酸盐季节性变化总趋势相近（图7.27）。活性硅酸盐含量从高到低的排序为：秋季、春季、夏季、冬季；活性磷酸盐含量从高到低的排序为：春季、秋季、夏季、冬季；铵盐含量从高到低的排序为：秋季、冬季、春季、夏季。

硝酸盐含量从高到低的排序为：夏季、秋季、夏季、冬季；亚硝酸盐含量从高到低的排序为：秋季、夏季、春季、冬季（图7.27）。

7.2.1.8　海水总氮（N）、总磷（P）、溶解态氮和溶解态磷的季节性变化

广西近海海水中的总氮、溶解态氮的季节变化趋势一致（图7.28），按其浓度从高到低

的排序均为：春季、秋季、夏季、冬季；总磷、溶解态磷季节变化趋势也一致，按其浓度从高到低的排序均为：春季、冬季、夏季、秋季（图7.28）。

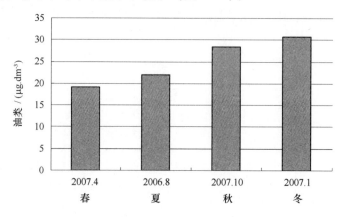

图 7.26　广西近海表层水体石油类浓度季节变化

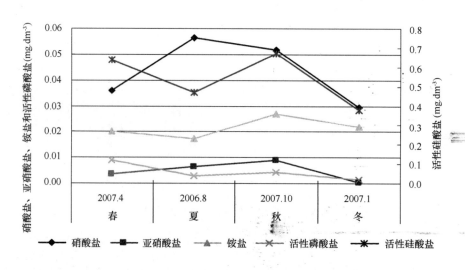

图 7.27　广西近海 5 项活性营养盐的季节变化

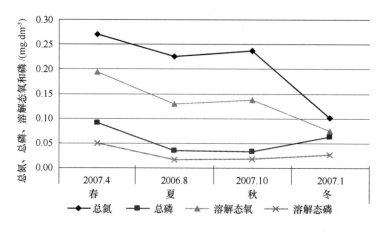

图 7.28　广西近海总氮、总磷、溶解态氮和溶解态磷的季节变化

7.2.1.9 海水重金属的季节性变化

广西近海表层海水中的重金属如砷（As）、铜（Cu）、铬（Cr）、锌（Zn）、铅（Pb）的季节变化趋势一致（图7.29），按其浓度从高到低的排序均为：冬季、夏季、春季、秋季；而镉和汞的季节性变化趋势相同，但与其他金属的季节性变化趋势不一致，按其浓度从高到低的排序均为：秋季、夏季、春季、冬季（图7.29）。

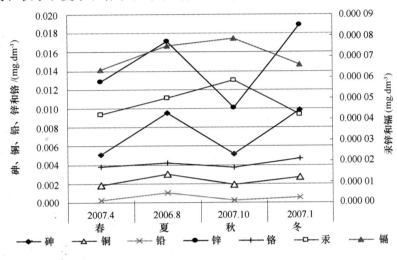

图7.29 广西近海表层水体重金属含量的季节变化

7.2.2 海水化学要素分布规律的季节性差异

广西近海海水各化学要素的四季分布特征表明，夏、秋两季各要素分布规律性最强，分布趋势基本与海岸线平行，但冬季各要素分布与海岸线平行性较差；就各要素而言，pH值、总碱度、悬浮物及各营养盐分布比较有规律性，而溶解氧、重金属规律性较差，多呈斑块状分布。

春季各形态氮营养盐、硅酸盐、表层磷酸盐、底层悬浮物、汞、铅、镉分布趋势整体呈现近岸高，远岸低的规律，其中高值区位于廉州湾外水域和钦州湾北部水域，或者在铁山湾北部；海域西侧或者南侧水体浓度较低。但pH值则是近岸低，远岸高；溶解氧、表层悬浮物、底层磷酸盐、总磷、石油烃呈斑块状分布。

夏季各形态氮、悬浮物和硅酸盐近岸浓度高，远岸低，由北向南递减，最高浓度区位于钦州湾水域或者廉州湾外水域，等值线基本呈东西向分布；而各形态磷酸盐和盐度、pH值、碱度、表层有机碳、砷、铬分布则是近岸低，远岸高；溶解氧、表层pH值、底层有机碳和其余重金属呈斑块状分布。

秋季各形态氮、磷态营养盐和硅酸盐呈现近岸浓度高，远岸低，由北向南递减，等值线基本与岸边平行，高值区位于钦州湾北部和铁山湾北部水域；溶解氧、pH值和碱度在近岸浓度低，远岸浓度高；悬浮物、有机碳、石油烃和重金属呈斑块状分布。

冬季各要素分布趋势规律性较差，等值线与海岸线平行性较低，仅底层水亚硝酸盐、表底层铵盐及悬浮物和底层有机碳基本呈现近岸高，远岸低的趋势；pH值、总碱度、表层有机

167

碳、表层溶解态磷和表层总磷呈现近岸低，远岸高的趋势；其余氮、磷营养盐、溶解氧及多数重金属呈斑块状分布。

7.3 近海海水化学环境质量评价

分别采用单因子指数和综合指数方法对海水溶解氧、pH 值、无机氮、活性磷酸盐、活性硅酸盐、油类、重金属（铜、铅、锌、镉、铬、汞、砷）进行评价。

7.3.1 单因子指数法评价

对无机氮、活性磷酸盐、活性硅酸盐、油类、重金属（铜、铅、锌、镉、铬、汞、砷）等化学因子，首先按照公式 7.1 计算出各因子在每个站位的标准指数，然后，根据标准指数的大小，评价各站位每个化学因子的污染水平。

$$S_{i,j} = C_{i,j}/C_{i,s} \qquad 7.1$$

式中，$S_{i,j}$ 为第 i 站化学因子 j 的标准指数；$C_{i,j}$ 为第 i 站化学因子 j 的测量值；$C_{i,s}$ 为化学因子 j 的评价标准值，这里采用《海水水质标准》（GB3097–1997）中的一类标准。

对于海水 pH 值而言，由于其评价标准是一范围值，因此采用 7.2 式计算其标准指数。

$$S_{i,pH} = |pH_i - pHsm|/Ds \qquad 7.2$$

式中，$pHsm = \frac{1}{2}(pHs\mu + pHsd)$，$Ds = \frac{1}{2}(pHs\mu - pHsd)$；$S_{i,pH}$ 为第 i 站 pH 的标准指数；pH_i 为第 i 站 pH 测量值；$pHs\mu$ 为 pH 评价标准的上限；$pHsd$ 为 pH 评价标准的下限。

对于海水中溶解氧而言，采用 7.3 式计算其标准指数。

$$S_{i,DO} = \begin{cases} |DO_f - DO_i|/(DO_f - DO_s) & DO_i \geqslant DO_s \\ 10 - 9\,DO_i/DO_s & DO_i < DO_s \\ 0 & \end{cases}$$

$$DO_i \geqslant DO_f \qquad 7.3$$

式中，$S_{i,DO}$ 为第 i 站溶解氧的标准指数；DO_i 为第 i 站溶解氧的测量值（mg/L）；DO_f 为第 i 站温度、盐度条件下溶解氧的饱和浓度值（mg/L）；DO_s 为溶解氧的评价标准值（mg/L）。

如果某个化学因子（除溶解氧外）的标准指数等于零，说明该因子测定时未检出；如果溶解氧标准指数为零，说明水体中的溶解氧处于饱和或过饱和状态；如果标准指数出现负值或 0~1 之间，则数值越小，水质越好；若标准指数大于 1，数值越大，质量越差。

7.3.1.1 pH 值

广西近海水体中 pH 值整体水平较好，秋、冬季节（10 月和 1 月）海水的 pH 值状况最好，所有站位 pH 值均符合一类国家水质标准；夏季（7 月）次之，春季（4 月）最差；沿岸浅水区 pH 值超标现象较外海深水区严重，其中钦州湾的湾口春、夏两季均出现 pH 值超过一类水质的现象，春季铁山港也有两个站位出现超标（一类水质）的现象（图 7.30）。

7.3.1.2 溶解氧

广西近海海水春季（4 月）溶解氧（DO）的标准指数为 0.00~2.10，平均值为 0.26。

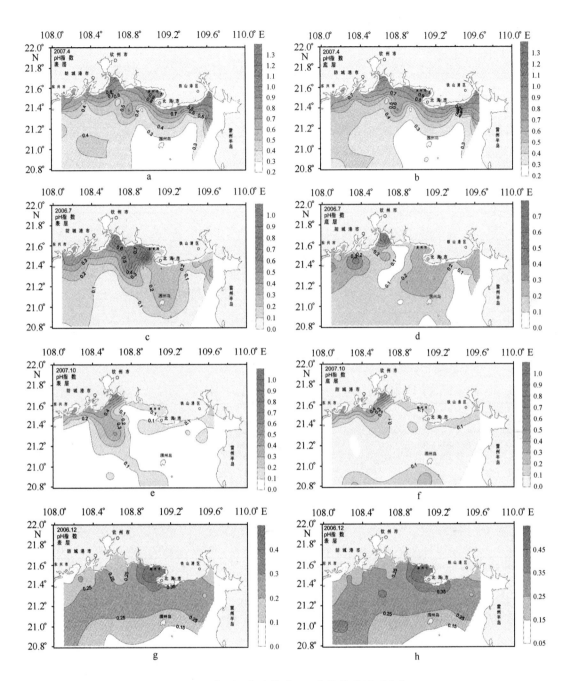

图 7.30　广西近海水体中 pH 值指数的平面分布

除一个站位（GX07）DO 超标外，其他站位都符合一类水质标准。夏季，DO 的标准指数为
0.00～6.37，平均值为 1.11。整个调查海域有 27 个站位出现不同程度低氧现象，底层水体氧
亏损尤为严重，超标站位占总站位的 55%，东部海域（109°E 以东）仅铁山港湾口外的 B40
和 B38 站位 DO 超标外，而西部海域（109°E 以西）DO 超标比较严重。秋季，水体 DO 情况
有明显好转，评价指数为 0.00～2.95，平均值为 0.24，仅有 7 个站位的表层或底层出现超标
的现象，大部分站位溶解氧含量符合一类水质标准。冬季，调查海域 DO 情况良好，所有站
位 DO 均符合一类水质标准，标准指数范围为 0.00～0.65，平均值为 0.10。总的来说，广西

近海冬季 DO 情况最好，春季、秋季次之，夏季水体尤其是底层水体缺氧较为严重（图7.31）。

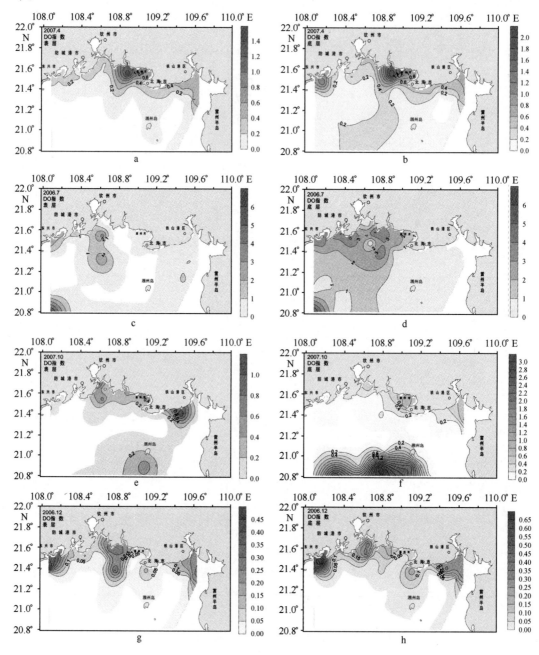

图 7.31　广西近海水体中 DO 标准指数的平面分布

7.3.1.3　无机氮

广西近海春季（4月）溶解无机氮（DIN = NO3 + NO2 + NH4）标准指数范围为 0.01 ~ 1.33，平均值 0.21，大部分海域无机氮含量都符合国家一类水质标准，仅钦州湾的 GX12 站位和廉州湾 BB06 站位的无机氮超标，超标率为 4%。夏季（8月）DIN 的评价指数范围为 0.00 ~ 1.62，平均值为 0.24，近岸钦州湾的 GX11、GX12 及北海港口附近的 GX06 站位的

DIN 超标，其他海域的无机氮含量均符合国家一类水质标准。秋季（10月）调查海域大部分海域无机氮含量正常，钦州湾的 GX11、GX12 超标仍然比较严重，最大超标倍数为1.59。此外，铁山港 GX01 站位的无机氮也有超标的现象。冬季（1月），整个调查海域 DIN 状态良好，没有出现超标的现象（图7.32）。

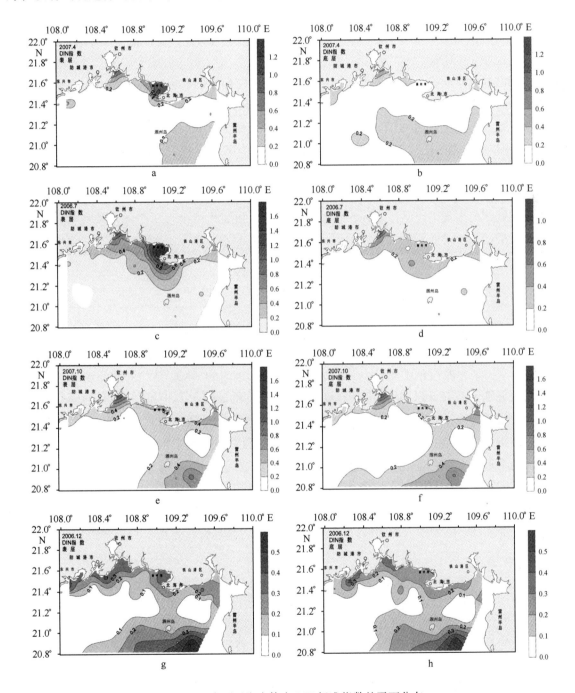

图 7.32　广西近海水体中 DIN 标准指数的平面分布

综上所叙，整个调查海域外海深水区水质较好，各个季节 DIN 均符合一类水质标准，近岸浅水区 DIN 超标较多，其中钦州湾湾口的 GX12 站位在春、夏、秋三个季节均出现超标的现象，GX11站位在夏、秋季节超标，铁山港的GX01站秋季超标，冬季水质较好，沿岸各海湾均未出现超标现象。

7.3.1.4 磷酸盐

广西近海海水春季（4月）磷酸盐的标准评价指数范围为0.00~1.18，平均值为0.37，整个海域仅有铁山港附近海域的GX03站位及廉州湾的GX06和GX07站位出现磷酸盐超标的现象，其他站位磷酸盐含量均符合一类水质标准。夏季（8月）水体中磷酸盐状况良好，所有站位磷酸盐含量均符合国家一类水质标准，没有出现超标的现象。秋季（10月）调查海域磷酸盐较好，基本符合国家一类水质标准，仅钦州湾的GX11站位表层水的磷酸盐超过了一类水质标准，标准指数为1.07，调查海域评价指数范围为0.00~1.07，平均值为0.21。冬季（1月）调查海域磷酸盐含量正常，评价指数范围为0.00~0.47，平均值为0.10，均符合一类水质标准（图7.33）。

综合来看，广西近海水体中磷酸盐状况较好，夏、冬两季水体磷酸盐符合一类水质标准，秋季仅在钦州湾出现1个站位超标，春季则在铁山港和廉州湾出现3个站位磷酸盐超标的现象。从磷酸盐评价指数均值来看，按由大到小顺序为冬季、夏季、秋季、春季，说明冬季水体中磷酸盐状况最好，夏季次之，春季最差。

7.3.1.5 石油烃

广西近海春季表层水体石油烃含量不高，标准指数范围为0.16~1.40，平均值为0.43。基本符合国家一类水质标准，仅在廉州湾湾口的BB16站位出现超标的现象，标准指数为1.40；夏季有2个站位油类超标，分别为廉州湾东部近岸的GX06站位和钦州湾BB11站位，标准指数分别为1.45和1.08，超标倍数分别为0.45和0.08。其他站位的石油烃状况良好，符合一类水质标准。秋季，铁山港内的GX01站位和钦州湾外的GX09、GX10站位石油烃超标，标准指数分别为1.65、1.14和1.03，其他站位石油烃含量符合一类水质标准。冬季，仅有珍珠港附近的GX18站位石油烃含量超标，超标倍数为0.03。广西近海海水总体石油烃标准指数范围为0.06~1.03，平均值为0.53（图7.34）。

2006—2007年广西近海春季水体中石油烃的状况最好，其次是夏季，秋、冬两季较差，沿岸受人类活动、陆源输入的影响，部分站位石油烃含量超标，远海石油烃含量较低。

7.3.1.6 砷

广西近海表层水体中砷质量水平较高，各季节所有站位砷含量均符合一类水质标准，未出现超标的现象。各季节标准指数均值相差不大，春、夏、秋、冬四个季节的标准指数值有依次增大的趋势。沿岸砷标准指数稍高于远海（图7.35）。

7.3.1.7 汞

广西近海春季表层水体中汞的含量处于正常水平（图7.36），标准指数范围为0.00~2.99，平均值为0.68，有4个站位汞的含量超过了一类水质标准，其中廉州湾东部的GX06站位汞含量最高，标准指数达2.99，超标1.99倍。夏季，水体中汞污染较严重，标准指数范围为0.00~1.60，平均值为0.85。超标站位主要集中在沿岸10 m等深线以浅海区，共有13

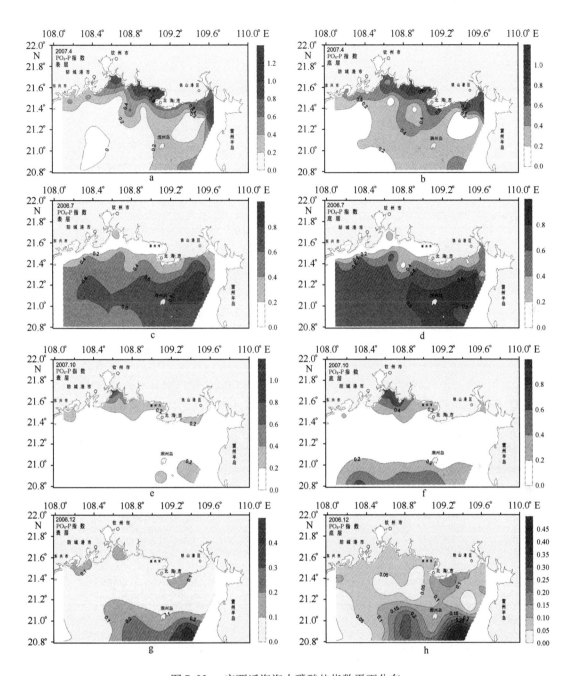

图 7.33　广西近海海水磷酸盐指数平面分布

个站位超标，占总站位的 26.5%，其中廉州湾和铁山港附近海域超标站位较多。秋季，调查海域水体中汞污染也较严重，有 15 个站位汞含量超标，超标站位达 40.5%，最大超标倍数为 1.52。超标站位主要集中在廉州湾、防城港及珍珠港附近海域，东部儒艮国家级自然保护区内水体汞含量正常，符合国家一类水质标准。冬季，水体中汞状况有所好转，标准指数范围为 0.00~1.18，平均值为 0.62，仅有 2 个站位汞含量超标。

综上所述，春冬季调查海域表层水体中汞的状况最好，仅有几个站位（2~4 个）汞超标；夏秋季汞污染较为严重，超标站位分别为 13 个和 15 个，超标海域主要为廉州湾和钦州湾沿岸海域。

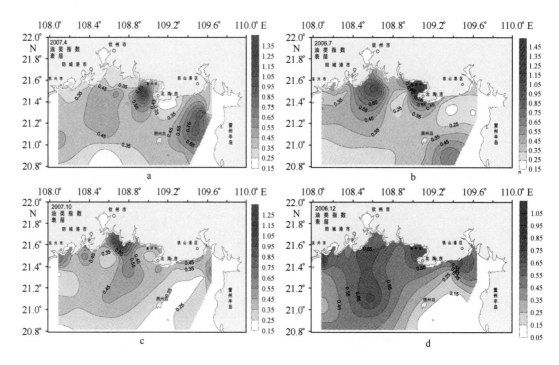

图 7.34　广西近海表层海水油类标准指数平面分布

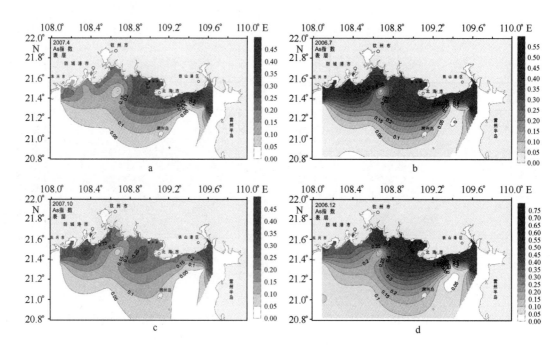

图 7.35　广西近海表层海水砷的标准指数平面分布

7.3.1.8　铜

　　广西近海春季表层水体中铜的质量水平较高（图 7.37），所有站位铜含量均符合一类水质标准。夏季，仅廉州湾的 BB16 站位铜含量超标，最大超标倍数为 0.44。冬季只有钦州湾

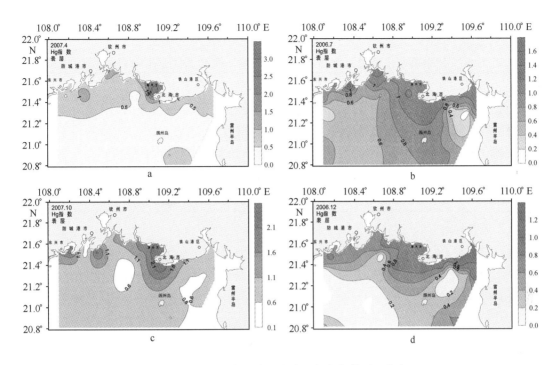

图 7.36　广西近海表层海水汞标准指数平面分布

的 BB11 站位铜含量超标，其他站位铜含量均未超过一类水质标准，标准指数范围为 0.07 ~ 1.44，平均值为 0.40。

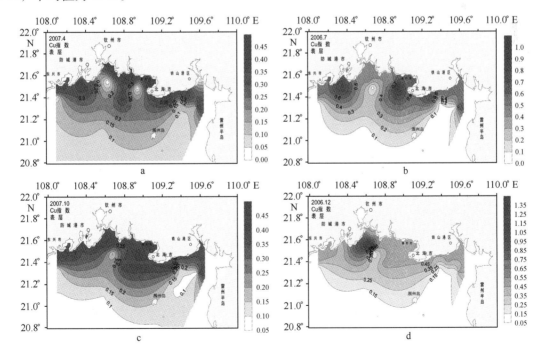

图 7.37　广西近海表层海水铜标准指数平面分布

7.3.1.9 铅

广西近海春、秋季节表层水体中铅质量水平较高（图7.38），未出现超标的现象，标准指数平均值分别为0.23和0.17。夏季有8个站位铅超标，超标站位占总站位的21.6％，其中铁山港的GX04站和廉州湾的GX08站铅超标最为严重，标准指数分别为3.01和4.85。冬季，水体中铅的质量水平一般，大部分站位铅含量符合一类水质标准，仅有两个站位超过一类水质标准，标准指数范围为0.02～1.36，平均值为0.37。

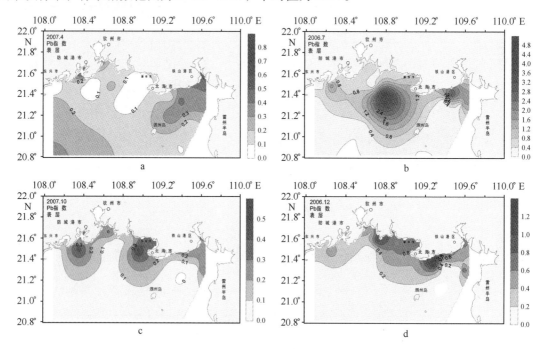

图7.38　广西近海表层海水铅的标准指数平面分布

7.3.1.10 镉

广西近海春季表层水体中镉的含量较低（图7.39），符合一类水质标准，标准指数范围为0.03～0.14，平均值为0.06。夏季，表层水体中镉的含量水平与春季相当，符合一类水质标准，标准指数范围为0.00～0.14，平均值为0.05。秋、冬季节镉的含量均不高，均符合一类水质标准。综合来看，表层水体中镉的含量不高，符合一类水质标准，四季变化不明显。

7.3.1.11 锌

广西近海春季表层水体中锌的标准指数范围为0.30～3.64，平均值为0.78（图7.40）。有3个站锌超标，珍珠港附近的GX19站锌含量最高，超标2.64倍。夏季，表层水体中锌的标准指数范围为0.03～4.42，平均值为0.64，有4个站锌含量超标，钦州湾的GX14站锌污染最严重，标准指数达4.42。秋季，表层水体中锌含量状况有所好转，仅有两个站超标，标准指数范围为0.10～1.61，平均值为0.47。冬季，锌的含量较高，标准指数均值达0.94，4个站超标，其中3个站标准指数超2.00，最高值出现在珍珠港的GX16站，标准指数达5.10，超出标准 4.10 倍。

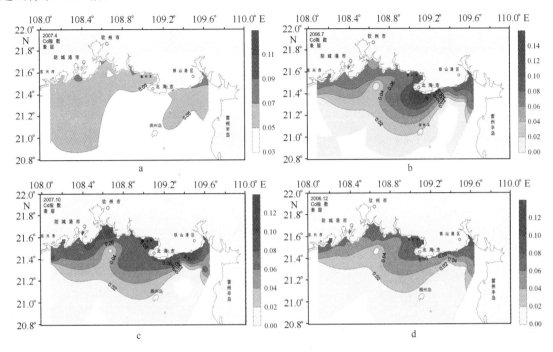

图 7.39　广西近海镉标准指数平面分布

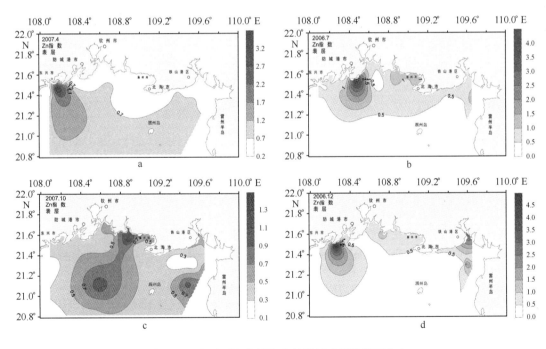

图 7.40　广西近海表层海水锌的标准指数平面分布

7.3.1.12　铬

广西近海春季表层水体中铬含量较低，未出现超一类水质标准的现象，标准指数范围为

0.003～0.08，平均值为0.05。夏季，水体中铬的含量也较低，标准指数均值为0.06。秋季，铬含量正常，符合一类水质标准。冬季，铬的标准指数范围为0.00～0.10，平均值为0.06，符合一类水质标准（图7.41）。

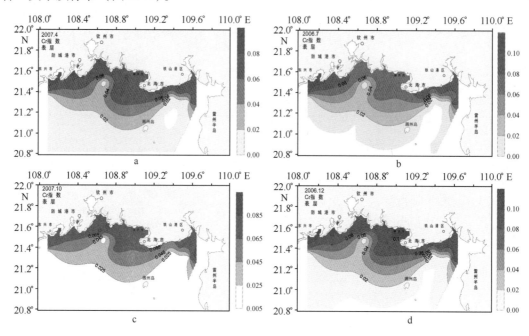

图7.41　广西近海表层海水铬的标准指数平面分布

7.3.2　综合评价

综合质量指数（Q）能够反映某一海区海水的整体综合质量，综合质量指数计算采用加权平均法（7.4式）。

$$Q = \frac{1}{N} \sum_{i=1}^{N} W_i P_i \qquad （式7.4）$$

式中，Q为综合质量指数；N为化学因子数；P_i为单因子标准指数；W_i为权重。由于评价标准本身已包含了权重的含义，因此，这里采用均权（$W_i = 1$）。

利用单因子评价结果，根据7.4式计算广西近海表层海水四个季节的综合质量评价指数，然后参照表7.1中海水质量分级标准（《山东省海岸带海洋资源综合调查》）对广西近海表层海水的质量状况进行分级（图7.42），据此评价广西近海表层海水整体的环境质量状况。

表7.1　综合质量指数与环境状况分级标准

分级	水质综合指数（Q）	分级	水质综合指数（Q）
清洁	$Q < 0.3$	污染	$2 \leq Q < 3$
尚清洁	$0.3 \leq Q < 0.7$	重污染	$3 \leq Q < 5$
允许	$0.7 \leq Q < 1.0$	恶性污染	$Q \geq 5$
轻污染	$1 \leq Q < 2$		

如图7.42所示，广西近海春季表层海水质量的综合指数均值为0.34，处于尚清洁范围之

内（0.3~0.7）。夏季，综合指数范围为0.22~0.97，平均值为0.47，也处于尚清洁范围之内（0.3~0.7）。秋季的综合指数平均值为0.26，处于清洁范围之内（$Q < 0.3$）。冬季的综合指数均值与秋季相当，处于清洁范围之内（$Q < 0.3$），水质较好。总体来说，广西近海的水质处在清洁或尚清洁的状态，水质状况良好。

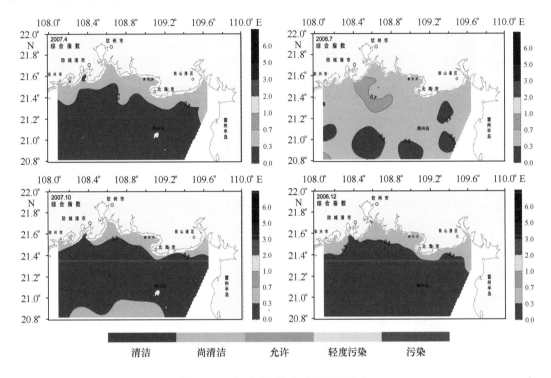

图7.42 广西近海综合指数平面分布

7.4 近海海水化学环境变化

参比20世纪80年代以来广西近海环境调查的可利用数据，分别讨论近30年来铁山湾海域、廉州湾海域、钦州湾海域、防城湾海域和珍珠湾海域的海水环境变化。

7.4.1 铁山港湾

7.4.1.1 DO

尽管自1986年至今铁山港湾水体中溶解氧的含量出现波动（图7.43），其中1986年浓度最高，大于7 mg/dm³，1996年最低，约为6.3 mg/dm³，到2006—2007年升至6.8 mg/dm³，但均符合一类水质标准。

7.4.1.2 营养盐

自1986年以来，铁山港湾水体中亚硝酸氮、硝酸氮和活性磷酸盐均是逐步增加的，且增加幅度均较大（图7.43）。其中，亚硝酸氮增加了100倍，硝酸氮增加了30倍，活性磷酸盐增加了40倍。

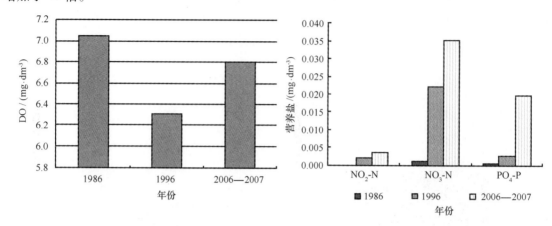

图7.43　铁山港湾水体溶解氧（左）和营养盐（右）历史变化

7.4.1.3　石油类

1986年以来，铁山港湾水体中油类含量逐步下降（图7.44），从1986年的0.17 mg/dm³降至2006—2007年的0.02 mg/dm³，石油类含量污染程度逐渐减轻。

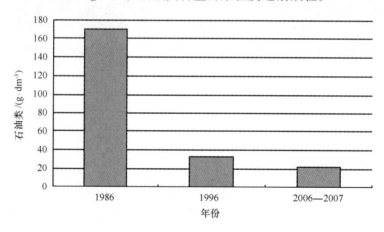

图7.44　铁山港湾水体石油类浓度历史变化

7.4.2　廉州湾

7.4.2.1　无机氮

1985年以来，廉州湾水体中无机氮的含量变化呈现出20世纪80年代含量居中，1991年较高，1992年浓度较低，之后几年浓度基本逐渐增加，至1998年后逐渐降低的趋势（图7.45）。

7.4.2.2　无机磷

1990年以来，廉州湾水体中无机磷的含量变化呈现出1990—1995年逐渐降低，1995—

1997 年逐渐增加，1997 年至今又逐渐降低的趋势（图 7.45）。

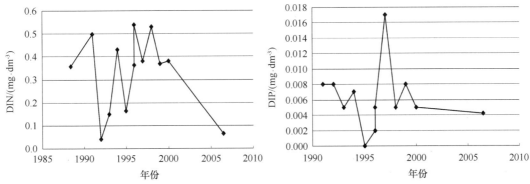

图 7.45　廉州湾水体无机氮（左）和无机磷（右）历史变化

7.4.3　钦州湾

7.4.3.1　DO

1980 年以来，钦州湾水体总 DO 的含量在 1980 年、1996 年和 2003 年最高，而 1990 年、1999 年和现在含量较低（图 7.46），但均符合一类水质标准。

7.4.3.2　营养盐

1980 年以来，钦州湾水体中硅酸盐含量呈现出 1983—1990 年降低，1990—1996 年明显增加，而 1996 年至今又大幅度下降的特征（图 7.46）。

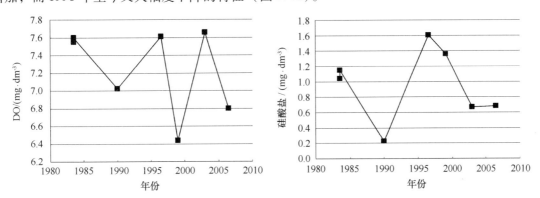

图 7.46　钦州湾水体溶解氧（左）和硅酸盐（右）历史变化

1980 年以来，钦州湾水体中无机磷在 20 世纪 80 年代最高，1990 年浓度下降到较低水平，至 1996 年略有抬升，之后再次下降（图 7.47）；无机氮自 80 年代逐步增高，到 1999 年达到最高浓度，之后水体中无机氮浓度下降，至 2006—2007 年，降到 0.11 mg/dm³（图 7.47）。

7.4.3.3 石油类

从 20 世纪 80 年代到 1990 年，钦州湾水体中石油类含量从最高降到最低，至 1995 年略有回升，之后逐渐降低（图 7.48）。整体来说，钦州湾水体中石油类含量污染程度也在逐步减轻。

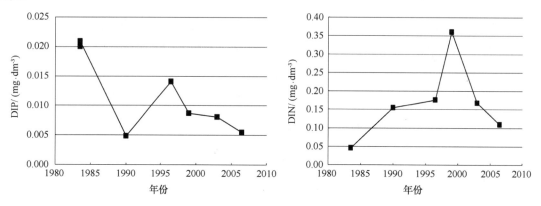

图 7.47　钦州湾水体无机磷（左）和无机氮（右）历史变化

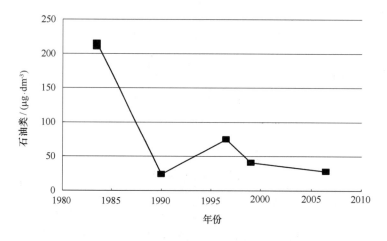

图 7.48　钦州湾水体石油类浓度历史变化

7.4.4　防城港湾

7.4.4.1　DO

防城港湾水体中 DO 和无机磷的变化特征完全一致，都呈现出 1984—1995 年含量降低，而 1997 年又回升到 1984 年的最高水平，1997—2007 年又大幅下降（图 7.49，图 7.50）的变化特征，且基本符合一类水质标准。

7.4.4.2　营养盐

1984 年以来，水体中亚硝氮浓度基本是上升的（图 7.49）；氨氮基本是下降的，硝氮从

1984—1997 年上升，之后又显著下降（图 7.50）；DIN 在 1984 年最低，1991 年最高，之后呈现降低趋势（图 7.50）。

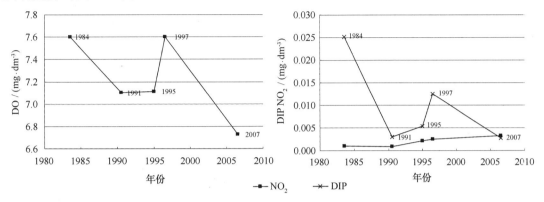

图 7.49　防城港湾水体溶解氧（左）和无机磷、亚硝酸盐（右）历史变化

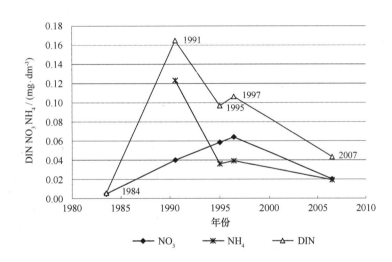

图 7.50　防城港湾水体无机氮、硝酸盐和氨氮历史变化

7.4.5　珍珠湾

7.4.5.1　DO、pH 值和石油类

2006—2007 年珍珠湾水体中 DO 浓度低于 1995 年，2006—2007 年 pH 值值略低于 1995 年；石油类 2006—2007 年比 1995 年浓度高（图 7.51），污染程度增加。

7.4.5.2　营养盐

珍珠湾水体中 2006—2007 年各项营养盐均低于 1995 年（图 7.52），尤其是硝酸盐、无机氮和无机磷大幅度下降，说明珍珠湾水体中营养盐污染程度降低。

总体来说，由 20 世纪 80 年代至今，广西近海廉州湾、钦州湾、防城湾和珍珠湾等区域水体营养盐浓度基本呈现先减少再增加，再次减少的波动变化趋势，尤其是 90 年代末，各海湾水体中营养盐基本达到污染顶峰，之后水体营养盐再次降低，现阶段是营养盐污染较轻的

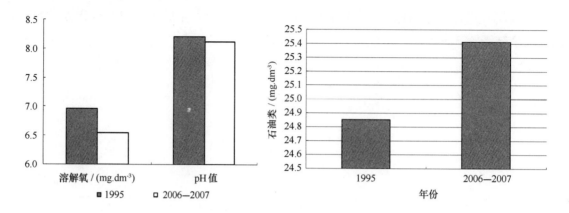

图 7.51　珍珠湾水体溶解氧、pH 值和油类历史变化

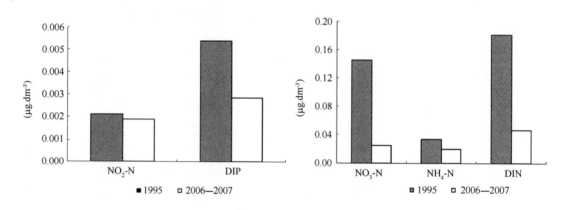

图 7.52　珍珠湾水体营养盐历史变化

阶段；而铁山湾的营养盐污染则是处于一直增加的状态。铁山湾和钦州湾水体中石油类污染状况逐渐好转；而珍珠湾水体中现阶段石油类物质污染，有所加重。

7.5　小结

在春季，广西近海海水中各形态氮、硅酸盐、表层磷酸盐、底层悬浮物、汞、铅、镉分布趋势整体呈现近岸高，远岸低的规律，其高值区域位于廉州湾外、钦州湾北部和铁山湾北部，而海域西侧或南侧水体中浓度较低；pH 值则是近岸低，远岸高；溶解氧、表层悬浮物、底层磷酸盐、总磷、石油烃呈斑块状分布。

在夏季，广西近海海水中各要素等值线与海岸线平行，且分布规律性较好。其中，各形态氮、硅酸盐和悬浮物近岸浓度高、远岸低，由北向南递减，最高浓度位于钦州湾水域或者廉州湾外水域；而各形态磷酸盐、pH 值、碱度、表层有机碳以砷、总铬分布则是近岸低，远岸高；溶解氧、表层 pH 值、底层有机碳和其他重金属呈斑块状分布。

在秋季，各形态氮、磷和硅酸盐近岸浓度高，远岸低，由北向南递减，等值线基本与岸线平行，高值区域在钦州湾北部水域和铁山湾北部水体；溶解氧、pH 值和碱度则是近岸低，远岸高；悬浮物、有机碳、石油烃和重金属呈斑块状分布。

在冬季，仅底层亚硝酸盐、表底层铵盐及悬浮物和底层有机碳基本呈现近岸高，远岸低的趋势；pH 值、总碱度、表层有机碳、表层溶解态磷和表层总磷等要素则呈现近岸低，远岸高的趋势；其余形态的氮、磷营养盐、溶解氧及多数重金属呈斑块状分布。

广西近海海水全年 pH 值的季节变化并不明显，围绕着 pH 值为 8.0 上下波动；海水溶解氧含量四季变化按从高到低的排序为：冬季、春季、秋季、夏季；总碱度的四季变化按从高到低的排序为：春季、秋季、冬季、夏季；悬浮物含量的四季变化按从高到低的排序为：秋季、冬季、夏季、春季；总有机碳的季节变化比较明显，按含量从高到低的排序为：夏季、秋季、冬季、春季；表层海水石油类含量的季节性变化按从高到低的排序为：冬季、秋季、夏季、春季；活性硅酸盐、铵盐和活性磷酸盐季节性变化总趋势相近，活性硅酸盐含量从高到低的排序为：秋季、春季、夏季、冬季；活性磷酸盐含量从高到低的排序为：春季、秋季、夏季、冬季；铵盐含量从高到低的排序为：秋季、冬季、春季、夏季；硝酸盐含量从高到低的排序为：夏季、秋季、夏季、冬季；亚硝酸盐含量从高到低的排序为：秋季、夏季、春季、冬季；总氮、溶解态氮的季节变化趋势一致，按其浓度从高到低的排序均为：春季、秋季、夏季、冬季；总磷、溶解态磷季节变化趋势也一致，按其浓度从高到低的排序均为：春季、冬季、夏季、秋季；重金属砷、铜、铬、锌、铅的季节变化趋势一致，按其浓度从高到低的排序均为：冬季、夏季、春季、秋季；而镉和汞的季节性变化趋势相同，但与其他金属的季节性变化趋势不一致，按其浓度从高到低的排序均为：秋季、夏季、春季、冬季。

春、夏两季广西近海春季表层海水质量处于尚清洁状态；秋、冬两季处于清洁状态。总体来说，广西近海的水质处在清洁或尚清洁的状态，水质状况良好。

从 20 世纪 80 年代至今，广西近海廉州湾、钦州湾、防城湾和珍珠湾等区域水体营养盐浓度基本呈现先减少再增加，再次减少的波动变化趋势，尤其是 90 年代末，各海湾水体中营养盐基本达到污染顶峰，之后水体营养盐再次降低，现阶段是营养盐污染较轻的阶段；而铁山湾的营养盐污染则是处于一直增加的状态。铁山湾和钦州湾水体中石油类污染状况逐渐好转；而珍珠湾水体中现阶段油类物质污染有所加重。

8 广西近海生物（生态）

海洋生物种类、生物密度、生物量及生物多样性是海洋生态系统结构的重要组成部分，也是评价海洋生物资源潜力的主要因子。本章利用广西"908"专项的"广西近岸海域生物（生态）和化学调查"、和国家"908专项"ST09区块调查取得的有关生物和生态调查资料，综合分析广西近海的生物种类、生物密度、生物量和生物多样性。

8.1 叶绿素a和初级生产力

8.1.1 叶绿素a

广西近海叶绿素a浓度空间分布主要受邻近的陆域和北部湾来水的影响。夏季叶绿素a浓度主要由近岸向离岸降低；春、秋、冬季在离岸区叶绿素a浓度均较高（图8.1）。由于本海域水深较浅，水柱叶绿素a含量主要受表层叶绿素a浓度影响，两者的空间和季节分布特征相似（图8.2）。

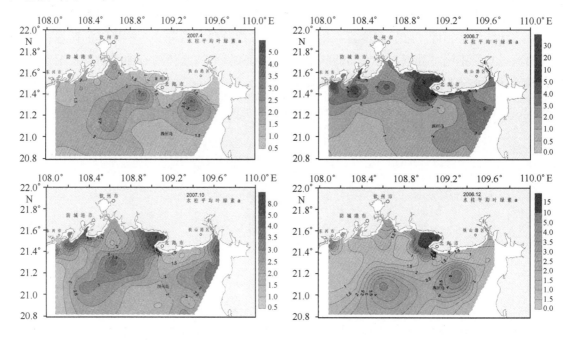

图8.1 广西近海水柱平均叶绿素a含量分布（mg/m³）

广西近海表层叶绿素a浓度全年平均值为2.7 mg/m³。季节变化表现为，春季最低（平均为1.77 mg/m³），夏、秋、冬季较高，平均值分别为3.35 mg/m³；水柱平均叶绿素a浓度

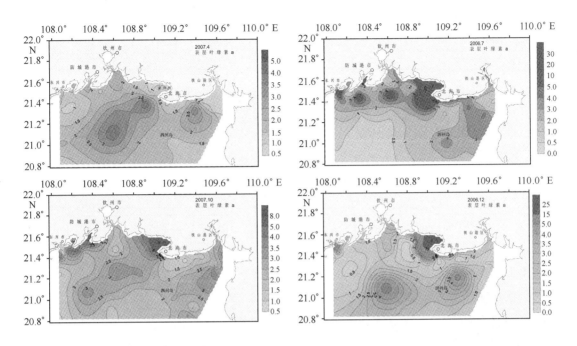

图 8.2　广西近海表层叶绿素 a 含量分布（mg/m³）

全年平均值也为 2.7 mg/m³。季节变化也表现为春季最低，平均为 1.72 mg/m³，夏、秋、冬季较高，平均值分别为 3.56 mg/m³、2.57 mg/m³ 和 2.89 mg/m³。

8.1.2　初级生产力

受光合生产者的生物量、透明度、水深等多因素影响，初级生产力在本海域的分布特征是春、秋季以离岸区尤其是西部海区较高，夏、冬季初级生产力则以近岸和西部离岸区均较高、廉州湾最高（图 8.3）。

本海域初级生产力全年平均值为 79.2 mg/（m²·h）。各季节中以春、冬季较低，平均值分别为 42.9 mg/（m²·h）和 43.3 mg/（m²·h），夏、秋季初级生产力较高，平均值分别为 122 mg/（m²·h）和 108.6 mg/（m²·h）。

8.2　微生物

广西近海海水中细菌含量普遍较低，显著低于沉积物中的细菌含量；细菌的空间分布总体上较均匀，但季节变化显著。海水中细菌含量以夏季最高，平均为 1.39×10⁴ CFU/mL，远岸区较高；秋季次之，平均为 826 CFU/mL，远岸区较高；冬季、春季平均值分别为 434 CFU/mL、平均为 420 CFU/mL，近岸区较高（图 8.4）。

沉积物中细菌含量以春季最高，平均为 1.72×10⁶ CFU/g，东部远岸区较高；夏、冬季次之，平均值分别为 1.74×10⁵ CFU/g、1.23×10⁵ CFU/g；秋季最低，平均为 9.05×10³ CFU/g（图 8.5）。

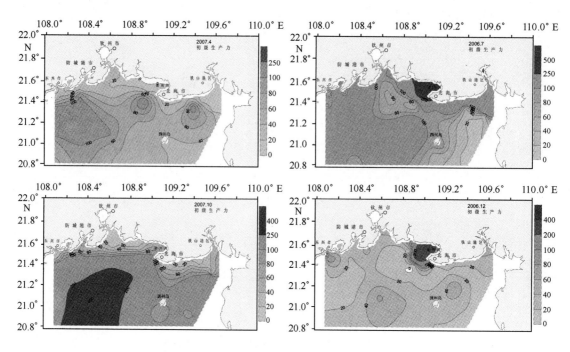

图 8.3　广西近海初级生产力分布 ［mg/ （m² · h）］

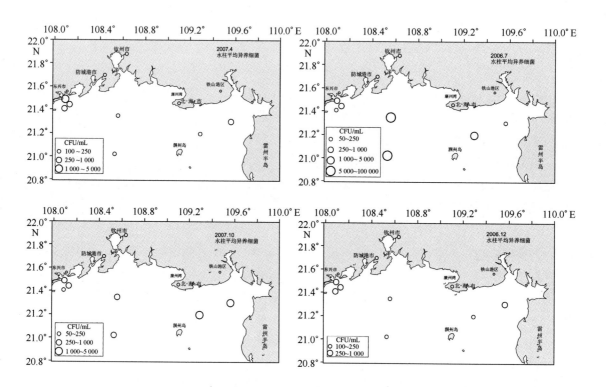

图 8.4　广西近海水柱平均细菌含量分布（CFU/mL）

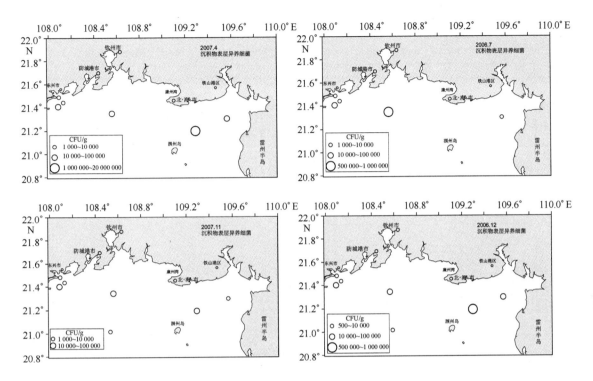

图 8.5 广西近海表层沉积物细菌含量分布（CFU/g）

8.3 浮游生物

8.3.1 微微型光合浮游生物

以聚球藻为代表的微微型光合浮游生物的空间分布总体上与表层细胞丰度分布趋势相似，由近岸向远岸降低，但夏季表层高值区在东部一直延伸至远岸，细胞丰度以夏季高于秋季（图 8.6）。夏季，聚球藻细胞丰度的水柱平均值为 9.59×10^4 cell/mL，表层平均值为 1.17×10^5 cell/mL；秋季，聚球藻细胞丰度的水柱平均值为 6.73×10^4 cell/mL，表层平均值为 7.52×10^4 cell/mL。

广西近海微微型真核光合生物的空间分布与表层细胞丰度分布趋势相似，总体上由近岸向远岸降低，秋、冬两季细胞丰度在近岸区聚集的趋势尤其显著；季节变化也较为显著，平均值以冬季最高，春、秋、夏季依次降低（图 8.7，图 8.8）。春季，微微型真核光合生物细胞丰度的水柱平均值为 7.87×10^3 cell/mL，表层平均值为 8.22×10^3 cell/mL；夏季，微微型真核光合生物细胞丰度的水柱平均值为 4.99×10^3 cell/mL，表层平均值为 5.18×10^4 cell/mL；秋季，微微型真核光合生物细胞丰度的水柱平均值为 5.6×10^3 cell/mL，表层平均值为 6.7×10^3 cell/mL；冬季，微微型真核光合生物细胞丰度的水柱平均值为 1.01×10^4 cell/mL，表层平均值为 1.05×10^4 cell/mL。

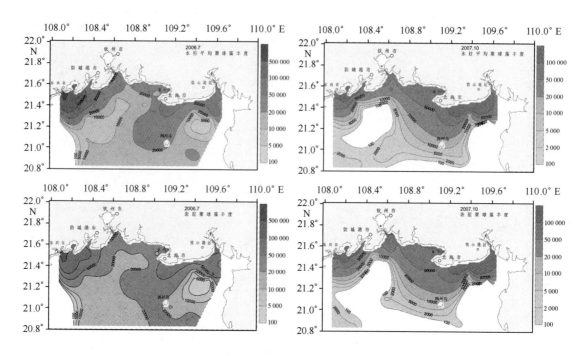

图 8.6　广西近海夏、秋季聚球藻丰度分布（cell/mL）

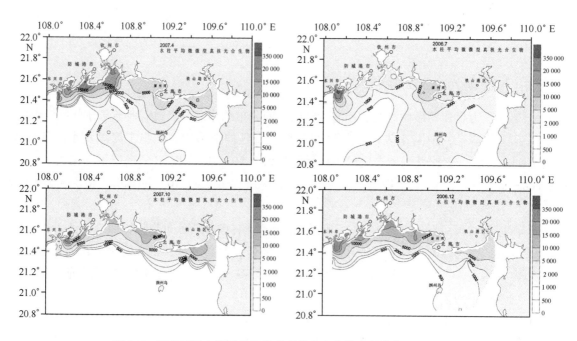

图 8.7　广西近海水柱平均微微型真核光合生物丰度分布（cell/mL）

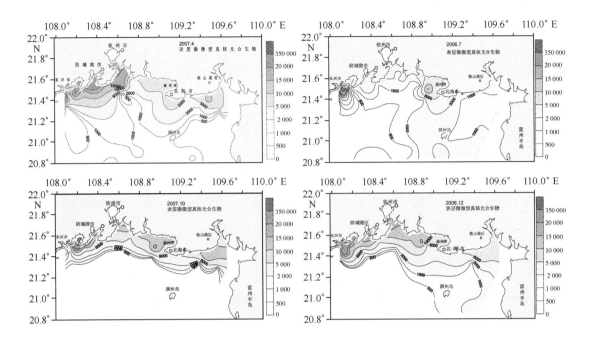

图 8.8 广西近海表层微微型真核光合生物丰度分布（cell/mL）

8.3.2 浮游植物

8.3.2.1 网采浮游植物种类组成

四个季节网采浮游植物样品共鉴定出浮游植物 6 门类 362 种，其中硅藻 270 种，甲藻 69 种，绿藻 11 种，金藻 2 种，蓝藻 9 种，黄藻 1 种。根据浮游植物的生态习性及其分布特点来看，该海域浮游植物种类主要以近岸广布性物种［如中肋骨条藻（*Skeletonema costatum*），扁面角毛藻（*Chaetoceros compressus*）等］和暖温种［如洛氏角毛藻（*Ch. lorenzianus*）、窄细角毛藻（*Ch. affinis*）、拟旋链角毛藻（*Ch. pseudocurvisetus*）、旋链角毛藻（*Ch. curvisetus*）以及甲藻类的三角角藻（*Ceratium tripos*）、纺锤角藻（*Cer. fufus*）、叉角藻（*Cer. furca*）等］为主，同时也有一些暖水种［如三叉角藻（*Cer. trichoceros*）、夜光梨甲藻（*Pyrocystis noctiluca*）等）、半咸水种如细弱角毛藻（*Ch. subtilis*）］和河口淡水种（如多种淡水绿藻的出现）。

1）春季

春季共鉴定浮游植物 216 种，其中硅藻 167 种，甲藻 37 种，绿藻 7 种，蓝藻 4 种，金藻 1 种。各站物种数范围为 12～52 种，平均为 30 种。物种数最少的位置在本海域东南角，物种数最多的位置在钦州湾内。

2）夏季

夏季鉴定出的浮游植物种类数最多，达 254 种，包含 6 个门类，其中硅藻 195 种，甲藻 44 种，绿藻 8 种，蓝藻 4 种，金藻 2 种，黄藻 1 种。各站物种数范围为 22～65 种，平均为 46 种。物种数最少的位置在北仑河口内，物种数最多的位置在钦州湾外远岸。

3）秋季

秋季共鉴定出浮游植物 174 种，为全年最低。其中硅藻 142 种，甲藻 24 种，绿藻 2 种，蓝藻 5 种，黄藻 1 种。各站物种数分布不均，其范围 18～66 种，平均为 38 种，物种数最少的位置在北仑河口内，物种数最多的位置在北仑河口外。

4）冬季

冬季共鉴定出浮游植物 214 种，其中硅藻 182 种，甲藻 26 种，绿藻 2 种，蓝藻 3 种，黄藻 1 种。浮游植物的物种数量分布明显不均，各站物种数范围为 11～62 种，平均为 32 种，物种数最多的位置在铁山港外，物种数最少的位置在防城港外远岸。

8.3.2.2 网采浮游植物细胞丰度

广西近海网采浮游植物细胞丰度全年均处于较高水平，平均为 $2\,382 \times 10^4$ cells/m^3，四个季度丰度从大到小排序为：夏季、秋季、冬季、春季。

1）春季

春季网采浮游植物细胞丰度春季为全年最低，平均值为 814×10^4 cells/m^3，变化显著。在东部竹林—营盘近岸水域形成一个小范围高值区，次高值于本海域的西部浅水区，调查区中央、东南部外海及近岸大部分水域浮游植物丰度较低（图 8.9）。

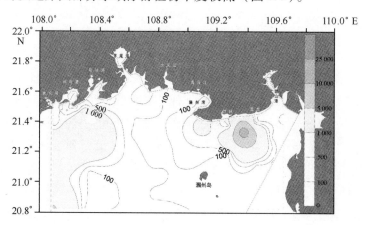

图 8.9　广西近海春季网采浮游植物细胞丰度的分布（$\times 10^4$ cells/m^3）

2）夏季

夏季该季节网采浮游植物细胞丰度值为全年最高，平均值为 $5\,707 \times 10^4$ cells/m^3，变化显著。其水平分布特征大致呈现近岸高于外海的趋势，高值区分布在珍珠港及其东南部近岸水域，调查区南部整个区域均为低值区（图 8.10）。

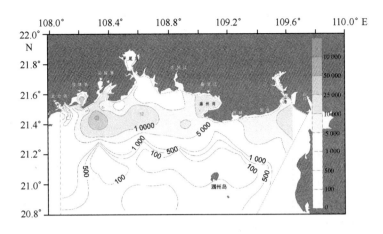

图 8.10　广西近海夏季网采浮游植物细胞丰度的分布（$\times 10^4$ cells/m³）

3）秋季

本季节网采浮游植物细胞丰度平均值为 2 209×10⁴ cells/m³，变化显著。其水平分布特征是中西部的远岸区形成一个较大范围的高值区，向北部近岸和海域的东部降低（图 8.11）。

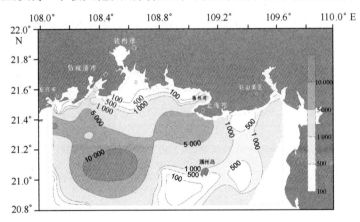

图 8.11　广西近海秋季网采浮游植物细胞丰度的分布（$\times 10^4$ cells/m³）

4）冬季

该季节网采浮游植物细胞丰度平均值为 1 566×10⁴ cells/m³，变化显著。从水平分布来看，高值区位于北仑河口区域，次高值区位于本海域的西南部和廉州湾局部；低值区主要集中在西部近岸水域（北仑河口除外）、东部竹林和营盘附近的近岸水域以及东南远岸区（图 8.12）。

8.3.2.3　浮游植物优势种

依据公式 $Y = \dfrac{n_i}{N} f_i$ 计算各物种优势度（式中，n_i 为第 i 种的总个体数；f_i 为该种在各样品中出现的频率；N 为全部样品中的总个体数。当 $Y \geqslant 0.02$ 时，该种即为优势种）。结果表明

193

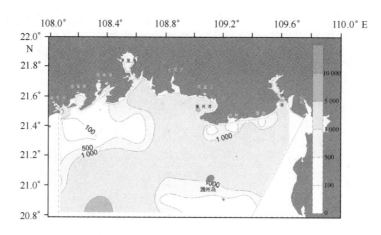

图 8.12　广西近海冬季网采浮游植物细胞丰度的分布（$\times 10^4$ cells/m^3）

（表 8.1），广西近海海域浮游植物种类较多，群落结构相对较为复杂，不同季节优势种有较大差异，全年优势种主要是硅藻（如角毛藻属的种类，菱形海线藻、伏氏海线藻等），另外，黄藻门的球形棕囊藻（*Phaeocystis globosa*）在夏、秋两季成为网采浮游植物优势种之一。

表 8.1　浮游植物优势种及优势度

中文名	拉丁名	类群	冬季	春季	夏季	秋季
优美辐杆藻	*Bacteriastrum delicatulum* Cleve	硅藻		0.023		
旋链角毛藻	*Chaetoceros curvisetus*	硅藻				0.184
洛氏角毛藻	*Chaetoceros lorenzianus* Grunow	硅藻	0.027		0.032	
拟旋链角毛藻	*Chaetoceros pseudocurvisetus* Mangin	硅藻		0.208		0.056
琼氏圆筛藻	*Coscinodiscus jonesianus*	硅藻				0.025
洛氏菱形藻	*Nitzschia lorenziana* Grunow	硅藻		0.025		
柔弱拟菱形藻	*Pseudo - nitzschia delicatissima* Cleve Heiden	硅藻	0.027			
印度翼根管藻	*Rhizosolenia alata* f. *indica*（Perag.）Hustedt	硅藻		0.026		
笔尖形根管藻	*Rhizosolenia styliformis* Brightwell	硅藻	0.027			
中肋骨条藻	*Skeletonema costatum*	硅藻			0.063	
骨条藻	*Skeletonema* spp.	硅藻			0.116	
伏氏海线藻	*Thalassionema frauenfeldii*（Grun.）Grunow	硅藻	0.084		0.023	
菱形海线藻	*Thalassionema nitzschioides* Grun. Van Heurck	硅藻	0.135		0.093	0.091
细弱海链藻	*Thalassiosira subtilis*（Ostenf.）Gran	硅藻		0.043		
球形棕囊藻	*Phaeocystis globosa*	黄藻			0.033	0.137

1）春季

春季网采浮游植物优势种主要为拟旋链角毛藻（*Chaetoceros pseudocurvisetus*）和细弱海链藻（*Thalassiosira subtilis*），该两种出现频率不高，分别为 0.51 和 0.33，它们的优势度分别为 0.208 和 0.043，平均细胞丰度分别为 666 $\times 10^4$ cells/m^3 和 337 $\times 10^4$ cells/m^3。

拟旋链角毛藻的细胞丰度范围为 0.20 $\times 10^4$ ~ 11 899 $\times 10^4$ cells/m^3，水平分布主要表现为

近岸高，外海低，东西部高，中部较低的分布趋势，其丰度最高值位于竹林和营盘附近，除几个高值点外大部分海区的丰度低于 50×10^4 cells/m³（图 8.13）。

细弱海链藻的细胞丰度范围为 $0.43 \times 10^4 \sim 2\,800 \times 10^4$ cells/m³，从其丰度的水平分布来看，高值主要集中在西南部的外海水域，最高值出现在本海域西南角，其他大部分站位较低（图 8.14）。

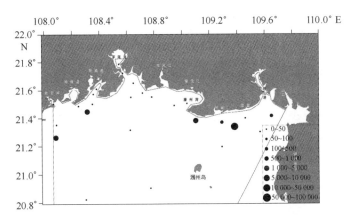

图 8.13　广西近海春季浮游植物优势种拟旋链角毛藻的水平分布

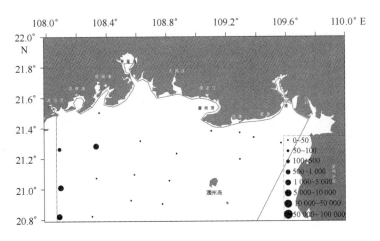

图 8.14　广西近海春季浮游植物优势种细弱海链藻的水平分布

2）夏季

夏季网采浮游植物优势种主要为骨条藻（Skeletonema sp.）和菱形海线藻（Thalassionema nitzschioides），前者出现频率不高，为 0.35，后者出现频率较高，为 0.91，二者优势度分别为 0.116 和 0.093，平均细胞丰度分别为 $5\,117 \times 10^4$ cells/m³ 和 559×10^4 cells/m³。

骨条藻的细胞丰度范围为 $0.28 \times 10^4 \sim 59\,162 \times 10^4$ cells/m³，水平分布主要表现为近岸高，外海低，其丰度高值主要集中在防城港—大风江外远岸、细胞丰度值为 $1.1 \times 10^8 \sim 5.9 \times 10^8$ cells/m³，其余海区丰度低于 50×10^4 cells/m³（图 8.15）。

菱形海线藻的细胞丰度范围为 $0.04 \times 10^4 \sim 4\,730 \times 10^4$ cells/m³，水平分布主要呈明显的近岸高于外海的趋势，高值主要集中在西部近岸水域，和东部近岸水域，南部及中央大部分站位丰度较低，且分布较为均匀（图8.16）。

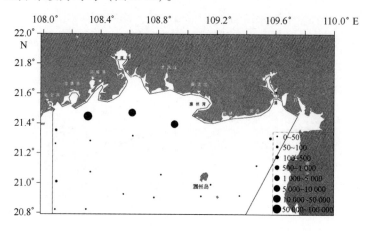

图8.15　广西近海夏季浮游植物优势种骨条藻的分布

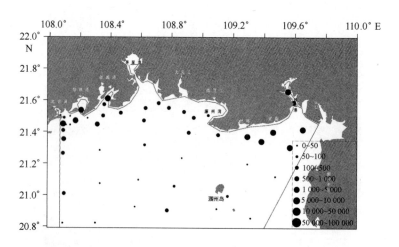

图8.16　广西近海夏季浮游植物优势种菱形海线藻的水平分布

3）秋季

秋季网采浮游植物优势种主要为旋链角毛藻（*Chaetoceros curvisetus*）和球形棕囊藻（*Phaeocystis globosa*），前者出现频率较高，为0.84，后者为0.47，优势度分别为0.184和0.137，平均细胞丰度分别为277×10^4和668×10^4 cells/m^3。

旋链角毛藻的细胞丰度范围为$0.29 \times 10^4 \sim 2\,885 \times 10^4$ cells/m^3，水平分布主要表现为东部和西部的部分站位略高，中部沿岸站位较低的分布趋势，其丰度最高值位于北海市南岸外，最低值位于茅尾海口门（图8.17）。

球形棕囊藻是赤潮种类，从其网采丰度看未达到赤潮水平。其网采细胞丰度范围为$0.30 \times 10^4 \sim 2\,426 \times 10^4$ cells/m^3，其丰度最低值位于铁山港内，最高值于铁山港外（图8.18）。

4）冬季

冬季网采浮游植物优势种主要为菱形海线藻（*Thalassionema nitzschioides*）和伏氏海线藻

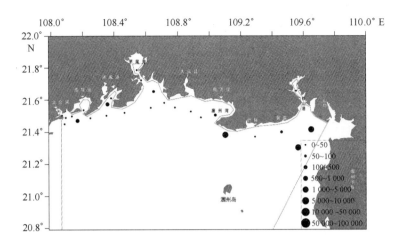

图 8.17 广西近海秋季浮游植物优势种旋链角毛藻的水平分布

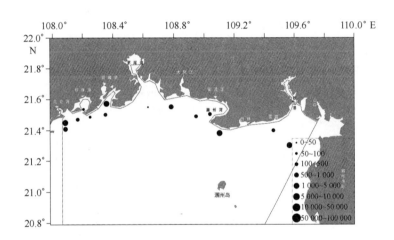

图 8.18 广西近海秋季浮游植物优势种球形棕囊藻的水平分布

（*Thalassionema frauenfeldii*），该两种出现频率较高，均为 0.91，优势度分别为 0.135 和 0.084，平均细胞丰度分别为 257×10^4 和 156×10^4 cells/m³。

菱形海线藻的细胞丰度范围为 $0.13 \times 10^4 \sim 2\,719 \times 10^4$ cells/m³，水平分布主要表现为近岸高，外海低，中部和东部略高，西部较低的分布趋势，其丰度最高值于廉州湾内，最低值位于北仑河口区（图 8.19）。

伏氏海线藻的细胞丰度范围为 $0.25 \times 10^4 \sim 1\,390 \times 10^4$ cells/m³，水平分布主要呈中部高，东部略低，西部最低的分布趋势，其丰度最高值于廉州湾内，最低值位于北仑河口区（图 8.20）。

8.3.2.4 浮游植物多样性

采用香农指数（H'），对广西近海海域浮游植物多样性评价结果表明，该海域浮游植物多样性季节分布规律从高到低依次为秋季、夏季、春季、冬季；季节内变幅显著而季节间变化较小。

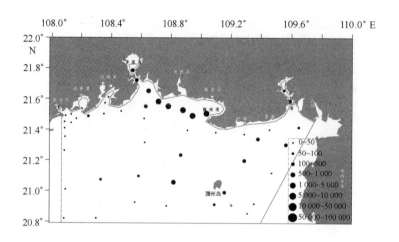

图 8.19 广西近海冬季浮游植物优势种菱形海线藻的水平分布

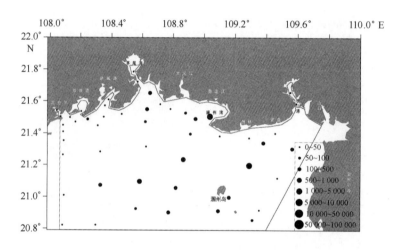

图 8.20 广西近海冬季浮游植物优势种伏氏海线藻的水平分布

1）春季

该季节浮游植物生物多样性指数较冬季略高，平均值为 2.42。其水平分布表现为西部高于东部，西部近岸高于外海，东部近岸低于远岸；高值区位于防城港和茅尾海附近水域并向南延伸入远岸区（图 8.21）。

2）夏季

该季节浮游植物生物多样性指数平均值为 2.50。多样性指数水平分布近岸低于远岸，高值中心位于钦州湾以南远岸区中部；廉州湾和珍珠港—防城港为低值区（图 8.22）。

3）秋季

该季节浮游植物生物多样性以近岸区为代表。多样性指数平均值为 2.74。其水平分布大致分为四个区：北仑河口—西南远岸、钦州湾向东南远岸扩展的海区多样性较高，珍珠港—防城港向东南远岸扩展的海区、大风江口外—铁山港口外近岸多样性较低（图 8.23）。

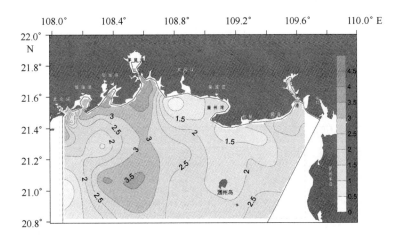

图 8.21　广西近海春季浮游植物多样性指数的水平分布

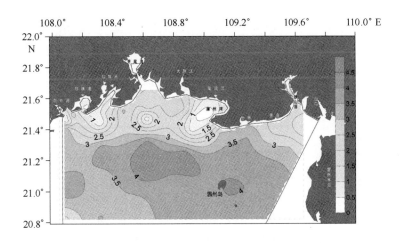

图 8.22　广西近海夏季浮游植物多样性指数的水平分布

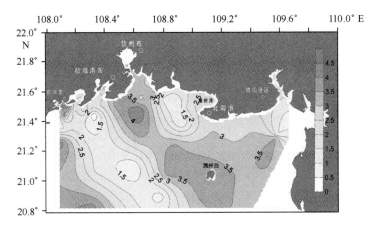

图 8.23　广西近海秋季浮游植物多样性指数的水平分布

4）冬季

该季节浮游植物生物多样性指数全年最低，平均值为2.39。高值区分布在偏向近岸的海区，几乎自西向东贯穿本海域（图8.24）。

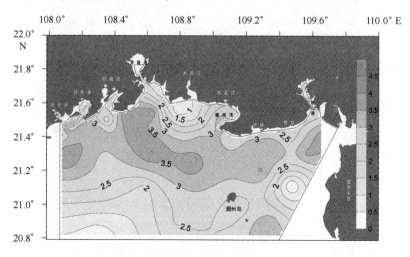

图8.24　广西近海冬季浮游植物多样性指数的水平分布

8.3.3　浮游动物

8.3.3.1　种类组成

四个季节共鉴定浮游动物394种（类），其中腔肠动物最多，达98种，桡足类次之，为96种，浮游幼体88种（类），糠虾类19种，介形类15种，翼足类14种，端足类12种（类），毛颚类13种，被囊类11种，樱虾类6种，等足类5种（类），十足类4种，涟虫类、枝角类、浮游多毛类各3种，磷虾类2种，原生动物1种，海洋昆虫1类。

1）春季

春季共鉴定浮游动物183种（类），其中桡足类最多，共50种，腔肠动物和浮游幼体各40种（类），介形类10种，糠虾类7种，被囊类、端足类各6种（类），毛颚类、樱虾类各5种，翼足类4种，枝角类3种，涟虫类、磷虾类各2种，等足类、十足类、原生动物各1种。

2）夏季

夏季共鉴定浮游动物209种（类），其中腔肠动物最多，共57种，浮游幼体52种（类），桡足类47种，被囊类9种，毛颚类8种，糠虾类7种，翼足类、介形类、端足类各5种（类），等足类、十足类、樱虾类各3种（类），枝角类2种，涟虫类、浮游多毛类、海洋昆虫各1种（类）。

3）秋季

秋季共鉴定浮游动物 196 种（类），其中桡足类最多，共 56 种，浮游幼体 45 种（类），腔肠动物 36 种，糠虾类、端足类 9 种（类），被囊类 8 种，毛颚类、介形类 5 种（类），樱虾类 4 种，十足类、浮游多毛类、枝角类各 2 种（类），等足类、涟虫类、磷虾类、原生动物各 1 种（类）。

4）冬季

冬季共鉴定浮游动物 205 种（类），其中浮游幼体最多，共 50 种（类），腔肠动物 49 种，桡足类 48 种，毛颚类 11 种，翼足类 10 种（类），糠虾类 8 种，被囊类、介形类 6 种（类），端足类 5 种（类），樱虾类 4 种，浮游多毛类、枝角类各 2 种（类），涟虫类、磷虾类、十足类、原生动物各 1 种（类）。

8.3.3.2　浮游动物生物量

1）春季

春季本海域浮游动物生物量平均为 343 mg/m³，变化范围为 4.4 ~ 4 201 mg/m³。生物量分布大致间隔为 4 个区，西部和中东部为高值区，中西部和东南部为低值区（图 8.25）。

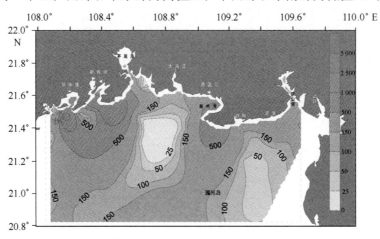

图 8.25　广西近海春季浮游动物生物量分布（mg/m³）

2）夏季

夏季浮游动物生物量平均为 223 mg/m³，变化范围为 7.9 ~ 3 423 mg/m³。海域中部的大部分是低值区，近岸尤其是钦州湾等海湾、河口处为高值区，远岸区的西南角和东南局部也较高（图 8.26）。

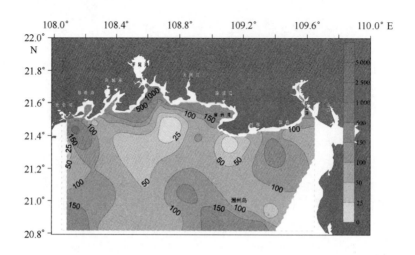

图 8.26 广西近海夏季浮游动物生物量分布（mg/m³）

3）秋季

秋季浮游动物生物量平均为 185 mg/m³，变化范围为 3.2～884 mg/m³。海域内生物量分布较均匀，北仑河口、西南远岸和北海市南岸为高值区（图 8.27）。

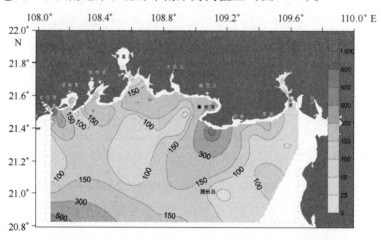

图 8.27 广西近海秋季浮游动物生物量分布（mg/m³）

4）冬季

冬季浮游动物生物量平均为 128 mg/m³，变化范围为 10～455 mg/m³。北仑河口和海域自西南远岸扩展至中部近岸附近的大片海区为生物量高值区，各海湾多为低值区（图 8.28）。

8.3.3.3 浮游动物个体密度

1）总个体密度

（1）春季

春季浮游动物个体密度平均值为 920 ind./m³，变化范围为 3～15 938 ind./m³。珍珠港、防城港和北海市南部近岸为浮游动物丰度的高值区，其他海区丰度较低且较均匀（图8.29）。

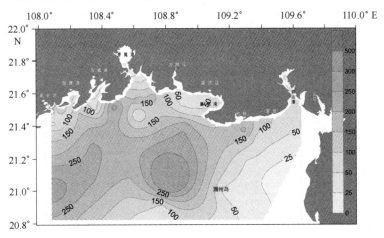

图8.28　广西近海冬季浮游动物生物量分布（mg/m³）

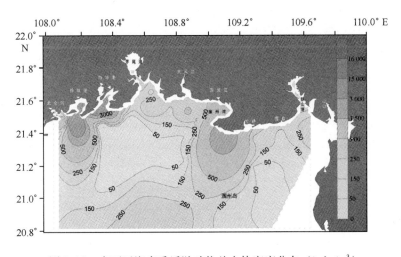

图8.29　广西近海春季浮游动物总个体密度分布（ind./m³）

（2）夏季

夏季浮游动物个体密度变化范围为2～701 ind./m³，平均值为166 ind./m³。海域西部、东部的营盘和竹林以南为浮游动物丰度的高值区，中部的丰度较低且较均匀、西侧略高于东侧（图8.30）。

（3）秋季

秋季浮游动物个体密度变化范围为10～1 385 ind./m³，平均值为297 ind./m³。北仑河口外、三娘湾、北海市以南和海域的西南区为浮游动物丰度高值区（图8.31）。

（4）冬季

冬季浮游动物个体密度变化范围为1～2 213 ind./m³，平均值为195 ind./m³。海域西北部远岸区为浮游动物丰度的高值区，其他海区丰度较低且分布较均匀（图8.32）。

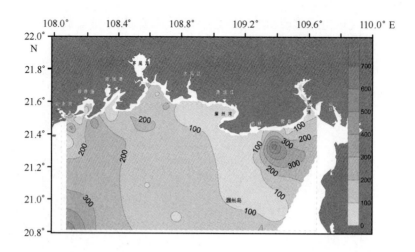

图 8.30 广西近海夏季浮游动物总个体密度分布（ind./m³）

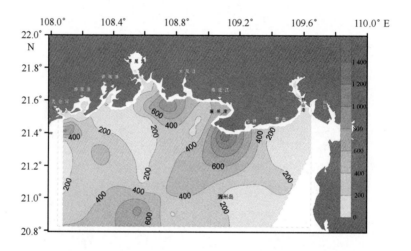

图 8.31 广西近海秋季浮游动物总个体密度分布（ind./m³）

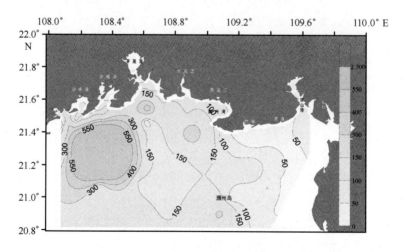

图 8.32 广西近海冬季浮游动物总个体密度分布（ind./m³）

2）饵料浮游动物个体密度

（1）春季

春季饵料浮游动物个体密度变化范围为 1 ~ 15 938 ind./m³，平均值为 904 ind./m³。与浮游动物总个体密度的分布趋势相似，珍珠港—防城港和北海市南部临近海区为饵料浮游动物丰度的高值区，其他海区丰度较低（图 8.33）。

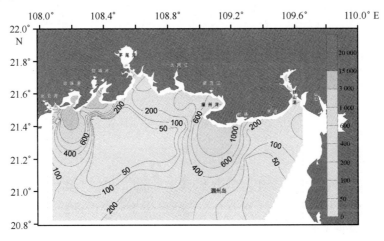

图 8.33　广西近海春季饵料浮游动物个体密度分布（ind./m³）

（2）夏季

夏季饵料浮游动物个体密度变化范围为 1 ~ 676 ind./m³，平均值为 140 ind./m³。与浮游动物总个体密度的分布趋势相似，高值区分布在海域的西北近岸、西南远岸和竹林—营盘南部（图 8.34）。

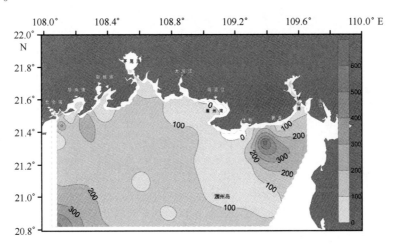

图 8.34　广西近海夏季饵料浮游动物个体密度分布（ind./m³）

（3）秋季

秋季饵料浮游动物个体密度变化范围为 5 ~ 1 369 ind./m³，平均值为 273 ind./m³。与总个体密度的分布趋势相似，北仑河口外、三娘湾、北海市以南和海域的西南区为饵料浮游动物丰度高值区（图 8.35）。

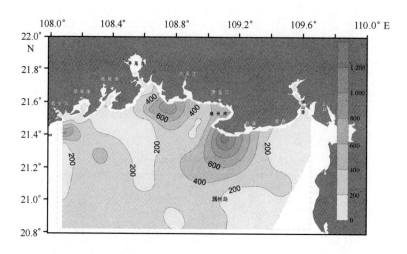

图 8.35　广西近海秋季饵料浮游动物个体密度分布（ind./m³）

（4）冬季

冬季饵料浮游动物个体密度变化范围为 1～1 814 ind./m³，平均值为 173 ind./m³。与浮游动物总个体密度分布趋势相似，海域西北部远岸区为饵料浮游动物丰度的高值区，并向其他海区尤其是东部降低（图 8.36）。

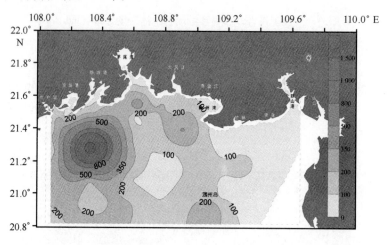

图 8.36　广西近海冬季饵料浮游动物个体密度分布（ind./m³）

3）非饵料动物个体密度

（1）春季

春季非饵料浮游动物个体密度变化范围为 0～138 ind./m³，平均值为 16 ind./m³。近岸和西南远岸区为几个分散的高值区（图 8.37）。

（2）夏季

夏季非饵料浮游动物个体密度变化范围为 0～179 ind./m³，平均值为 26 ind./m³。海域的西南远岸—西部近岸区、中部远岸区局部为非饵料浮游动物丰度的高值区，北仑河口外和海域东部大片为低值区（图 8.38）。

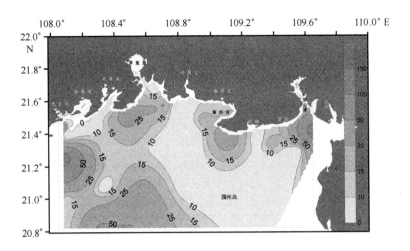

图 8.37　广西近海春季非饵料浮游动物个体密度分布（ind./m³）

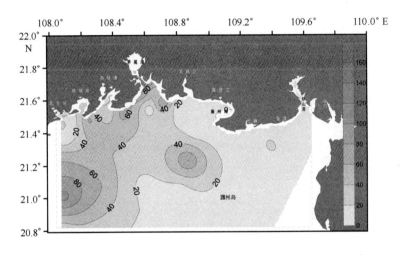

图 8.38　广西近海夏季非饵料浮游动物个体密度分布（ind./m³）

（3）秋季

秋季非饵料浮游动物个体密度变化范围为 0～508 ind./m³，平均值为 24 ind./m³。海域的中南部为非饵料浮游动物丰度的高值区，并向北仑河口、北海—营盘近岸扩展（图 8.39）。

（4）冬季

冬季非饵料浮游动物个体密度变化范围为 0～399 ind./m³，平均值为 22 ind./m³。海域的西部和中部远岸形成两片主要的非饵料浮游动物丰度高值区（图 8.40）。

8.3.3.4　浮游动物多样性和优势种类

与浮游植物的多样性和优势种计算相似，浮游动物的多样性也采用香农指数和优势度来表征。结果表明，本海域浮游动物多样性季节内变化大于季节间变化。春季，多样性变化范围为 0.70～4.36，平均值为 3.10，最高值出现在中西部远岸，最低值出现在北仑河口；夏季，多样性变化范围为 0.81～4.15，平均值为 2.93，最高值出现在东南远岸，最低值出现在廉州湾；秋季，多样性变化范围为 1.49～4.15，平均值为 3.06，最高值出现在西南远岸，最

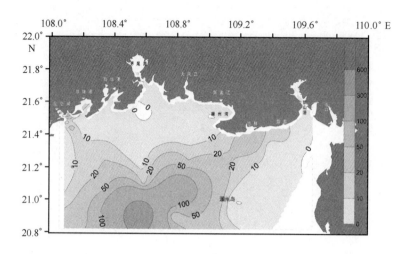

图 8.39　广西近海秋季非饵料浮游动物个体密度分布（ind./m³）

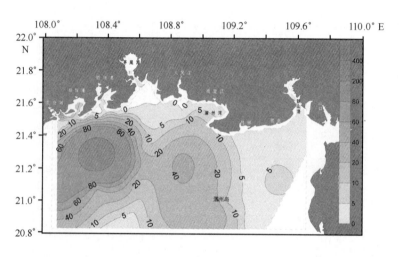

图 8.40　广西近海冬季非饵料浮游动物个体密度分布（ind./m³）

低值出现在北海市南岸；冬季，多样性变化范围为 1.00～4.85，平均值为 3.21，最高值出现在中部远岸，最低值出现在竹林近岸（图 8.41）。

　　春季浮游动物优势种按优势度由高到低排序（下同）为，长尾类幼体、短尾类溞状幼体、针刺真浮萤、瘦尾胸刺水蚤、锥形宽水蚤；夏季为短尾类溞状幼体、肥胖箭虫、火腿许水蚤、汉森莹虾、长尾类幼体、球型侧腕水母；秋季为肥胖箭虫、长尾类幼体、红纺锤水蚤、长腕幼虫（蛇尾纲）、汉森莹虾、短尾类溞状幼体、钳形歪水蚤、亚强真哲水蚤；冬季为亚强真哲水蚤、肥胖箭虫、锥形宽水蚤、长尾类幼虫、百陶箭虫、藤壶腺介幼虫、微刺哲水蚤。

　　春季长尾类幼体个体密度变化范围为 0～12 000 ind./m³，平均值为 283 ind./m³，在 56 个站位中，出现频率为 0.96；短尾类溞状幼体的个体密度变化范围为 0.48～3 000 ind./m³，平均值为 154 ind./m³，出现频率为 0.88。两种分布趋势均为近岸高于远岸（图 8.42，图 8.43）。

　　夏季短尾类溞状幼体的个体密度变化范围为 0～300 ind./m³，平均值为 21 ind./m³，出现频率为 0.98；肥胖箭虫个体密度变化范围为 0～112 ind./m³，平均值为 23 ind./m³，出现频率为 0.77。前者表现为近岸高、远岸低（图 8.44），后者表现为近岸低、远岸高（图

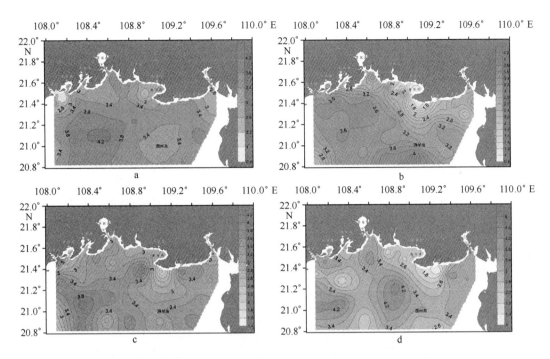

图 8.41　广西近海浮游动物生物多样性分布

a：春季，b：夏季，c：秋季，d：冬季

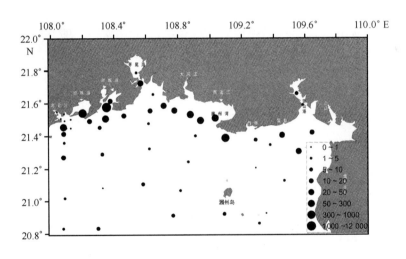

图 8.42　广西近海春季长尾类幼体个体密度分布（ind. /m³）

8.45）。

秋季肥胖箭虫个体密度变化范围为 0 ~ 368 ind. /m³，平均值为 50 ind. /m³，出现频率为 0.84；长尾类幼体个体密度变化范围为 0 ~ 429 ind. /m³，平均值为 29 ind. /m³，出现频率为 0.95。前者表现为西高东低（图 8.46），后者表现为近岸高，远岸低（图 8.47）。

冬季亚强真哲水蚤个体密度变化范围为 0 ~ 148 ind. /m³，平均值为 25 ind. /m³，出现频率为 0.80；肥胖箭虫个体密度变化范围为 0 ~ 179 ind. /m³，平均值为 21 ind. /m³，出现频率为 0.86。两种的分布趋势基本表现为西高东低（图 8.48，图 8.49）。

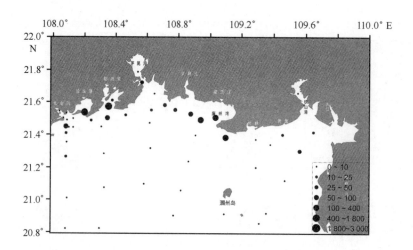

图 8.43　广西近海春季短尾类溞状幼体个体密度分布（ind./m³）

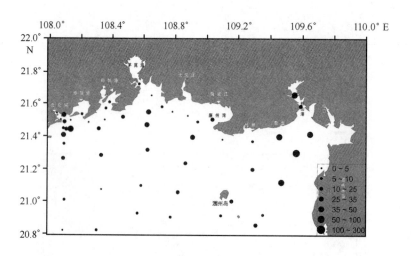

图 8.44　广西近海夏季短尾类溞状幼体个体密度分布（ind./m³）

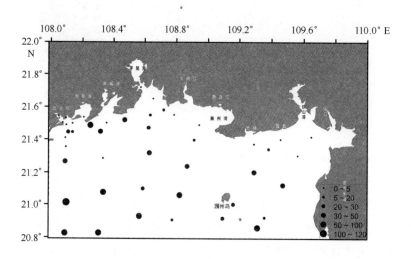

图 8.45　广西近海夏季肥胖箭虫个体密度分布（ind./m³）

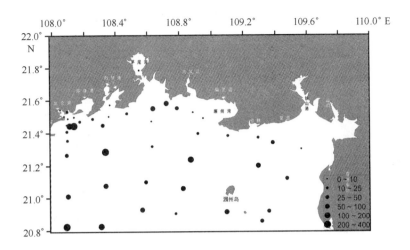

图 8.46　广西近海秋季肥胖箭虫个体密度分布（ind./m³）

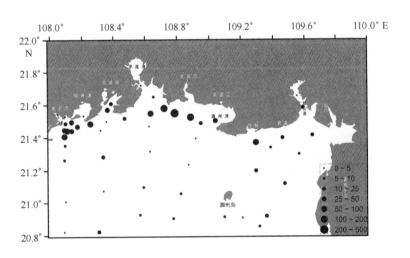

图 8.47　广西近海秋季长尾类幼体个体密度分布（ind./m³）

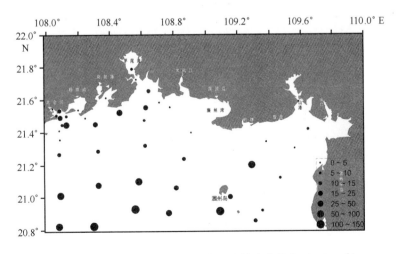

图 8.48　广西近海冬季亚强真哲水蚤个体密度分布（ind./m³）

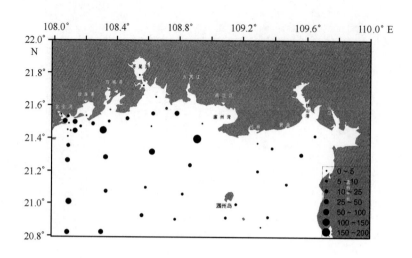

图 8.49 广西近海冬季肥胖箭虫个体密度分布（ind./m³）

8.3.3.5 夜光虫

广西近海海域仅在春、秋、冬三个季节中采集发现夜光虫（图 8.50）。均分布于海域西部，个体密度分布范围为 1~267 ind./m³；秋季在北仑河口区发现夜光虫，个体密度分布范围为 1~10 ind./m³；冬季主要在海域西部发现夜光虫，个体密度分布范围为 2~1.6×10³ ind./m³。

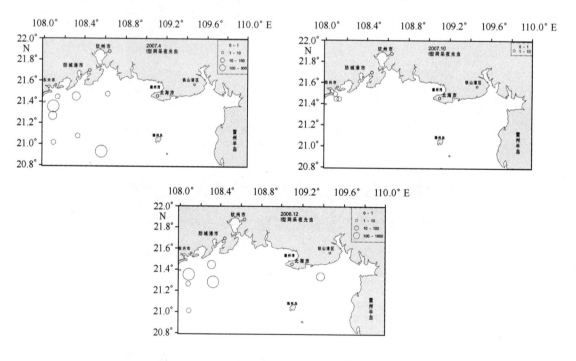

图 8.50 广西近海夜光虫个体密度分布（ind./m³）

8.3.4　鱼类浮游生物

四个季节均发现鱼卵和仔、稚鱼（图8.51，图8.52）。约有109种鱼类浮游生物，从种类组成看，春季主要是多鳞鱚、黄姑鱼、鳀鱼、金线鱼、鲻鰕虎鱼的仔鱼，鲽科、鲹科、鲱科、遮目鱼、金线鱼等的鱼卵；夏季主要是鳀鱼、多鳞鱚、鰏科的卵，鰏科、鲹科、金线鱼、美肩鳃鳚、鰕虎鱼的仔鱼；秋季主要是多鳞鱚、（鲬）属、鰏科、舌鳎科、鰕虎鱼科的卵，多鳞鱚、鰏科、美肩鳃鳚、中华小沙丁鱼、鰕虎鱼科的仔稚鱼；冬季主要是多鳞鱚、鲡科、鲂鲱科、鲹科、鲱科的卵的仔稚鱼春季鱼卵的丰度平均值为5 ind./m^3、最高值为114 ind./m^3，主要分布在本海域的西北部和东部；仔稚鱼的丰度平均值为9 ind./m^3、最高值为250 ind./m^3，主要分布在本海域的近岸区。

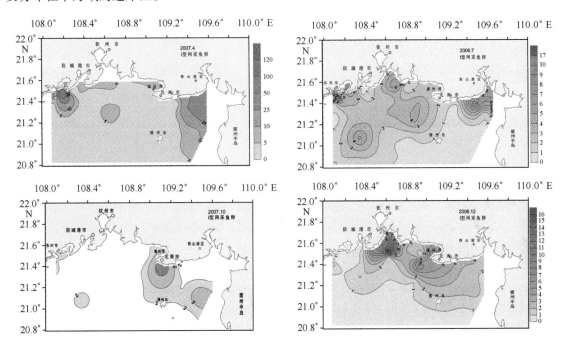

图8.51　广西近海鱼卵丰度分布（ind./m^3，垂直拖曳采集）

春季鱼卵的丰度平均值为5 ind./m^3，最高值为114 ind./m^3，主要分布在本海域的西北和东部；仔稚鱼丰度平均值为9 ind./m^3，最高值为250 ind./m^3，主要分布在研究区的近岸区。

夏季鱼卵的丰度平均值为3 ind./m^3、最高值为20 ind./m^3，主要分布在本海域除东南部外的大部分海区；仔稚鱼的丰度平均值为2 ind./m^3、最高值为20 ind./m^3，主要分布在本海域的西南部、北仑河口和竹林—营盘外海区。

秋季鱼卵丰度平均值为1.5 ind./m^3，最高值为15 ind./m^3，分布在珍珠港—防城港、北海市附近和海域东部远岸区；仔稚鱼的丰度平均值为2 ind./m^3、最高值为15 ind./m^3，主要分布在中东部近岸和远岸区，以北海市附近为核心。

冬季鱼卵的丰度平均值为1 ind./m^3、最高值为16 ind./m^3，主要分布在本海域的北部和东部的近岸及远岸区；仔稚鱼的丰度平均值为1 ind./m^3、最高值为11 ind./m^3，主要分布在防城港—北海近岸和邻近的远岸区及海域西南远岸区。

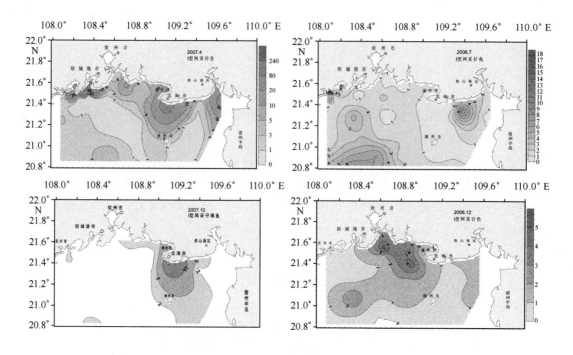

图 8.52　广西近海仔稚鱼丰度分布（ind./m³，垂直拖曳采集）

8.4　游泳生物

8.4.1　种类组成

春季拖网调查主要捕获 80 种游泳生物，主要为鱼类，共 70 种；夏季拖网调查主要捕获 99 种游泳生物，其中鱼类 88 种；秋季主要捕获 125 种游泳生物，主要为鱼类，共 109 种；冬季拖网调查主要捕获 96 种游泳生物，其中鱼类 76 种。各季节的优势种类列于表 8.2 中。

表 8.2　广西近海游泳生物优势种类

中文名	拉丁文名	春季	夏季	秋季	冬季
柏氏四盘耳乌贼	*Euprymna berryi*				+
斑点马鲛	*Scomberomorus guttatus*		+		
斑鰶	*Clupanodon punctatus*			+	
斑鳍白姑鱼	*Argyrosomus pawak*			+	+
长蛇鲻	*Saurida elongata*			+	
赤鼻棱鳀	*Thrissa kammalensis*				+
粗纹鲾	*Leiognathus lineolatus*				+
带鱼	*Trichiurus haumela*			+	
杜氏枪乌贼	*Loligo duvaucelii*	+		+	+
短带鱼	*Trichiurus brevis*		+	+	
短吻鲾	*Leiognathus brevirostris*	+	+	+	+

续表8.2

中文名	拉丁文名	春季	夏季	秋季	冬季
多齿蛇鲻	*Saurida tumbil*				+
二长棘鲷	*Parargyrops edita*	+	+	+	+
黑鳍叶鲹	*Caranx malam*			+	
花斑蛇鲻	*Saurida undosquamis*				+
黄斑鰏	*Leiognathus bindus*	+	+		+
黄斑蓝子鱼	*Siganus oramin*		+		
黄带绯鲤	*Upeneus sulphureus*		+	+	
剑尖枪乌贼	*Loligo edulis*		+		
截尾白姑鱼	*Argyrosomus aneus*			+	
看守长眼蟹	*Podophthalmus vigil*			+	
康氏马鲛	*Scombermorus commersoni*			+	
康氏小公鱼	*Stolephorus commersoni*			+	
鯻	*Therapon theraps*		+		
蓝圆鲹	*Decapterus maruadsi*			+	
丽叶鲹	*Caranx kalla*	+	+	+	
鹿斑鰏	*Leiognathus ruconius*	+	+	+	+
青带小公鱼			+		
日本金线鱼	*Nemipterus japonicus*			+	+
乳香鱼	*Lactarius lactarius*		+		
鲐	*Pneumatophorus japonicus*			+	
吐露赤虾	*Metapenaeopsis toloensis*				+
威迪梭子蟹	*Portunus tweediei*				+
细纹鰏	*Leiognathus berbis*	+	+	+	
纤羊舌鲆	*Arnoglossus tenuis*				+
鲬	*Platycephalus indicus*			+	
月腹刺鲀	*Gastrophysus lunaris*				+
真鲷	*Pagrosomus major*		+		
直额蟳	*Charybdis truncata*				+
竹筴鱼	*Trachurus japonicus*	+			
棕腹刺鲀	*Gastrophysus spadiceus*			+	

8.4.2　生物量

　　春季中北远岸区渔获量最高，为225.2 kg/h；夏季北仑河口外渔获量最高，为100 kg/h；秋季和冬季均为中南远岸区渔获量最高，分别为118 kg/h和39.1 kg/h；春、夏、秋季渔获量在东部近岸区最低，低于25 kg/h，冬季渔获量在北仑河口最低，仅为2.5 kg/h（表8.3，图8.53）。

表 8.3　广西近海游泳生物渔获量　　　　　　　　　　单位：kg/h

海区	春季	夏季	秋季	冬季
中南远岸区	18.3	93.7	118.1	39.1
中北远岸区	225.2	78.5	57.9	14.3
中东远岸区	158.9	23.6	38.3	19.1
西部近岸	150	28	60	15
东部近岸	15	3.5	25	3
北仑河口	40	90	102	2.5
北仑河口外	35	100	95	9.5

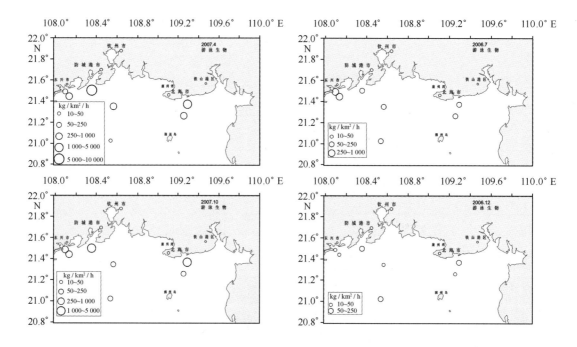

图 8.53　广西近海游泳生物捕获量分布

8.5　底栖生物

8.5.1　潮间带生物

8.5.1.1　种类组成

1）春季

　　春季共采集鉴定潮间带生物 188 种，多毛类 67 种，节肢动物 45 种，软体动物 61 种，棘皮动物 3 种，其他类群动物 12 种。珠带拟蟹守螺、豆满月蛤、纵带滩栖螺、独齿围沙蚕、长腕和尚蟹、加里曼丹囊螺、奥莱彩螺、圆球股窗蟹、海豆芽、纹藤壶和欧努菲虫为主要优势种。珠带拟蟹守螺、豆满月蛤、纵带滩栖螺、长腕和尚蟹在大部分断面都有分布，垂直分布上，珠带拟蟹守螺和豆满月蛤在高、中、低3个潮带均有分布，而纵带滩栖螺和长腕和尚蟹主要分布在中潮带和低潮带。海豆芽在GX04断面低潮带密度非常高。独齿围沙蚕主要分布于GX06和GX08断面。加里曼丹囊螺和奥莱彩螺主要分布于中、低潮带，前者在GX05和GX09居多，后者在GX07居多。圆球股窗蟹、纹藤壶和欧努菲虫主要分布于北仑河口各断面，高、中、低潮带均有分布。

2）秋季

秋季共采集鉴定潮间带生物145种，多毛类37种，节肢动物41种，软体动物55种，棘皮动物2种，其他类群动物10种。珠带拟蟹守螺、豆满月蛤、背蚓虫、纵带滩栖螺、长腕和尚蟹、加里曼丹囊螺、奥莱彩螺、圆球股窗蟹和凹指招潮为主要优势种。珠带拟蟹守螺和纵带滩栖螺分布范围广，在大部分断面均有出现，奥莱彩螺在GX07断面中潮带数量很大，背蚓虫中、低潮带较多，主要分布于GX02断面，长腕和尚蟹在GX07和GX08断面居多，圆球股窗蟹主要分布于北仑河口各断面，凹指招潮主要分布于GX06-GX09断面，高、中、低潮带均有分布，加里曼丹囊螺主要分布于GX05断面，以中潮带为主。

8.5.1.2　栖息密度

1）春季

春季GX04断面密度最高，其中潮带总密度高达4 136 ind. /m^2，主要是其他类的海豆芽密度高达4 092 ind. /m^2，另外密度较高是在GXC06断面中潮带，密度为634 ind. /m^2。密度最低值出现在GXC03断面，其中潮带和低潮带密度仅为47 ind. /m^{2}和48 ind. /m^2，另外较低的是GX02断面的高潮带（53 ind. /m^2）和低潮带（64 ind. /m^2）。

环节动物最高密度为360 ind. /m^2，出现在GX06中潮带，北仑河口B断面低潮带也较高，超过100 ind. /m^2。其他断面和潮带密度多在50 ind. /m^{2}以下。节肢动物密度最高值出现在A断面的高潮带，为164 ind. /m^2；密度大于100 ind. /m^{2}的还有A断面中、低潮带和GX08低潮带，其他断面和潮带的密度相对均匀，多介于20~50 ind. /m^2。软体动物密度波动较大，介于0~384 ind. /m^2，最高值出现在GX06断面低潮带，最低值在GX03低潮带。棘皮动物在各断面出现较少，仅在GX02和GX10断面有分布，密度在4~12 ind. /m^{2}之间。其他类群除了GX04低潮带的高密度外，主要分布区为北仑河口区断面（图8.54）。

2）秋季

秋季密度最高值出现在GX07断面，其中潮带总密度达733 ind. /m^2，另外密度较高是在GXC09断面低潮带，密度为656 ind. /m^2。密度最低值也出现在GXC03断面，其中潮带和低潮带密度仅为33 ind. /m^{2}和24 ind. /m^2，另外较低的是GX04断面的低潮带（36 ind. /m^2）。环节动物最高密度为288 ind. /m^2，出现在GX02低潮带，其他断面和潮带密度比较低，多在50 ind. /m^{2}以下。节肢动物密度最高值出现在GX07断面的低潮带，为152 ind. /m^2；密度大于100 ind. /m^{2}的还有GX06断面中潮带和北仑河口竹山断面低潮带。软体动物最高值出现在

GX07 断面中潮带，密度为 709 ind./m²，最低值在 GX03 和 GX19 的低潮带，未发现软体动物。棘皮动物仅很少在断面出现。其他类群出现也很少，密度低于 4 ind./m²（图 8.54）。

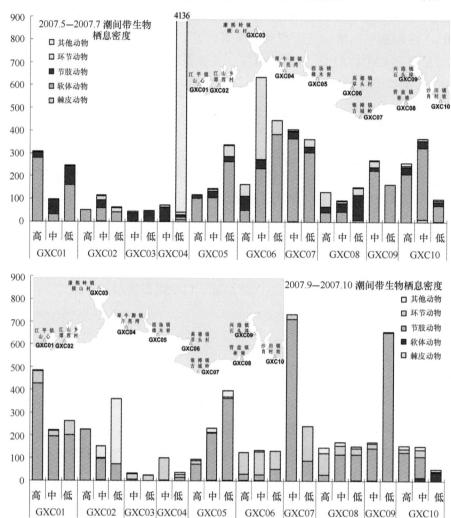

图 8.54 广西近海潮间带各断面和潮区（高、中、低）生物类群的栖息密度（ind./m²）

8.5.1.3 生物量

1）春季

总生物量在 GX04 - GX07 断面较高，最高值为 300.36 g/m²，GX03 断面密度最低，仅 11.56 ～ 30.01 g/m² 之间。环节动物生物量最高值为 12.44 g/m²，在 GX06 中潮带，其他断面普遍低于 10 g/m²。节肢动物生物量最高出现在 B 断面的中潮带，生物量为 120.69 g/m²，最低值为 0，出现在 GX02 和 GX09 的低潮带。软体动物生物量较高，波动也较大，最高为 298.56 g/m²，在 GX06 断面低潮带，GX01 高潮带也较高，为 263.08 g/m²，GX03 和 GX04 断面最低，不足 10 g/m²。棘皮动物和其他类群出现频率很低，仅在 GX04 出现一个高值为 195.36 g/m²（图 8.55）。

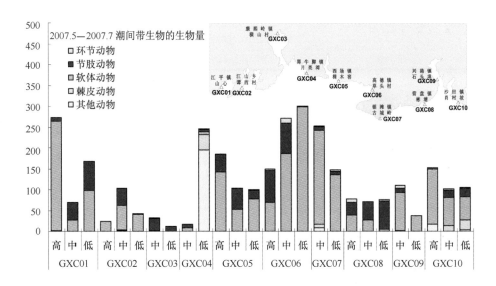

图 8.55　广西近海春季潮间带各断面和潮区（高、中、低）生物类群的生物量（g/m²）

2）秋季

　　秋季总生物量最高值为 376.6 g/m²，在 GX10 低潮带。最低值为 4.64 g/m²，在 GX03 断面低潮带。环节动物生物量最高值为 29.24 g/m²，在 GX02 低潮带，其他断面普遍低于 10 g/m²。节肢动物生物量最高出现在 GX06 断面的中潮带，生物量为 175.04 g/m²，最低值为 0，主要出现在 GX02 断面。软体动物生物量较高，最高为 274.48 g/m²，在 GX01 断面高潮带，北仑河口竹山和沥尾断面也出现较高值。GX03 和 GX04 断面最低，不足 13 g/m²。棘皮动物和其他类群出现频率很低，仅在 GX10 低潮带出现 374.76 g/m² 的棘皮动物生物量高值（图 8.56）。

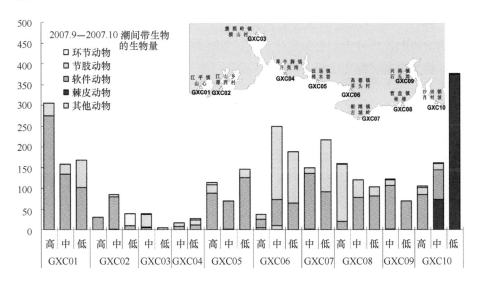

图 8.56　广西近海秋季潮间带各断面和潮区（高、中、低）生物类群的生物量（g/m²）

8.5.1.4 生物多样性

1) 春季

春季潮间带生物的丰富度指数（d）在 GX05 断面的高潮带最低，仅 0.21，最高为 5.77，在 GXC08 低潮带。均匀度指数（J'）波动不大，主要介于 0.5～0.8 之间。多样性指数（H'）在 GX03 和 GX04 断面较小，其他断面较高。优势度指数（λ）最高值为 0.98，出现在 GXC04 的低潮带，最低值出现在 GXC06，为 0.12。

2) 秋季

秋季潮间带生物的丰富度指数（d）在 GX10 断面的中潮带最高，为 4.17，最低为 0，在 GXC10 中潮带。均匀度指数（J'）除了 GX04 中潮带较低外（0.18），其他断面和潮区主要介于 0.5～0.9 之间。多样性指数（H'）和丰富度变化趋势一致，最高值在 GXC10 中潮带（3.52），最低值在 GXC10 中潮带。优势度指数（λ）最高值为 1，出现在 GXC03 的低潮带（只有 1 个物种出现），而最低值出现在 GXC03 的中潮带，为 0.09。

8.5.2 潮下带大型底栖生物

8.5.2.1 种类组成

1) 春季

春季共采集鉴定大型底栖生物 296 种，其中环节动物 148 种，棘皮动物 16 种，软体动物 55 种，甲壳动物 63 种和其他类群 14 种。环节动物种数占总种数的 50%，占绝对优势。西部远岸和中北部远岸出现的种类最多（分别为 59 和 58 种），钦州湾口、竹林近岸和北仑河口种类最少（仅 1 种），其他大部分海区种类主要介于 5～40 种不等。

大型底栖动物的优势种为：毛头梨体星虫、双鳃内卷齿蚕、克氏三齿蛇尾、波纹巴非蛤、丝鳃稚齿虫、独毛虫属、粗帝汶蛤、背蚓虫。

2) 夏季

夏季共采集鉴定大型底栖生物 335 种，其中环节动物 152 种，棘皮动物 24 种，软体动物 60 种，甲壳动物 82 种和其他类群（主要包括头索动物、星虫、螠虫、纽虫、腔肠动物和鱼类）17 种。多毛类种类数占总种数的 45.4%。中北部远岸和西部远岸出现的种类最多（分别为 59 和 50 种），种类最少的是东部远岸（仅 1 种），远岸区种数相对较多，多介于 10～50 种，近岸区一般低于 10 种。

大型底栖动物的优势种为：多毛类有梳鳃虫、简毛拟节虫、梯额虫、双鳃内卷齿蚕，软体动物有鸟蛤科 1 种、粗帝汶蛤、锥螺，棘皮动物有光滑倍棘蛇尾，甲壳动物有豆形短眼蟹。

3) 秋季

秋季共采集鉴定大型底栖生物 256 种，其中环节动物 108 种，棘皮动物 20 种，软体动物 57

种，甲壳动物 58 种和其他类群（主要包括星虫、螠虫、纽虫、腔肠动物和鱼类）13 种。多毛类种类数占总种数的 42.2%。西部远岸和东部远岸出现的种类最多（分别为 32 和 34 种），防城港口、营盘近岸和北仑河口等区种类最少（仅 1 种），其他大部分海区种类在 10 种左右。

大型底栖动物的优势种为：多毛类的双鳃内卷齿蚕；软体动物有鳞片帝纹蛤；甲壳动物有豆形短眼蟹和哈氏美人虾；棘皮动物有细板三齿蛇尾和歪刺锚参；厦门文昌鱼在营盘近岸出现数量较多。

4）冬季

冬季共采集鉴定大型底栖生物 297 种，其中环节动物 113 种，棘皮动物 22 种，软体动物 51 种，甲壳动物 89 种和其他类群（腔肠动物和鱼类）22 种，其中虾虎鱼类 6 种。西部远岸出现的种类最多（56 种），钦州湾中部未发现大型底栖生物。其他海区种类数总体呈现近岸少、远岸区多的趋势。

大型底栖动物的优势种为：甲壳类的塞切尔泥钩虾和美人虾属，多毛类的双鳃内卷齿蚕、丝鳃稚齿虫和似蛰虫；棘皮动物有克氏三齿蛇尾和光滑倍棘蛇尾；另外还有鸟蛤科 1 种。

8.5.2.2　栖息密度

1）春季

本海域大型底栖生物平均栖息密度为 254 ind./m²，环节动物栖息密度在各个类群中所占比例最高（47.6%），平均每站为 121 ind./m²；其次为甲壳动物，占总栖息密度的 18%，平均每站为 45 ind./m²。软体动物密度为 35 ind./m²，其他类和棘皮动物密度较低，分别为 31 ind./m² 和 23 ind./m²。

本海域中部是大型底栖生物密度的高值区，密度在 700 ind./m² 以上，密度最高值出现在中北部远岸，密度低值出现在近岸和北仑河口。

多毛类密度的分布格局同总密度分布格局一致。中部远岸为高值区，最低值出现在钦州湾口、竹林近岸和北仑河口区；甲壳动物最高密度区出现在西部远岸，其余海区的密度较低；软体动物出现两个密度高值区，一个位于三娘湾外，一个位于东南远岸。海域中部远岸是棘皮动物主要分布区域。其他类群的最高密度也出现在中部海域，其中主要种类为毛头梨体星虫（图 8.57）。

2）夏季

大型底栖生物平均密度为 344 ind./m²，环节动物栖息密度在各个类群中所占比例为 32%，平均每站为 110 ind./m²；软体动物为 155 ind./m²，甲壳动物 49 ind./m²。棘皮动物和其他类群密度较低，分别为 20 ind./m² 和 9 ind./m²。

西部近岸和北仑河口附近区域存在大型底栖生物密度的两个高值区，密度为 1 810~3 970 ind./m²。底栖生物各类群的分布为：多毛类密度介于 0~1 245 ind./m² 之间，主要分布于远岸区的中部和西部。甲壳动物高密度区主要分布于海域西部；软体动物最高值分布于西部近岸和北仑河口，其他大部分海区不足 50 ind./m²；棘皮动物密度较低，但分布相对均

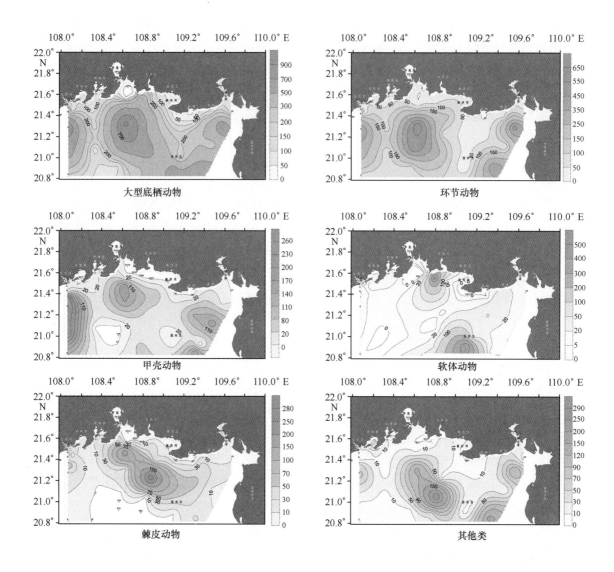

图 8.57　广西近海潮下带春季大型底栖生物密度分布图（ind./m²）

匀，密度多低于100 ind./m²；其他类群的总密度较低，高值出现在中北部远岸（105 ind./m²）和营盘近岸（90 ind./m²）（图8.58）。

3）秋季

大型底栖生物平均密度为121 ind./m²，其中环节动物为38 ind./m²；其次为软体动物28 ind./m²，甲壳动物26 ind./m²。棘皮动物和其他类群密度较低，分别为20 ind./m² 和10 ind./m²。

栖息密度最高值出现在北仑河口及其南部远岸，中部和东部的高值区密度大于200 ind./m²。环节动物密度主要介于10～100 ind./m² 之间，高值区在中、东部远岸区；甲壳动物高密度区主要分布于西北部远岸和珍珠港；软体动物主要分布于北仑河口、珍珠港和东南部远岸浅水区，其他海区密度较低或不出现软体动物；棘皮动物在西北部和东部海区各形成一个高值区（图8.59）。

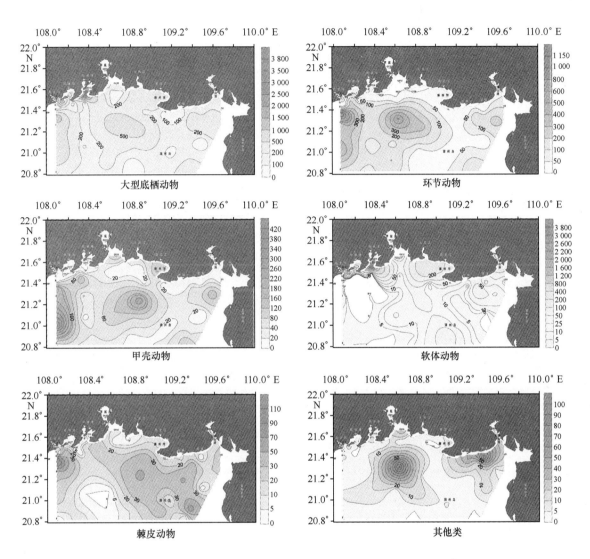

图 8.58　广西近海潮下带夏季大型底栖生物密度分布（ind. /m²）

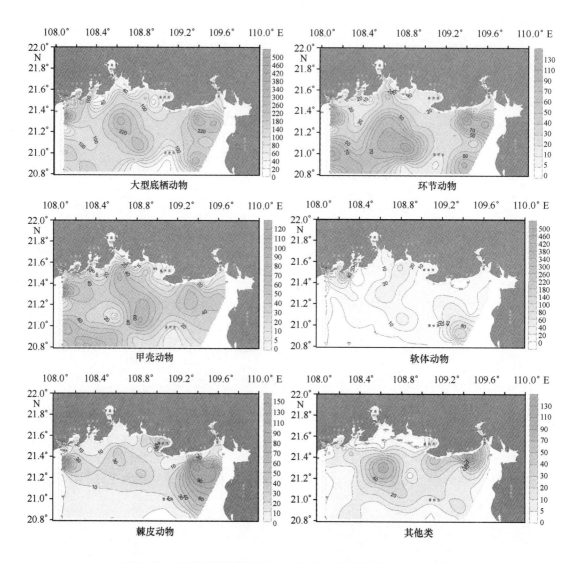

图 8.59　广西近海潮下带秋季大型底栖生物密度分布（ind. /m²）

4）冬季

大型底栖生物平均密度为 207 ind./m²，环节动物栖息密度在各个类群中占比例最大，为 38%，平均每站为 78 ind./m²；甲壳动物，占全部的 23%，平均每站为 48 ind./m²。软体动物为 52 ind./m²，其他类和棘皮动物密度较低，分别为 7.5 ind./m² 和 22 ind./m²。

本海域近岸存在明显的大型底栖生物密度高值区，密度低值出现在钦州湾口和廉州湾外。环节动物密度高值区主要分布于东北部远岸，近岸区环节动物密度较低，平均不足 20 ind./m²。甲壳动物最高密度区主要有两个，位于东部和西部的远岸区，北仑河口区和近岸区甲壳动物密度均很低。软体动物存在一个明显的密度高值区，位于三娘湾外，其他海区均低于 160 ind./m²。其他类群的最高密度出现在中、西部的锋面区（图 8.60）。

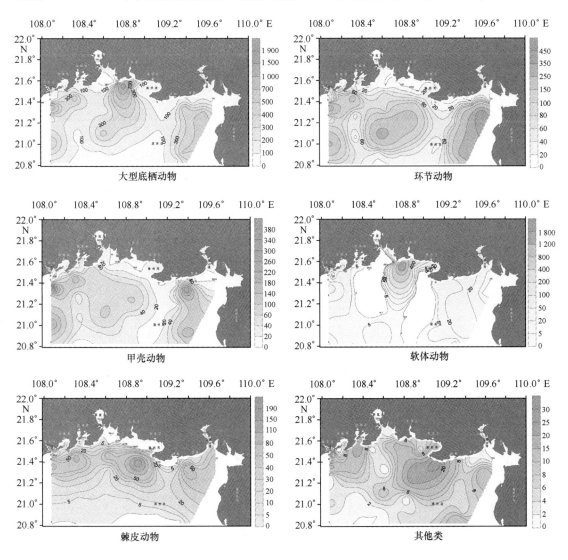

图 8.60　广西近海潮下带冬季大型底栖生物密度分布（ind./m²）

8.5.2.3　生物量

1）春季

大型底栖生物的生物量平均为 24.77 g/m²，软体动物对生物量贡献最大，为 13.15 g/m²。环节动物和甲壳动物分别为 3.02 g/m² 和 3.81 g/m²。棘皮动物和其他类总计 4.78 g/m²。大型底栖生物的高生物量主要分布于近岸和北仑河口海域，三娘湾外最高，其次为北仑河口，外海浅水区东部总生物量较低（图 8.61）。

底栖生物各大类群的分布为：环节动物生物量最高值出现在海域东南角和北仑河口；中部海域是甲壳动物的高生物量区；软体动物一个明显的高值区位于三娘湾外；棘皮动物生物量最高值位于近岸中部的钦州湾外；其他类群在远岸区和近岸均存在高值区（图 8.61）。

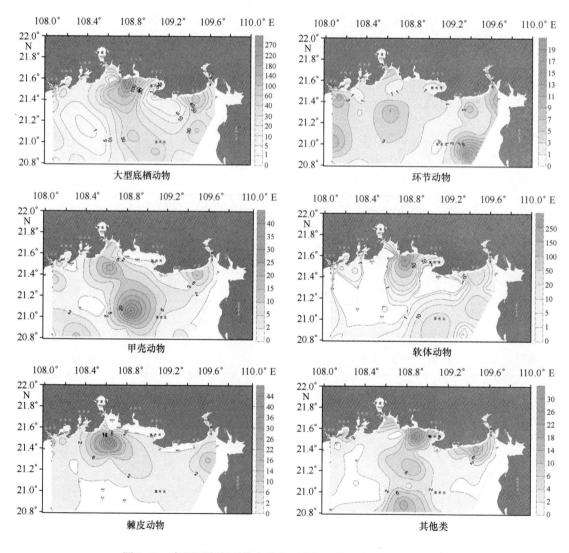

图 8.61　广西近海潮下带春季大型底栖生物生物量分布（g/m²）

2）夏季

大型底栖生物生物量平均为 59.24 g/m²，软体动物对生物量贡献最大，为 30.98 g/m²。环节动物和甲壳动物分别为 8.50 g/m² 和 3.66 g/m²，棘皮动物和其他类分别为 7.99 g/m² 和 8.11 g/m²。大型底栖生物的高生物量区分布比较分散，有的位于近岸和北仑河口区，有的位于远岸区，最高值出现在廉州湾外；东部和西部的远岸区的生物量相对低（图 8.62）。

底栖生物各大类群的分布为：环节动物的生物量高值区出现在廉州湾外的近岸，其他海区普遍较低；甲壳动物的生物量最高值分布于涠洲岛东南；软体动物生物量的高值区主要位于近岸；棘皮动物主要分布于远岸区，最高值出现在邻近钦州湾口远岸；其他类群的最高生物量出现在北仑河口（图 8.62）。

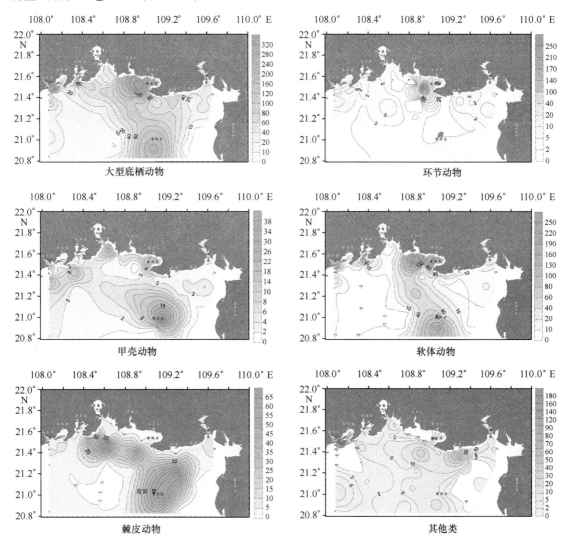

图 8.62　广西近海潮下带夏季大型底栖生物生物量分布（g/m²）

3）秋季

大型底栖生物生物量平均为 42.5 g/m²，其中软体动物 21.4 g/m²，环节动物 2.86 g/m²，甲壳动物 4.3 g/m²，棘皮动物 12.2 g/m² 和其他类 1.79 g/m²。大型底栖生物高生物量主要分布于北仑河口及临近海区，远岸生物量相对低（图 8.63）。

底栖生物各大类群的分布为：环节动物两个生物量高值区出现在北仑河口和铁山港口，东南部和西部的远岸为环节动物的低值区；甲壳动物生物量高值区主要集中于近岸；软体动物的高值区主要位于近岸的北仑河口、茅尾海和北海市南岸；棘皮动物生物量高值区位于西北部远岸；其他类群在西南远岸和营盘近岸均存在高值区（图 8.63）。

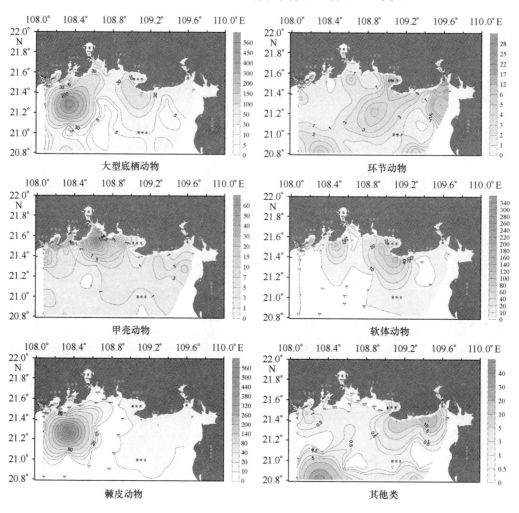

图 8.63　广西近海潮下带秋季大型底栖生物生物量分布（g/m²）

4）冬季

大型底栖生物生物量平均为 50.19 g/m²，其中软体动物 19.49 g/m²，环节动物 3.29 g/m²，甲壳动物 4.79 g/m²，棘皮动物 19.95 g/m² 和其他类 2.68 g/m²。大型底栖生物高生物量主要分布于近岸海域，远岸区域较低（图 8.64）。

底栖生物各大类群的分布为：环节动物的生物量高值区出现在远岸区中部；远岸区中部存在甲壳动物的高生物量区，近岸区多低于 2 g/m²；软体动物生物量高值区主要在铁山港和三娘湾外；棘皮动物的最高生物量位于铁山港口外，其他区域多为 2～10 g/m²；其他类群的生物量在北仑河口、北海市南岸和三娘湾外为高值区（图 8.64）。

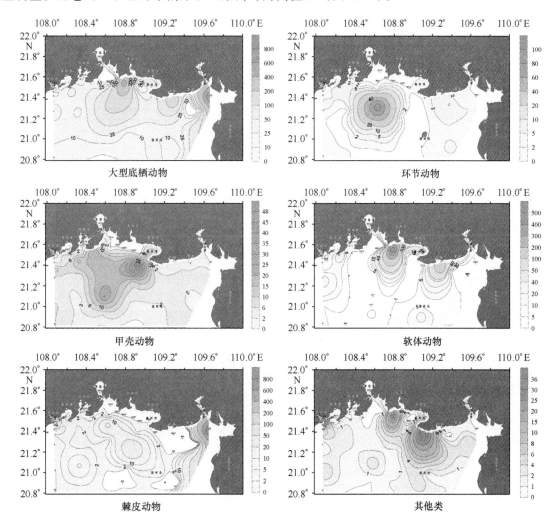

图 8.64　广西近海潮下带冬季大型底栖生物生物量分布（g/m²）

8.5.2.4　生物多样性

1）春季

春季大型底栖生物的丰富度（d）和香农多样性（H'）的高值主要出现在西北远岸区；香农多样性指数近岸较低，远岸较高；均匀度（J'）在铁山港口外最高；优势度（λ）在三娘湾外最高，在西部远岸最低（图 8.65）。

2）夏季

夏季丰富度（d）和香农多样性（H'）的最高值均出现在中部远岸，分别为 8.60 和

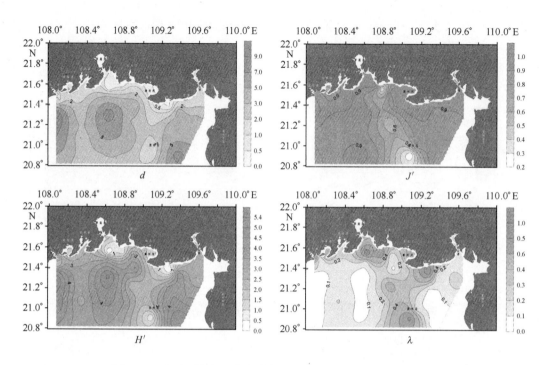

图 8.65　广西近海潮下带春季大型底栖生物的生物多样性分布

5.31，近岸区域多接近于 1；均匀度（J'）呈现明显的远岸高、近岸低的趋势；与此相反，优势度（λ）主要为近岸高、远岸低（图 8.66）。

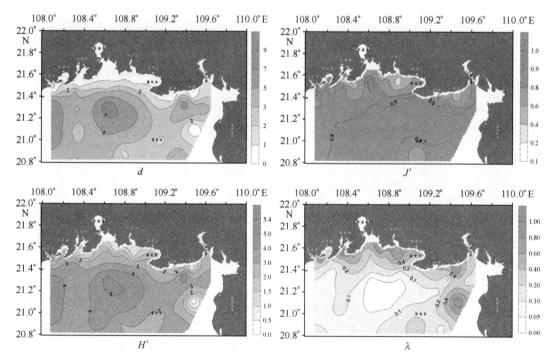

图 8.66　广西近海潮下带夏季大型底栖生物的生物多样性分布

3）秋季

秋季丰富度（d）和香农多样性（H'）的分布格局与夏季相似，高值位于中部海域；均匀度（J'）在整个海域变化小；优势度（$λ$）近岸高，远岸相对较低（图8.67）。

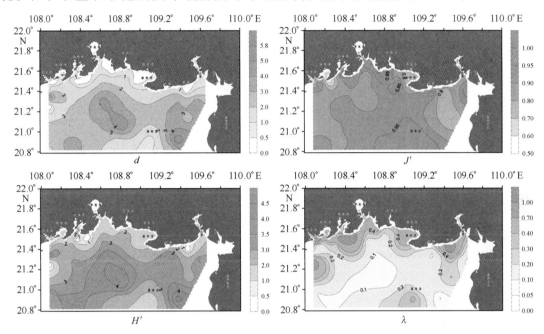

图8.67　广西近海潮下带秋季大型底栖生物的生物多样性分布

4）冬季

冬季丰富度（d）和香农多样性（H'）高值也主要分布于中部海域。丰富度近岸多低于1，远岸多高于2；香农多样性近岸多低于1，远岸多高于3。均匀度（J'）的低值区位于三娘湾外。优势度（$λ$）高值区主要分布于钦州湾口和廉州湾外的近岸区（图8.68）。

8.5.3　潮下带小型底栖生物

8.5.3.1　类群组成

广西近海四季共鉴定小型底栖生物22个类群。其中，春季共鉴定14个类群，夏季共鉴定9个类群，秋季10个类群，冬季14个类群。线虫、桡足类、多毛类、介形类、双壳幼体和无节幼体是最常见的类群，在四季均有出现（表8.4）。

表8.4　广西近海小型底栖生物类群

类群	春	夏	秋	冬
线虫	+	+	+	+
桡足类	+	+	+	+
动吻类	+			

续表8.4

类群	春	夏	秋	冬
端足类	+			
多毛类	+	+	+	+
腹毛类		+		
海螨类	+			+
缓步类			+	+
棘皮类				+
介形类	+	+	+	+
涟虫类	+			
纽虫				+
软体动物				+
十足目				+
双壳类	+		+	
甲壳类幼体	+			
桡足类幼体	+		+	
螺幼体				+
双壳幼体	+	+	+	+
无节幼体	+	+	+	+
Desmoscolax sp.		+		
其他	+	+	+	+

8.5.3.2　栖息密度

春季，本海域小型底栖生物的密度平均为 1 213 ind./cm³，夏季、秋季和冬季分别为 547 ind./cm³、345 ind./cm³ 和 876 ind./cm³，从大到小排列为：春季、冬季、夏季、秋季。春季，小型底栖生物的密度在中北部的远岸区最高，为 3 446 ind./cm³，最低在北仑河口，仅 29 ind./cm³。夏季，小型底栖生物密度的最高值为 1 712 ind./cm³，出现在西北远岸，低值出现在北仑河口，为 55～77 ind./cm²。秋季，小型底栖生物密度的最高值出现在中北部的远岸区（988 ind./cm²），低值出现在近岸站位海域东北、西北两侧的远岸，北仑河口处也较低。冬季，小型底栖生物密度的最高值多出现在远岸，海域东北、西北两侧的远岸密度较低。

8.5.3.3　生物量

春季，本海域小型底栖生物的生物量平均为 959 μg dwt./cm³，夏季、秋季和冬季分别为 439 μg dwt./cm³、355 μg dwt./cm³ 和 806 μg dwt./cm³，四季的高低顺序和栖息密度一致，从大到小排列为：春季、冬季、夏季、秋季。春季，小型底栖生物生物量在中北部远岸最高，为 2 818 μg dwt./cm³，最低在北仑河口，为 94 μg dwt./cm³。夏季，小型底栖生物的生物量最高值在西北远岸，为 1 174 μg dwt./cm³，最低值出现在北仑河口，为 22 μg dwt./cm³。秋季，小型底栖生物的生物量最高值出现在西北远岸，为 1 275 μg dwt./cm³，最低值在北仑河

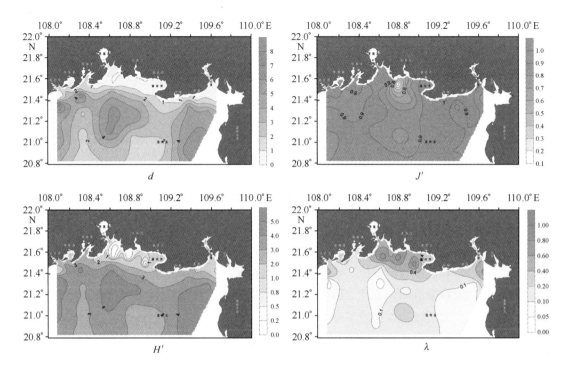

图 8.68　广西近海潮下带冬季大型底栖生物的生物多样性分布

口，为 49 μg dwt. /cm³，远岸的西北和东北两侧也较低。冬季，小型底栖生物的生物量高值多出现在远岸，最高为 1 937 μg dwt. /cm³，远岸的西北和东北两侧生物量较低。

8.5.3.4　垂直分布

本海域小型底栖生物在 0~2 cm、2~5 cm 和 5~10 cm 沉积物深度的全年平均密度分别为 137 ind. /cm³、97 ind. /cm³ 和 97 ind. /cm³，分别约占 41%、29% 和 29%。春季和冬季，表层（0~2 cm）的栖息密度最高；夏季表层栖息密度最低，底层（5~10 cm）最高；秋季底层最低，仅 8.83 ind. /cm³，冬季中层（2~5 cm）最低。全海域内，远岸东北和西北两隅底层的小型底栖生物所占垂直分布比例最高，为 37% 和 40%；表层和中层相近；北仑河口区，表层所占比例最高为 44%~64%，底层比例最低，为 14%。

8.6　小结

广西近海四季浮游植物共有 6 门类 362 种，其中硅藻 270 种，甲藻 69 种，绿藻 11 种，金藻 2 种，蓝藻 9 种，黄藻 1 种；浮游植物细胞丰度处于较高水平，四个季度丰度从大到小排序为：夏季、冬季、秋季、春季；浮游植物群落结构相对较为复杂，不同季节优势种主要为硅藻，另外黄藻门的球形棕囊藻夏、秋两季也是浮游植物优势种之一；浮游植物多样性季节变化规律从大小到为：秋季、夏季、春季、冬季。

广西近海四季浮游动物 394 种（类），其中腔肠动物最多，达 98 种，桡足类次之，为 96 种；浮游动物生物量全年平均值为 220 mg/m³，季节分布特征由大到小依次为：春季、夏季、秋季、冬季；浮游动物总个体密度全年平均值为 394 ind. /m³，季节分布特征由大到小依次为：春季、秋季、冬季、夏季；饵料浮游动物的个体密度全年平均值为 372 ind./m³，非饵料浮游动物的个体密度全年平均值为 22 ind./m³，季节分布特征由大到小为：夏季、秋季、冬季、春季。浮游动物多样性季节性变化表现由大到小为：冬季、春季、秋季、夏季。

游泳生物种类数量上，秋季最多，为 125 种，春季最少，为 80 种。鱼类是游泳生物中最重要的类群，占到总种数的 79% 以上。其他优势种主要有短吻鲾、二长棘鲷、鹿斑鲾、细纹鲾等种类；游泳生物渔获量在中北远岸区最高，东部近岸区最低；游泳生物渔获量四季变化从高到低依次为：春季、秋季、夏季、冬季。

潮间带生物种数春季为 188 种，秋季为 145 种。主要优势种为珠带拟蟹守螺、豆满月蛤、纵带滩栖螺、长腕和尚蟹、奥莱彩螺、圆球股窗蟹。总平均密度为，春季大于秋季，但春季总平均生物量小于秋季；总体而言，春季生物多样性高于秋季。

广西近海大型底栖生物种类在夏季最多，秋季最低；在四季中，多毛类的双鳃内卷齿蚕均为优势种；大型底栖生物平均栖息密度在夏季最高，秋季最低；大型底栖生物平均生物量也是夏季最高，但春季最低；总体上讲，大型底栖生物高密度分布于中部海域，而高生物量主要分布于近岸；大型底栖生物的多样性在远岸区高于近岸。

四季中小型底栖生物共 22 类群，春季和冬季类群最多，夏季最少，线虫、桡足类、多毛类、介形类是全年最常见的类群；平均密度和生物量季节变化一致，从多到少依次排列为：春季、冬季、夏季、秋季；总体而言，密度和生物量在外海浅水区较高，近岸和北仑河口站位相对低；垂直分布上，小型底栖生物的栖息密度全年在 0~2 cm 层所占比例最高，但夏季 5~10 cm 层最高，秋季 2~5 cm 层最高。在近岸区，较高比例的小型底栖生物分布于底层，而在北仑河口区表层分布最多。

9　广西滨海湿地

滨海湿地是指海陆交互作用下经常被静止或流动的水体所浸淹的沿海低地，潮间带滩地及低潮时水深不超过 6 m 的浅水域。丰富的广西滨海湿地资源在涵养水源、净化环境、调节气候、维持生物多样性、拦截陆源物质、护岸减灾、防风等生态功能方面发挥了重要作用。但是，近十几年来，由于滨岸资源开发和流域人类活动的加强，使广西滨海湿地日益受到生态退化的威胁，因此，开展广西滨海湿地基础调查研究、摸清湿地现状，对于合理开发利用和保护滨海湿地具有重要的现实意义。本章在综合广西滨海湿地调查资料的基础上，归纳、总结广西滨海湿地类型及其分布特征。

9.1　广西海岸带滨海湿地

9.1.1　海岸带滨海湿地类型

广西沿海湿地类型较多（表 9.1）。其中，自然湿地有河口湿地、滩涂湿地、浅海湿地以及海岸潟湖等。河口湿地包括三角洲湿地、河口水域、红树林和半红树林以及滨岸沼泽；滩涂湿地包括岩石性海岸、砂质海岸和粉砂淤泥质海岸；浅海湿地包括浅海水域、海草床和珊瑚礁（珊瑚礁分布到了较深的海区）；潮上带分布着大面积的水库、水田、盐田、养殖池（海水）等人工湿地。海水养殖原本是在潮间带用围网直接进行养殖，现在的养殖池已超过潮间带进入潮上带的平原（主要为农田），甚至到较高海拔（约海拔 21 m）的丘陵坡地。

9.1.2　海岸带滨海湿地规模

在 0 m 等深线至海岸线向陆 5 km 的范围内，滨海湿地面积为 186 691.8 hm²，其中，自然湿地面积 116 585.5 hm²，占滨海湿地总面积的 62%，人工湿地面积 70 106.3 hm²，占滨海湿地总面积的 38%，自然湿地面积是人工湿地面积的近 2 倍多。

在二级湿地类型中，砂质海岸面积最大，共 57 549.70 hm²，占总面积的 30.83%；其次为河口水域，面积 34 597.22 hm²，占总面积的 18.53%；位居第三的是养殖池塘，面积 34 090.84 hm²，占总面积的 18.26%；其他依次为水田、粉沙淤泥质海岸、红树林、水库、盐田、岩石性海岸、海草、滨岸沼泽和潟湖，面积分别为 29 809.02 hm²、12 729.26 hm²、9 197.40 hm²、3 465.08 hm²、2 741.37 hm²、1 108.42 hm²、942.20 hm²、350.23 hm²、111.07 hm²，分别占总面积的 15.97%、6.82%、4.93%、1.86%、1.47%、0.59%、0.50%、0.19%、0.06%（图 9.1）。

表 9.1　广西海岸带滨海湿地类型体系表

湿地类型		说　明
自然湿地	海草（潮下水生层）	包括潮下藻类、海草、热带海草植物生长区
	岩石性海岸	底部基质75%以上是岩石，盖度小于30%的植被覆盖的硬质海岸，包括岩石性沿海岛屿、海岩峭壁
	砂质海岸	潮间植被盖度小于30%，底质以砂、砾石为主
	粉砂淤泥质海岸	植被盖度小于30%，底质以淤泥为主
	滨岸沼泽	盐沼生长区
	红树林	红树林生长区
	海岸潟湖	海岸带范围内的咸、淡水潟湖
	河口水域	以不同大潮时海水影响到的相对稳定的近口段河流水域为潮区界（一般以盐度小于5°为准），以低潮时潮沟中淡水舌锋为外缘，两者之间的永久性水域
	三角洲湿地	河口区由沙岛、沙洲、沙嘴等发育而成的低冲积平原
人工湿地	水库	为灌溉、水电、防洪等目的而建造的人工蓄水设施
	养殖池塘	用于养殖鱼虾蟹等水生生物的人工水体，包括养殖池塘、进排水渠等
	水田	用于种植水稻等水生作物的土地。包括水旱轮作地
	盐田	用于盐业生产的人工水体，包括沉淀池、蒸发池、结晶池、进排水渠等

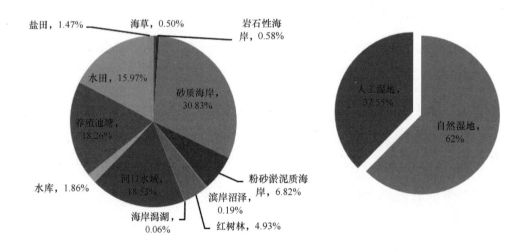

图 9.1　滨海湿地类型面积比例图

9.1.3　主要自然湿地的空间分布

9.1.3.1　海草床的空间分布

1）海草床的空间分布

　　海草是指在热带到温带海域沿岸柔软底部区域中生长的一类单子叶植物。当前广西的海草面积约942.2 hm²，主要分布在东部的铁山港湾和防城港的珍珠湾，两个海湾的海草面积占广西海草总面积的98%，尤其以铁山港湾的海草面积所占比例最大。

2）海草群落类型及其分布

海草属于沼生目，目前全世界共发现有海草约12属60种，在我国共分布有5科11属21种海草，其中广西地区分布有8种海草（表9.2）。

表9.2　广西海草种类与分布范围

科　名	种　名	主要分布
大叶藻科（Zostreraceae）	矮大叶藻（*Zostera japonica*）	北海市沙田沿海、北海市附近；防城港珍珠湾；钦州湾
海神草（Cymodoceaceae）	二药藻（*Halodule uninervis*）	仅见于北海市。主要分布于北海市附近，北海山口乌坭有零星分布
	羽叶二药藻（*Halodule pinifolia*）	仅见于北海市。北海市周边有零星分布
	针叶藻（*Syringodium isoetifolium*）	北海市涠洲岛*
水鳖科（Hydrocharitaceae）	喜盐草（*Halophila ovalis*）	北海市铁山港、北海市周边；钦州茅尾海；防城港企沙
	贝克喜盐草（*Halophila beccarii*）	北海市沙田沿海、北海铁山港、北海市附近；钦州茅尾海、钦州湾；防城港珍珠湾
	小喜盐草（*Halophila minor*）	北海市铁山港；钦州湾；防城港企沙
眼子（Potamogetonaceae）	流苏藻、川蔓藻（*Ruppia maritima*）	广西沿海各地咸水体

* 在国家海洋局"908专项"调查中未发现针叶藻，仅在文献中有记录（C. den Hartog and Yang Zongdai，1990）。

（1）喜盐草群落

该群落为广西面积分布最大的海草群落，喜盐草为该群落的主要成分，有时也可在该草床中见到小簇的矮大叶藻，或非常稀疏的小斑块的贝克喜盐草或小喜盐草。各海草床群落覆盖度通常在20%以下。喜盐草群落在潮带所占据的空间较广，从潮间带地区到潮下带水较深的地方均可出现。该群落的底质变化也较大，从较软的淤泥到较硬的沙砾环境都可发现喜盐草群落，如铁山港、北海、防城港等近岸海域都有分布。

（2）矮大叶藻群落

该群落类型在广西海岸段相对最为常见，分布较广。它通常在红树林区或附近海域出现，如珍珠湾、北海沙田等。在不同环境的不同时期，其海草植株大小变化相当大，最高的矮大叶藻可长达45 cm，叶宽可达2 mm，但较矮的大叶藻仅有3~6 cm，叶宽仅有1 mm。

相对于喜盐草，矮大叶藻在滩涂上生长的位置要高一些，而喜盐草则可以分布到更深的海区。在矮大叶藻群落中可偶见贝克喜盐草和二药藻。广西的矮大叶藻群落在不同季节的草床覆盖度变化较大，即使在同一季节，不同矮大叶藻群落的草床覆盖度亦相差甚大，通常情况下，其覆盖度小于13%。

（3）其他面积较小的群落

在广西沿海还有其他一些分布面积相对较小的海草群落，如贝克喜盐草群落，该群落有时可单独出现于红树林区里或附近，或偶尔出现在远离红树林的沙质滩涂，但通常面积都比较小，连片的斑块面积都小于1 hm²。流苏藻则常单生于盐场虾塘等盐生环境。

9.1.3.2 红树林湿地的空间分布

红树林是热带海岸特有的湿地类型，生长着能适应潮间带恶劣生境的木本植物，它由红树科和其他不同科属而具相似的生境要求的种类组成。由于受土壤盐度，淡水和海岸地质等条件的影响，不同的红树林群落类型在潮汐带内大致与海岸线平行成带状分布。

广西海岸带红树林共15科20属21种，其中红树科3属各1种，主要树种有白骨壤（*Avicennia marina*）、桐花树（*Aegiceras corniculatum*）、秋茄（*Kandelia candel*）、红海榄（*Rhizophora stylosa*）、木榄（*Bruguiera gymnorrhiza*）等。主要分布在南流江口、大冠沙、铁山港湾、英罗湾、丹兜海、茅尾海、珍珠湾、防城江口及渔洲坪一带（图9.2）。红树林总面积9 197 hm^2，其中天然林7 412 hm^2，人工林1 785 hm^2。北海市的红树林面积为3 416 hm^2，钦州市为3 421 hm^2，防城港市为2 360 hm^2。

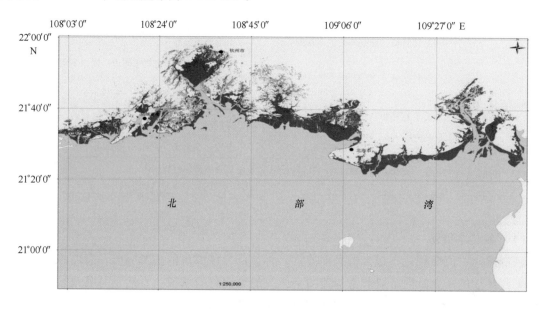

图9.2 广西海岸带红树林分布

9.1.3.3 滨岸沼泽的空间分布

广西的滨岸沼泽主要为河口半咸水盐沼，主要分布在钦江、大榄江入海口（图9.3），形成大面积的海积平原，淤泥滩广阔，曾经大面积生长着茳芏和短叶茳芏，20世纪80年代尚存小面积莎草，现已几乎消亡，仅零散地分布有芦苇和茳芏混生，桐花树和芦苇混生以及芦苇等类型的群落，除小片面积的芦苇群落覆盖度在20%～30%，其他群落的覆盖度都在10%以下。南康江入海口虽有青山头海堤，但潮水通过水闸进出，生长有小面积的沟叶结缕草盐沼。其他沟叶结缕草盐沼虽覆盖度较高，但面积非常小。广西滨海滨岸沼泽的总面积约350.22 hm^2，其中北海市82.12 hm^2，钦州市218.01 hm^2，防城港市50.10 hm^2。

1）茳芏、短叶茳芏群落

本群落广布于广西全海岸带，两者常混生在一起，短叶茳芏为多。以钦州湾顶部的茅尾

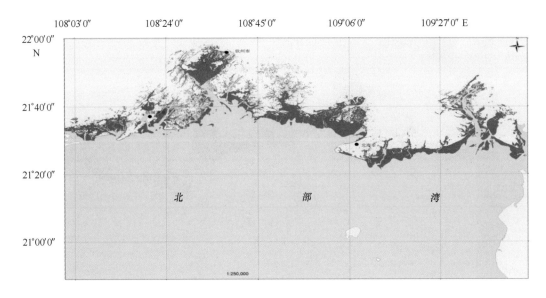

图9.3 广西海岸带滨岸沼泽分布

海和南流江口的廉州湾顶一带浅水沼泽分布面积大且集中，并随海潮倒流到内陆数千米远的河边沼泽地带。

2）芦苇群落

本群落只在海岸带中段的钦江西叉口和大榄江口的东岸分布较集中，庞通角到九鸦西村一带的河汊岸边和水田水沟内有零散小片状分布。芦苇高1~2 m，植株稀疏。芦苇丛间混生有茳芏，或两者纯群成块状混生，偶有几株桐花树间入。本群落象征性的零散分布，没有形成资源。

9.1.3.4 三角洲湿地空间分布

广西滨海三角洲湿地主要分布在南流江河口和钦江河口地区（图9.4）。南流江及其三角洲发育在合浦断陷盆地中，它们的两侧范围和延伸方向都明显受到构造的控制。在地形上，南流江三角洲平原两侧的范围是以湛江组和北海组被侵蚀的陡坎为界。西北侧陡坎位于西场—大树根—沙岗、白沙江一线；东侧陡坎位于望州岭—日头岭—乾江—烟楼一带。南流江河口地区的平均高潮线即为三角洲平原与三角洲水下部分的分界。三角洲的北界在白沙江—下洋—呆亚桥—望州岭一线。南流江三角洲平原的地势平坦，自东北向西南高程从3 m降到0.5 m。其岸线呈轻度弧形凹向内陆，三角洲只是刚刚从小的河口湾中推出，但对于由北海半岛所包围的整个廉州湾来说，它还是一个发育不成熟的三角洲，远未能将海湾填满，具有华南沿海中小型河流三角洲的特点，其面积为19 673.27 hm²，钦江三角洲湿地的面积为35 989.62 hm²。三角洲湿地中分布有河口水域、养殖池塘、砂质海岸、水田、红树林、库塘、粉沙淤泥质海岸、滨岸沼泽等湿地类型，面积分别为27 717.89 hm²、9 395.683 hm²、8 017.695 hm²、4 780.486 hm²、2 866.65 hm²、1 470.39 hm²、1 196.081 hm²、218.011 9 hm²。南流江三角洲和钦江三角洲原分布有大面积的水田，盛产大米，但现在大部分改作养殖池塘，仅有少量水田分布，面积分别为894.93 hm²和2 443.56 hm²，也有小部分水田变成丢荒沼泽

239

或荒地。

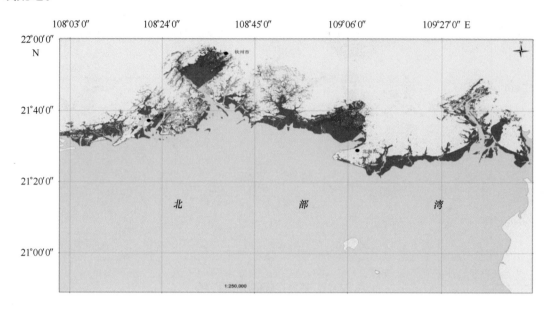

图9.4　广西海岸带三角洲湿地分布图

9.1.3.5　海岸潟湖空间分布

　　海岸潟湖是侵蚀—堆积夷平海岸类型中的一个亚类，侵蚀—堆积夷平海岸除大部分发育成砂质海岸外，局部地区因滨外坝的成长，阻隔了部分水域而形成沙坝—潟湖海岸。广西沿海的潟湖仅在北海外沙、高德外沙、北海侨港和白虎头以及钦州犀牛脚水产站一带，但犀牛脚的潟湖已经被填海造陆，北海市潟湖的总面积约 111.07 hm^2。北海和高德的两个潟湖是被滨外坝阻隔的水域，仅有狭窄的潮沟通道与海相通，目前是北海市的两个渔港，侨港和白虎头两个潟湖，其滨外坝阻隔的水域很少，白虎头只是形成比滨外坝稍低的沙滩，水很少，发育成不成熟的潟湖，经过人工的筑堤和疏通潮流通道后，形成了小型的港口和避风港。

9.1.4　人工湿地空间分布

9.1.4.1　水田及其空间分布

　　广西滨海连片面积最大的水田分布在南流江三角洲和钦江三角洲以及江平侏罗纪断陷盆地等（图9.5），这些地方是广西沿海的粮仓。广西海岸带的水热条件能满足栽培作物一年三熟，20世纪80年代的调查记录基本为一年三熟，现在，随着经济的发展，农民谋生的方式多样化，生产方式随之改变，大量水田转化为养殖池塘，部分水田完全进行其他经济作物轮作，很少有人在双季稻后还继续种植冬季作物。因一部分农户将水田改造成虾塘，使得周围的水田变成了咸田，迫使剩余农户将稻田改造成养殖池塘，甚至部分水田完全丢荒。现广西滨海水田的总面积为 29 809 hm^2，其中北海市 11 222 hm^2，钦州市 8 589 hm^2，防城港市 9 998 hm^2。其中南流江三角洲和钦江三角洲水田的面积分别为 895hm^2 和 2 444 hm^2，分别占北海市和钦州市水田面积的 8.0% 和 28.5%。

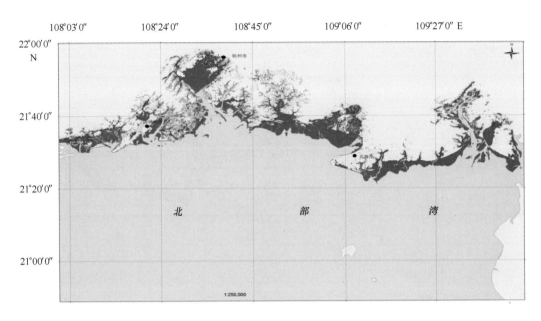

图 9.5　广西海岸带水田分布

9.1.4.2　养殖池（虾塘）及其空间分布

海水养殖原本仅在潮间带围网养殖，现已进入潮上带的平原（主要为农田），甚至到更高海拔的丘陵坡地。新中国成立后，广西沿海就开始了海水养殖，较大规模的有企沙镇天堂坡国营虾塘和江平镇交东国营虾塘，群众性养殖开始于 1979 年。养殖池塘最初主要由沿岸的毁弃盐碱荒地、小部分滩涂地和水田改造而成，面积较小，分布零散，不成规模。20 世纪 90年代末期，一些盐滩地、滨岸沼泽地和低海拔台地陆续被开发为虾塘，从 2001 年开始，大量的水田、耕地、盐田和坡地改建为虾塘，在铁山港生鸡岭一带，甚至有人在海拔高 21 m 的坡地上引水进行养殖。现广西滨海虾塘的总面积高达 34 091 hm^2，各海岸段均有，主要见于那郊河口、铁山港湾顶、北海大冠沙一带、南流江三角洲、西场镇沿海、钦江三角洲和江平一带，以西场镇的规模最大（图 9.6）。

养殖池塘的用地来源多样化。水田平坦开阔，且具有一定的水面优势，成为养殖池最大的用地来源，其中又以北海市占的比例最大，主要分布在南流江三角洲、西场镇一带；其次是钦州市，主要分布在钦江三角洲一带；防城港市的最小，主要分布在江平一带。盐田位居第二，由于食盐经营的利润相对较低，盐田陆续开发为养殖池塘。第三是陆缘的盐滩地。养殖池塘占用的红树林地很小，且多为 20 世纪 90 年代时开发。近十几年，红树林保护力度不断加大，破坏红树林的现象已经很少或基本不再发生。其他用地类型主要为坡地、丘陵和台地。

9.1.4.3　盐田及其空间分布

广西沿海无大型河流注入，海水盐度高而稳定。这些有利的因素曾经是广西发展盐业的保障。但是，随着咸水养殖的快速发展，有些盐田进行产业调整，利用盐田广阔的水面优势及劳力进行养虾、鱼、蟹等。目前，仅有约 2 741 hm^2 的盐田仍然进行食盐生产。其中，北海市 1 690 hm², 钦州市 246 hm², 防城港市 805 hm²（图 9.7）。

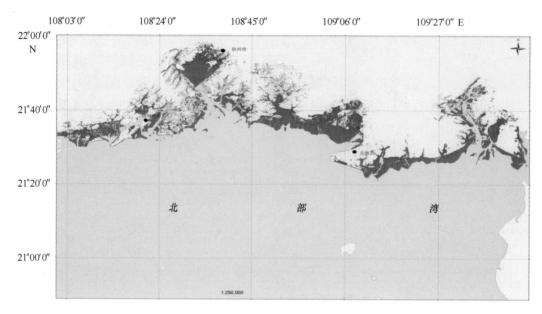

图 9.6 广西海岸带养殖池塘分布

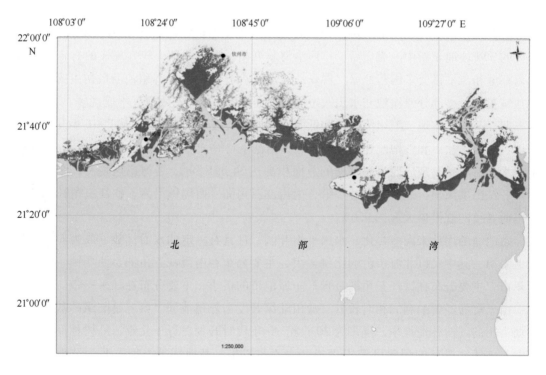

图 9.7 广西海岸带盐田分布图

9.1.4.4 水库及其空间分布

广西滨海水库数量少，蓄水量小，仅供给小型农业生产和生活。闸口水库位于北海市闸口江的入海口，涨潮时海水和水库连在一起，面积约 147 hm²，是滨海较大的水库之一。高德镇七星江水库、龙头江水库、后沟江水库都是小型水库，面积均不足 50 hm²。钦州市九河渡水库，是在九河入海处筑堤拦截九河水而形成，面积约 170 hm²，是滨海 1 km 内较大的淡水源储地。防城港市的东兴水库，面积 1 366 hm²，但距离海岸约 5 km，是滨海较大型的水库（图 9.8）。

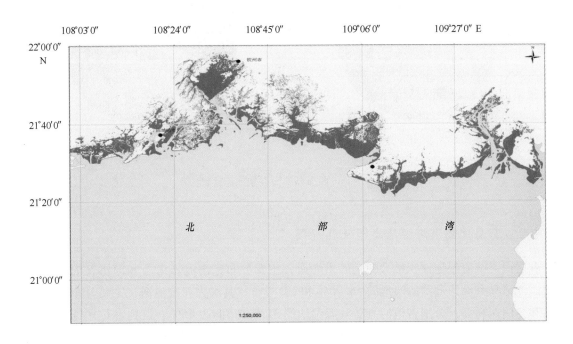

图 9.8　广西海岸带水库分布图

9.2　广西海岛滨海湿地

广西海岛分布着各种类型的湿地，数量较丰富。其中自然湿地有潮下水生层（海草）、滩涂湿地、滨岸沼泽、红树林沼泽、海岸潟湖和河口水域等。其中滩涂湿地包括岩石性海岸、砂质海岸和粉砂淤泥质海岸。人工湿地主要为水库、水田、养殖池（海水）等。

9.2.1　广西海岛滨海不同湿地类型的规模

9.2.1.1　海岛滨海不同湿地类型的总体规模

广西海岛滨海湿地的空间资源丰富，其 0 m 等深线以上区域滨海湿地总面积为 48 438.19 hm²，其中自然湿地 32 595.76 hm²，占滨海湿地总面积的 67%，人工湿地 15 842.4 hm²，占滨海湿地总面积的 33%；自然湿地面积是人工湿地面积的 2 倍之多（图 9.9）。

砂质海岸为广西海岛滨海面积最大的湿地类型，面积 15 781.52 hm²，占海岛滨海湿地总面积的 32.60%；其次为养殖池塘，面积 14 516.08 hm²，约占总面积的 30.00%；河口水域面积 8 242.00 hm²，占海岛滨海湿地总面积的 16.90%，位居第三位。其他依次为红树林、粉沙淤泥质海岸、水田、岩石性海岸、海岸潟湖、滨岸沼泽、水库、海草（图 9.9）。

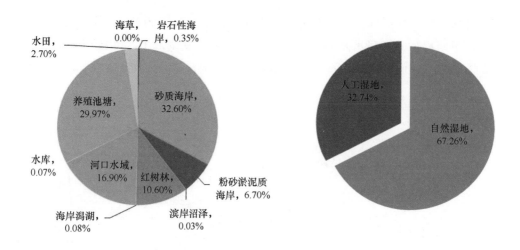

图 9.9 广西海岛滨海湿地面积比例

9.2.1.2 有居民岛滨海湿地类型及其规模

有居民岛滨海湿地面积最大的是砂质海岸，主要分布在南流江诸岛和渔沥岛周围，分别占南流江诸岛和渔沥岛滨海湿地的 56.75% 和 79.87%；其次为养殖池塘，主要分布在南流江诸岛和龙门西村岛，分别占他们海岛滨海湿地的 31.58% 和 63.46%；红树林位居第三，主要分布在大新围岛、山心岛和南流江诸岛，分别占他们海岛滨海湿地的 30.49%、48.58% 和 5.71%。其他依次为粉沙淤泥质海岸、水田、岩石性海岸和水库。水库仅有涠洲岛的涠洲水库和西村岛的低径水库。涠洲岛以砂质海岸为主，占该岛滨海湿地面积的 61.44%。斜阳岛仅有岩石性海岸一种滨海湿地类型。麻蓝头岛主要为砂质海岸，占 96.13%（图 9.10）。

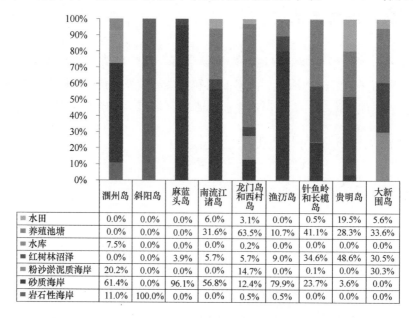

	涠州岛	斜阳岛	麻蓝头岛	南流江诸岛	龙门岛和西村岛	渔沥岛	针鱼岭和长榄岛	贵明岛	大新围岛
水田	0.0%	0.0%	0.0%	6.0%	3.1%	0.0%	0.5%	19.5%	5.6%
养殖池塘	0.0%	0.0%	0.0%	31.6%	63.5%	10.7%	41.1%	28.3%	33.6%
水库	7.5%	0.0%	0.0%	0.0%	0.2%	0.0%	0.0%	0.0%	0.0%
红树林沼泽	0.0%	0.0%	3.9%	5.7%	5.7%	9.0%	34.6%	48.6%	30.5%
粉沙淤泥质海岸	20.2%	0.0%	0.0%	0.0%	14.7%	0.1%	0.1%	0.0%	30.3%
砂质海岸	61.4%	0.0%	96.1%	56.8%	12.4%	79.9%	23.7%	3.6%	0.0%
岩石性海岸	11.0%	100.0%	0.0%	0.0%	0.5%	0.5%	0.0%	0.0%	0.0%

图 9.10 广西有居民岛各类型滨海湿地面积百分比

9.2.2　广西海岛滨海湿地的空间分布

9.2.2.1　海岛主要自然湿地的空间分布

1）红树林及其空间分布

广西海岛红树林的主要树种有白骨壤、桐花树、秋茄、红海榄、木榄等。广西海岛红树林面积为 5 112 hm^2，主要分布于山心岛、大新围岛、南流江诸岛周围，防城湾内的岛屿、龙门和西村岛群、七十二泾岛群等也有少量分布（图9.11）。

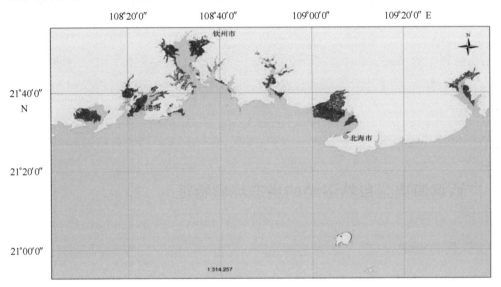

图9.11　广西海岛红树林分布图

2）滨海沼泽及其空间分布

广西海岛的滨岸沼泽面积很小，仅15 hm^2，分布于大新围岛沙井村海岸。

9.2.2.2　海岛主要人工湿地的空间分布

1）养殖池塘及其空间分布

至2008年，广西海岛滨海的养殖池塘面积达14 516 hm^2，其中最大的分布区在七星岛、南域岛、渔江岛和大新围岛等（图9.12）。

2）水田及其空间分布

广西海岛水田面积仅有1 293 hm^2，主要分布于山心岛、七星岛、渔江岛、南域岛等岛屿。

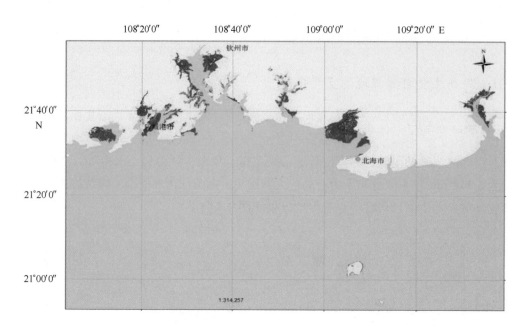

图 9.12 广西海岛滨海养殖池分布图

9.3 广西滨海典型自然湿地的生态环境特征

9.3.1 红树林湿地

9.3.1.1 红树林湿地的景观格局

1）广西红树林的按地貌分布

广西红树林生长在人工海岸的占很大比例，其中标准海堤红树林面积占 27.8%，简易海堤红树林面积占 27.1%，即人工海岸红树林面积占 54.9%，而岛屿、台地、山丘等自然海岸红树林面积占 45.1%。在北海市，人工海岸红树林面积 2 737.0 hm² 占全市红树林面积的 71.4%；防城港市人工海岸红树林面积 1 994.0 hm²，占全市红树林面积的 84.3%。钦州市人工海岸红树林面积 620.7 hm²，占全市红树林面积的 18.2%（表 9.3）。对北海市和防城港市而言，人工海岸红树林面积占到当地红树林面积的 70% 以上。

表 9.3 广西红树林按地貌统计
单位：hm²

	标准海堤	简易海堤	岛屿	开阔台地	山（沙）丘	其他	合计
海城区	23.8	5.2					29.0
合浦县	617.1	605.3	9.1	268.1	193.8	321.5	2 015.0
山口保护区	305.1	374.1		83.4	5.9	50.4	818.8
铁山港区	81.5	3.5			1.9	3.5	90.4
银海区	357.8	63.5			6.6	30.3	458.1

续表9.3

	标准海堤	简易海堤	岛屿	开阔台地	山（沙）丘	其他	合计
北海小计	1 385.3	1 051.7	9.1	351.5	208.1	405.6	3 411.4
北仑保护区	971.8	7.3	6.0	5.4	40.6	38.1	1 069.3
防城区	26.0	210.9	12.2	1.3	55.6	129.4	435.4
港口区		777.9		27.5	16.5	39.8	861.7
防城港计	997.8	996.2	18.3	34.2	112.7	207.3	2 366.4
钦南区	177.2	443.5				2 798.9	3 419.6
钦州小计	177.2	443.5				2 798.9	3 419.6
广西合计	2 560.3	2 491.4	27.4	385.7	320.8	3 411.8	9 197.4

2）广西红树林的群落构成

广西红树林包括白骨壤（白骨壤，白骨壤－桐花树群丛），桐花树（桐花树，桐花树－白骨壤群丛），秋茄（秋茄，秋茄－白骨壤，秋茄－桐花树，秋茄－白骨壤－桐花树，秋茄－桐花树，秋茄－红海榄），红海榄（红海榄群丛），木榄（木榄，木榄－秋茄－桐花树群丛），无瓣海桑（无瓣海桑，无瓣海桑－红海榄群丛），老鼠簕、卤蕨、桐花树（混生群丛），银叶树（银叶树群丛），海芒果（海芒果群丛），海漆（海漆群丛），黄槿（黄槿群丛）11个群系（表9.4）。

表9.4 广西红树林面积按群系统计 单位：hm²

群系	白骨壤	桐花树	秋茄	红海榄	木榄	无瓣海桑	混生	银叶树	海芒果	海漆	黄槿	合计
海城区		3.5	25.4		0.0	0.0						29.0
合浦县	1 001.2	551.6	382.9	42.6	0.0	5.0	31.9					2 015.0
山口保护区	169.5	7.7	147.1	272.4	222.1	0.0						818.8
铁山港区	38.6	36.3	15.2		0.0	0.0			0.3			90.4
银海区	287.3	33.1	108.2	20.5	0.0	0.0				9.0		458.1
北海小计	1 496.6	632.2	678.9	335.4	222.1	5.0	31.9	0.0	0.3	9.0	0.0	3 411.4
北仑保护区	555.1	106.1	215.5		160.9	0.0	24.8	3.0		2.1	1.9	1 069.3
防城区	6.6	394.5	32.5		0.0	0.0	1.5			1.3		435.4
港口区	631.7	40.7	187.3		0.0	0.0		2.0				861.7
防城港计	1 193.5	540.1	435.4	0.0	160.9	0.0	26.3	5.0	0.0	3.4	1.9	2 366.4
钦南区	475.8	1 810.6	671.6		0.0	461.7						3 419.6
钦州小计	475.8	1 810.6	671.6	0.0	0.0	461.7	0.0	0.0	0.0	0.0	0.0	3 419.6
广西合计	3 166.0	2 983.0	1 785.9	335.4	383.0	466.6	58.1	5.0	0.3	12.4	1.9	9 197.4

注：混生指老鼠簕－卤蕨－桐花树混生群系

（1）白骨壤群系

白骨壤群系分为白骨壤和白骨壤－桐花树两个群丛。其中，白骨壤群丛占很大的比例，面积2 276.1 hm²。北海市的白骨壤群丛面积有1 291.1 hm²，占全区的一半多，主要分布于南流江口以东的潮滩上；防城港市的白骨壤群丛面积881.6 hm²，大量分布在东西湾和珍珠港内。钦州市的白骨壤群面积丛仅103.5 hm²，主要分布在钦州港到72泾潮滩。

广西有白骨壤 + 桐花树群丛889.8 hm²，其中北海市205.5 hm²，防城港市311.9 hm²，钦州市372.4 hm²。

（2）桐花树群系

桐花树群系分为桐花树和桐花树 - 白骨壤两个群丛。全广西的桐花树群丛面积2 806.7 hm²，其中北海市632.2 hm²，防城港市363.9 hm²，钦州市1 810.6 hm²，显然这类群丛主要分布地是钦州市。桐花树群丛生境为有较多淡水调节的河口区，如南流江口、大风江口、钦江口等。

桐花树 - 白骨壤是一类偏向于咸淡水生境的桐花树与偏向于海水生境的白骨壤混生的过渡性群丛，仅在防城港市划出了46.8 hm²。群丛依然是以桐花树为主基调，但白骨壤在群落覆盖度中占的比例达到1成以上。

（3）秋茄群系

秋茄群系分为秋茄群丛、秋茄 - 白骨壤 - 桐花树群丛和秋茄 + 桐花树群丛。广西秋茄群丛面积362.2 hm²，其中北海205.9 hm²，防城港84.5 hm²，钦州71.8 hm²，北海是秋茄群丛的主要分布区。

广西秋茄 - 白骨壤群丛面积288.5 hm²，其中150.5 hm²分布于防城港市，130 hm²分布于北海市。秋茄 - 白骨壤 - 桐花树群丛面积87.2 hm²，其中北海53.4 hm²，防城港33.8 hm²。这些群丛是以秋茄为乔木层，桐花树和白骨壤为灌木层的2层结构群落，由偏高盐环境的白骨壤群落与偏河口环境的桐花树群落向秋茄群落演替的过渡类型。

秋茄 - 桐花树群丛全广西有981.8 hm²，其中北海268.3 hm²，防城港166.6 hm²，钦州547.0 hm²。也有形成单层群落秋茄 - 桐花树群丛，这类群丛面积52.9 hm²，分布于钦州市。

（4）红海榄群系

广西红海榄群系仅划出红海榄群丛，面积335.4 hm²，分布于北海市山口红树林保护区内。群落常绿小乔木或高灌丛群落，单层或双层结构，外貌平整深绿色，支柱根极为发达。分布于内滩淤泥中，属演替的后期阶段，其前期阶段为红海榄 + 秋茄群丛，后期阶段为红海榄 + 木榄群丛。

（5）木榄群系

木榄群系有两个重要群丛，其中木榄群丛群丛面积8.1 hm²，分布于防城港市（珍珠港和西湾）。木榄 - 秋茄 - 桐花树群丛面积375.0 hm²，分布于北海（山口红树林保护区）222.1 hm²，防城港（北仑河海洋口自然保护区）152.9 hm²。

（6）无瓣海桑群系

广西海岸从2002年开始大规模引种无瓣海桑，这个外来种生长速度快，能较快速地实现海滩的造林绿化。当前广西营造成功的无瓣海桑林面积182.2 hm²，其中北海5 hm²，钦州177.2 hm²。新建的无瓣海桑 + 红海榄混交林面积284.4 hm²，分布于钦州市茅尾海。

（7）银叶树群系

银叶树群丛一般分布在高潮线附近的潮滩内缘或大潮、特大潮才能淹及的海河滩地以及海陆过渡带的陆地，在广西目前仅发现分布于防城港市的渔万岛、山心岛、江平江口、黄竹江口等地，群丛面积约50 hm²。

（8）海漆群系

海漆通常生长在潮水波及的红树林海岸，多呈散生状态。广西较为连片的海漆群丛面积 12.4 hm²，其中北海市 9 hm²，分布于银海区西塘镇曲湾村；防城港市 3.4 hm²，分布于江平镇吒祖村和交东村，防城乡的大王江村。

（9）海芒果群系和黄槿群系

海芒果是生长陆岸的半红树植物，铁山港区营盘镇火六村有 0.3 hm² 的海芒果群丛，此外东兴市江平镇沿海也有较大范围零散分布的海芒果，有些甚至被作为宾馆的绿化树种。

黄槿在广西沿海村落常有零散栽植，较少形成群落。防城港市江平镇吒祖村有一片黄槿群丛，面积 1.9 hm²，分布于平均高潮线上，林冠高约 5 m，覆盖度 70%。

（10）老鼠簕、卤蕨、桐花树群丛组

由老鼠簕、卤蕨、桐花树等种群混生的红树林群落，可划分为不同的群丛，面积 58.1 hm²，其中北海市的群丛面积 31.9 hm²，分布于党江镇的沙埇、渔江、马头、更楼等村落；防城港市的群丛面积 26.3 hm²，分布于东兴镇南木山村。

3）广西红树林的植株高度构成

在广西红树林种群的高度分级中，将树冠高度小于 3 m 的称为灌木，高度 3 m 以上的称为乔木，而乔木又可分为小乔木（3～5 m）、中乔木（5～7 m）和大乔木（>7 m）。灌木可分为矮灌（0.1～0.9 m）、中灌（1.0～1.9 m）和高灌（2.0～2.9 m）。广西全区乔木红树林面积仅为 295.3 hm²，其中，小乔木面积为 232.5 hm²，主要种群为秋茄、红海榄和木榄等；中乔木面积 23.7 hm²，大乔木面积 39.1 hm²，中大乔木以无瓣海桑为主，银叶树平均高达 12.5 m，最高可达 13.6 m（表 9.5）。其余全部是灌木。

从全广西红树林群落来看，高度在 0.1～0.9 m 的占 37%，高度在 1.0～1.9 m 的占 43%，高度在 2.0～2.9 m 的占 17%，全部灌木群落面积占到了红树林群落面积的 97%，而乔木群落仅占 3%。

表 9.5　广西红树林面积按树高统计　　　　　　　　　　单位：hm²

	0.1～0.9	1.0～1.9	2.0～2.9	3.0～	合计
海城区	5.2	23.8		0.0	29.0
合浦县	343.2	1 480.5	190.0	1.4	2 015.0
山口保护区	160.9	349.0	303.6	5.4	818.8
铁山港区	61.7	22.3	6.1	0.3	90.4
银海区	117.5	295.5	20.5	24.6	458.1
北海小计	688.4	2 171.1	520.2	31.6	3 411.4
北仑保护区	35.1	642.9	220.0	171.2	1 069.3
防城区	20.5	383.7	5.6	25.5	435.4
港口区	44.0	683.3	132.4	2.0	861.6
防城港计	99.6	1 709.9	358.1	198.7	2 366.3
钦南区	2 601.7	53.8	699.3	64.9	3419.7
钦州小计	2 601.7	53.8	699.3	64.9	3 419.7
广西合计	3 389.7	3 934.8	1 577.6	295.3	9 197.4

4）广西红树林的郁闭度

郁闭度（盖度）是红树林群落冠层下投影面积占林地面积的比例（或百分比），可分为疏（0.2~0.39）、中（0.4~0.69）、密（0.7~1.0）3个等级。广西大部分的红树林生长茂密，郁闭度达到"密"的群落面积5 527.5 hm²，超过了一半。全区郁闭度达到0.7~1.0的红树林群落占全部红树林面积的60%，其中防城港红树林群落中郁闭度0.7~1.0占的比例最大，达到77%，钦州市的最小，仅占48%（表9.6）。

表9.6 广西红树林面积按郁闭度统计
单位：hm²

	0.20~0.39	0.40~0.69	0.70~1.00	合计
海城区	5.2	4.4	19.4	29.0
合浦县	370.9	514.1	1 130.1	2 015.0
山口保护区	120.9	19.0	678.9	818.8
铁山港区	47.0	0.3	43.2	90.4
银海区	64.9	197.9	195.3	458.1
北海小计	608.8	735.7	2 066.9	3 411.4
北仑保护区	38.8	92.7	937.8	1 069.3
防城区	18.4	241.8	175.2	435.4
港口区	60.0	99.7	702.0	861.7
防城港计	117.1	434.1	1 815.1	2 366.4
钦南区	424.9	1 349.3	1 645.5	3 419.7
钦州小计	424.9	1 349.3	1 645.5	3 419.7
广西合计	1 150.8	2 519.2	5 527.5	9 197.4

5）广西红树林的自然度

自然度是指植被状况与原始顶极群落相差的距离，或者次生群落位于演替中的阶段。自然度划分标准是：Ⅴ——原始或基本原始的植被；Ⅳ——有明显人为干扰的天然植被或处于演替后期的次生群落；Ⅲ——人为干扰很大的次生群落，处于次生演替中期阶段；Ⅱ——人为干扰极大，演替逆行于次生植被阶段；Ⅰ——人为干扰强度极大而持续，植被几乎破坏殆尽，难以恢复的逆行演替后期。广西全区5级自然度所对应的群落分别为：Ⅴ——海芒果、海漆等群系；Ⅳ——银叶树、木榄等群系；Ⅲ——红海榄、秋茄群系；Ⅱ——白骨壤、桐花树群系；Ⅰ——以上群系演替逆行处于极为残次的次生植被。

广西全区红树林群落中严重退化的次生林（Ⅰ级自然度）占33%，低矮且人为干扰很大的次生灌木植被（Ⅱ级自然度）占58%，基本原生的Ⅴ级自然度植被仅15.1 hm²，是一些在陆岸破碎的原始生境中生长的海漆、海芒果群落。从原生性相对较高的Ⅲ~Ⅴ自然度所占比例看，北海的比例最高为25%，防城港和钦州分别为22%和16%（表9.7）。

表9.7 广西红树林面积按自然度统计 单位：hm²

	I	II	III	IV	V	合计
海城区		3.5	25.4			29.0
合浦县	273.2	1 549.9	192.0			2 015.0
山口保护区	129.1	175.5	324.9	189.3		818.8
铁山港区	47.0	32.1	11.1		0.3	90.4
银海区	40.2	300.7	108.2		9.0	458.1
北海小计	489.5	2 061.7	661.7	189.3	9.3	3 411.4
北仑保护区	109.5	655.7	299.6	0.6	3.9	1 069.3
防城区	129.4	271.6	32.5		1.9	435.4
港口区	37.8	634.6	187.3	2.0		861.7
防城港计	276.6	1 561.9	519.4	2.6	5.8	2 366.4
钦南区	1 133.5	1 739.3	547.0			3 419.7
钦州小计	1 133.5	1 739.3	547.0	0.0	0.0	3 419.7
广西合计	1 899.6	5 362.9	1 728.0	191.9	15.1	9 197.4

6）广西红树林的破碎化程度

红树林群落的连片程度与生境完整性均反映了生境的完好程度。受干扰严重的生境，其生境完整性低，斑块细化分散，连片程度低。斑块个数（NP）、斑块密度（PD）、平均斑块大小（MPS）、最大斑块所占景观面积的比例（LPI）、平均斑块周长面积比（PA）和平均斑块分维数（FRAC）可以用来刻画红树林的破碎化程度。

遥感解译结果表明（表9.8），防城港（东湾和西湾）、廉州湾（包括北海市区）和金鼓江大风江斑块密度大（13.7～17.5 个/km²），而平均斑块面积小（5.2～7.3 hm²），说明红树林生境破碎化程度高，生境完整性或者斑块连片性较低。相反，铁山港湾、钦州湾和珍珠港湾的斑块密度较小（7.9～9.4 个/km²），平均斑块面积大于10 hm²，因此，这3个海湾的生境完整性和斑块连片程度较高。

表9.8 广西红树林景观指数计算

指数	北仑河 珍珠港	防城港 东西湾	金鼓江 大风江	廉州湾 北海市	钦州湾	铁山港湾	广西
斑块数 NP	100	154	211	193	211	148	1 017
斑块密度 PD	9.4	17.5	13.7	15.0	8.3	7.9	7.9
平均斑块大小 MPS/hm²	10.7	5.7	7.3	6.7	12.1	12.6	12.6
总面积/hm²	1 069.3	881.6	1 538.9	1 286.8	2 554.2	1 866.8	9 197.6
总周长/m	136 594.7	141 403.3	356 472.3	217 114.5	310 027.6	275 640.3	1 437 252.7
平均斑块周长面积比 PA	127.7	160.4	231.6	168.7	121.4	147.7	156.3
平均斑块分维数 FRAC	1.035 1	1.051 1	1.098 0	1.047 5	1.059 2	1.078 8	1.061 6
最大斑块指数 MPI	0.139 3	0.105 4	0.049 3	0.062 9	0.111 4	0.055 3	0.030 9
垂直岸线最大宽度/m	1 730	1 100	780	1 200	2 500	1 250	
垂直岸线平均宽度/m	580	400	150	250	450	420	

各海湾 PA 值由小到大排序是：钦州湾、珍珠港、铁山港、防城港、廉州湾、金鼓江大风江，数值越大则斑块形状越细长、复杂，说明生境严重受挤压。

最大斑块指数 MPI 由小到大排序是：金鼓江大风江、铁山港、廉州湾、防城港、钦州湾、珍珠港，数值越大则受干扰程度就越小，生境完整性就越高。

平均斑块分维数 FRAC 由小到大排序是：珍珠港、廉州湾、防城港、钦州湾、铁山港、金鼓江大风江，分维数值高的港湾红树林斑块复杂。

综合以上指标认为，铁山港湾、钦州湾和珍珠港湾平均斑块面积大，MPI 值也比较大，其生境完整性较好。

9.3.1.2 红树林生态系统生物多样性

1）红树林生态系统浮游植物优势种与生物多样性

（1）浮游植物优势种

浮游植物的优势种通过计算种类优势度（Y）来判别，根据前人的观点，将 Y 大于 0.02 的种类定为优势种。广西不同红树林区、不同季节（秋季和春季）浮游植物的优势种存在明显差异。

铁山港红树林区：铁山港海区红树林区秋季航次浮游植物优势种全为硅藻类，其中以旭氏藻的优势度最大；而春季航次以颤藻（可能为淡水种类）为最大优势种（表 9.9）。

表 9.9　铁山港海区红树林区浮游植物优势种

航次	种类	优势度（Y）
秋季	细柱藻（*Leptocylindrus* sp.）	0.05
	旭氏藻（*Schröderella* sp.）	0.13
	新月菱形藻（*Nitzschiaclosterium*）	0.05
春季	颤藻（*Oscillatoria* sp.）	0.23
	舟形藻（*Navicula* spp.）	0.05
	菱形海线藻（*Thalassionemanitzschioides*）	0.02

廉州湾红树林区：廉州湾海区红树林区浮游植物优势种以硅藻类为主。秋季航次优势种主要是新月菱形藻，优势度达到了 0.41；春季航次优势种主要是旭氏藻，优势度达到了 0.40（表 9.10）。

表 9.10　廉州湾海区红树林区浮游植物优势种

航次	种类	优势度（Y）
秋季	新月菱形藻（*Nitzschia closterium*）	0.41
	舟形藻（*Navicula* spp.）	0.06
春季	旭氏藻（*Schröderella* sp.）	0.40
	新月菱形藻（*Nitzschia closterium*）	0.03
	长菱形藻（*Nitzschia longissima*）	0.02
	骨条藻（*Skeletonema* sp.）	0.05

钦州湾红树林区：钦州湾海区红树林区浮游植物优势种秋季航次和春季航次都有淡水种类出现（表9.11），这可能是钦州湾是一个相对封闭的海湾，随着钦江的注入，在水交换不是太充分的情况下，某些淡水种类就常驻在钦州湾里。

表9.11　钦州湾海区红树林区浮游植物优势种

航次	种类	优势度（Y）
秋季	舟形藻（*Navicula* spp.）	0.04
	颤藻（*Oscillatoria* sp.）	0.04
	螺旋藻（*Spirulina* sp.）	0.02
	角毛藻（*Chaetoceros* sp.）	0.02
春季	旭氏藻（*Schröderella* sp.）	0.26
	四尾栅藻（*Scenedesmus quadricauda*）	0.02

北仑河口和珍珠湾红树林区：与其他红树林区浮游植物相似，北仑河口和珍珠湾海区红树林区浮游植物优势种也是以硅藻类为主。还有一个突出的特点是一些属于底栖种类的硅藻，如羽纹藻等，也出现在浮游植物中，这是由于红树林区水位都普遍较浅，随着水流的扰动，某些底栖种类出现在了浮游植物类群里。此外，春季航次出现了一些淡水种类（栅藻）（表9.12）。

表9.12　北仑河口和珍珠湾海区红树林区浮游植物优势种

航次	种类	优势度（Y）
秋季	旭氏藻（*Schröderella* sp.）	0.12
	细弱圆筛藻（*Coscinodiscus subtilis*）	0.06
	羽纹藻（*Pinnularia* spp.）	0.05
	小环藻（*Cyclotella* sp.）	0.02
春季	羽纹藻（*Pinnularia* spp.）	0.17
	曲舟藻（*Pleurosigma* sp.）	0.03
	栅藻（*Scenedesmus* sp.）	0.02
	新月菱形藻（*Nitzschia closterium*）	0.03

（2）浮游植物的生物多样性

群落的生物多样性一般用丰度（d）、均匀度（J）、香农多样性指数（H'）以及多样性阈值（Dv）等来表述。这些数值的大小，反映了浮游植物群落生物多样性丰富程度的高低，同时也基本反映了群落的健康状况。广西不同红树林区、不同季节（秋季和春季）浮游植物的生物多样性存在明显差异。

铁山港红树林区：铁山港海区红树林区只有丹兜海断面的M11－2站位秋季的各项生物多样性指数较高，即在该站位秋季浮游植物种类和数量较多，生物多样性达到了丰富的水平。其他站位春、秋两个航次的浮游植物多样性都较差（表9.13）。

表 9.13 铁山港海区红树林区浮游植物生物多样性指数

断面	站位	丰度 d		均匀度 J		香农多样性指数 H'		多样性阈值 Dv	
		秋季	春季	秋季	春季	秋季	春季	秋季	春季
英罗港	M12 – 2	0.00	1.00		1.00		1.00		1.00
	M12 – 3	0.71	0.00	0.72		1.15		1.58	
丹兜海	M11 – 2	1.37	0.30	0.77	0.34	2.16	0.54	2.81	1.58
	M11 – 3	0.86	0.35	0.86	0.44	1.37	0.69	1.58	1.58
榄子根	M10 – 2	0.00	0.63		0.92		0.92		1.00
	M10 – 3		0.61		0.67		1.34		2.00

廉州湾红树林区：在廉州湾红树林区，党江木案断面的两个站位春季航次浮游植物多样性各项指数较高，浮游植物多样性达到了非常丰富和丰富的水平。其次，草头村的 M9 – 3 站位，春季浮游植物也达到了丰富的水平。其他站位两个航次浮游植物多样性都比较差（表9.14）。

钦州湾红树林区：钦州湾红树林区只有沙环断面的 M6 – 3 站位春季航次浮游植物多样性的各项指数较高，浮游植物多样性达到丰富的水平，其他站位的浮游植物多样性较差（表9.15）。

表 9.14 廉州湾海区红树林区浮游植物生物多样性指数

断面	站位	丰度 d		均匀度 J		香农多样性指数 H'		多样性阈值 Dv	
		秋季	春季	秋季	春季	秋季	春季	秋季	春季
草头村	M9 – 2	0.43	0.26	0.18	0.11	0.37	0.17	2.00	1.58
	M9 – 3	0.00	0.59		0.37	0.00	0.96		2.58
党江木案	M8 – 2	0.50	1.53	1.00	0.82	1.00	2.94	1.00	3.58
	M8 – 3	1.00	1.30	1.00	0.52	1.00	1.71	1.00	3.32
东江口	M7 – 2	0.56	0.40	0.84	0.48	1.33	0.76	1.58	1.58
	M7 – 3	1.33	0.19	0.97	0.50	2.25	0.50	2.32	1.00

表 9.15 钦州湾海区红树林区浮游植物多样性指数

断面	站位	丰度 d		均匀度 J		香农多样性指数 H'		多样性阈值 Dv	
		秋季	春季	秋季	春季	秋季	春季	秋季	春季
沙井	M5 – 2	0.58	0.84	0.85	0.93	1.35	1.86	1.58	2.00
	M5 – 3	0.25	0.84	0.81	0.66	0.81	1.53	1.00	2.32
沙环	M6 – 2	0.00	0.77		0.79		1.25		1.58
	M6 – 3		1.15		0.68		2.04		3.00
大冲口	M4 – 2	0.95	0.13	0.72	0.04	1.45	0.04	2.00	1.00
	M4 – 3	0.00	0.37		0.10		0.20		2.00

北仑河口和珍珠湾红树林区：在北仑河口和珍珠湾红树林区，石角断面的 M3 – 2 站位和

班埃断面的 M2－2 站位春季各项浮游植物多样性指数比较高，达到比较丰富的水平，其他站位春季和秋季的浮游植物多样性较差（表9.16）。

表9.16　北仑河口和珍珠湾海区红树林区浮游植物多样性指数

断面	站位	丰度 d		均匀度 J		香农多样性指数 H'		多样性阈值 Dv	
		秋季	春季	秋季	春季	秋季	春季	秋季	春季
竹山	M1－2	0.32		0.50		0.50		1.00	
	M1－3	1.12		0.88		2.05		2.32	
班埃	M2－2	1.26	1.07	1.00	0.92	1.58	1.84	1.58	2.00
	M2－3	0.50	0.63	0.81	0.92	0.81	0.92	1.00	1.00
石角	M3－2		0.90		0.96		2.22		2.32
	M3－3	0.63	0.00	0.92		0.92	0.00	1.00	

2）红树林生态系统浮游动物优势种与生物多样性

（1）浮游动物优势种

铁山港红树林区：在铁山港红树林区，长腹剑水蚤是秋季最主要的优势种，其次是无节幼体和小刺拟哲水蚤。在春季，除个别哲水蚤（拔针纺锤水蚤）外，其他的优势种全是各类幼体，其中，无节幼体占了很大份额（表9.17）。

廉州湾红树林区：与铁山港海区红树林区相类似，廉州湾海区红树林区秋季浮游动物优势种也以长腹剑水蚤和无节幼体为主，另外出现了较多的猛水蚤类。春季航次，无节幼体则占据了很大的优势（表9.18）。

表9.17　铁山港海区红树林区浮游动物优势种

航次	种类		优势度（Y）
秋季	长腹剑水蚤1	*Oithona* sp1.	0.35
	金星幼体	Cypris larva	0.04
	剑水蚤桡足幼体	Cyclopoida copepodite	0.03
	多毛类幼体	Polychaeta larva	0.05
	无节幼体	Nauplius larva	0.13
	小刺拟哲水蚤	*Paracalanuus parvus*	0.10
	红住囊虫	*Oikopleura rufescens*	0.03
春季	剑水蚤桡足幼体	Cyclopoida copepodite	0.08
	哲水蚤桡足幼体	Calanoida copepodite	0.05
	双壳类幼体	Lamellibrachia larva	0.10
	无节幼体	Nauplius larva	0.47
	拔针纺锤水蚤	*Acartia southwelli*	0.03

表 9.18　廉州湾海区红树林区浮游动物优势种

航次	种类		优势度（Y）
秋季	无节幼体	Nauplius larva	0.06
	瘦长毛猛水蚤	*Macrosetella gracilis*	0.07
	猛水蚤	*Harpacticus* sp.	0.02
	长腹剑水蚤1	*Oithona* sp1.	0.09
春季	无节幼体	Nauplius larva	0.87
	壶轮虫	*Brachionus* sp.（freshwater）	0.04
	多毛类幼体	Polychaeta larva	0.02

钦州湾红树林区：在钦州湾海区红树林区，秋季除有个别哲水蚤（小刺拟哲水蚤）能成为浮游动物优势种外，其余都是各类幼体，其中无节幼体优势度最大。春季航次，浮游动物优势种全部是各类幼体，尤其是无节幼体占了绝对优势（表9.19）。

表 9.19　钦州湾海区红树林区浮游动物优势种

航次	种类		优势度（Y）
秋季	金星幼体	Cypris larva	0.20
	无节幼体	Nauplius larva	0.34
	哲水蚤桡足幼体	Calanoida copepodite	0.05
	小刺拟哲水蚤	*Paracalanuus parvus*	0.05
	多毛类幼体	Polychaeta larva	0.02
春季	无节幼体	Nauplius larva	0.79
	双壳类幼体	Lamellibrachia larva	0.03
	剑水蚤桡足幼体	Cyclopoida copepodite	0.05
	哲水蚤桡足幼体	Calanoida copepodite	0.05

北仑河口和珍珠湾红树林区：北仑河口和珍珠湾海区红树林区秋季浮游动物优势种主要是无节幼体和长腹剑水蚤。春季优势种主要是无节幼体和长腹剑水蚤（表9.20）。

表 9.20　北仑河口和珍珠湾海区红树林区浮游动物优势种

航次	种类		优势度（Y）
秋季	长腹剑水蚤1	*Oithona* sp1.	0.29
	无节幼体	Nauplius larva	0.47
	剑水蚤桡足幼体	Cyclopoida copepodite	0.02
	金星幼体	Cypris larva	0.02
春季	剑水蚤桡足幼体	Cyclopoida copepodite	0.02
	无节幼体	Nauplius larva	0.25
	长腹剑水蚤2	*Oithona* sp2.	0.14
	金星幼体	Cypris larva	0.05
	红住囊虫	*Oikopleura rufescens*	0.02

（2）浮游动物生物多样性

铁山港红树林区：在铁山港红树林区，除丹兜海 M11-3 站外，其他站位的春季和秋季浮游动物多样性指数都较高，表明铁山港海区红树林区春、秋两季浮游动物整体都处于丰富的水平（表9.21）。

表9.21　铁山港海区红树林区浮游动物多样性指数

断面	站位	丰度 d		均匀度 J		香农多样性指数 H'		多样性阈值 Dv	
		秋季	春季	秋季	春季	秋季	春季	秋季	春季
英罗港	M12-2	1.74	2.16	0.71	0.61	2.54	2.51	3.58	4.09
	M12-3	1.83	1.42	0.82	0.66	2.93	2.30	3.58	3.46
丹兜海	M11-2	1.47	1.16	0.89	0.42	2.50	1.32	2.81	3.17
	M11-3	1.35	0.66	0.93	0.53	2.41	1.48	2.58	2.81
榄子根	M10-2	2.07	1.94	0.76	0.91	2.89	3.26	3.81	3.58
	M10-3	1.39	1.67	0.74	0.93	2.36	3.21	3.17	3.46

廉州湾红树林区：廉州湾海区红树林区浮游动物多样性各项指数春、秋两季都不是很高，显示廉州湾海区红树林区的环境质量一般（表9.22）。

表9.22　廉州湾海区红树林区浮游动物多样性指数

断面	站位	丰度 d		均匀度 J		香农多样性指数 H'		多样性阈值 Dv	
		秋季	春季	秋季	春季	秋季	春季	秋季	春季
草头村	M9-2	0.63	0.61	0.92	0.67	0.92	1.34	1.00	2.00
	M9-3	1.42	0.47	0.96	0.78	2.24	1.24	2.32	1.58
党江木案	M8-2	0.71	0.72	0.91	0.50	1.45	1.30	1.58	2.58
	M8-3	1.00	0.58	0.95	0.61	1.50	1.42	1.58	2.32
东江口	M7-2	0.39	0.52	0.24	0.22	0.37	0.57	1.58	2.58
	M7-3	0.91	0.62	0.39	0.19	1.08	0.52	2.81	2.81

钦州湾红树林区：钦州湾海区红树林区秋季浮游动物多样性各项指数普遍较低，只有大冲口 M4-2 站比较高；春季各站位各项指数都较高，浮游动物多样性丰富（表9.23）。

表9.23　钦州湾海区红树林区浮游动物多样性指数

断面	站位	丰度 d		均匀度 J		香农多样性指数 H'		多样性阈值 Dv	
		秋季	春季	秋季	春季	秋季	春季	秋季	春季
沙井	M5-2	1.05	0.81	0.85	0.46	2.19	1.30	2.58	2.81
	M5-3	1.20	0.92	0.89	0.50	2.50	1.51	2.81	3.00
沙环	M6-2	0.45	1.19	0.77	0.38	1.22	1.30	1.58	3.46
	M6-3	0.58	0.88	0.85	0.24	1.35	0.76	1.58	3.17
大冲口	M4-2	1.80	1.00	0.89	0.49	3.10	1.46	3.46	3.00
	M4-3	0.43	1.30	0.72	0.51	0.72	1.68	1.00	3.32

北仑河口和珍珠湾红树林区：北仑河口和珍珠湾海区红树林区春、秋两季各站位浮游动物各项多样性指数都较高（表9.24）。

表9.24 北仑河口和珍珠湾海区红树林区浮游动物多样性指数

断面	站位	丰度 d		均匀度 J		香农多样性指数 H'		多样性阈值 Dv	
		秋季	春季	秋季	春季	秋季	春季	秋季	春季
竹山	M1-2	1.32	0.88	0.79	0.59	2.62	1.53	3.32	2.58
	M1-3	1.51	1.35	0.54	0.80	2.01	2.24	3.70	2.81
班埃	M2-2	0.95	1.62	0.63	0.76	1.78	2.53	2.81	3.32
	M2-3	1.18	2.06	0.53	0.78	1.68	2.88	3.17	3.70
石角	M3-2	1.15	1.41	0.43	0.75	1.50	2.49	3.46	3.32
	M3-3	1.08	1.49	0.20	0.69	0.64	2.40	3.17	3.46

3）红树林生态系统大型底栖生物的优势种与生物多样性

（1）大型底栖生物优势种

广西红树林区底栖软体动物中，常见优势种有：黑口滨螺，珠带拟蟹守螺，小翼拟蟹守螺，粗糙滨螺，红果滨螺，紫游螺，团聚牡蛎，石磺，方格短沟蜷，红树蚬，中国绿螂，奥莱彩螺，菲律宾无齿蛤等。

红树林区主要甲壳类动物有：长足长方蟹，褶痕相手蟹，弧边招潮蟹，扁平拟闭口蟹，双齿相手蟹，明秀大眼蟹，四齿大额蟹，短脊鼓虾，长腕和尚蟹，颗粒股窗蟹，宁波泥蟹，凹指招潮蟹，清白招潮蟹等。

红树林区多毛类动物中，长吻吻沙蚕、小头虫、独齿围沙蚕、软疣沙蚕、疣吻沙蚕等为优势种。

在其他类群底栖动物中，可口革囊星虫（当地俗称"泥丁"）是红树林滩涂上的常见种类，某些断面的数量非常高；裸体方格星虫（即"沙虫"）在红树林沙质潮沟也可兴旺生长，而且个体较大。

（2）大型底栖动物生物多样性

广西红树林大型底栖动物群落的种类多样性指数 H' 绝大部分处在 1.0 ~ 3.0 区间，表明广西红树林湿地大部分生物群落处于中度扰动状态；最高值为 3.63，出现在红树林保护区的丹兜湾春季 M11-1 站；最低值为 0.86，出现在班埃断面的春季 M2-1 站。丰富度指数 D 最高值也出现在丹兜湾断面的春季 M11-1 站，达 2.83；最低 D 值出现在草头村断面的春季 M9-1 站，为 0.86。均匀度 J 值规律与种类多样性指数 H' 相似，最高和最低值同样出现在丹兜湾断面的春季 M11-1 站和班埃断面的春季 M2-1，数值分别为 0.93 和 0.26。

4）红树林区鱼卵和仔鱼种类

在红树林区采集到的鱼卵及仔鱼种类有 10 种，即眶棘双边鱼仔鱼、鰕虎鱼科仔鱼、白氏银汉鱼仔鱼、鲹科仔鱼、小沙丁鱼属仔鱼、美肩鳃鳚仔鱼、稜鳀属仔鱼、食蚊鱼稚鱼、鲷科仔鱼和小公鱼属仔稚鱼。其中，分布在北仑河口的种类有眶棘双边鱼和鰕虎鱼科仔鱼 2 种；分布在珍珠湾的种类有眶棘双边鱼、白氏银汉鱼和鲹科仔鱼 3 种；分布在茅尾海的种类有小沙丁鱼属、眶棘双边鱼和鰕虎鱼科仔鱼 3 种；分布在钦州湾的种类有小沙丁鱼属、美肩鳃鳚和鰕虎鱼科仔鱼 3 种；分布在廉州湾的种类有稜鳀属、小沙丁鱼属、眶棘双边鱼、鰕虎鱼科仔鱼和食蚊鱼稚鱼 5 种；分布在铁山港的种类有小公鱼属、鲷科、鰕虎鱼科和美肩鳃鳚仔鱼 4 种（图 9.13）。

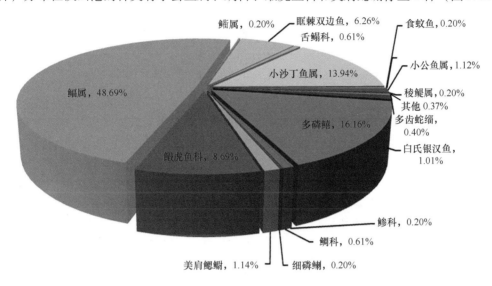

图 9.13　鱼卵和仔稚鱼种类及其数量组成

9.3.1.3　红树林湿地的健康状态

以综合生态健康指数 CEH_{indx} 为评价参数，采用中华人民共和国海洋行业标准（HY/T 087 – 2005 近岸海洋生态健康评价指南，以下简称"指南"）作为广西红树林、珊瑚礁和海草生态系统健康诊断与评价标准。CEH_{indx} 按 9.1 式计算。

$$CEH_{indx} = \sum_{i}^{P} INDX \qquad （式 9.1）$$

式中：CEH_{indx} 为生态健康指数；$INDX_i$ 为第 i 类指标健康指数，不同的生态系统指标类型及其数目不同；P 为评价指标类群数。

依据 CEH_{indx} 的大小，不同的生态系统采用不同标准将各生态系统划分为健康、亚健康和不健康 3 个水平。

"健康"是指生态系统保护其自然属性，生物多样性及生态系统结构基本稳定，生态系统主要服务功能正常发挥，人为活动所产生的生态压力在生态系统的承载力范围之内。

"亚健康"是指生态系统基本维持其自然属性，生物多样性及生态系统结构发生一定程度的改变，但生态系统主要服务功能尚能正常发挥，环境污染、人为破坏、资源的不合理利用等生态压力超出生态系统的承载能力。

"不健康"是指生态系统自然属性明显改变，生物多样性及生态系统结构发生较大程度改变，生态系统主要服务功能严重退化，环境污染、人为破坏、资源的不合理利用等生态压力超出生态系统的承载能力。生态系统在短期内难以恢复。

1）红树林湿地海水环境质量

选择反映海水营养条件的有机碳、无机磷、无机氮和 pH 值指标，采用水健康指数 W_{indx} 对广西红树林生态系统的水质环境进行评价。

$$W_{indx} = \sum W_q / m \qquad\qquad （式 9.2）$$

式中，W_{indx} 为水环境健康指数；W_q 为第 q 项评价指标赋值；m 为评价区域评价指标总数。

当 $5 \leqslant W_{indx} < 8$ 时，水环境不健康；当 $8 \leqslant W_{indx} < 11$ 时，水环境为亚健康；当 $11 \leqslant W_{indx} < 15$ 时，水环境为健康。

按照 9.2 式计算出的广西各红树林区及全区的水环境健康指数列于表 9.25 中。从该表可以看出，广西除廉州湾红树林区外，其他各红树林区的水环境均处于健康状态（$W_{indx} > 11$），而廉州湾红树林区水环境处于亚健康状态（$8 < W_{indx} < 11$）。

表 9.25　广西红树林生态区各季度月水环境营养评价值

海区	春季	夏季	秋季	冬季	全年
珍珠湾	13.8	11.3	13.8	13.8	13.1
钦州湾	12.5	12.5	11.3	15.0	12.8
廉州湾	8.8	10.0	10.0	12.5	10.3
铁山港	10.0	12.5	15.0	15.0	13.1
全海区	11.3	11.6	12.5	13.8	12.3

2）红树林湿地水体污染状况

参考《海水水质标准》（GB 3097—1997）一类海水水质标准各红树林区油类、砷、铅、镉和汞的平均值，按照 9.2 式计算综合污染指数 WP_{indx}（表 9.26），并据此评价红树林区海水的污染状态。从表 9.26 可以看出，广西各红树林区的综合污染指数均大于 11，表明红树林区水体未受到污染。

表 9.26　广西红树林生态区各季度月水体污染评价值

海区	春季	夏季	秋季	冬季	全年
珍珠湾	14.0	14.0	13.0	12.0	13.3
钦州湾	14.0	14.0	14.0	13.0	13.8
廉州湾	13.0	14.0	13.0	13.0	13.3
铁山港	14.0	14.0	13.0	14.0	13.8
全海区	13.8	14.0	13.3	13.0	13.5

3）红树林栖息地健康状况

红树林面积变化、红树林碎化程度和土壤污染程度为参数，计算栖息地指数 E_{ind} 计算（与水环境健康指数计算相似，表 9.27），从表 9.27 可以看出，广西各红树林区的栖息地指数均大于 15，表明红树林栖息地为健康状态。

表9.27　广西红树林生态系统栖息地评价值

指标	珍珠湾	钦州湾	廉州湾	铁山港	全海区
5年内面积减少	20.0	20.0	20.0	20.0	20.0
平均斑块大小 hm^2	20.0	15.0	20.0	20.0	18.8
土壤污染指数	20.0	15.0	20.0	20.0	18.8
综合	20.0	16.7	20.0	20.0	19.2

4）红树林湿地植物生长状况及生物多样性

选择树林群落的生物多样性、自然度、幼苗密度、外来物种比例、底栖动物多样性、虫害发生面积为评价指标，通过计算生物健康指数 B_{indx}，从生物多样性角度评价红树林湿地的健康状态（表9.28）。从表9.28可以看出，从生物多样性来看，廉州湾红树林生态系统处于健康状态（$B_{indx} > 35$），铁山港和珍珠湾红树林生态系统处在亚健康状态（$20 \leqslant B_{indx} \leqslant 35$），而钦州湾红树林生态系统处于不健康状态（$B_{indx} < 20$）。

表9.28　广西红树林生态系统生物指标及赋值

指标		珍珠湾	钦州湾	廉州湾	铁山港	全海区
红树林多样性	H'	0.71	0.46	0.66	0.97	0.7
	赋值	10	10	10	30	15.0
幼苗密度	株/m^2	13	20	29	10	18.0
	赋值	30	30	50	10	30.0
自然度	%	35.7	26.3	33.9	34.5	32.6
	赋值	30	10	30	30	25.0
外来种比例	%	0	18	0.4	17.2	8.9
	赋值	50	10	50	10	30.0
底栖动物多样性	H'	2.13	2.26	2.28	2.83	2.4
	赋值	30	30	30	30	30.0
虫害面积	%	0	18	0	60	19.5
	赋值	50	10	50	10	30.0
综合赋值		33.3	16.7	36.7	20.0	26.7

5）红树林湿地健康状况综合评价

按9.1式计算出综合生态健康指数 CEH_{indx}（表9.29），依据红树林湿地健康水平评价标准（当 $CEH_{indx} \geqslant 75$ 时，生态系统处于健康状态；当 $50 \leqslant CEH_{indx} < 75$ 时，生态系统处于亚健康状态；当 $CEH_{indx} < 50$ 时，生态系统处于不健康状态），对广西各红树林生态系统健康水平评价结果为：珍珠港与廉州湾海区红树林生态系统处于健康状态，钦州湾与铁山港海区红树林生态系统处于亚健康状态，广西红树林生态系统总体上处于亚健康状态。

表 9.29 广西红树林生态系统健康综合指标

指标	珍珠港	钦州湾	廉州湾	铁山港	全海区
水环境	13.1	12.8	10.3	13.1	12.3
水体污染	13.3	13.8	13.3	13.8	13.5
栖息地	20	16.7	20	20	19.2
生物指标	33.3	16.7	36.7	20	26.7
综合	79.7	60	80.3	66.9	71.7

9.3.2 海草湿地

9.3.2.1 海草湿地的景观格局

1）广西海草床分布格局

（1）海草床的区域分布

从广西北海市所拥有的海草分布点是最多，共 42 处，占全广西的 61%；防城港海草分布点，有 18 处，占全广西的 26%；钦州的海草分布点是最少，仅 9 处，占全广西的 13%（表 9.30）。

北海的海草分布在全广西中占绝对优势，面积共 876.1 hm²，占广西海草总面积的 91%；防城港的海草面积为 41.6 hm²，占广西海草总面积的 7%；钦州海草面积最小，仅 17.2 hm²，为广西海草总面积的 2%。北海市、防城港市和钦州市的最大海草床面积分别为 283.1 hm²、64.4 hm² 和 10.7 hm²（表 9.30）。

表 9.30 广西海草在沿海三市的分布统计

	北海市（广西东海岸）	钦州市（广西中部海岸）	防城港（广西西海岸）
海草分布点数量	42（60.9%）*	9（13.0%）*	18（26.1%）*
海草种类	8（100%）*	5（62.5%）*	5（62.5%）*
面积最大海草点/m²	2 831 192	107 316	416 096
总面积/m²	8 760 592（91.5%）*	172 492（1.8%）*	644 270（6.7%）*
平均面积/m²	208 586	19 166	35 793

注：*括号内为占全广西百分比

（2）海草床在堤岸内外的分布

广西有 47.8% 的海草分布点，即 33 处海草分布点位于海堤以外的潮滩上；有 52.2% 的海草分布点位于沿海一些与外海有海水交换的咸水体，如盐场的储水池等。分布外海的海草分布点面积总和为 794.9 hm²，占广西海草总面积的 83.0%；分布于沿海地区的咸水体的海草分布点面积总和为 162.9 hm²，占广西海草总面积的 17.0%（表 9.31）。

表 9. 31　广西海草床岸堤内外分布统计

	堤外	堤内
海草床数量 Count	33（47.8%）*	36（52.2%）*
最小面积/m² Maximum	2 831 192	497 178
最大面积/m² Sum	7 948 757（83.0%）*	1 628 597（17.0%）*
平均面积/m² Mean	240 871	45 239

注：＊括号内为占全广西百分比。

2）广西海草群落

广西出现的海草群落类型总共有 17 种，其中，矮大叶藻群落、喜盐草群落、流苏藻群落、贝克喜盐草群落、矮大叶藻 – 贝克喜盐草群落、喜盐草 – 矮大叶藻 – 二药藻群落、喜盐草 – 矮大叶藻 – 羽叶二药藻群落这 7 种广西主要的海草群落类型，这 7 种群落共有 49 处，占全区海草分布点总数量的 83.1%，总面积为 903.4 hm²，占广西海草总面积的 95.9%（图 9.14）。

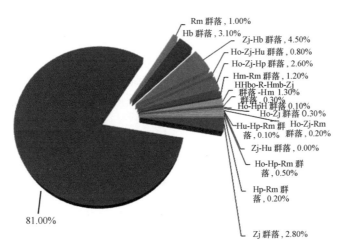

图 9.14　广西的海草群落类型

（1）喜盐草群落

喜盐草群落为广西分布面积最大的海草群落，全广西共有 11 处喜盐草单生的海草群落，面积高达 763.6 hm²，占全区海草总面积的 81.1%。

群落中的喜盐草是广西分布面积最大的海草种类，分布面积高达 808.1 hm²，占全广西海草床总面积 942.2 hm² 的 85.8%（图 9.15）。尤其在广西东海岸铁山港淀洲沙沙背、下龙尾、川江外海与北暮盐场外海占绝对优势。此外，中部海岸的茅尾海、西部海岸的企沙也有小面积的分布。从海草覆盖度来看，以北海铁山港下龙尾最高，达 25%，北海大冠沙 1 其次，覆盖率达 20%，北海竹林外海与北海北暮外海的覆盖度也分别达 13% 和 12%。喜盐草通常只形成单生群落。

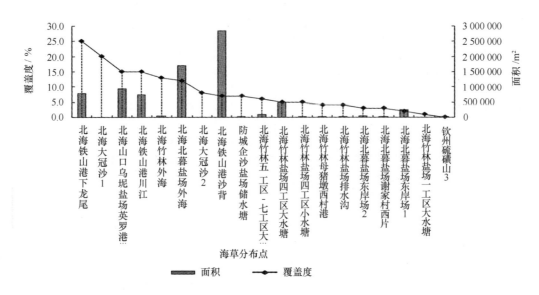

图 9.15　广西沿海喜盐草分布点的覆盖度与面积图

（2）矮大叶藻群落

矮大叶藻群落在广西有最多的分布点，全广西共有 15 处分布点，且分布更均匀，但所占面积较小，全广西矮大叶藻单生群落仅 26.8 hm²，仅占全广西海草总面积的 2.8%。

群落中的矮大叶藻在全区共有 27 处矮大叶藻的分布（图 9.16），总分布面积为 108.3 hm²，占全区海草总面积的 11.5%。其中以防城交东、北海北暮盐场东岸场、北海沙田山寮、北海竹林外海与防城斑埃等处面积最大，尤其以防城交东面积最大，连片面积达 41.6 hm²，占全区矮大叶藻总面积的 38.4%。

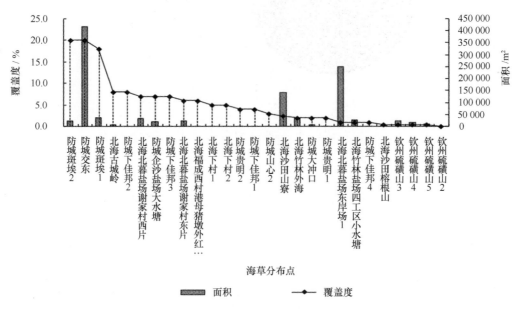

图 9.16　广西沿海矮大叶藻分布点的覆盖度与面积图

从海草覆盖度来看，以防城交东与防城斑埃的矮大叶藻最高，尤其以防城交东的覆盖度最高，达 20%；防城斑埃的矮大叶藻覆盖度也较高，其他分布点的覆盖度都在 10% 以下。超过一半的矮大叶藻分布点其的海草覆盖度都小于5%。

（3）贝克喜盐草群落

单生的贝克喜盐草在广西共有7处，面积达29.0 hm²，占广西海草总面积的3.1%。面积最大的两个贝克喜盐草单生群落在钦州纸宝岭和山口那交河尾，这两处的贝克喜盐草面积占广西贝克喜盐草群落总面积的约2/3。

群落中的贝克喜盐草分布在钦州茅尾海与钦州湾硫磺山、防城山心与下佳邦、北海山口那交河和铁山港沙背、下龙尾等共14处，其中以钦州茅尾海纸宝岭、防城港山心、北海北暮盐场、山口那交河的分布点的覆盖度最高，海草覆盖度都超过15%，尤其是在钦州茅尾海纸宝岭，贝克喜盐草覆盖度高达35%。全区贝克喜盐草总分布面积为86.3 hm²，占全区海草总面积的9.2%，其中以防城港交东、北海北暮盐场、钦州茅尾海纸宝岭和北海山口丹兜那交河四处的贝克喜盐草面积最大，占全区贝克喜盐草总面积的87.6%（图9.17）。

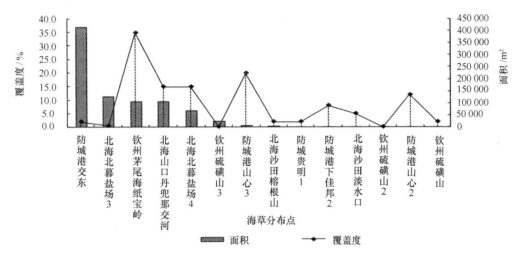

图9.17　广西沿海贝克喜盐草分布点的覆盖度与面积图

（4）流苏藻群落

群落中的流苏藻分布共14处，面积共42.2 hm²，占广西海草总面积的4.5%。海草覆盖度普遍较低，但个别海草分布点的流苏藻覆盖度也可高达30%，例如在钦州沙井，其他13个海草分布点即92.9%的海草分布点的流苏藻覆盖度都是等于或小于10%。

大部分的流苏藻（共有8处，占广西所有流苏藻分布点的57.1%）只形成单优群落；其次与羽叶二药藻同时出现的次数为3次，占所有分布点的21.3%；与喜盐草同时出现的群落为2处，占所有分布点的14.3%；与矮大叶藻、二药藻或贝克喜盐草同时出现的次数都是1次，占所有分布点的7.1%（图9.18）。

（5）矮大叶藻－贝克喜盐草群落

矮大叶藻－贝克喜盐草群落尽管只有5处，但总面积达42.2 hm²，主要集中在防城港珍珠湾一带，钦州湾和北海沙田榕根山有小面积分布。

（6）喜盐草－矮大叶藻－二药藻群落

喜盐草－矮大叶藻－二药藻群落在广西共有两处，都位于北海市辖区，面积共7.1 hm²，占全区海草总面积的0.8%。

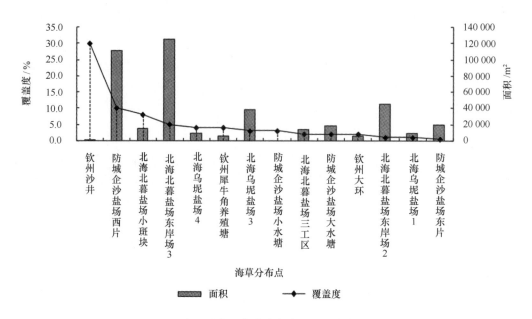

图9.18　广西沿海流苏藻分布点的覆盖度与面积图

其中，群落中的二药藻仅在北海有分布，钦州与防城港未见分布。分布面积也很小，在北海共有4处分布点，面积仅8.2 hm²，占广西总面积的0.9%。从海草覆盖度来看，二药藻普遍都在较低水平，最高的覆盖度只有2%，其他的都只有1%或0.5%（图9.19）。

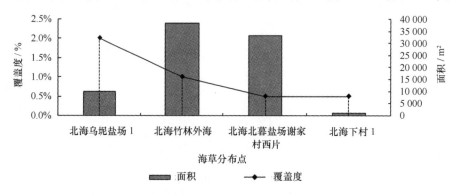

图9.19　广西沿海二药藻分布点的覆盖度与面积图

（7）喜盐草–矮大叶藻–羽叶二药藻群落

仅一处，分布在北海铁山港区，面积达24.9 hm²，占广西海草总面积的2.6%。其中的–羽叶二药藻在北海共有5处分布点，面积仅32.8 hm²，占广西总面积的3.5%，最高的覆盖度只有2%，其他的都只有1%或0.5%（图9.20）。

9.3.2.2　海草生态系统生物多样性

1）海草生态系统浮游植物优势种与生物多样性

（1）浮游植物优势种

铁山港海草区：铁山港海区海草区浮游植物优势种春、秋两季都是以角毛藻为主的硅藻

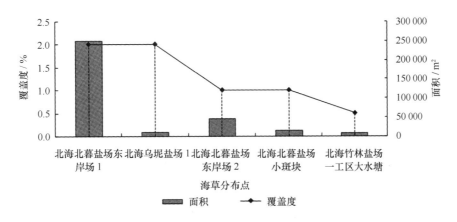

图 9.20　广西沿海羽叶二药藻分布点的覆盖度与面积图

类，但春季航次的优势种出现了颤藻等淡水种类（表9.32）。

表 9.32　铁山港海区海草区浮游植物优势种

航次	种类	优势度（Y）
秋季	海洋曲舟藻（*Pleurosigma pelagicum*）	0.03
	辐杆藻（*Bacteriastrum* sp.）	0.06
	角毛藻（*Chaetoceros* sp.）	0.13
	舟形藻（*Navicula* spp.）	0.02
春季	角毛藻（*Chaetoceros* sp.）	0.10
	劳氏角毛藻（*Chaetoceros lorenzianus*）	0.23
	菱形海线藻（*Thalassionema nitzschioides*）	0.03
	颤藻（*Oscillatoria* sp.）	0.15

珍珠湾海草区：珍珠湾海草区浮游植物优势种全部是硅藻类。秋季以角毛藻 *Chaetoceros* sp. 为最大优势种；春季则以羽纹藻、圆筛藻为主要优势种（表9.33）。

表 9.33　珍珠湾海区海草区浮游植物优势种

航次	种类	优势度（Y）
秋季	角毛藻（*Chaetoceros* sp.）	0.41
	圆筛藻（*Coscinodiscus* sp.）	0.02
春季	羽纹藻（*Pinnularia* spp.）	0.23
	螺端根管藻（*Rhizosolenia cochlea*）	0.09
	圆筛藻（*Coscinodiscus* sp.）	0.21
	舟形藻（*Navicula* spp.）	0.04

（2）浮游植物生物多样性

铁山港海草区：在秋季，铁山港海草区的沙背 S2C 站的各项多样性指数较高，表明该站位秋季浮游植物多样性丰富，其他站位的浮游植物多样性一般，有些站位（如 S1C、S2B）浮游植物多样性较差。春季，大多数的站位浮游植物多样性丰富，只有 S1B 和 S3C 站位浮游植物多样性一般（表9.34）。

表9.34 铁山港海区海草区浮游植物各项多样性指数

断面	站位	丰度 d		均匀度 J		香农多样性指数 H'		多样性阈值 Dv	
		秋季	春季	秋季	春季	秋季	春季	秋季	春季
榕根山	S1B	0.87	0.26	0.89	0.97	1.79	0.97	2.00	1.00
	S1C		1.05		0.45	0.00	1.42		3.17
沙背	S2B	0.00	1.16		0.53	0.00	1.67		3.17
	S2C	1.66	1.22	0.85	0.56	2.71	1.95	3.17	3.46
山寮	S3B	0.51	0.97	0.88	0.22	1.40	0.63	1.58	2.81
	S3C	0.73	0.56	0.75	0.35	1.50	0.71	2.00	2.00

珍珠湾海草区：珍珠湾海区海草区浮游植物多样性春、秋两个季节各项指数都一般，表明珍珠湾海区海草区浮游植物多样性不够丰富（表9.35）。

表9.35 珍珠湾海区海草区浮游植物多样性指数

断面	站位	丰度 d		均匀度 J		香农多样性指数 H'		多样性阈值 Dv	
		秋季	春季	秋季	春季	秋季	春季	秋季	春季
交东	S4B	0.54		0.96		1.53		1.58	
	S4C		1.42		0.96		2.24		2.32
班埃	S5B	1.00	0.79	1.00	0.86	1.00	1.72	1.00	2.00
	S5C	0.50	0.90	0.81	0.84	0.81	1.69	1.00	2.00
班埃	S6B	0.27	0.71	0.62	0.91	0.62	1.45	1.00	1.58
	S6C	0.63		0.77		1.22		1.58	

2）海草生态系统浮游动物优势种与生物多样性

（1）浮游动物优势种

铁山港海草区：与铁山港海区红树林区浮游动物优势种相类似，海草区秋季长腹剑水蚤是最主要的优势种，其次是无节幼体；春季，无节幼体占了绝对优势，此外，春季优势种出现了一些沙壳纤毛虫类（表9.36）。

表9.36 铁山港海区海草区浮游动物优势种

航次	种类		优势度（Y）
秋季	哲水蚤桡足幼体	Calanoida copepodite	0.03
	剑水蚤桡足幼体	Cyclopoida copepodite	0.06
	无节幼体	Nauplius larva	0.25
	长腹剑水蚤1	*Oithona* sp1.	0.28
	欧氏后哲水蚤	*Metacalanus aurivilli*	0.03
	孔雀强额哲水蚤	*Pavocalanus crassirostris*	0.06
	小刺拟哲水蚤	*Paracalanuus parvus*	0.03

续表9.36

航次	种类		优势度（Y）
春季	剑水蚤桡足幼体	Cyclopoida copepodite	0.02
	沙壳纤毛虫	*Tintinnid* spp.	0.03
	无节幼体	Nauplius larva	0.56
	长腹剑水蚤2	*Oithona* sp2.	0.02
	拉鲁网膜虫	*Epiplcylis ralumensis*	0.07

珍珠湾海草区：该区秋季主要的优势种是长腹剑水蚤、无节幼体和剑水蚤桡足幼体；春季的优势种比较多，其中主要的优势种是长腹剑水蚤、剑水蚤桡足幼体和孔雀强额哲水蚤（表9.37）。

表9.37　珍珠湾海区海草区浮游动物优势种

航次	种类		优势度
秋季	无节幼体	Nauplius larva	0.19
	长腹剑水蚤1	*Oithona* sp1.	0.45
	剑水蚤桡足幼体	Cyclopoida copepodite	0.10
	小刺拟哲水蚤	*Paracalanuus parvus*	0.03
	孔雀强额哲水蚤	*Pavocalanus crassirostris*	0.03
春季	无节幼体	Nauplius larva	0.09
	长腹剑水蚤2	*Oithona* sp2.	0.18
	红住囊虫	*Oikopleura rufescens*	0.05
	孔雀强额哲水蚤	*Pavocalanus crassirostris*	0.14
	剑水蚤桡足幼体	Cyclopoida copepodite	0.18
	哲水蚤桡足幼体	Calanoida copepodite	0.03
	多毛类幼体	Polychaeta larva	0.02
	金星幼体	Cypris larva	0.02
	小刺拟哲水蚤	*Paracalanuus parvus*	0.08
	细长腹剑水蚤	*Oithona attenuatus*	0.04

（2）浮游动物的生物多样性

铁山港海草区：该区浮游动物多样性各项指数，春季个别站位（S1B）偏低外，其他站位春、秋两季的各项指数都比较高，表明该区浮游动物春、秋两季浮游动物多样性丰富（表9.38）。

表9.38　铁山港海区海草区浮游动物生物多样性指数

断面	站位	丰度 d		均匀度 J		香农多样性指数 H'		多样性阈值 Dv	
		秋季	春季	秋季	春季	秋季	春季	秋季	春季
榕根山	S1B	1.57	0.53	0.66	0.51	2.27	1.19	3.46	2.32
	S1C	1.80	0.61	0.66	0.53	2.35	1.37	3.58	2.58

续表9.38

断面	站位	丰度 d		均匀度 J		香农多样性指数 H'		多样性阈值 Dv	
		秋季	春季	秋季	春季	秋季	春季	秋季	春季
沙背	S2B	2.26	1.72	0.73	0.73	2.94	2.61	4.00	3.58
	S2C	1.42	2.22	0.75	0.83	2.39	3.15	3.17	3.81
山寮	S3B	0.84	0.61	0.75	0.52	1.95	1.34	2.58	2.58
	S3C	1.35	0.71	0.68	0.50	2.16	1.40	3.17	2.81

珍珠湾海草区：该区各个站位春、秋两季的各项多样性指数都比较高，表明该区春、秋两季浮游动物多样性丰富（表9.39）。

表9.39 珍珠湾海区海草区浮游动物生物多样性指数

断面	站位	丰度 d		均匀度 J		香农多样性指数 H'		多样性阈值 Dv	
		秋季	春季	秋季	春季	秋季	春季	秋季	春季
交东	S4B	1.70	1.78	0.61	0.86	2.20	2.85	3.58	3.32
	S4C	1.43	1.74	0.54	0.79	1.94	2.82	3.58	3.58
班埃	S5B	2.18	1.90	0.69	0.84	2.71	3.00	3.91	3.58
	S5C	1.97	2.21	0.69	0.81	2.38	3.07	3.46	3.81
班埃	S6B	1.42	2.71	0.83	0.86	2.74	3.52	3.32	4.09
	S6C	1.92	1.99	0.89	0.76	3.07	2.83	3.46	3.70

3）海草生态系统大型底栖动物优势种与生物多样性

（1）大型底栖动物优势种

海草区软体动物优势种有：纵带滩栖螺，珠带拟蟹守螺，豆满月蛤，秀丽织纹螺，奥莱彩螺，大竹蛏，四角蛤蜊，非凡智兔蛤，伊萨伯雪蛤，团聚牡蛎，突角镜蛤，透明美丽蛤，笋锥螺，截形白樱蛤，褐玉螺，彩虹明樱蛤和长竹蛏等。

海草区甲壳类优势种有：隆背大眼蟹，长腕和尚蟹，隆线拳蟹，拟脊活额寄居蟹，裸盲蟹，艾氏活额寄居蟹，下齿细螯寄居蟹，沙栖新对虾，钝齿蟳，刀额新对虾，绒螯活额寄居蟹，日本鼓虾，清白招潮，布氏新对虾，凹指招潮等。

扁平蛛网海胆、囊皮赛瓜参和棘刺锚参等是棘皮动物中出现频率较高的种类。

（2）大型底栖动物的生物多样性

广西海草床大型底栖动物群落的种类多样性指数 H' 最高值为3.63，出现在春季S3-A站；最低值为0.73，出现在交东村断面的春季S4-A站。丰富度指数 D 最高值也出现在春季S3-A站，达3.03；最低 D 值出现交东村断面的春季S4-A，为0.39。均匀度 J 值规律与上述2个指数相似，最高和最低值同样出现在S3断面的春季S3-A站和交东村断面的春季S4-A站，数值分别为0.89和0.35。

4）海草床区仔鱼种类

在海草床区采集的仔鱼有鮨属仔鱼、鰕虎鱼科仔鱼、鲷科仔鱼、眶棘双边鱼仔鱼、美肩鳃鳚仔鱼和多鳞鳚仔鱼共6种。其中，鲾属、鰕虎鱼科和鲷科仔鱼3种分布在珍珠湾；眶棘双边鱼、美肩鳃鳚和多鳞鳚仔鱼分布在铁山港。

9.3.2.3　海草湿地海水化学环境

由于广西海草湿地目前研究较为薄弱，尚无充分的资料开展健康型评价。因此本节只给出广西主要海草区的海水化学要素的统计特征。

1）透明度

广西海草生态区的透明度不高，均在 0.1 ~ 3.0 m 之间，年平均值为 1.4 m；呈春夏季低，秋冬季高的变化特征。在区域变化上，除冬季表现为铁山港海区较高外，其余季度月均以珍珠湾海区为高（表 9.40）。

2）溶解氧

广西海草生态区的溶解氧含量在 5.16 ~ 8.20 mg/L 之间，年平均值为 6.84 mg/L；以春季含量最高，秋冬季次之，夏季最低的季节性变化特征出现。在区域分布上，均以铁山港海区明显高于珍珠湾海区（表 9.41）。

表 9.40　广西海草生态区各季度月透明度的含量变化　　　　单位：m

季节	铁山港海区		珍珠湾海区		全海区	
	变化范围	平均值	变化范围	平均值	变化范围	平均值
春季	0.4 ~ 1.2	0.8	0.5 ~ 1.6	1.0	0.4 ~ 1.6	0.9
夏季	0.1 ~ 1.5	0.7	1.0 ~ 1.3	1.1	0.1 ~ 1.5	0.9
秋季	0.8 ~ 3.0	1.7	2.0 ~ 2.5	2.2	0.8 ~ 3.0	1.9
冬季	1.5 ~ 2.5	2.1	1.0 ~ 2.0	1.5	1.0 ~ 2.5	1.8

表 9.41　广西海草生态区各季度月溶解氧的含量变化　　　　单位：mg/L

季节	铁山港海区		珍珠湾海区		全海区	
	变化范围	平均值	变化范围	平均值	变化范围	平均值
春季	6.99 ~ 8.20	7.44	6.87 ~ 7.74	7.17	6.87 ~ 8.20	7.31
夏季	5.75 ~ 6.45	6.07	5.16 ~ 6.12	5.50	5.16 ~ 6.45	5.79
秋季	6.82 ~ 7.51	7.21	6.58 ~ 7.32	7.05	6.58 ~ 7.51	7.13
冬季	7.10 ~ 7.29	7.21	6.93 ~ 7.17	7.07	6.93 ~ 7.29	7.14

3）总碱度

广西海草生态区的总碱度均在 0.46 ~ 2.34 mmol/L 之间，年平均值为 1.81 mmol/L；以春季最高，冬秋季次之，夏季最低。在区域分布上，四个季度月均以铁山港海区较高、珍珠湾海区较低（表 9.42）。

表 9.42　广西海草生态区各季度月总碱度的含量变化　　　　　单位：mmol/L

季节	铁山港海区		珍珠湾海区		全海区	
	变化范围	平均值	变化范围	平均值	变化范围	平均值
春季	2.31~2.34	2.33	2.25~2.31	2.28	2.25~2.34	2.30
夏季	1.26~1.42	1.29	0.46~1.72	1.28	0.46~1.72	1.29
秋季	1.76~1.89	1.84	1.34~1.85	1.65	1.34~1.89	1.74
冬季	2.05~2.08	2.06	1.69~1.88	1.78	1.69~2.08	1.92

4）悬浮物

广西海草生态区悬浮物含量在 1.6~357.5 mg/L 之间，年平均值为 15.33 mg/L；陆源影响最大的夏季含量最高，春季次之，秋冬季最低。在区域分布上，四个季度月均以铁山港海区较高，珍珠湾海区较低（表 9.43）。

表 9.43　广西海草生态区各季度月悬浮物的含量变化　　　　　单位：mg/L

季节	铁山港海区		珍珠湾海区		全海区	
	变化范围	平均值	变化范围	平均值	变化范围	平均值
春季	4.3~26.4	12.8	1.6~6.5	4.0	1.6~26.4	8.4
夏季	14.4~357.5	81.0	3.0~8.4	4.8	3.0~357.5	42.9
秋季	3.0~11.1	6.8	4.6~6.5	5.4	3.0~11.1	6.1
冬季	2.5~5.2	4.3	2.8~5.2	3.5	2.5~5.2	3.9

5）有机碳

广西海草生态区的有机碳含量在 0.71~3.48 mg/L 之间，年平均值为 1.81 mg/L；以春季含量较高，冬季次之，夏季居中，秋季最低。但在区域上却出现了明显的季节性分区现象，春夏季表现为铁山港海区高于珍珠湾海区，而秋冬季则与此相反（表 9.44）。

表 9.44　广西海草生态区各季度月有机碳的含量变化　　　　　单位：mg/L

季节	铁山港海区		珍珠湾海区		全海区	
	变化范围	平均值	变化范围	平均值	变化范围	平均值
春季	2.29~3.48	2.72	2.2~3.07	2.53	2.2~3.48	2.62
夏季	1.44~2.28	1.85	0.71~1.65	1.27	0.71~2.28	1.56
秋季	0.74~1.13	0.98	0.92~1.42	1.19	0.74~1.42	1.09
冬季	1.08~1.41	1.23	1.88~3.22	2.70	1.08~3.22	1.96

6）硝酸盐

广西海草生态区的硝酸盐含量在 0.000 70~0.20 mg/L 之间，年平均值为 0.043 mg/L；以夏季含量最高，秋季次之，冬春季含量较低。在区域分布上，除春季表现为铁山港海区含量较高外，其余季度月均以珍珠湾海区含量为高（表 9.45）。

表 9.45 广西海草生态区各季度月硝酸盐的含量变化   单位：mg/L

季节	铁山港海区		珍珠湾海区		全海区	
	变化范围	平均值	变化范围	平均值	变化范围	平均值
春季	0.028 ~ 0.061	0.042	0.000 8 ~ 0.010	0.005 0	0.000 8 ~ 0.061	0.023
夏季	0.016 ~ 0.19	0.093	0.050 ~ 0.20	0.10	0.016 ~ 0.20	0.097
秋季	0.000 7 ~ 0.006 6	0.002 7	0.029 ~ 0.095	0.054	0.000 7 ~ 0.095	0.028
冬季	0.004 7 ~ 0.008 7	0.006 7	0.005 9 ~ 0.15	0.038	0.004 7 ~ 0.15	0.022

7）亚硝酸盐

广西海草生态区的亚硝酸盐含量在 0.000 06 ~ 0.018 mg/L 之间，年平均值为 0.005 0 mg/L；以夏季含量较高，秋季次之，春季适中，冬季最低。无论季节性还是区域性均与硝酸盐的变化相一致（表 9.46）。

表 9.46 广西海草生态区各季度月亚硝酸盐的含量变化   单位：mg/L

季节	铁山港海区		珍珠湾海区		全海区	
	变化范围	平均值	变化范围	平均值	变化范围	平均值
春季	0.003 9 ~ 0.005 7	0.004 9	0.000 06 ~ 0.001 4	0.000 8	0.000 06 ~ 0.005 7	0.002 9
夏季	0.002 4 ~ 0.013	0.094	0.009 4 ~ 0.016	0.013	0.002 4 ~ 0.016	0.011
秋季	0.000 06 ~ 0.001 1	0.000 71	0.004 6 ~ 0.018	0.009 1	0.000 06 ~ 0.018	0.004 9
冬季	0.000 06 ~ 0.000 12	0.000 08	0.001 6 ~ 0.004 2	0.002 5	0.000 06 ~ 0.004 2	0.001 3

注：最低值 0.000 06 为最低检出限的 1/2。

8）氨氮

广西海草生态区的氨氮在 0.004 4 ~ 0.22 mg/L 之间，年平均值为 0.035 mg/L；呈夏季最高，春、秋季居中，冬季最低的季节性变化特征。区域分布表现为珍珠湾海区高于铁山港海区（表 9.47）。

表 9.47 广西海草生态区各季度月氨氮的含量变化   单位：mg/L

季节	铁山港海区		珍珠湾海区		全海区	
	变化范围	平均值	变化范围	平均值	变化范围	平均值
春季	0.010 ~ 0.044	0.027	0.010 ~ 0.039	0.027	0.010 ~ 0.044	0.027
夏季	0.013 ~ 0.035	0.021	0.069 ~ 0.22	0.13	0.013 ~ 0.22	0.075
秋季	0.004 4 ~ 0.076	0.017	0.004 6 ~ 0.078	0.031	0.004 4 ~ 0.078	0.024
冬季	0.004 6 ~ 0.009 1	0.007 1	0.008 2 ~ 0.030	0.018	0.004 6 ~ 0.030	0.012

9）无机氮

广西海草生态区的无机氮含量在 0.006 3 ~ 0.40 mg/L 之间，年平均值为 0.081 mg/L；具有夏季高,春、秋季居中,冬季较低的季节性变化特征。在四个季度月中,只有春季表现为铁山港海区较高,其余三个季度月均以珍珠湾海区较高(表9.48)。

表9.48 广西海草生态区各季度月无机氮的含量变化   单位:mg/L

季节	铁山港海区		珍珠湾海区		全海区	
	变化范围	平均值	变化范围	平均值	变化范围	平均值
春季	0.042 ~ 0.098	0.074	0.011 ~ 0.045	0.033	0.011 ~ 0.098	0.053
夏季	0.031 ~ 0.23	0.12	0.13 ~ 0.40	0.24	0.031 ~ 0.40	0.18
秋季	0.006 3 ~ 0.08 1	0.021	0.039 ~ 0.19	0.094	0.006 3 ~ 0.19	0.058
冬季	0.011 ~ 0.017	0.014	0.016 ~ 0.16	0.058	0.011 ~ 0.16	0.032

10)溶解态氮

广西海草生态区的溶解态氮含量在0.10 ~ 0.55 mg/L之间,年平均值为0.25 mg/L;以夏季含量最高,秋季次之,冬、春季较低。其中夏季的区域性分布较为一致,其余3个季度月均以铁山港海区较低,珍珠湾海区较高(表9.49)。

表9.49 广西海草生态区各季度月溶解态氮的含量变化   单位:mg/L

季节	铁山港海区		珍珠湾海区		全海区	
	变化范围	平均值	变化范围	平均值	变化范围	平均值
春季	0.1 ~ 0.23	0.16	0.14 ~ 0.22	0.19	0.10 ~ 0.23	0.18
夏季	0.26 ~ 0.43	0.36	0.24 ~ 0.55	0.35	0.24 ~ 0.55	0.35
秋季	0.14 ~ 0.38	0.19	0.22 ~ 0.42	0.30	0.14 ~ 0.42	0.25
冬季	0.16 ~ 0.21	0.18	0.20 ~ 0.23	0.22	0.16 ~ 0.23	0.20

11)总氮

广西海草生态区总氮的含量在0.18 ~ 1.20 mg/L之间,年平均值为0.35 mg/L;具有夏季含量最高,春、秋季居中,冬季较低的季节变化特征。在区域分布上,春、夏季表现为铁山港海区明显高于珍珠湾海区,秋、冬季则与此相反(表9.50)。

表9.50 广西海草生态区各季度月总氮的含量变化   单位:mg/L

季节	铁山港海区		珍珠湾海区		全海区	
	变化范围	平均值	变化范围	平均值	变化范围	平均值
春季	0.34 ~ 0.54	0.43	0.23 ~ 0.28	0.26	0.23 ~ 0.54	0.35
夏季	0.43 ~ 1.20	0.56	0.26 ~ 0.60	0.39	0.26 ~ 1.20	0.47
秋季	0.18 ~ 0.65	0.29	0.27 ~ 0.54	0.38	0.18 ~ 0.65	0.34
冬季	0.18 ~ 0.21	0.20	0.22 ~ 0.29	0.27	0.18 ~ 0.29	0.23

12）无机磷

广西海草生态区的无机磷含量在 0.000 4 ~ 0.008 7 mg/L 之间，年平均值为 0.004 0 mg/L。呈冬、夏季高，春、秋季低的季节分布特征。在区域分布上，除秋季表现为铁山港海区较高外，其余 3 个季度月均以珍珠湾海区为高（表 9.51）。

表 9.51　广西海草生态区各季度月无机磷的含量变化　　　　单位：mg/L

季节	铁山港海区		珍珠湾海区		全海区	
	变化范围	平均值	变化范围	平均值	变化范围	平均值
春季	0.001 7 ~ 0.003 1	0.001 9	0.000 4 ~ 0.003 8	0.002 0	0.000 4 ~ 0.003 8	0.002 0
夏季	0.001 7 ~ 0.008 7	0.004 5	0.003 1 ~ 0.008 7	0.006 8	0.001 7 ~ 0.008 7	0.005 7
秋季	0.002 3 ~ 0.005 1	0.003 1	0.001 7 ~ 0.003 1	0.002 6	0.001 7 ~ 0.005 1	0.002 9
冬季	0.003 1 ~ 0.007 3	0.005 0	0.005 0 ~ 0.008 1	0.006 0	0.003 1 ~ 0.008 1	0.005 5

注：最低值 0.000 4 为最低检出浓度的 1/2。

13）溶解态磷

广西海草生态区的溶解态磷均在 0.006 2 ~ 0.077 mg/L 之间，年平均值为 0.014 mg/L；除夏季明显偏高外，其余 3 个季度月含量较为接近。在区域变化上，除春季表现为珍珠湾海区略高外，其余季度月均以铁山港海区较高（表 9.52）。

表 9.52　广西海草生态区各季度月溶解态磷的含量变化　　　　单位：mg/L

季节	铁山港海区		珍珠湾海区		全海区	
	变化范围	平均值	变化范围	平均值	变化范围	平均值
春季	0.007 1 ~ 0.016	0.012	0.009 3 ~ 0.019	0.013	0.007 1 ~ 0.019	0.012
夏季	0.010 ~ 0.077	0.025	0.013 ~ 0.015	0.014	0.010 ~ 0.077	0.020
秋季	0.007 0 ~ 0.027	0.011	0.007 4 ~ 0.010	0.008 5	0.007 4 ~ 0.027	0.010
冬季	0.010 ~ 0.020	0.014	0.006 2 ~ 0.029	0.012	0.006 2 ~ 0.029	0.013

14）总磷

广西海草生态区总磷的含量在 0.011 ~ 0.21 mg/L 之间，年平均值为 0.026 mg/L；表现为夏季含量较高，春秋季次之，冬季含量最低。在区域分布上，四个季度月均以铁山港海区高于珍珠湾海区（表 9.53）。

15）活性硅酸盐

广西海草生态区的活性硅酸盐含量在 0.10 ~ 2.44 mg/L 之间，年平均值为 0.43 mg/L；径流影响最大的夏季含量最高，秋、冬季次之，春季最低。在区域分布上，4 个季度月均以珍珠湾海区含量较高，铁山港海区含量较低（表 9.54）。

表 9.53　广西海草生态区各季度月总磷的含量变化　　　　单位：mg/L

季节	铁山港海区		珍珠湾海区		全海区	
	变化范围	平均值	变化范围	平均值	变化范围	平均值
春季	0.016~0.048	0.025	0.016~0.022	0.020	0.016~0.048	0.023
夏季	0.021~0.21	0.064	0.018~0.030	0.024	0.018~0.21	0.044
秋季	0.018~0.075	0.026	0.015~0.022	0.017	0.015~0.075	0.022
冬季	0.011~0.024	0.017	0.011~0.018	0.015	0.011~0.024	0.016

表 9.54　广西海草生态区各季度月活性硅酸盐的含量变化　　　　单位：mg/L

季节	铁山港海区		珍珠湾海区		全海区	
	变化范围	平均值	变化范围	平均值	变化范围	平均值
春季	0.098~0.12	0.11	0.11~0.32	0.19	0.10~0.32	0.15
夏季	0.11~0.62	0.35	0.74~2.44	1.32	0.11~2.44	0.83
秋季	0.18~0.26	0.20	0.38~1.07	0.64	0.18~1.07	0.42
冬季	0.17~0.25	0.20	0.28~0.58	0.43	0.17~0.58	0.31

16）油类

广西海草生态区的油类含量在 0.009 2~0.11 mg/L 之间，年平均值为 0.032 mg/L；最高值出现于冬季，春、夏季次之，秋季含量较低。区域分布除春季外，均以珍珠湾海区较高，铁山港海区较低（表9.55）。

表 9.55　广西海草生态区各季度月油类的含量变化　　　　单位：mg/L

季节	铁山港海区		珍珠湾海区		全海区	
	变化范围	平均值	变化范围	平均值	变化范围	平均值
春季	0.020~0.040	0.031	0.009 2~0.094	0.026	0.009 2~0.094	0.029
夏季	0.010~0.065	0.022	0.029~0.041	0.034	0.010~0.065	0.028
秋季	0.011~0.078	0.024	0.019~0.034	0.025	0.011~0.078	0.025
冬季	0.025~0.039	0.030	0.029~0.11	0.059	0.025~0.11	0.044

17）重金属

（1）铜

广西海草生态区的铜含量在 0.17~4.38 μg/L 之间，年平均值为 1.06 μg/L；以夏季含量最高，春季次之，秋冬季含量较低。在区域分布上，除夏季表现为铁山港海区较高外，其余3个季度月均为珍珠湾海区较高于铁山港海区（表9.56）。

表 9.56　广西海草生态区各季度月重金属的含量变化　　　　单位：g/L

因子	季节	铁山港海区		珍珠湾海区		全海区	
		变化范围	平均值	变化范围	平均值	变化范围	平均值
铜	春季	0.47~1.66	1.18	0.88~1.82	1.25	0.47~1.82	1.22
	夏季	0.53~4.38	2.05	0.28~1.14	0.63	0.28~4.38	1.44
	秋季	0.30~1.04	0.45	0.68~1.56	0.97	0.30~1.56	0.71
	冬季	0.17~0.86	0.54	0.73~2.40	1.17	0.17~2.40	0.85
铅	春季	0.35~2.57	1.50	0.23~1.74	0.96	0.23~2.57	1.23
	夏季	0.62~1.55	1.06	0.13~0.42	0.23	0.13~1.55	0.71
	秋季	0.20~0.97	0.52	0.26~0.96	0.59	0.20~0.97	0.56
	冬季	0.43~1.98	0.97	0.81~3.25	1.45	0.43~3.25	1.21
锌	春季	1.95~9.67	5.22	0.51~7.14	3.84	0.51~9.67	4.53
	夏季	8.03~28.01	14.98	29.07~44.10	35.70	8.03~44.10	23.7
	秋季	28.58~46.97	36.11	5.96~49.74	34.37	5.96~49.74	35.24
	冬季	2.14~12.39	5.76	19.27~34.36	27.63	2.14~34.36	16.70
镉	春季	0.004 9~0.030	0.017	0.021~0.046	0.029	0.004 9~0.046	0.023
	夏季	0.025~0.14	0.051	0.004 4~0.031	0.015	0.004 4~0.14	0.038
	秋季	0.005 6~0.024	0.013	0.009 6~0.045	0.020	0.005 6~0.045	0.017
	冬季	0.012~0.11	0.064	0.016~0.038	0.026	0.012~0.11	0.045
铬	春季	0.11~1.00	0.53	0.13~2.36	0.46	0.11~2.36	0.49
	夏季	0.26~3.42	1.26	0.48~1.96	0.90	0.26~3.42	1.08
	秋季	0.67~1.30	1.02	0.14~0.27	0.18	0.14~1.30	0.60
	冬季	0.40~2.17	0.84	0.16~0.45	0.27	0.16~2.17	0.55
汞	春季	0.048~0.15	0.094	0.088~0.19	0.12	0.048~0.19	0.11
	夏季	0.042~0.099	0.064	0.076~0.15	0.11	0.042~0.15	0.087
	秋季	0.11~0.16	0.13	0.21~0.30	0.26	0.11~0.30	0.20
	冬季	0.068~0.12	0.098	0.080~0.12	0.10	0.068~0.12	0.10
砷	春季	0.038~4.04	1.84	0.075~0.45	0.26	0.038~4.04	1.05
	夏季	1.34~5.13	2.07	0.52~1.16	0.90	0.52~5.13	1.49
	秋季	2.75~17.97	12.20	0.62~5.38	2.59	0.62~17.97	7.39
	冬季	0.85~3.21	2.01	0.26~1.74	0.73	0.26~3.21	1.37

（2）铅

广西海草生态区铅含量在 0.13~3.25 μg/L 之间，平均值为 0.93 μg/L，呈冬春季高，夏秋季低的季节变化特征。在区域分布上，春夏季表现为铁山港海区较高、珍珠湾海区较低，秋冬季则与此相反（表 9.56）。

（3）锌

广西海草生态区锌含量在 0.51~49.74 μg/L 之间，年平均值为 20.04 μg/L；呈秋季含量较高，夏季次之，冬季居中，春季较低的季节变化特征。在区域分布上，春、秋季表现为铁山港海区较高，珍珠湾海区较低，冬夏季则与此相反（表 9.56）。

（4）镉

广西海草生态区镉的含量在 0.004 4 ~ 0.14 μg/L 之间，年平均值为 0.031 μg/L；具有冬季含量较高，夏季次之，春秋季较低的季节变化特点。在区域分布上，春秋季表现为珍珠湾海区高于铁山港海区，冬夏季则与此相反（表 9.56）。

（5）铬

广西海草生态区铬含量在 0.11 ~ 3.42 μg/L 之间，年平均值为 0.68 μg/L；具有夏季含量明显偏高，其余季度月明显偏低且量值较为接近的季节变化特征。在区域分布上，四个季度月均以铁山港海区含量较高（表 9.56）。

（6）汞

广西海草生态区汞含量在 0.042 ~ 0.30 μg/L 之间，年平均值为 0.12 μg/L；具有秋季含量高，冬、春季居中，夏季含量较低的季节变化特征。在区域分布上，四个季度月均以珍珠湾海区含量较高，铁山港海区含量较低（表 9.56）。

（7）砷

广西海草生态区的砷含量在 0.038 ~ 17.97 μg/L 之间，年平均值为 2.38 μg/L；秋季位居全年最高值，冬、夏季次之，春季最低。在区域分布上 4 个季度月均以铁山港海区明显高于珍珠湾海区（表 9.56）。

9.4 小结

广西滨海湿地分布广、数量较大、类型丰富。在自岸线向陆域约 5 km 范围内，湿地面积共有 186 691.81 hm²。自然湿地包括 9 种类型，人工湿地包括 5 种类型。红树林、珊瑚礁和海草是广西独具特色的滨海湿地。

广西滨海湿地变化最大的为咸水养殖池（虾塘）。从 1979 年的零散分布发展为 2008 年的 34 091 hm²。在咸水养殖池规模扩大的同时，天然红树林面积大幅度减少，近 20 年里，共有 438.91 hm² 红树林地及其附近的滩涂被转换为虾塘。但是，由于人工种植红树林规模的增大，总体上，广西红树林湿地面积显著增加。

短叶茳芏和由它组成的群落属盐沼泽湿地曾广布于广西海岸带，现面积明显减小，仅见单株或团状零散分布，已基本消失。在高强度的耙贝、挖沙虫及圈地式的贝类与沙虫养殖活动影响下，广西海岸带海草湿地日益受到毁灭的威胁。

在咸水养殖池规模不断扩大的背景下，广西南流江三角洲和钦江三角洲水田大面积咸化，以至部分水田完全丢荒。

第三篇　广西近海资源

10 广西大陆岸线与滩涂资源

从广义上讲，海洋空间资源泛指可供人类开发利用的海岸、海上、海中和海底空间。本章重点阐述广西的海岸空间资源，包括大陆岸线资源和滩涂资源。

10.1 广西大陆海岸线资源

10.1.1 大陆海岸线类型与长度

广西海岸线东起与广东交界处的白沙半岛高桥镇，西至中越边境的北仑河口。大陆岸线类型包括人工岸线、沙质岸线、粉砂淤泥质海岸线、生物海岸线、基岩海岸和河口岸线，其长度分别为 1 280.21 km、111.96 km、110.61 km、89.3 km、30.79 km 和 5.72 km。广西海岸线总长 1 628.6 km（表10.1）。其中，防城港、钦州和北海市管辖岸段的大陆岸线长度分别为 537.79 km、562.64 km 和 528.16 km。

表 10.1　广西岸线类型与长度统计表

区域	岸线类型	长度/km	总长度/km
防城港	人工岸线	395.35	537.79
	河口岸线	1.09	
	沙质海岸	35.22	
	粉砂淤泥质海岸	82.51	
	生物海岸	4.46	
	基岩海岸	19.16	
钦州	人工岸线	445.47	562.64
	河口岸线	1.55	
	沙质海岸	26.14	
	粉砂淤泥质海岸	23.46	
	生物海岸	57.66	
	基岩海岸	8.35	
北海	人工岸线	439.39	528.16
	河口岸线	3.08	
	沙质海岸	50.60	
	粉砂淤泥质海岸	4.64	
	生物海岸	27.18	
	基岩海岸	3.28	
合计		1 628.59	1 628.59

10.1.2 大陆海岸线类型分布

10.1.2.1 防城港市岸线类型与分布

1）东兴市

东兴市位于广西海岸带最西部，岸线以人工岸线为主（表10.2），在金滩地区、京岛地区有部分沙质岸线以及淤泥岸线等，其他类型岸线较少。河口岸线分布于江平江出海口。

表10.2 防城港东兴市海岸线长度与分类统计

区域	岸线类型	长度/km
东兴市	人工岸线	47.04
	河口岸线	0.22
	沙质海岸	3.55
	粉砂淤泥质海岸	2.39
	生物海岸	0.00
	基岩海岸	0.11
合计		53.30

2）防城港市港口区

防城港市港口区包括港口地区和企沙半岛。港口地区人工岸线广泛分布（表10.3），主要以防波海堤和人工填海造陆岸线为主，企沙半岛岸线以自然岸线为主。但是，在港口地区半岛东部，由于人工造陆影响较少，仍然属于由少量以粉砂淤泥岸线为主的自然岸线。而港口区的自然岸线大多在企沙半岛地区，以沙质岸线和淤泥岸线为主，仅有少量基岩岸线。

表10.3 防城港港口区海岸线长度与分类统计

区域	岸线类型	长度/km
港口区	人工岸线	266.74
	河口岸线	0.24
	沙质海岸	20.35
	粉砂淤泥质海岸	45.26
	生物海岸	4.05
	基岩海岸	6.19
合计		342.83

3）防城港市防城区

防城港市防城区包括江山半岛和西湾。以围塘为代表的人工岸线为主（表10.4）。除了人工岸线之外，在江山半岛和西湾保留着较完好的自然岸线，包括沙质岸线、淤泥岸线和基岩岸线，是北部湾地区自然岸线比重最大的地段。

表 10.4　防城港防城区海岸线长度与分类统计

区域	岸线类型	长度/km
防城区	人工岸线	81.57
	河口岸线	0.63
	沙质海岸	11.32
	粉砂淤泥质海岸	34.86
	生物海岸	0.41
	基岩海岸	12.87
合计		141.66

10.1.2.2　钦州市类型与分布

钦州市的海域全部都归钦南区，由于范围跨度较大，因此各种岸线类型都有。人工岸线在钦州港口区形状比较复杂，占比例很大，同时由于钦州海岸线有很多河流汇入，因此拥有一定的河口岸线（表 10.5）。三娘湾、犀牛脚地区自然岸线保护较好，并且生物岸线比例也较大。

表 10.5　钦州市海岸线长度分类统计

区域	岸线类型	长度/km
钦南区	人工岸线	445.47
	河口岸线	1.55
	沙质海岸	26.14
	粉砂淤泥质海岸	23.46
	生物海岸	57.66
	基岩海岸	8.35
合计		562.64

1）茅尾海沿岸

茅尾海地区位于钦州的钦南区西部、钦州市的正下方。在茅尾海的海湾西部，以人工岸线为主，并夹有少量淤泥岸线和基岩岸线，且大多数分布在岸线的"凸"部，岸线走势复杂；在茅尾海的北部湾区，岸线比较简单，自然岸线比例较少，且以粉砂淤泥岸线为主，在滩营河、茅岭江和钦江的出海口为河口岸线。

2）钦州港地区

钦州港地区从 20 世纪 90 年代末开始进行大规模港口建设，其范围包括现钦州港所在地的半岛。钦州港地区虽然以人工岸线为主，但是在西部海岸仍然有总长约 6 km 的粉砂淤泥岸线。而在钦州港地区东部有少量基岩岸线。

3）犀牛脚地区

犀牛脚地区位于钦州市钦南区南部，是钦州地区海洋生态保护较完好的地区。犀牛脚地区的自然岸线保存较完好。自然岸线长度比率超过30%，以沙质岸线为主，有少量基岩岸线，特别是三娘湾旅游区，以沙质岸线为主，旅游资源丰富。

10.1.2.3　北海市类型与分布

1）合浦县

合浦县包括北海市东部和西部，包围北海市城区。人工岸线占绝对优势（表10.6），且以围海造塘岸线为主。在山口镇地区有较大面积的红树林海岸。合浦县的海岸带分为东段和西段（中间被北海市隔开），其中西段是合浦县所在地，东段以公馆镇、白沙镇、山口镇和沙田镇为主。西段岸线比较简单，以人工岸线为主。南流江出海口处岸线稍复杂，由于该出海口淤泥较大，因此岸线自然保存比较好，以粉砂淤泥岸线为主，有少量的河口岸线；东段海岸带以铁山港沿岸为主，包括丹兜海和英罗港地区。在铁山港东面海岸北部，岸线比较复杂，小型海湾很多，以人工岸线为主，仅有少量的自然生物岸线。而在山口半岛地区，海岸线复杂度比较低，岸线平缓，由大量的沙质岸线以及少量的基岩岸线分布。

表10.6　北海市合浦县海岸线长度分类统计

区域	岸线类型	长度/km
合浦县	人工岸线	281.08
	河口岸线	1.97
	沙质海岸	16.31
	粉砂淤泥质海岸	4.41
	生物海岸	24.94
	基岩海岸	0.56
合计		329.28

2）北海市海城区

北海海城区仅包括城市西面临海地区，大多数都是城市海堤，自然岸线很少。主要分布于靠近合浦城市外围海岸带（表10.7）。北海市海城区的比较平缓，复杂程度较低，由于在城市核心地区，因此需要建设大量防波堤，北海海城区北部以人工岸线为主。在冠头领地区，由于是国家保护的森林公园，自然环境保存较好，是海城区主要自然岸线区，以基岩岸线为主。

3）北海市银海区

北海市银海区包括银滩旅游区和北暮盐场区，旅游区人工堤坝很多，盐场由围海盐田的堤坝组成。以人工岸线为主（表10.8），在东部有少量的沙质岸线和基岩岸线。在河口出海口有少量河口岸线，冠头领属于基岩岸线。

表 10.7 北海市海城区海岸线长度分类统计

区域	岸线类型	长度/km
海城区	人工岸线	22.64
	河口岸线	0.01
	沙质海岸	3.96
	粉砂淤泥质海岸	0.00
	生物海岸	0.15
	基岩海岸	0.35
合计		27.12

表 10.8 北海市银海区海岸线长度分类统计

区域	岸线类型	长度/km
银海区	人工岸线	78.51
	河口岸线	0.66
	沙质海岸	7.99
	粉砂淤泥质海岸	0.23
	生物海岸	0.20
	基岩海岸	2.36
合计		89.95

4）北海市铁山港区

北海市铁山港区位于北海市城区东部，包括铁山港、北暮盐场分场等。自然沙质岸线保存较好。所占比例是各个区比例最大（表 10.9）。在铁山港区西南部的海岸线复杂程度低，以自然沙质岸线为主，东部地区铁山港建设以及一些围海建塘养殖，因此以人工岸线为主。

表 10.9 北海市铁山港区海岸线长度分类统计

区域	岸线类型	长度/km
铁山港区	人工岸线	57.16
	河口岸线	0.44
	沙质海岸	22.34
	粉砂淤泥质海岸	0.00
	生物海岸	1.88
	基岩海岸	0.00
合计	六类	81.82

10.1.3 近50年岸线长度变化与人类活动的关系

海岸演变是一个动态、连续的发展过程，它反映了自然、经济和社会综合作用的强弱。在当前的人类活动和频繁的自然灾害影响下，海岸环境的演变程度远远超过历史时期。随着北部湾经济区建设的战略出台和实施，北部湾经济区建设将会使广西海岸带的开发利用不断增多，加剧海岸线的变形及其均衡形态。本节以岸线发生明显变化的区段作为研究对象，通过各区段岸线长度与对应人类活动（如堤坝建设、盐田和虾塘围垦及港湾工程围填海等）的对比研究，揭示人类活动对广西海岸线变化的影响。

10.1.3.1 岸线长度变化趋势

近50年来广西海岸线具有如下变化特征（表10.10和图10.1）：① 从1958年到1970年间，广西大陆海岸线长度锐减；② 从1970年到1990年，海岸线小幅度增长；③ 从1990年代至2000年，岸线长度变短；④ 从2000年初至今，广西海岸线有少量增加。

表10.10　近50年广西海岸线总长度变化统计　　　　　　　　单位：m

序号	时间	岸线长度	序号	时间	岸线长度	序号	时间	岸线长度
1	1958	1 834 408.36	4	1990	1 726 190.24	7	2007	1 628 824.71
2	1970	1 537 180.78	5	1998	1 453 179.54			
3	1980	1 666 734.09	6	2003	1 595 432.10			

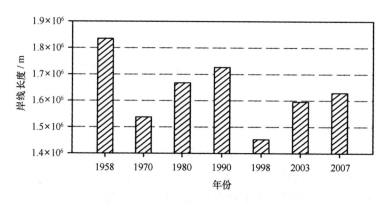

图10.1　近50年广西海岸线总长度变化

10.1.3.2 典型区段的长度变化

广西北仑河口——防城港西湾地区、防城港城区、钦州港口区、北海银海区、铁山港区和英罗港区6个区段的岸线长度变化最为明显（表10.11和图10.2）。对比6个区段岸线总长度和人工岸线长度发现，岸线总长度的变化明显受人工岸线长度变化的制约，特别是在防城港区和钦州港区岸段（表10.12和图10.3）。

表10.11　广西6个区段岸线长度统计结果　　　　　　　　单位：km

时间	北仑河口	防城港区	钦州港区	北海银海区	铁山港区	英罗港区
1958	168.6	无	无	87.9	101.8	31.4
1970	159.8	无	无	86.2	77.8	27.5
1980	172.2	55.3	68.7	101.9	114.4	28.4
1990	198.2	65.4	69.2	81.1	79.9	30.0

续表 10.11

时间	北仑河口	防城港区	钦州港区	北海银海区	铁山港区	英罗港区
1998	164.4	68.2	71.4	63.8	83.0	30.1
2003	179.5	67.9	74.9	87.1	106.9	33.1
2007	143.9	70.4	81.8	82.1	85.1	24.3

表 10.12　6 个区段的岸线类型及其长度统计　　　　　　　　　　　　　单位：km

时间	岸线类型	北仑河口	防城港区	钦州港区	北海银海区	铁山港区	英罗港区
1958	自然岸线	119.0	*	#	57.7	51.9	31.4
	人工岸线	41.6	*	#	30.2	50	0
1970	自然岸线	122.6	*	#	60.3	44.6	14.1
	人工岸线	37.2	*	#	25.9	34.2	13.4
1980	自然岸线	123.6	46.2	51.5	52.2	54	12.2
	人工岸线	48.6	9.1	17.2	49.7	60.4	16.2
1990	自然岸线	128.2	46.7	47.8	46.3	42.7	11.6
	人工岸线	70.2	18.7	21.4	34.7	37.2	18.4
1998	自然岸线	92.2	40.8	46.2	39.2	43.0	9.3
	人工岸线	71.5	27.4	25.2	24.6	40.0	20.8
2003	自然岸线	107.2	36.9	46.7	49.5	37.4	9.2
	人工岸线	73.2	31.0	28.2	37.6	69.5	23.9
2007	自然岸线	62.4	37.0	51.2	40.3	14.6	4.2
	人工岸线	81.5	33.4	30.6	41.8	70.5	20.1

＊ 表示当时防城港的长揽岛未划归海岸线；# 表示钦州港尚未开始建设

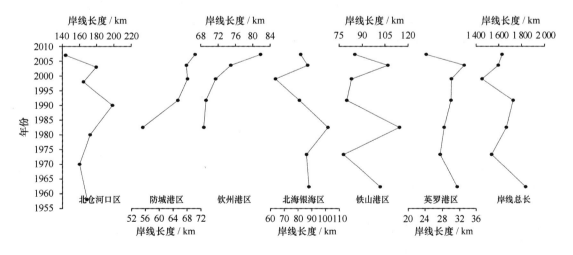

图 10.2　广西 6 个区段岸线长度随时间的变化

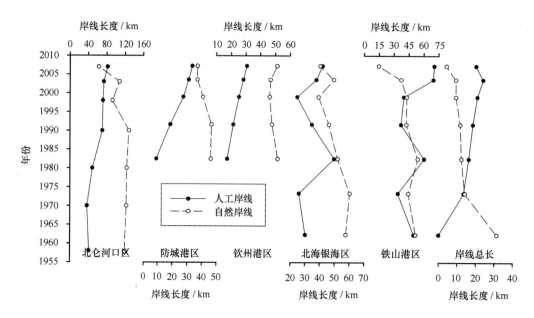

图 10.3 广西 6 个区段人工岸线和自然岸线长度随时间的变化

10.1.3.3 岸线长度变化与人类活动的关系

1）岸线总长度变化与人类活动的关系

（1）1958—1970 年海岸线长度锐减的原因

据 1986 年《广西年鉴》资料，在"大跃进"期间，广西沿海地区进行了大规模的填海造陆工程。特别是在河口地区，直接填海造陆工程导致海岸线界定的入海口跨过岸线，致使岸线长度极大缩短。便于围填造陆的一些小型港湾地区，均被直接围栏，致使原有岸线的复杂程度极大降低，岸线长度减短。

（2）1970—20 世纪 90 年代海岸线小幅度增长的原因

经历了"大跃进"时期盲目的围海造陆工程之后，由于一些造陆工程停滞后带来的负面影响增大，从 1976 年开始拆除原有填海的堤坝（特别是河口地区），使岸线恢复造陆前的旧貌（《广西年鉴》，1992），其复杂度增加，岸线变长。

（3）20 世纪 90 年代至 2000 年海岸线长度变短的原因

90 年代至 2000 年海岸线长度变短的原因一是沿海人工堤坝修建，特别是沿海公路网的修建（《广西年鉴》，2003），导致在江河出海口处直接跨过桥梁界定为人工岸线，极大缩短了定义岸线往河流上游的延伸距离，致使岸线缩短；二是人工填海造塘致使部分小海湾的岸线复杂程度降低，岸线变短。

（4）从 2000 年至今海岸线有少量增加的原因

2000 年至今海岸线有少量增加的原因主要是大型港口建设以及沿海工业基地建设，包括防城港、钦州港和铁山港等的建设，导致人工岸线长度增加，如从 1980 年后，防城港由海岛划归为大陆、江平三岛划归大陆等，均使大陆岸线大幅度向海方向外扩，岸线长度增加。

2）典型区段岸线长度变化与人类活动的关系

如前述，北仑河口——防城港西湾地区、防城港区、钦州港区、北海银海区、铁山港区和英罗港区6个区段的岸线长度变化最为明显。为了研究典型区段岸线长度变化与人类活动的关系，本节在统计典型区段虾塘面积、盐场面积、港口工程围填海面积和人工堤坝长度变化的基础上，揭示人类活动对典型区段岸线长度变化的影响。

（1）围填海面积和堤坝长度变化

自1970年以来，除防城港区外，广西北仑河口、钦州港口区、北海银海区、铁山港区和英罗港区因虾塘、盐场围垦和港口工程导致的围填海面积逐渐增加，特别是在北仑河口防城港西湾地区和钦州港口区增加的最为明显，而在防城港城区，围填海面积则呈现减少的趋势（表10.13和图10.4a）。6个区段人工堤坝的长度则明显增大，其中以1980—2000年间的修建速度为最快；2000年之后，人工海堤的修建速度明显放缓（图10.4b）。

表10.13 6个区段的虾塘、盐场围海、港口工程围填海面积及人工海堤长度统计

类型	年代	北仑河口	防城港区	钦州港区	北海银海区	铁山港区	英罗港区
虾塘面积 /km²	1970	0.27	2.46	0	5.37	1.62	0
	1980	1.67	3.21	0	5.29	1.75	1.79
	1990	6.57	0	0.64	8.41	1.87	2.34
	1998	11.20	0	3.28	12.49	3.65	2.72
	2003	12.75	5.18	5.18	11.23	2.78	2.72
	2007	13.14	0	5.21	10.47	2.55	2.72
盐场面积 /km²	1970	0.25	0	0	11.67	4.69	0
	1980	0.02	0	0	11.67	4.69	0
	1990	0	0	0	11.67	4.69	0
	1998	0	0	0	11.67	4.69	0
	2003	1.93	0	0	11.67	4.69	0
	2007	1.93	0	0.61	11.67	4.69	0
港口工程围填面积 /km²	1970	0	0	0	0	0	0
	1980	0	0	0	0	0	0
	1990	0	0.47	0	0	0	0
	1998	0	2.42	1.37	0	0	0
	2003	0	1.69	1.11	0	1.04	0
	2007	0	2.23	0.46	1.00	1.61	0
海堤长度 /km	1970	32.05	0	0	19.25	16.72	2.45
	1980	43.47	9.15	0	20.11	18.45	2.89
	1990	52.12	18.71	9.21	25.10	23.20	5.67
	1998	49.87	26.59	23.24	31.04	27.43	7.41
	2003	54.52	31.45	26.51	33.02	31.55	7.85
	2007	67.54	33.06	27.47	33.02	31.55	7.85

注：港口工程围填面积均指在上一阶段围填基础上的再围填。

（2）典型区段岸线长度变化与人类活动的关系

尽管广西岸线长度变化总体上呈现出与人工堤坝修建和围填海工程密切相关，但是在6个典型区段内，这种相关关系体现得不尽相同（表10.14）。

表10.14　各区段围填海面积与岸线长度的相关系数

北仑河口	虾塘	盐场	港口	海堤	防城港	虾塘	盐场	港口	海堤
自然岸线	−0.75	−0.64	—	−0.76	自然岸线	0.55	—	−0.95	−0.92
人工岸线	0.94	0.56	—	0.94	人工岸线	−0.83	—	0.92	1.00
总岸线	−0.16	−0.37	—	−0.17	总岸线	−0.95	—	0.78	0.94
钦州港	虾塘	盐场	港口	海堤	银海区	虾塘	盐场	港口	海堤
自然岸线	−0.24	0.56	−0.07	−0.40	自然岸线	−0.81	—	−0.48	−0.78
人工岸线	0.97	0.64	0.96	0.97	人工岸线	−0.28	—	0.31	−0.05
总岸线	0.85	0.89	0.92	0.77	总岸线	−0.74	—	−0.06	−0.54
铁山港	虾塘	盐场	港口	海堤	英罗港	虾塘	盐场	港口	海堤
自然岸线	−0.30	—	−0.94	−0.73	自然岸线	−0.73	—	—	−0.82
人工岸线	0.16	—	0.75	0.61	人工岸线	0.88	—	—	0.92
总岸线	−0.06	—	0.00	0.04	总岸线	0.24	—	—	0.19

北仑河口区：该区内，人工岸线与虾塘面积和人工海堤长度呈高度正相关，相关系数均为0.94，而岸线总长度与人工海堤长度却呈微弱的负相关关系。可见，北仑河口段人工岸线的增长主要与围塘养殖和人工岸堤的修建有关，岸线总长度的减少可能与围塘养殖造成的岸线曲度变小有关。

防城港区：该段人工岸线的长度与港口围填面积和人工海堤长度均呈高度正相关关系，相关系数分别高达0.92和0.99，而与虾塘面积却呈显著负相关关系。表明港口围填海占据了原先的虾塘，高强度的围填海已使防城港段的自然岸线锐减，逐渐被人工岸线所取代，港口围填是该段岸线变化的主要原因。该段的岸线总长度均与港口围填面积和人工海堤长度保持显著正相关。

钦州港区：该段人工岸线的长度与虾塘面积、港口围填面积以及人工海堤的长度均保持高度正相关，表明随着围填海步伐的加快和人工海堤的修建，钦州港段人工岸线的长度不断增加，与此同时，自然岸线的岸线有相应的减少趋势。因此，港口围填是该段人类活动导致岸线变迁的主要类型，推进式围填海也是目前该段人类活动的主要类型。

银海区：该段虾塘面积和人工海堤的长度在近期内已趋于稳定，人工岸线长度与虾塘面积和人工岸堤长度之间无明显的相关关系。总岸线长度与虾塘面积和人工海堤长度均保持较弱的负相关，结合岸线长度数据变化趋势，共同揭示了近期围塘养殖和人工海堤的修建致使该段岸线的曲度有明显的降低趋势，岸线趋于平直，表明该段的人类活动处于滩涂利用的初级阶段。

铁山港区：该段自然岸线长度递减趋势明显，且与虾塘面积、港口围填面积和人工海堤长度均呈负相关，自然岸线逐渐被人工岸线所取代；但是人工岸线与虾塘、人工海堤长度等保持弱的正相关，线性关系不明显。人工岸线的长度呈波动增加趋势，可能与该段非稳定虾塘或其他用海类型的反复移位有关。

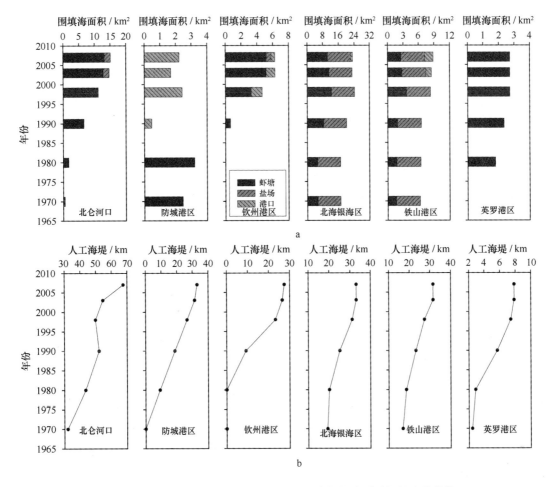

图 10.4　广西 6 个区段围填海面积和人工海堤长度随时间的变化趋势

英罗港区：该段自然岸线逐年递减趋势明显，人工岸线同虾塘面积和人工海堤长度均呈增加趋势，且保持明显的正相关关系；由于虾塘面积在近 10 年内基本保持稳定，因此人工岸堤的修建是造成英罗港段近年来人工岸线不断增加的主要原因。

综上所述：随着人类活动的增加（围塘养殖、盐场建设、港口围填以及人工岸堤的修建等），自然岸线的长度总体呈现逐年递减的趋势，而人工岸线的长度呈逐年增加的趋势。但是，岸线总长度却有不同程度的表现，比如：① 钦州港区和防城港区在人工岸线增加的同时，岸线总长度也呈逐年增长的趋势，表现在推进式围填海导致的岸线突飞猛进；② 其余几段的人工岸线虽有不同程度的增加，但总岸线增加趋势不明显，表现在岸线原有形式的改变，如在原地修建人工岸堤、围塘养殖等，并无大型的涉海工程围填。这几段的人类活动强度相对钦州港区和防城港区而言较弱，尚处于滩涂利用的初级阶段。

10.2　广西潮间带滩涂资源

10.2.1　广西潮间带滩涂类型区域分布状况

按照潮间带地貌类型划分，广西潮间带滩涂包括草滩、沙岛、茂密的红树林滩、稀疏的红树林滩、沙滩、河口边滩、河口心滩、泥滩、砂泥混合滩、岩滩、碎石－砂砾滩和养殖区（表10.15）。滩地总面积约212万亩①（不包括潮间带河道和大型海汊水域）。其中，防城港市约70万亩，钦州市37万亩，北海市105万亩。

表10.15　广西海岸潮间带滩涂类型分布面积统计表　　　　　　单位：亩

滩涂类型	北海市	钦州市	防城港市
草滩	4 144.24	4 200.34	431.51
沙岛	393.83		
茂密的红树林滩	35 483.61	23 652.55	71 344.65
稀疏的红树林滩	19 191.90	10 246.08	8 996.04
沙滩	718 080.15	161 814.86	443 568.97
河口边滩	7 052.81		
河口心滩	3 778.52		
泥滩	68 527.18	14 001.88	18 259.91
砂泥混合滩	101 632.06	102 863.49	44 044.83
岩滩	1 290.20	4 517.24	7 769.14
碎石－砂砾滩	2 990.67	3 685.99	5 923.12
养殖区	79 428.40	39 207.75	85 716.22
潮水沟	4 959.89	1 085.53	1 001.14
潟湖	945.00		
人工围垦	3 922.78	8 035.13	15 480.33
合计	1 051 821.24	370 194.00	702 535.85

10.2.2　广西潮间带滩涂的资源意义

10.2.2.1　已开发利用的潮间带滩涂资源

广西潮间带部分高潮位泥滩、砂泥混合滩和红树林滩及少量的沙滩滩涂已开发为养殖区（虾池、养鱼池等）约20万亩（海岸线以外）；部分中潮位砂泥混合滩和低潮位沙滩、砂泥混合滩被开发为牡蛎桩养区和贝类围网养殖区；部分沙滩被开发为海水浴场和旅游度假区，如防城港市沥尾岛南岸、大坪坡附近的沙滩，钦州市三娘湾，北海市银滩等地的沙滩；大部分溺谷型海湾中的潮间带及附近水道被开发为竹排养殖区；大部分红树林滩被列为国家自然保护区，如防城港市北仑河口国家自然保护、北海市山口红树林保护区等。

10.2.2.2　具有开发利用潜力的潮间带滩涂资源

广西海岸潮间带中潮位和低潮位沙滩、砂泥混合滩面积约150万亩，是一巨大的生物资源区，但是目前开发为牡蛎桩养区和贝类围养区的面积非常有限；广西潮间带的中潮位—低潮位沙滩和砂泥混合滩沙蚕、泥丁、弹涂鱼及贝类资源十分丰富，但目前尚未开发为有计划的养殖、采捕基地。因此，在摸清中潮位—低潮位沙滩区生物资源状况、初级生产力、海洋

---

① 亩为废弃制单位，1亩＝0.066 7公顷。

动力学和沉积动力学特征，进行科学的资源、环境评价基础上，这一区域完全可能成为广西潮间带滩涂资源开发利用的选区。

10.2.2.3 需要保护的滩涂资源

1）高潮位沙滩

广西沙质海岸大部分高潮位沙滩狭窄，不宜开发为海水浴场。此外，由于高潮位沙滩对于海岸稳定性具有重要的保护作用，特别是有高潮位沙滩进流坡保护的海堤，一般不会因波浪的冲击而塌方。因此，高潮位沙滩应当受到严格保护，不允许在高潮位沙滩采砂。高潮位砂砾滩与沙滩的作用一样，也应当受到保护。

2）红树林滩

广西红树林滩面积约17万亩，其中茂密的红树林滩面积达13万亩。由于红树林具有固结泥沙、促进潮滩淤长的作用，而且红树林带生物资源丰富，生物多样性强，因此，为了保护海岸生态环境和生物多样性，不宜将红树林滩开发为养殖池塘。

3）草滩

广西潮间带草滩面积约9 000亩（面积较小的草滩没有统计）。草滩上生物资源丰富，特别是蟹类生物密度非常高。因此，为了保护潮间带生态环境和生物多样性，应加强对草滩的保护。

4）珊瑚礁

涠洲岛低潮带和潮下带及白龙半岛近岸水域都有珊瑚礁分布。由于珊瑚礁对海岸稳定性、海洋生态环境和生物多样性保护具有非常重要的作用，因此应加大保护力度。

10.2.3 近50年滩涂面积变化与人类活动的关系

本节基于历史时期滩涂面积的变化数据，对比分析其与围填海（虾塘、盐场及港口建设等）面积之间的关系，进一步揭示人类活动对滩涂面积变化的影响。

10.2.3.1 滩涂面积变化趋势

近50年来该区沿海滩涂的变化相当明显。考虑到广西海岸的使用和开发历史状况，将广西海岸带滩涂的变化过程分为4个阶段（表10.16和图10.5）。

表10.16 近50年来广西海岸滩涂面积变化 单位：$10^5 \ hm^2$

年 份	1955年	1977年	1988年	1998年	2007年
滩涂面积	1.115	1.008	1.007	0.988	1.416
数据来源	黄鹄等（2007）	黄鹄等（2007）	黄鹄等（2007）	黄鹄等（2007）	海岸带专题成果报告

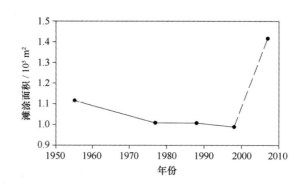

图 10.5　近 50 年来广西滩涂面积变化趋势

第一阶段（1955—1977 年）：广西壮族自治区自成立后，对滩涂进行开发利用的时间基本上也是从 1955 年开始的。"文化大革命"以前，对滩涂的开发基本是无序化、无条文规定的时期，滩涂面积呈减少趋势，22 年间滩涂面积减少了约 10 000 hm²，平均每年减少约 450 hm²。

第二阶段（1978—1988 年）：为中国重振各行业、改革开放的初级阶段，广西滩涂面积基本保持恒定，11 年间滩涂面积仅减少了 88.02 hm²，平均每年仅减少 8 hm²。

第三阶段（1988—1998 年）：为政府对海岸实现有计划、有步骤开发的阶段，滩涂面积呈缓慢减少的趋势，平均每年减少约 170 hm²，10 年间共减少 1 700 hm²。

第四阶段（1998 年至今）：由于滩涂资源类型不同，广西"908 专项"海岸带调查专题获得的滩涂面积资料与历史资料缺乏可比性，因此对于近 20 年的滩涂面积变化不做讨论。

10.2.3.2　滩涂类型的变化

与滩涂面积变化相对应，在 1995—1998 年期间广西潮间带滩涂类型变化也经历了 4 个阶段：

第一阶段（1955—1977 年）：该时段滩涂面积处于递减阶段，滩涂面积减少的类型主要集中在砂砾质滩涂、砂质滩涂、泥质滩涂以及红树林滩涂；而部分滩涂类型的面积却有所增加，如砂泥质滩涂和水草滩涂；在总滩涂面积没有发生明显变化的情况下，部分滩涂发生了类型转换，如砂质滩涂向泥质滩涂转变（图 10.6）。

第二阶段（1978—1988 年）：该时段滩涂面积变化基本不大，但不同类型的滩涂发生了转化，如砂砾质滩涂面积增加了 427.52 hm²，砂质滩涂增加了 2 958.61 hm²，砂泥质滩涂增加了 2 634.79 hm²，水草滩涂面积增加了约 100 hm²（图 10.6）；减少的滩涂类型主要是泥质滩涂和红树林滩涂，泥质滩涂减少 2 067.53 hm²，红树林滩涂减少了 3 617.29 hm²。

第三阶段（1988—1998 年）：这一阶段内滩涂面积总体呈现减少的趋势，但不同类型的滩涂发生了转化（图 10.6），如砂质滩涂增加 1 566.98 hm²，泥质滩涂增加 1 238.60 hm²，红树林滩涂增加 1 355.93 hm²；部分滩涂面积减少，其中砂砾质滩涂减少 241.86 hm²，砂泥质滩涂减少 4 765.26 hm²，水草滩涂减少 759.04 hm²。

第四阶段（1998 年至今）：由于滩涂资源类型不同，广西"908 专项"海岸带调查专题获得的滩涂面积资料与历史资料缺乏可比性，因此对于近 20 年的滩涂面积变化不做讨论。

综上所述，广西近岸滩涂近 50 年来的变化特征如下：

1）在 1955—2007 年的 52 年间，经历了滩涂面积加速递减（1955—1977 年）、滩涂面积

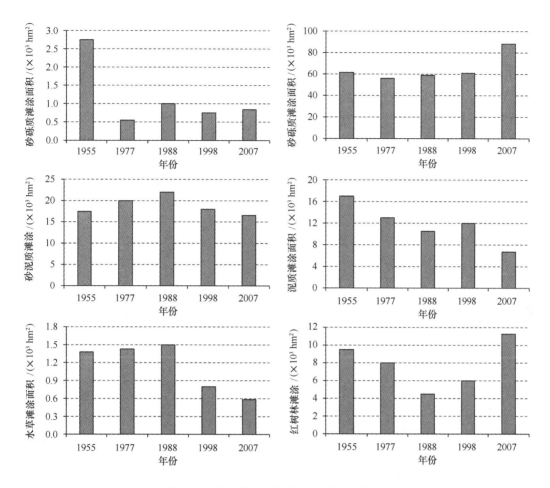

图 10.6 广西海岸滩涂类型及动态变化特征

变化基本不变（1978—1988 年）、滩涂面积再次递减的三个主要阶段（1988 年以来）。

2）滩涂面积变化程度最大的是砂砾质滩涂，其次是泥质滩涂，这两类滩涂面积减少最多、递减速率最快；砂泥质滩涂减少趋势不明显；红树林滩涂经历先减后增的变化。

10.2.3.3 滩涂面积变化与人类活动的关系

如前述，不同的历史时期，广西滩涂面积和滩涂类型与前期相比均发生不同程度的变化。本节借助于近 50 年不同类型滩涂面积与同期人类活动（围填海和海堤修建等）之间的相关关系（表 10.17）分析，深入讨论广西滩涂面积变化与人类活动之间的关系。

表 10.17 近 50 年不同类型滩涂面积与人类活动（围填海和海堤修建）的相关系数

类型	虾塘面积	盐场面积	港口围填	人工海堤
砂砾质滩涂	− 0.66	0.01	− 0.39	− 0.69
砂质滩涂	0.59	0.98	0.80	0.66
砂泥质滩涂	− 0.30	− 0.67	− 0.64	− 0.22
泥质滩涂	− 0.81	− 0.61	− 0.73	− 0.92
水草滩涂	− 0.86	− 0.68	− 0.99	− 0.81
红树林滩涂	0.00	0.82	0.37	0.04

1）面积减少滩涂类型与人类活动的关系

如前述，在广西滩涂类型中，砂砾质滩涂、砂泥质滩涂、泥质滩涂和水草滩涂的面积逐年呈现减少的趋势。这几类滩涂面积均与围填海面积（虾塘、盐场和港口围填）和海堤修建长度保持明显的负相关关系（表 10.17），如砂砾质滩涂面积与人工海堤长度间的相关系数为 −0.69，砂泥质滩涂面积与盐场面积间的相关系数为 −0.67，泥质滩涂面积与人工海堤长度间的相关系数为 −0.92，水草滩涂面积与港口围填面积间的相关系数为 −0.99。以上表明，这几种滩涂类型的减少与虾塘、盐场和港口围填以及人工海堤的修建密切相关，正面临着人类开发、建设活动的压力。

2）面积增加滩涂类型与人类活动的关系

在广西滩涂类型中，砂质滩涂和红树林滩涂面积日趋增加。这两类滩涂面积整体与围填海面积（虾塘、盐场和港口围填）和海堤修建长度保持正相关，尤其是与盐场面积之间保持显著正相关关系（图 10.7）。但是，砂质滩涂与泥质滩涂面积、红树林滩涂与砂泥质滩涂间均却呈明显的负相关关系，表明砂质滩涂和红树林滩涂面积的日趋增加，并不是盐场的修建引起的，而是由于滩涂类型间发生转变的结果，砂质滩涂的增多很可能源自于泥质滩涂的转变。此外，由于砂泥质滩涂利于红树林的生长发育，使其成为红树林人工种植的重要选址，因此随着人工红树林种植步伐的加快，适于红树林生长的砂泥质滩涂逐渐向红树林滩涂转变（图 10.7）。

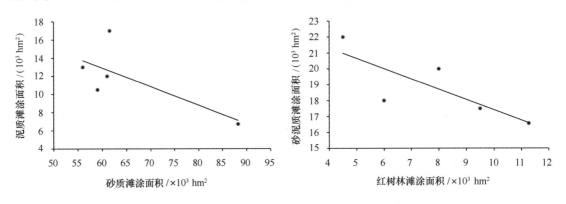

图 10.7　砂质滩涂与泥质滩涂、红树林滩涂与砂泥质滩涂面积间的散点关系

10.3　小结

广西海岸线总长 1 628.6 km。其中，人工岸线总长度的 78.6%；沙质海岸、粉砂淤泥质海岸、生物海岸、基岩海岸和河口岸线长度分别为 120 km、111.6 km、89.3 km、30.8 km 和 5.7 km。

近 50 年来，广西大陆岸线长度和类型发生了显著变化：从 1945—1958 年，大陆岸线呈增长趋势；从 1958—1973 年，大陆岸线长度锐减；从 1973—1990 年，岸线长度基本恢复到 1958 年时期的长度；从 1990—2000 年，岸线总长度减小；从 2000 年至今，岸线长度有少量增加。自然因素（河流入海输沙量的变化）和人类活动（如修筑海堤、用于港口建设的填海造陆、道路和桥梁建设及盐田和虾塘围海等）是导致岸线变迁的主要原因。

广西潮间带滩涂总面积约 212 万亩（不包括潮间带河道和大型海汊水域），其中，红树林滩 168 914 亩，草滩 8 776 亩，它们是需要严格保护的生态型滩涂资源；泥滩 100 789 亩、砂泥混合滩 248 540 亩和沙滩 1 323 464 亩，是可选择性开发的滩涂资源。

近 50 年来，广西滩涂面积和类型发生了显著变化：在 1955—1977 年期间，滩涂面积加速递减；在 1978—1988 年期间，滩涂面积变化基本不变；自 1988 年以来，滩涂面积再次递减。在各类型滩涂中，砂砾质滩涂、砂泥质滩涂、泥质滩涂和水草滩涂的面积呈现减少的趋势，尤以砂砾质滩涂和泥质滩涂面积减少最多、递减速率最快。这几种滩涂类型的减少与虾塘、盐场和港口围填及海堤修建密切相关。

11 广西港口航运资源

广西海岸线东起粤桂交界处的洗米河口（20°54′N，107°29′E），西至中越边境的北仑河口（22°28′N，109°46′E），海岸线长 1 628.59 km（其中防城港市 537.79 km，钦州市 562.64 km，北海市 528.16 km），直线距离为 185 km，海岸线的曲直比高达 8.8 : 1。曲折的海岸线和众多的港湾、水道使广西沿海地区素有天然优良港群之称。

11.1 广西主要海湾

广西近海有铁山港湾、廉州湾、大风江口、钦州湾、防城港湾、珍珠港湾和北仑河口 7 处重要海湾（图 11.1）。其中的铁山港湾、大风江口、钦州湾和防城港湾拥有丰富的港址、锚地和航道资源。

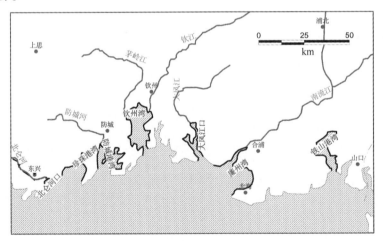

图 11.1 广西近岸重要海湾的分布

铁山港湾，有公馆河、白沙河注入，全湾岸线总长 170 km，海湾面积 340 km²，滩涂面积 173 km²，多年平均潮差为 2.53 m，最大潮差达 5.52 m，属强潮型海湾；廉州湾，有南流江注入，全湾岸线总长 72 km，海湾面积 190 km²，滩涂面积 100 km²，大部分水域比较浅；大风江口，有大风江注入，全湾岸线总长 110 km，海湾面积 68.6 km²，滩涂面积 41 km²，属溺谷型河口湾；钦州湾，由内湾（茅尾海）和外湾（狭义上的钦州湾）构成，有钦江、茅岭江注入，全湾岸线总长 336 km，海湾面积 380 km²，滩涂面积 200 km²；防城港湾，有防城河注入，全湾岸线总长 115 km，海湾面积 115 km²，浅滩发育，大部分区域水较浅；珍珠港湾，全湾岸线总长 46 km，海湾面积 89 km²，滩涂面积 53 km²；北仑河口，全湾岸线总长 75 km，海湾面积 66.5 km²，滩涂面积 44 km²。

11.2　港址资源

　　广西沿岸天然港湾 53 个，可开发的大小港口 21 个。除防城港、钦州港、北海港三个深水港口之外，可供发展万吨级以上深水码头的海湾、岸段有 10 多处，如铁山港的石头埠岸段、北海的石步岭岸段，涠洲岛南湾、防城的暗埠江口、珍珠港等，可建万吨级以上深水泊位 100 多个。至 2008 年年底，广西沿海港口共有泊位 212 个，其中万吨级以上泊位 40 个，码头岸线总长 21.357 km，综合通过能力达到 $9\,206 \times 10^4$ t。

　　根据《广西沿海港口布局规划》和《广西北部湾港总体规划》（2010 年批复），广西北部湾港将形成"一港、三域、八区、多港点"的港口布局体系。"一港"即广西北部湾港；"三域"指防城港域、钦州港域和北海港域；"八区"指规划期内重点发展的 8 个枢纽港区（渔沥港区、企沙西港区、龙门港区、金谷港区、大榄坪港区、石步岭港区、铁山港西港区、铁山港东港区）；"多港点"指主要为当地生产生活及旅游客运服务的规模较小的港点。因此广西的港址资源主要分布在防城港域、钦州港域和北海港域的 8 个港区和多个港点，其岸线分布和主要港址分布分别如图 11.2 和图 11.3 所示。

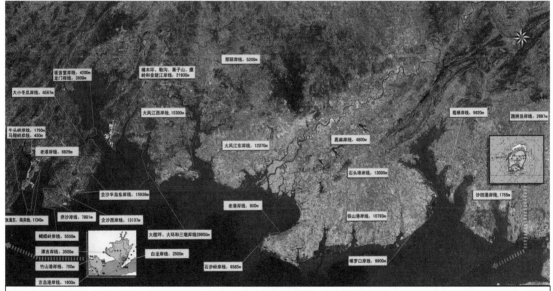

说明：防城港的蝴蝶岭岸线、钦州的三墩岸线、北海的涠洲岛岸线，可作为 15 万吨级及以上原油码头的岸线；防城港的第四港区岸线、企沙半岛西岸线的南段，钦州的果子山岸线、鹰岭岸线、大榄坪岸线、大榄坪南岸线、三墩岸线，北海的铁山港岸线，可作为建设 10 万～20 万吨级干散货码头的岸线；防城港的第二港区和第三港区岸线，钦州的勒沟岸线、大榄坪岸线、大环岸线，北海的石步岭岸线、铁山港岸线，可作建设 5 万吨级及以上集装箱码头的岸线；防城港的蝴蝶岭岸线和渔万半岛东岸线，钦州的鹰岭岸线，北海的铁山港岸线、涠洲岛岸线，可作为建设 5 万～10 万吨级成品油或液化气码头的岸线。小型码头岸线包括潭吉、京岛、竹山、白龙、茅岭、潭油和市边贸岸线等七段岸线，主要从事杂货和对越南的边境贸易。

图 11.2　广西沿海港址岸线分布图

11.2.1　北海港域

　　北海市海岸自粤桂交界的洗米河口至大风江口东侧，有雷州半岛和海南岛掩护，外海波浪影响较小。主要港湾有英罗湾、铁山湾、廉州湾。湾内具有良好的港址。

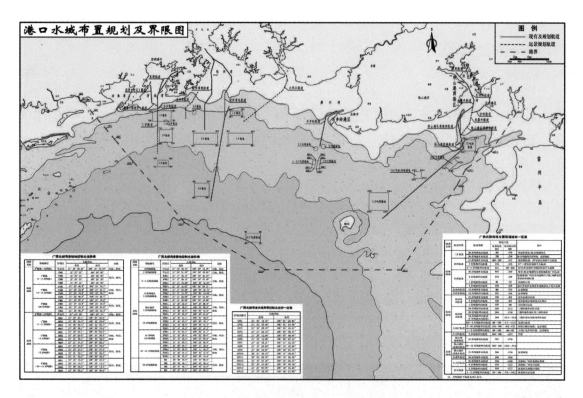

图 11.3 广西近岸主要海湾港址、锚地和航道资源分布

11.2.1.1 铁山湾港址

自彬塘至雷田，岸线长约 25 km。岸线附近的天然深槽水深 5 ~ 15 m，铁山港口外有拦门沙，水深小于 5 m 段约 4 km；8 m 深槽基本贯通，宽度 700 ~ 1 600 m，是铁山湾的潮汐通道。铁山港潮差较大，平均潮差接近 2.5 m，水动力较强，深槽长期稳定。该港址波浪影响较小，推算的 50 年一遇波浪 H1% 仅 4 m。基岩埋深一般在 − 30 m 左右，个别区段较浅，最高为 − 13 m，航道易于开挖。铁山湾及口门附近水域泥沙来源少，每年约 30 × 10⁴ t；沿岸输沙每年约 9 × 10⁴ t 左右；据预测，航道回淤轻微，年回淤量在 100 × 10⁴ m³ 左右（航道长约 27 km）。岸线后方陆域宽阔，为大片的盐田和农田，地势平坦。

11.2.1.2 石步岭港址

位于北海市区的西部、半岛的端部，自地角海军码头至石步岭，岸线长 4 km。岸线附近的自然水深 5 ~ 8 m，− 5 m 等深线平均距岸约 500 m；水域较宽阔，有最大水深达 8.8 m、宽度 800 ~ 1 600 m 的深槽横贯岸线水域，陆域除石步岭和地角岭为低丘外，大多为平地，后方有较大的陆域空间。该港址泥沙来源少，水动力较弱，港池、航道泥沙淤积轻，稳定性较好；现有航道年淤积强度约 0.2 ~ 0.4 m/a，3 ~ 5 年疏浚一次。该岸线有半岛掩护，主要受偏北向小风区波浪和偏西向波浪的影响，但这些方向水域的水深较浅，难以生成大浪，总体上波浪影响不大。

11.2.1.3 涠洲岛港址

涠洲岛距岸约 50 km，港址位于涠洲岛西北部梓桐木至大岭北，长 4 000 m。 –10 m 等深线距岸约 200 m， –20 m 等深线距岸约 2 000 m；水域宽阔，地势平坦，陆域纵深大，海床长期稳定；NE—SW 向有涠洲岛掩护，主要受偏北向风浪影响。

11.2.1.4 大风江东岸港址

位于大风江出海口东侧，长约 5 km。岸线走向为 NW—SE 向，临近大风江口深槽，深槽长约 12 km、水深 5～8 m，最大水深为 8.5 m；深槽南端距外海 –5 m 等深线约 5.5 km，由于大风江年径流量仅 6×10^8 m³，来沙较少，该深槽长期稳定。影响本地的主要波浪是 SE 向，50 年一遇 $H_1\%$ 为 2.4 m。

11.2.2 钦州港域

钦州市海岸从大风江口西岸至钦州湾的西侧。本海区外海波浪影响不大；沿岸可利用的土地宽阔，具有较好的建港条件。

11.2.2.1 大风江西岸港址

该岸段位于钦州市东部大风江口西岸，走向 NW—SE，岸线长度 15.3 km。岸线外深槽、泥沙、条件与北海市大风江东岸相同。

11.2.2.2 钦州湾东岸港址

该岸段位于钦州湾东南侧、金鼓江以东，包括大榄坪岸线、大环岸线和三墩岸线，全长 28.9 km；靠近钦州港出海航道，水深条件好，主要受 S 向波浪影响，50 年一遇 H_1 为 2.0～2.2 m；附近水域无大河注入，陆源泥沙少，以海相来沙为主，水体含沙量小，泥沙淤积较轻，预测港池航道回淤强度为 0.15～0.38 m/a；受潮汐通道涨落潮流的作用，深槽水深稳定；岸线后方为低丘，近岸滩涂可供填海，陆域空间较大，适于开发临港工业；基岩埋深大榄坪一带为 –10～ –20 m，大环一带 –10～ –16 m。

11.2.2.3 钦州湾北岸港址

该岸段位于钦州湾口门的东北部、金鼓江西侧，该岸线长 19.7 km，自北向南依次为勒沟岸线、果子山岸线、鹰岭岸线和金鼓江岸线。该港址靠近钦州湾口门的潮汐通道，大部分为深水岸线，可经深水航道直通外海，掩护条件较钦州湾东岸港址略好；在潮汐通道潮流作用下，深槽稳定；以海相来沙为主，水体含沙量小，港池、航道的回淤强度仅 0.1 m/a 左右；近岸滩涂可供填海造地，陆域空间较大。基岩埋深一般在 –10～ –15 m，金鼓江岸线在 –7～ –17 m。

11.2.2.4 钦州湾西北岸港址

该岸段位于钦州湾口门西岸，包括龙门岸线、观音堂岸线，长 6 km；掩护条件较其他港区好，但水深条件略差、水域面积较窄。该港址的开发对茅尾海的水动力条件影响较大，应给予足够的重视。

11.2.3　防城港港域

防城港市海岸从钦州湾西侧至中越交界的北仑河口，由企沙半岛、渔沥半岛、白龙半岛和沥尾半岛分割成企沙湾、防城湾、珍珠港等海湾，各海湾的岬角水深条件较好，－5 m等深线贯穿各湾口；湾口有深槽，湾内水域宽阔，外海波浪影响较小；无大河注入，泥沙淤积轻微；岸线后方多为低丘和平原，为港口建设提供了较好的条件。

11.2.3.1　红沙沥港址

位于钦州湾外湾西岸、红沙沥至榄埠，长6 km。岸线蜿蜒曲折，有较多岛礁形成对外海波浪的一定掩护作用；距钦州湾西航道约2.5 km，通海条件较好但离岸2 km的水域中岛礁较多，航路较复杂。后方低丘，易形成陆域。

11.2.3.2　赤沙港址

位于企沙半岛端部、防城东湾口门东侧赤沙至石龟头，岸线长6.6 km。岸线前方3 km处有暗埠江深槽，是防城港入海的东航道，港池、航道的可挖性与老港岸线基本相同；港址后方是低丘，易填海造陆，但因位于东港的口门处，大规模填海可能对全湾的水动力条件和港口发展环境产生不利影响。

11.2.3.3　蝴蝶岭港址

位于企沙半岛南端、石龟头至蝴蝶岭以西，岸线长6 km，E—W走向，该港址直面北部湾，掩护条件较差；－10 m等深线距岸4~4.5 km，－15 m等深线距岸8~9 km，水域宽阔、陆域地势平坦，利用空间较大，适于建设大型深水开敞式码头，但码头离岸较远。

11.2.3.4　企沙半岛西岸港址

位于防城东湾东北部、葫芦岭至企沙半岛的赤沙，长约20.8 km，岸线曲折，有榕木江、风流岭江和云约江等小河流入；该港址平均水深小于5 m，水域宽阔，湾汊较多，掩护条件较好，基本不受外海波浪的影响；沿岸陆域多为低丘，开发程度较低。

11.2.3.5　渔沥半岛东岸港址

位于渔漫半岛东侧、防城东湾西岸规划的第四港区北端至葫芦岭，岸线长7.6 km，自然水深较浅；距岸7 km有NE—SW向暗埠江深槽，水深5~13 m，其南端可与－5 m等深线连接，但尚有3 km不足5 m水深的浅段。该港址的掩护条件较好，主要受外海SW向波浪影响，南侧水域50年一遇H1%为2.8 m；水域含沙量较小，淤积轻微。

11.2.3.6　渔沥老港区

位于渔沥半岛的西侧南端，呈S—N走向；自北端的第一作业区至暗埠江南口（规划的第四作业区南端），长6.2 km，基本与进港航道平行。该港址有港区陆域和白龙半岛的掩护，泊稳条件较好；港池和航道具可挖性，航道夏淤冬冲，全年冲淤平衡，回淤量较少，回淤强度约 0.1 m/a，水深长期稳定。港区南部水域较宽阔，北部受防城西湾湾口约束，相对较窄；陆域基本由填海形成，后方为城市，比较拥挤。基岩埋深 −9.9 ～ −21.5 m，由北向南逐渐变深。

11.2.3.7　马鞍岭港址

位于防城港西湾跨海桥西岸至牛头岭之间，岸线长 1 844 m，近南北走向，临近防城港西湾水道，可建 3 个 5 万～10 万吨级邮轮泊位。

11.2.3.8　防城白龙半岛南端港址

现已建设渔货两用港，有大量的渔船、大型货船在此停泊靠岸，港口繁忙；拟建设面向越南的边贸码头、海警码头等。

11.2.3.9　东兴潭吉港址

现有一小型码头，主要从事杂货和对越南的边境贸易；拟建设东兴江平工业集中区的配套港口，服务于地方工业经济发展。

11.2.3.10　京岛港址

位于东兴京岛天鹅湾口门外南侧，主要为当地生产生活及旅游客运服务，建万吨级以下泊位。

11.2.3.11　竹山港址

位于东兴竹山海域沿岸，主要为当地生产生活及旅游休闲服务，岸线 750 m，建 500 吨级以下泊位 5 个。

11.3　锚地资源

11.3.1　防城港域

0#锚地是防城湾的引航检疫锚地，半径 1 000 m；1#锚地为 1 ～3 万吨级船舶待泊及避风的锚地，面积 7.9×4.7 km²；3#锚地为 3 万～15 万吨级船舶引航检疫锚地，面积 5.7×5.6 km²；4#锚地规划设在 3#锚地以南约 8 km 处，为 20 万吨级船舶待泊、检疫锚地，面积 4.5×3.0 km²（图 11.3 和表 11.1）。

11.3.2　钦州港域

0#锚地位于钦州湾西航道进口处西南 5.6 km 处水域，为万吨级锚地，面积 1.6×1.6 km²；1#锚地位于钦州湾 10 万吨级东航道进口东侧约 2.3 km 处，为 1 万～2 万吨级锚地，面积（5×2）km²；2#、3#锚地：位于钦州湾 10 万吨级东航道进口正南方约 7 km 处，为 5 万吨级船舶锚地，面积均为（10×5）km²；4#锚地设在 3#锚地南侧约 17.5 km 处，为 10 万～20 万吨级锚地，面积（6×6）km²（图 11.3 和表 11.1）。

11.3.3 北海港域

11.3.3.1 石步岭港区锚地

石步岭港区分布有不同级别的锚地，其中，万吨级锚地和 2 万吨级锚地半径均为 1 000 m；3 万～5 万吨级锚地、5 万吨级锚地位于石步岭航道进口西南侧约 6.5 km 处，面积均为 3×1.9 km² （图 11.3 和表 11.1）。

表 11.1 防城湾、钦州湾港锚地控制点坐标表

港域名称	锚地编号	控制点	大地坐标		功能
			北纬	东经	
防城港域	0# 锚地（万吨级）	中心点	21°26′59.42″	108°23′25.49″	引航、检疫
	1# 锚地（1 万～3 万吨级）	四至范围	21°27′12″	108°20′05″	待泊、避风
			21°29′44″	108°20′05″	
			21°29′44″	108°24′39″	
			21°27′12″	108°24′39″	
	3# 锚地（3 万～15 万吨级）	四至范围	21°22′06.0″	108°21′43.7″	引航、待泊、检疫
			21°25′10.0″	108°21′43.7″	
			21°25′10.0″	108°24′56.7″	
			21°22′06.0″	108°24′56.7″	
	4# 锚地（20 万吨级）	四至范围	21°16′07.3″	108°21′19.2″	待泊、检疫
			21°17′44.8″	108°21′19.5″	
			21°17′44.5″	108°23′55.6″	
			21°16′06.9″	108°23′55.3″	
钦州港域	0# 锚地（万吨级）	中心点	21°29′28″	108°30′51″	引航、检疫
	1# 锚地（1 万～2 万吨级）	四至范围	21°29′45.1″	108°39′35.9″	待泊、检疫
			21°29′44.4″	108°42′29.6″	
			21°28′39.4″	108°42′29.3″	
			21°28′40.1″	108°39′35.6″	
	2# 锚地（5 万吨级）	四至范围	21°24′24.1″	108°39′03.2″	引航、待泊、检疫
			21°24′22.6″	108°44′50.4″	
			21°21′40.1″	108°44′49.5″	
			21°21′41.5″	108°39′02.5″	
	3# 锚地（5 万吨级）	四至范围	21°24′25.9″	108°30′39.8″	待泊、检疫
			21°24′24.7″	108°36′27.0″	
			21°21′42.1″	108°36′26.3″	
			21°21′43.3″	108°30′39.2″	
	4# 锚地（10 万～15 万吨级）	四至范围	21°12′15.3″	108°30′47.3″	待泊、检疫
			21°12′14.7″	108°34′15.3″	
			21°08′59.6″	108°34′14.6″	
			21°09′00.2″	108°30′46.6″	

11.3.3.2　铁山港区锚地

在铁山港区分布有不同级别的锚地，其中，5 万吨级锚地位于铁山湾进港航道进口东侧，面积 23.5 km²；10 万吨级锚地位于铁山湾进港航道东侧，面积 12 km²；10 万吨级 LNG 船舶锚地位于 10 万吨级锚地西南约 12 km 处，面积 23.4 km²；10 万~15 万吨级锚地位于涠洲岛东北约 7 km 处，面积 64 km²；30 万吨级锚地规划设在钦州湾 30 万吨级东航道起点东南约 21 km、涠洲岛西南约 32 km 处，面积 24 km²（图 11.3 和表 11.2）。

表 11.2　北海港域锚地控制点坐标表

港域名称	锚地编号	控制点	大地坐标		功能
			北纬	东经	
北海港域	万吨级锚地	中心点	21°20′53.16″	109°00′54.38″	引航、检疫
	2 万吨级锚地	中心点	21°20′21.33″	108°58′59.65″	引航、检疫
	3 万~5 万吨级锚地	四至范围	21°17′36.14″	108°58′26.54″	引航、检疫
			21°17′29.13″	108°59′07.49″	
			21°15′34.00″	108°58′45.04″	
			21°15′41.01″	108°58′04.11″	
	石步岭港区5 万吨级锚地	四至范围	21°17′24.80″	108°59′32.74″	引航、检疫
			21°17′17.78″	109°00′13.69″	
			21°15′22.66″	108°59′51.23″	
			21°15′29.68″	108°59′10.29″	
	铁山港区5 万吨级锚地	四至范围	21°22′52.0″	109°34′08.0″	引航、待泊、检疫
			21°20′10.0″	109°34′08.0″	
			21°20′10.0″	109°36′51.0″	
			21°22′52.0″	109°36′51.0″	
	10 万吨级锚地	四至范围	21°18′15.1″	109°31′49.9″	待泊、检疫
			21°16′23.3″	109°29′44.1″	
			21°15′26.6″	109°30′41.3″	
			21°17′18.5″	109°32′47.2″	
	10 万吨级LNG 船锚地	四至范围	21°15′04.3″	109°22′21.7″	引航、待泊、检疫
			21°13′26.8″	109°22′20.8″	
			21°13′25.9″	109°24′04.8″	
			21°15′03.4″	109°24′05.8″	
	10 万~15 万吨级锚地	四至范围	21°09′59.7″	109°11′42.6″	引航、待泊、检疫
			21°05′39.6″	109°11′40.5″	
			21°05′37.5″	109°16′17.6″	
			21°09′57.6″	109°16′19.9″	
	30 万吨级锚地	四至范围	20°59′59.0″	108°43′08.8″	待泊、检疫
			20°59′58.1″	108°46′36.6″	
			20°57′48.1″	108°46′35.9″	
			20°57′49.0″	108°43′08.2″	

11.4 航道资源

广西现有港口进港航道 131 km，其中防城港进港航道共三条：分别为三牙航道 15 万吨级、长 11.7 km，西湾航道（西贤、牛头段）为 5 万吨级，长 5.5 km，东湾航道为 3 万 ~ 5 万吨级，长 8.2 km；钦州港进港航道有西航道和东航道，分别为 1 万吨级和 3 万 ~ 10 万吨级，长度为 24.4 km 和 36 km；北海有石步岭港区航道，为 5 万吨级、长 16.4 km，铁山港区进港航道 3.5 万 ~ 5 万吨级、长 28.8 km。

根据《广西沿海港口布局规划》和《广西北部湾港总体规划》（2010 年批复），广西沿海三市海湾的航道数量和规模大大增加（表 11.3）。

表 11.3 广西北部湾港航道规划一览表   单位：m

港域名称	航道名称	航道规模	航道尺度		备注
			有效宽度	设计底高程	
防城港域	三牙航道	20 万吨级双向航道	365	−17.9	外海至现有 20 万吨级码头
		30 万吨级单向航道	230	−22.0	30 万吨级码头至外海，远景规划
	西湾航道	15 万吨级单向航道	180 ~ 205	−17.3	新西贤航道、19# 泊位以南的牛头航道
		7 万吨级单向航道	130	−12.5	13# ~ 18# 泊位前的牛头航道
		3 万 ~ 5 万吨级单向航道	125	−9.5 ~ 11	13# 泊位北端至中级泊位的牛头航道
	东湾航道	10 万吨级单向航道	165	−13.4	现有 20 万吨级码头至防城港电厂码头段
		5 万吨级单向航道	130	−12.0	防城港电厂码头至风流岭江口段、404# 泊位至赤沙作业区段
		1 万吨级单向航道	80	−7.2	风流岭江段
		5 000 吨级单向航道	75	−5.9	暗埠江口至榕木江港区段
		5 万吨级单向航道	140	−12.0	第五作业区北至东湾液体化工码头北端
	企沙南航道	15 万吨级单向航道	205	−17.3	远景规划
	企沙东航道	10 万吨级单向航道	195	−13.6	远景规划
钦州港域	钦州湾西航道	15 万吨级单向航道	240	−16.1	企沙东港区以南
		5 万吨级单向航道	140	−11.5	企沙东港区南端至大红排石
		1 万吨级单向航道	110	−6.6	大红排石以北
	钦州湾东航道	30 万吨级单向航道	320	−21.3	三墩外港作业区以南
		20 万吨级单向航道	240	−17.6	三墩外港作业区至三墩作业区
		10 万吨级单向航道（5 万吨级船舶双向通航）	240	−13.5 ~ −13.8	三墩作业区至樟木环作业区
		0.5 万 ~ 5 万吨级单向航道	80 ~ 130	−5.1 ~ −11.4	金鼓江航道
	茅岭航道	3 000 吨级单向航道	70	−4.0	
	沙井航道	1 000 ~ 3 000 吨级单向航道	50 ~ 70	−2.3 ~ −4.0	
	大风江航道	5 000 吨级单向航道	70 ~ 85	−5.4	那丽港区以南
		1 000 吨级单向航道	50	−2.3	那丽港区至东场港点
		5 万 ~ 10 万吨级单向航道	130 ~ 190	−11.3 ~ −13.3	滨海公路以南段，远景规划
		1 万 ~ 2 万吨级单向航道	80 ~ 100	−6.6 ~ −8.3	大风江北作业区段，远景规划

续表 11.3

港域名称	航道名称	航道规模	航道尺度		备注
			有效宽度	设计底高程	
北海港域	石步岭航道	5 万吨级单向航道	160 ~ 180	-12.2	全程
	铁山湾进港航道	15 万吨级双向航道	385	-17.6	
	铁山港区进港西航道	10 万 ~ 15 万吨级单向航道	190 ~ 240	-14.0 ~ -17.6	
	铁山港区进港东航道	15 万吨级单向航道	200	-17.6	远景规划
	北暮外航道	10 万吨级单向航道	190	-14.0	
	石头埠航道	10 万吨级单向航道	190	-14.0	北海电厂码头南端以南段
		5 万吨级单向航道	150	-12.2	北海电厂码头以北段
	雷田航道	5 万吨级单向航道	150	-12.2	新龙码头南端以南段
		1 万 ~ 3 万吨级单向航道	95 ~ 140	-7.4 ~ -10.2	新龙码头以北段
	沙田航道	万吨级以下单向航道	100	-7.6	全程

11.5　小结

广西近海有铁山港湾、廉州湾、大风江口、钦州湾、防城港湾、珍珠港湾和北仑河口 7 处重要海湾。其中的铁山港湾、大风江口、钦州湾和防城港湾拥有丰富的港址、锚地和航道资源。

广西沿岸天然港湾 53 个，可开发的大小港口 21 个。除防城港、钦州港、北海港三个深水港口之外，可供发展万吨级以上深水码头的海湾、岸段有 10 多处。在防城港、钦州港、北海港三大港域，有锚地 8 处。

广西现有港口进港航道 131 km，其中防城港进港航道共 3 条：分别为三牙航道（长 11.7 km）、西湾航道（长 5.5 km）和东湾航道（长 8.2 km）；钦州港进港航道有西航道和东航道，长度为 24.4 km 和 36 km；北海有石步岭港区航道，长度为 16.4 km；铁山港区进港航道，长度为 28.8 km。规划航道有 18 条。

12　广西近海砂矿产资源

广西海岸带处于华南褶皱系的西南端，区内广泛发育富含钛铁矿、锆石和电气石等金属矿物的下古生界变种岩系、华力西期和燕山期的酸性和中酸性侵入岩及第四纪松散沉积物。由于该区自中更新世以来处于构造上升状态，导致富含金属矿物的岩系普遍遭受强烈风化剥蚀，岩石风化产物由河流携带入海，为滨海砂矿的形成提供了丰富的物源。本章充分利用广西"908专项"调查成果重点对广西近海的建筑砂、石英砂和重矿物资源进行评价；收集整理广西北部湾油气资源勘探开发资源，归纳总结广西北部湾海底的油气资源分布特征。

12.1　近海建筑砂资源

一般的，富含石英、钾长石和斜长石等矿物的砂质沉积物（包括砂和粉砂质砂）可以作为建筑用砂。本节以广西近海沉积物（潮间带沉积物和海底沉积物）的粒度分析和矿物鉴定资源为依据，以40 cm沉积物为评价对象，沉积物密度选择为砂质沉积物的最小值（2 t/m³），对广西近海表层沉积物进行建筑砂资源评价。

广西近海沉积物粒度分析和沉积物类型研究表明，广西近海砂质沉积物（S）主要分布于潮间带和近岸海底，特别是在南流江三角洲、北海–英罗湾近岸海底和雷州半岛以西海底呈大面积分布，总面积为2 913.55 km²；粉砂质砂沉积物（TS）主要分布于南流江三角洲以外和雷州半岛以西及涠洲岛周边，总面积为1 749.76 km²。沉积物轻矿物分析表明，广西近海富含石英、钾长石和斜长石矿物（含量>80%）沉积物主要分布于珍珠湾、防城湾、钦州湾、廉州湾和铁山港。其分布范围远远小于砂质沉积物分布范围，而且二者并非完全重合（图12.1）。依据滨海建筑砂矿评价准则，将富含石英、钾长石和斜长石矿物砂质沉积物分布

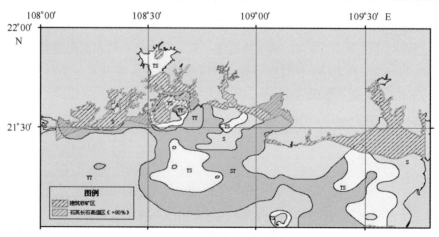

图12.1　广西近海建筑砂矿潜在资源区分布图

区，即富含石英、钾长石和斜长石矿物的沉积物分布与砂质沉积物的分布的重合区作为广西近海建筑砂矿资源的靶区。如此确定的广西近海建筑砂矿的潜在资源区主要分布于铁山港湾、钦州湾、防城湾、珍珠湾和南流江口两侧（图 12.1），总面积为 1 343.12 km²，潜在资源储量为 1 074.496 Mt（表 12.1）。

表 12.1　广西近海建筑砂矿潜在资源评价一览表

序号	中心点经度/°	中心点纬度/°	面积/km²	深度/m	比重/（T·m⁻³）	储量/Mt
1	108.533 969 1	21.856 584 91	23.720 474 12	0.4	2	18.976 379 3
2	108.597 096 3	21.692 600 52	145.860 349 7	0.4	2	116.688 279 8
3	108.822 818 8	21.614 979 09	22.375 910 51	0.4	2	17.900 728 4
4	108.205 518 9	21.555 432 58	113.625 720 4	0.4	2	90.900 576 33
5	108.563 503 2	21.575 295 04	62.391 712 78	0.4	2	49.913 370 23
6	108.982 295 4	21.585 264 19	63.135 884 25	0.4	2	50.508 707 4
7	109.577 162 3	21.005 158 6	20.256 862 49	0.4	2	16.205 489 99
8	108.356 087 3	21.536 460 07	194.837 647 2	0.4	2	155.870 117 8
9	109.078 725 7	21.428 006 53	21.762 196 54	0.4	2	17.409 757 23
10	109.484 522 4	21.426 772 7	675.154 354 3	0.4	2	540.123 483 4

合计：建筑砂矿潜在资源区面积 1 343.12 km²，储量 1 074.496 Mt。

12.2　广西近海石英砂矿资源

近海石英砂矿的资源评价程序与建筑砂评价相似，只是要求砂质沉积物轻矿物中的石英含量达到 90% 以上。广西近海沉积物轻矿物中的石英含量达到 90% 以上的砂质沉积物集中分布于珍珠湾和铁山港两地（图 12.2）。其中，珍珠港石英砂矿分布面积 78.88 km²，储量 63.104 Mt，铁山港石英砂矿分布面积 37.25 km²，储量 29.8 Mt。

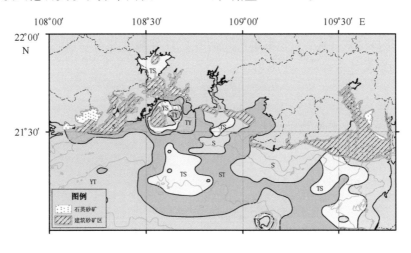

图 12.2　广西近海石英砂矿潜在资源区分布图

12.3　广西近海重矿物资源

在入海的岩石风化产物中，钛铁矿、锆石和电气石等金属矿物是常见的重矿物。这类重矿物在海洋水动力作用下在滨海得以富集，使广西滨海成为钛铁矿、锆石和电气石等金属矿物资源的潜在分布区。

12.3.1　重矿物品位的计算

沉积物在实验室内经前处理，分离出轻、重矿物后，再在显微镜下对轻、重矿物进行鉴定，得到不同单矿物的颗粒百分数。然后，在求得有用矿物在重矿物中的重量基础上，计算出有用矿物的品位。

12.3.1.1　有用矿物在重矿物中的重量计算

1）矿物的颗粒百分数 y（%）计算

$$y = \frac{n}{N} \times 100\% \qquad (式12.1)$$

式中：n——有用矿物的颗粒数；N——矿物总颗粒数。

2）由颗粒百分数（体积百分数）换算成重量百分数

$$x = \frac{y_1 d_1}{y_1 d_1 + y_2 d_2 + \cdots + y_n d_n} \times 100\% \qquad (式12.2)$$

式中：x——重量百分数；$y_1 d_1$——定量矿物的颗粒百分数和相对密度；$y_2 d_2 \cdots y_n d_n$——其他矿物颗粒百分数和相对密度。

如果求单项矿物定量比（如只求钛铁矿重量百分数），则采用公式12.3计算：

$$x = \frac{y_1 d_1}{y_1 (d_1 - d) + 100d} \times 100\% \qquad (式12.3)$$

式中：x——重量百分数；$y_1 d_1$——定量矿物的颗粒百分数和相对密度；d——其余矿物平均相对密度。平均密度 d 按公式3.4求出：

$$d = \frac{y_2 d_2 + y_3 d_3 + \ldots + y_n d_n}{y_2 + y_3 + \ldots + y_n} \times 100\% \qquad (式12.4)$$

式中：y_2、$y_3 \cdots y_n$——定量矿物的颗粒百分数和相对密度；d_2、$d_3 \cdots d_n$——其余矿物的相对密度。

3）有用矿物在重矿物中的重量

$$m = P \times x\% \qquad (式12.5)$$

式中：P——样品中重矿物重量。

12.3.1.2　重矿物品位计算

按上述方法求得的有用矿物重量用 m 表示，这个重量 m 只是在重矿物中的重量，并不是在原始沉积物中的重量，如果需要得到资源量的数据，就需要知道原始沉积物重量，有用矿物在沉积物中的重量百分含量 M 则用 12.6 式或 12.7 式计算：

$$M = \frac{m}{W} \times 100\%$$ （式 12.6）

或

$$M = \frac{P \times x\%}{W} \times 100\%$$ （式 12.7）

式中：W——样品总重量。

某种重矿物的品位 g 为单位体积沉积物中该种重矿物的重量，单位为 kg/m^3。品位等于矿物重量百分含量 M 与容重 G（t/m^3）乘积（12.8 式）。这里，$G = 1.6\ ton/m^3$

$$g = M \times G \times 1\ 000$$ （式 12.8）

某种重矿物的资源量 R（t）为该矿物品位 g 与体积 V 乘积（12.9 式）：

$$R = g \times V/1\ 000$$ （式 12.9）

目前国际上对于海洋砂矿的储量都是以吨为基本数量单位，本次计算的储量也以吨为基本计量单位。

12.3.2 广西近岸海底沉积物潜在重矿物资源分布

12.3.2.1 重矿物（钛铁矿、锆石和电气石）品位异常等级划分

由于目前我国还没有浅海砂矿工业品位和边界品位标准，因此，本节参考谭启新等（1988）提出的砂矿品位异常等级划分标准（表 12.2），将广西近岸沉积物的钛铁矿和锆石的品位异常进行等级划分。由于谭启新等（1988）对电气石并无明确划分，故对电气石不讨论工业品位和边界品位，仅对其进行异常区讨论。以电气石品位大于 $0.25\ kg/m^3$ 为异常圈定界限，同时以 $1\ kg/m^3$、$0.75\ kg/m^3$、$0.5\ kg/m^3$、$0.25\ kg/m^3$ 为界限划分出 5 种品位类型。其中 Ⅰ、Ⅱ、Ⅲ和Ⅳ类型属于电气石品位异常，而Ⅴ类型为品位无异常。

表 12.2 钛铁矿和锆石品位异常等级划分标准（谭启新等，1988） 单位：kg/m^3

品位等级	工业品位	边界品位	Ⅰ级异常品位	Ⅱ级异常品位
钛铁矿	20.0	10.0	5.00	2.5
锆石	2.00	1.00	0.50	0.25

12.3.2.2 广西近岸海底沉积物潜在重矿物资源分布

1）钛铁矿

广西近海钛铁矿物的品位能达到边界品位的站位仅有一站，品位为 $10.041\ kg/m^3$；Ⅰ级异常品位也仅有一站，品位为 $5.843\ kg/m^3$；Ⅱ级异常品位 6 站，其中最大品位 $4.480\ kg/m^3$，最小品位 $2.515\ kg/m^3$，平均品位 $3.487\ kg/m^3$。广西近海钛铁矿物虽有广泛分布，但是品位较低，达不到工业品位，多为Ⅱ级异常品位。Ⅱ级异常品位主要分布于防城港以南企沙西南

海域和钦州湾外围（图12.3）。

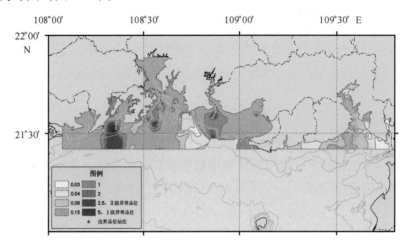

图12.3　广西近海钛铁矿品位分布图

2）锆石

广西近海沉积物中的锆石均未达到工业品位，达到边界品位的站位也仅有3站；而Ⅰ级异常品位、Ⅱ级异常品位的站位则较多，分别有12站和30站（表12.3）。

表12.3　锆石品位异常统计表　　　　　　　　　　　　单位：kg/m³

品位类型	工业品位	边界品位	Ⅰ级异常品位	Ⅱ级异常品位
品位变化范围	2.0	1.00	0.50	0.25
样品数量	0	3	12	30
占总样品数比例/%	0	1	4	10
品位最大值		1.760	0.949	0.495
品位最小值		1.453	0.503	0.254
品位平均值		1.597	0.667	0.341

广西近海锆石品位区域分布与钛铁矿相似，主要分布于各大港湾的外围。防城港南面海域、大风江南面海域、铁山港外南面海域以及北海港均有Ⅱ级品位异常区的分布。锆石Ⅰ级品位异常区分布在北海港外（图12.4）。

3）电气石

广西近海电气品位异常站位有39个，仅占所有站位数的13.87%，品位变化范围为0.26～1.428 kg/m³，平均值为0.535 kg/m³（表12.4），可见电气石在广西近海的成矿前景较差。

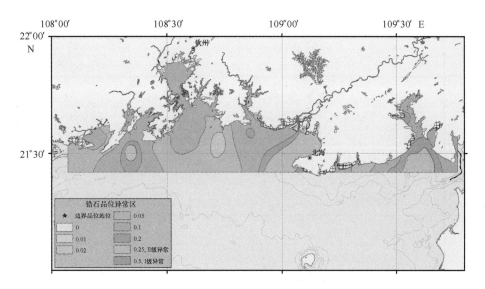

图 12.4　广西近海锆石品位分布图

表 12.4　电气石品位异常统计表　　　　　　　　　　单位：kg/m³

品位类型	I	II	III	IV	V
品位变化范围	>1	1－0.75	0.75－0.5	0.5－0.25	<0.25
样品数量	2	5	8	24	242
占总样品数比例/%	0.71	1.77	2.84	8.54	86.12
品位最大值	1.428	0.996	0.684	0.48	0.246
品位最小值	1.053	0.818	0.512	0.26	0.00
品位平均值	1.24	0.932	0.595	0.36	0.079

　　广西近海电气石的分布主要以Ⅲ类品位异常区和Ⅳ类品位异常区为主，Ⅰ类品位异常和Ⅱ类品位异常分别只有 2 站和 5 站，且分布较散无法构成异常区。Ⅳ类电气石品位异常区主要分布于北海港以及铁山港南面海域，Ⅲ类品位异常区出现在铁山港南面海域（图 12.5）。

12.4　小结

　　广西近海建筑砂矿的潜在资源区主要分布于铁山港湾、钦州湾、防城湾、珍珠湾和南流江口两侧，总面积为 1 343.12 km²，潜在资源储量为 1 074.496 Mt；石英主要分布于珍珠湾和铁山港两地，其中，珍珠港石英砂矿分布面积 78.88 km²，储量 63.104 Mt，铁山港石英砂矿分布面积 37.25 km²，储量 29.8 Mt。

　　广西近海沉积物钛铁矿虽有广泛分布，但是品位较低，达不到工业品位，多为Ⅱ级异常品位，主要分布于防城港以南企沙西南海域和钦州湾外围；锆石均未达到工业品位，Ⅰ级异常品位、Ⅱ级异常品位的站位则较多，主要分布于防城港南面海域、大风江南面海域、铁山港外南面海域以及北海港；电气石的分布主要以Ⅲ类品位异常区和Ⅳ类品位异常区为主，主要分布于北海港以及铁山港南面海域，Ⅲ类品位异常区出现在铁山港南面海域。

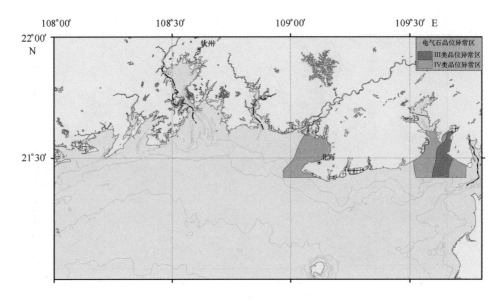

图 12.5　电气石品位异常区分布

13　广西海洋可再生能源

作为可再生能源之一的海洋可再生能源，越来越受到沿海国家的高度重视。自 20 世纪 50 年代开始，我国便断断续续开展了海洋可再生能源的调查工作。广西拥有漫长的海岸线，蕴藏着丰富的潮汐能、潮流能、波浪能、海水温（盐）差能和海洋风能。本章利用最新海洋可再生能源调查成果，归纳、总结广西海洋可再生能源的类型、储量、分布及开发利用现状，开发利用潜力及开发利用的环境影响和社会经济效益。

13.1　广西海洋可再生能源储量、站址分布及资源评价

广西海洋可再生能源包括的潮汐能、潮流能、波浪能、海水温（盐）差能和海洋风能。由于受水文环境的制约，不同类型的能源的潜力存在显著差别。

13.1.1　潮汐能

广西潮汐能理论装机容量为 39.53×10^4 kW，理论年发电量为 34.61×10^8 kW·h；技术可装机容量为 35.15×10^4 kW，技术年发电量为 9.66×10^8 kW·h，仅占全国海洋潮汐能的 1.54%（表 13.1）。

表 13.1　广西潮汐能蕴藏量和技术可开发量统计表

站址名称	地址	潮差/m		技术可开发量		蕴藏量	
		平均	最大	装机容量 /（10^4 kW）	年发电量 /（10^8 kW·h）	装机容量 /（10^4 kW）	年发电量 /（10^8 kW·h）
珍珠港	防城港市	2.35		4.72	1.298	5.31	4.649 1
防城港	防城港市	2.35	5.05	3.43	0.942 9	3.86	3.377 3
企沙港	防城港市	2.35		0.17	0.045 9	0.19	0.164 4
榄埠	防城港市	2.49	5.49	0.13	0.036	0.15	0.129 1
扫把坪	防城港市	2.49	5.49	0.11	0.029 7	0.12	0.106 4
火筒径	防城港市	2.49	5.49	1.16	0.318 7	1.30	1.141 5
龙门港	钦州	2.49		9.00	2.475 5	10.13	8.866 9
金鼓	钦州	2.49		0.81	0.222 1	0.91	0.795 6
犀牛脚	钦州	2.49	5.49	0.10	0.027 5	0.11	0.098 5
大风江	钦州	2.49		3.58	0.984 5	4.03	3.526 4
北海港	北海市	2.49		3.29	0.904 6	3.70	3.240 1
白虎头	北海市	2.49	5.36	0.08	0.020 6	0.08	0.073 7

续表 13.1

站址名称	地址	潮差/m		技术可开发量		蕴藏量	
		平均	最大	装机容量 /（10^4 kW）	年发电量 /（10^8 kW·h）	装机容量 /（10^4 kW）	年发电量 /（10^8 kW·h）
西村	北海市	2.49	5.36	0.33	0.090 1	0.37	0.322 8
白龙	北海市	2.49	5.36	0.18	0.049 7	0.20	0.178
铁山港	北海市	2.52		6.28	1.726	7.06	6.182 3
沙田	北海市	2.52	6.41	1.78	0.490 6	2.01	1.757 1
合计				35.14	9.662 5	39.53	34.609 2

广西是我国沿海潮汐能资源坝址较多的省区，该区潮汐能资源多分布于大风江口以西的钦州市和防城县地区沿海。该区开发条件尚好，有一定开发利用价值。

广西海岸共有潮汐站址 16 个，其中北海市有 6 个，分别位于北海港、白虎头、西村、白龙、铁山港和沙田；钦州市有 4 个，分别位于龙门港、金鼓、犀牛脚和大风江；防城港市有 6 个，分别位于珍珠港、防城港、企沙港、榄埠、扫把坪和火筒径（表 13.1 和图 13.1）。

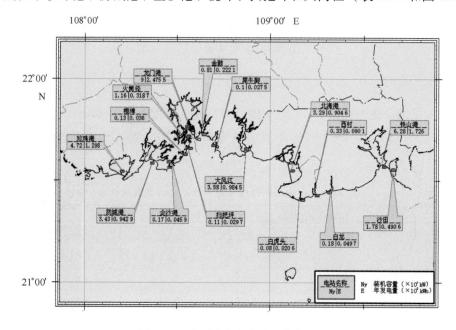

图 13.1 广西沿岸潮汐站址分布图

广西沿海平均潮差在 2～3 m 左右，附近岛周围海域潮差略小。按 10 m 等深线以浅的海域面积进行潮汐能统计算出，潮汐能平均功率密度为 745 kW/km²。广西潮汐能主要分布在钦州湾内，果子山、龙门等区域，平均功率密度可以达到 900 kW/km² 以上，另外，铁山港的石头埠区平均功率密度也近 1 000 kW/km²。

13.1.2 潮流能

广西潮流蕴藏量很低，为 2×10^4 kW，仅占全国的 0.24%；水道（岬）数为 4 条，仅占全国的 4%。潮流资源主要分布于大风江口以西几个湾口和水道处，但其最大流速偏小，功率密度不高（图 13.2），且宽滩水浅，海底底质为淤泥底，开发利用价值较小。

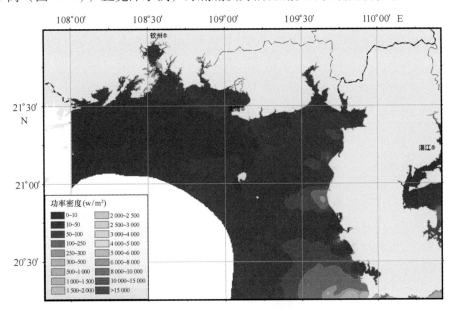

图 13.2　广西沿岸潮流资源平均功率密度分布

13.1.3　波浪能

广西波浪能理论装机容量为 15.26×10^4 kW，理论年发电量为 13.27×10^8 kW·h；技术可装机容量为 8.11×10^4 kW，技术年发电量为 7.10×10^8 kW·h。

广西波浪能资源贫乏，沿岸平均波高均在 0.4 m 左右，最大波高小于 5 m。近岸大部分海域波浪能功率密度小于 1 kW/m，仅涠洲岛外海波浪能功率密度稍大（图 13.3）。广该区波浪能资源开发利用价值很小。

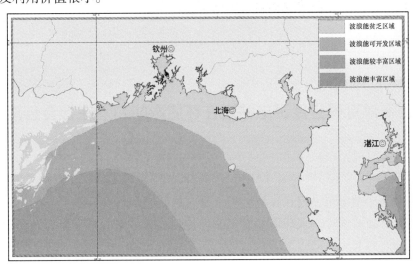

图 13.3　广西波浪能资源区划图

13.1.4 盐差能

广西南流江盐差能理论装机容量为 39×10^4 kW，理论年发电量为 34.2×10^8 kW·h；技术可装机容量为 3.9×10^4 kW，技术年发电量为 3.4×10^8 kW·h，仅占全国的 0.34%。年平均最大功率 58.1×10^4 kW，年平均最小年功率 12.6×10^4 kW；盐差能功率的季节变化明显，夏季功率最大，达 77.3×10^4 kW；春、秋季次之，为 34.1×10^4 kW；冬季最小，仅 12.3×10^4 kW。

13.1.5 海洋风能

广西海洋风能资源总蕴藏量为 $4\,741.9 \times 10^4$ kW，技术可开发量为 $2\,970.5 \times 10^4$ kW，居全国第 7 位。其风能丰富区占北部湾总海域面积的 41.5%（图 13.4）。由于北部湾水深较浅、海浪较小，因此，有利于海洋风能开发利用。

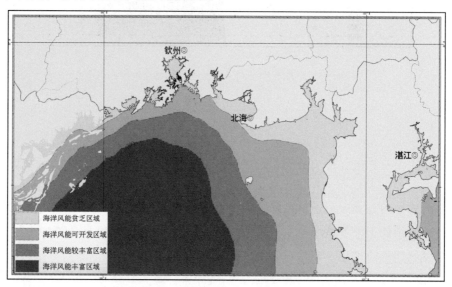

图 13.4　广西壮族自治区近海风能区划

13.2　广西海洋可再生能源电站潜在环境影响和潜在社会经济效益分析

13.2.1 潜在环境影响评价

如果海洋可再生能源电站潜在环境影响评价合格，表示潜在环境影响较小，在可控范围内，环境的安全性风险较小，或环境的恢复能力较强；环境影响模糊综合评价值越高，表示潜在环境影响越小。

13.2.1.1 潮汐能电站的潜在环境影响

采用模糊综合评价模型评价结果表明，广西沿岸 16 个潮汐电站的环境影响综合评价等级为良好（表 13.2），但在全国 180 个潮汐电站址中，都排在 100 名以后，相对靠前的是钦州的犀牛角、北海的北海港和白虎头。

表 13.2　广西沿海潮汐电站站址的环境影响排序

环境影响综合排序	站址名称	所属县市	环境影响综合评价	环境影响综合评价等级
104	犀牛脚	钦州	3.164 9	良
105	北海港	北海市	3.164 9	良
106	白虎头	北海市	3.164 9	良
107	西村	北海市	3.164 9	良
108	白龙	北海市	3.164 9	良
109	铁山港	北海市	3.164 9	良
110	沙田	北海市	3.164 9	良
118	龙门港	钦州	3.159 9	良
119	金鼓	钦州	3.159 9	良
132	防城港	防城港市	3.132 2	良
133	企沙港	防城港市	3.132 2	良
150	珍珠港	防城港市	3.117	良
153	大风江	钦州	3.1149	良
161	榄埠	防城港市	3.099 5	良
162	扫把坪	防城港市	3.099 5	良
163	火筒径	防城港市	3.099 5	良

13.2.1.2　海洋风能、波浪和盐差能电站的潜在环境影响

广西沿海波浪能和海洋风能电站的环境综合影响等级分别为良好和优秀，但在全国 11 个沿海省（市）的排名中依然靠后，分别排在第八位和第九位；河口盐差能电站的环境综合评价等级也为有效，但依然排在全国 22 个统计河口中的第 16 位（表 13.3）。

表 13.3　广西沿海波浪、海洋风能和河口盐差电站站址的环境影响排序

全国排序	能源类型	环境影响得分	评价等级
8	波浪能	3.260 5	良
9	风能	3.684 6	优
16	盐差能	3.794 3	优

13.2.2　潜在社会经济效益

以沿海表征沿海社会、经济的指标为评价因子，采用赋权和专家打分方法，对广西潮汐能、风能和河口盐差能的社会经济影响进行评价。在现阶段，潜在社会经济效益分析合格，表示海洋可再生能源开发利用对社会经济有较好的促进作用；社会经济模糊综合评价值越高，表示潜在社会经济影响越大，海洋可再生能源的开发利用将对当地的社会经济发展起到较大

的促进作用。

13.2.2.1 潮汐能的社会经济效益

在全国沿海 181 个潮汐能电站综合评价中，除北海白虎头站址属于优秀等级外，广西其他 15 个潮汐能电站的社会经济效益排名都在 130 名以后，评价等级皆为良好（表 13.4）。

表 13.4 广西潮汐能电站潜在社会经济影响综合评价

站址名称	所属县市	社会经济影响 模糊综合评价	社会经济影响 模糊综合评价等级
白虎头	北海市	3.425 1	优
珍珠港	防城港市	3.188 6	良
防城港	防城港市	3.188 6	良
企沙港	防城港市	3.188 6	良
榄埠	防城港市	3.188 6	良
扫把坪	防城港市	3.188 6	良
火筒径	防城港市	3.188 6	良
龙门港	钦州	3.188 6	良
金鼓	钦州	3.188 6	良
犀牛脚	钦州	3.188 6	良
大风江	钦州	3.188 6	良
北海港	北海市	3.188 6	良
西村	北海市	3.188 6	良
白龙	北海市	3.188 6	良
铁山港	北海市	3.188 6	良
沙田	北海市	3.188 6	良

13.2.2.2 波浪能、海洋风能和河口盐差能的社会经济效益

广西沿海波浪能和海洋风能的潜在社会经济效益综合评价等级为良好，在全国 11 个沿海省（市）排名中都位居第八位；南流江口盐差能的社会经济效益综合评价等级为良好，在统计的全国 22 个河口中，位居第 21 位（表 13.5）。

表 13.5 广西沿海波浪、海洋风能和河口盐差能的社会经济影响排序

全国排序	能源类型	环境影响得分	评价等级
8	波浪能	3.260 5	良
8	风能	3.260 5	良
21	盐差能	3.238 7	良

13.3　广西近海可再生能源开发利用潜力

根据可再生能源的技术可开发量、环境影响和社会经济效益综合评价对潮汐能、波浪能、

海洋风能和河口盐差能的开发利用潜力进行评价。

13.3.1　潮汐能的开发利用潜力

在全国沿海 181 个潮汐能电站开发利用潜力综合评价中，广西有 3 处站址排在前 50 位，分别为钦州的龙门港、北海的铁山港和防城港的珍珠港；排在前 50～100 位之间的有 6 处站址，分别为钦州市的大风江河金鼓、北海市的北海港和沙田及防城港市的防城港和火筒径；其他站址都排在 125 位之后（表 13.6）。

表 13.6　广西潮汐能电站开发利用潜力排序

开发利用 潜力排序	站址名称	所属县市	技术可开发量 /（10⁴ kW）	环境影响模量 /（10⁴ kW）	社会经济影响 模糊综合评价
28	龙门港	钦州	9.002	3.1	3.425 1
37	铁山港	北海市	6.276	3.164 9	3.425 1
47	珍珠港	防城港市	4.72	3.289 8	3.546 2
52	大风江	钦州	3.58	3.212 8	3.166 2
53	防城港	防城港市	3.429	3.182 4	3.425 1
54	北海港	北海市	3.289	3.095 2	3.425 1
71	沙田	北海市	1.784	3.240 5	3.767 3
83	火筒径	防城港市	1.159	3.212 8	3.425 1
96	金鼓	钦州	0.808	3.164 9	3.188 6
125	西村	北海市	0.328	3.086 2	3.425 1
139	白龙	北海市	0.181	3.274 4	3.498 8
140	企沙港	防城港市	0.167	3.212 8	3.619 9
151	榄埠	防城港市	0.131	3.099 5	3.188 6
156	扫把坪	防城港市	0.108	3.212 8	3.619 9
160	犀牛脚	钦州	0.1	3.176 3	3.498 8
167	白虎头	北海市	0.075	3.114 2	3.546 2

13.3.2　波浪能、海洋风能和河口盐差能的开发利用潜力

在全国 11 个沿海省（市）的波浪能和海洋风能开发利用潜力排名中，广西的波浪能和海洋风能开发利用潜力排名分别为 10 位和第 7 位；南流江口盐差能的开发利用潜力在统计的全国 22 个河口中，位居第 15 位（表 13.7）。

表 13.7　广西沿海波浪、海洋风能和河口盐差能的开发利用潜力排序

全国排序	技术可开发量/（×10⁴ kW）	能源类型	环境影响得分	社会经济效益得分
10	8.11	波浪能	3.260 5	3.684 6
7	2 970.5	风能	3.260 5	3.684 6
15	3.9	盐差能	3.238 7	3.794 3

13.4　小结

与全国其他沿海省（市）相比，除潮汐能外，广西其他海洋可再生能够相对贫乏。在潮汐能电站站址中，钦州的龙门港、北海的铁山港和防城港的珍珠港是最有开发潜力的潮汐能电站站址。在未来开发利用海洋可再生能源规划中，应优先考虑潮汐能，其次为海洋风能。

14　广西近海生物资源

广西滨海位于广西最南端，濒临北部湾顶部，属于热带季风气候。温湿的气候条件和充沛的降雨使这里适于植物的生长。但是，由于土壤为砖红壤性土，相对贫瘠，又限制了植物的生长发育。两种因素相互制衡，导致广西滨海植被独具特色；广西北部湾栖息着鱼类 500 多种，虾类 200 余种，头足类近 50 种，蟹类 190 余种，还有种类众多的贝类、藻类和其他种类，其中有儒艮、中国鲎、文昌鱼、海马、海蛇等珍稀或重要药用生物。举世闻名的合浦珍珠也产自这一海域。本章归纳、总结广西滨海植被的特征，并在总体介绍广西近海生物资源种类的基础上，重点介绍广西近海具有经济价值的生物资源。

14.1　广西滨海植被资源

14.1.1　滨海植被分类依据

植被类型的分类基本按照全国统一的分类系统，即采用《中国植被》中的生态外貌、优势种和动态变化分类原则。次生常绿季雨林片往往受人为影响较大，使建群种数量很少，对此采用标志种分类。广西海岸带内低丘、台地的次生灌丛是森林破坏后演替过程中的一个阶段，群落中都含有灌木、乔木幼树和草本，各类群在其中的地位完全是人为高强度利用下形成的，在全年生长的气候条件下极不稳定，因此，把这类次生灌丛归并为灌草丛。

14.1.2　滨海主要植被类型及其分布

14.1.2.1　天然植被类型与分布

广西海岸带滨海约 5 km 范围内的天然植被包括针叶林、常绿季雨林、红树林、竹林、灌草丛、滨海沙生植被、水生植被等 7 种类型。

1）针叶林

广西滨海的针叶林有马尾松林和南亚松林。针叶林在沿海三市均有分布，但仅在防城港市境内有大面积分布（图 14.1），总面积约 32 428 hm²；钦州市仅在金鼓江、鹿耳环江和大风江两岸有少量分布，总面积约 3 985 hm²。东岸段北海市仅在冠头岭、铁山港湾顶部有分布，面积约 572 hm²。

（1）南亚松林

南亚松林在广西目前已处于濒危状态，仅在西岸段企沙半岛残留小片林。南亚松片林主要包括以下 3 类群落：

南亚松、马尾松－桃金娘－纤毛鸭嘴草群落：主要分布在企沙半岛南半部的村间路旁和农田间的台地。林下灌木、幼树多被割，大多数不连续成片，主要伴生种有越南油茶、海南密花树、长叶柞木、桃金娘、酸藤果、山石榴、细叶谷木、小叶乌药、红鳞蒲桃、打铁树等。

南亚松、红鳞蒲桃、假鹰爪群落：该群落在企沙镇簕山村边，该片林原为南亚松纯林，由于大量阔叶树侵入及人为活动强烈，发展为针、阔分明的复层林，经择伐后较能耐阴的阔叶树种红鳞蒲桃、海南拉攀木、长叶山竹子、豺皮樟等在半荫蔽下得到迅速发展。

南亚松－桃金娘－芒穗鸭嘴草群落：本群落分布在企沙镇大板村平原台上。乔木幼树共有10种，均为阔叶类，有潺槁树、打铁树、豺皮樟、乌脚木、异株木犀榄、厚叶灰木等，同灌木一样被定期采割做薪材，难生长成乔木，群落将继续保持单纯单层林相。

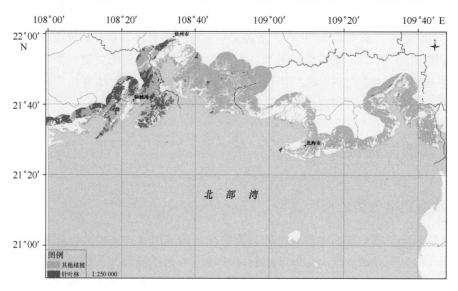

图14.1 广西滨海针叶林分布图

（2）马尾松林

广西滨海自东到西气候不同，也形成了不同的马尾松群落：

马尾松－桃金娘－铁芒萁群落：本群落主要分布在中西岸段北缘的丘陵地带，群落外貌为稀疏小乔木和单纯单层林，其他灌木层的主要伴生种有野牡丹、岗松、大沙叶、越南叶下珠等，草本层有鸡眼藤、酸果藤、纤毛鸭嘴草、野古草等。

马尾松－岗松、桃金娘－铁芒萁、鹧鸪草群落：本群落主要分布于钦州以东地段的滨海台地，土壤瘠薄，环境较前一类型干燥，马尾松生长较差，混生有荷木。灌木层的主要伴生种有山芝麻、野牡丹、鬼画符、九节、黄牛木等，草本层有蜈蚣草、鹧鸪草、纤毛鸭嘴草、锡叶藤等，本群落大都被桉树林取代。

马尾松－岗松、越南叶下珠－鹧鸪草群落：本群主要分布在东段北缘的丘陵台地，处在半湿润的环境中，较中段更干燥，马尾松林下灌草植物大都相同，优势种更替为更干热，乔木层马尾松生长更差。本群落大都被桉树林取代。

2）常绿季雨林

广西滨海的原生季雨林已利用殆尽，次生林亦近绝迹，仅在少数村边保留次生性的"风

水林"或防护片林或树丛，树种主要为箭毒木、高山榕、红鳞蒲桃、紫荆木、竹叶荷和榄类

（1）箭毒木片林

箭毒木仅在广西滨海东段零星分布。

（2）格木片林

格木片林分布在海岸带东段营盘镇盐灶村边的海湾砂堤上，夹杂于人工木麻黄林带中，形成格木、铁线子－假鹰爪群落。

（3）红鳞蒲桃片林

主要分布在中部和西部两岸段滨海平原台地的海陆交界过渡地带，紧跟在红树林之后。

（4）高山榕片林

高山榕片林见于东部岸段的山口和沙田一带，常见单株或数株的树丛，形成壮观的村边风景林。

（5）竹叶荷片林

竹叶荷在我国只在广西十万大山区中心地带和广西滨海分布。

（6）含有倒吊笔的樟树片林

樟树分布中心位于我国华南和西南的中亚热带低山、丘陵湿润气候的酸性壤土地带，生态幅甚广。而在广西本树丛只为村边片林，林中散生一些地带性森林树种，如倒吊笔、肾鹊树、厚皮树等。

3）红树林

广西红树林植物共 15 科 20 属 21 种，其中红树科 3 属各 1 种，组成的红树林多呈灌丛。广西红树林的面积共约 9 202 hm^2，其中，天然林面积约 7 326 hm^2，人工林面积约 1 876 hm^2（图 14.2）。北海市约 3 421 hm^2，主要分布于南流江入海口、北海市大冠沙、铁山港湾顶部和东岸及英罗湾和丹兜海（图 14.3）；钦州市约 3 421 hm^2，主要分布于茅尾海（图 14.4）；防城港市约 2 360 hm^2，主要分布于珍珠湾、防城江入海口及渔洲坪一带（图 14.5）；其中，钦州市的人工林面积最大，约 1 133 hm^2，主要为引种的无瓣海桑。

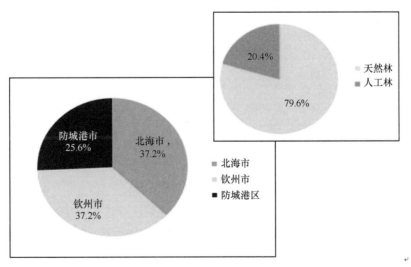

图 14.2　广西沿海红树林面积比例图

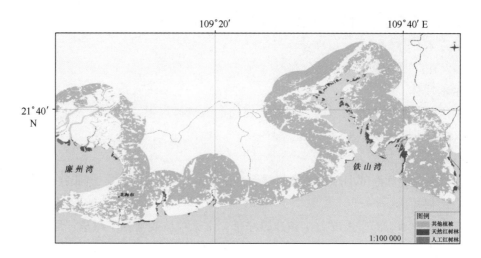

图 14.3　广西英罗湾—廉州湾红树林分布

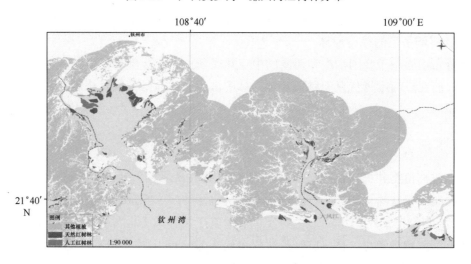

图 14.4　广西廉州湾—钦州湾红树林分布

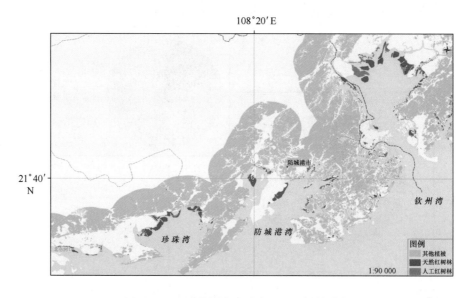

图 14.5　广西钦州湾—北仑河口红树林分布

不同的红树林类型在潮汐带内大致与海岸线平行成带状分布。广西海岸一个典型的红树林滩面，从内滩（高潮线）到外滩（低潮线）依次生长着木榄、红海榄、秋茄和白骨壤等单优群落，中内滩往往是 2 种甚至 3 种混交的过渡类型，木榄群落的内侧过渡到海岸半红树林带。

（1）海滩红树林

白骨壤群落：本群落各岸段均有分布，东段和西段多见。在潮间带内天然红树林分布主要在低潮线一带，即海滩红树林的外缘（亦为外滩）。

秋茄群落：本群落不普遍，面积不大，仅在西段马兰基港的贵明附近有较大的连片分布，其他地段为零星小块分布于桐花树和白骨壤群落之间，并通常都混生桐花树和白骨壤而成为一种过渡性类型，纯群的现象在广西几乎未见。

桐花树群落：桐花树是广西海岸红树林的代表种，分布范围广，面积较大，从西段的北仑河口、珍珠港，经中段的钦州湾、廉州湾，到东段的铁山港湾和英罗湾的每一河口港湾，都有数千亩至上万亩连片的桐花树林；从河口海湾到内陆河岸的长达 5～33 km（大风江）的距离内都有桐花树林分布。在钦州湾口、龙门西村、茅尾海桐花树林中，残存一小块原生性桐花树林，形态如红海榄林。此种形态，在广西海岸仅在此处保留。

红海榄群落：本群落只见于海岸带东段的英罗港和丹兜海及西岸段的珍珠港沿岸，分布在港湾内滩至中内滩潟湖状的小环境范围内。

木榄群落：本群落在海岸带分布与红海榄群落相似，但西段近十几年来已被破坏不成林，东段在英罗港的英罗湾、大村、新村等滩段保留有小片，沿着内滩边缘成狭带状分布，内侧与半红树林交接，外侧与红海榄群落相邻，有单株分布到半红树林中。

老鼠簕群落：老鼠簕生于低盐度的淤泥岸边，并在内陆数千米的河流岸边也可生长，因此其群落主要广布在海岸带各地段的河口沿岸。有单独纯群，但面积很小。目前在西岸段江平河口一带见纯群沿河岸边分布，多见与桐花树混交成老鼠簕、桐花树－沟叶结缕草群落。

（2）海岸半红树林

海漆群落：本群落广布于各岸段。生长在潮间带内的海漆林归于海滩红树林；分布在大潮时才被淹没的海堤的归为海岸带半红树林。

海漆、桐花树－卤蕨群落：本群落在钦州湾和马兰基港等地呈零星小片分布于河口内缘，并随涨潮海水倒灌到内陆数千米远，群落全部或大部淹没。

银叶树、海漆－苦郎树－沟叶结缕草群落：本群落分布于广西海岸带西段的企沙半岛南端的簕山村、防城港渔洲平红星村、东兴市竹山半岛的竹山村和马兰基港山心下家邦等地的海岸高潮线之上，仅大潮时潮水可波及林地地面。群落或树丛中混生不少陆生树种。

黄槿、水黄皮群落：本群落在英罗港、铁山港、马兰基港和随海潮沿河倒流到内陆数千米的环境均见零星、小片状分布于海堤或河岸上。本群落组成种类多半是乔木，是海岸最好天然防护林种之一。

海芒果群落：本群落在北海的营盘镇、防城港的江平镇、企沙镇等地小片残留。分布范围从滩边海堤到完全脱离潮汐生境的陆地边缘。

4）竹林

广西海岸带竹林的代表种为刺竹，但仅见于各地村边。此外，在海岸带的村边还常见其他人工栽培的丛生竹，如撑高竹、挂绿竹、粉单竹、桫椤单竹、甜竹等，但都零散分布，不成林。

5）灌草丛

灌草丛呈零散状分布于整个滨岸，连片面积都不大，面积最大的斑块仅有 90 hm²，见于防城港江山半岛大坪坡。在北海市，灌草丛主要分布于山口北暮盐场南部山头、潘屋—苏屋、山角村、榄子根一带、铁山港湾顶部的侵蚀剥蚀台地、市区部分待开发的丢荒建筑用地及南流江西场一带的村庄和虾塘周围（图 14.6），总面积约 1 051 hm²；在钦州市，零散分布于大风江两岸炼山后未种植的台地及犀牛脚镇—钦州港一带待开发的撂荒地及炼山后未种植的坡地上（图 14.7），总面积约 423 hm²；在防城港市，主要分布于防城湾西湾顶部、江山半岛东头岭和大坪坡、石角及巫头村一带（图 14.8），总面积约 754 hm²。

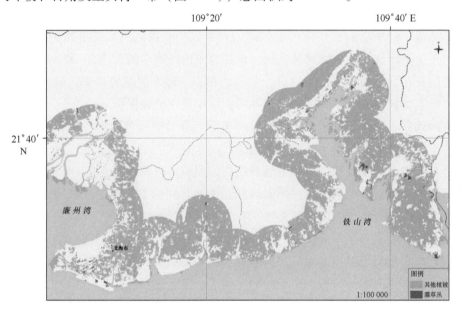

图 14.6　广西英罗湾—廉州湾灌草丛分布

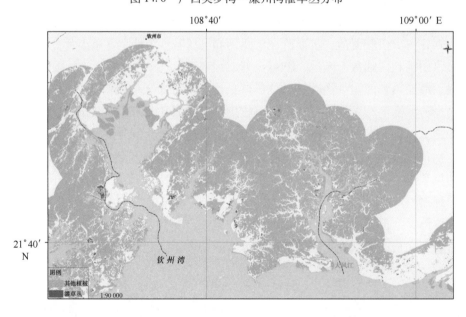

图 14.7　广西廉州湾—钦州湾灌草丛分布

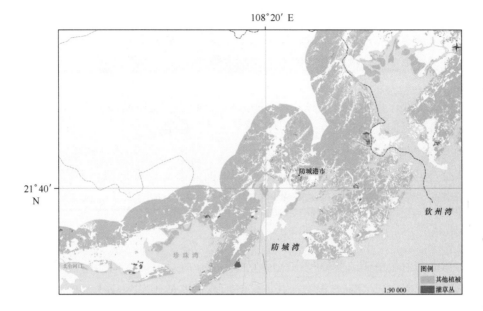

图 14.8　广西钦州湾—北仑河口灌草丛分布

灌草丛类型主要包括岗松－桃金娘－铁芒萁、鹧鸪草群落和苦郎树－雀梅藤－阔苞菊群落、假鹰爪－酒饼簕－臭根子草群落、仙人掌－酒饼簕－变叶裸实群落。

6）滨海沙生植被

广西海岸带的热带性滨海沙生植被分布在高潮线之上的海岸带前沿。沙生植被群落成不连续的狭带状分布，面积都很小。组成种类计有 50 多种，隶属 20 余科，且草本多，木本少。其中建群种和主要伴生种有鬣刺、沟叶结缕草、麦穗茅根、绢毛飘拂草、宽叶苔草、独穗飘拂草、薄果草、露兜簕；双子叶植物建群种有厚藤、单叶蔓荆、仙人掌、变叶裸实和酒饼簕等。

（1）酒饼簕、龙船花－绢毛飘拂草群落

本群落主要分布在企沙半岛南端和江平镇等地的流动性沙地，离海岸线近。因紧靠滨海平地，群落受人为活动干扰很大，人畜活动形成大小不等的流沙路径将群落隔成大小不等小块状或团状分布。

（2）沟叶结缕草、飘拂草－厚藤群落

本群落广布于各海岸段。在海滩上主要分布在潮汐带之上或红树林带内侧，为海岸沙生植被的前带，常受潮汐直接影响。

（3）中华补血草、铺地黍－厚藤群落

以中华补血草为主的植物群落主要分布在亚热带海滩，延伸到热带海岸的明显趋少。在广西海岸中段多见单株散生于其他群落中，唯在营盘白龙港河口外缘高潮线以上的桐花树林内侧的沙滩上与铺地黍共优势组成群落。

（4）鬣刺、单叶蔓荆－厚藤群落

本群落只分布在热带海岸沙滩。广西海岸中段（合浦至钦州湾）因受寒潮影响较大，偶有零下短暂低温而缺少该群落，只见于海岸带东、西两地段。

（5）绢毛飘拂草、麦穗茅根－厚藤群落

本群落零星见于北海市的打席村和江平镇的巫头、万尾等地的沙滩或沙地，生境属于远离高潮线的流动或半流动性的松散贫瘠沙土，基本脱盐，气候干热。

（6）露兜簕、仙人掌－沟叶结缕草群落

露兜簕、仙人掌－沟叶结缕草群落广布于海岸带前沿的各地段，在无零度以下低温的东、西两岸段最发育。

（7）薄果草、岗松群落

薄果草及其组成的群落分布于大洋洲热带，中国海南岛也有记载，但广西则是新发现，仅见于海岸带西段的江平镇巫头岛的间歇性或季节性积水沙地上。

7）沼生植被

广西海岸带的沼生植被主要分布在钦江、大榄江入海口形成大面积的海积平原。除小片面积的芦苇群落覆盖度在20%～30%，其他群落的覆盖度都在10%以下。南康江入海口生长有小面积的沟叶结缕草盐沼。其他沟叶结缕草盐沼虽覆盖度较高，但面积非常小。

（1）茳芏、短叶茳芏群落

本群落以短叶茳芏为多。在钦州湾顶部的茅尾海和南流江口的廉州湾顶一带浅水沼泽分布面积较大且集中，并随海潮延伸到内陆数千米远的河边沼泽地带。

（2）芦苇群落

本群落只在海岸带中段的钦江西叉口和大榄江口的东岸分布较集中，庞通角到九鸦西村一带的河汊岸边和稻田水沟内有零散小片状分布。芦苇丛间混生有茳芏，或两者纯群成块状混生，偶有几株桐花树间入。

14.1.2.2 人工植被类型及其分布

广西海岸带的人工植被有经济林、防护林、农作物群落及少量的香蕉果园，但香蕉果园很不稳定，常与农作物轮流耕种。

1）经济林

广西海岸带经济林广布于整个海岸带，是广西海岸带面积最大的植被类型。经济林的总面积约90 363 hm²，其中，北海市约29 834 hm²，主要分布于大风江上、中游的东岸及铁山港湾两岸，其他地方零星分布；钦州市约37 687 hm²，除钦江三角洲一带为大面积的水田和虾塘外，钦州市境内遍布桉树林；防城港市约22 842 hm²，主要分布于珍珠湾、防城港湾、茅岭江沿岸的低丘和台地（图14.9）。

（1）桉树林

广西海岸带经济林的树种很单一，几乎为速生桉树，仅在西岸段的林内混生有少量湿地松、相思等。

（2）湿地松林

湿地松20世纪60年代引进广西，70年代引种广西沿海合浦县林科所，90年代扩种到沿海平原、台地。21世纪后，海岸带的湿地松林迅速被桉树林取代，仅有少量湿地松林呈斑块状混生于桉树林或马尾松林中。

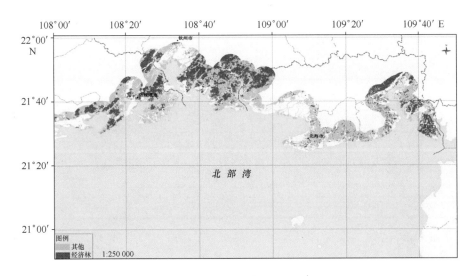

图14.9　广西海岸带经济林分布

2）防护林

广西海岸带的防护林主要为木麻黄海防林。防护林的总面积约1 378 hm²。其中，北海市约660 hm²，主要分布于山口镇北暮盐场二工区的西南部和沙尾村，营盘镇的菁山头，大冠沙以及高德镇海岸边（图14.10）；钦州市约190 hm²，主要分布于月亮湾和三娘湾一带（图14.11）；防城港市约527 hm²，主要分布于企沙半岛、江山半岛的大坪坡及万尾半岛（图14.12）。

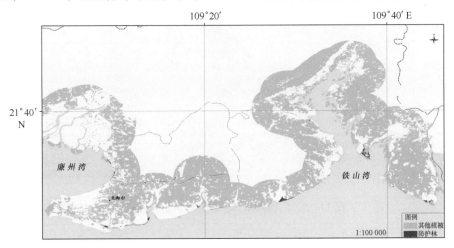

图14.10　广西英罗湾—廉州湾防护林分布

3）农作物群落

广西海岸带的农作物群落主要为旱地作物甘蔗、木薯和红薯等以及蔬菜作物瓜类、菜类、豆类、茄果类等，水田作物已归为湿地。总面积约75 752 hm²。其中，北海市约54 632 hm²，分布东部岸段，山口、北海市—合浦县一带以种植木薯和红薯为主，白沙镇—南康镇—营盘镇—福成镇、大风江东岸的东场镇—西场镇以种植甘蔗为主；钦州市约19 906 hm²，主要分

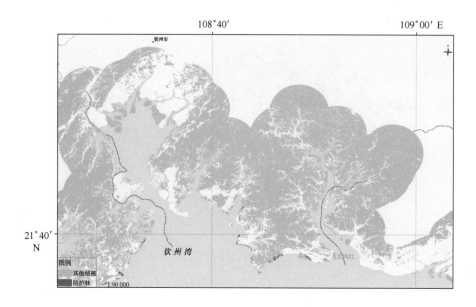

图 14.11　广西廉州湾—钦州湾防护林分布

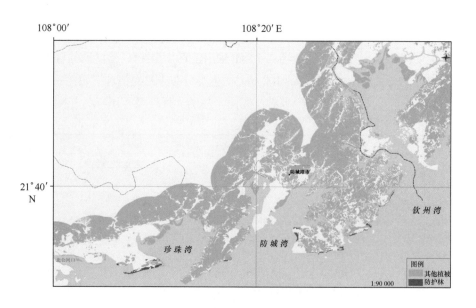

图 14.12　广西钦州湾—北仑河口防护林分布

布于大风江西岸、三娘湾、金窝水库四周，以种植甘蔗为主；防城港市农作物群落较少，约
1 214 hm²，分布零散，主要见于万尾半岛（图 14.13）。

14.1.3　植物与植被资源变化

在季雨林气候条件下，广西海岸带的植被资源还是比较丰富的，包括了很多具有保护、
开发和科研价值的珍稀物种，但是经过长期的开发利用，天然植被大量被虾塘、港口、城市
和人工植被等取代，造成原生或天然滨海植被及其生境的永久性丧失或破碎。因此应合理开
发利用和发展外来种人工经济林，极力保护和保存好地带性植物和植被资源。

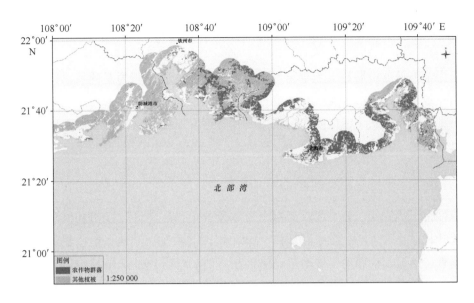

图 14.13 广西海岸带农作物群落分布图

14.1.3.1 天然植被的变化

1）南亚松林处于濒危状态

南亚松林曾广布于广西海岸带的平原台地，现仅在企沙半岛有少量分布。20 年前，在鱼万岛渔洲坪有片状分布，现也已消失。南亚松自身繁殖退化，已无天然更新能力，经长期利用，分布区不断缩小，大部分地段已经濒于绝迹，加之幼苗幼树需要在具有母树菌根的土壤才能生长，无人愿意种植，目前处于濒危状态。

2）季雨林丛或片林基本存在

广西海岸地带性植被季雨林早被利用殆尽，季雨林景观无遗。1986 年第一次广西海岸带调查时，海岸带东、西两段在百姓村边屋旁保留的标志性季雨林树丛或片林（箭毒木树丛、猫尾树丛、红鳞蒲桃片林等），此次海岸带植被调查时仍然保留，但数量已明显减少。

3）广大滨海台地、低丘的次生稀疏马尾松林大量被桉树取代

20 多年前调查时，海岸带内的所有低丘、台地上的天然次生植被，除去一部分灌草丛外，几乎全为次生马尾松疏林。20 多年后的今天，那些产量低、质量差的次生林大量被桉树林取代，仅剩西岸段未被大面积改造，但已开始种植桉树，估计几年后所有的马尾松疏林均被桉树林取代。

4）大面积的短叶茳芏、茳芏群落已消失，仅见单株或团状零散分布

短叶茳芏和由它组成的群落属盐沼泽植被，曾广布于广西海岸带，尤以茅尾海和南流江口一带咸淡水不断交流的淤泥底质沼泽地带面积最大，密集连片。茳芏群落曾经是这一带农、渔民广泛应用的天然经济植物。但现在已无大面积分布，仅见单株或团状零散分布。

5）以仙人掌和以鬣刺为主的典型热带性群落近于消失

广西海岸带滨海前沿局部干热地段上分布着仙人掌和以鬣刺为主的典型热带性群落。20多年前，山口镇北暮盐场二工区、北海市打席村沙滩、江平镇的贵明岛、万尾半岛和巫头岛浮动沙地上都分布有仙人掌纯群落和鬣刺、单叶蔓荆－厚藤群落等典型的热带性植被，现近于消失或已灭绝。

6）以厚皮树为主的广西热带落叶林已消失

厚皮树性喜干热气候，分布在广西海岸带东段的山口、新圩、沙田和博白一带，组成了天然热带落叶林或热带落叶、常绿混交林。1984年以前，在以上地点这些热带落业林均有分布，本次调查已消失，仅偶见单株幼苗幼树。在广西海岸带热带季雨林中，唯独厚皮树能自然组成热带阔叶落叶、常绿混交林，属稀有群落（或林种），建议恢复该林种。

7）涠洲岛的露兜簕群落近于消失

露兜簕群落曾经成片地分布于岛缘，高大密集，高可达 2～3 m，是很好的防风浪的屏障，因其有碍于人们的生产活动，大部分被铲除或放火烧之，此群落基本消失，仅在西角村的海边偶见小片零散分布。露兜簕种群面积的迅速减少，在一定程度上使涠洲岛岛缘的水土流失加重和土壤沙化。

14.1.3.2　人工植被的变化

1）橡胶园退林

1984年以前，从中段的合浦、北海和西段的防城至东兴的滨海沿岸，大面积经营橡胶园，到20世纪80年代末全部退耕，转产它营。本次调查在铁山港兴港镇屋边存留有12株橡胶。2008年2月受寒潮危害已死亡。

2）作物栽培熟制和栽培作物发生变化

作物栽培组合熟制是植被学中对人工植被分类单位的称谓，是自然植物群落的种类组成所反映的该群落水热结合的结果，与人工栽培作物组合熟制相吻合，最终编制出该水热结合下的作物栽培组合熟制系统，也是植被学与农业的栽培学的结合点，而人工作物栽培组合熟制，应服从于自然群落的种类组成（除地膜栽培技术外）。

作物栽培组合熟制除了植被学原理之外，更多是根据社会经济发展所需而定的。在季雨林气候下，广西海岸带的水热结合完全满足作物栽培组合熟制为一年三熟制。20多年前，南流江三角洲和钦江三角洲的农田地带普遍是一年三熟，如双季稻－冬红薯，或双季稻－冬作物（冬蔬菜或冬绿肥），黄麻－中稻－花生等。现在，在上述农田区，一年三熟制少了，甚至没有了，相当部分水稻田改为非粮耕地，其中改作养虾池最多。大风江西岸将水稻田改种甘蔗。20多年前，海岸带东段的旱地主要种植冬红薯或玉米等旱作物，现在改种木薯。

广西海岸带水热条件丰富，植物四季可长，具有满足一年三熟制的优势条件，可以适时调整耕作制度，以取得最好的经济效益。但是，目前将水稻田改作养虾池，势必在海水引入田区（甚至把海水引上坡地丘陵）过程中，导致海水渗入农田区的土壤和地下水，直接影响人畜饮水和周围的水稻耕作。

3）经济林几乎为速生桉树林

20 世纪 60 年代后，广西沿海引种湿地松、相思、窿缘桉等经济树种和木麻黄防护林树种，经济林树种也仅在林场经营。90 年代后从国外引种杂交种巨尾桉，因其生长速度非常快，很快成为广西南半部的人工林。自 1995 年金光纸业进入广西，广西开始大量种植速生桉树，2002 年斯道拉恩索进驻广西后，更是大规模地种植桉树。广西沿海高温湿热的气候条件尤其适宜桉树生长，随着几大国际纸业巨头相继入驻北部湾，广西全海岸带几乎成为桉树的天下，宜林地基本种植了桉树，截至 2008 年，滨海约 5 km 范围内约有桉树经济林 90 363.22 hm^2。

4）涠洲岛主要经济作物由甘蔗转为香蕉

20 世纪 90 年代前，涠洲岛以种植甘蔗为主，此后开始引种香蕉，香蕉现已成为该岛主要的农作物，并逐渐成为该岛的特色作物。

5）滨海的橡胶园退林

据 1984 年第一次海岸调查资料记载，从中段的合浦、北海和西段的防城至东兴的滨海沿岸，大面积经营橡胶园，到 20 世纪 80 年代末全部退耕，转产他营。本次调查仅在铁山港兴港镇屋边存留有 12 株橡胶。

14.1.4　植被资源的可利用性

虽然广西海岸带的季雨林生态景观已破坏殆尽，但在东、西两岸段的村边屋旁仍保存有天然片林，保留了一些本地带可开发的植物。很多滨海植物具有药用、材用、观赏等价值。

14.1.4.1　南亚松（*Pinus latteri*）

南亚松属松科松属，是稀有的热带针叶树种，乔木，高达 30 m，针叶两针一束，雄球花淡褐红色，球果长圆锥形，熟时红褐色，种子灰褐色，树干通直，材质优良，产脂量高于马尾松，且能耐干旱，抗台风，适生于沿海盐土，既是沿海防护林的好树种，又是用材经济树种。

14.1.4.2　箭毒木（*Antiaris toxicaria*）

箭毒木属桑科见血封喉属，乔木，高 25 ~ 40 m。叶椭圆形至倒卵形。雄花序托盘状，雌花单生，子房 1 室。核果，梨形，鲜红至紫红色。树形通直、高大、速生，适应于半湿润的干热低海拔地带，在滨海平地与其他阔叶树混交可形成多层结构的防护林，应进行保护和发展。

14.1.4.3 格木 (*Erythrophloeum fordii*)

格木属豆科格木属。乔木，高约10 m，叶两回羽状复叶，圆锥花序，花瓣淡黄绿色，荚果长圆形，种皮黑褐色，木材坚硬，纹理细致，为珍贵硬材之一，广西林业部门早已将格木及其组成的森林列为重点保护之列，海岸带片林内现有的大、中、小树都应当加强保护，鼓励农民在村边屋旁种植。

14.1.4.4 铁线子 (*Manilkara hexandra*)

铁线子属山榄科铁线子属，灌木或乔木，高3~12 m，叶革质，倒卵形或倒卵状椭圆形，花数朵簇生于叶腋；子房卵球形，6室，浆果倒卵状长圆形或椭圆形，种子1~2枚，其叶片厚、革质略呈肉质状，外貌青绿，冠形漂亮，耐旱耐盐，可在浮动性沙土上生长，建议在类似的海岸带生境下作为防护林大力发展，种子含油25%，种仁含油47%，油可供食用及药用。

14.1.4.5 竹叶木荷 (*Schima bambusifolia*) 和黄桐 (*Endospermum chinense*)

竹叶木荷属于茶科木荷属，大乔木，叶薄革质，披针形，花数朵生枝顶叶腋，蒴果，黄桐属于大戟科黄桐属，乔木，高6~20 m，叶薄革质，椭圆形至卵圆形，花序生于枝条顶部叶腋，果近球形，种子椭圆形，二者均为潮湿型的热带优良用材和防护林树种，在广西海岸带共优建群，可以考虑在海岸带发展。

14.1.4.6 红鳞蒲桃 (*Syzygium hancei*)

红鳞蒲桃属于桃金娘科蒲桃属，灌木或中等乔木，高达20 m，叶片革质，狭椭圆形至长圆形，圆锥花序腋生，多花，果实球形，树形高大（广西海岸带最高可达20 m），枝叶茂密，是良好的海岸带防护林树种；其树形优美，终年翠绿，亦可作庭园绿化树种；其群落是广西滨海保存相对完好的原生群落，具有较高的科研价值，亦是很好的旅游资源，应进行保护、恢复和发展。

14.1.4.7 庭园绿化植物

广西海岸带仍保存一些适合用于绿化的植物，如属于乔木类的密花树属（2种）、桤伞枫属（2种）、竹节树属（2种）、木菠萝属（3种）、山竹子属（1种）、箭毒木、楝科的山楝、猫尾树，属于灌木类的宽翅九里香、福建茶、蒲桃属中的线枝蒲桃、红鳞蒲桃、山蒲桃等；可用于花卉种植的包括龙船花、假鹰爪、大花紫玉盘、暗罗等，可用于盆景树种有鹊肾树等。

14.1.4.8 其他药用植物

除以上树种外，广西滨海还有其他多种植物具有药用价值，如巴戟天、益智仁、高良姜、鸦胆子、木蝴蝶、钩藤、番荔枝、茯苓、金银花、麦冬、千斤拔、山药、一点红等，以及南方酸性土壤代表植物如岗松、桃金娘、铁芒萁等。红树林、半红树林植物中的老鼠簕、海漆、海芒果、白骨壤、榄李、木榄等都具有很高的药用价值。

14.2　广西海洋生物资源

14.2.1　广西近海天然生物资源

14.2.1.1　滩涂生物资源

具有经济价值的滩涂生物资源主要以贝类为主，如近江牡蛎（*Ostrea rivuLaris*）、文蛤（*Meretrix meretrix*）、毛蚶（*Scapharca subcrenata*）、大獭蛤（*Lutraria maxima*）、西施舌（*Mactra antiquate*）、波纹巴非蛤（*Paphia undulata*）、栉江珧（*Atrina pectinata*）、杂色鲍（*Haliotis diversicolor*）；其中，大獭蛤、波纹巴非蛤、栉江珧在 0～10 m 等深线内均有分布。甲壳类主要为锯缘青蟹（*Scylla serrate*）。滩涂鱼类资源中，乌塘鳢（*Bostrichthys sinensis*）和弹涂鱼（*Boleophthalmus petinirostris*）是资源量较大的品种，藻类资源则有江蓠（*Gracilaria verrucosa*）、琼枝麒麟菜（*Eucheuma gelatinum*）、马尾藻（*Sargassum*）。此外，还有花刺参（*Stichopus variegatus*）、方格星虫（*Sipunculus nudus*）、沙蚕（*Nereididae*）等。

14.2.1.2　浅海生物资源

有重要经济价值的甲壳类是远海梭子蟹（*Portunus trituberculatus*）、长毛对虾（*Penaeus Penicillatus*）、墨吉对虾（*Penaeus merguieusis*）、日本对虾（*Penaeus japonicus*）、斑节对虾（*Penaeus monodon*）、刀额新对虾（*metapenaeus ensis*）、短沟对虾（*Penaeus semisulcatus*）、近缘新对虾（*Metapenaeus affinis*）、中型新对虾（*Metapenaeus intermedius*）和须赤虾（*Metapenaeopsis barbata*）等。沿海的铁山港附近海域、大风江口至三娘湾附近海域和龙门江口附近海域是天然的对虾繁殖场。分布较多的有营盘虾场、白虎头至冠头岭虾场、沙田虾场、三娘湾至白龙尾虾场、斜阳岛南部虾场。

浅海生物资源中有价值的贝类有 10 多种，包括马氏珍珠贝（*Perna viridis*）、波纹巴非蛤（*Paphia undulata*）、长肋日月贝（*Amussium Pleuronectes*）、华贵栉孔扇贝（*Chlamys nobilis*）、栉江珧（*Atrina pectinata*）、大獭蛤（*Lutraria maxima*）、方斑东风螺（*Babylonia areolata*）、翡翠贻贝（*Perna viridis*）等。头足类资源较为丰富，在水深 40 m 以浅海域分布数量较多的种类为杜氏枪乌贼（*Loligo duvaucelii*），在水深 40 m 以深海域分布数量较多的种类为中国枪乌贼。渔汛期为夏、秋季。枪乌贼（鱿鱼）是北部湾的重要经济种类，主要品种有中国枪乌贼（*Loligo chinensis*）和剑尖枪乌贼（*Loligo edulis*）。常年分布于湾内水深 40～80 m 海域。中国枪乌贼有产卵洄游习性，每年 7—9 月是其主要产卵季节，产卵场多分布在水深 30～50 m 水域。

14.2.2　广西近海经济养殖资源

浅海滩涂广阔，水质肥沃，生物品种繁多。在 10×10^4 hm² 的滩涂面积中，可养殖面积达 6. 67×10^4 hm²，占滩涂总面积的 66%，其中近期可利用养殖的滩涂面积有 2.67×10^4 hm²，分别占滩涂总面积和可养殖面积的 27% 和 40%。主要的养殖资源有可分为本土主要经济品种和适合于广西推广养殖的外来品种。

14.2.2.1 本土主要经济养殖品种

本土主要经济品种有贝类 10 多种，包括马氏珍珠贝（*Perna viridis*）、近江牡蛎（*Crassostrea vivularis*）、文蛤（*Meretrix meretrix*）、长肋日月贝（*Amussium pleuronectes*）、华贵栉孔扇贝（*Chlamys nobilis*）、栉江珧（*Pinna pectinata*）、泥蚶（*Tegillarca granosa*）、毛蚶（*Scapharca subcrenata*）、菲律宾蛤仔（*Ruditapes philippinarum*）、大獭蛤（*Lutraria maxima*）、缢蛏（*Sinonovacula constricta*）、杂色鲍（*Haliotis diversicolor*）、方斑东风螺（*Babylonia areolata*）、翡翠贻贝（*Perna viridis*）等；虾类约 10 种，包括长毛对虾（*Penaeus penicillatus*）、墨吉对虾（*Penaeus merguiensis*）、日本对虾（*Penaeus japonicus*）、短沟对虾（*Penaeus semisulcatus*）、近缘新对虾（*Metapenaeus affinis*）、中型新对虾（*Metapenaeus intermedius*）、刀额新对虾（*Metapenaeus ensis*）和须赤虾（*Whiskered velvet shrinp*）等。蟹类有 4 种，包括锯缘青蟹（*Scylla serrata*）、三疣梭子蟹（*Portunus trituberculatus*）、远海梭子蟹（*Portunus pelagicus*）、红星梭子蟹（*Portunus sanguinolentus*）；鱼类 20 多种，包括青石斑鱼（*Epinephelus awoara*）、鲑点石斑鱼（*Epinephelus fario*）、赤点石斑鱼（*Epinephelus akaara*）、云纹石斑鱼（*Epinephelus maara*）、黄鳍鲷（*Sparus latus*）、真鲷（*Pagrosomus major*）、平鲷（*Rhabclosargus sarba*）、黑鲷（*Sparus macrocephalus*）、灰鳍鲷（*Sparus bercla*）、紫红笛鲷（*Lutianus argentimaculatus*）、花尾胡椒鲷（*Plectorhynchus cinctus*）、鲻鱼（*Mugil cephalus*）、鲈鱼（*Lateolabrax japonicus*）、尖吻鲈（*Lates calcarifer*）、鰤鱼（*Seriola dumerili*）、四指马鲅（*Eleutheronema tetradactylus*）、六指马鲅（*Polynemus sextarius*）、军曹鱼（*Rachycentron canadum*）、金钱鱼（*Scatophagus argus*）、中华乌塘鳢（*Bostrichthys sinensis*）、大弹涂鱼（*Boleophtha pectinirostris*）、卵型鲳鲹（*Trachinotus ovatus*）、大鳞舌鳎（*Cynoglossus macrolepidotus*）、半滑舌鳎（*Cynoglossus semilaevis*）、黄斑蓝子鱼（*Siganus oramin*）、褐蓝子鱼（*Siganus fuscescens*）、梭鱼（*Mugil soiuy*）等。

沿海还盛产环节类的方格星虫（*Sipuncuius nudus*）、多毛类的沙蚕（*Neanthes Kinberg*）、棘皮类的海参（*Sea cucumber*）、腔肠类的海蜇（*Rhopilema esculenta kishinoye*）、藻类的细基江蓠（*Gracilaria tenuistipitata*）、马尾藻（*Sargassum fusiforme*）等。

14.2.2.2 引进主要经济养殖品种

引进适合于广西推广养殖的外来品种主要有南美白对虾（*Penaeus vannamei* Boone）、斑节对虾（*Penaeus monodon* Fabricius）和美国红鱼（*Sciaenops ocelcatus*）。

14.2.2.3 主要本地经济养殖品种分布

1）甲壳类

（1）锯缘青蟹（*Scylla serrata*）

在广西分布较广，尤其是河口湾内数量最多，如茅尾海、龙门港、珍珠港、铁山港、丹兜港均是锯缘青蟹盛产地（图14.14）。

（2）远海梭子蟹（*Portunus pelagicus*）

远海梭子蟹栖息于水深10～30 m的砂泥质海底或岩礁，在广西广泛分布。但是10多年来其资源量急剧下降并且出现明显衰退现象，以往的商品蟹绝大多数依靠自然海区捕捞，人工养殖极少。

（3）日本对虾（*Penaeus japonicus*）

栖息于水深 10～40 m 的海域，喜欢栖息于沙泥底，具有较强的潜沙特性，白天潜伏在深度 3 cm 左右的沙底内，少活动，夜间频繁活动并进行索饵。

2）贝类

（1）近江牡蛎（*Crassostrea vivularis*）

在广西俗称"大蚝"，是广西沿海特有的名贵海洋贝类品种。是一种栖息在江河入海口的广温性和广盐性贝类。在钦州江口的茅尾海、龙门港、金鼓江口、大风江口、北海的铁山港、防城江口、东兴江平黄竹江口等河口近岸的低潮带和潮下带海域均有分布（图14.14）。据 1983 年海岸带调查时估算，自然资源量约有 4 100 t，分布面积约为 1 300 hm^2（19 500 亩），尤以钦州茅尾海和龙门港及大风江口资源最为丰富，历史最为悠久。

（2）马氏（合浦）珠母贝（*Perna viridis*）

马氏（合浦）珠母贝是一种外海性附着贝类。其分布上界达中潮区，但以低潮线以下分布最多。中国仅见于广西、广东和台湾海峡南部沿海。在广西近海天然分布区主要有两个，一个在北海营盘（原合浦管辖）附近海区，另一个在防城珍珠港（图14.14）。这些区域出产的珍珠——南珠，古今中外享有盛名。

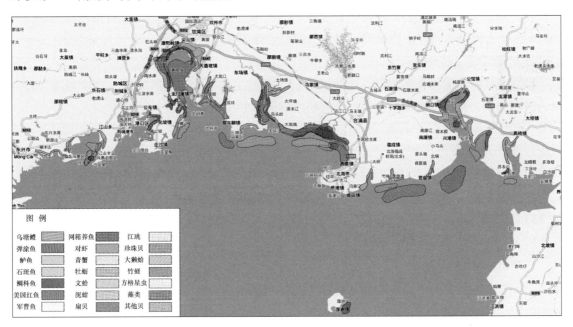

图 14.14　2007 年广西主要海水养殖品种空间分布图

（3）文蛤（*Meretrix meretrix*）

为广温性底部潜居贝类。幼苗多生活在高潮带的下界，随个体长大逐步向中潮带至潮下带移动。文蛤在广西沿海沙质滩涂基本上都有分布，尤以北海市的营盘、高德、白虎头，合浦的西场高沙，防城的江平海区资源量较多（图14.14），据 1983 年调查估算，自然分布面积约 5 700 hm^2（85 000 亩），资源量约为 8 500 t。

（4）泥蚶（*Tegillarca granosa*）

泥蚶是一种重要的食用贝类。广泛分布于印度洋－西太平洋，常生活于中潮带以下的软泥滩中。中国南北沿岸均产，山东、浙江、福建、广东、广西和台湾沿岸都有养殖。在广西沿海均有分布，主要产于钦州犀牛脚平山一带、龙门果子山、防城光坡薄寮尾、暗埠江口、合浦西场官井，水儿等海域亦有分布（图14.14）。

（5）大獭蛤（*Lutraria maxima*）

北部湾海域是大獭蛤的主要产地之一。在广西近海区分布较广（图14.14）。近年来，由于大獭蛤商品贝的需求量不断增加，在高额利润的刺激下，人们对大獭蛤资源进行大肆采捕，致使天然大獭蛤的数量锐减，其资源遭受严重破坏。

（6）毛蚶（*Scapharca subcrenata*）

毛蚶在广西沿海分布较为广泛，主要生活于低潮带和潮下带，其中以潮下带数量最多，以合浦的沙田、营盘、水儿，西场最为丰富（图14.14）。栖息密度最高在合浦水儿潮下带，平均为120 ind./m²。生物量最高在合浦西场官井潮下带，平均为518.60 g/m²。1983年调查估算，广西海区毛蚶天然分布面积约为195 000亩，资源量约22 200 t，全区捕捞量为21 700 t，最高捕捞量为合浦县（6 200 t）。

（7）杂色鲍（*Haliotis diversicolor*）

在广西分布于涠洲和斜阳两岛，资源量较少。属于暖水性贝类，一般生活在潮下带3～4 m水深，有海藻生长、水质澄清、潮流畅通的岩礁海区。

（8）栉江珧（*Pinna pectinata*）

栉江珧在广西沿海分布较广，浅海区均有天然贝生长。分布于自潮间带中下区至100 m深的砂泥底质，常以细长的足丝附着于底质中的砂粒和小石块上。

3）鱼类

（1）鲈鱼

鲈鱼分布于太平洋西部、我国沿海及通海的淡水水体中均产，广西沿海均有分布（图14.14）。渔期为春、秋两季，每年的10—11月份为盛渔期。

（2）型鲳鲹（*Trachinotus ovatus*）

广西沿海均有分布。

4）其他

（1）方格星虫（*Sipuncuius nudus*）

方格星虫是一种穴居动物。广泛分布于沙质和沙泥质的中、下带。以合浦的沙田、西场，北海的营盘、白虎头，钦州的犀牛脚，防城港的江平巫头和沥尾资源较为丰富（图14.14）。

（2）花刺参（*Stichopus variegates*）

仅分布于涠洲岛、斜阳岛。生活在水深2～5 m海藻丛生、潮流畅通的岩礁海区。日伏夜动，资源面积约2 200亩。

（3）江蓠（*Gracilaria verrucosa*）

广西沿海均有分布。

14.2.2.4 引进优良养殖品种的商品价值与市场前景

1）南美白对虾（*Penaeus vannamei*）

（1）商品价值

南美白对虾为当今世界养殖产量最高的三大优良大型虾类养殖种类之一，不但具有较高的经济价值，其体内还有一种很重要的物质就是虾青素，就是表面红颜色的成分，虾青素是目前发现的最强的一种抗氧化剂，广泛用在化妆品、食品添加以及药品。

（2）市场前景

南美白对虾的主要市场是：国际市场、国内饮食市场、团体消费市场、饮食消费市场、零售超市、农产品菜市场。南美白对虾为虾产品中的中低档产品，产品覆盖了中国食品类市场中的所有市场，成为广大城镇消费者日常餐桌上的普通食品。南美白对虾除部分在国内销售外，还出口至美国、日本、韩国和中国香港等。2007 年，中国生产养殖对虾总产量 188.8×10^4 t，比 2006 年 154.18×10^4 t 增长 22.45%，占中国海水、淡水养殖总产量比重 5.76%。在鱼类、贝类、藻类、珍珠类养殖水产品四大类别中，增长率最高。中国人均占有养殖虾产品达 1.436 kg。在养殖对虾中，南美白对虾是第一大类产品，2007 年产量 126.57×10^4 t，比 2006 年增长 13.18%，占养殖虾类总产量比重 67%，接近 70%。广西 2007 年南美白对虾年产量为 11.29×10^4 t，占全区养殖虾年总产量的 88.6%，养殖面积的 83.7%，成为广西第一大对虾养殖品种。因其适盐范围广，可以采取纯淡水、半咸水、海水多种养殖模式，从自然海区到淡水池塘均可生长，从而打破了地域限制，且具耐高温，抗病力强；食性杂，对饲料蛋白要求低，35% 即可达生长所需。是"海虾淡养"的优质品种，近年养殖地域范围不断扩大，养殖前景广阔。

2）斑节对虾（*Penaeus monodon*）

（1）商品价值

该虾生长快，适应性强，食性杂，易于养殖，并且可耐受较长时间的干露，易于干活运销，深受消费者和养殖者的欢迎，为名贵虾类之一，具有很高的经济价值。营养价值与其他主要虾类相近。

（2）市场前景

斑节对虾由于可以长时间进行活体运输，在国内市场具有很大的销售量，特别是在宾馆、酒楼。2007 年，中国斑节对虾产量 6.16×10^4 t，占海水养殖虾类总量的 8.68%。斑节对虾是中国高档饮食市场中常用的"油焖大虾"菜式中的原料虾。中国每年还从东南亚进口大量的斑节对虾。该对虾为广西沿海地区第二大对虾养殖品种，2005 年、2006 年、2007 年年产量分别为 19 651 t、14 707 t、13 911 t，占全区养殖虾年总产量的 10.9% ~ 16.7%，养殖面积的 12.8% ~ 20.6%。由于亲虾质量下降、养殖单产及成功率低，年产量及养殖面积呈逐年减少的趋势。如果能解决种苗质量问题，该品种将会得到进一步发展。

3）美国红鱼（*Sciaenops ocelcatus*）

（1）商品价值

该鱼肉厚结实肉质细嫩，少刺多汁，味道鲜美，且色泽鲜艳，外观、口感俱佳。据测定，其蛋白质含量比大黄鱼高，但脂肪含量低，属于上等的保健海味珍品。

（2）市场前景

美国红鱼目前主要以鲜活形式面市。随着国际市场对养殖鱼类的需求增加，国内加工厂通过开发先进的加工生产技术和工艺来提高养殖鱼类的附加值，制成单冻美国红鱼片满足欧美市场的需求。

14.2.3　广西近海海洋捕捞资源

广西海域面积为 $12.93 \times 10^4 \ km^2$，平均水深 38 m，最大水深 100 m。北部湾海域属热带海洋，适于各种鱼类繁殖生产，加之陆上河流携带大量有机物及营养盐类到海洋中去，使北部湾成为高生物量的海区之一。出产的鱼贝类有 500 多种，其中具有捕捞价值的 50 多种，以红鱼、石斑鱼、马鲛鱼、鲳鱼、鲷鱼、金线鱼等 10 多种最为著名，其他海产中的鱿鱼、墨鱼、青蟹、对虾、泥蚶、文蛤、扇贝等品种，以优质、无污染而在国内外市场享有盛誉。鱼类总资源量为 $140 \times 10^4 \ t$，其中底栖鱼类资源量为 $35 \times 10^4 \ t$，总可捕量约为 $70 \times 10^4 \ t$。

14.2.3.1　滩涂捕捞生物资源

广西沿海滩涂生物资源丰富，共有 47 科、140 多种，以贝类为主。其中，牡蛎资源量 4 000 t，文蛤资源量 8 500 t，毛蚶资源量 22 000 t，方格星虫资源量 4 000 t，锯缘青蟹资源量 140 t，江蓠资源量 190 t。

14.2.3.2　浅海捕捞生物资源

浅海区有浮游植物 104 种、浮游动物 132 种，其年均总量分别为每立方米 1 850 万个细胞和 137 mg；各类海洋生物达 1 155 种，其中，虾类 35 种，蟹类 191 种，螺类 143 种，贝类 178 种，头足类 17 种，鱼类 326 种。经济生物中，有 20 多种主要经济鱼类，资源量 6 000 t；有 10 多种经济虾类，资源量 6 000 t；有 3 种经济头足类，资源量 700 t。另外，北部湾有昂贵药用价值的海洋生物资源也较为丰富。其中，鲎有 4 种，资源量数万吨，年产量约 20 万对；河豚有 8 种，仅棕斑兔头鲀，年可捕量可达 $1.1 \times 10^4 \ t$；海蛇 9 种，沿海的活海蛇年产量约 75 t。

14.2.3.3　浅海鱼类捕捞资源

1）鱼类集聚类型

鱼类集聚大致分为两大类型：在北部湾沿岸区，主要经济鱼类有蓝圆鲹、二长棘鲷、蛇鲻类、断斑石鲈、真鲷、马鲛鱼、青鳞、鲦鱼、海鳗、金色小沙丁、脂眼鲱、鲇鱼、水公鱼、海鲶等 30 多种，还有鱿鱼、墨鱼、章鱼以及 20 多种虾类；在北部湾口至湾中部区，主要经济鱼类有蓝圆鳞、金线鱼、多齿蛇鲻、大眼鲷、马六甲鲱鱼等。由于海洋水文条件控制，湾东部和北部为鱼类产卵、育幼水域，以小型鱼类居多，是鱼类资源繁殖保护区。

2）广西北部湾渔场

北部湾渔场总面积近 4 万平方海里，可分为两大部分：一是湾北渔场，二是北部湾南部外海渔场。

湾北渔场位于广西沿岸至20°30′N的海域，其中又分为涠洲岛以北禁渔区和涠洲岛以南的近海渔场。前者主要是鱼虾的繁殖场，是鱼类资源繁殖保护区，其中有5个沿海虾场：营盘虾场，白虎头－冠头岭虾场，沙头虾场，防城港－三娘湾虾场，斜阳岛虾场；2个鱼类产卵场：大风江以东、涠洲岛以北的水域是二长棘鲷鱼的产卵场，龙门江口至珍珠港为蓝圆鲹、真鲷、鲻鱼、断斑石鲈、鸡笼鲳、金色小沙丁鱼、脂眼鲱鱼的产卵场。后者主要是以夜莺岛（白龙尾岛）为中心的渔场位于几个水团交汇的区域，浮游生物丰富，饵料充足，海底平坦，底质为沙泥，平均水深只有38 m，适于底拖网作业，是优良的底拖渔场。

北部湾南部外海渔场范围包括北部湾湾口以南80～200 m水深的南海大陆架，是一个新开辟的渔场，大部分为经济价值高的鱼类。据估算，该海域底层鱼类资源为4 t/km^2，底层鱼类资源量为14×10^4 t，中层鱼类资源量为5×10^4 t，总共资源量为19×10^4 t，最佳可捕量为9.5×10^4 t，目前尚属开发阶段，潜力较大。

14.3　小结

广西海岛、滨海植被按二级分类划分为天然植被和人工植被两大类型。其中，天然植被按三级分类划分为针叶林、常绿季雨林、红树林、竹林、草丛、滨海沙生植被、沼生植被7种类型；人工植被按三级分类划分为木本栽培植被和草本栽培植被2种类型，木本栽培植被又划分为经济林和防护林，草本栽培植被又划分为农作物群落和草本型果园。

广西海岸带植被资源变化明显，在滨海5 km以内的陆地区域，人工桉树经济林种植规模很大，除西部岸段外，其他岸段的马尾松疏林均被桉树林取代；原大面积分布的茳芏、短叶茳芏等沼生植被现仅少量零散分布；南亚松林、常绿季雨林片基本存在，但数量已有所减少；原少量零散分布的以仙人掌和以虎刺为主的典型热带性群落和以厚皮树为主的热带落叶林近于消失。

由于海岛开发活动，部分岛屿的原生植被完全被破坏，原有居民居住的果子山岛、渔万岛、针鱼岭和长榄岛等岛上天然植被基本消失，原渔万岛、江平三岛植被小区保存有较好的常绿季雨林也基本消失。

广西沿海滩涂生物中，具有经济价值的生物主要以贝类为主，如近江牡蛎、文蛤、毛蚶、大獭蛤、西施舌、波纹巴非蛤、栉江珧、杂色鲍；甲壳类主要为锯缘青蟹；滩涂鱼类主要有乌塘鳢和弹涂鱼；藻类资源则有江蓠、琼枝麒麟菜和马尾藻。此外，还有花刺参方格星虫。

广西沿海浅海生物中，具有重要经济价值的甲壳类是远海梭子蟹、长毛对虾、墨吉对虾、日本对虾、斑节对虾、刀额新对虾、短沟对虾、近缘新对虾、中型新对虾和须赤虾；有价值的贝类有10多种，包括马氏珍珠贝、波纹巴非蛤、长肋日月贝、华贵栉孔扇贝、栉江珧、大獭蛤、方斑东风螺、翡翠贻贝等；有经济价值的头足类为杜氏枪乌贼和中国枪乌贼；具有一定经济价值的鱼类达100多种，包括蓝圆鲹、金色小沙丁、日本鲐鱼、竹笑鱼、黄鳍马面鲀、带鱼、蓝点马鲛鱼、大眼鲷、金线鱼、鲱鲤、印度双鳍鲳、二长棘鲷、黄鲷、马拉巴裸胸鲹、红鳍笛鲷、海鳗、黄肚金线鱼、日本金线鱼、石斑鱼、尖吻圆腹鲱、石鲈、长条蛇鲻、中华小公鱼、绒纹单角鲀、青带小公鱼、乌鲳、长体圆鲹、颌圆鲹和大头狗母鱼等。

15 广西滨海旅游资源

广西北部湾滨海地区的滨海旅游资源类型多样，各具特色。本章依据《旅游资源分类、调查与评价（GB/T 18972－2003）》及《滨海湿地旅游资源分类、调查与评价（DB 35/T750－2007）》，结合广西北部湾滨海地区的滨海旅游资源的实际，在旅游资源分类的基础上，阐述广西北部湾潜在滨海旅游资源的分布特征。

15.1 广西滨海旅游资源分类

15.1.1 广西滨海旅游资源（景点）基本分类

结合国家和地方旅游资源的分类标准将广西滨海旅游资源分为 8 个主类（景观类），23个亚类（景观组），61 个基本类（景观型）（表 15.1）。

表 15.1 广西滨海潜在旅游资源（景点）分类表

景观类	景观组	景观（型）	代表性旅游资源
A 地文景观	AA 综合地文旅游地	AAA 岩石性海岸型旅游地	怪石滩、五彩滩、三娘湾
		AAB 沙滩砾石型海岸旅游地	银滩、大平坡、金滩、玉石滩、天堂滩、侨港沙滩
		AAC 滩涂型海岸旅游地	红树林
	AB 山石堆积与蚀余景观	ABA 奇特与象形山石	涠洲岛滴水丹屏
		ABB 岩壁与陡崖	涠洲岛鳄鱼火山公园海蚀崖
		ABC 海蚀地貌	涠洲岛海蚀崖、海蚀平台、海蚀洞、海蚀柱、岩滩
	AC 自然变动遗迹	ABD 火山与熔岩	涠洲岛南湾火山口、横路山火山口
		ABE 自然变动遗迹	涠洲岛火山口遗迹、东兴南国雪原、山口红树林火山口遗迹
	AD 岛礁	ADA 岛区	涠洲岛、斜阳岛、蝴蝶岛
		ADB 岩礁	涠洲岛珊瑚暗礁
		ADC 综合岛礁区	三娘湾
B 水域风光	BA 综合水域旅游地	BAA 永久性浅海水域	各海湾浅海水域
		BAB 河口水域	各河流入海口
		BAC 海域	滨海及岛屿外围
	BB 天然湖泊与池沼	BBA 水库湖区区段	星岛湖旅游度假区
		BBB 海岸淡水湖	相思湖
	BC 波浪与潮汐	BCA 击浪现象	斜阳岛逍遥台
		BCB 涌潮现象	三娘湾大潮

续表 15.1

景观类	景观组	景观（型）	代表性旅游资源
C 生物景观	CA 树木	CAA 沿海生态、防护林	防城企沙簕山村滨海植物、青山头木麻黄海防林、光坡南亚松林
		CAB 独树、丛树	榕树头
		CAC 红树林湿地	山口红树林、大冠沙城市红树林、廉州湾湿地红树林、茅尾海湿地红松林、鱼洲坪城市红树林、巫头红树林、北仑河口红树林等
	CB 野生动物栖息地	CBA 水生动物、鸟类栖息地	三娘湾白海豚栖息地、巫头万鹤山鹭鸟栖息地、企沙盐田港火山岛鹭鸟栖息地、合浦沙田儒艮自然保护区
		CBB 珊瑚礁	涠洲岛海滩珊瑚礁
		CBC 游憩性渔猎地	各沿海、海岛垂钓区域
		CBD 滨海湿地	北仑河口湿地、茅尾海湿地、廉州湾湿地等
	CD 人工增养殖地	CDA 滨海人工增养殖地	北海竹林盐场与海水养殖、白龙珍珠养殖等
D 天象气象与特殊景象	DB 天气与气候现象	DBA 避暑与避寒气候地	银滩、金滩等旅游度假区
E 遗址遗迹	EA 史前人类活动场所	EAA 文化层	交东贝丘遗址、马栏基贝丘遗址
	EB 社会经济文化活动遗址遗迹	EBA 废弃宗教、文化、经贸场所	防城港白龙珍珠城、北海德国领事馆、北海英国领事馆、北海双孖楼、北海法国领事馆、北海老街、北海近代海关、北海普度震宫、涠洲岛圣母堂、天主教堂、大士阁、东兴观音寺、沥尾哈亭、巫头哈亭、京族文化风情园
		EBB 废弃设防交通水工设施	潭蓬古运河
		EBC 事件发生地、军事与战场遗址	防城港白龙炮台、乌雷炮台、蝴蝶岭、斜阳岛羊咩洞、冠头岭炮台
F 景观建筑	FA 观光游憩地个别区段	FAB 宗教礼仪、文化场所	仙岛公园、八寨沟、银滩、三娘湾、斜阳岛、蝴蝶岛、涠洲岛、金滩、怪石滩、大平坡、玉石滩、天堂滩
		FAC 园林、景观建筑	刘永福、冯子才故居等
		FAE 动物与植物展示地	山口红树林中心
		FAF 景物观赏点、港口观光地	大冠沙红树林监测站
		FAG 社会与商贸活动场所	东兴中越边贸
	FB 单体场馆	FBA 殿堂厅室	东兴海关大楼
		FBB 展示演示场馆	涠洲岛地质博物馆、鳄鱼火山公园
		FBC 主题公园	北海海洋公园
	FC 附属建筑与建筑小品	FCA 塔、楼阁、牌坊、台、阙、廊、亭、榭、表、舫等	文昌塔、东坡亭、天涯海角亭
		FCB 摩崖字画、雕塑、碑碣（林）	东兴大清钦州界碑、北仑河口大清钦州界碑、仙岛公园孙中山铜像、边陲明珠标志、公路零起点标志
		FCC 广场、喷泉、假山	涠洲岛主标志广场

景观类	景观组	景观（型）	代表性旅游资源
F 景观建筑	FD 城址和军事工程	FDA 城（堡）垣	合浦白龙珍珠城遗址
		FDB 军事设施	白龙炮台
	FE 归葬地	FEA 墓（群）	合浦汉墓
	FF 交通建筑	FFA 桥	西湾大桥、北仑河大桥
		FFB 港口、航空港	川江深水码头、防城港工业码头、竹山港、侨港、企沙港、白龙珍珠港
	FG 水工建筑	FGA 水井	东坡井、寇井
		FGB 堤坝段落	北仑河口长堤、滨海长堤 - 虾堤夜景、滨海路、东兴滨河路
G 旅游商品与购物场所	GA 地方旅游商品	GAA 菜系肴馔	海鲜食品
		GAB 饮料食品	钦州黄瓜皮、涠洲岛木菠萝
		GAC 药材补品	海产品
		GAD 传统手工与工艺品	合浦珍珠、钦州坭兴陶艺
	GB 购物场所	GBA 特色街区、店铺	北海老街
		GBB 特色市场、商品街、传统墟市	企沙港渔市、涠洲岛海产品市场
		GBC 渔排购物地	企沙镇
H 人文活动	HA 人事记录	HAA 人物	刘永福、冯子才、苏东坡、陈济棠
		HAB 事件	万鹤山
		HAC 民间传说	珠还合浦、三娘湾传说等
	HB 艺术	HBA 艺术创作	三娘湾
		HBB 民间演艺活动	哈节

15.1.2　广西滨海旅游资源（景点）组合类型

在对广西滨海旅游资源（景点）评价过程中，在按照国家标准的同时，考虑到广西滨海旅游资源开发评价的适用性，同一个地理区域的旅游资源，如岛屿、河口区域等小区域，其本身具有独立性，其具有自身的生态演化的特征，为一完整的生态系统。在评价过程中，对于处于同一个小的地理区域内，在自然生态和文化上具有紧密联系的旅游资源，如海岛、河口区等，区内含有不同类型的旅游资源，如涠洲岛，岛上既有自然类旅游资源也有人文类旅游资源，为了今后开发的考虑，将其作为一个旅游资源集合体进行评价，在分类上以其代表性的旅游资源作为其类型，如涠洲岛是作为海岛类生态旅游资源进行评价的，而北仑河口是作为河口——滨海湿地型生态类旅游资源进行评价的。为此，在上述国家标准的分类基础上，对广西滨海旅游资源的分类进行组合和合并，确定广西滨海旅游资源的几个有代表性的组合类（表 15.2）。

表 15.2　广西滨海潜在旅游资源（景点）类型组合

代表类型	组合类型	资源名称
滨海水体沙滩类旅游资源	水体沙滩——民俗风情组合	东兴江平沥尾金滩旅游度假区
	水体沙滩——城市风光组合	北海银滩旅游度假区、北海侨港城市沙滩
	水体沙滩——自然生态组合	涠洲岛石螺口和西海岸沙滩、麻蓝岛沙滩、三娘湾沙滩（含三娘湾大潮）、天堂滩—蝴蝶岛沙滩、月亮湾沙滩、大平坡沙滩、玉石滩沙滩
滨海生态类旅游资源	滨海红树林湿地类生态旅游资源	北仑河口红树林、鱼洲坪城市红树林、茅尾海红树林、廉州湾红树林、大冠沙城市红树林、山口红树林
	滨海陆地植物类生态旅游资源	巫头滨海植被、榕树头滨海植被、冠头岭国家森林公园、企沙簕山村滨海植物、防城光坡南亚松林
	珍稀野生动物栖息地类生态旅游资源	防城港巫头万鹤山鹭鸟栖息地、企沙盐田港火山岛鹭鸟栖息地、合浦沙田儒艮栖息地、三娘湾海域的中华白海豚栖息地
	滨海岛屿类生态旅游资源	涠洲岛、斜阳岛、龙门群岛、麻蓝岛、六墩岛、蝴蝶岛
人文旅游资源	文物古迹	合浦古汉墓群、文昌塔、东坡亭、白龙珍珠城遗址、冯子材故居和墓、刘永福故居和墓、北海近代建筑群
	史前遗迹	防城交东贝丘遗址、马栏基贝丘遗址
	边疆要塞与地标	白龙炮台、乌雷炮台、大清钦州界碑、中国海岸线零起点、中国公路零起点地标
	民俗风情	疍家、具有地方特色的客家和我国唯一的海洋民族京族等
	滨海港口工业旅游与城市风光	钦州港临海工业＼港口码头、防城港港口码头＼工业基地游览区

15.2　广西滨海旅游资源分布

15.2.1　滨海水体——沙滩类休闲旅游资源（景点）及其分布

广西沿海地区南濒北部湾，海岸线长 1 628 km，沙质海岸线长，可供进行海水浴的海滩众多。小的可供数百人戏水，大的可建大型的海上休闲旅游场所。滨海——沙滩水体旅游资源大多数地处南亚热带，属季风型海洋性气候，冬无严寒，夏无酷暑，可供入水游泳时间达 9 个月，且滨海环境质量较好，空气中负离子含量多，空气清新，可开发成为度假疗养区。广西滨海水体——沙滩类旅游资源包括已开辟成浴场的海滩和已有一定游人但未开辟成浴场的海滩。广西主要的滨海水体——沙滩旅游资源有：银滩、侨港、三娘湾、天堂滩、大平坡、玉石滩、怪石滩、月亮湾、金滩及涠洲岛西部海岸，其中的三娘湾沙滩附近的海域更是有大潮景观。从整个广西的滨海旅游资源来看，滨海水体——沙滩类旅游资源是其中的精华和主体。

15.2.2　广西主要水体——沙滩类休闲旅游资源（景点）

15.2.2.1　北海银滩

北海银滩还是全国首批 4A 级景点，1992 年经国务院批准，北海银滩成为全国 12 个国家级旅游度假区之一，1994 年被国家旅游局评为"最美休息地"之一，1995 年北海银滩被国家旅游局评为中国 35 个"王牌景点"之"最美休憩地"。2000 年被评定为国家 4A 级旅游区。北海银滩以其"滩长平、沙细白、水温净、浪柔软、无鲨鱼"的特点，被誉为"天下第一滩"（图 15.1）。

15.2.2.2 金滩

滨海旅游度假胜地，自治区级风景名胜区。金滩是我国大陆海岸线的最西南端，居民以京族为主。金滩全长 15 km，面积约有 25 km²。宽阔坦荡，沙质细柔金黄，浪平坡缓，无污染，海水清澈。绿岛、长滩、碧海、阳光，构成京岛如画景色，是天然的海滨浴场。金滩可同时容纳三四万人进行海浴和沙滩活动。金滩位于北回归线以南，属亚热带季风气候，日照充足，旅游季节长达 8 个月之久。岛上草木繁茂，四季常绿。唱哈、跳竹竿舞、弹独弦琴、拉大网、放虾灯等是独具特色的民俗风情（图 15.1）。

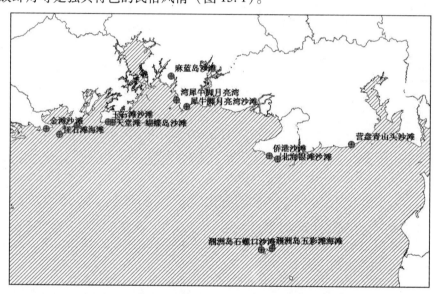

图 15.1　广西滨海水体——沙滩类旅游资源分布

15.2.2.3 三娘湾

钦州市三娘湾旅游景区是著名电影《海霞》的外景拍摄基地，广西十佳景区之一，"海上大熊猫"——中华白海豚的故乡。三娘湾旅游景区位于风景如画的北部湾畔，旅游资源要素齐全。海豚、海水、大潮、蓝天、白云、沙滩、树林、阳光、渔村、礁石，应有尽有，样样俱全。三娘湾海域水质较好，无任何污染，三娘湾海域本身就是一个天然渔场，海水营养丰富，产有大量的饵料，为海豚的生长、繁衍提供了优良的条件。这里生长着成群海豚，有上千头之多，为全国罕见（图 15.1）。

15.2.2.4 天堂滩——蝴蝶岛沙滩

天堂滩是企沙半岛的南面外滩（图 15.1），滨海型自然风景旅游区。岛上绿树参天，阡陌交通，鸡犬相闻，渔民安居乐业。沿岛沙滩长约 3.5 km，滩宽 250 m。沙滩平缓，水浅流缓，没有旋涡。沙子银白洁净，海水清澈透底，是开展海滨体育运动的极佳场所，滨海旅游度假胜地。相隔 2 km 处为玉石滩。蝴蝶岭位于天堂滩与玉石滩交接处，涨潮时成为海岛，退潮时与大陆相连。岛上林木葱葱。蝴蝶岭是日本入侵中国大陆西南的第一个登陆点，在此处曾留下中国军队抗战日军的史篇，是开展爱国主义教育的基地。蝴蝶岭四面临海，渔产丰富，还是极佳的钓鱼场所。

15.2.2.5　大平坡

因其极为宽广平坦而得名，又因在沙滩上常可以欣赏到一排排滚滚而来的白浪，壮观瑰丽，故又名银浪滩。人称"中国的夏威夷，天下第一滩"。白浪滩宽 2.8 km，长 5.5 km。沙质细软，沙中夹有一些黑色的含钛矿砂，白中泛黑。沙滩一马平川，坡度极小，最高潮和最低潮差带长达几百米，就是满潮时，人从岸边往海中走五六百米，水深也仅及脖颈；退潮后，便是十里长滩，任凭车辆四处奔驰，可供 10 余万人活动（图 15.1）。

15.2.2.6　涠洲岛沙滩

1）石螺口沙滩

位于涠洲岛西部石螺口（其附近村庄形似石螺，名石螺）（图 15.1）。沿海海水清澄如镜，当属本岛之最。海中瑰丽珊瑚、各色海鱼如画显现。撒满五彩贝壳的洁净沙滩呈铲状温柔地伸入大海母亲的怀抱。沿岸火山岩、海蚀岩，丰富、奇特、怪异。

2）涠洲岛南湾沙滩

涠洲岛地势南高北低，其南面的南湾港是由古代火山口形成的天然良港。港口呈圆椅形，东、北、西三面环山，东拱手与西拱手环抱成娥眉月状，像力大无比的螃蟹横卧海中。南湾沙滩，沙子洁白，坡度平缓（图 15.1）。

15.2.2.7　钦州湾犀牛脚月亮湾

位于钦犀一级公路旁（图 15.1），从钦州港往犀牛角需要经过该区。因海滩海岸线呈弯月形而得名。植被类型为木麻黄防护林带，因人为影响较大，林下灌草层很少。

15.2.2.8　麻蓝岛沙滩

麻蓝岛的外形酷似一个牛轭，呈现长弯形。该岛最宽处 400 m，最窄处 200 m，有一个面积 8×10^4 m^2 的小山，海拔 21.8 m，登上山顶可饱览大海的奇观异彩。岛上马尾松、木麻黄、竹簧、美国湿地松等生长茂密、整齐、是人工所造的林地，绿树成荫，经地覆盖率 80%。岛的西北面为一大片沙滩，宽阔平坦，沙质金黄，是天然海滨浴场，西南面为礁石群，礁石千姿百态，奇形怪状，东面则为一大片极为壮观的红树林（图 15.1）。这一带还盛产"三沙"：沙虫、沙钻鱼、沙蟹。

15.2.2.9　玉石滩

玉石滩位于广西防城港市港口区光企半岛外缘约 $108°25'$E，$21°32'$N 处，面向北部湾

（图15.1）。玉石滩分布着颗粒圆滑的石粒，银白洁净，不同形状、不同颜色，好像用海里的珍珠来点缀了沙滩的每一个角落。玉石滩的海水洁净，沙滩柔软平缓，沙粒粗细适中，海水清澈，空气清新。

15.2.2.10 怪石滩

怪石滩是海浪常年冲刷岩石而成的海蚀地貌，石头呈褐红色，故又名海上赤壁。怪石滩崖高岩矗，由岩石构成的各种怪状栩栩如生，有的像怪兽，有的似花木，有的像战阵，有的似迷宫，其中最逼真的要数"笔架山"、"金龟望海"、"袋鼠观海"、"鳄鱼跳水"、"雄狮守海疆"、"蘑菇石"等。涨潮时，更可观赏到"乱石穿空，惊涛拍岸，卷起千堆雪"的壮观场面（图15.1）。

15.2.3 广西滨海生态类旅游资源（景点）及其分布

广西沿海地区地处南亚热带，属季风型海洋性气候，形成具有地带性特点的滨海植物群落，并成为各种动物适宜的栖息地。沿海防护林带主要以木麻黄为主要树种。在陆缘与海缘的潮间带，形成红树林湿地生态系统。广西滨海生态旅游资源主要有：滨海红树林湿地生态旅游资源、滨海生态林、滨海动物栖息地及相关保护区、滨海海岛生态旅游资源。

15.2.3.1 生态旅游资源类型及其分布

1）红树林类生态旅游资源

红松林在广西海岸广有分布（图15.2），从两广交界的山口红树林到中越交界的北仑河口，其中比较著名的有山口红树林、北海大冠沙城市红树林、廉州湾湿地红树林、茅尾海湿地红树林、防城港渔洲坪城市红树林、巫头湿地红树林、北仑河口海洋自然保护区红树林等。红树林湿地生态系统具有极高的生态效益、经济效益、社会效益，是广西沿海地区重点保护和开发的生态旅游资源。

2）滨海植物类生态旅游资源

在广西沿海还有一些具有当地特色的生态林可以作为生态旅游资源（图15.2），如冠头岭国家森林公园、防城企沙簕山村滨海植物、防城光坡南亚松林、榕树头榕树林等滨海森林旅游资源。

3）珍稀野生动物栖息类生态旅游资源（景点）

广西沿海地区海洋生物资源丰富（图15.2），对旅游最具吸引力的有野生动物栖息地防城港巫头万鹤山和企沙盐田港火山岛鹭鸟栖息地、合浦沙田儒艮栖息地、三娘湾海域的中华白海豚栖息地等。

4）滨海岛屿类生态旅游资源（景点）

岛屿也是广西沿海重要的旅游资源，形成了独特的海岛生态系统，它是综合了各种自然资源旅游资源（或/和不同人文旅游资源）的不同类型旅游资源的单体集合体（图15.2）。广西沿海地区大大小小分布有近700座岛屿，其中一些岛屿蕴含了丰富的生态旅游资源，对游

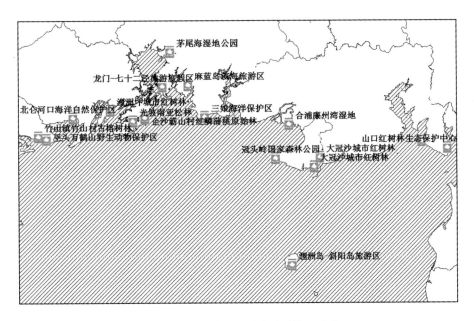

图 15.2　广西滨海生态类旅游资源分布

客具有很大的吸引力。如涠洲岛、斜阳岛、龙门群岛、麻蓝岛、六墩岛、蝴蝶岛等滨海岛屿生态旅游资源。

15.2.3.2　主要生态旅游景点

1) 涠洲岛旅游——斜阳岛

涠洲岛是中国最大的也是地质年龄最年轻的火山岛，位于广西壮族自治区北海市东南海面上，南北方向的长度为 6.5 km，东西方向宽 6 km，总面积 24.74 km²，岛的最高海拔 79 m。涠洲岛上居住着 2 000 多户人家，1.6 万多人口，其中 85% 以上是客家人。岛上有名的建筑有三婆庙、圣母庙和天主堂等。涠洲岛是火山喷发堆凝而成的岛屿，有海蚀、海积及熔岩等景观，尤其南部的海蚀火山港湾更具特色。涠洲岛在 1994 年被辟为省级旅游度假区。现在也是中国国家地质公园。

涠洲岛、斜阳岛纯属火山地质，海蚀、海积及熔岩景观丰富奇特，成为各类专业学生的实习的最好场所。其附近海域海洋生物种类很多，有鱼类 500 多种，虾类 200 多种，头足类 50 多种，还有种类众多的贝类和藻类，珊瑚生长茂盛，面积广大，16 种 4 个未定种。两岛亦是候岛和旅鸟迁徙印尼、西沙群岛及印支半岛的重要中途"驿站"，共有鸟类 17 科 37 种。两岛上的原生性植被已不存在，次生天然植被为零星分布的小片灌丛。岛上林木种类比较单一，新引进树种主要是木麻黄、台湾相思、银合欢和桉类等。现在大部分的旱地都种植香蕉，植被类型主要为香蕉果园。

2) 北仑河口海洋自然保护区

北仑河口国家级自然保护区位于中国大陆海岸的最西南端，在防城港市境内。由西到东保护区跨越北仑河口（河口）、万尾岛（开阔海岸）和珍珠港（港湾），海岸线总长 105 km。

351

保护区以红树林生态系为保护对象，岸线长 105 km，面积约 11 927 hm²。其中，红树林有林面积 1 131 hm²，宜林光滩面积 1 487 hm²。保护区于 1983 年开始建立，属县级，1990 年晋升为省级海洋自然保护区，2000 年 4 月经国务院批准晋升为国家级自然保护区。2001 年 7 月，加入中国人与生物圈（MAB）组织，2004 年 7 月加入中国生物多样性保护基金会自然保护区委员会。2004 年防城港红树林被 UNEP 批准为中国首个、全球三大 GEF 红树林国际示范区之一。

北仑河口保护区的红树林发育良好，结构独特，连片较大，是保存较完整的天然红树林，共有红树植物 7 科 9 种。大型底栖生物共有 155 种，其中多毛类 37 种，软体动物种类 62 种，甲壳动物 41 种，底栖鱼类 27 种。保护区为候鸟的重要繁殖地和迁徙停歇地，已观察到的鸟类有 187 种，13 种鸟类属于国家二级保护动物，黑脸琵鹭被国际鸟类保护组织列为世界最濒危的 30 种鸟类之一。保护区内分布有面积较大、连片生长的红树林，红树林植物有 7 科 9 种。主要群落类型有：木榄、秋茄、桐花树、白骨壤、红海榄、海漆和老鼠簕 7 种基本群落；其他的过渡性群落类型有：木榄＋秋茄、秋茄－桐花树、桐花树＋老鼠簕、白骨壤－桐花树、白骨壤＋秋茄－桐花树。

3）山口红树林保护区

山口国家级红树林生态自然保护区，地域跨越合浦县的山口、沙田和白沙三镇。保护区下设英罗和沙田两个保护站。保护区海岸线总长 50 km，总面积 8 000 hm²，其中海域，陆域各为 4 000 hm²，有林面积 806 hm²。山口国家级红树林生态自然保护区是 1990 年 8 月国务院批准建立的我国首批（5 个）国家级海洋类型保护区之一，1993 年加入中国人与生物圈，1994 年列为中国重要保护湿地，1997 年与美国鲁克利湾国家河口研究保护区建立姐妹保护区关系，2000 年 1 月加入联合国教科文组织人与生物圈（MAB）保护区网络，2002 年 1 月列入国际重要湿地，是全国海洋系统目前唯一的荣获世界双桂冠的自然保护区。

保护区内的红树林是中国内地海岸红树林典型代表，发育良好，结构独特，连片较大，保存较完整的天然红树林。区内有红树植物 10 种，主要伴生植物 22 种；浮游植物 96 种，底栖硅藻 158 种，鱼类 82 种，贝类 90 种，虾蟹 61 种，昆虫 258 种，其他动物 26 种；该区是亚洲大陆东北部与半岛、南洋群岛及澳大利亚之间的候鸟迁飞的一条重要通道，鸟类较丰富，共 132 种，其中有国家二级保护动物黑脸琵鹭、白琵鹭、凤头鹰等 13 种。红树林水域也是国家一级保护动物美人鱼（儒艮）栖息的好场所。

4）茅尾海湿地公园

广西茅尾海红树林自然保护区是林业部门主管的自治区级自然保护区。保护区位于广西钦州湾，总面积 2 784 hm²，分别由康熙岭片（面积 1 297 hm²）、坚心围片（面积 1 102 hm²）、七十二泾片（面积 100 hm²）和大风江片（面积 285 hm²）4 大片组成。

保护区内有红树植物 13 科 16 种，占全国红树种类的 43.2%，有各种动物 491 种，其中 33 种鸟是中澳、中日保护候鸟及其栖息环境协定的保护鸟类。红树林的主要群落类型有：桐花树群落、白骨壤群落、无瓣海桑（引进种）群落，过渡性群落有白骨壤＋桐花树群落和秋茄－桐花树群落。这里也是钦州 4 大海产品大蚝、对虾、青蟹、石斑鱼的主要产区。茅尾海湿地拟建湿地公园是红树林生态系、滨海沼泽湿地生态系和滨海植被生态系的有机统一，拥有非常丰富的自然资源。

5）北海冠头岭国家森林公园

冠头岭国家森林公园在北海市区西南。冠头岭旅游区距广西壮族自治区北海市区 8 km，岭长 6 km，如一条青龙横卧市区西南端，主峰高 120 m，因坡岭蜿蜒起伏，状如窿冠因而得名。它曾是历史上北部湾畔人民作为抵抗帝国主义侵略的天然屏障，主要由风门岭、丫髻岭、马鞍山三个山体组成，密林覆盖，绿荫苍郁，四季常青，气候温暖。

北海冠头岭的植被主要为马尾松林，现有大叶相思、马占相思、桉树等经济树种斑块状种植。定量的样方调查结果表明，样方内乔木层只有马尾松一个树种，Shannon – Wiener 指数为 0。马尾松长势较好，平均高度约 6.5 m，郁闭度 0.35，林下灌木层覆盖度达 55%，主要有桃金娘、九节、野牡丹、越南叶下珠等，草本层覆盖度较小，仅 15%，主要为铁芒萁。冠头岭不但是北海市唯一的丘陵，这里也是鸟类的重要栖息地和中转站。

6）北海大冠沙城市红树林

大冠沙和银滩是北海的姐妹滩。大冠沙有几千亩红树林，主要以白骨壤为主，混生有少量秋茄和桐花树，海堤内是防护林带木麻黄。

以红树植物白骨壤为主，混生有少量秋茄和桐花树，海堤内是防护林带木麻黄。红树植物有 6 种，有白骨壤、桐花树、秋茄、海漆、卤蕨和红海榄。其中白骨壤占绝对优势，总面积 139.8 hm²。素有"海上森林"美誉的红树林是鸟类、昆虫、贝类、鱼、虾、蟹等生物栖息繁衍之所。

7）党江湿地公园

位于廉州湾北端，这里有红树林湿地、三角洲湿地和大片的滩涂湿地。党江红树林主要为桐花树群落，平均高约 2 m，覆盖度 40%～90%，伴生秋茄、茳芏。此外还有大片的老鼠簕纯林和人工种植的秋茄林，秋茄林平均高约 0.5 m，覆盖度约 25%。

8）合浦沙田儒艮生态旅游区

在山口红树林保护区海域，即在合浦县铁山港外的近海一带，生存着国家一级保护动物——儒艮。这里既属亚热带海洋气候，海底潮沟深槽发育也相当好，水温、盐度都适中，海草资源也丰富，是儒艮生息的优良环境。1992 年，国务院将合浦县营盘至英罗湾一带确定为国家级"儒艮自然保护区"。主要为海草群落。主要的海草种类为喜盐草、贝克喜盐草、小喜盐草等。

9）防城港渔洲坪城市红树林旅游区

防城港市中心的渔洲坪滩涂曾生长着约 6 000 亩红树林，受城市开发建设活动影响，现存面积 3 500 亩左右，是中国最大的城市红树林区。1999 年，防城港红树林海洋生态实验园区，取得自治区发改委的立项批复。2003 年，国家环保总局将该园区项目列入《国家环境保护"十五"重点项目规划》。2005 年，该园区成为联合国环境署（UNEP）/全球环境基金（GEF）联合设立的《扭转南中国海和泰国湾环境退化趋势项目》国际示范区。

渔洲坪的旅游资源主要为红树林。红树林的主要群落为白骨壤群落，岸边有小片半红树银叶树片林。其他的红树植物有红海榄、木榄、秋茄、桐花树、海漆等镶嵌分布白骨壤林中，数量较少。由于此片红树林面积较大、林冠整齐、外貌葱郁，又位于市郊，作为市民或游客的休闲度假地，具有较高的旅游价值。

10）钦州龙门——七十二泾

七十二泾位于钦州市区南面的钦州湾中部的茅尾海南端，距钦州市区约 25 km，是龙门港内海中的一片小岛群，长宽跨度约为 10 km，共有大小岛屿 100 多个，总面积约 9.8 km²，各个岛屿表面风化强烈，多由志留系与侏罗粉砂岩和页岩构成。众多岛屿参差错落分布在海面上，形成许多回环往复、曲折多变的水道，共有 72 条之多，故名七十二泾。龙门岛为乡政府所在地，街市设施皆备，有公路与内陆相通。岛上既有军港，也有颇具规模的渔港，所产大蚝、清蟹、对虾、石斑鱼是为"四大名产"，远销海内外。泾内还生长着红树林，是全国大型连片的红树林之一。

泾内生长着大片的红树林，形成独特的岩生红树林和岛群红树林景观，共有红树植物 11 科 16 种，各种动物 491 种，其中 33 种鸟是中澳、中日保护候鸟及其栖息环境协定的保护鸟类。

11）钦州湾麻蓝岛滨海旅游区

麻兰岛位于钦州市区南部海上，呈长弯形，总面积 0.254 0 km²，岛上有一高 21.8 m，面积为 8×10⁴ m² 的小山。山脚下为平地和沙滩，岛上植被保存较好，绿树成荫，自然气息浓郁。西北面有一长 1 500 m，宽 1 000 m 的宽阔沙滩，沙质金黄幼细，是难得的天然海水浴场。1998 年，岛上已建有造型新颖的度假村，各种设施齐全，具备了食、住、游、娱、购的功能。

麻蓝头岛有小片原生植被保留，在流动性沙地以变叶裸实和酒饼簕为主与鸡眼藤和素馨藤共同组成藤冠灌丛。在砂岩发育的粗骨性壤土上，则为稀疏岗松、桃金娘和铁芒箕的灌草丛。人工植被有湿地松－岗松群落和木麻黄群落。

12）企沙盐田港火山岛、渔鹭园

火山岛，当地俗称"六墩岛"，由 6 座相连的小岛组成。火山岛的条件得天独厚，周围的海水清朗而湛蓝，岛沙滩细软柔和。火山岛附近 600 m 的渔鹭园每年都有上千的白鹭筑窝安家。2007 年起，防城港市港口区政府把火山岛附近海域和山丘列为生态保护区，同时，开辟为以绿色环保、自然生态为主题的"火山岛渔鹭园生态游"旅游基地，列为"社会主义新农村示范点"。

鹭岛上为湿地松群落。乔木层郁闭度较低，约 0.15，主要为湿地松；灌木层覆盖度很小，仅 10%；草本层覆盖度高达 98%，绝大部分为铁芒萁。这里为鹭鸟提供了良好的栖息环境，每年有上千只白鹭在这里安家。

13）巫头滨海生态旅游资源

354 巫头岛隶属于广西东兴市江平镇，是京族聚居地京族三岛（万尾、巫头、山心三岛）之一。巫头岛上自然资源丰富，南面的北部湾是著名的渔场，盛产鱼、虾、蟹、贝等各种海产品，有鱼类700多种，其中经济价值较高、产量丰富的达200多种。珍珠、海马、海龙是医药上的名贵药材。岛上盛产海盐和热带水果。植物和鸟类资源十分丰富。沿海还生长有被称作"海底森林"的红树（海榄）。

防城港巫头岛是广西沿海植被保存较为完好的地方。保留有常绿季雨林红鳞蒲桃原始林片林，主要的植物群落有：红鳞蒲桃、滨木患——变叶裸实、龙船花群落和红鳞蒲桃 - 乌药、山姜群落。其他沙生植被有：打铁树、酒饼簕 - 绢毛飘拂草群落；薄果草、岗松群落。在海岸边缘零散分布有木麻黄林片，潮间带还有红树林。巫头岛因植被较丰富，50多年前，白鹭开始在此栖息繁衍，现在已有成千上万只鹭鸟迁徙至此，故有"万鹤山"的美名。

15.2.4　滨海人文旅游资源（景点）及其分布

广西滨海地区，是我国西南出海通道，这里历史悠久有众多的史前遗址和文物古迹，同时各居住民族形成了独具风韵的民俗风情。

15.2.4.1　人文旅游资源类型及其分布

1）文物古迹

广西位于西南边陲，古代成为"百越之地"，其西南地区主要为西瓯、骆越人，少数民族主要是以壮侗语为主的少数民族，其中京族为广西独有的少数民族。本区很早就与中原有不可分割的关系，在交流、发展中走向统一，构成多元一体的中华民族的重要组成部分，在交流和融合中形成了多元的文化。广西沿海地区分布有较多的人文古迹（图15.3），是很有吸引力的旅游资源。合浦古汉墓群、文昌塔、东坡亭、白龙珍珠城遗址、冯子材故居和墓、刘永福故居和墓、北海近代建筑群、海上丝绸之路、胡志明小道等都是具有重要开发价值的旅游资源。

2）史前遗迹

"贝丘"是考古界的一个专用术语，简单来说，因史前人类生产力不发达，尚未进入农耕社会，靠山吃山靠水吃水，在聚居地常常丢弃有食用过的贝类、蚌壳和其他生活物品，久而久之积少成堆，千万年后，这些古遗物被今人发现，便将之称为"贝丘"。贝丘遗址看似古人的"垃圾场"，实则蕴藏着丰富的古人类生活信息，具有重大考古研究价值。广西滨海贝丘遗址主要有（图15.3）：防城交东贝丘遗址和防城亚菩山、马兰嘴山、杯较山等贝丘遗址，这些遗址主要是滨海型贝丘遗址。

3）边疆要塞与地标

边疆要塞与地标类主要有白龙炮台、乌雷炮台、大清钦州界碑、中国海岸线零起点、中国公路零起点地标等（图15.3）。

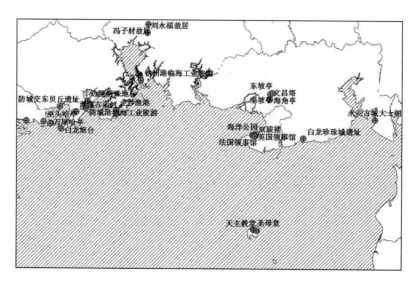

图 15.3　广西滨海人文类旅游资源分布图

4）民俗风情

广西滨海也是少数民族风情浓郁的地区，有以海上为生的疍家、具有地方特色的客家和我国唯一的海洋民族京族等。京族在广西主要集中居住在东兴市（图 15.3），这里有独具京族特色的建筑哈亭、京族人民的传统歌节——哈节，京族人民热情好客、能歌善舞，能够吸引游人到此游玩、休闲。

5）滨海港口工业旅游与城市风光

现代城市旅游是旅游热点之一。北海、钦州、防城港都是中国起步较晚，但发展较快的滨海城市。这些城市主要体现在现代化的工业景观如大规模的工业园区（图 15.3），临海工业、港口码头，在建的钢铁厂、核能发电厂等，可以作为城市旅游资源进行开发。

15.2.4.2　广西滨海主要人文旅游景点

1）合浦汉墓群

国家重点文物保护单位，省级爱国主义教育基地。合浦汉墓群主要分布在禁山、康南、平旧、杨家山、中站、廉东、涌口、廉北、堂排等村所辖区内，在东西宽约 5 km、南北长约 18 km 的范围内遍布着合浦的汉墓群总面积达 66 km^2，是迄今为止国内发现的规模最大、连片的保存最为完整的古汉墓群。古汉墓分士坑墓和砖坑墓。近年出土的文物有铜凤灯、铜屋、珍珠、玛瑙、琥珀及陶屋、陶瓷等多件。合浦汉墓群规模宏大，保存完整，文化内涵博大精深，出土文物已逾万件，其中不乏具有很高历史、科学、艺术价值的精品。古墓群的出土文物，对研究我国古代政治、经济、军事、文化艺术、南北方交流，以及与东南亚各国友好往来等，都提供了极其宝贵的实物资料。

2）北海近代历史建筑群

1876 年，中英《烟台条约》签订后，西方列强纷至沓来，先后有英国、德国、奥匈帝国、法国、意大利、葡萄牙、美国、比利时等 8 个国家在北海设立领事馆、教堂、医院、海关、洋行、女修院、育婴堂、学校等一系列机构和建筑。北海近代建筑群包括英国领事馆旧址、法国领事馆旧址、德国领事馆旧址、洋关大楼旧址、德国森宝洋行楼旧址、涠洲天主堂、涠洲城仔教堂、德国信义会教会楼旧址、双孖楼旧址、会吏长楼旧址、贞德女子学校旧址、北海教区主教府楼旧址、普仁医院旧址、天主教区女修院旧址、北海天主教堂旧址等 15 座近代西式建筑。北海市近现代西式建筑群，是北海一百多年前被迫对外开放的历史见证物，是研究北海近现代史、海关史、港口史、对外贸易以及建筑史的重要史料。

3）珠海路老街

北海珠海路老街于乾隆年间（1736—1795 年）形成村落，约在嘉庆年间（1796—1820 年）形成交易点，道光中年（约 1830—1840 年）形成渔民提供生产、生活用品的简单集市。此后，逐渐形成商港雏形。道光末、咸丰初，本来沿西江航道往来的广西及云贵货流改由北海进出，使北海迅速成为西南大通道的出口，珠场巡检司于咸丰五年（1855 年）移驻北海，以加强对市埠的管理。北海也首次成为次县级行政机构驻在之所。光绪二年（1876 年），不平等条约《烟台条约》签订，北海成为指定的对外通商口岸。1927 年由警察局组织统一改造，珠海路和中山路由原来的 6 m 拓宽到 9 m。城市格局保持至今。

4）北海海滨公园

北海海滨公园在市区北面，水族馆就在园内的 A 区，与青岛水产馆并列为中国最大的水产展览馆，建于 1978 年。建筑面积 1 600 m²，分 7 个展览室和水族箱、海龟池、海豹池。展出北部湾的海洋生物标本 670 多种，展品 2 800 多件。

5）刘永福故居

1981 年评为自治区级重点文物保护单位、1996 年 9 月定为全国中小学爱国主义教育基地。故居又名三宣堂，建于清光绪十七年（1891 年）。占地面积超过 22 700 m²，建筑面积超过 5 600 m²，大小楼房 119 间。除主座外，有头门、二门、仓库、书房、伙房、佣人房、马房等一批附属建筑以及戏台、花园、菜圃、鱼塘、晒场等设施。是钦州市现存最宏伟、最完整的清代建筑群。

6）冯子材故居

自治区级重点文物保护单位、全国爱国主义教育基地、全国百家中小学爱国主义教育基地。冯子材故居占地面积超过 7×10^4 m²，主建筑超过 2 100 m²，面通宽 40.5 m，通进深 45 m。冯子材墓，占地约 1 200 m²，墓后约 500 m 有一碑亭，亭内有象征官阶等级的巨碑 1 块，碑文为"大清诰授荣禄大夫建将军太子少保衔贵州提督世袭轻车都尉加一云骑车尉冯勇毅公神道"。

7）企沙渔港

始建于 1956 年的企沙渔港是广西第二大群众性渔港，距北部湾渔场最近，是南海三省（区）海洋捕捞渔货重要集散地之一。1990 年农业部将企沙渔港列为全国渔港综合治理试点港。2006 年 10 月，农业部办公厅又批复同意了防城港市企沙中心渔港建设项目的初步设计。有着长达 51 km 海岸线的企沙镇，渔业资源丰富，年总产量居全市第一位。盛产鱿鱼、墨鱼、红鱼、石斑鱼、鲨鱼、沙虫、海蜇、泥丁、沙剑鱼等。水产养殖有对虾、青蟹、文蛤、珍珠等。企沙港航道深，水面宽阔，是良好的避风港。可同时停泊千艘机排、渔船，水上运输近可通至东兴、防城、北海、钦州，远可达海南、广东、福建、香港等地以及东南亚各国。镇内有天然浴场天堂滩，闻名遐迩的玉石滩、沙耙墩，清康熙年间所建的石龟头海防炮台及我国华南第二大航海灯塔。

8）白龙珍珠城遗址

白龙珍珠城，自治区级文物保护单位为长方形，南北长 320 m，东南宽 233 m，占地面积 74 676 m²，墙高 6 m，城基宽 6 m，条石为脚，火砖为墙，中心黄土夹珠贝夯筑而成。分东、南、西三个城门，门上有楼，可瞭望监视全城和海面，城内设采珠公馆，珠场司、盐场司和宁海寺等。城墙内外砌火砖，中心每 10 cm 一层黄土夹一层珍珠贝贝壳，层层夯实，珍珠城因此得名。

9）海洋之窗

"北海海洋之窗"坐落于我国富饶美丽的北部湾之滨，占地 2.1 hm²，建筑面积 18 100 m²。景区由神秘绚丽的活体珊瑚、丰蕴深厚的航海历史文化、高科技造景技术的新一代无水水族馆、创多项国内之最的巨型圆缸景观，及逼真刺激的国际最先进的 4D 动感电影等构成。是一座引领海洋科技时尚、传播海洋文化品位、领略海洋无限风光的大型综合性海洋博览馆。

10）大士阁

全国重点文物保护单位，自治区级重点文物保护单位，全国中小学爱国主义教育基地。位于合浦县城东南 85 km 的山口镇永安村内。建于明万历四年（1576 年），据何天衢《永安城重修大士阁碑记》载，清道光年间（1821—1850 年）重修。保存较完好。大士阁位于永安古城遗址内，距海岸不远，登阁即可眺望茫茫大海。自建成至今 400 多年以来，这里历经过多次海啸和特大台风雨以及地震的祸害，依样屹立于原处。全阁建筑艺术精湛，无论从建筑科学或艺术角度看，均有重要价值，对研究永安古城历史也有重要意义。1988 年，被定为国家级文物保护单位。

11）潭蓬运河

潭蓬运河又称"天威遥"、"仙人垅"，因运河所经之处仙人坳全是海石结构的丘陵，工程浩大因而被称为"仙人垅"。因它起自潭蓬村，现名潭蓬运河，是唐代"元和三年"（808 年）和"咸通九年"（公元 868 年）期间开凿的一条运河古迹。运河长约 2 km，东西走向，运河把潭蓬湾和万松港勾通，大大缩短了海上的航程。潭蓬古运河最早辟于汉代马援（马伏波）南征时，目的是方便漕运，但由于河段岩石难挖，工程无法竣工。至唐咸通年间（860—874 年），高骈任安南都护，再次募工凿成。使往来的船只不必绕过江山半岛而直航防城、珍珠两港，不但缩短了 15 km 的航程，而且避开了半岛南端的巨浪和海盗的袭击，保证航行的安全。

12）防城港贝丘遗址

交东贝丘位于东兴市江平镇郊东村，呈东西走向，南临北部湾，北为丘陵地，东西宽约200 m，南北长约400 m。西面有一条小河从北向南流入海湾，北面是起伏的山丘，高约10 m。山上堆积大量贝壳，以蚝壳居多，杂有泥蚶、白螺、网锤等先民遗物，人称"蚝壳山"，被一层表土及植被覆盖。它是1958年春，村民在山边建牛栏挖墙基时发现的。经考察鉴定为新石器时期居民点遗址，1981年被列为自治区重点文物保护单位。

马兰基贝丘位于东兴市江平镇马兰基村的马兰咀山冈上，西临珍珠港，西北与亚菩山遗址相距5 km，背面环山，潮水直淹到山脚，遗址高出海面10 m，占地面积超过640 m²。文化堆积厚1 m。内含贝壳、打制石器多、磨光石器少，夹砂粗陶片。

13）永安古城

永安古城位于合浦县城东84 km处的山口镇永安村，濒临北部湾，"为高雷琼海道咽喉"，是明代廉州卫辖下的永安千户御所所在地。据《合浦县志》（民国版）载，永安城于洪武二十七年（1394年）由千户牛铭始建，城高一丈八尺，周长四百六十一丈，城壕长五百丈，窝铺一十八，角楼、月城楼各四，有正厅、左右厢房、重门、鼓楼等。

14）白龙古炮台

现为广西壮族自治区重点文物保护单位。清政府为了巩固海防，于光绪十三年（1887年）由两广总督张之洞亲自率部对东兴市的竹山、江平、白龙尾半岛进行勘察，并在白龙尾半岛的4个小山包上筑建了"白龙台"、"艮坑台"、"龙珍台"、"龙骧台"四座炮台，总称为"白龙炮台"。"白龙炮台"既是海防线上的军事设施，也是庄严而坚固的建筑群体。白龙炮台保存完好，炮座底下为深6 m的地下兵库和弹药库。每座炮台装备从英国进口的100 mm口径的粉炮1至2门，每门火炮长约4 m，重约六七吨，这些炮台与越南隔海相望，国防位置相当重要，它与企沙石炮台互相呼应，虎视眈眈，故有"龟蛇守水口"之称。

15）陈公馆

正在向国家申报AAA级景区。东兴市陈公馆兴建于20世纪初期，景区是国民党著名的粤军将领陈济棠上将的旧居所，位于中越界河——北仑河畔、东兴市区中心，占地面积达8 680 m²，建筑面积2 800 m²，绿化面积达3 000 m²，以法式建筑楼群为主要建构。公馆是一座20世纪20年代的青砖清水墙的两层西式别墅，分主楼和副楼，两楼中间用弧形的天桥连接。现主要景观有陈济棠陈列馆、陈济棠雕像、中越友谊馆、休憩长廊、西炮楼、北炮楼、南门、金花茶、百年古树。陈济棠陈列馆陈列的图片和实物重点展现陈济棠治粤八年、帮助红军、逼蒋抗日的历史；陈列馆附楼的中越友谊馆以大量的纪实照片和实物，真实地反映了中越两国并肩战斗、友好往来、携手发展的历史。

16）合浦东坡亭

东坡亭，自治区重点文物保护单位，为歇山顶二进亭阁式砖木结构。坐北面南，分前后两进，环以回廊，建筑面积约160 m²。第一进为别亭，现悬挂于正门上方的"东坡亭"

三字大匾额，是后人据廉州知府（宋代，廉州州治设于今合浦县）李经野字迹复制。左右两侧亭壁开两个大圆门，亭顶脊中部彩塑双凤朝阳，两端檐角饰狮子滚绣球。第二进为主亭。亭内外镶有许多碑碣，碑碣书体楷、草、隶、篆俱全。亭的正面壁上有一幅苏东坡阴纹石刻像，像中的苏东坡，慈善端详，目光迥然，品读其仙风道骨、大家风范，仍可感受到其吟"大江东去浪淘尽"时的激情澎湃与豪迈气势。在东坡像上方有"仙吏遗踪"四字。

17）大清一号界碑

大清一号界碑位于东兴市竹山镇，界碑正面，写着"大清国钦州界，知州李受彤书，光绪十六年二月立。"涂着红漆的"大清国钦州界"题字依然清晰、醒目。与东兴口岸的那块大清界碑一模一样。这样的界碑在广西中越边境共有33块，而在东兴，有8块。据史料记载：1890年4月14日，由当时的清界务总办、四品顶戴钦州直隶知州李受彤与法国官员共同签署"界约"后，于此立石约界。而这是第一块，故称"大清国一号界碑"。

18）万尾哈亭

哈节是京族人民的传统歌节，"哈"是京语译音，含有"歌"、"请神听歌"的意思。关于哈节有不少民间传说，其中一个比较有代表性的传说称，四五百年前，京族人民在封建统治者压迫下，生活穷困潦倒，苦不堪言。于是上苍派一位歌仙下凡，来到京族三岛，以传歌为名，动员群众起来反抗封建压迫。其歌声委婉动听，听者纷纷仿学，这就是京族人民能歌善舞的由来。她的歌声感动了许多群众。后人为了纪念她，尊其为歌祖，称之为歌仙，并建立了哈亭，定期在哈亭唱歌传歌，渐成节俗，流传至今。

19）合浦文昌塔

始建于明万历四十一年（1613年），距今已有三百多年历史。又称文笔塔，原为镇风水、聚财源、昌文运而建。自治区重点文物保护单位，塔为八角空心密檐式砖砌结构，为7层叠涩密檐砖塔，其造型从底层向上逐层收窄，塔顶为一红葫芦，文昌塔现为广西南部宝塔之冠，对研究古代文化艺术及建筑力学都有较大的价值。塔高约36 m，塔座8.1 m，内径2.6 m。每层叠涩出檐上置平座，开着东西通风门，即坤门与凤门，其余是作装饰之用的假门，塔内有阶梯盘旋而上。塔身为白色，角边和拱门边为红色，红白鲜明，既朴素又美观。

20）东兴观音寺

观音寺目前建有正定楼、钟楼、藏经阁、素食馆、山门、放生池、九砻壁、流通外、影墙等。珍藏有舍利子12粒、台风音寺临济正宗祖师牌位一块、瓷器油灯一对、瓷器小香炉一只。1922年，由钦州俗家弟子欧文坤，法名"觉宁"发动信徒到北海、合浦等地化缘所建。观音寺于1923年农历9月18日开光，1958年至"文化大革命"，观音寺停止活动。1996年8月6日恢复修建，占地超过3 000 m²，建筑面积1 700 m²。

15.3　广西主要滨海旅游区

15.3.1　滨海旅游区综合分区

在资源分析的基础上，依据根据资源禀赋、地理空间和旅游产品开发方向，同时综合从旅游品牌带动、生态保护岸线和中心旅游城市的辐射功能，将广西滨海选划出 10 个主要滨海旅游区（图 15.4）。其中 3 个为生态滨海旅游区，包括北仑河口海洋自然保护区、山口红树林——合浦儒艮自然保护区、党江红树林湿地自然保护区；1 个为休闲渔业滨海旅游区，即企沙休闲渔业滨海旅游区；1 个观光滨海旅游区，即三娘湾观光滨海旅游区；3 个度假滨海旅游区，包括北海银滩度假滨海旅游区、江山半岛度假滨海旅游区和金滩（京族三岛）度假滨海旅游区；1 个为游艇旅游区，即钦州茅尾海游艇旅游区；1 个为海岛综合旅游区，即涠洲岛——斜阳岛海岛综合旅游区。

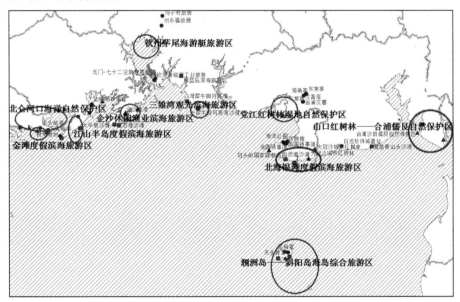

图 15.4　广西潜在滨海旅游区分布

15.3.2　滨海主要旅游景区

广西滨海旅游资源丰富，拥有自然风光、生态环境、历史文化等类型多样的旅游资源。以此为基础，目前广西已经开发出多种类型的滨海旅游景区（点），包括 4 个滨海旅游度假区（表 15.3，北海银滩旅游度假区、防城港江山半岛旅游度假区、合浦南国星岛湖旅游度假区、北海涠洲岛旅游度假区），3 个滨海风景名胜区（表 15.4，南万——涠洲岛海滨风景名胜区、江山半岛风景名胜区、京岛风景名胜区），1 个滨海国家森林公园，即冠头岭国家森林公园，1 个国家地质公园，即涠洲岛火山国家地质公园（表 15.5），以及 4 个自然保护区（表 15.6），合浦儒艮自然保护区、山口红树林国家自然保护区、北仑河口海洋自然保护区、涠洲岛鸟类自然保护区。

表15.3　广西滨海区域国家级和自治区级旅游度假区

名称	地址	特点	级别	批准时间
北海银滩旅游度假区	北海市	海滨沙滩	国家级	1992
防城港江山半岛旅游度假区	防城港	热带滨海	自治区级	1994
合浦南国星岛湖旅游度假区	合浦县	内湖	自治区级	1995
北海涠洲岛旅游度假区	北海市	热带滨海	自治区级	1995

表15.4　广西滨海区域国家级和自治区级风景名胜区

名称	地址	级别	批准时间
南万——涠洲岛海滨风景名胜区	北海市	自治区级	1988
江山半岛风景名胜区	防城港市	自治区级	1994
京岛风景名胜区	东兴市	自治区级	1994

表15.5　广西滨海区域国家地质公园与森林公园

名称	地点	级别	特色
冠头岭国家森林公园	北海市	国家级	天然次生林、海滨风光
涠洲岛火山国家地质公园	北海市	国家级	火山岩溶地貌

表15.6　广西滨海区域各级自然保护区

自然保护区名称	地点	面积/hm²	主要保护对象	成立日期	级别
合浦儒艮自然保护区	合浦	35 000	儒艮	1992	国家级
山口红树林国家自然保护区	合浦	8 000	红树林生态系统	1990	国家级
北仑河口海洋自然保护区	东兴	3 000	红树林生态系统	2000	国家级
涠洲岛鸟类自然保护区	北海	2 600	各种候鸟	1982	自治区级

15.3.3　广西滨海 A 级以上旅游景区（点）

A 级以上旅游景区（点）是衡量景区品质高低的重要标签。广西滨海地区的国家 A 级旅游景区数量较多，且总体级别较高。依据国家《旅游区（点）质量等级划分与评定》标准，截止到 2007 年底，广西滨海地区 A 级以上的景区共有 9 个，其中 AAAA 级景区有 6 个，包括北海市的银滩旅游区、海底世界和海洋之窗，钦州市的三娘湾旅游区、刘冯故居景区和八寨沟景区；AAA 级景区 2 个，包括钦州市龙门群岛海上生态公园和防城港市的东兴京岛景区；AA 级景区 1 个，包括防城港十万大山国家森林公园（表15.7）。

表 15.7　广西滨海地区国家 A 级旅游景区

等级	序号	旅游景区名称	所在地区	批准时间	占全区的比例
AAAA	1	北海银滩旅游区	北海市	2001.1	16.22%
	2	北海海底世界		2002.2	
	3	北海海洋之窗		2006.10	
	4	钦州三娘湾旅游区	钦州市	2006.10	
	5	钦州刘冯故居景区		2006.10	
	6	钦州八角寨沟旅游景区		2007.11	
AAA	1	钦州龙门群岛海上生态公园	钦州市	2007.12	6.7%
	2	东兴京岛景区		2006.9	
AA	1	防城港十万大山国家森林公园	防城港市	2003.7	16.67%

15.4　小结

　　广西滨海旅游资源组合类型包括水体沙滩旅游、生态旅游和人文旅游三大类。水体沙滩旅游区包括银滩、侨港、三娘湾、天堂滩、大平坡、玉石滩、怪石滩、月亮湾、金滩及涠洲岛西部海岸；生态旅游类包括滨海红树林湿地、滨海生态林、滨海动物栖息地及相关保护区、滨海海岛等；人文旅游包括合浦古汉墓群、文昌塔、东坡亭、白龙珍珠城遗址、冯子材故居和墓、刘永福故居和墓、北海近代建筑群、海上丝绸之路、胡志明小道等。

　　广西滨海主要有 10 个旅游区。其中 3 个为生态滨海旅游区，包括北仑河口海洋自然保护区、山口红树林——合浦儒艮自然保护区、党江红树林湿地自然保护区；1 个为休闲渔业滨海旅游区，即企沙休闲渔业滨海旅游区；1 个观光滨海旅游区，即三娘湾观光滨海旅游区；3 个度假滨海旅游区，包括北海银滩度假滨海旅游区、江山半岛度假滨海旅游区和金滩（京族三岛）度假滨海旅游区；1 个为游艇旅游区，即钦州茅尾海游艇旅游区；1 个为海岛综合旅游区，即涠洲岛——斜阳岛海岛综合旅游区。

　　广西滨海地区 A 级以上的景区共有 9 个，其中 AAAA 级景区有 6 个，包括北海市的银滩旅游区、海底世界和海洋之窗，钦州市的三娘湾旅游区、刘冯故居景区和八寨沟景区；AAA 级景区 2 个，包括钦州市龙门群岛海上生态公园和防城港市的东兴京岛景区；AA 级景区 1 个，即防城港十万大山国家森林公园。

16 广西海岛资源

　　从概念上讲，海岛资源泛指分布在海洋岛屿上的、可以被人类利用的物质、能量和空间。广西近海海岛星罗棋布，是广西重要的海洋资源。本章在阐述广西海岛数量、面积与分布特征的基础上，重点阐述广西主要海岛的土地资源、淡水资源、植被资源、旅游资源及潜在能源。

16.1 广西海岛的数量、面积与分布

16.1.1 广西海岛的界定、统计原则

　　海岛，即位于大陆海岸线或河海分界线以外，大潮高潮时高于海面且自然形成的陆地区域，可简单地理解为大陆岸线外的自然陆地单元。但是，由于自然环境和人类活动的影响，海岛的具体界定仍存在一定的复杂性。为了便于与全国海岛统计对比，本研究采用国家"908专项"2008年出台的《海岛界定技术规程（试行本）》界定广西海岛，并统计其具体特征。

16.1.1.1 参考的大陆岸线

　　岸线或河海分界线是2008年年底经广西壮族自治区政府审核批准的广西"908专项"大陆岸线修测成果。

16.1.1.2 独立海岛的界定原则

　　本次海岛调查的主要对象为面积大于或等于500 m^2 的海岛，对于这部分海岛，不论其与相邻大陆或海岛相隔多远，均作为独立的海岛单元统计。

16.1.1.3 小于500 m^2 的海岛的统计原则

　　对于面积小于500 m^2 的海岛（微型海岛），按照"908专项"出台的《海岛界定技术规程（试行本）》中提出了单岛、丛岛和扩展区的概念进行统计。单岛是指孤立分布于某一海域的海岛。以海岸线为基线，以 L 为25米间距划定扩展区。当单岛扩展区与大陆或面积大于、等于500 m^2 的海岛扩展区均不相交，则该单岛被界定为独立的海岛统计单元；当单岛扩展区与大陆或面积大于或等于500 m^2 海岛的扩展区相交，则该岛不作为独立的海岛进行统计；丛岛是指集中分布在某一海域的距离相近（小于25 m）的两个或两个以上海岛。当丛岛单元内所有海岛的扩展区界线不与大陆或面积大于或等于500 m^2 海岛扩展区相交，则该丛岛单元界定为一个独立的海岛统计单元。另一种为丛生明礁型，由两个或两个以上的明礁组成一个独立的海岛统计单元。

16.1.1.4 小于 500 m² 的海岛的统计原则

以人工修建的道路（单一道路）、堤坝、桥梁、盐田、养殖池塘等，使海岛与大陆或其他海岛相连的，仍作为独立统计单元的海岛。

16.1.1.5 残留陆块的统计原则

由于广西大陆岸线附近养殖开发十分普遍，沿岸地区常开挖有成片的养殖池塘等，从而致使局部大陆岸线后撤严重，一些残留的陆块也因养殖水域的孤立而成为岛屿。

16.1.1.6 尊重历史和传统原则

按照以上原则，大陆岸线以外的自然形成的陆地区域均视为海岛，但在实际操作中，以尊重历史和传统为原则，有取有舍，尤其是在新增海岛部分，参考了《广西海岛志》之"海岛拾遗"、"明礁"及"明礁拾遗"，《广西海域地名录》之"岛"、"群礁"和"礁"，《钦州市海域地名录》之"岛"、"礁"部分等。新增和灭失（取消）海岛的参比标准为《全国海岛名录与代码》。

16.1.2 广西海岛的数量、面积

根据上述海岛界定原则与统计方法，综合广西大陆岸线修测等成果，最终确认在广西大陆岸线以外现有海岛 709 个，海岛总面积为 155.59 km²，岸线长 671.17 km。与第一次全国海岛综合调查成果资料相比（广西拥有高潮线以上大于 500 m² 的岛屿 651 个），广西新增海岛 234 个，灭失（取消）海岛 176 个，净增海岛 58 个。根据隶属关系，将广西海岛分别按市、县（区）统计海岛的数量与面积。

16.1.2.1 北海市

北海市辖海城区和合浦县，有海岛 70 个（其中，海城区 4 个，合浦县 66 个），占广西海岛总数的 9.87%（表 16.1 和图 16.1）；海岛面积 71.88 km²（海城区 27.20 km²，合浦县 44.67 km²），占广西海岛总面积的 46.197%（图 16.2）；海岛岸线长 153.44 km，占广西海岛岸线总长度的 22.86%。该市海岛数量最多的是铁山湾，有海岛 44 个；其次是廉州湾，有海岛 12 个；第三是大风江口的东部，有海岛 11 个；在北部湾外海，分布有涠洲岛、斜阳岛和猪仔岭岛。

16.1.2.2 钦州市

钦州市（钦南区）有海岛 304 个，占广西海岛总数的 42.88%；海岛面积为 41.34 km²，占广西海岛总面积的 26.57%（图 16.2）；海岛岸线长 259.52 km，占广西海岛总长度的 22.86%。钦州市海岛主要分布在钦州湾（包括茅尾海、钦州湾外湾及鹿耳环江、金鼓江）内，共有海岛 218 个；其次是大风江口的西侧，有海岛 86 个。

16.1.2.3 防城港市

防城港市辖防城区、港口区和东兴市，有海岛 335 个（其中，防城区 102 个、港口区

231 个和东兴市 2 个），占广西海岛总数的 47.25%；海岛面积 42.37 km²（防城区 4.13 km²、港口区 32.24 km²、东兴市 6.00 km²），占广西海岛总面积的 27.23%（图 16.2）；海岛岸线长 258.21 km，占广西海岛岸线总长度的 38.47%。该市海岛主要分布在钦州湾西部、防城湾和珍珠湾。

表 16.1　广西沿海各地级、县级行政单元的海岛统计表

行政区划		海岛数量/个	面积/km²	岸线长度/km
地级市	县（区、市）			
北海市	海城区	4	27.20	37.07
	合浦县	66	44.67	116.37
	小　计	70	71.88	153.44
钦州市	钦南区	304	41.34	259.52
防城港市	防城区	102	4.127	57.38
	港口区	231	32.24	186.92
	东兴市	2	6.00	13.91
	小　计	335	42.37	258.21
总　计		709	155.59	671.17

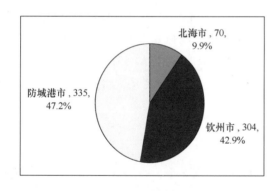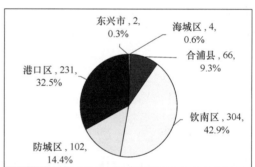

图 16.1　广西沿海各县级市海岛数量与百分比

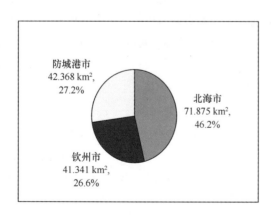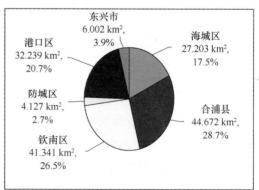

图 16.2　广西沿海各县（市、区）海岛面积及百分比

16.1.3 有居民海岛和无居民海岛

16.1.3.1 有居民海岛

经广西"908 专项"海岛综合调查确认在当前大陆岸线以外现有或曾有户籍人口的有居民海岛共 16 个,占广西海岛总数的 2.27%（表 16.2）。其中,北海市有居民海岛 6 个,分别是涠洲岛、斜阳岛、外沙岛、七星岛、渔江岛和南域岛,前 3 个岛属于海城区,后 3 个海岛属于合浦县;钦州市有居民海岛 5 个,分别是龙门岛、团和岛、犁头咀岛、箣沟墩和麻蓝（头）岛;防城港市有居民海岛 5 个,分别是渔沥岛、长榄岛、针鱼岭岛、大茅岭岛和山心岛,其中渔沥岛属于港口区,长榄岛、针鱼岭岛和大茅岭岛属于防城区,山心岛属于东兴市。

表 16.2　广西有居民海岛基本信息统计表

行政区划	海岛名称	面积/km²	岸线长/km	现有人口/人	户	行政级别
北海市海城区	涠洲岛	24.715 627	24.672	14 251		镇级
	斜阳岛	1.826 708	5.981	363	100	村级
	外沙岛	0.657 139	6.179	2 450	600	居委会
北海市合浦县	七星岛	3.128 785	11.202	1 200	334	村级
	渔江岛	21.876 667	25.06	12 500		村级
	南域岛	16.399 674	30.193	10 000		村级
钦州市钦南区	龙门岛	11.325 659	34.864	8 054		镇级
	团和岛	7.785 171	12.833	4 182	862	村级
	犁头咀岛	11.914 317	23.07	2 269	465	村级
	箣沟墩	2.409 975	9.159	现为港口		自然村
	麻蓝岛	0.253 992	2.774	现为旅游区		自然村
防城港市港口区	渔沥岛	26.200 577	50.549	50 659	17 970	县市级
防城港市防城区	长榄岛	0.393 623	5.115	350		自然村
	针鱼岭	0.866 509	7.025	450		自然村
	大茅岭岛	1.398 062	7.958	750		村级
防城港市东兴市	山心岛	5.880 284	11.425	4 745		村级
合计		137.032 769	268.059	111 977		

广西有居民海岛总面积为 137.032 769 km²,占海岛总面积的 88.076%;海岛岸线长 268.059 km,占广西海岛岸线总长度的 39.939%。有居民海岛数量虽少,但面积和岸线长度所占的比重很大。

16.1.3.2 无居民海岛

无居民海岛是指没有户籍人口的海岛。广西海岛虽然均有不同程度的开发,但绝大多数为无居民海岛。少数海岛虽然长期有养殖户居住,但其户籍不在岛上,仍定为无居民海岛;大陆岸线附近个别陆连岛或较大的岛屿已有户籍人口（住宅挂有门牌号码），但因没有得到县市以上级政府的确认和权威统计数据，亦暂定为无居民海岛。根据上述原则统计（表 16.3），广西现有无居民海岛共 693 个，占海岛总数的 97.73%；总面积为 18.552 493 km²，占广西海岛总面积的 11.924%；岸线长 403.110 km，占广西海岛岸线总长度的 60.061%。其中，北海市共有 64 个无居民海岛（海城区 1 个，合浦县 63 个）；钦州市（钦南区）共有 299 个无居民海岛；防城港市共有 330 个无居民海岛（防城区 99 个，港口区 230 个，东兴市 1 个）。

无居民海岛大部分面积小，但数量多，分布广，岸线总量也较大，在海水养殖、海洋环境保护等方面发挥重要作用。

表 16.3　广西无居民海岛基本信息统计表

行政区划		海岛数量/个	面积/km²	岸线长度/km
地级市	县（区、市）			
北海市	海城区	1	0.003 83	0.239
	合浦县	63	3.266 87	49.913
	小　计	64	3.270 700	50.152
钦州市	钦南区	299	7.652 168	176.817
防城港市	防城区	99	1.468 824	37.281
	港口区	230	6.038 691	136.371
	东兴市	1	0.122 11	2.489
	小　计	330	7.629 625	176.141
总　计		693	18.552 493	403.110

16.1.4　广西海岛分布

广西海岛数量多，分布广（表 16.4 和图 16.3）。广西海岛基本上沿大陆岸线分布，在北部湾外海，仅分布有涠洲岛、斜阳岛和猪仔岭 3 个海岛；广西海岛在钦州湾和大风江口相对较为密集，防城湾和珍珠湾次之，铁山港湾和廉州湾相对较少。钦州湾有海岛 398 个（表16.4），占海岛总数的 56.14%；防城湾有海岛 122 个，占海岛总数的 17.21%；大风江口有海岛 97 个，占海岛总数的 13.68%；铁山湾有海岛 44 个，占海岛总数的 6.21%；珍珠湾有海岛 32 个，占海岛总数的 4.51%；廉州湾有海岛 12 个，占海岛总数的 1.69%；北仑河口只有 1 个海岛。

表 16.4　广西海岛的地域分布

区域	海岛数量		海岛面积		海岛岸线	
	数量/个	百分比/%	面积/km²	百分比/%	长度/km	百分比/%
铁山湾	44	6.206	1.007 403	0.647	26.205	3.904
廉州湾	12	1.693	43.780 62	28.139	85.991	12.812
大风江口	97	13.681	2.247 003	1.444	52.570	7.833
钦州湾	398	56.135	45.151 85	29.021	327.896	48.854
防城湾	122	17.207	30.692 8	19.727	125.784	18.741

续表 16.4

区域	海岛数量		海岛面积		海岛岸线	
	数量/个	百分比/%	面积/km²	百分比/%	长度/km	百分比/%
珍珠湾	32	4.513	6.037 305	3.88	19.342	2.882
北仑河口	1	0.141	0.122 11	0.078	2.489	0.371
北部湾	3	0.423	26.546 17	17.062	30.893	4.603
合计	709	100	155.585	100	671.169	100

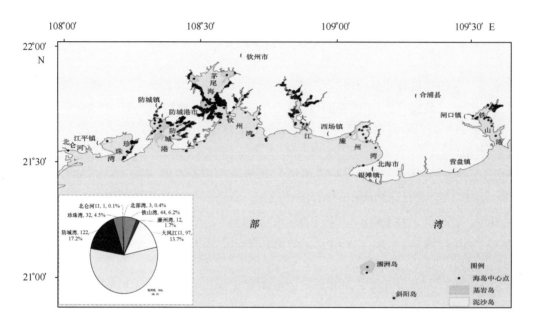

图 16.3　广西海岛分布概图

16.2　广西海岛土地资源

由于广西海岛主要沿大陆岸线分布，因此，海岛土地资源利用程度或可利用程度较高。

16.2.1　广西海岛土地资源类型

广西海岛土地资源类型分为农用地、建设用地和未利用地 3 个二级类。在二级类型中可细分为三级和四级类型。

16.2.1.1　农用地

农用地包括耕地、园地、林地和草地（不包括陆地水域如养殖池塘等），总面积为 69.10 km²，约占海岛陆域面积的 44.4%（图 16.4，表 16.5）。

1）耕地

耕地指种植农作物的土地，包括当年围涂（滩）或新垦种植农作物的土地、休闲地、连

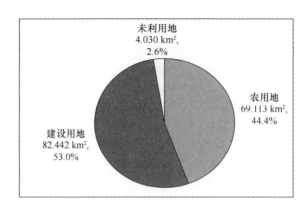

图 16.4　广西海岛二级土地利用类型及面积统计

续撂荒未满三年的轮歇地和以种植农作物为主兼种果木的间作地，但不包括间作农作物的专业性果园、茶园、桑园、热带作物园和造林地等。广西海岛耕地面积 29.95 km^2，约占海岛陆域面积的 19.25%，以水田和旱地为主，含少量的水浇地（表 16.5）。

（1）水田

指筑有田埂经常蓄水，种植水稻或水稻与其他旱作物轮作的耕地。广西海岛水田总面积为 17.25 km^2，约占海岛陆域面积的 11.08%（表 16.5），主要见于渔江岛、南域岛、犁头咀岛、团和岛、山心岛、大茅岭岛、龙门岛（含西村岛）、渔沥岛、针鱼岭岛和涠洲岛等较大的海岛，特别是南流江、钦江、茅岭江、防城江和江平江等三角洲地区海岛。

（2）水浇地

指有水源保证和灌溉设施，在一般年景能正常灌溉，种植水生农作物的耕地。广西海岛水浇地分布面积小，难于统计，主要用于种植蔬菜、香蕉等，总面积为 0.24 km^2，约占海岛陆域总面积的 0.15%（表 16.5）。

（3）旱地

指无灌溉设施，主要靠天然降水种植旱生农作物的耕地，包括没有灌溉设施，仅靠引洪淤灌的耕地。广西海岛旱地总面积为 12.47 km^2，约占海岛陆域面积的 8.01%（表 16.5），主要种植花生、甘蔗等经济作物。

2）园地

园地指种植以采集果、叶、根、茎、汁等为主的集约经营的多年生木本和草本作物，或种植桑树、橡胶、可可、咖啡、油棕、胡椒、药材等其他多年生作物的园地，一般连片集中种植，包括用于育苗的土地。广西海岛园地面积 0.029 7 km^2，约占海岛陆域面积的 0.02%（表 16.5）。海岛园地面积小，不成规模，部分划归入耕地中的旱地或水浇地。

3）林地

指生长乔木、竹类、灌木的土地，不包括居民点内部的绿化林木用地，铁路、公路征地范围内的林木，以及河流、沟渠的护堤林。广西海岛林地面积共 38.93 km^2，约占海岛陆域面积的 25.02%，包括以下 3 类（表 16.5）：

（1）有林地

指树木郁闭度大于等于0.2的乔木林地，包括红树林地和竹林地，总面积为36.04 km²，约占海岛陆域面积的23.17%（表16.5），以防护林、用材林和经济林为主，林种主要有木麻黄、台湾相思、银合欢、马尾松和桉树等。

表16.5　广西海岛土地利用现状分类、面积及涉岛数量

三级类型			四级类型			
土地利用类型	面积/km²	面积百分比/%	土地利用类型	涉岛数/个	面积/km²	面积百分比/%
一、耕地	29.95	19.25	水田	16	17.246	11.08
			水浇地	1	0.24	0.15
			旱地	9	12.47	8.01
二、园地	0.030	0.02	园地	1	0.03	0.02
三、林地	38.94	25.03	有林地	424	36.04	23.17
			灌木林地	284	2.88	1.85
			其他林地	1	0.01	0.01
四、草地	0.19	0.12	天然牧草地	3	0.14	0.09
			其他草地	7	0.05	0.03
五、商服用地	0.30	0.19	商服用地	1	0.29	0.19
			住宿餐饮用地	1	0.01	0.01
六、工矿仓储用地	4.17	2.68	工矿仓储用地	3	3.42	2.20
			工业用地	1	0.74	0.48
七、住宅用地	16.391	10.54	城镇住宅用地	4	5.30	3.41
			农村宅基地	14	11.09	7.13
八、公共管理与公共服务用地	1.98	1.27	机关团体用地	1	0.38	0.24
			科教用地	1	0.076	0.04
			医卫慈善用地	1	0.01	0.00
			文体娱乐用地	1	0.21	0.13
			公园与绿地	4	0.80	0.52
			风景名胜设施用地	2	0.52	0.33
九、特殊用地	0.05	0.03	特殊用地	1	0.05	0.03
十、交通运输用地	9.25	5.95	铁路用地	1	0.18	0.12
			公路用地	21	3.31	2.13
			港口码头用地	10	5.76	3.70
十一、水域及水利设施用地	50.30	32.33	沟渠	2	0.05	0.03
			水工建筑用地	2	0.15	0.10
			水库	2	0.33	0.21
			养殖池塘	71	49.77	31.99
十二、其他土地	4.03	2.59	空闲地	2	3.45	2.22
			沙地	2	0.12	0.08
			裸地	5	0.01	0.01
			河流	3	0.41	0.26
			湖泊	2	0.03	0.02
合　计	155.59	100			155.59	100

（2）灌木林地

指灌木覆盖度不小于40%的林地，总面积为2.869 8 km²，约占海岛陆域面积的1.84%（表16.5），主要为岗松—铁芒萁灌草丛、仙人掌、刺葵等。

（3）其他林地

包括疏林地（指树木郁闭度不小于0.1、小于0.2的林地）、未成林地、迹地、苗圃等林地，总面积为0.012 2 km²，约占海岛陆域面积的0.01%（表16.5）。

4）草地

草地指生长草本植物为主的土地。广西海岛草地共0.19 km²，约占海岛陆域面积的0.12%，包括以下两类（表16.5）：

（1）天然牧草地

指以天然草本植物为主，用于放牧或割草的草地；总面积为0.141 3 km²，约占海岛陆域面积的0.09%（表16.5）。目前广西海岛牧地主要用于养牛，其中又以水牛占绝大部分，畜群结构比较单一。

（2）其他草地

指树木郁闭度小于0.1，表层为土质，生长草本植物为主，不用于畜牧业的草地；总面积为0.049 4 m²，约占海岛陆域面积的0.03%（表16.5）。

16.2.1.2　建设用地

指以人工建筑或人工地貌为主，主要用于商业与服务业、工矿仓储、住宅、公共管理与公共服务、交通运输、水域及水利设施及其他特殊用途的土地。广西海岛建设用地为82.46 km²，约占海岛陆域面积的53.0%（图16.4，表16.5）。

1）商服用地

商服用地指主要用于商业、服务业的土地。广西的主要有居民海岛如涠洲岛、龙门岛、渔沥岛等均有一定的商服用地，但规模不大，比较分散，难于统计。这里仅统计了渔沥岛的商服用地，共0.30 km²，约占广西海岛陆域面积的0.19%（表16.5），主要包括以下两类：

（1）住宿餐饮用地

指主要用于提供住宿、餐饮服务的用地，包括宾馆、酒店、饭店、旅馆、招待所、度假村、餐厅、酒吧等，总面积为0.012 km²，约占海岛陆域面积的0.01%（表16.5）。

（2）其他商服用地

指上述用地以外的其他商业、服务业用地。包括洗车场、洗染店、废旧物资回收站、维修网点、照相馆、理发美容店、洗浴场所等用地，总面积为0.29 km²，约占海岛陆域面积的0.19%（表16.5）。

2）工矿仓储用地

工矿仓储用地指主要用于工业生产、物资存放场所的土地。广西海岛工矿仓储用地共4.17 km²，约占海岛陆域面积的2.68%（表16.5），主要分布在渔沥岛、簕沟岛、龙门岛和涠洲岛，包括以下两类：

（1）工矿仓储用地

指主要用于工业生产、物资存放场所的土地，总面积为 3.42 km^2，约占海岛陆域面积的 2.20%。

（2）工业用地

指工业生产及直接为工业生产服务的附属设施用地，总面积为 0.74 km^2，约占海岛陆域面积的 0.48%。

3）住宅用地

住宅用地指主要用于人们生活居住的宅基地及其附属设施的土地。在广西 16 个有居民海岛中，除箥沟墩和麻蓝岛因开发需要居民已迁出外，其他各有居民海岛均有住宅用地。广西海岛住宅用地共 16.36 km^2，约占海岛陆域面积的 10.54%（表 16.5），包括以下两类：

（1）城镇住宅用地

指城镇用于生活居住的各类房屋用地及其附属设施用地，包括普通住宅、公寓、别墅等用地，总面积为 5.30 km^2，约占海岛陆域面积的 3.41%。

（2）农村宅基地

指农村用于生活居住的宅基地，总面积为 11.09 km^2，约占海岛陆域面积的 7.13%。

4）公共管理与公共服务用地

指用于机关团体、新闻出版、科教文卫、风景名胜、公共设施等的土地，在村级以上有居民海岛均有分布，但往往面积小，难于统计。广西海岛公共管理与公共服务用地共 1.98 km^2，占海岛陆域面积的 1.27%（表 16.5），包括以下 6 类：

（1）机关团体用地

指用于党政机关、社会团体、群众自治组织等的用地，总面积为 0.37 km^2，约占海岛陆域面积的 0.24%。

（2）科教用地

指用于各类教育，独立的科研、勘测、设计、技术推广、科普等的用地，总面积为 0.07 km^2，约占海岛陆域面积的 0.04%。

（3）医卫慈善用地

指用于医疗保健、卫生防疫、急救康复、医检药检、福利救助等的用地，总面积为 0.005 4 km^2，约占海岛陆域面积的 0.003%。

（4）文体娱乐用地

指用于各类文化、体育、娱乐及公共广场等的用地，总面积为 0.21 km^2，约占海岛陆域面积的 0.13%。

（5）公园与绿地

指城镇、村庄内部的公园、动物园、植物园、街心花园和用于休憩及美化环境的绿化用地，总面积为 0.80 km^2，约占海岛陆域面积的 0.52%。

（6）风景名胜设施用地

指风景名胜（包括名胜古迹、旅游景点、革命遗址等）景点及管理机构的建筑用地，景区内的其他用地按现状归入相应的类。总面积为 0.52 km^2，约占海岛陆域面积的 0.33%。

5）特殊用地

指用于军事设施、涉外、宗教、监教、殡葬等的土地。广西海岛特殊用地共 0.054 km²，约占海岛陆域面积的 0.03%（表 16.5）。

6）交通运输用地

指用于运输通行的地面线路、场站等的土地，包括民用机场、港口、码头、地面运输管道和各种道路用地。广西有居民海岛除麻蓝岛外，基本上均有公路与大陆相通，其中的渔沥岛、团和岛和簕沟岛有铁路与大陆相通，涠洲岛、外沙、龙门岛、簕沟岛和渔沥岛等均有港口和码头。广西海岛交通运输用地共 9.250 6 km²，约占海岛陆域面积的 5.95%（表 16.5），包括以下 3 类：

（1）铁路用地

指用于铁道线路、轻轨、场站的用地。包括设计内的路堤、路堑、道沟、桥梁、林木等用地。总面积为 0.18 km²，约占海岛陆域面积的 0.12%。

（2）公路用地

指用于国道、省道、县道和乡道的用地。包括设计内的路堤、路堑、道沟、桥梁、汽车停靠站、林木及直接为其服务的附属用地。总面积为 3.31 km²，约占海岛陆域面积的 2.13%。

（3）港口码头用地

指用于人工修建的客运、货运、捕捞及工作船舶停靠的场所及其附属建筑物的用地，不包括常水位以下部分。总面积为 5.76 km²，占海岛陆域面积的 3.70%。

7）水域及水利设施用地

水域及水利设施用地指陆地水域，海涂、沟渠、水工建筑物等用地，不包括滞洪区和已垦滩涂中的耕地、园地、林地、居民点、道路等用地。广西海岛水域及水利设施用地共 50.77 km²，约占海岛陆域面积的 32.62%（表 16.5），其中绝大部分为岸线内的养殖池塘。具体包括以下 6 类：

（1）沟渠

指人工修建用于引、排、灌的渠道，包括渠槽、渠堤、取土坑、护堤林，总面积为 0.05 km²，约占海岛陆域面积的 0.03%。

（2）水工建筑用地

指人工修建的闸、坝、堤路林、水电厂房、扬水站等常水位岸线以上的建筑物用地，总面积为 0.14 km²，约占海岛陆域面积的 0.09%。

（3）水库

仅见于涠洲岛和龙门岛，总面积为 0.33 km²，约占海岛陆域面积的 0.21%。

（4）养殖池塘

专指海岛岸线以内开挖的养殖池塘，不包括海岛岸线外侧的养殖池塘，总面积为 49.79 km²，约占海岛陆域面积的 32.00%。

16.2.1.3　未利用地

指上述地类以外的其他类型的土地，共 4.03 km²，约占海岛陆域面积的 2.59%（图 16.4，表 16.5），按照 4 级分类包括空闲地、沙地、裸地、河流、湖泊，其面积分别为 3.45 km²、0.12 km²、0.013 km²、0.41 km² 和 0.034 km²，各占海岛陆域面积的 2.22%、0.08%、0.01%、0.26% 和 0.02%。

在三级土地类型中，按面积大小排列，依次为水域及水利设施用地、林地、耕地、住宅用地、交通运输用地、工矿仓储用地、其他土地、公共管理与公共服务用地、商服用地、草地、特殊用地和园地（图 16.5）。

在四级土地利用类型中，按面积从大到小排序，排在前十位的依次为：养殖池塘、有林地、水田、旱地、农村宅基地、港口码头用地、城镇住宅用地、空闲地、工矿仓储用地和公路用地；土地利用面积最小的是医卫慈善用地（表 16.5）。

从土地利用类型的广度来看，按照其分布的海岛数量从多到少排序，排在前十位的是：有林地、灌木林地、养殖池塘、公路用地、水田、农村宅基地、港口码头用地、旱地、其他草地和裸地；而园地、水浇地、特殊用地和铁路用地等类型涉及海岛数量最少，或分布面积很窄小（表 16.5）。

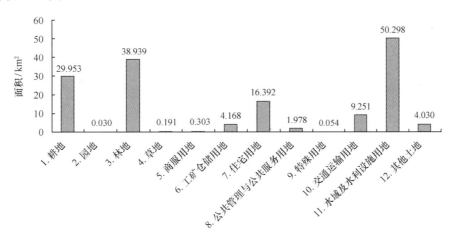

图 16.5　广西海岛三级土地利用类型及面积统计

16.2.2　海岛土地资源类型的区域分布

16.2.2.1　北海市

北海市共有 70 个海岛，海岛总面积为 71.875 3 km²，约占广西海岛陆域面积的 46.2%，其中涠洲岛、斜阳岛、渔江岛、南域岛和七星岛为有居民海岛，其余均为无居民海岛。北海市海岛土地利用三级类型以水域及水利设施用地面积最大，其次为耕地、林地、住宅用地、交通运输用地和工矿仓储用地（图 16.6）。

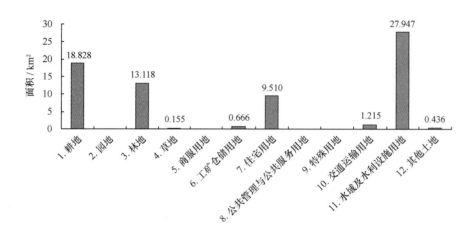

图 16.6　北海市海岛三级土地利用类型及面积统计

16.2.2.2　钦州市

钦州市有 304 个海岛，海岛土地（陆域）面积为 41.34 km^2，约占广西海岛总面积的 26.6%，海岛主要分布在大风江口（西部）、钦州湾外湾、鹿耳环江、金鼓江和茅尾海，尤以龙门群岛最为集中。

钦州市三级海岛土地利用类型以水域及水利设施用地面积最大（图 16.7），其次依次为林地、耕地、交通运输用地、住宅用地、公共管理与公共服务用地、其他土地、工矿仓储用地和草地。水域及水利设施用地面积为 16.28 km^2，以养殖池塘为主，包括极少量的水库、沟渠和水工建筑用地。林地面积为 14.38 km^2，约占广西海岛陆域总面积的 9.24%，以有林地和灌木林地为主，主要分布在龙门群岛。耕地面积为 4.42 km^2，约占广西海岛陆域总面积的 2.84%，以水田（4.35 km^2）为主，基本分布在团和岛、犁头咀岛和龙门岛。交通运输用地面积为 3.06 km^2，包括港口码头用地和公路用地，前者主要分布在簕沟岛和龙门岛，后者分布在龙门岛、团和岛、犁头咀岛和簕沟岛。住宅用地面积为 2.47 km^2，约占广西海岛陆域总面积的 1.59%，包括城镇住宅用地和农村宅基地。公共管理与公共服务用地面积为

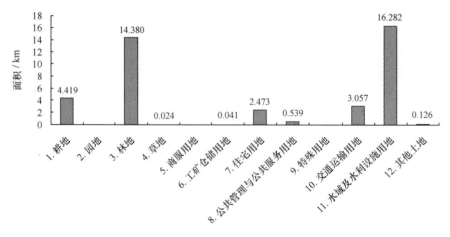

图 16.7　钦州市钦南区海岛三级土地利用类型及面积统计

0.54 km²，包括风景名胜设施用地、公园与绿地，主要分布在龙门岛等地。

16.2.2.3 防城港市

防城港市有 335 个海岛，占广西海岛总数的 47.250%；海岛土地面积为 42.37 km²，占广西海岛陆域面积的 27.23%。该市海岛主要分布在钦州湾西部、防城湾和珍珠湾。防城港市海岛土地利用三级类型以林地面积最大（图 16.8），其次为耕地、水域及水利设施用地、交通运输用地、住宅用地、其他土地、工矿仓储用地公共管理与公共服务用地和商服用地。

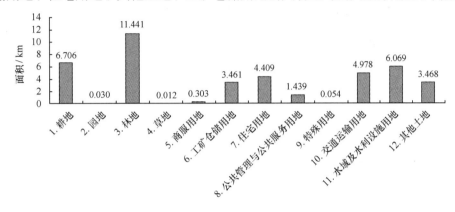

图 16.8　防城港市海岛三级土地利用类型及面积统计

16.3　广西海岛植被资源

16.3.1　天然植被类型与分布

16.3.1.1　针叶林

目前广西海岛的针叶林主要有马尾松林，总面积 1 690.38 hm²。主要见于中段和西段的岛屿，龙门西村群岛面积最大，七十二泾群岛、鱼万岛及其防城湾的部分岛屿、企沙半岛北部的小岛屿等（图 16.9）。马尾松林多呈疏林状分布于海岛的南缘，其群落组成为疏马尾松－岗松、桃金娘－铁芒萁（鹧鸪草等）。

16.3.1.2　常绿季雨林

常绿季雨林是本地区的地带性植被类型。在长期的人为破坏下，原生林已不复存在，次生林呈片状或单株残存，作为"风水林"被当地居民自觉保护起来。

1）红鳞蒲桃林

本群落原分布于巫头岛和万尾岛，现已消失。

2）高山榕、水石梓、紫荆木林

本群落仅见于钦州湾的亚公岛，分布在该岛的中下部，面积很小，渔沥岛原有少量分布，

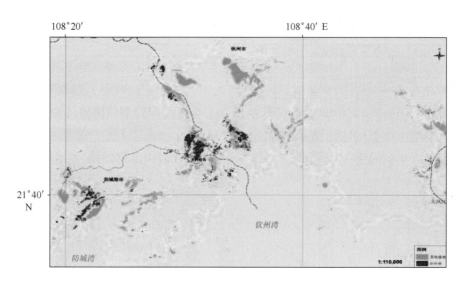

图 16.9　广西海岛针叶林分布图

现已消失。

3）倒吊笔林

倒吊笔是本地带季雨林建群种之一，在铁山港湾老鸦洲岛上有少量分布，形成含有倒吊笔的宽翅九里香 – 雀梅藤、曲枝槌果藤 – 臭根子草群落。

16.3.1.3　红树林

广西海岛红树林植物和半红树植物共 13 科 17 属 18 种，其中红树科 3 属各 1 种，组成的红树林多呈灌丛。不同的红树林类型在潮汐带内大致与海岸线平行成带状分布。广西海岛红树林的主要树种有白骨壤、桐花树、秋茄、红海榄和木榄等。主要分布于山心岛、渔沥岛、长榄岛、大新围岛、南流江诸岛等周围，铁山港湾、大风江、金鼓江、防城港湾内的小岛以及龙门群岛和七十二泾群岛的岛缘均有少量分布（图 16.10 ~ 图 16.12），总面积 5 112 hm^2。

1）桐花树群系

桐花树是广西海岸红树林的代表种，天然下种更新和萌芽更新都很强，故基本有红树林分布的海岛滩涂均有桐花树分布。其中，西村岛周边着较大连片的桐花树林，并残存稀有的小片原始性的桐花树林。

2）秋茄群系

本群系分布普遍，但面积不大。只在山心岛和渔沥岛有较连片的分布，其他均较零星。

3）白骨壤群系

本群系在各近陆海岛滩涂均有分布。

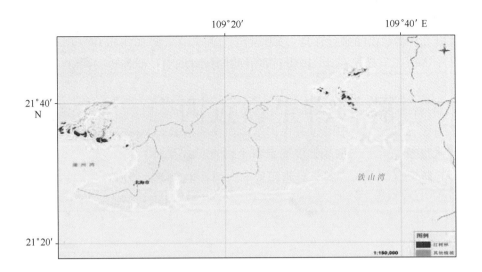

图 16.10 广西东岸段海岛红树林分布图

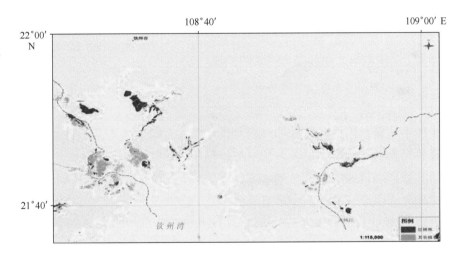

图 16.11 广西中岸段海岛红树林分布图

4）银叶树群系

银叶树群落分布于渔沥岛渔洲坪红星村的海岸高潮线之上。群落或树丛中混生不少陆生树种。残留的以银叶树为主的片林或树丛都分布在地面母岩完全裸露的地方。银叶树高大坚硬，有发达的板状根，是良好的海岸带防护林树种之一。

16.3.1.4 草丛

草丛是广西海岛荒坡荒地的主要植被类型之一，但分布都很零散，不成片。一般由具耐干热、耐瘠薄的禾本科植物为主组成，常伴生少量阳性乔灌木。

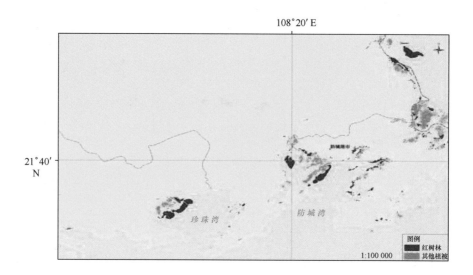

图 16.12　广西西岸段海岛红树林分布图

1) 臭根子草群落

本群落仅见于斜阳岛东北面和中央两处的洼地。

2) 鹧鸪草群落

该群落在各岛的低丘台地均有分布。以鹧鸪草为主，常见伴生种有红裂拂草、五节芒、画眉草、蜈蚣草等，灌木以岗松为主，还有桃金娘、鬼画符、野牡丹等。

3) 铁芒萁群落

该群落在广西海岛的分布很广，常与岗松－桃金娘－铁芒萁灌草丛混合分布，部分为该类灌草丛被破坏后形成。

16.3.1.5　灌草丛

广西海岛没有原生性灌草丛。次生性灌草丛是原生林经长期反复破坏后的次生演替系列中的一个阶段，极不稳定。该植被类型分布广，较零散，总面积 577.68 hm²。

1) 岗松、桃金娘－铁芒萁、鹧鸪草群落

本群落灌木以岗松、桃金娘为主，少量种类有越南叶下珠、野牡丹、黑面神、了哥王等。草本以铁芒萁占优势，其他有鹧鸪草、鸭嘴草、圆果雀稗等，有些地段偶见单株马尾松分布，除涠洲岛和斜阳岛外，其他大陆性岛屿基本为此类群落。

2) 仙人掌群落

仙人掌（*Opuntia dillenii*）分布于广西涠洲岛和斜阳岛，并且成为天然植被的主要建群种之一。落中散生少量水蔗草，灌木银合欢和磨盘草。

3）光叶柿 - 仙人掌 - 水蔗草群落

本群落仅见于斜阳岛未开垦的荒坡上，面积很小。群落由稀少的具有很强旱生结构的小乔木和灌木组成，如光叶柿、肾鹊树、福建茶、变叶裸实等，他们或叶片细，革质，上面有乳头状或刚毛状突起，或小枝变刺等。

4）异芒菊 - 仙人掌群落

本群落分布在涠洲岛南半段周边石壁上，完全为火山玄武岩的石隙生境。群落以异芒菊为优势，依靠蔓状茎上的节生根和萌芽，快速伸展，向四周扩张。伴生有海刀豆、络石和葛藤等，与小块密集成片的仙人掌相间混生。群落中散生榕树、朴树、常绿重阳木等。

16.3.1.6　滨海沙生植被

广西海岛的热带性滨海沙生植被分布在高潮线之上的岸线前沿，成不连续的狭带状分布，面积都很小。该群落草本多，木本少。建群种和主要伴生种有厚藤、单叶蔓荆、仙人掌、鬣刺、沟叶结缕草、露兜簕等。该植被类型主要见于涠洲岛。

1）鬣刺、单叶蔓茎 - 厚藤群落

本群落仅见于涠洲岛西角村一带，面积小，约 1.75 hm^2。该处的沙滩绝大部分裸露，仅局部发育着小片状该类先锋沙生植物群落。

2）露兜簕、仙人掌 - 沟叶结缕草群落

本群落主要见于涠洲岛西岸和西北岸。群落中除兼盐性植物外，还混生一些适应性更广的植物，如苦楝、银合欢、槌果藤、海南海金沙等。

16.3.2　人工植被类型与分布

16.3.2.1　经济林

广西海岛在近几年开始种植桉树。较大面积的经济林见于龙门群岛、七十二泾群岛和大风江中游的岛屿以及大新围岛、渔沥岛、山心岛等，总面积 455.12 hm^2。

16.3.2.2　防护林

防护林主要有木麻黄林、台湾相思林和斜阳岛的银合欢灌丛，总面积 962.32 hm^2。木麻黄主要见于东段的涠洲岛，中段的麻蓝头、马口岭、大三墩，以及西段的中间沙、沙耙墩等；台湾相思林、银合欢灌丛仅见于涠洲岛和斜阳岛。

涠洲岛和斜阳岛的防护林分布面积最大，总面积 762 hm^2。涠洲岛的防护林基本成林成片，其中，木麻黄林从西岸的大岭到东岸的牛栏山一带都有分布，在西角村和后背塘村一带，林带较宽；台湾相思林主要分布于南半部的滴水村到安东村一带，在湾口咀、斑鸠坪和湾仔处林带较宽。斜阳岛除岛缘由仙人掌、水蔗草等构成小面积的灌草丛外，基本为防护林，总面积 149 hm², 台湾相思林主要分布于北半部, 总面积 110 hm²; 银合欢主要分布于南半部的岛缘, 总面积 39 hm²。

16.3.2.3 农作物群落

农作物群落主要为旱地作物甘蔗、木薯和红薯以及蔬菜作物瓜类、菜类、豆类、茄果类等, 总面积 493.23 hm²。其中涠洲岛的分布面积最大, 面积 260 hm², 约占海岛植被总面积的 53%, 主要种植木薯, 与香蕉园相间分布, 遍及整个岛屿。其次为山心岛, 面积 138.71 hm²。斜阳岛主要见于该岛中部的两个洼地, 面积 27 hm², 但该地常常被撂荒形成以臭根子草为主的灌草丛。

16.3.2.4 草本型果园

海岛的草本果园仅见香蕉园, 分布于涠洲岛。20 年前, 香蕉仅零星小片地种植于村边, 现已大量种植, 面积高达 1 121.44 hm²。

16.4 广西海岛淡水资源

淡水是海岛一切生命的命脉, 是海岛其他资源开发、利用的基本保障。广西海岛的淡水资源类型主要包括地表水和地下水, 主要分布在涠洲岛、斜阳岛、渔沥岛等。

16.4.1 海岛地表水

广西海岛地表水主要分布在涠洲岛。涠洲岛西角水库的集雨面积为 5.5 平方千米, 总库容为 241×10^4 m³, 效库容为 188×10^4 m³; 小山塘集雨面积为 18 km²。

16.4.2 海岛地下水

由降水渗透形成的地下水是广西海岛的主要淡水资源, 主要分布在广西涠洲岛、斜阳岛、渔沥岛、山心岛、巫头岛和沥尾岛。涠洲岛地下水可采量为 1.27×10^4 m³, 日开采量为 1 100 t/d; 斜阳岛地下水渗入补给量约为 1 331 t/d, 日开采量为 263 m³/d; 渔沥岛补给量约为 5 990 m³/d, 地下水日开采量为 2 517 m³/d; 山心岛、巫头岛和沥尾岛的地下水补给量分别为 11 200 t、9 770 t 和 16 400 t, 可开采量分别为 1 797 t, 巫头岛为 1 560 t, 沥尾岛为 2 630 t。

16.5 广西海岛矿产资源

广西海岛及周边潮间带目前尚未发现有大型的、工业价值比较突出的固体矿产资源。但是, 在海岛潮间带和涠洲岛西南已经发现重矿物异常和油气资源。

16.5.1 海岛潮间带重矿物资源

目前, 在广西部分海岛潮间带已经发现赤铁矿、褐铁矿、锆石、电气石和钛铁矿等重矿物异常 (表 16.6)。

钛铁矿品位异常主要出现在钦州湾西部的观音堂岛和六墩、防城湾西湾的长榄岛和北风脑岛的潮间带；锆石和电气石品位异常主要出现在铁山湾至钦州湾的勺马岭岛、斗谷墩岛、牛睡沙岛、龟头岛、红沙墩、麻蓝岛、观音堂岛、六墩岛涠洲岛西角村附近岸潮间带。

表 16.6　广西海岛潮间带沉积物调查站位中部分有用矿物的品位　　　单位：kg/m³

区域	断面号	站号	经度（°E）	纬度（°N）	磁铁矿	钛铁矿	榍石	锆石	石榴石	电气石	金属矿物
铁山湾	勺马岭岛	20060426 - 04	109.554 708	21.693 653		0.24	0.01	0.34		0.05	0.76
	勺马岭岛	20060426 - 07	109.550 417	21.689 250		1.20	0.03	1.22	0.03	1.18	3.60
	斗谷墩岛	20060502 - 09	109.589 086	21.612 657		0.35	0.01	0.26		0.35	0.39
	斗谷墩岛	20060502 - 01	109.587 893	21.610 668		0.68	0.01	0.47		0.80	0.93
廉州湾	牛睡沙岛	20060423 - 03	109.044 371	21.612 362		1.81		0.83		0.63	2.00
	牛睡沙岛	20060423 - 02	109.044 492	21.612 180		0.52	0.02	0.24	0.01	0.38	0.64
	牛睡沙岛	20060423 - 01	109.044 550	21.612 083		0.30	0.01	0.26		0.20	0.46
大风江口	龟头岛	20060430 - 06	108.851 169	21.710 822		0.91	0.03	0.72	0.02	0.30	1.12
	红沙墩岛	20060501 - 06	108.847 467	21.663 494		0.46		0.28		0.27	1.37
钦州湾	观音堂岛	L009	108.547 534	21.742 525		12.10		1.55		0.27	109.60
	六墩岛	LD1202 - 01	108.573 413	21.693 113		7.76		0.29			8.86
	麻蓝岛剖面	Q34 - 02	108.699 108	21.677 728		0.78		0.25		0.04	0.92
防城湾	渔沥岛	YMD1124 - 01	108.354 160	21.668 974		1.21	0.29				14.63
	长榄岛	FCQ10 - 02	108.338 403	21.657 923		2.95	0.02	0.07	0.02		3.77
	长榄岛	FCQ10 - 01	108.340 233	21.657 671		4.60		0.13	0.05		5.68
	北风脑岛	FCQ05 - 03	108.335 762	21.632 516		4.25	0.15	0.03	0.13		6.72
涠洲岛	涠洲岛	W02 - 01	109.090 499	21.056 685		1.17	0.01	0.45			1.85
	涠洲岛	W05 - 01	109.094 673	21.024 701	1.18	0.27				0.71	2.74

注：黑体字为品位异常

16.5.2　海岛非金属矿产资源

广西非金属矿产包括玄武岩、火山碎屑岩、珊瑚礁海滩岩、海石花、砂岩和玻璃石英等。玄武岩资源主要分布于涠洲岛和斜阳岛。目前，以已开发利用的小矿床有2处，位于涠洲岛东部及北部潮间带，矿石为橄榄粗玄岩；正在开采利用的火山碎屑岩矿床有2处，分别位于涠洲岛南湾街北和斜阳岛中间岭，矿石为玄武质沉凝岩及玄武质沉火山角砾凝灰岩；小型海滩岩矿床有2处，位于涠洲岛东部及北部沿海海积阶地上，矿石为海滩砂岩及生物碎屑海滩岩；小型生物碎屑矿床有2处，位于涠洲岛东部至北部及西部潮间带，岩性为细——中砂及不等粒生物碎屑；石英砂岩矿床位于渔沥岛的白沙沥，岩性为白色、灰白色细中粒石英砂岩；珊瑚粒主要分布于涠洲岛北岸北港附近及西南岸滴水村一带，主要为珊瑚粒及少量贝壳、石英砂；小型工艺珊瑚矿床有3处，位于涠洲岛东部、北部及西南浅海10米水深以内，主要为活珊瑚及未被海浪击碎的珊瑚遗体；橄榄石砂矿有2处矿点，位于涠洲岛滴水村南部及南湾西侧海蚀平台的松散堆积物中。

广西海岛分布最广的当属石英砂矿，主要分布于涠洲岛西南、巫头岛和沥尾岛滨海沙堤和潮间带海滩。主要矿物组成为石英砂，并伴生锆石、金红石、独居石、钛铁矿以及橄榄石。

16.5.3 海岛油气资源

北部湾含油盆地面积 3.2×10^4 km²，为新生代沉积盆地，已发现油田 5 个，含油构造 5 个，含气构造 3 个，油气总资源量为：石油 15.07×10^8 t，天然气 0.72×10^8 m³。其中，涠西南油气田面积 3 760 km²，石油资源量 4×10^8 t，已探明石油地质储量 7 965 $\times 10^8$ t，涠 10 - 3 油田占一半，另一半为涠 11 - 4 油田。

16.6 广西海岛旅游资源

广西海岛区风光旖旎，气候宜人，夏无酷暑，冬无严寒，火山地貌、海岸地貌、生物景观和人文资源丰富，为发展海洋旅游等提供了丰厚的资源。

16.6.1 涠洲岛和斜阳岛旅游资源

涠洲岛是中国最大最年轻的火山岛、国家火山地质公园、自治区级旅游度假区，素有"人间蓬莱"之盛誉。岛上由峭壁、奇洞、茂密植被、千姿百态的珊瑚和洁白的沙滩、清澈的海水等构成奇观异景。涠洲岛海岸线长 24.6 km，地势南高北低，沿岸大部分被金黄、灰色细腻而平坦的沙滩环绕，其余则有绚丽多姿的火山熔岩、火山弹群及由于长期海水冲刷而形成的海蚀陡崖、洞穴、平台景观散布其间。岛上有海蚀景观、海积景观、火山口景观、生物景观等 40 多个景点，旅游资源丰富。主要景点有火山口公园、石螺口海滨浴场、滴水丹屏、龟豚拱碧、芝麻滩、天主教堂、圣母堂、三婆庙等，其中"龟豚拱碧"、"滴水丹屏"位列北海八景，涠洲天主教堂、涠洲圣母堂为 19 世纪法国传教士建造，属国家级重点文物保护单位。

斜阳岛史称"小蓬莱"。岛上发育的火山地貌、海蚀地貌极具观赏价值，如天涯路、羊咩岭、仙人密洞和逍遥台等。

此外，在涠洲岛和斜阳岛周边的海域构建一系列海洋旅游俱乐部，重点包括游艇俱乐部、潜水俱乐部、深海垂钓俱乐部、帆船俱乐部等。这些俱乐部推出一系列海洋娱乐项目，重点包括深潜、浮潜、半潜式海上观光艇、夜潜、玻璃海底船、观光潜水艇、海底漫步、近海垂钓、深海垂钓、冲浪、滑水、香蕉船、帆板、帆船、双体船、海湾喂鱼、捕鱼、环岛快艇、观海上日出日落、海上巡游等。

16.6.2 廉州湾外沙海鲜岛旅游资源

外沙海鲜岛位于北海市区北部，呈带状，四周环海，海岸线长 2 km。整个外沙海鲜岛开发用地面积 450 亩。外沙海鲜岛，以极其张扬旅游度假和海鲜美食文化为两大主题内容，各种不同的功能区以及浓郁的东南亚和欧式建筑的异域风格。外沙海鲜岛除兴建包括印尼、日本，越南和当地疍家风格的餐饮区外，还建有 1 个水产品综合市场，这里已成为北海市区新兴的集旅游观光、购物、海鲜餐饮、休闲娱乐于一体的多功能旅游胜地。

16.6.3 钦州湾海岛旅游资源

　钦州湾海岛旅游资源当属七十二泾和麻蓝岛。七十二泾是钦州湾众多海岛集群分布形成的独特自然景观。麻蓝岛处于钦州港区七十二径与三娘湾景区之间，形如同牛轭，总面积430余亩，岛上植被覆盖率在80%以上；岛的西北面是一片宽阔平坦的沙滩，岛的东面是一片茂盛的红树林带，岛的东南侧，有一座面积 8×10^4 m³、高21.8 m的小山。经过政府投资建设，麻蓝岛已成为人们惬意旅游、观光、娱乐、餐饮、住宿、度假的好场所。

16.6.4　防城湾渔沥岛旅游资源

渔沥岛旅游资源具有较大的开发价值，已开发的景点有防城港、牛头岭风景区和红树林风景区。渔沥岛上旅游观光景点包括海上胡志明小道始点、防城港"0号泊位"、仙人山公园、桃花湖公园和明珠广场。

16.6.5　珍珠湾三岛（山心岛、巫头岛和沥尾岛）旅游资源

三岛（山心岛、巫头岛和沥尾岛）位于防城港市东兴开发区的东面，相距28 km，气候温和，风景秀丽；岛的南侧由黄白色石英砂构成的"金滩"连绵约10 km；岸边超过10 km长的木麻黄林带宛如一条绿色的长龙，素有"小北戴河"之美称。这些景致稍加点缀，配套完善各种基础设施，便可作为优良的海滨浴场和海上乐园，建设成南疆滨海旅游胜地和秀丽的京族风情度假村。此外，该岛与越南的沥柱、下龙湾隔海相望，可开发通往芒街、鸿基、海防及胡志明市的国际旅游线，是一处具有很高开发价值的海滨国际旅游区。

16.7　广西海岛港口、航道资源

广西沿海地理位置优越，是我国西南地区最便捷的出海通道。广西沿岸岛屿岸线曲折，港湾水道众多，港口资源较为丰富，拥有自然条件优越，港口依托城市基础良好，腹地广阔，资源丰富等特点，为港口建设奠定了基础。

16.7.1　涠洲岛和斜阳岛港口、航道资源

涠洲岛拥有南湾港、西角沟港口、北港面港口、南油终端厂码头，有90 t运输船8艘。南湾港地处21°02′N，109°05′E，由东、西拱手屈抱而成，呈半月形，具有避风、水深、不淤积、常年不冻的特点；港口岸线长4.7 km，东西宽 $0.9 \sim 1.9$ km，南北长1.4 km，面积2.7 km²；水深 $2 \sim 10$ m，5 m等深线距岸 $120 \sim 500$ m，锚地面积约0.9 km²，可锚泊 $1\,000 \sim 5\,000$ t级船舶5艘和若干小型渔船，是小型综合性港口。有老客运码头、渔用码头和军用码头3座，泊位3个，最大泊位停靠能力800 t级，仓库堆场面积8 874 m²，年客运量近4万人次。西角沟港是涠洲岛新客运码头所在地，位于涠洲岛北面的后背塘村附近海域，南海油气码头东北侧，北距北海市客运码头约30 n mile；码头全长120 m，实体引堤长292.72 m，总宽度12.5 m，包括一个客运码头泊位和一个滚装船泊位，最大靠泊能力为2 000 t级，年吞吐能力为25万人次，车辆1.23万余辆。南油码头（南油终端厂码头）位于涠洲岛西部松木头湾附近海域，石螺口海滩和涠洲终端处理厂以北。

斜阳岛现有2个小码头，即北部的灶门港和南部的婆湾港。

16.7.2　渔沥岛港口、航道资源

渔沥岛是防城港主港区所在地。防城港是中国大陆海岸线最西南端的深水良港，是全国25个沿海主要港口之一，中国西部地区第一大港，是东进西出的桥头堡，是西南地区走向世界的海上主门户，是链接中国——东盟、服务西部的物流大平台。截止2006年年底，防城港有码头泊位35个，其中生产性泊位31个，万吨级以上深水泊位21个，最大设计靠泊能力为20万吨级。现有库场面积约 $200×10^4$ km^2，建有散粮、散水泥、成品油、植物油、液化气、磷酸、沥青等大型专用仓储和装卸设施。具备了装卸各种杂货、散货、集装箱、石油化工产品能力及其仓储、中转、联运功能，港口年实际通过能力超过3 000万吨，其中集装箱年通过能力为 $25×10^4$ TEU。"十一五"期间防城港将全面提升港口功能和物流系统的专业化、现代化水平。"十一五"期末，建成20万吨级矿石专用码头和配套航道，开工建设13#~17# 3万~8万吨级码头泊位和 $5×10^4$ t 液体化工码头、5万吨级进港航道改造和东湾化工码头都将相继建成并投入使用。结合新港区建设和老港区技术改造，按照专业化要求建设铁矿石、硫磷、煤炭、粮油、液体化工、集装箱等专业化泊位和设施。再建18#~22# 5万~10万吨级码头泊位，使港口设计通过能力超过6 000万吨。

16.7.3　龙门群岛港口、航道资源

龙门群岛位于钦州湾内、外湾过渡带，海岛众多，港汊水道纵横，潮流流速大，泥沙回淤少，天然蔽障良好，水深条件优良，自亚公山岛至青菜头岛的潮汐通道两侧的观音堂岛、樟木环岛、簕沟岛，钦州湾口东侧的细三墩和大三墩岛一带，深水线离岸较近，具有建设深水良港的自然条件。当前，钦州港规划码头岸线长86.08 km，其中深水岸线长54.49 km，可建1万吨~30万吨级深水泊位200个以上，可形成亿吨以上的吞吐能力。

16.7.4　珍珠湾三岛（山心岛、巫头岛和沥尾岛）港口、航道资源

三岛（山心岛、巫头岛和沥尾岛）的港口仅在巫头村东北部有一江平港，港口门向东敞开，直接与珍珠港湾相连，其北有山心岛，南有沥尾岛环抱，距江平镇所在地3 km，一般船只需乘潮进出港口，港口发展潜力不大。目前开发有码头岸线约100 m，最大泊位为40 t级。

16.8　广西海岛生物资源及珍稀、濒危物种资源

由于海岛植被资源已经有专门章节单独叙述，本节只就海岛鸟类物资源和潮间带及邻近海域的生物资源进行阐述。

16.8.1　海岛鸟类资源

涠洲岛鸟类资源丰富，每年从秋分开始，直至寒露10月上旬，前后近40 d，以及清明前后，南来北往，迁徙候鸟途经此。但秋冬季数量多，密集度大。据不完全统计：计有14个目、29科（表16.7）。

表 16.7　涠洲岛鸟类名录

目	科	种
鹲形目	鸬鹚科	海鸬鹚
鹳形目	鹭科	草鹭、绿鹭、池鹭、夜鹭、黄斑苇鳽、紫背苇鳽、栗苇鸦、大麻鸦、牛背鹭、大白鹭、中白鹭、中白鹭
	鹳科	黑鹳、白琵鹭
雁形目	鸭科	灰雁、小天鹅、绿翅鸭、中华秋沙鸭、红胸秋沙鸭
隼形目	鹰科	褐冠鹃隼、凤头鹃隼、蜂鹰、鸢、栗鸢、苍鹰、凤头鹰、松雀鹰、灰脸鵟鹰、鹊鹞、白头鹞、白尾鹞、鵟
	隼科	燕隼、红隼
鸡形目	雉科	鹌鹑、蓝胸鹑
鹤形目	三趾鹑科	黄脚三趾鹑、棕三趾鹑
	秧鸡科	白喉斑秧鸡、蓝胸秧鸡、小田鸡、红胸田鸡、棕背田鸡、白胸苦恶鸟、董鸡、黑水鸡、骨顶鸡
鸻形目	雉鸻科	水雉
	彩鹬科	彩鹬
	鸻科	凤头麦鸡、灰斑鸻、黑领鸻、白领鸻
	鹬科	蒙古沙鸻、泽鹬、青脚鹬、白腰草鹬、林鹬、矶鹬、扇尾沙锥、三趾鹬
	反嘴鹬科	黑翅长脚鹬
	燕鸻科	普通燕鸻
欧形目	鸥科	海鸥、红嘴鸥
鸽形目	鸠鸽科	珠颈斑鸠、绿金鸠、山斑鸠、火斑鸠
鹃形目	杜鹃科	红翅凤头鹃、小杜鹃、小鸦鹃、中国鸦鹃
鸮形目	欧鸮科	领角鸮、斑头鸺鹠、红角鸮
夜鹰目	夜鹰科	普通夜鹰
佛法憎目	翠鸟科	普通翠鸟、白胸翡翠、蓝翡翠
雀形目	百灵科	小云雀
	燕科	家燕
	鹡鸰科	黄鹡鸰、田鹨、树鹨
	伯劳科	棕背伯劳
	黄鹂科	黑枕黄鹂
	卷尾科	黑卷尾、灰卷尾、大盘尾
	椋鸟科	中国椋鸟
	鹟科	鸫亚科、发冠卷尾、八哥、蓝哥鸟够、红点颏、黑喉石䳭、蓝矶鸫、虎斑地鸫、灰背鸫、白腹鸫、莺亚科、黄眉柳莺、鹟亚科、锈胸姬鹟、鸟鹟、寿带鸟

16.8.2　海岛潮间带及邻近海域生物资源

16.8.2.1　浮游植物

涠洲岛和斜阳岛邻近海域有浮游植物 87 种，其中硅藻 81 种，甲藻 6 种。春季出现 57

种，以温带外洋性种细弱海链藻为优势种，其数量约占该区总量的 63%；秋季出现 79 种，优势种不如春季明显，以热带近岸种锤状中鼓藻和拟弯角刺藻的数量较大，约分别占 31% 和 24%。春季浮游植物总量为 6.4×106 个/m^3，秋季浮游植物总量为 7.8×106 个/m^3。

渔沥岛海区有浮游植物 75 种，其中硅藻 71 种，甲藻 4 种。春季出现 29 种，以翼根管藻纤细变型为优势种，占 66.3%；秋季出现 71 种，优势种不明显。春季平均总量为 5.40×10^5 个/m^3，秋季平均总量为 3.14×10^7 个/m^3。

16.8.2.2 浮游动物

涠洲岛和斜阳岛邻近海域中的浮游动物 90 种，其中春季 51 种，秋季 65 种，两季共有种为 26 种。春季的主要类群为水母类（约占总数量的 49%）、桡足类（约占 26%）和被囊类（约占 13%），优势种为五角水母、拟细浅室水母和中华哲水蚤；秋季的主要类群为毛颚类（约占 46%）、樱虾类（约占 15%）和桡足类（约占 12%）；优势种为肥胖箭虫等。浮游动物春季平均密度为 106 个/m^3，秋季为 124 个/m^3。

渔沥岛海区有浮游动物 48 种，其中春季 20 种，秋季 36 种，两季共有种 8 种。春季的主要类群为被囊类（79.7%），优势属为海樽；秋季的主要类群为水母类（55.8%）和桡足类（20.5%），优势种为短腺和平水母、小腺和平水母、球型侧腕水母、小型拟哲水蚤和肥胖箭虫。浮游动物的春季平均密度为 42 个/m^3，秋季平均密度为 27 个/m^3。

16.8.2.3 游泳动物

涠洲岛和斜阳岛邻近海域中的游泳生物有 80 种鱼类，其中春季 45 种，秋季 54 种，有 19 种为春秋季共有种。无明显的优势种。春季常见的鱼类有四线天竺鲷、细纹鳊、黄斑鳊、截尾白姑鱼和触角尖尾鱼等；秋季常见的鱼类有丁氏鱼或、金线鱼、六指马鲅、短尾大眼鲷、四线天竺鲷和印度鳓等。4 月份平均每网捕获 130 尾，10 月份平均每网捕获 485 尾，秋季鱼类分布密度比较大。

渔沥岛海区鱼类共有 23 种，其中春季 14 种；秋季 12 种，春秋季共有种 3 种。优势种明显，春季以二长棘鲷为优势种，其数量占渔获总数的 88.2%，其他常见的鱼类有马来斑鲆和褐菖鲉等；秋季以鳗鲶为优势种，其他常见的鱼类有棕斑兔鲀和长蛇鲻等。鱼类的平均分布密度为 284 尾/网。分布密度有明显的季节性变化，春季由于二长棘鲷幼鱼大量繁殖，分布密度非常高，达 560 尾/网；但到秋季因鱼类向深水区洄游，密度则变得非常低，仅 8 尾/网。

16.8.2.4 鱼卵和仔鱼

涠洲岛和斜阳岛邻近海域中浮性鱼卵和仔鱼春季平均采卵量 297 粒/网，仔鱼为 33 尾/网。秋季平均采卵量为 334 粒/网，仔鱼为 5.4 尾/网。

渔沥岛海区仔鱼 20 多种，主要为银江鱼科（数量占总捕获量的 45.5%）、鲷科等。银江鱼科仔鱼仅出现于春季。浮性鱼卵和仔鱼的数量和季节分布，春季鱼卵的分布仅局限于港口外围海域，形成明显的密集区，数量为 666 粒/网；仔鱼分布较均匀，平均数量为 135.3 尾/网；秋季鱼卵分布较广，平均采卵量为 28.8 粒/网，以岛西南海区数量最大，为 180 粒/网；仔鱼仅在海区西南端的 1 个调查站位出现，数量为 4 尾/网。

16.8.2.5 底栖生物

涠洲岛和斜阳岛邻近海域底栖生物共有 279 种，其中春季出现 255 种，秋季 89 种。在几大类群底栖生物中，甲壳动物种类最多，有 79 种，个体数量约占该岛总采获量的 51%；软体动物次之，有 58 种，数量约占总量的 25%。底栖生物主要种类有模糊短眼蟹、绒毛细足蟹、日本褐虾、波纹巴非蛤和东京白樱蛤等。春季平均生物量 10 g/m²，秋季为 21 g/m²。

渔沥岛海区底栖生物共有 100 种，其中春季出现 52 种，秋季 65 种。在几大类群中，棘皮动物在数量上成为优势类群，占该岛区总采获量的 41.9%，主要种为扁平蛛网海胆和细雕刻肋海胆；底栖鱼类仅次于棘皮动物成为第二大类群，数量占 22.0%，主要种为白氏文昌鱼和斑头舌鳎。底栖生物年均生物量为 133.65 g/m²，软体动物的生物量占绝对优势，为总生物量的 94.2%。该岛区的生物量分布极不均匀，以岛区东部的生物量最高，达 798.55 g/m²；岛区西部最低，仅 0.36 g/m²，其余水域的生物量分布呈梯形向防城港湾口递减。平均栖息密度为 167.9 个/m²，以底栖鱼类的栖息密度最高，占总密度的 75.2%。栖息密度的分布情况与生物量的分布基本相同。生物量和栖息密度的季节变化，春季平均生物量为 126.94 克/m²，秋季为 140.36 克/m²。春季生物量高于秋季的类群仅有多毛类，其余各类群均为秋季高于春季。春季平均栖息密度为 39.6 个/m²，秋季为 293.3 个/m²。各类群的栖息密度均为秋季高于春季。

珍珠湾三岛（山心岛、巫头岛和沥尾岛）海域底栖生物包括虾蟹类、贝类、藻类以及其他海洋生物资源亦占有重要地位。其中，贝类有 200 多种，经济价值较高的有近江牡蛎（大蚝）、珍珠贝、文蛤、蚶（泥蚶、毛蚶）和棒锥螺等。

16.9 海岛邻近海域渔业资源

北部湾海域是我国著名的四大渔场之一。其中，涠洲岛、斜阳岛、渔沥岛和珍珠湾三岛（山心岛、巫头岛和沥尾岛）周边海域是北部湾海域的主要渔场。

涠洲岛附近海域主要盛产海参、珍珠、鲍鱼等名贵海产品。水产养殖主要品种有墨西哥湾扇贝、栉孔扇贝、鲍鱼、海参、文蛤以及石斑鱼等。涠洲西南虾场主捕须赤虾、斑节对虾、长足鹰爪虾。

斜阳岛主要盛产鲷科鱼类、鱿鱼、沙拉真鲨、丁氏鱼或、蓝圆鲹、金线鱼、印度鳓、六指马鲅、细纹鲾、鹦鹉鱼、黄斑鲾、截尾白姑鱼、马鲛、鹤海鳗等。此外，虾蟹类、贝类、藻类亦相当丰富，已知的贝类有 200 多种，虾蟹类 100 多种，藻类资源量也较大。

渔沥岛周围海域的鱼类有两种类型：一是定居类群，栖息于近岸海区，包括底栖性鱼类（鬼鲉、褐菖鲉等）、潮间带鱼类（乌塘鳢、弹涂鱼等）和小型游泳鱼类（日本瞳鳉等）；二是洄游类群，这类鱼只在某个季节（主要是春季）才进入本岛海区。常见的洄游鱼类有：二长棘鲷、马来斑鲆、印度鳓、细纹鲾等。经济价值较高的鱼类有二长棘鲷、鲈鱼、石斑鱼、乌塘鳢、鬼鲉、鲷科鱼类（真鲷、黄鳍鲷、黑鲷等）和弹涂鱼等。除了鱼类之外，虾蟹类、贝类、藻类以及其他海洋生物资源亦占有重要地位。已知的贝类有 200 多种，经济价值较高的有近江牡蛎（大蚝）、珍珠贝、文蛤、蚶（泥蚶、毛蚶）和棒锥螺等。主要贝类养殖品种有：珍珠贝、近江牡蛎、文蛤、泥蚶等。海区的虾蟹类有 100 多种，主要经济种有锯缘青蟹、长毛对虾、斑节对虾、日本对虾、短沟对虾、刀额新对虾、中型新对虾和须赤虾等。

珍珠湾三岛（山心岛、巫头岛和沥尾岛）周边海域的鱼类有两种类型：一是定居类群，栖息于近岸海区，包括底栖性鱼类（鬼鲉、褐菖鲉等）、潮间带鱼类（乌塘鳢、弹涂鱼等）和小型游泳鱼类；二是洄游类群，这类鱼只在某个季节（主要是春季）才进入三岛区。最为典型的是二长棘鲷，春季幼鱼在近岸海区大量出现，占鱼类总数量的40.98%。常见的洄游鱼类有：二长棘鲷、日本瞳鲬、马来斑鲆、印发鳎、细纹鲾等。经济价值较高的鱼类有二长棘鲷、鲈鱼、石斑鱼、乌塘鳢、鬼鲉、鲷科鱼类（真鲷、黄鳍鲷、黑鲷等）和弹涂鱼等。

16.10　可再生能源

广西海岛的可再生能源主要包括太阳能和风能。涠洲岛和斜阳岛的太阳能较丰富，年日照时数分别为2 252.9 h和2 234 h，太阳辐射总量分别达128.22 cal/cm²[①]和4.9 kJ/m²，是广西辐射能量较丰富的地域。涠洲岛和斜阳岛风能资源具有较好的利用前景，年平均风速分别为5 m/s和4 m/s大于4 m/s的风频分别为50%～60%和50%～60%，8～10 m/s的风频分别为20%～30%和20%～30%。其余各岛太阳能、风能较差。

16.11　小结

广西现有海岛709个，海岛总面积为155.585 km²，岸线长671.169 km。广西海岛数量仅次于浙江、福建和广东，居全国第四位；广西海岛基本上沿大陆岸线分布，远离大陆海岸的岛屿极少；海岛在中部的钦州湾分布较为密集，其次是大风江口、防城湾、珍珠湾、铁山港湾和廉州湾。广西有居民海岛共16个，占广西海岛总数的2.27%；海岛面积137.03 km²，占广西海岛总面积的88.08%；海岛岸线长268.06 km，占广西海岛岸线总长度的39.94%；无居民海岛共693个，占广西海岛总数的97.73%；海岛面积为18.55 km²，占广西海岛总面积的11.92%；岸线长403.11 km，占广西海岛岸线总长度的60.06%。按物质组成，广西有基岩岛679个，占广西海岛总数的95.77%，遍布于钦州湾、防城湾、大风江口、铁山港湾和珍珠湾等港湾，北部湾外海的涠洲岛、斜阳岛和猪仔岭岛为火山成因基岩岛；沙泥岛30个，占海岛总数的4.231%，主要分布于南流江等河口地区或大陆砂质岸滩之上。

广西海岛土地利用类型分为农用地、建设用地和未利用地3个二级类。农用地面积为69.113 km²，约占海岛陆域面积的44.4%；建设用地面积为82.442 km²，约占海岛陆域面积的53.0%；未利用地面积为4.030 3 km²，约占海岛陆域面积的2.6%。在三级土地利用类型中，按面积大小排列，依次为水域及水利设施用地、林地、耕地、住宅用地、交通运输用地、工矿仓储用地、其他土地、公共管理与公共服务用地、商服用地、草地、特殊用地和园地。在四级土地利用类型中，按照面积从大到小的排序为养殖池塘、有林地、水田、旱地、农村宅基地、港口码头用地、城镇住宅用地、空闲地、工矿仓储用地和公路用地。

除土地资源外，广西海岛具有丰富的植被资源、旅游资源和珍稀鸟类资源；海岛周边海域也具有丰富港口航道资源、生物和渔业资源。

[①]　卡路里（cal）为非法定单位，1 cal$_{mean}$ = 5.190 0J

第四篇　广西近海海洋灾害

17 广西海洋环境灾害

广西沿海处于南海和太平洋台风影响区域范围，是中国风暴潮、大浪的多发区和主要灾区之一。据统计，近十余年来，广西发生台风风暴潮 12 次，造成财产损失 80 多亿元，64 人死于台风风暴潮。此外，海啸、海雾等环境灾害也是影响广西沿海地区经济社会发展的重要因素。

17.1 风暴潮灾害

17.1.1 广西热带气旋特征

17.1.1.1 影响广西的热带气旋频数

1961—2005 年间，有 235 个热带气旋影响广西，平均每年 5.2 个。45 年间，影响广西的热带气旋频数有逐年减少的趋势，特别自 1997 年以来，热带气旋频数减少得更加明显，平均每年 3.1 个，每年少 2.1 个（图 17.1）。45 年中，成灾热带气旋有 91 个，占影响总数的 38.7%。

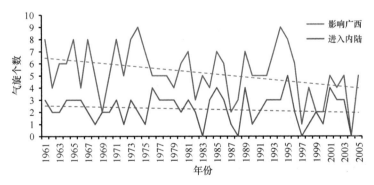

图 17.1 1961—2005 年间影响广西的热带气旋个数年度变化

一年四季中，7—9 月为热带气旋影响的旺季，45 年中共发生 170 个（占 72.3%），其次为 6 月和 10 月。在成灾热带气旋中，7 月、8 月和 9 月分别为 31 个、23 个和 18 个，共占 79.1%；而 5 月、11 月各有 1 个热带气旋造成灾害，4 月、12 月无热带气旋造成灾害（黄香杏，2011）。

17.1.1.2 各级别热带气旋频数

影响广西的热带气旋中，以台风级别最多，有 114 个，占 48.5%。热带风暴最少，22

个，占9.4%（表17.1）。

表17.1 影响广西的热带气旋各级别频数

气旋强度	热带低压	热带风暴	强热带风暴	台风	合计
次数	39	22	60	114	235
百分比	16.6%	9.4%	25.5%	48.5%	100%

17.1.2 广西风暴潮灾害

风暴潮是由于热带气旋、温带天气系统、海上风暴过境所伴随的强风和气压骤变而引起的局部海面振荡或非周期性异常升高或降低的现象。风暴潮叠加在天文潮和周期为数秒或十几秒的风浪、涌浪之上而引起的沿岸涨水能酿成巨大灾害，即为风暴潮灾害。

17.1.2.1 影响广西的风暴潮频数

广西沿海遭受风暴潮灾害的频繁程度较广东、福建和浙江沿海为低，但历史上也确曾留下不少严重风暴潮灾害的记录。根据历史档案、政府文献和水文、气象、海洋等业务部门的有关统计数据，从1501—1949年间，对广西区沿海影响比较严重的风暴潮灾害共有8次；1949年后，影响广西沿海的热带风暴78个，其中登陆广西沿海的热带风暴15个。

广西风暴潮多发生在每年的5月—11月，出现高峰为每年的7、8、9月份（共57个），其出现率达全年的71.4%，其次是在每年的6月份（10个），其出现率占全年的12.8%。在影响广西沿海的热带风暴中，移经北部湾的热带风暴占比率最大（47个），占60.3%，其次为登陆广东后消失的热带风暴（16个）数占20.5%，登陆广西沿海的热带风暴比率最小，仅为19.2%。

17.1.2.2 主要风暴潮灾情

据《中国海洋灾害公报》（1989—2010）统计数据，近20年来广西沿海因风暴潮（含近岸浪）灾害造成的累计损失如下：直接经济损失高达60.32亿元，受灾人数1 053.73万人，死亡（含失踪）77人，农业和养殖受灾面积61×10^4 hm^2，房屋损毁16.29万间，冲毁海岸工程476.57 km，损毁船只1 613艘。其中，以1996年的15号台风风暴潮造成的损失最为严重，直接经济损失25.55亿元（表17.2）。

1）8609号"莎拉"台风风暴潮

1986年7月21—22日，广西沿海海堤受到8609号"莎拉"台风风暴潮毁灭性的袭击，由于台风登陆时正遇农历6月15日天文大潮期，超过1 000 km的海堤80%以上被高潮巨浪漫顶破坏。造成直接经济损失约3.9亿元，其中风暴潮灾占80%以上（属特大潮灾）（表17.3）。其中：钦州地区被淹农田11×10^4 hm^2，受灾人口达202.7万人，其中死亡37人，受伤300人，毁坏渔船68艘，沿海水产养殖全部受损，倒塌房屋56万间，海堤及河堤决口46 534处，总长558 km；北海地区海堤崩塌11.33 km，被淹街道13条，村庄10个，倒塌房屋357间，被淹农田807 hm^2，毁坏虾塘，鱼塘125 hm^2。

表 17.2 1992—2010 年风暴潮（含近岸浪）灾害损失

年份	受灾人口		农业、养殖受灾		设施损毁			直接经济损失 /亿元
	受灾人口 /万人	失踪、死亡人数	农作物 /10³ hm²	海水养殖 /10³ hm²	房屋 /万间	海岸工程 /km	船只 /艘	
1992	—	1	0.133	1.42		55.75	6	0.77
1995	—	4	93.33	—	—	—	73	0.2
1996	166.48	63	101.7	15.47	66.58	1 302	25.55	
2003	217.4	—	128	18.1	0.16	83.41	63	8.23
2005	37.81		20.8	0.66	0.047	34.31	4	0.58
2006	167.8	1	—	5.7	0.17	35.7	—	7.04
2007	10.98			1.3	0.009	5.715	16	0.55
2008	360.57	0	191.51	4.11	0.39	186.76	146	15.73
2009	8.45	8	4.05	—	0.000 4	0.42	3	0.14
2010	84.24	0	38.41	0.84	0.04	7.92	0	1.53

备注："—"表示无数据。

表 17.3 1986—2010 年广西沿海主要台风风暴潮及其造成的损失

发生时间	灾害名称	受灾范围	损失情况	最大增水
1986 – 07 – 21—22 日	8609 号"莎拉"台风	北海、钦州	损失 3.9 亿元，死亡 37 人	176 cm
1992 – 06 – 28—29 日	9204 号"荻安娜"台风	北海、钦州、防城港	损失 0.77 亿元，死亡 1 人	90 cm
1996 – 09 – 09—10 日	9615 号"莎莉"台风	北海、钦州、防城港	损失 25.55 亿元，死亡 63 人	200 cm
2001 – 07 – 02—06 日	0103 号"榴莲"台风	北海、钦州、防城港	损失 17.129 3 亿元	112 cm
2002 – 09 – 27—28 日	0220 号"米克拉"台风	北海、钦州	损失 2.931 亿元	58 cm
2003 – 07 – 19—21 日	0307 号"伊布都"台风	钦州、防城港	损失 18.82 亿元	109 cm
2003 – 08 – 24—25 日	0312 号"科罗旺"台风	北海、钦州、防城港	损失 12.361 亿元	179 cm
2005 – 09 – 26—27 日	0518 号"达维"台风	北海、钦州、防城港	损失 0.582 亿元	89 cm
2006 – 08 – 02—03 日	0606 号"派比安"台风	北海、钦州、防城港	损失 7.037 亿元，死亡 1 人	—
2007 – 07 – 02—06 日	0703 号"桃芝"台风	北海、钦州、防城港	损失 0.546 亿元	98 cm
2007 – 09 – 23—26 日	0714 号"范斯高"台风	防城港	损失 2.142 亿元	51 cm
2007 – 10 – 01—05 日	0715 号"利奇马"台风	北海	损失 0.169 亿元	84 cm
2008 – 08 – 05—09 日	0809 号"北冕"台风	北海、钦州、防城港	损失 1.758 亿元	96 cm
2008 – 09 – 23—25 日	0814 号"黑格比"台风	北海、钦州、防城港	损失 13.970 亿元	146 cm
2009 – 08 – 08—09 日	0907 号"天鹅"台风	北海	损失 0.006 亿元	32 cm
2009 – 09 – 15—16 日	0915 号"巨爵"台风	北海	损失 0.104 23 亿元	84 cm
2010 – 07 – 22—23 日	1003 号"灿都"台风	北海、钦州、防城港	损失 1.53 亿元	52 cm

2）9615 号"莎莉"台风风暴潮

1996 年 9 月 9 日，广西壮族自治区北海市遭受 9615 号台风风暴潮袭击，在台风浪和风暴潮的共同作用下，给广西沿海造成严重灾害。台风风暴潮影响期间，粤西和广西东部沿海产生 150~200 cm 的增水（表 17.3）。北海市的海堤被 3~5 m 的海浪打坏，潮水涌入。据统计，北海市一县三区 26 个乡镇全部受灾。受灾人口 111.48 万人，死亡 61 人，失踪 88 人，倒塌房屋 3.47 万间，冲毁海堤 372 处 48.28 km，受灾农作物 $71 \times 10^3 \ hm^2$，损坏船只 1 099 艘，沉船 173 艘；钦州市民房倒塌 2 万间，死亡 2 人，海堤被冲毁约 300 m。合浦县受灾人口 55 万人，房屋倒塌 2.5 万间，损坏房屋 7.5 万间，海水浸没水稻 $10 \times 10^3 \ hm^2$，冲毁海水养殖 $3.33 \times 10^3 \ hm^2$，$10.67 \times 10^3 \ hm^2$ 甘蔗、$3.33 \times 10^3 \ hm^2$ 木薯倒伏，18 km 海堤塌裂进水，30 艘渔船被损坏。直接经济损失 25.55 亿元。

3）0103 号"榴莲"台风风暴潮

2001 年 7 月 2 日，0103 号"榴莲"台风在广东省湛江市沿海登陆后进入北部湾北部海面，沿海出现 8~11 级大风，北海验潮站最大增水 112 cm。7 月 6 日，广西大部出现大雨、暴雨、局部大暴雨。有 70 个县市 1 649.587 万人受灾，受淹城市 19 个，因灾死亡 24 人，房屋倒塌 13.812 万间。农作物受灾 $780.5 \times 10^3 \ hm^2$，果树受灾 $68.9 \times 10^3 \ hm^2$。死亡大牲畜 4.79 万头，家禽 57.2 万只，受淹鱼虾塘 $29 \times 10^3 \ hm^2$。受灾中小学 3 万多所，全停产工矿企业 990 个，部分停产工矿企业 1 800 个。水毁公路 885 km，交通中断 172 条。其中，广西沿海三市直接经济损失 17.1293 亿元。

4）0307 号"伊布都"台风风暴潮

2003 年 7 月 19 日，0307 号"伊布都"台风风暴潮最大增水值为 109 cm，出现在防城港市。据统计，仅广西沿海钦州、防城港两市受灾人口 94.82 万人，房屋倒塌 236 间，农作物受灾 $31.47 \times 10^3 \ hm^2$，水产养殖受灾 $0.72 \times 10^3 \ hm^2$，损坏堤防 77 处，长 5.69 km，损坏水闸 55 座，堤防决口 41 处，长 0.626 km，直接经济损失 18.82 亿元。

5）0312 号"科罗旺"台风风暴潮

2003 年 8 月 24 日，0312 号"科罗旺"台风是 1954 年以来北海市出现的最大一次台风，风暴潮最大增水值 179 cm，出现在防城港市。受该台风影响，广西沿海三市受灾人口 227.869 万人，房屋倒塌 2 933 间，农作物受灾 $111.031 \times 10^3 \ hm^2$，损坏堤防 1 330 处，总长为 107.27 km，堤防决口 49 处，总长为 6.125 km，损坏水闸 204 座，水产养殖受灾北海市为 $5.649 \times 10^3 \ hm^2$，钦州市为 $0.301 \times 10^3 \ hm^2$，北海市沉没渔船 63 艘，广西沿海三市的直接经济损失 12.361 亿元。

6）0606 号"派比安"台风风暴潮

2006 年 8 月 3 日，0606 号"派比安"台风在广东省阳西县和电白县交界处沿海登陆。广西北海、钦州、防城港三市受灾人口 167.75 万人，死亡 1 人，海洋水产养殖损失 $5.7 \times 10^3 \ hm^2$，损毁海堤 35.735 km，直接经济损失 7.037 亿元。

7）0703 号"桃芝"台风风暴潮

2007 年 7 月 2—6 日，受 0703 号"桃芝"台风影响，广西沿海各主要验潮站分别有 45~

98 cm 的最大增水，最高潮位均低于当地警戒潮位。据统计，广西沿海三市受灾人口 10.98 万人，水产养殖损失面积 $1.302 \times 10^3 hm^2$，倒塌房屋 90 间，损毁海塘堤防 5.715 km，损毁船只 16 艘，直接经济损失 0.546 亿元。

8）0809 号"北冕"台风风暴潮

2008 年 8 月 5—9 日，受 0809 号"北冕"台风风暴潮影响期间，广西沿海海域最大风力 7~9 级，瞬时最大风力可达 11 级。广西沿海各验潮站最大增水 53~96 cm，沿海海面大于 3 m 的大浪有 3 天，实测最大波高 4.5 m。据统计，此次风暴潮造成广西沿海三市共 12 个县（市）106 个乡（镇）受灾，受灾人口 117.606 万人，房屋倒塌 1 084 间，农作物受灾面积 $67.662 \times 10^3 hm^2$，水产养殖损失面积 $0.21 \times 10^3 hm^2$，直接经济总损失 1.758 亿元。

9）0814 号"黑格比"台风风暴潮

2008 年 9 月 23—25 日，受 0814 号"黑格比"台风的影响，广西沿海海域最大风力有 10~11 级，最大风力可达 13 级。广西沿海各验潮站最大增水 50~146 cm，沿海海面大于 3 m 的大浪有 2 天，实测最大波高 4.4 m。据统计，此次风暴潮造成广西沿海三市共 14 个县（市）117 个乡（镇）受灾，受灾人口 242.966 万人，房屋倒塌 2 860 间，农作物受灾面积 $123.844 \times 10^3 hm^2$，水产养殖损失面积 $3.899 \times 10^3 hm^2$，直接经济总损失 13.970 亿元。

10）1003 号"灿都"台风风暴潮

2010 年 7 月 22—23 日，1003 号"灿都"台风引起广西各验潮站最大增水 34~52 cm，均低于当地警戒潮位。据统计，广西受灾人口 84.24 万人，淹没农田 $38.41 \times 10^3 hm^2$，水产养殖损失 $0.84 \times 10^3 hm^2$，防波堤损毁 7.92 km，护岸损毁 7 个，直接经济损失 1.53 亿元。

17.2　海啸灾害

海啸是一种具有强大破坏力的海浪，它发生在大量海水突然被置换或转移时。水下地震、火山爆发或水下滑坡等地壳活动，都可能引起海啸。海底地震发生时，海底地层发生断裂，部分地层出现猛然上升或者下沉，由此造成从海底到海面的整个水层发生剧烈"抖动"。这种"抖动"与平常所见到的海浪大不一样。海浪一般只在海面附近起伏，涉及的深度不大，波动的振幅随水深衰减很快。地震引起的海水"抖动"，使得从海底到海面水体的整体波动，破坏力巨大。

17.2.1　地震海啸发生的构造背景

中国地震局的统计资料表明：公元 358 年至今，全球发生过 5 000 次破坏性地震海啸，约 85% 的地震海啸分布在太平洋岛弧——海沟地带，其余 15% 主要分布在大西洋的加勒比海和印度洋附近的阿拉伯海及地中海等。破坏性较大的地震海啸约发生 260 次，平均六七年发生一次。在太平洋海域，平均 10 年发生一次 4 级（最大涌高 20 m 左右）地震海啸，平均 3 年发生一次 3 级（最大涌高 10 m 左右）地震海啸，平均每年发生一次 2 级（最大涌高 5 m 左右）地震海啸，零级（最大涌高 1 m 左右）地震海啸平均每年发生 4 次。

有关监测资料显示，地震海啸多发生在海沟、岛弧和年轻褶皱带等构造差异大的地区（图 17.2），如智利海岸的安第斯山，日本岛弧山系等。发生大地震海啸要具备三个因素：一是有利的地质地形条件，二是应发生 6 级以上地震，三是海水深度一般要超过 1 000 m。而中国除郯庐大断裂纵贯渤海外，沿海地区很少有大断裂和断裂带，在中国海区内也很少有岛弧和海沟，近代垂直运动表现不强烈。因此不具备发生大地震的基本条件。从 1969—1978 年我国渤海、广东阳江、辽宁海城、河北唐山发生的 4 次大地震结果看，尽管地震震级均在 6 级以上，却均未引发地震海啸。

此外，我国辽阔的近海海域内，数千个岛屿礁滩构成了一个环绕大陆的弧形圈，形成一道海上屏障；外侧又有九州岛、琉球群岛以及菲律宾诸岛拱卫，又构成另一道天然的防波堤，抵御着外海海啸波的猛烈冲击。加之宽广大陆架浅海底摩擦阻力的作用，当海啸从深海传播到我国海区时，其能量已迅速衰减，已构不成太大的威胁。1960 年智利大地震海啸传到我国吴淞一带，其波高仅 15 ~ 20 cm；传至广州时，闸坡海洋站仅测出这次地震海啸波的微弱痕迹。由此可见，我国沿海地区不易发生地震海啸，就是远海地震海啸也很难对我国沿海构成威胁。

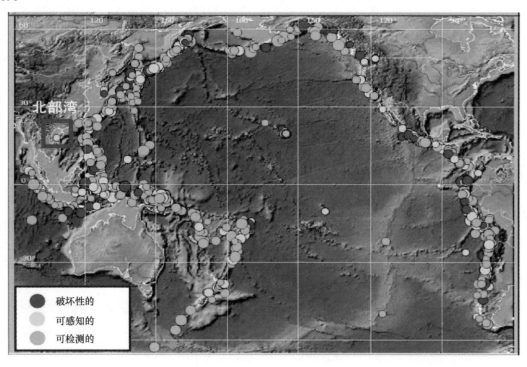

图 17.2　1901—2000 年间太平洋海域地震引起的 731 个海啸空间分布（据 ITIC, 2005）

从统计数字看，我国地震海啸的发生频率较低，但不排除强地震诱发海啸的可能性，历史记录的地震海啸中 70% 发生于台湾周边海域和南中国海。因此，地震海啸仍是广西沿海不容忽视的海洋灾害。

17.2.2　广西沿海地震海啸可能性分析

广西沿海地处北部湾北部，距东面的板块边缘岛弧有约 1 500 km，外围是成弧形的岛屿，礁滩环绕。近距离外侧有雷州半岛和海南岛为屏障，大洋海啸对广西沿海无大的影响。

地质资料显示，北部湾海区没有现代活动的板块俯冲带和海沟构造，近代垂直差异运动表现不强烈，发生大地震海啸的可能性不大。另外，据北海市地震局统计，1994 年 12 月和 1995 年 1 月，在离北海市 140 km 的海域发生过最大的 6.1 级和 6.2 级地震，如此"低级别"的地震还不具备引发大海啸的足够能量。海啸的发生是有它特殊的地理环境等条件的，广西沿海有 1 628 km 大陆岸线连绵曲折，在平缓广阔的滩涂上拥有 9 197.4 hm² 红树林（其中天然林 7 411.8 hm²，占 80.6%），近海区还有 709 个岛屿环绕，近海水深一般 5 ~ 20 m，都不利于大地震海啸的形成和传播。

北部湾海域仅发生一次"可感知的"地震海啸。由此可预测广西沿海发生灾害性地震海啸可能性不大，但不排除局部小地震海啸发生的可能。

17.3　海浪灾害

海浪是海洋中由风产生的波浪，包括风浪及其演变而成的涌浪。根据《海洋灾害调查技术规程》规定，波高大于或等于 4 米的海浪称为灾害性海浪，其作用力可达 30 ~ 40 t/m²；按被引起的方式不同分为台风浪（热带气旋引起）、气旋浪（温带气旋引起）和冷空气浪（冷空气引起）。灾害性海浪对海上航行的船舶、海洋石油生产设施、海上渔业捕捞和沿岸及近海水产养殖业、港口码头、防波堤等海岸和海洋工程造成的人员伤亡和经济损失较大。

17.3.1　广西灾害性海浪发生频次

影响广西沿海的灾害性海浪主要是台风浪。据统计，广西沿海涠洲岛（1960—2006 年）各波向波高大于或等于 4 米的出现次数为 33 次（表 17.4），灾害性海浪出现次数最多是在波向 SE 向上，其次是在 ESE、SSE、S 向上，最大波高出现在 1992 年 7 月 13 日（5.8 m），波向为 ESE 向，致灾因子是 9205 号台风。由于北海海浪的监测数据较少，北海各波向大于或等于 4 米的波高的出现次数都为零。白龙尾各波向波高大于或等于 4 米的出现次数为 3 次，最大波高出现在 1983 年 7 月 18 日（7.0 m），波向为 SSE 向，致灾因子是 8303 号台风。

据《广西壮族自治区 2001—2010 年海洋环境质量公报》数据，近十年间广西沿海波高大于或等于 3 米大浪的天数由 2001 年的 73 天逐步减少至 2010 年的 21 天（表 17.5）。减少的主要原因是由冷空气引起的大浪天数锐减。

表 17.4　广西沿海最大波高大于或等于 4 米的海浪出现次数

站　名	最大波高大于或等于 4 米的次数							总　计 /次
	E	ESE	SE	SSE	S	SSW	SW	
涠　洲	1	6	7	6	6	5	2	33
北　海	0	0	0	0	0	0	0	0
白龙尾	0	0	2	1	0	0	0	3

表 17.5　2001—2010 年间波高大于或等于 3 米大浪的天数

年份	波高大于或等于 3 米大浪的天数			合计
	冷空气	西南低涡	热带气旋	
2001	61	4	8	73
2002	38	13	6	57
2003				54
2008	6	13	11	30
2009	2	9	12	23
2010	12	3	6	21

17.3.2　广西海浪灾情

17.3.2.1　主要年份海浪灾情

据《1989—2010 年中国海洋灾害公报》和《广西壮族自治区 2001—2010 年海洋环境质量公报》统计数据，台风浪是导致广西近岸区域巨灾的主要原因。如 9205 号台风浪造成钦州和防城港直接经济损失 1 982.8 万元；9615 号"莎莉"台风浪造成死亡（失踪）149 人，水产损失过亿元；0312 号"科罗旺"台风浪造成沉船 63 艘等。

1）1992 年

7 月 13 日受 9205 号台风的影响，北部湾内最大波高 6.0 m，涠洲岛海洋站观测到了 5.8 m 的最大浪高。致使钦州市犀牛角、东场、大番坡、康熙岭、尖山、沙埠、那丽、黄屋屯等沿海 8 个乡镇受到不同程度的损失，毁坏海堤 16.79 km，闸门 8 座，合计经济损失 948.8 万元；防城县损坏堤围 27 条，决口 38 处（共长 1.4 km），损坏闸门 37 座，冲毁虾、蟹、鱼塘 93.38 hm²，直接经济损失 1 034 万元。

2）1996 年

9 月 9 日受 9615 号"莎莉"台风的影响，广西沿海浪高 3.0～5.0 m，海浪冲上堤顶，沿岸海堤都遭到不同程度的损坏；其中，海堤大缺口 372 处 48.28 km，严重破坏的有 47.35 km，因海堤缺口造成海养、水产损失超过 1 亿元，损坏渔船 1 099 艘，翻沉渔船 173 艘，死亡 61 人，失踪 88 人。

3）1998 年

1998 年南海的海难事故较多，共发生 103 起，沉没船舶 31 艘，死亡、失踪 146 人；这些海难事故约有 1/3 是由海浪引起的。

4）2003 年

受 0312 号"科罗旺"台风的影响，造成南海中部、北部 4 米以上的巨浪达 3 天，北部 6 米以上的狂浪达 2 天，最大浪高 9 m。致使广西壮族自治区沉没渔船 63 艘，水产养殖受损面积5 649 hm²，损坏堤防1 108处，累计83.4 km，堤防缺口12处，累计2.3 km。

（5）2005—2008年

2005—2008年间，冷空气、气旋浪引起的海浪灾害累计造成广西近海直接经济损失1 310万元，死亡（失踪）人口18人，沉船9艘（表17.6）。

表17.6 2005—2008年冷空气、气旋浪引起的海浪灾害统计

年份	时间	致灾原因	灾情	死亡（失踪）人数	经济损失/万元
2005	5月10日	气旋浪	"桂北渔80068"沉没		15
	12月21日	冷空气浪	"桂北渔62138"号渔船沉没	4	
2006	1月17日	冷空气浪	"桂北渔95538"渔船沉没	6	35
	8月20日	气旋浪	"桂北渔30339"号沉没	3	120
	11月18日	冷空气浪	1艘渔船沉没	0	15
2007	1月3日	冷空气浪	2艘小渔船沉没	0	20
	8月9日	气旋浪	1艘渔船沉没	3	151
2008	8月12日	气旋浪	1艘渔船沉没	2	954

17.3.2.2 主要海浪灾情

涠洲岛地处北部湾北部，距北海半岛36海里，是广西沿海受灾害性海浪影响最为严重的区域。据"涠洲岛海洋监测站海浪数据"的不完全统计，近50年来，记录的灾害性海浪过程26余次，致灾因子多为台风引起（表17.7）。发生时间为：5月份1次，6月份2次，7月份12次，8月份6次，9月份4次，10月份1次；集中发生在7—8月份，共占发生次数69.2%。

表17.7 广西涠洲岛灾害性海浪过程调查表

序号	起止时间			影响范围	最大波高/m	致灾因子
	年份	月份	日时至日时			
1	1963	7	12日08时	涠洲岛沿海	4.5	6307
2	1963	8	17日08时	涠洲岛沿海	4.8	6309
3	1963	9	8日17时至9日08时	涠洲岛沿海	4.3	6311
4	1964	7	3日11时	涠洲岛沿海	4.6	6403
5	1965	6	28日17时	涠洲岛沿海	4.6	6507
6	1965	7	16日08时	涠洲岛沿海	4.0	6508
7	1966	7	27日11时至14时	涠洲岛沿海	4.5	6608
8	1969	8	12日11时	涠洲岛沿海	4.1	6906
9	1971	5	30日11时	涠洲岛沿海	5.0	7105
10	1973	9	7日08时	涠洲岛沿海	4.6	7313
11	1973	10	19日14时	涠洲岛沿海	4.6	7318
12	1975	8	30日14时至17时	涠洲岛沿海	4.0	7505
13	1977	7	21日11时	涠洲岛沿海	4.1	7703

序号	起止时间			影响范围	最大波高/m	致灾因子
	年份	月份	日时至日时			
14	1980	7	23 日 08 时	涠洲岛沿海	4.2	8007
15	1983	7	18 日 11 时	涠洲岛沿海	4.6	8303
16	1986	7	22 日 08 时	涠洲岛沿海	4.3	8609
17	1989	6	11 日 14 时	涠洲岛沿海	5.0	8905
18	1989	7	11 日 11 时	涠洲岛沿海	4.0	8907
19	1991	7	14 日 08 时	涠洲岛沿海	4.3	9106
20	1992	7	13 日 17 时	涠洲岛沿海	5.8	9205
21	1994	8	28 日 14 时至 17 时	涠洲岛沿海	4.3	9422
22	1996	9	9 日 11 时至 14 时	涠洲岛沿海	5.0	9615
23	2003	8	25 日 16 时	涠洲岛沿海	6.0	0312
24	2005	7	31 日 14 时	涠洲岛沿海	4.1	0508
25	2008	8	7 日 12 时至 14 时	涠洲岛沿海	4.5	0809
26	2008	9	25 日 12 时	涠洲岛沿海	4.4	0814

17.4　海雾灾害

　　海雾是一种危险的天气现象，一年四季均有发生；它就像一层灰色的面纱笼罩在海面或沿岸低空，主要影响海上航行，甚至造成航船触礁、碰撞等海难，可为"无声的杀手"。海上船舶碰撞事故有 60% ~ 70% 是由海雾引起的。此外，浓雾对海上养殖、捕捞、油田钻探等经济活动和沿海地区交通运输产生重大影响。

17.4.1　广西沿海海雾特征

　　据 1971—2006 年间东兴、钦州、合浦、北海和涠洲的地面观测资料，对广西沿海大范围海雾的气候特征进行统计。当同一天内，广西沿海七站（东兴、防城、防港、钦州、合浦、北海和涠洲）出现 5 站以上雾时，称之为一次"广西沿海大范围雾"过程（邓英姿等，2008）。

17.4.1.1　广西沿海大范围雾的地理分布

　　广西沿海地区年平均雾日数地理分布极为不均，年平均雾日最少为东兴 8.7 天，最多为防港和防城达 20 天，是东兴的 2 倍之多。次多为涠洲岛，达 17 天。北海、防城和防港相对于另外 4 站（表 17.8），雾日较多的原因是这 3 站的离海岸线很近、境内海岸线长、水汽极为充沛。

表17.8 广西沿海地区7站多年年平均雾日表

站名	东兴	防城	防港	钦州	合浦	北海	涠洲
年均雾日/天	8.7	20.2	20.4	9.2	9.1	11.1	17

17.4.1.2 广西沿海大范围雾的年际变化

从36年的整体变化来看,北海雾日数呈较明显的上升趋势,为0.11 d/a,涠洲和东兴呈微弱的下降趋势,分别为0.04 d/a和0.01 d/a,钦州和合浦站呈较明显的下降趋势,分别为0.14 d/a和0.5 d/a。防城和防港建站时间较短,呈明显的上升趋势,达0.8 d/a。

17.4.1.3 广西沿海大范围雾的月际变化

广西沿海地区各站雾日有明显的月际变化(表17.9),12月至翌年4月是雾的高发期,7—10月是雾的低发期,东兴和涠洲的气候平均值接近于零。对东兴、防城、防港、北海和涠洲而言,1—4月份是一年中雾日最多的月份,1—4月所出现的雾日,占全年总雾日的75%以上,东兴和涠洲更是占到90%以上。秋冬季节,合浦除了1月份以外雾日分布较为均匀,其余站点多数从11月起,雾日逐渐增加。

表17.9 广西沿海地区7站多年1—12月各月平均雾日　　　单位:d

月份	1	2	3	4	5	6	7	8	9	10	11	12
东兴	1.7	2.3	2.6	1.2	0.03	0.03	0	0	0	0	0.2	0.5
防城	3.8	4.2	4.8	2.5	0.3	0.2	0.2	0.3	0.4	0.8	1	1.7
防港	4.3	5	5.3	2.7	0.1	0.1	0.1	0.1	0.1	0.1	0.5	2.1
钦州	1.8	1.9	1	0.2	0.1	0.2	0.4	0.2	0.5	0.5	0.5	1.1
合浦	0.1	1.4	1.6	1	0.1	0.1	0.1	0.1	1	1	1	1
北海	1.7	2.3	2.8	1.6	0.1	0.02	0.1	0.1	0.1	0.4	0.9	1
涠洲	2	4	6	3.7	0.25	0	0	0	0	0	0	1

17.4.1.4 广西沿海大范围雾日变化特征

1)广西沿海大范围雾出现时段

为了统计方便,把一天24时划分为4个时段,规定:前一天23时到翌日05时为"时段一";06—12时为"时段二";13—16时为"时段三";17—22时为"时段四"。

各站点雾出现频率最高的是时段二,占44%以上(表17.10)。其次是时段一,除合浦外,占33%以上。广西沿海地区雾多发于时段二,即06—12时,正是广西沿海地区陆路、水路交通繁忙的时段,给交通安全埋下一定的隐患。

2)广西沿海大范围雾维持时间

1971—2006年共88个广西沿海地区大范围雾过程中,记有雾生消时间的有465个观测记

403

录，从中可知，雾维持时间最短的仅 10 分钟，最长的达到 18 小时 30 分钟。

表 17.10　广西沿海地区 7 站海雾出现时段的频率统计 %

站名	时段一	时段二	时段三	时段四
东兴	34	47	3	17
防城	33	47	3	17
防港	0	68	16	16
钦州	44	44	2	10
合浦	0	96	0	4
北海	39	49	1	11
涠洲	39	47	3	11

在沿海大范围雾过程中，绝大部分雾的维持时间都在 1 小时以上（表 17.11），雾的维持时间越长，对公共道路、高速公路、海港的交通安全的潜在危害越大。

表 17.11　雾维持时间占总个例的比例 单位：时：分

时间	不足 1 h	1：00—5：59	6：00—9：59	10：00—15：59	16 h 以上
比例	5%	45%	26%	21%	3%

3）广西沿海大范围雾的最小能见度

历史上广西沿海地区最小能见度不超过 100 m，防港更低至 30 m（表 17.12）。能见度越小，造成的视程障碍越严重，对交通安全的威胁就越大。

表 17.12　广西沿海地区 7 站大范围雾各站点所出现的最小能见度 单位：m

站点	东兴	防城	防港	钦州	合浦	北海	涠洲
最小能见度	100	100	30	100	100	100	100

17.4.2　广西海雾的成因与危害

17.4.2.1　海雾的成因

海雾是在一定的环境背景条件下产生的，包括大气环流条件、水汽条件、下垫面条件等，只有在环境条件配置适当时，在边界层才有可能成雾。分析广西沿海雾出现的天气形势，大致可归纳为如下几种天气型：① 静止锋天气型，占总雾日数的 13%；② 冷锋前天气型，占总雾日数的 46%；③ 变性高压天气型，占总雾日数的 39%；④ 西南低槽天气型，仅占总雾日数的 2%（孔宁谦，1997）。

1）海雾与风向的关系

广西沿海雾出现当天和前一天 08：00 时地面风向除静风频率较大外，偏北风（NNW—

NNE）和东到东南风（E—SE）频率最大，其余各风向频率出现的概率很小。雾出现当天08时地面风向频率以静风为主，静风出现的次数占总数的46%，偏北风频率占总雾日数的16%，东到东南风频率占总雾日数的35%，其他风向频率仅占总雾日数的3%。雾出现前一天08时地面风向频率中，以东到东南风频率最大，约占总雾日数的44%；偏北风频率次之，占总数的28%；静风频率占总数的18%，其他风向频率仅占总数的10%。由此可见，广西沿海雾的出现与风向关系十分密切。

2）海雾与风速的关系

广西沿海雾出现当天地面08时以静风频率最大，占总雾日数的46%；风速达1 m/s的雾次数占总雾日数的15%；风速达2 m/s的雾次数占总雾日数的27%；雾出现当天08时地面风速均在4 m/s以下，4 m/s以上无雾出现（表17.13）。雾出现前一天地面08时风速以2 m/s的频率最大，占总雾日数的27%；风速超过4 m/s的雾的次数仅占总雾日数的8%，风速达6 m/s以上时无雾出现。综上所述，广西沿海雾出现时，地面风速以静风频率最大，约占总雾次数的90%以上，风速较大对雾的形成和维持是很不利的，特别是辐射雾的形成和维持均以静风为主。

表17.13　广西沿海雾出现与地面风速的关系

风速/（m/s）	静风	1 m/s	2 m/s	3 m/s	4 m/s	5 m/s	6 m/s	7 m/s以上
当天08时风速	46%	15%	27%	10%	2%	0	0	0
前一天08时风速	18%	17%	27%	18%	12%	5%	3%	0

17.4.2.2　海雾的危害

海雾是一种重要的灾害性天气。当浓雾强盛时能见距离低劣，对海上航行危害极大。近年来，虽已应用雷达和卫星等手段，但由海雾引起的海难事故仍不断发生。海雾对沿海经济建设、军事活动、环境保护和人体健康等都能造成相当大的危害。

近年来，广西海区因大雾而引发的海事和海难事故频发，造成人员死亡，各类船只搁浅、触礁、沉没事件。至于因大雾使船只不得不在海上抛锚或减速，由此而造成的人力、物力和时间上的浪费，更是无法估量。例如，2006年1月17日5时，在琼州海峡，一艘广西渔船被一艘外籍货轮正面撞沉，遇难渔船"桂北渔95538"上6人失踪、1人生还。

因海上能见度原因造成的船舶海难事故，在全部因海洋和气象原因造成海难事故中，占有相当的比例。国内一项1950—1987年的船舶海上航行事故统计显示，因恶劣能见度而造成的海难事故，占事故总数的33%，超过因季风型大风大浪造成事故的25%。

另外，沿海城市，大气环境污染日趋严重，出现大雾时更加剧了大气污染的严重性。容易造成大气污染事件，危害人民的身体健康，发病率高，甚至造成死亡。

17.5　霜冻

广西近岸区霜日数较少，平均每年霜日数不到2 d，其中钦州、合浦1.2~1.7 d，防城、东兴、北海 0.2 ~ 0.4 d，涠洲岛、防城港全年无霜。年最多霜日数钦州、合浦 11 ~ 12 d，防城、东兴、北海 3 d，涠洲岛、防城港无霜（表 17.14）。

表 17.14　广西近岸区各站霜日数情况表　　　　　　　　　　单位：d

	平均霜日数	年最多霜日数	年最少霜日数
东兴	0.2	3	0
防城港	0	0	0
防城	0.3	3	0
钦州	1.2	11	0
北海	0.4	3	0
合浦	1.7	12	0
涠洲岛	0	0	0

1961—2008 年，防城港、涠洲岛无霜冻出现；钦州年霜冻日数最多的是 1975 年（10 天），其余年份 0 ~ 5 d，其中 1968—1970 年、1987—1992 年、1996—1998 年、2002—2008 年霜冻日数为 0。合浦有 22 年出现霜冻，而 1988—2008 年仅有 2 年出现霜冻。北海仅 9 年有霜冻，日数为 1 ~ 3 d。防城仅 1982 年、1995 年、1996 年和 2001 年出现霜冻，日数为 1 ~ 3 d，其余年份无霜冻；东兴有 9 年出现霜冻，多出现在 20 世纪 60 年代和 80 年代，2000 年以后无霜冻出现（图 17.3）。各站霜冻日数变化趋势为：防城、北海变化趋势不明显，钦州、东兴呈微弱减少趋势，合浦霜冻日数呈明显减少趋势。

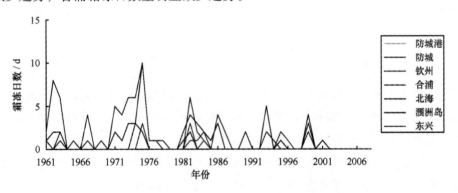

图 17.3　广西近岸区各站霜冻日数逐年变化图

17.6　暴雨

日降水量不小于 50 毫米称为暴雨日。广西近岸区多年平均暴雨日数为 6.8 ~ 14.9 d（防城港 14.1 d、防城 13.9 d、东兴 14.9 d、钦州 10.8 d、合浦 8.3 d、北海 8.2 d、涠洲岛 6.8 d）；日降水量不小于 100 毫米的大暴雨多年平均日数为 2.0 ~ 5.2 d（防城港 4.9 d、防城 4.3 d、东兴 5.2 d、钦州 2.9 d、合浦 2.5 d、北海 2.6 d、涠洲岛 2.0 d）。

17.7　小结

广西沿海遭受风暴潮灾害的频繁程度较低。1949 年后，影响广西沿海的热带风暴 78 个，其中登陆广西沿海的热带风暴 15 个。其中，6508、8609、9615 三次台风引起的风暴潮灾害最为严重。

影响广西沿海的灾害性海浪主要是台风浪，受风浪影响最严重的区域是涠洲岛。在 1963—2008 年间，涠洲岛共发生风浪灾害 26 起。

广西沿海地区年平均雾日数地理分布极为不均，年平均雾日最少为东兴 8.7 d，最多为防港和防城达 20 d。从 36 年的整体变化来看，广西北海、防城和防城港海雾日数呈较明显的上升趋势，而钦州、合浦、涠洲岛和东兴呈下降趋势。

18 广西近岸地质灾害

广西南濒北部湾海域位于我国中西部腹地与海南、港澳、东南亚地区的交汇地带，是大西南最便捷的出海通道，具有得天独厚的区位优势。近年来，广西北部湾沿海地区经济高速发展，一些重要的海岸带地质灾害——海岸侵蚀、海水入侵、港口、航道淤积等不断显现。

18.1 海岸侵蚀

18.1.1 海岸侵蚀规模与分布

18.1.1.1 海岸侵蚀规模

广西海岸线（管理岸线）长度 1 628.6 km，其中侵蚀岸线长 221.47 km（表 18.1），占全省总岸线的 14.32%。防城港市岸线总长 537.79 km，其中侵蚀岸线长 133.53 km，占所辖岸线的 25.52%；钦州市岸线总长 562.64 km，其中侵蚀岸线长 35.74 km，占所辖岸线的 6.39%；北海市岸线总长 528.16 km，其中侵蚀岸线长 50.50 km，占所辖岸线的 9.20%。

表 18.1 广西海岸稳定性类型及长度统计表　　　　　单位：km

市政区	岸线总长度	侵蚀岸线长度	稳定岸线长度	淤长岸线长度
防城港市	537.79	133.53	404.26	/
钦州市	562.64	35.74	526.90	/
北海市	528.16	50.50	474.96	2.70
合计	1 628.60	221.47	1404.43	2.70

18.1.1.2 侵蚀海岸分布

开阔海域的岛屿、半岛或岬角，与波浪垂直的岸段，海湾内迎风浪一侧等，均可直接遭受风浪、潮汐的强烈侵蚀作用。海岸蚀退率的大小，不仅与外动力地质作用强度有关外，而且还受到组成海岸岩性的控制。岩质海岸抗蚀力较强，蚀退速度缓慢，短期内不易觉察其变化，其形态多为陡崖峭壁或水下岩滩；强风化—剧风化的风化壳海岸抗蚀力相对较差，其形态常呈陡或直立状的海蚀土崖，由于受海浪营力的强烈侵蚀不断被夷平，常形成堆积沙滩或沙岸。此外，因人工围垦或采砂等工程活动，造成物源中断或补给不足的砂质海岸，蚀退现象亦比较突出。因此，广西侵蚀海岸主要分布在没有红树林和人工海堤保护的基岩海岸和砂质海岸。

1）防城港市管辖岸段

（1）珍珠湾东北部侵蚀海岸

珍珠湾东北部蓄桃坪—佳碧村岸段砂砾质海岸、粉砂淤泥质海岸、基岩风化壳海岸与人工海岸交替分布。其中砂砾质海岸和风化壳海岸受侵蚀，海岸线后退，部分粉砂淤泥质海岸也遭受侵蚀（图18.1）。

（2）白龙半岛—防城港西湾南部侵蚀海岸

珍珠湾东北部佳碧村—防城港西湾西岸大沥村北部主要是侵蚀海岸，其中侵蚀岸线长45 761 m（图18.1），侵蚀海岸类型有基岩海岸、砂质海岸、砂砾质海岸和风化壳海岸。

白龙半岛西岸主要是典型的岬角—港湾岸。基岩岬角岸、风化壳海岸与砂砾质海岸交替分布，局部有红树林海岸和人工海堤岸分布。基岩岬角海岸、风化壳海岸和砂砾质海岸都遭受侵蚀，其中砂砾质海岸和风化壳海岸都有蚀退现象。白龙半岛南部（沥欧村以南）主要是基岩海岸，夹有数段砂质海岸和人工海岸。其中，基岩海岸和砂质海岸都受侵蚀（图18.1）。

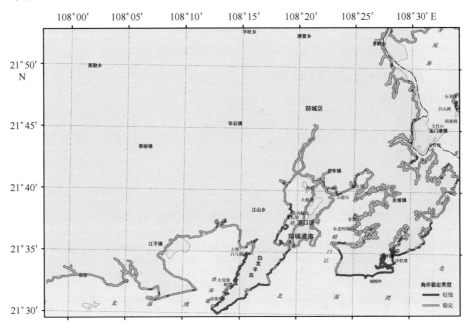

图18.1 防城港市管辖岸段侵蚀海岸分布

（3）防城港东湾南部—钦州湾西岸南部（坡咀村—榄埠江口南岸飞龙潭）侵蚀海岸区

防城港东湾南部云约江口南岸坡咀村—钦州湾西岸南部榄埠江口南岸飞龙潭岸段主要为砂质海岸、基岩岬角海岸、风化壳海岸和人工海岸交替分布。砂质海岸、基岩岬角海岸和风化壳海岸都遭受侵蚀，侵蚀岸线长58 851.87 m（图18.1）。

此外，在江平万尾海岸尽管侵蚀岸段零星分布，但是侵蚀程度较大。在万尾金滩，侵蚀作用已经造成海岸木麻黄林根部裸露（图18.2）；在万尾西岸段，海浪的侵蚀作用导致了大范围人工海堤坍塌，向陆推进3~10 m不等（图18.2）。

图 18.2　防城港万尾金滩和西段的海岸侵蚀现象

2）钦州市管辖岸段

（1）七十二泾岛群东部（背风环—船埠环）侵蚀海岸区

七十二泾岛群东部背风环—船埠环岸段海岸线长 10 413.9 m。海岸类型的分布格局是基岩岬角海岸、风化壳海岸与人工海岸（多为虾池—海堤岸）、红树林海岸交替分布。基岩岬角海岸潮间带为岩滩和碎石滩，风化壳海岸的岸边为碎石砂泥混合滩，这两种海岸都遭受侵蚀（图 18.3）。侵蚀海岸线总长 4 963.48 m。

（2）大灶江大桥南端—海尾村南部侵蚀海岸区

大灶江大桥南端—犀牛脚水产站岸段主要是砂质海岸，高潮带沙滩受侵蚀；犀牛脚水产站—东花根岸段砂砾质海岸和基岩海岸交替分布，潮间带为砂砾滩和海蚀平台，是海岸侵蚀的产物（图 18.3）。

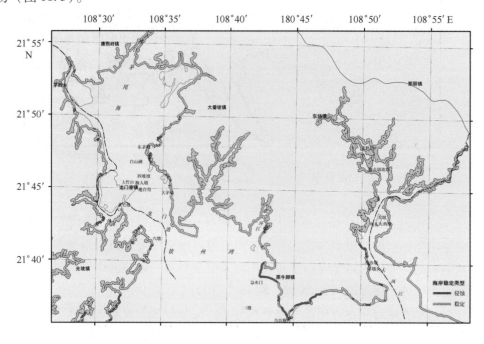

图 18.3　钦州市管辖岸段侵蚀海岸分布

东花根—海尾村岸段主要是砂质海岸，三娘湾村附近有基岩海岸分布。高潮带沙滩和海岸遭受侵蚀（图18.3）。

（3）海尾村—大风江西岸邓家村侵蚀海岸区

海尾村—炮台村岸段海岸线总长17 944.84 m。砂质海岸与粉砂淤泥质海岸、红树林海岸交替分布。粉砂淤泥质滩岸和红树林滩岸有海堤保护，岸线稳定，砂质海岸受侵蚀（图18.3），侵蚀岸线长2 173.49 m；大风江西岸炮台村—邓家村岸段海岸线长4 402.37 m，主要是砂质和砂砾质海岸，局部有基岩海岸分布。海岸线和高潮带沙滩、砂砾滩受侵蚀，侵蚀岸线长3 079.97 m。

钦州所辖岸段受侵蚀岸线最短（表18.1，图18.3），但是侵蚀强度最大，尤其在三娘湾旅游度假区东侧，海岸线5年后退了13 m多，形成侵蚀陡崖高6.25 m（图18.4）。

图18.4 钦州三娘湾旅游度假区海岸侵蚀陡崖

2）北海市市管辖岸段

（1）北海市区西岸侵蚀海岸区

北海市缸瓦窑村—地角街道办事处岸段海岸线长17 986.6 m。人工海岸与砂质海岸交替分布。北段（缸瓦窑—高德镇）陆地地貌主要为古洪积冲积平原与古海岸沙堤交替，潮间带为砂泥混合滩，高潮位为沙滩。高德镇附近局部岸段淤长，是一个沙嘴—潟湖岸段。中段（高德镇—外沙岛）陆地地貌为古洪积冲积平原，潮间带为沙滩。西段（外沙—地角）为港口区。侵蚀的砂质海岸主要分布在北段和中段（图18.4）。本岸段侵蚀岸线长2 146.1 m。

（2）北海市冠头岭侵蚀海岸区

冠头岭是北海市沿海最高的临海孤丘（三级侵蚀剥蚀台地），丘顶高程127.8 m。西—西南侧海蚀崖发育。西北段（地角—海角）潮间带为碎石滩和砂砾滩，被开发为渔港区。海角—南沥渔港西侧为侵蚀的基岩海岸（图18.4），长度为3 345.4 m；冠头岭西—西南岸的侵蚀基岩岸线长2 899.5 m。

（3）白龙港—铁山港口门西侧侵蚀海岸区

白龙港东岸白坪嘴—铁山港口门西侧北暮盐场北暮分场东部岸段海岸线长30 184.5 m。

沿海陆地地貌类型主要是古洪积冲积平原、古沙堤、古沙坝—潟湖堆积平原。古沙堤海岸和古沙坝—潟湖堆积平原海岸的沙堤大多遭受侵蚀而后退。古洪积冲积平原海岸往往有湛江组和北海组地层构成的砂土质海蚀崖发育，崖前发育狭窄的现代沙滩滩肩和进流坡。本段海岸高潮带沙滩多受侵蚀（图18.4），古海岸沙堤岸线和古洪积冲积平原前沿的海蚀崖岸线都因侵蚀而后退。侵蚀的砂质海岸线长 22 018.5 m。

（4）沙田港—北暮盐场榄子根分场侵蚀海岸区

沙田港—北暮盐场榄子根分场乌坭工区岸段主要为砂质海岸，海岸线长 15 737.15 m。本段海岸侵蚀的砂质岸与稳定的人工岸和红树林岸线交替分布（图18.5）。其中侵蚀海岸长 5 490.41 m。

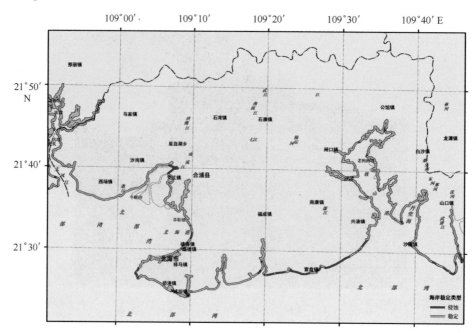

图18.5 北海市管辖岸段侵蚀海岸分布

18.1.2 海岸侵蚀的成因

18.1.2.1 自然因素

1）波浪向岸入射

波浪作用是近岸海洋水动力最为活跃的一个因素，尤其是正常波况下近 S 向盛行波浪向岸入射时引起的沿岸输沙，是长期引起本区沿岸海岸侵蚀最为普遍的一个重要因素。当然，偏 S 向的波浪，对于面向 S 的海岸侵蚀则起着主要的作用。如岬角之间的海滩，斜向波入射使上游侧的泥沙向下游侧运移，造成上游侧海岸的侵蚀后退。

2）风暴浪潮的袭击

在华南沿海，热带风暴（尤其是台风）引起的狂风巨浪和风暴潮是造成海岸侵蚀最为显著的动力因素。暴风浪及其带来的浪流冲刷，经常会造成台地或平原海岸大幅度的侵蚀后退。

　　3）海岸岩石性质

海岸岩石性质是决定其是否遭受侵蚀和侵蚀程度的内因。从广西侵蚀海岸分布来看，开阔、松散的砂质海岸和突兀的岩石海岸在没有保护的前提下，极易遭受海浪和洋流作用的侵蚀。

18.1.2.2　人为因素

　　1）河流入海沙量减少

河流流域经济建设，建闸和筑坝建库，拦蓄了大量粒径相对较粗泥沙，造成河流入海泥沙量减少，引发河口扇状地形或河口三角洲及其附近海岸侵蚀退化。

　　2）不尽合理的海岸工程阻断沿岸输沙链

不合理的海岸工程建设，会破坏近岸水动力和泥沙输移平衡，阻断泥沙输运链，进而造成海岸侵蚀。

　　3）植被破坏导致海岸失去天然保护屏障

广西海岸带广泛分布红树林。红树林是护岸的天然屏障。近50年来，因围塘养殖、港口建设引发的砍伐红树林活动的加剧，导致广西天然红树林大幅度减少，进而造成了海岸侵蚀程度加大。

　　4）人工采沙

随着经济建设的发展，人们对沙料的需求量也与日俱增。这种行为会造成的海岸侵蚀加剧，其危害在不久的将来即可显现。

在以上复合因素作用下，使原本稳定的海岸转变为侵蚀性海岸。例如，合浦西部沿海一带，砂质岸滩原属于微涨或基本稳定。但是，1980年以后，由于沿岸小湾河口建闸、围垦，加之人为大量挖沙，导致入海泥沙中断，物源补给不足，海岸强烈蚀退。近20年来，海岸蚀退20～80 m，高潮滩面蚀低0.5～1.0 m，沿岸沙堤冲蚀殆尽，已建石堤等护岸工程也屡遭破坏。区内蚀退海岸零米线变化速率加快。

总体上，广西海岸稳定性的变化主要是由于人为围垦活动所致，自然侵蚀和淤积作用引起的变化不大。滩涂围垦开发利用引起海岸变化仍将是今后影响海岸线变化的主要原因之一。

18.2　海水入侵

广西沿海大部分地区海水入侵极轻微或无海水入侵迹象，仅北海市海角大道一带和南部侨港局部地段出现海水入侵。还有涠洲岛南湾一带亦出现海水入侵。

18.2.1　北海市海水入侵的分布与变化特征

18.2.1.1　北海市老城区（海角路）一带的海水入侵

北海市老城区（海角路）一带海水入侵最先于1979年发生在独树根降落漏斗内，当时仅有沿岸的两井（S19、S21井）的Cl^-含量超过生活饮用水标准；到1989年3月已与自来水公司降落漏斗的海水入侵区连成一片，面积约1.25 km²。随后，海水入侵不断向内陆推进，至1993年到达降落漏斗中心开采井（S53、S54和S63井）附近，面积约3.01 km²。1993—1995年期间，由于开采量减少及降雨入渗补给量增大，使海水入侵的面积有所减少（表18.2）。但从1995年下半年开始，独树根水井（S53、S54井）全面停采，以及自来水公司S63井开采量大幅度减少，海水入侵漏斗向新的中心开采井（85-2、S60井）推进，使海水入侵的面积在1996年达到最大，为3.52 km²（图18.6），纵深距离最远处距海岸1 200 m，大部分井水Cl^-含量超标，最高达1 407.18 mg/L。1996年后逐渐调整开采井布局，停采北部的部分开采井，增大东部龙潭水源地开采量，使北部海水入侵有所退缩，面积也有所缩小，到2004年海水入侵范围面积约2 km²。咸化的（承压）地下水部分已经变淡，如G32（原号H3-3）孔（Ⅱ承压水），1996年3月时Cl离子含量达1 356 mg/L，2004年以来Cl离子含量仅350 mg/L左右；外沙新施工的G27（原W17）号孔Cl^-离子含量仅34.03 mg/L左右。红坎村一带咸淡水界面已由南向北后退约100 m，由东向西则退缩了约1 500 m。现在仍然咸化的地段是因为还有几家冷冻厂在利用开采井抽水制冰。

表18.2　海城区水源地西段海水入侵面积一览表　　　　　单位：km²

时 间	1989	1990	1991	1992	1993	1994	1995	1996	1997	1998	2004
面积	1.25	1.50	1.94	2.13	3.00	2.09	2.06	3.52	3.40	3.40	2.1

18.2.1.2　北海市南部海水入侵

主要分布于北海市区南部大墩海、侨港、古城岭、大冠沙一带的近海地段，海水入侵面积已经达到4.2 km²，而且入侵程度总体在加重。这种污染是因为向内陆引海水养殖，人为抬高海水位使咸水垂向入渗地下造成的，在养殖所到之处，潜水全部变咸，形成"上咸下淡"的模式。部分承压水受到咸化污染的潜水渗透补给而不断咸化；而且在虾塘处就地打井抽取淡水兑咸水时，大多聘请非专业队伍施工，止水效果很差，甚至不止水，形成所谓的"连通井"，加重承压水的污染。用于海水养殖开挖的虾塘，在大墩海深入陆域近1 km，古城岭附近深入陆域已超过2 km，距龙潭水厂仅约1.5 km，已经导致龙潭水厂下游潜水咸化，Ⅰ承压水Cl^-含量明显增高。如北海大学园区新施工的W16孔组潜水孔G63、Ⅰ承压水孔G64 Cl^-含量分别为453.76 mg/L、15.60 mg/L（图18.7）。从图上还可看出，潜水的Cl^-含量一直保持在350 mg/L以上，而承压水在降低。这是因为大学园开始建设后，监测孔周围的虾塘被废弃，承压水迅速变淡，潜水仍受养殖残留水的影响，Cl^-仍较高。龙潭下村的潜水观测孔G67、Ⅰ承压水监测孔G68 Cl^-含量2004年2月份分别为30.77 mg/L、20.52 mg/L，2004年底已分别升到

574.29 mg/L、1 985.2 mg/L（图18.8），从图2.7可看出，kb117潜水和Ⅰ承压水ZK164的水位

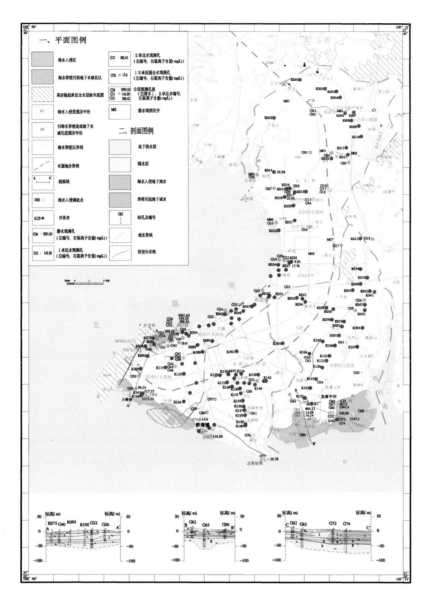

图 18.6 北海市 1996 年海水入侵范围

标高基本上都大于 1 m, 高于海面, 说明地下水咸化是受周围养殖咸水的影响。

18.2.2 海水入侵的原因

从发生海水入侵的过程来看, 发生海水入侵的原因主要是: 不合理开采地下水, 局部地段严重超采; 其次为补给量的减少及水文地质条件的影响。

18.2.2.1 不合理开采地下水

1958 年北海市成立自来水公司以来, 开始用深井开采承压水作市政供水, 当时的开采量不足 1×10^4 m^3/d。20 世纪 70 年代以后, 随着城市的建设发展, 自来水公司及一些单位陆续增加了一大批开采井, 开采量逐年增加, 1983 年全市总开采量为 5.07×10^4 m^3/d, 1986 年为 6.74×10^4 m^3/d; 1987 年 5 月开采量增加到 8.51×10^4 m^3/d。1992 年下半年以后, 用水量大

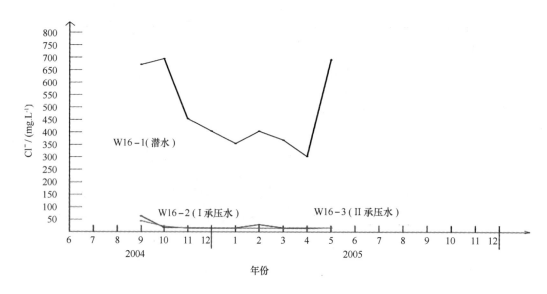

图 18.7　W16 孔组 Cl⁻ 动态曲线图

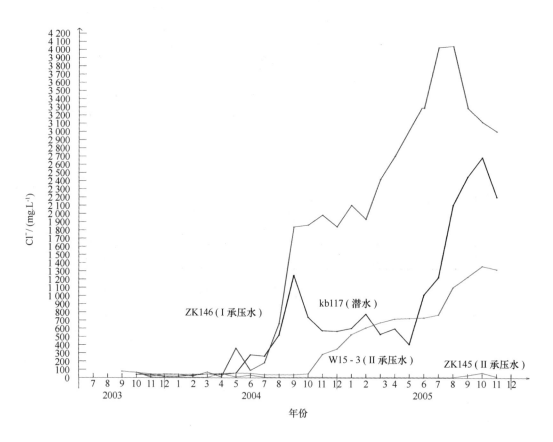

图 18.8　大冠沙监测孔组 Cl⁻ 动态曲线图

幅度增加，开采量达 $15.41 \times 10^4 \text{ m}^3/\text{d}$。使允许开采量为 $0.90 \times 10^4 \text{ m}^3/\text{d}$ 的海城区水源地和允许开采量为 $5.83 \times 10^4 \text{ m}^3/\text{d}$ 的禾塘村水源地均出现严重超采现象。长期开采使两个水源地形成以高德、大囊、自来水公司、独树根、禾塘水厂开采井为中心的 5 个明显的地下水降落漏斗（表 18.3）。且独树根、自来水公司和禾塘水厂 3 个降落漏斗"0"米标高等水位线越出海岸，水源地南部近海开采井的 Cl^- 含量急剧上升，于 1994 年 9 月发生了海水入侵。

表 18.3　北海市地下水开采降落漏斗一览表

块段名称	面积/km²	海岸线长/km	地下水情况				0 m标高降落漏斗					
			承压水井井数/眼	开采量/(m³·d⁻¹)	开采强度/(m³·d⁻¹·km⁻²)	沿岸单宽开采量(m³·d⁻¹·m⁻¹)	名称	形状	长轴/m	短轴/m	面积/km²	中心地下水位标高/m
高德	5.70	3.35	25	1.88×10^4	0.33×10^4	5.60	高德水厂纸厂	椭圆形	1 400 550	750 450	0.82 0.19	−0.15
大囊	2.90	1.83	12	0.74×10^4	0.26×10^4	4.04	大囊水厂	椭圆形	1 650	1 200	1.44	−7.34
自来水公司	2.90	1.50	10	0.89×10^4	0.31×10^4	5.90	自来水公司厂部	椭圆形	700	350	0.17	−7.69
独树根	4.70	2.30	11	0.87×10^4	0.19×10^4	3.78	独树根	椭圆形	1 100	550	0.41	−4.48
禾塘水厂	41.0	7.25	69	7.29×10^4	0.18×10^4		禾塘水厂	近长方形	5 500	4 750	26.31	−1.98

数据来源：《广西北海市海水入侵防治对策研究》。

18.2.2.2　地下水补给量减少

地下水补给量减少表现在湖海运河在高德附近断流，使海城区、禾塘村两个水源地的运河渗漏补给量不复存在。另一方面是城市建筑及道路铺设的覆盖面积增大，目前覆盖最严重的是海城区水源地。根据遥感解译资料，覆盖面积 13.35 km²，占水源地面积 82.4%；其次是后塘村水源地，覆盖面积 12.90 km²，占水源地面积 62.6%；禾塘村水源地覆盖面积 15.66 km²，占水源地面积 38.2%；龙潭村水源地覆盖面积 5.16 km²，占水源地面积 0.06%。城市覆盖的增加造成地下水补给量的减少，加快地下水位下降的趋势，进而加速海水入侵的进程。

18.2.2.3　水文地质条件的制约

承压含水层顶板黏土隔水层向海底延伸，起到阻止海水入侵含水层的作用，但在海城区水源地西段存在顶板黏土层缺失的"岩性天窗"，是灾变的最为敏感地段。因此，该段附近的井先行遭受海水入侵的影响。

18.3　崩塌和滑坡

18.3.1　崩塌、滑坡的分类

崩塌、滑坡按其诱发因素可分为自然和人为两大类型；按物质组成分类，可分为土质和岩质两亚类（表 18.4），其中，岩质滑坡据滑动面与滑床岩体结构的关系，又可分为顺层滑坡与切层滑坡。从物质组成来看，广西崩塌在土质和岩质海岸发生几率相当，而滑坡易发生于土质海岸；从诱发因素来看，广西海岸崩塌和滑坡大多是人为因素导致的。

表 18.4　崩塌、滑坡分类及特征统计表

分类 \ 灾种	按组成物质				按诱因性质				合计
	土　质		岩　质		人为诱发		自然引发		
	处	比例/%	处	比例/%	处	比例/%	处	比例/%	
崩塌	23	53.5	20	46.5	31	72.1	12	27.9	43
滑坡	38	63.3	22	36.7	54	90.0	6	10.0	60

18.3.2　崩塌、滑坡的空间分布特征

广西沿海的崩塌有 43 处，滑坡 60 处，多为小型。其中，防城那勤乡至小峰水库防洪公路旁土质崩塌的崩落体体积最大，为 1.01×10^3 m³；防城那勒乡桂坝滑坡的滑坡体体积最大，为 105×10^3 m³。绝大部分的崩塌、滑坡分布于丘陵地貌区内，达 75 处，占崩塌、滑坡总数的 72.8%；分布于冲、洪积平原及河口三角洲地貌区的崩塌、滑坡共有 17 处，占崩塌、滑坡总数 16.5%；发育于中低山地貌区的崩塌、滑坡共有 11 处，占崩塌、滑坡总数 10.7%。另外，广西沿海的道路（公路、铁路）两侧的边坡也是频发滑坡、崩塌的主要地段。

除东南部北海滨海平原地带几乎没有滑坡、崩塌外，其余区域均有发生。北海市的铁山港区和合浦的十字路－公馆，钦州市的钦港区、沙埠和黄屋屯，以及防城港市的港口区、江平、东兴等地常常是崩塌、滑坡发生相对较多的区域。

18.3.3　崩塌、滑坡的成因及其影响因素

地形地貌、地质结构构造、岩土类型、水文气象和人类工程活动是形成崩塌、滑坡的基本条件及影响因素。其中，地形地貌、地质结构构造、岩土类型是崩塌、滑坡发生的内因，而水文气象和人类工程活动是崩塌、滑坡发生的外因。

18.3.3.1　地形地貌因素

边坡的坡高、倾角和表面起伏形状对其稳定有很大的影响。通常产生崩塌现象的地点有两个基本的地形特点：其一是斜坡高峭陡峻，其二是斜坡表面凹凸不平。一般情况下崩塌多发生于 45° 以上的斜坡，其中以 50° ~ 80° 的人工边坡（局部陡立近于直角）产生崩塌最多，且上陡下缓、表面凹凸不平的斜坡更易产生崩塌。而坡度为 10° ~ 45° 凹形山坡，上陡中缓下陡、上部成环状（围椅状）的山坡，当岩层倾角与边坡顺向时，易产生顺层滑坡。

18.3.3.2　地质结构构造因素

边坡岩土体的结构构造条件是影响边坡稳定的主要内在因素之一。受构造作用、卸荷作用和其他外力地质作用的影响，边坡岩土体中大都存在很多结构面，如岩（土）层层面、节理、裂隙面、断层等。这些结构面一方面对坡体的切割、分离为崩塌、滑坡的形成提供脱离母体（山体）的条件，另一方面又为降雨等进入斜坡提供了通道，同时也使这些部位易于风化，抗剪强度降低，加速了崩塌、滑坡的发育。

18.3.3.3　岩土类型因素

1）岩石类型制约

岩石类型是制约崩塌、滑坡类型（土质崩塌、岩质崩塌、土质滑坡、岩质滑坡）的重要内因。土质崩塌，多分布于海相、陆相碎屑岩及花岗岩残坡积土发育地区；岩质崩塌多分布于碎屑岩地区；土质滑坡主要分布在广西北部、西北部的低山丘陵坡积物聚集处。

2）岩石物理性质制约

一般而言，块状、厚层状的坚硬脆性岩石往往可形成陡直的自然斜坡；软质岩石由于强度低，抗风化能力、抗地表水冲蚀能力弱，边坡坡度就相应较缓。因此在一般情况下，崩塌现象多发生在风化的节理裂隙发育的坚硬岩石构成的高陡斜坡地段，尤其是上硬下软的斜坡，下方软质岩石风化剥落后，其上方岩体在坡面上凸出，极易引起大规模崩塌的发生。这类崩塌也大多位于群众建房和修公路形成的50°以上人工边坡，人工边坡落差一般都不是很大，多数在3~10 m范围内，而且为碎屑岩，一般都比较破碎，岩块块径多数小于30 cm，在降雨诱发下产生。如2004年7月发生于钦州市钦南区大番坡镇钦州港至钦州公路左侧崩塌（图18.9），其长15.2 m，宽8.5 m，厚1.5~3.0 m，总方量约300 m³。

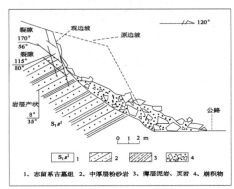

图18.9　钦州港进港公路岩质崩塌及其剖面示意图

3）岩石组构制约

崩塌、滑坡在硬软相间的中—薄层状砂页岩、硬软相间的厚层砂泥岩、硬软相间的厚层状砂泥岩和松散花岗岩风化土、松散粉砂质土体中最为发育。当外力作用下，滑动面沿软弱夹层形成，产生顺层滑动（图18.10）。如2004年7月发生于东兴市江平镇防城港至东兴一级公路上边坡的滑坡，是典型的顺层滑坡（图18.11），长25 m，宽145 m，厚2.5~3.5 m，体积约10 000 m³，造成正在建设中的公路排水沟和挡土墙受毁两次，直接经济损失近3万元人民币；此外岩石裂隙是产生切层滑坡的内因，如2003年8月发生于防城港市市政广场南侧的滑坡是一个典型的切层滑坡（图18.12）。该滑坡为一个古滑坡，近年来防城港市进行市政广场建设时，此滑坡体前缘坡脚受开挖，改变了该滑体暂时的平衡应力状态，又于2003年8月和2004年7月发生两次较大的滑动，该滑坡体长82 m，宽132 m，厚5~10 m，体积约

100 000 m^3。

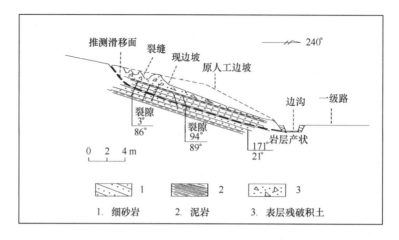

图 18.10　东兴市防东一级公路岩质顺层滑坡机制示意图

图 18.11　东兴市防东一级公路岩质顺层滑坡现象

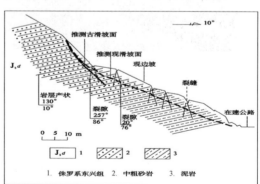

图 18.12　防城港市政广场岩质切层滑坡剖面

18.3.3.4　水文气象因素

　　地表水和地下水的活动常是导致产生崩塌、滑坡的重要外在因素。地表水（主要是降雨的雨水）是引发崩塌、滑坡的极其重要原因。绝大多数（85%以上）崩塌、滑坡都发生在雨季及暴雨天气或滞后发生。广西属亚热带季风气候区，每年的5—9月为雨季，尤其是6—8

月为强雨期，大气降水充沛且相对集中，雨水大量渗入岩土体的孔隙、裂隙中，使岩土体自重增加，岩土体发生软化，且形成静、动水压力，一方面降低了岩土体的强度，或冲刷岩石块体的裂隙，加速了岩土体或边坡上的不稳定块体的崩塌和坠落；另一方面在静水压力或引起的渗透压力作用下，使崩塌滑坡体下滑力增加，加快崩塌、滑坡的产生。水对坡体介质溶解、溶蚀和冲蚀改变了其内部结构也是导致崩滑的产生。另外，在河流沿岸地表水对土质岸坡的直接冲刷、切割也是致使边坡产生崩塌、滑坡的另一重要方式与因素。

18.3.3.5　人类工程活动因素

人类工程活动对崩塌、滑坡的产生影响十分明显，并在一定程度上起着决定性的作用。人类工程活动频繁地区同时也是崩塌滑坡多发区。道路工程项目建设、城乡居民建房及采矿时，大部分进行挖坎、筑坡等工程活动。人工边坡高度多在 5 ~ 15 m 之间，坡度均较陡，多为 60° ~ 80°。除高速公路外，绝大部分边坡都不进行防护治理。边坡开挖后失去了下部原有的支撑，形成临空卸荷面，破坏了斜坡岩土体的天然应力平衡状态，在雨水入渗等作用下，边坡处岩土体强度降低、失稳，易形成崩塌、滑坡。特别是高度在 8 m 以上、坡度在 650 以上的土质斜坡，更易发生崩塌、滑坡。收集资料显示，共有 84 处崩塌、滑坡属人工开挖等人类工程活动诱发，占崩塌、滑坡总数（103 处）的 81.6%。如 2004 年 7 月发生于防城港市防城区平旺乡北冲东 800 m 平旺至滩营公路旁边坡的滑坡（图 18.13），长 12 m，宽 46 m，厚 5.0 m，体积约 3 000 m³，冲毁了一根高压电杆和近 18 m 宽的挡土墙。

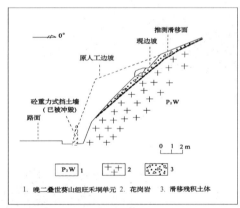

图 18.13　防城平旺乡花岗岩残积土滑坡及其剖面示意图

18.4　海岸崩岸

18.4.1　海岸崩岸的分布特征

崩岸在广西各种类型的海岸都有发生。一般岩质海岸发生崩岸多为点状，数量较少，且危害影响范围和程度小，防城江山半岛、企沙港东岸、钦州龙门、钦州犀牛脚的沙角至西炮台、北海高德至岭底、北海冠头岭和北海英罗港马鞍岭等地海岸的陡坎，是自然海岸崩岸的发育区，除沙角村委一带对当地村民造成较大危害外，其他处的直接危害均较小。而砂土质海岸发生的崩岸多为带状或片状，数量多，且危害影响范围和程度大。

其中又以 20 世纪 90 年代前修筑的无护壁砂土质人工海堤受侵蚀而产生崩岸为甚，它主要分布在东兴江平班埃、钦州的大番坡犀牛脚及合浦县西场镇至北海高德、营盘镇至铁山港石头埠以及合浦县白沙镇榄子根至沙田等海岸。这一带海堤比较低矮、单薄，且多为沙泥质，抗海浪冲蚀能力弱，一般高潮位达堤坝的中部以上，遇大潮或台风时经常漫溢过堤坝顶面，造成崩塌溃堤，海水淹没冲毁堤坝后的农田、虾塘等。如 1986 年 9 号台风中，合浦县西场镇海堤被毁 15 km，潮水淹没许多村庄房屋，使 3 万多人受灾，淹没农田 26 620 hm²，房屋倒塌 1 000 多间，经济损失近 1 000 万元人民币。

每年的 5—10 月是海岸受台风和大潮影响较集中时段，同时也是崩岸的高发期。

当波浪抵达较陡的岸坡时，波浪的冲蚀作用对于沙泥、松软岩石或者岩石虽较坚硬但节理密度较大的海岸来说，崩岸呈非常明显的塌（坠）落方式，如北海市冠头岭（图 18.14）、防城企沙炮台（图 18.15）岩质海岸的崩岸和北海北部高德岭底（图 18.16）、北海英罗港马鞍岭崩岸（图 18.17）、钦州三娘湾一带的沙泥质海岸崩岸（图 18.18）；当波浪作用于较平缓的岸坡时，由于海底摩阻，可能发生数次破碎，能量逐步消耗，破坏性较小，崩岸则多呈水土侵蚀流失方式，如北海大冠沙南堤崩岸（图 18.19）。

图 18.14　北海市冠头岭崩岸

图 18.15　防城港市企沙炮台崩岸

图 18.16　北海市北部高德岭底崩岸

图 18.17　北海市英罗港马鞍岭崩岸

图 18.18 钦州市犀牛脚镇沙角村崩岸

图 18.19 北海市大冠沙南堤崩岸

18.4.2 海岸崩岸的原因

海岸发生崩岸原因很多,且随着发生的具体位置条件的不同而有所差异,归纳起来主要包括岩土性质、波浪等水动力引起的海岸侵蚀、人类活动等因素。

18.4.2.1 岩土因素

岩土结构和物理性质是产生崩岸的内因。受各种结构面(岩层层面、节理、断层破碎带或风化带)的切割及影响,较破碎不完整的岩石是岩质海岸产生崩岸的物质基础,如北海市冠头岭和防城企沙炮台岩质海岸的崩岸;同理,较松散、黏性差、遇水易崩解的砂或沙泥是沙泥质海岸产生崩岸的物质基础,如北海北部高德至赤壁和钦州三娘湾一带的沙泥质海岸崩岸。

18.4.2.2 波浪等水动力引起的海岸侵蚀

波浪、潮汐和海流是作用于海岸带最主要的动力因素,这是产生崩岸的自然外因。海岸侵蚀形态的形成和演化大都是暴风浪的产物,普通波浪则起着经常的修饰海岸的作用(包括冲蚀、磨蚀、溶蚀等),因此,可以分别把它们对海岸崩岸的影响比作鲸吞和蚕食,为质变和量变的关系。其主要受台风和海水大潮控制。台风携带巨浪强力冲(拍)击海岸,较破碎的基岩海岸和较单薄的沙泥质海岸比较容易产生崩岸,如 1986 年 9 号台风引起的合浦县西场镇 15 km 海堤崩岸;而一年两次的大潮时,高潮位的海水和退潮时对砂泥质海岸形成较大的渗透水压力差,在薄弱部位容易引起管涌、流土,从而崩岸溃堤,又遇上较大的热带风暴叠加作用发生潮水漫溢堤坝时尤其严重,如钦州市大番坡辣椒锥村海岸崩岸就是因海水大潮涨落引发的。另外,波浪对海岸的侵蚀,尤其当波浪水体夹带岩块或砾石时,其侵蚀力更大,这即是磨蚀作用。

18.4.2.3 人类活动因素

人类活动是产生崩岸的人为外因,主要包括工程建设活动和一般日常生产活动。工程建设活动因素指在人工海堤坝、闸门或码头等建设中的质量问题引起的海岸岸崩,如北海地角的崩岸，即由于建污水排放管道时周围没有回封好而发生决口，最终导致崩岸；一般日常生产活动因素主要指在海岸边挖塘围垦破坏红树林、采砂石和挖沙虫贝螺等造成的崩岸，如钦州市犀牛脚和合浦县闸口在海边采石、东兴市竹山村和北海市南部海岸由于挖塘围垦海养而破坏红树林这一海岸屏障等，均造成不同程度的崩岸。

18.5　港口、航道淤积

　　广西沿海自西往东有珍珠港湾、防城港东西湾、钦州湾、廉州湾、铁山港等。这些海（港）湾不仅具有优越的建港条件，还是沿海地区调整农渔业经济结构发展海洋产业的有利场所。它们给当地海洋经济作出贡献的同时，也带来了不同程度的淤积等问题，一些享有天然深水良港美誉的港口近年来不得不花费大量的财力物力进行疏淤处理。归纳这些港湾存在的冲淤问题有海湾（港池）淤积、拦门沙形成以及水下沙体变化等。下面对主要的港湾分别进行叙述。

18.5.1　廉州湾

　　廉州湾淤积现象发生的主要特征为：潮间带前缘即低潮线平面位置及形状，除主河道口外，总体上已明显改变。主河道口以东海湾北缘部分，长约 8 km，初步对比自 1980 年以来，由原来的潮间带宽 4~6.5 km，变为现状的 5~7 km 宽，总共平均增长约 0.6 km，年平均增长 0.025 km；在潮间带后缘及牡蛎养殖地段新近淤高迹象明显，淤积物呈未经沉实的"悬泥"状或软泥状，厚度在 0.3~0.6 m 左右，人在其上无法正常行走。初步分析原因，应是海湾围垦和大面积养殖牡蛎导致潮流速度与纳潮量改变所引起的。

18.5.2　钦州湾

　　历史上，钦州湾是一个非淤积的海湾，号称天然深水良港。但近一、二十年来，由于人类工程活动的影响，淤积现象在内湾（钦州湾的内湾——茅尾海）及湾口外发生。如插排养殖牡蛎、人工种植外来物种海桑等，都造成茅尾海东、湾顶发生大片淤积，纳潮量降低，严重影响钦州港的据李树华等编的《中国海湾志——广西海湾》介绍，钦州湾的悬沙主要来源于茅岭江和钦江，钦江的年输沙量为 3.11×10^5 t，茅岭江为 3.19×10^5 t；其次是湾外海上来沙。在钦州港一带（属于外湾），有 1~2 道沟槽，该段的淤积也较明显，这与从龙门七十二泾过来的潮流到了较宽阔的地段变缓形成悬沙沉淀淤积，深水槽明显偏向钦州港的对面一侧，这对港口航道的畅通形成影响。另在钦州港北东侧的金鼓江口也有明显的淤积情况。

　　在现状条件之下，就整个钦州湾而言，年接受输沙量 120.06×10^5 t（其中悬沙 86×10^5 t，推移质来沙 3.46×10^5 t，溶解质悬沙 30.24×10^5 t），对于海岸线长达 336 km 的钦州湾来说，平均每千米接受沙量仅 0.36×10^5 t，沙量比较贫乏，难以造成巨大的沉积体，故淤积是缓慢的，钦州湾的淤积以内湾为主，在外湾淤积较少。根据交通部天津水运工程科学研究所利用有关公式进行钦州港泥沙回淤计算结果得出，在正常年份下，航道开挖至 -13.0 m 后全航道年平均淤强为 0.18 m，航道总淤积量约为 101×10^4 m³。灾害天气情况下，航道发生骤淤，台风作用一天后，航道平均淤强为 0.22 m，航道总淤积量约为 120×10^4 m³。

　　由于规划港口工程的实施，以及临海大型工业园区的建设，必将在整个钦州湾沿岸进行大量的土石方工程，形成港湾淤积物的新来源。沿岸分布的岩土以残坡积土和风化的砂质泥岩、泥岩岩石为主，开挖暴露后容易碎裂，常被雨水冲刷带入海湾内，对淤积造成不可忽视的影响。

18.5.3 防城港

淤积是防城港海湾存在的主要问题。防城港历史上港池、航道的冲刷淤积情况，按照《防城港拦门沙航道浚深 – 7.5 m 后冲淤状况的调查研究及浚深 – 10 m 的可行性研究报告》（防城港建港指挥部等），从 1985—1987 年防城港港池、掉头地和航道冲淤观察统计资料，一般具有冬冲夏淤的规律，期间（1985.3—1987.9）的冲淤情况如表 18.5。

表 18.5 1985 年 3 月—1987 年 9 月防城港港池航道冲淤情况统计表

地 段	拦门沙航道	西贤航道	牛头航道	港池掉头地	备注
总淤积量/ $\times 10^4$ m^3	6.02	1.98	4.32	13.98	
淤积厚度/cm	31	9	15	26	
淤积速率/（cm·a^{-1}）	12.4	3.6	6	10.4	
年淤积量/ $\times 10^4$ m^3·a^{-1}	2.4	0.79	1.73	5.54	

近年来港湾的淤积主要发生在西湾。根据观察，可以很明显地看到在整个海湾都有新近的泥沙淤积物，局部形成沙洲，低潮时露出水面。根据防城港务集团有限公司基建管理中心资料，港池清淤成分为淤泥和沙。近年来连续对港池进行清淤（航道未作），历年清淤量以及据此换算的淤积厚度（亦即速度）见表 18.6。渔沥岛西北西湾跨海大桥东侧由于修建高速公路将湾汊口填截，被截断的湾汊因城市建设逐步被劈山回填，造成西湾海域面积明显减少；渔沥岛东南端大面积人工吹沙填海造地，改变了整个海湾潮流，造成港池淤积。

表 18.6 防城港港池历年清淤量与淤积厚度统计表

年 份	1998	1999	2000	2001	2002	2003
清淤量/ $\times 10^4$ m^3	80	40	15	20	20	70
换算淤积厚度/cm	115.9	57.9	21.7	29.0	29.0	101.4

备注：港池面积按 69 hm^2 计

对比上面两表可以看出，近年港口淤积量明显增加，推算的最大年淤积速率大于 100 cm/a。

据遥感资料显示，港湾淤积较为严重的还有防城港西岸大坪坡岸段，从 1988 年 TM 卫星影像图上可以看出，大坪坡东侧沙尾咀淤积现象并不是很明显，只有一些水下沙坝，然而到了 1998 年，淤积现象明显增强，沙尾咀呈三角形向东淤涨，沙咀明显向北东翘起（图 18.20）。根据影像图中悬浮物质运移趋势，沙坝淤积正在向北东方向扩展，对防城港的通航可能带来影响。

图 18.20　防城湾西岸大坪坡附近沙滩 Alos 卫星影像图

18.6　水土流失

18.6.1　水土流失类型与强度

广西沿海水土流失主要为轻度，其次为中度，总流失面积为 2 294.9 km²。在大面积的轻－中度侵蚀中，以坡耕地类型为主，其次为自然侵蚀类的面蚀和沟蚀（表 18.7）。在极强度－剧烈侵蚀级别中，侵蚀类型有沟蚀、面蚀、采矿、建设场地，以沟蚀为主（表 18.8）。钦州市和防城港东兴市的建设场地侵蚀类型面积较大，是由于这两市正在进行城市道路建设，削高填低，无植被覆盖的斑块沿途分布，波及的范围较广，故圈出的范围就较大。

表 18.7　侵蚀类型及侵蚀级别面积

侵蚀类型	沟蚀	面蚀	采矿	坡耕地	建设场地
面积/km²	525.8	615.5	56.2	1 061.2	36.2
占侵蚀面积/%	22.9	26.8	2.4	42.6	1.6

表 18.8　侵蚀级别面积

侵蚀级别	剧烈	极强度	强度	中度	轻度
面积/km²	225.4	138.2	115.4	707.5	1 108.4
占侵蚀面积/%	9.8	6.0	5.0	30.8	48.3

18.6.2　水土流失类型分布

18.6.2.1　沟蚀

主要分布于北海市滨海平原、南流江下游阶地以及防城江、茅岭江中上游地区。滨海平原的沟蚀，多发生在台地边缘，如海边及河边。在犀牛脚—山口之间的海岸带地区内，有成因不同、形态各异、规模不等、新老不一的崩沟1 000余条，侵蚀级别大部分为强度级以上（图18.21）。南流江下游阶地的沟蚀主要发生在南岸，侵蚀级别也是强度级以上。

18.6.2.2　面蚀

主要分布于防城港、钦州市和合浦县公馆镇—山口镇一带的丘陵区，侵蚀级别一般为轻度，于闸口镇—公馆镇的岩溶洼地则为中度侵蚀。面蚀区岩性除岩溶洼地外，主要为花岗岩，其次为侏罗、白垩系红层。这些地区土质松散，植被生长不良，且坡度较陡，强降雨过程易导致流水面状冲刷，形成面蚀。

18.6.2.3　采矿

主要分布于钦州市大直镇至防城港市滩营乡一带的锰矿区，其次是北海市银海区和合浦县的黏土矿区，它们的土壤侵蚀级别为剧烈级。锰矿区均露天开采，机械化挖掘，形成高陡边坡，在强降雨天气，土壤既发生面蚀，也发生沟蚀，水土流失严重（图18.22）。

图18.21　铁山港区石头埠山芦村北500 m冲沟　　　图18.22　合浦县星岛湖乡大岭头砖厂采土场

18.6.2.4　坡耕地

广西沿海均有分布，侵蚀级别从轻度至剧烈均有，以轻度及中度面积最大且分布在滨海平原台地区及低丘地区，如北海市银海区和铁山港区、合浦县常乐、石康和白沙镇以及浦北县张黄镇等。坡耕地的强度级以上侵蚀级别呈小块状零星主要分布于调查区中部丘陵区。

18.6.2.5　建设场地

分布于城市周边以及主干道路两旁。以钦州市分布面积最大，其次是防城港东兴市，前者达中度后者达强度侵蚀级别，其他地方面积虽小但侵蚀级别为剧烈级，如防城港市港口区及钦州市的钦州港（图18.23）。

图 18.23　防城港市港口区大面积推山填海场地

18.7　地震

历史来看广西的地震不算大，属于地震频度不高、强度不大、震带不多和震源浅的弱震区，有历史记录以来，没有超过 7 级的地震发生。特别是 20 世纪以来，全区各地小地震很多，震级低。广西沿海及其相邻区地震活动主要受活动断裂构造控制，地震主要发生在区域性 NE 向及 NW 向断裂带内及其交汇部位。据史记，自公元 288 年—1992 年，共记录到 Ms 在 2 级以上地震 25 00 多次。其中 1970—1980 年仪器观测记载的 10 年间，沿海地区和北部湾海域发生过 Ms 等于 0.1 ~ 4.1 级地震达 200 余次。1981—1992 年 4 月，Ms 等于 1 ~ 2.5 级地震达 237 次，Ms 大于等于 3 级地震达 300 多次，M 大于等于 4 级地震约 30 次。4.0 级以上的大震集中分布于钦防—灵山断裂带、合博—博白断裂带、博白—横县断裂带，百色—合浦断裂带、钦州湾断裂带及其相互交汇的部位。地震震源深度小于 20 km，属浅源地震，M 等于 1.0 ~ 1.9 级地震的震源深均为 5 km 左右，2.0 ~ 2.9 级地震的震源深度为 8 km 左右，3.0 ~ 3.9 级地震的震源深度为 9.6 km 左右，4.0 ~ 4.9 级地震的震源深度为 11.0 km 左右，5.0 级以上地震震源深度为 7 ~ 12 km 左右。

18.8　小结

广西海岸线（管理岸线）长度 1 628.6 km，其中侵蚀岸线长 221.47 km，占全省总岸线的 14.32%。防城港市岸线总长 537.79 km，其中侵蚀岸线长 133.53 km，占所辖岸线的 25.52%；钦州市岸线总长 562.64 km，其中侵蚀岸线长 35.74 km，占所辖岸线的 6.39%；北海市岸线总长 528.16 km，其中侵蚀岸线长 50.50 km，占所辖岸线的 9.20%。波浪向岸入射角度、风暴浪潮的袭击和海岸岩石性质及不尽合理的海岸工程、人工采沙、植被破坏是导致广西海岸侵蚀发生及其规模的主要因素。

广西沿海大部分地区海水入侵极轻微或无海水入侵迹象，仅北海市海角大道一带和南部侨港局部地段出现海水入侵。入侵距离 1 m，重度入侵距离 0.3 m。不合理开采地下水和地下水补给量减少是导致北海沿岸海水入侵的主因。

广西沿海的崩塌有 43 处，滑坡 60 处，多为小型。绝大部分的崩塌、滑坡分布于丘陵地貌区内，其次冲、洪积平原及河口三角洲地貌区和中低山地貌区，沿海的道路（公路、铁路）两侧的边坡也是频发滑坡、崩塌的主要地段。地形地貌、岩石组构、水文气象的季节性和人类工程是导致广西沿海发生崩塌和滑坡的主因。

崩岸在广西各种类型的海岸都有发生，但数量较少，且危害影响范围和程度小。防城江山半岛、企沙港东岸、钦州龙门、钦州犀牛脚的沙角至西炮台、北海高德至岭底、北海冠头岭和北海英罗港马鞍岭等地海岸的陡坎是自然海岸崩岸的发育区。岩土组构、波浪等水动力和人类活动是导致广西沿海发生崩岸的主因。

广西港口、航道淤积主要发生在廉州湾、钦州湾和防城港；水土流失程度较轻，水土流失类型主要为沟蚀和面蚀，多发生于采矿遗迹、坡耕地和建设场地。

19 广西近海生态灾害

海洋生态灾害是指由自然变异和人为因素所造成的损害海洋和海岸生态系统的灾害。近年来，随着广西沿海地区经济社会的飞速发展，人类活动加剧，近岸海域富营养化问题日益严重，赤潮频发；红树林、珊瑚礁等典型生态系统也面临巨大的生态环境压力（虫害、低温寒害、极端事件等）。互花米草入侵、海上溢油等污损事件，对沿海人民财产安全、经济发展和海洋生态构成威胁。

19.1 赤潮灾害

赤潮是指海洋中某些浮游生物（尤指浮游藻类）、原生动物或细菌等在一定环境条件下暴发性增殖或聚集达到某一水平，引起海水变色或对其他海洋生物产生危害作用的一种生态异常现象。赤潮的发生可降低海水中的溶解氧，甚至产生毒素，从而对海洋生物或其他养殖生物产生物理性或化学性刺激作用，引起海洋生物大量死亡，同时也可能通过鱼类和贝类的富集最终对人类产生毒害作用。

19.1.1 广西赤潮总体灾情

自 1995 年首次报道在廉州湾及北海银滩附近海域形成赤潮以来（韦蔓新等，2004），1995—2011 年间广西沿海共发生了至少 10 次海洋赤潮灾害（表 19.1），均为单相型赤潮，与同时期全国其他沿海省份相比，影响面积较小，持续时间短，造成的经济损失不大。其中，有 6 次发生在北海市涠洲岛东面或东南面海域，说明该海域是广西沿海赤潮灾害多发地带。

表 19.1 2001—2010 年间广西沿海赤潮过程

起止时间	影响区域	面积	赤潮优势种
1995. 03. 15—03. 16	北海市廉州湾海域	较小	微囊藻
1999. 12. 15—12. 18	北海市涠洲岛南湾港海域	5. 4 km²	微囊藻
2002. 05. 01—05. 04	北海市涠洲岛东部海域	较小	不详
2002. 06. 19—06. 23	北海市涠洲岛东南面海域	20 km²	汉氏束毛藻
2003. 07. 06—07. 10	北海市涠洲岛南湾港海军码头附近	3 ~ 4 km²	红海束毛藻
2004. 06. 29—07. 05	北海市涠洲岛南湾东南方近岸海域	40 km²	红海束毛藻
2008. 04. 06—04. 07	北海市涠洲岛东南面海域	25 000 m²	夜光藻
2008. 04. 07—04. 08	钦州市三娘湾近岸海域	100 m²	夜光藻
2010. 05. 02—05. 05	广西北部湾海域	150 km²	不详
2011. 04. 上旬	钦州湾局部海域	较小	不详
2011. 11 月	北海市北岸海域	较小	球形棕囊藻

数据来源：《广西壮族自治区 2001—2010 年海洋环境质量公报》及最新相关媒体报道。

根据广西海洋监测预报中心近年来的调查数据，广西近岸海域共有浮游植物 211 种、赤潮生物 73 种；其中，有毒赤潮种类 6 种。虽然广西在全国所有沿海省份中赤潮灾害发生次数最少、规模最小，但广西北部湾海域浮游植物和赤潮生物种类丰富，且随着广西沿海工业大会战及泛北部湾经济大开发等战略的实施，排海污水大量增加，海水中的营养盐含量持续升高，海水质量持续下降。因此，广西沿海，特别是较封闭的港湾及江河入海口，如铁山港、廉州湾、三娘湾、茅尾海、钦州湾、防城湾、珍珠港等海域，赤潮灾害发生的可能性较大，具有较大的潜在威胁。从 1995 年以来广西近海赤潮发生的频次来看，明显呈现出赤潮发生的频率增加、一年多发的特点（表 19.1）。

19.1.2　主要赤潮过程灾情

19.1.2.1　1995 年广西廉州湾铜绿微囊藻赤潮

1995 年 3 月 15 日至 3 月 16 日，广西廉州湾发生了铜绿微囊藻（*Microcystis aeruginosa*）赤潮。尽管由于水温较低（18 ~ 18.5℃），本次赤潮没有引发大规模灾害，但是据韦蔓新等（2004）研究结果（表 19.2），本次赤潮导致了海水酸度、营养盐水平和海水溶解氧浓度及其相互关系发生了变化。

表 19.2　赤潮发生前与发生期间海水酸度、营养盐和溶解氧之间相互关系的比较

相关因子	赤潮前	赤潮时
$pH – PO_4^-$	0.339	− 0.691
$pH – PO_3^-$	− 0.727	− 0.972
$pH – NO_2^-$	− 0.623	− 0.967
$pH – NH_4^+$	− 0.842	− 0.774
$DO – PO_4^-$	0.227	− 0.853
$DO – NO_3^-$	0.405	− 0.540
$DO – NO_2^-$	0.507	− 0.602
$DO – NH_4^+$	0.365	− 0.929

19.1.2.2　1999 年北海南湾港海域绿微囊藻赤潮

1999 年 12 月 15 日至 12 月 18 日，在涠洲岛的南湾港海域发生了赤潮，赤潮生物为铜绿微囊藻（*Microcystis aeruginosa*），影响海域面积约 5 km^2；17 日，铜绿微囊藻赤潮生物数量高达 2.08×10^{10} ind./L，占浮游植物总量的 99.95% 以上；23 日后赤潮消失，海水颜色才基本恢复正常（邱绍芳等，2005）。本次赤潮过程中，尽管 DO、COD、浊度、无机氮和叶绿素 a 浓度变化较大，但 pH 值、盐度、无机磷和铁的浓度没有发生明显变化（表 19.3）。除赤潮中心外，水质没有受到有机污染。

19.1.2.3　2002 年涠洲岛东部海域赤潮

2002 年 5 月 1 日，北海市涠洲岛东部海面出现红色漂浮物海水带，约为 3 km^2 赤潮，但

是未能鉴定出赤潮的藻种，水色异常持续较短，5 月 4 日基本消失。

表 19.3　赤潮发生后与发生期间海水质量状况的比较

日期	站位	pH 值	COD /(mg/L)	S /(mg/L)	$NO_2^- - N$ /(mg/L)	$NO_3^- - N$ /(mg/L)	$NH_3^- - N$ /(mg/L)	$PO_4 - P$ /(mg/L)	DO /(mg/L)	Chl-a /(μg/L)	铜绿微囊藻 /(ind./L)	E	A
17 日	1#	8.37	4.47	30.8	0.004	Δ	0.127	0.007	11.2	22.5	2.08×10^{10}	0.95	1.52
	2#	8.13	1.20	30.8	Δ	0.02	0.026	0.004	8.4	1.8		0.05	-0.29
	3#-1	8.06	0.92	30.9	0.003	0.02	0.029	0.006	7.6	2.4	3.78×10^6	0.06	-0.15
	3#-2	8.09	0.92	30.9	0.004	0.02	0.030	0.007	-	2.6	1.34×10^{10}	0.08	
18 日	1#	8.20	1.30	30.8	0.008	Δ	0.081	0.002	7.4	14.2	4.9×10^9	0.05	0.92
	2#	8.12	0.84	31.0	Δ	0.01	0.004	0.002	7.2	9.5		0.01	-0.57
	3#	8.15	0.51	31.1	Δ	Δ	0.011	0.002	7.2	5.2		0.00	-0.72
	4#-1	8.18	0.58	31.1	Δ	0.01	0.005	0.008	7.5	0.4	3.9×10^9	0.02	-0.35
	4#-2	8.17	0.62	31.1	0.007	Δ	0.094	0.001	-	0.5	2.26×10^9	0.01	
	5#	8.17	0.48	31.1	0.004	0.01	0.016	Δ	7.6	2.1		0.00	-0.84
23 日	1#	8.09	0.94	31.0	0.004	0.07	0.008	0.001	8.1	2.6	$<10^6$	0.01	-0.40
	2#	8.18	0.66	31.1	0.004	0.04	0.007	0.001	8.2	1.7	$<10^6$	0.001	-0.72
	3#	8.24	0.62	31.2	Δ	0.02	0.008	Δ	8.3		$<10^6$	0.00	-0.39
	4#-1	8.24	0.59	31.1	Δ	Δ	0.011	0.004	8.5	3.3	$<10^6$	0.01	-0.76
	4#-2	8.24	0.59	31.2	Δ	0.04	0.006	0.001	-	0.7	$<10^6$	0.01	
	5#	8.19	0.59	31.2	0.003	0.02	0.004	0.001	8.9	1.2	$<10^6$	0.00	-0.79
24 日	1#	8.18	0.56	31.1	0.004	0.06	0.007	0.003	7.7	1.4	$<10^6$	0.03	-0.85
	2#	8.15	0.59	31.3	0.004	0.07	0.003		7.8	1.4	$<10^6$	0.03	-0.42
	3#	8.17	0.44	31.3	0.004	0.07	Δ	0.003	7.6	1.1	$<10^6$	0.02	-0.47
	4#-1	8.18	0.44	31.3	0.004	0.05	Δ	0.004	7.9	1.0	$<10^6$	0.02	-0.55
	4#-2	8.16	0.47	31.3	0.004	0.05	0.003	0.003	-	1.7	$<10^6$	0.02	
	5#	8.16	0.36	31.3	0.004	0.08	0.003	0.003	-	1.4	$<10^6$	0.02	

2002 年 6 月 19 日，在涠洲岛东南面海域又发现褐灰色的水色异常，面积约 20 km²，23 日下午基本消失，此次赤潮生物是汉氏束毛藻（*Trichodesmium hildebrandtii*），赤潮生物量平均 2×10^6 cell/L。

上述两次过程范围小，持续时间短，没有造成直接经济损失。

19.1.2.4　2003 年涠洲岛东部和南湾港海军码头附近海域赤潮

2003 年 6 月 19 日，北海涠洲岛东部海面出现褐灰色水色异常，面积约 20 km²，赤潮生物是水华微囊藻，赤潮生物量平均 2×10^6 ind./L。范围小，持续时间短，没有造成直接经济损失。

2003 年 7 月 6 日，涠洲岛南湾港海军码头附近海域发生的红海束毛藻（*Trichodesmium erythraeum*）赤潮，面积约为 5 km²，细胞密度达 2.6×10^8 cell/L，7 月 9 日赤潮消失。

19.1.2.5　2004 年北海及涠洲岛周边海域赤潮

2004 年 2 月 16 日至 2 月 24 日，北海市北部海域出现黄褐色带状漂浮物，赤潮生物为水华微囊藻，面积约 40 km²，水体黏稠，透明度低。未发现死鱼现象，渔民捕不到鱼虾，影响了渔业生产。

2004年3月5日至3月7日，北海涠洲岛南湾海域海水呈暗红色，赤潮面积2 km²，赤潮生物为水华微囊藻。未发现死鱼现象。

2004年6月29日，涠洲岛发生了遍及东、南、西三面的赤潮（图19.1）。赤潮生物优势种为红海束毛藻（*Trichodesmium erythraeum*），最高密度达2.3×10⁸ cell/L，赤潮面积约为40 km²，7月2日监测结果表明赤潮消失，未造成直接经济损失。

图19.1　2004年6月29日发生于涠洲岛周边海域的赤潮景象

19.1.2.6　2008年钦州管辖海域及涠洲岛东南方海域赤潮

2008年2月下旬，钦州市茅尾海海水中的中肋骨条藻（*Skeletonema costatum*）的细胞含量曾一度达到了1.0×10⁶ cell/L，使水色发生了较大变化。

2008年4月6日，涠洲岛东南方海面发现一条红色长约2.5 km，宽约10 m的带状漂浮物，夜光藻最大浓度为2.1×10⁶ cell/L，经鉴定为夜光藻（*Noctiluca scintillans*）引起的赤潮，于4月9日消失（张少锋等，2009）。

2008年4月7日，在钦州三娘湾近岸海面上发现十几处红色黏稠带状漂浮物，总面积约100 km²，经鉴定为夜光藻（*Noctiluca scintillans*）引起的赤潮，于4月9日消失。均未造成大的影响。

19.1.2.7　2011年钦州湾局部海域和北海北岸海域赤潮

2011年4月中旬，钦州海域惊现大量死鱼（图19.2），距4月上旬钦州局部海域赤潮发生时间间隔不到一周。

据2011年11月10日国家海洋局北海海洋环境监测中心站监测显示，北海市北岸海域潮间带的海水呈褐色或黑褐色，带状分布（图19.3）；水中漂浮着大量的褐色中空球形物体，破裂或搁浅后聚集在岸边水面（图19.3），闻有腥臭味，此类漂浮物在北海市冠头岭西面海域至沙脚岭底一带分布。后经样品分析发现，海水污浊现象是由"球形棕囊藻"引发的赤潮现象。

图 19.2　2011 年 4 月上旬钦州局部海域赤潮景象

 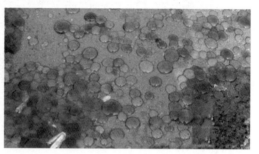

图 19.3　2011 年 11 月 10 日北海市北岸海域潮间带的海水的赤潮景象

19.2　物种入侵

随着人们的经济活动和国际交往，一些物种由原生存地借助于人为作用或其他途径移居到另一个新的生存环境和在新的栖息地繁殖并建立稳定种群，这些物种被称为外来物种。更有些外来物种在到达新的定居区后，由于原栖息地的压力消失，在新的栖息地发生暴发性生长并失去控制，成为入侵物种，形成外来物种入侵。随着全球经济的一体化，外来物种会越来越多，因此形成入侵物种的机会也越来越多。对于引入的外来物种，可以根据它们对人类的作用和对当地生态系统的影响，分为 3 类：有益外来物种、有害外来物种和入侵物种。

广西海洋物种入侵主要有：① 海洋养殖物种入侵，比如沿海地区大规模养殖的南美白对虾，罗非鱼，海湾扇贝，养殖过程中由于各种方式导致养殖对象进入自然海域，不仅与当地土著生物争夺生存空间、饵料，争夺生态位，并且传播疾病，与土著生物杂交，导致遗传污染，降低土著生物的生存能力，导致土著生物自然群体降低，甚至濒于灭绝；② 滨海湿地生态系统入侵，互花米草（*Spartina alterniflora*）和无瓣海桑（*Sonneratia apetela*）的引入目的是其促淤护岸，由于疯长速度失去控制且有扩散蔓延趋势，与潮滩上原有乡土红树林树种竞争必要的生长空间，破坏了海洋生物栖息环境，对滨海湿地生态系统影响较大。

19.2.1　互花米草

互花米草是禾本科多年生高秆型草本植物，原产北美洲大西洋海岸，分布于北起纽芬兰南至佛罗里达中部及墨西哥湾沿岸的沼泽地。因其促淤成滩和消浪护岸作用显著而被许多国家引入，如今成为全球性的海滩外来入侵植物。近两百年来互花米草分布区域已经从北美、南美的大西洋沿岸扩展到欧洲、北美西海岸、新西兰及中国沿海地。

为了保滩护岸、改良土壤、绿化海滩和改善海滩生态环境，1979 年 12 月，互花米草被引进到我国，现已广泛分布于我国辽宁、河北、天津、山东、江苏、上海、浙江、福建、广东、广西 10 个沿海省区（徐国万，1985）。文献记载的广西引种互花米草两次，一次是 1979年由合浦县科委与南京大学合作，在山口镇山角海滩和党江镇沙涌船厂海滩，分别引种了 0.67 hm² 和 0.27 hm² 互花米草（吴敏兰，2005）；另一次是 1994 年，广西红树林研究中心在山口镇北界村盐场海滩移植了 0.34 hm²（何斌源，1995）。

2003 年，国家环保总局和中国科学院把互花米草列入了《中国第一批外来入侵物种名单》，2008 年秋季调查结果表明，广西潮间带互花米草现存面积为 389.2 hm²，主要分布于铁山港湾内的丹兜海（369.4 hm²，占 95%）；此外，山口镇北界村海滩和营盘镇青山头海滩分别有 12.6 hm² 和 7.2 hm²（图 19.4）。

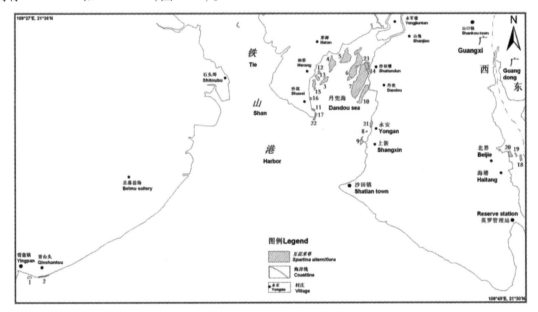

图 19.4　广西潮间带互花米草分布图

不同地点互花米草引入后发展的结果迥异。因海滩上放养鸭群啄食，党江镇沙埇村的互花米草已经全部消失了；而引种到山口镇山角村潮滩的互花米草，定植后迅速扩散成为丹兜海潮间带广布的植物种群。据资料统计：2003 年，山口镇海滩互花米草的面积超过 167 hm²；2008 年，丹兜海和北界村海滩互花米草的面积合计 381.6 hm²。互花米草引种的 24 年间（1979—2003），年均扩散速率为 26%；而 2003—2008 年年均扩散速率仅为 18%，扩散速率呈明显下降趋势。可见互花米草在引入定植阶段比较脆弱，环境胁迫因子和人类活动的干扰会令其定植失败，而一旦生长稳定后则能够以非常惊人的速度进行自我增殖扩散。受海湾地貌的限制，互花米草在丹兜海已没大的发展空间，而营盘青山头和山口北界村这两处海滩将是未来互花米草在广西海岸泛滥的重灾区。

19.2.2　无瓣海桑

无瓣海桑是于 1985 年从孟加拉国引进到海南东寨港（李云等，1996），是红树林中的速生丰产乔木树种，近年来广泛用作华南沿海潮滩的绿化造林。无瓣海桑在雷州半岛的引种造林试验表明：它在有长年淡水排放的河口泥质海滩生长速度最快，如雷州市附城镇芙蓉湾泥质海滩于 1997 年 5 月种植的最快年高生长可达 3.4 m、年胸径生长可达 3.1 cm。

山口红树林保护区于 1995 年 12 月在英罗管理站近岸潮滩栽植从海南东寨港引种的无瓣海桑苗，这是广西最早引种无瓣海桑试验。且基本上能够越冬，一年后生长最快的植株从 85 cm 长到了 190 cm，年高生长量达 105 cm。无瓣海桑快速生长特性受到了林业等造林部门的重视。

自 2002 年起，广西开展了大规模的引种造林活动，以钦州市的造林面积最大。目前，广西已经建成无瓣海桑人工林 182.2 hm^2，以无瓣海桑为主的人工混交林 282.4 hm^2，主要分布于钦州茅尾海、合浦南流江口和北海西村港等海滩。

无瓣海桑的大规模造林引起了人们对外来种生态入侵的担心，尽管目前还未发现这一种群在广西沿海形成自然更新种群，但也不宜无限制的大规模造林。

19.3　广西近海典型生态系统的灾害

19.3.1　红树林生态系统的灾害

导致广西红树林生态系统灾害的胁迫因子包括自然因素和人类活动两大类。自然灾害包括生态入侵（互花米草和无瓣海桑）、敌害生物（昆虫、藤壶、团水虱和浒苔等）、寒害天气等；人为灾害包括砍伐活动和溢油污染等。

19.3.1.1　红树林生态系统的自然灾害

1）红树林虫害

（1）总体灾情

危害广西红树林的害虫种类有 30 种，隶属 27 属 18 科，其中主要害虫有 15 种，次要害虫 17 种。广州小斑螟是白骨壤最常见的虫害，桐花树毛颚小卷蛾以桐花树为危害对象，小袋蛾主要为害白骨壤、桐花树、秋茄 3 种红树植物，这 3 种是广西红树林群落中最重要的种群。

广西红树林植食性昆虫相当丰富，发现主要害虫（及害螨）15 种，次要害虫 12 种以及相关天敌 28 种（类）（表 19.4）。

表 19.4　广西红树林虫害发生情况

树种	害虫名称	危害部位	灾害情况	分布地点
白骨壤	广州小斑螟	叶、芽、嫩茎、果实	重	沿海各地均有发生
	小袋蛾	叶、嫩茎	轻	北海大冠沙、防城港渔舟坪
	蜡彩袋蛾	叶	轻	防城港交东
	白骨壤潜叶蛾	叶	轻	沿海各地均有发生
	瘿螨	叶	轻	沿海各地均有发生
	双叶拟缘蝽	叶	轻	合浦沙田
	棉古毒蛾	叶	轻	合浦沙田、钦州康熙岭
	伯瑞象蜡蝉	叶	轻	合浦沙田
	三点广翅蜡蝉	叶、嫩茎、芽	轻	沿海各地均有发生
	黄蟋蟀	茎	轻	合浦沙田
	吹棉蚧	叶、嫩茎	轻	合浦沙田
	白骨壤蛀果螟	果实	中	合浦沙田、北海垌尾
桐花树	毛颚小卷蛾	叶	重	沿海各地均有发生
	小袋蛾	叶	重	防城港交东、钦州康熙岭
	褐袋蛾	叶	重	东兴竹山
	蜡彩袋蛾	叶	中	防城港交东、石角、合浦英罗
	白囊袋蛾	叶	中	钦州沙井、大风江、
	红树林扁刺蛾	叶	轻	钦州康熙岭
	丽绿刺蛾	叶	轻	钦州康熙岭
	白骨壤潜叶蛾	叶	轻	沿海各地均有发生
秋茄	蜡彩袋蛾	叶	重	防城港石角、交东
	白囊袋蛾	叶、茎	轻	钦州团禾
	小袋蛾	叶、茎	重	北海红树林苗圃
	矢尖盾蚧	叶	轻	防城港交东
	三点广翅蜡蝉	叶、茎	轻	沿海各地均有发生
	黄蟋蟀	茎	轻	合浦沙田
	考氏白盾蚧	叶	轻	北海红树林苗圃、防城港贵明
无瓣海桑	白囊袋蛾	叶、茎	重	钦州康熙岭
	无瓣海桑白钩蛾	叶	中	钦州康熙岭
	木麻黄枯叶蛾	叶	中	钦州康熙岭
	绿黄枯叶蛾	叶	中	钦州康熙岭
	棉古毒蛾	叶	轻	钦州康熙岭
	海桑豹尺蛾	叶	轻	钦州康熙岭
	三点广翅蜡蝉	叶、嫩茎	轻	钦州康熙岭、合浦英罗
	黛袋蛾	叶	轻	钦州康熙岭
黄槿	叉带棉红蝽	叶、花、果实、茎	轻	防城港石角
	黄槿瘿螨	叶、果实、茎	中	沿海各地均有发生
	三点广翅蜡蝉	叶、茎	轻	沿海各地均有发生
	蜡彩袋蛾	叶	轻	防城港石角
木榄	蜡彩袋蛾	叶	轻	防城港石角、合浦英罗
红海榄	蜡彩袋蛾	叶	轻	防城港石角、合浦英罗

此外，藤壶与浒苔在广西所有红树林港湾均存在，它们经常附着在幼树上阻碍植物的光合作用，加重植物体造成折断等机械伤害，对人工造林有较大的负面影响。团水虱常常钻蛀秋茄主茎，造成植株干枯死亡或在外力作用下折断。

（2）主要灾害过程

2004 年 5 月，广西山口国家级红树林保护区发生了史无前例的广州小斑螟虫灾，一周之内 40 hm² 白骨壤迅速变黄、变枯，并迅速扩大至 106 hm²，灾情十分严重。据政府部门统计，广西沿海受害白骨壤林面积累计达到 700 hm²；其中，北海市 200 hm²，钦州市 300 hm²，防城港市 200 hm²。

2006 年，钦州市沿海一带的红树林，特别是广西钦州茅尾海红树林省级自然保护区的无瓣海桑遭受白囊袋蛾危害，平均白囊袋蛾密度超过 100 头/株，当地林业部门组织人工清理的红树林袋蛾高达 206 kg。

2008 年初，广西沿海经历了百年罕见的持续低温，部分白骨壤出现了冻害。广州小斑螟不仅度过了低温而且再次大暴发，害虫几乎波及广西所有的白骨壤分布区。与 2004 年首次出现的广西小斑螟虫灾相比，2008 年的虫灾具有发生时间早、蔓延速度快的特点，部分白骨壤群落当年均未结出果实。

2010 年 10 月，山口红树林保护区、北海金海湾红树林旅游区白骨壤林又发生了大规模的广州小斑螟危害。沿岸植被的退化和海岸生态环境的恶化导致了害虫天敌的减少，越来越频繁的发生红树林虫害。

2）低温寒害

（1）总体灾情

2008 年冬春发生了广西 50 年一遇的特大低温寒流，全部红树林群落受害；其中，受寒害程度较重的红树林群落 2 013.6 hm²，占 24%。寒害对 10 年生以下的红海榄幼树和幼苗造成了毁灭性的影响，使得永安红海榄幼林树冠全部幼枝枯死，受害一年后仍未发新枝，天然的和人工的红海榄幼苗全部死亡。

其中，受灾较为严重的是广西山口和北仑河口两个国家级红树林自然保护区，均为国内外重要的红树林湿地。持续多日的 5~7℃ 的低温天气直逼红树林生存温度下限；据不完全统计，广西沿海地区红海榄、白骨壤及木榄等红树种源幼苗几乎全部死亡，近 10 年的红海榄幼树 90% 以上遭受毁灭性打击，沙蟹、沙钻鱼等部分依存红树林的海洋生物出现死亡现象。广西沿海红海榄及白骨壤的自然演替和更新至少倒退 10 年。

受寒害最严重的种群是无瓣海桑、红海榄、水黄皮等，最耐寒的种群是秋茄、桐花树、海漆、黄槿等。因此，在红树林生态恢复中强加耐寒种类如秋茄等的应用，是提高红树林生态系统抗寒力的重要保障。

（2）主要灾害过程

2008 年 2—3 月，对广西沿海红树林低温寒害情况实施野外现场调查统计结果表明，广西红树林受灾程度严重的群落占广西全区的比例为 24%（表 19.5 和图 19.5）。其中，北海市最为严重（占 57%），其次为山口红树林保护区（占 23%），再次是钦州市（16%）。北仑河口自然保护区和防城港市的红树林受寒害程度最轻。

表 19.5　广西各地红树林寒害等级统计

区域	寒害等级	轻微		中度	严重		合计
		1 级	2 级	3 级	4 级	5 级	
北仑河口 自然保护区	面积/hm²	196.7	272.0	522.1	24.8		1 015.6
	百分比	19%	27%	51%	2%		100%
山口 自然保护区	面积/hm²	4.4	223.9	396.4	182.8		807.5
	百分比	1%	28%	49%	23%		100%
防城港市	面积/hm²	34.1	456.5	685.3		0.6	1 176.5
	百分比	3%	39%	58%		0%	100%
钦州市	面积/hm²		756.9	1 826.1	475.2		3 058.2
	百分比		25%	60%	16%		100%
北海市	面积/hm²	5.4	941.9	39.6	1 330.2		2 317.1
	百分比	0%	41%	2%	57%		100%
广西全区	面积/hm²	240.6	2 651.2	3 469.5	2 013.0	0.6	8 374.9
	百分比	3%	32%	41%	24%	0%	100%

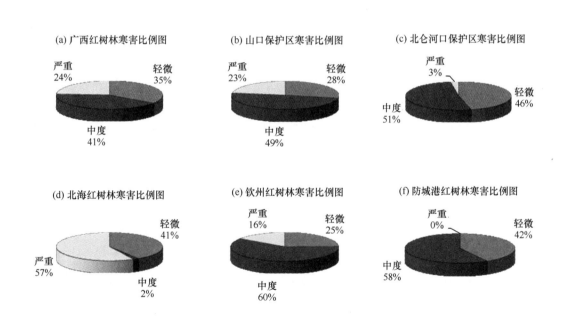

图 19.5　广西沿海主要红树林区寒害程度比例

（3）红树林寒害规律

红树林的寒害是在连续低温后开始升温的数天内出现受害症状。低温时期使植物叶片、幼枝的组织与细胞受到伤害而丧失其正常生理功能甚至死亡，经过一段时间的日晒和风干之后便出现失水干枯、卷曲或变黄变黑等症状，天气变暖只会加速这一过程。

同一树种遭寒害时，一般幼龄树重于成龄树，幼嫩枝叶、嫩梢重于成熟老化枝叶。冷空气迎向重于背向，即向陆岸（北面）的群落受害通常较向海林带严重。

潮水浸淹后出现症状，如在山口保护区调查发现红海榄高度在 1.7 m 以下全部枯死，较高的就没有那么严重。白骨壤则表现为树冠顶部受害症状。

寒害最为严重的群落有卤蕨、白骨壤、海芒果群落，受寒害程度最轻的群落有秋茄群落和秋茄 – 桐花树群落。群落的耐寒能力与建群种的耐寒能力有关。

3）污损生物灾害

污损生物的附着对红树林造成的危害较大。以广西桐花树为例，茎部发现污损动物 9 种；其中，白条地藤壶（*Euraphiaw ithersi*）、潮间藤壶（*Balanus littoralis*）、黑荞麦蛤（*Xenostrobus atratus*）和团聚牡蛎（*Ostrea glomerata*）为主要种（何斌源等，2000）。藤壶对红树林幼树的危害主要表现为生长变形、易受潮水冲刷而倒伏死亡，而当整株茎枝叶都被藤壶附上时则由于光合作用和呼吸作用受阻而造成生理死亡。

藤壶在红树林的附着及其分布受多种因素影响，其附着数量与盐度、浸淹深度、海水速度成正相关。① 与林分郁闭度（林分密度）成负相关，在九龙江口红树林区当林分郁闭度达到 0.5 时基本没有藤壶附着；② 开阔海域的藤壶对红树植物的危害程度较封闭的港湾严重，向海林缘较林内和向陆林缘附着严重（向平，2006）；③ 藤壶在红树植物秋茄和白骨壤植株上的分布数量随红树植株所处滩涂高程和树层的增高而锐减，秋茄和白骨壤受藤壶危害程度存在一定差异（林秀雁等，2008）。

团水虱（*Sphaeroma*）是甲壳纲等足类钻孔动物，在北仑河口保护区石角管理站、南流江口的人工或者天然秋茄林每年都有不少植株因团水虱的危害枯死。

浒苔隶属于绿藻门石莼科浒苔属。藻体为草绿色，管状膜质，主枝明显，分枝多且细长，茂密。藻体长可达 1 ~ 2 m，直径约 2 ~ 3 mm。浒苔属于广温、广盐、耐干露性强的大型海藻，广泛生长在世界沿岸高、中、低潮带沙砾、岩礁和石沼中，我国各海区均有分布（乔方利等，2008）。2007 年底，北海半岛南岸的禾沟以及防城港西湾马正开等处人工红树植物潮滩上发现大量的浒苔覆盖包裹人工红树林幼树，致使 95% 以上的幼树倒伏濒临死亡，危害相当严重。

19.3.1.2　红树林生态系统的人为灾害

1）人类砍伐活动导致的红树林衰退

对广西钦州湾 Q37 柱状沉积物中红树林源有机碳比例和红树林花粉的含量变化表明，近 150 年来，钦州湾红树林的生长演化经历三个阶段：① 1930 年前，钦州湾红树林的主要建群种为红海榄，其次为桐花树；② 1930—1970 年间，以红海榄和桐花树为主要建群种的红树林开始衰退；③ 1970 年至现今，红树林的加速消退（图 19.6）。

钦州 Q37 柱状沉积物红树林源有机碳与围塘养殖和海堤建设的规模对比表明（图 19.7），自 20 世纪 90 年代以来，广西钦州湾的虾塘养殖、港口和海堤建设规模都明显增大，相应的，红树林显著衰退。因此，可以肯定，自 90 年代以来，人类的虾塘养殖、港口和海堤建设对红树林的砍伐活动是导致广西钦州湾天然红树林衰退的原因。

2）溢油污染对红树林的危害

溢油污染对红树林生态系统的危害是一个长期慢性过程，对植物的负面影响可能会在今后反映出来。溢油对红树植物的生理特征如光合作用与呼吸作用的影响、对植物繁殖过程的

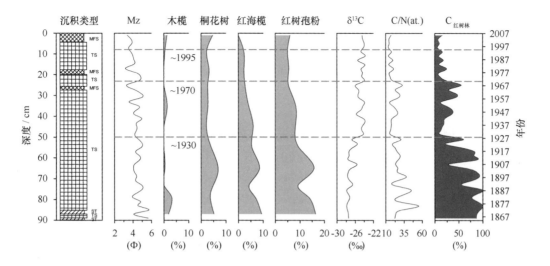

图 19.6　近 150 年来钦州湾柱状沉积物记录的红树林兴衰历史

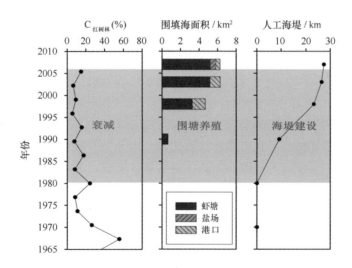

图 19.7　钦州湾红树林演化与围塘养殖和海堤建设规模的对比

影响（如出现白化苗）、对植物的直接伤害（如叶片黄化掉落、植株枯死等）。此外溢油污染对红树林生态系统的危害还表现在对海水养殖业以及对大型底栖动物造成损害。

（1）主要溢油过程

据《中国海洋灾害公报》（1989—2010）和《广西壮族自治区海洋环境质量公报》（2001—2010）数据，近年来广西沿海发生的主要溢油过程有 10 次之多。

1995 年：1995 年 5 月 1 日，广西防城港港务局"供 2"油轮与溪遂 22133 渔船在防城港 1211 号灯标附近碰撞。当时油轮载轻柴油 287 t，约 145 t 轻柴油全部溢出。时值涨潮，风向东南，致使溢油随风浪大量涌入港区。当时海面部分漂油被渔民捞上直接加入柴油机使用。附近养殖的大蚝、泥蚶、文蛤死亡比较严重，港区内新插的小蚝死亡率达 80% 以上。此次溢油事故污染面积约 20 km²，其中受污染损害的养殖面积约 14 615 亩。

1995 年 8 月 1 日，天津航运公司"津海"轮装载约 6 000 t 矿石，在由广西防城港至韩国北平港途中沉没，并发生溢油。

1995 年 10 月 14 日，个体油驳"昌盛 2 号"在广西北海市近岸海区 8 号航标以北处沉没，并有 200～300 t 柴油溢出，使外沙附近海面形成大面积飘油。由于风急浪大，溢油扩散较快，但因附近海域没有水产养殖，故没有造成大的损失。

2002 年：2002 年 10 月 6 日，广西涸洲 11－4 至 12－1 油田间的输油管线发生漏油事故，漏油约 4 t。

2008 年：2008 年 8 月 16 日、8 月 23 日、8 月 27 日、11 月 3 日在涸洲岛西南海域出现 4 次溢油现象；其中，8 月 23 日溢油面积较大，其余 3 次影响较小。9 月份，溢油影响范围扩展到整个广西沿海。污染物主要为黑色油块，黏性较强，经鉴定为原油。

2009 年：2009 年 7 月 27 日，在涸洲岛西南部海域发生一次溢油污染事件。油块主要出现在涸洲岛西南部的石螺口海滩附近，呈黑色颗粒状零星状分布。油污带长约 200 m，宽约 1～3 m，面积约 400～600 m^2。未发现溢油造成的海洋生物死亡现象。

2009 年 8 月 16 日，桂北渔 88008 号渔船因起火沉没，沉船位置在北海市救助码头前沿。沉没时船上有轻柴油 7～8 t 溢出。溢油影响面积约 0.6～0.8 km^2。

（2）溢油对红树林的危害

以 2008 年 8 月北部湾海域的大面积溢油事件为例，重点讨论溢油对广西红树林的危害。这些块状黑色油垢具有如下分布特征：外湾较内湾严重，内滩较外滩严重。受溢油污染的红树林面积分别为北海市 566.6 hm^2，钦州市 290.4 hm^2，防城港市 303.0 hm^2，合计 1 160 hm^2；占广西红树林总面积（8 375 hm^2）的 13.8%，受溢油影响的红树林主要分布在大冠沙海岸、大风江口海岸、钦州湾海岸和防城港东湾，主要受污染红树种为白骨壤和桐花树。

油污也对养殖业造成损害。钦州是近江牡蛎苗种的重要产地，溢油事件发生后，蠔柱上附着些许黑色油污，当月便有大量蠔苗死亡，每条蠔柱上死亡率高达 30%，损失 0.6 元/柱。养殖 20 万条蠔柱，损失共计 12 万元。

溢油直接影响红树林大型底栖动物的生物体质量。在检测的 28 个生物样品中，小于等于 20 mg/kg 的样品 3 个，占 10.7%；含量介于 20～50 mg/kg 的样品 9 个，占 32.1%；含量介于 50～80 mg/kg 的样品 12 个，占 42.9%；大于等于 80 mg/kg 的样品 4 个，占 14.3%。多数处于《海洋生物质量》（GB 18421—2001）分类标准的第二和第三类。

19.3.2　珊瑚礁生态系统灾害

影响广西沿岸珊瑚礁生态系统的灾害有人为胁迫（工农业排污、过度采挖珊瑚等）和自然胁迫（珊瑚病害、敌害生物损害、灾害性气候）。

19.3.2.1　珊瑚礁生态系统的自然灾害

1）珊瑚病害

基于 2007—2008 年间对涸洲岛、斜阳岛、白龙尾海区的潜水调查和影像资料分析发现，春、秋两个季度的活石珊瑚病害主要有白化病（图 19.8），其次是侵蚀病和白带病等（图 19.9）。

其中，又以白龙尾珊瑚的病害最为严重，平均白化率为 0.9%、平均白化病为 0.23%；其次是涸洲岛，珊瑚平均白化率为 0.12%、平均白化病为 0.22%；斜阳岛还未发现最近死亡的珊瑚，白化率均为 0，珊瑚白化病也极少。

图 19.8　珊瑚白化死亡（盔形珊瑚，左图）和珊瑚白化病（扁脑珊瑚，右图）

图 19.9　珊瑚侵蚀病（角孔珊瑚，左图）和珊瑚白带病（盔形珊瑚，右图）

2）敌害生物损害

涠洲岛珊瑚的敌害生物主要是贝类（如核果螺）、大型底栖藻类、附着藻类和海星。涠洲岛海区海星数量较少，对珊瑚的威胁不大，而大型藻类对涠洲岛珊瑚生长、发育已造成较大威胁。在涠洲岛沿岸珊瑚礁区，囊藻、网胰藻等附着和底栖褐藻，在春季水温升高时，会大量繁殖生长以致大面积覆盖造礁珊瑚，同时也给软体动物的生长提供了丰富的养料和大量繁殖的机会。由于造礁珊瑚在冬季期间受寒流影响而损伤和部分死亡，丧失了与藻类竞争的能力，致使珊瑚死亡、白化。藻类在夏季成熟、代谢后，造礁珊瑚才能重新恢复生长。

（1）遭核果螺吞噬

涠洲岛和白龙尾的活石珊瑚遭核果螺吞噬的现象较为常见（图 19.10）；其中，涠洲岛见于南部沿岸、西北部沿岸和东北部沿岸海域，遭损害的活石珊瑚属种为滨珊瑚、角孔珊瑚、盔形珊瑚、扁脑珊瑚、蜂巢珊瑚、角蜂巢珊瑚、鹿角珊瑚、小牡丹珊瑚等。白龙尾遭损害的活石珊瑚属种为帛琉蜂巢珊瑚、翘齿蜂巢珊瑚、滨珊瑚等。

（2）贝类侵蚀

近年来，在涠洲岛、斜阳岛均发现贝类侵蚀珊瑚礁的现象，其中涠洲岛较多（图 19.10），主要见于西南部沿岸海域，遭侵蚀的石珊瑚属种为蜂巢珊瑚、小牡丹珊瑚、蜂巢珊瑚、扁脑珊瑚；斜阳岛仅在东北部沿岸海域发现，侵蚀石珊瑚属种为扁脑珊瑚。

443

图 19.10 核果螺吞噬珊瑚（扁脑珊瑚，左图）和贝类侵蚀珊瑚（扁脑珊瑚，右图）

（3）大型藻类的附着

大型海藻在秋季较少见，春季出现较多，礁坪生长带一般以马尾藻、囊藻、叉珊藻占优势；藻类的快速繁殖，侵占了水体空间，使珊瑚群体吸收不到光能和养料，造成死亡。在涠洲岛发现的大型海藻为宽边叉节藻、囊藻、团扇藻、珊瑚藻、叉珊藻（图 19.11）；白龙尾多为叉珊藻、囊藻，斜阳岛相对较少。还有长棘海胆等天敌也会侵食珊瑚，鹿角珊瑚较易受到侵害（图 19.11）。

图 19.11 珊瑚被叉珊藻附着覆盖（左图）和珊瑚礁区长棘海胆（右图）

3）与气候相关的灾害

涠洲岛、斜阳岛、白龙尾珊瑚礁生态区的灾害性气候主要有夏季台风、暴雨威胁、冬季寒流等。

（1）夏季台风、暴雨威胁

台风和台风引起的风暴潮、暴雨对珊瑚礁生长的影响较大。涠洲岛每年5—9月为台风季节，由于台风产生的海浪对海岸珊瑚礁起到冲刷、破坏和摧毁的作用，故涠洲岛西岸大岭一带受到偏南向波浪的强烈作用而没有珊瑚礁发育。同时，在台风期间，暴雨成灾，大量雨水（淡水）突然流入沿岸浅水区导致海水盐度骤降，造成部分近岸浅水区珊瑚死亡。

（2）冬季寒流威胁

涠洲岛冬季海水平均水温为 19.47℃，极端最低水温仅 12.3℃（出现在 1968 年 2 月 25日）；1984 年 1 月和 2 月平均水温分别为 15.6℃和 14.7℃；2002 年 2 月年最低海水温度平均值为14.9℃，介于12.3～18.3℃之间。可见，上述冬季水温已低于造礁珊瑚生长要求的极限水温18℃；聂宝符等（1996）结合南海各礁区长期观测的水温资料和造礁石珊瑚的生长状况，认为海水温度低于13℃时，珊瑚会受到致命的创伤。2008年1—2月，持续低温致使涠洲岛出现30 d～0.5 a的珊瑚死亡。

19.3.2.2 珊瑚礁生态系统的人为灾害

引发广西珊瑚礁生态系统灾害的人为活动主要包括两类：一是渔业捕捞和海水养殖活动，二是采挖珊瑚礁活动。

1）渔业捕捞和养殖活动引发的灾害

近年来的多次调查发现，现多处珊瑚礁被锚破坏的痕迹，以及珊瑚破碎和翻倒的现象（图19.12）。这种现象直接由渔船抛锚、炸鱼和拖网捕鱼活动导致的（图19.13）。此外，海水养殖过程的饵料投放和养殖动物的排泄物同样会影响珊瑚礁的生态环境，进而成为珊瑚礁生态系统的潜在灾害。

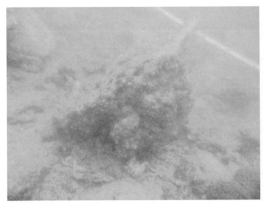

图19.12 滨珊瑚的被拉倒伏（左）和鹿角珊瑚的被拉倒伏（右）景象

图19.13 绳索、垃圾覆盖的牡丹珊瑚（左）和养殖绳索捆绑的角孔珊瑚（右）

2）采挖珊瑚礁活动引发的灾害

自20世纪70年代初期至90年代中期，涠洲岛当地居民、政府部门、企业、事业单位，大量挖掘珊瑚礁作为建筑材料（图 19.14），致使涠洲岛珊瑚礁遭受破坏较为严重，同时，挖掘珊瑚礁石和海沙，会导致海水浑浊，海水中悬浮物增加，从而破坏珊瑚礁正常发育所需求的生态环境。直到 90 年代后期，当地政府意识到了挖掘珊瑚礁和海沙对珊瑚礁生态系统和海洋生态环境带来的危害，才开始制定相关的政策禁止挖掘珊瑚礁和海沙。此外，以出售珊瑚礁工艺品为目的的采挖活动仍屡禁不止。

图 19.14 以珊瑚礁为建筑材料的房屋墙壁

19.3.3 海草生态系统灾害

与世界上很多地区的海草床分布不同，广西海草床普遍分布于离岸距离较近的潮间带地区。因此广西海草生态系统的破坏直接源于人类活动。例如沙虫、泥丁贝类的采挖及底网拖鱼活动直接造成了广西海草生态系统的灾害。据李颖虹等（2007）对广西合浦海草床退化因素研究，从 1980 年到 2005 年，人类活动对合浦海草床造成的价值损失为 34 657.95 万元，损失率为 71.97%；尽管直接利用价值增加了 4 452.88 万元，但间接利用价值损失为 39 110.83 万元，损失率高达 81.82%。

19.4 小结

广西沿海生态灾害主要为赤潮和物种入侵。自 1995 年首次报道在廉州湾及北海银滩附近海域形成赤潮以来，广西沿海共发生了至少 10 次海洋赤潮，与同时期全国其他沿海省份相比，影响面积较小，持续时间短，造成的经济损失不大。多发生在北海沿海海域。入侵物种主要为互花米草和无瓣海桑。

红树林、珊瑚礁和海草是广西沿海典型的生态系统。近 50 年来，随着自然环境的变化和人类活动的加强，3 个典型生态系统正面临退化的威胁。发生在红树林生态系统的自然灾害包括虫害、低温寒害和生物污损，人为灾害包括围填海工程对红树林的砍伐造成的天然红树林面积减少及溢油污染；珊瑚礁生态系统致害因子包括珊瑚病害（白化病）、敌害生物损害、风暴潮、冬季寒流及人类的采挖和渔业捕捞活动；影响海草生态系统的因素包括贝类采挖和底网拖鱼等。

第五篇　广西沿海社会经济现状

20　广西沿海社会经济概况

总体而言，广西经济仍处于自我发展状态和初步发展阶段。经济总量在全国 11 个沿海省份中列倒数第二。但是，广西北部湾沿海经济在广西整个社会经济中占有较大的比重，日益显示出沿海地区拉动广西全区社会经济发展中的龙头作用。本章利用 2006 年广西沿海社会经济调查统计资料，阐述广西沿海三市的社会经济概况。

20.1　广西国民经济概况

20.1.1　广西地区经济发展总体情况

总体而言，广西经济仍处于自我发展状态和初步发展阶段。经济总量在全国 11 个沿海省份中列倒数第二（表 20.1）。2006 年广西全区实现地区生产总值 4 828.51 亿元，人均国内生产总值（GDP）0.97 万元，第一、二、三产业的产值分别为 1 032.47 亿元、1 878.56 亿元和 1 917.47 亿元，三次产业结构比例为 21.4∶38.9∶39.7。全年实现工业增加值 1 595.83 亿元，工业增加值在地区生产总值中的比重达 33.1%，规模以上工业实现增加值 1 092.01 亿元。城镇居民人均可支配收入 9 899 元，农村居民人均纯收入 2 771 元（表 20.2）。

表 20.1　2006 年全国沿海省市地区生产总值情况　　　　　　　　单位：亿元

沿海省（市、区）	2006 年地区生产总值				三次产业结构比值
	生产总值	第一产业	第二产业	第三产业	
天津	4 359.15	118.23	2 488.29	1 752.63	2.7∶57.1∶40.2
河北	11 660.43	1 606.48	6 115.01	3 938.94	13.8∶52.4∶33.8
辽宁	9 251.15	976.37	4 729.50	3 545.28	10.6∶51.1∶38.3
上海	10 366.37	93.80	5 028.37	5 244.20	0.9∶48.5∶50.6
江苏	21 645.08	1 545.01	12 250.84	7 849.23	7.1∶56.6∶36.3
浙江	15 742.51	925.10	8 509.57	6 307.85	5.9∶54.0∶40.1
福建	7 614.55	896.17	3 743.71	2 974.67	11.8∶49.1∶39.1
山东	22 077.36	2 138.90	12 751.20	7 187.26	9.7∶57.7∶32.6
广东	26 204.47	1 577.12	13 431.82	11 195.53	6.0∶51.3∶42.7
广西	4 828.51	1 032.47	1 878.56	1 917.47	21.4∶38.9∶39.7
海南	1 052.85	344.48	287.86	420.51	32.7∶27.4∶39.9

表 20.2　广西及三个沿海市经济发展总体情况（2006 年）

		年末总人口/万人	自然增长率/‰	地区生产总值 GDP/亿元			人均GDP/（万元/人）	城镇居民人均可支配收入/元	农村居民人均纯收入/元
					第一产业	第二产业	第三产业			
广西区		4 719.0	8.3	4 828.51	1 032.47	1 878.56	1 917.47	1.03	9 899	2 771
北海市	全市	152.0	12.7	199.64	49.85	81.85	67.94	1.31	10 380	3 414
	海城区	25.0	8.6	36.73	7.26	11.20	12.28	1.47	10 380	3 517
	银海区	–	–	19.73	–	–	–	–	–	3 409
	铁山港区	15.8	10.3	–	–	–	–	–	–	3 475
	合浦县	95.7	8.6	77.02	26.85	28.63	21.55	0.80	9 106	3 393
防城港市	全市	82.2	10.5	119.61	25.84	51.07	42.70	1.46	9 113	3 172
	防城区	37.8	10.9	31.00	9.53	11.33	10.14	0.82	8 879	3 184
	港口区	11.3	10.7	14.39	3.81	5.37	5.21	1.27	9 446	3 493
	东兴市	11.6	10.1	16.60	4.50	3.84	7.66	1.43	10 184	3 573
钦州市	全市	348.6	16.1	245.07	84.33	87.25	73.49	0.70	10 041	3 405
	钦南区	59.2	7.9	82.90	21.60	31.82	29.48	1.40	10 165	3 475

20.1.2　地区生产总值增长情况

1980—2006 年，广西地区经济增长迅速，由 1980 年的 97.33 亿元，增长到 2006 年的 4 828.51 亿元。2004 年以来，始终以 17% 左右的速度高速增长（图 20.1）。

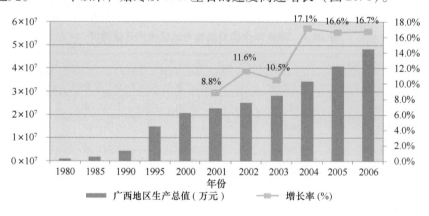

图 20.1　1980—2006 年广西地区生产总值及增长情况

2006 年全区生产总值达 4 828.51 亿元，比上年增长了 16.7%，高于全国平均水平（11.1%）；广西地区生产总值约占全国的 2.1%，居全国第 16 位。人均生产总值为 10 296 元/人，居全国倒数第 5 位。

3 个沿海地市经济总量也呈连续增长态势。2006 年，北海市、防城港市和钦州市地区生产总值分别为 199.640 7 亿元、119.612 5 亿元和 245.07 亿元，分别比上年增长了 8.3%、

24.3%和17.8%。2006年,3个沿海地市生产总值之和为564.3232亿元,约占全区的11.7%。以上数据显示,除北海市外,其他沿海地市经济发展水平明显高于内陆,沿海地区对广西经济增长的贡献较大。

20.1.3 产业结构特征

广西1980—2006年第一、二、三产业产值均呈明显上升趋势(图20.2)。改革开放以来,广西的产业结构逐步趋于合理。第一产业增加值比重明显下降,第二产业占据国民经济的主导地位,第三产业加快发展。1990年前,第一产业所占比重最大,趋于明显的"一、二、三"型产业结构;而1990年后,随地区产业结构调整,第一产业比重逐渐降低,而二、三产业则上升为主要地位,其中第二产业中以工业为主导,占80%以上,呈现为"二、三、一"型产业结构,实现了产业结构从农业主导型向工业主导型的重大转变。

2006年广西第一、二、三产业产值分别1 032.47亿元、1 878.56亿元和1 917.47亿元,分别比上年增长11.5%、22.5%和14.3%。三次产业比值为21∶39∶40(图20.3)。广西经济构成以二、三产业为主,其中,第二产业以工业为主,占84.8%;第三产业中交通运输业占13.6%;批发和零售住宿餐饮业占29.7%。三次产业中增长最快的为第二产业,其次为第三和第一产业。

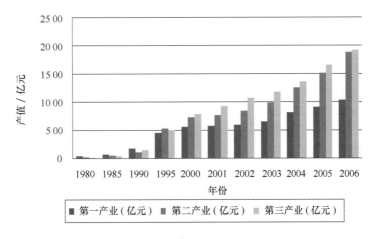

图20.2 1980—2006年广西第一、二、三产业产值情况

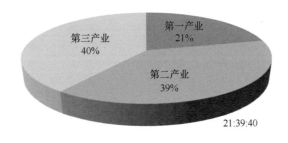

图20.3 广西2006年产业结构构成

2006年北海市,防城港市和钦州市三次产业结构比值分别为25∶41∶34,21∶43∶36和

34:46:30；其中，第一产业总产值分别为49.854 9亿元、25.842 3亿元和84.33亿元，分别比上年增长7.4%、12.6%和6.8%；第二产业产值分别为81.845 5亿元、51.071 1亿元和87.25亿元，分别比上年增长17.5%、39.7%和32.1%；第三产业产值分别为67.940 3亿元、42.699 2亿元和73.49亿元，分别比上年增长－0.5%、16.4%和16.4%。以上数据显示，广西三个沿海地级市中，第二产业均为主导，比重均超过40%；三市中以防城港市增长最快，高于全区平均水平。

20.1.4 国民经济分行业情况

从国民经济总产出角度进行比较，可知2006年广西地区生产总值居前五位的行业分别是制造业（C）、农林牧渔业（A）、建筑业（E）、批发零售业（H）和交通运输、仓储和邮政业（F），其所占比例分别为40.8%、15.7%、9.7%、5.2%和4.8%（表20.3）。

表20.3 广西2004—2006年国民经济分行业情况　　　　单位：亿元

指标名称	代码	2004		2005		2006	
		总产出	增加值率/%	总产出	增加值率/%	总产出	增加值率/%
甲	乙	1	2	3	4	5	6
农、林、牧、渔业	A	129.453	63.18	1 448.4	63.00	1 648.07	62.65
农业	1	623.09	70.29	711.9	70.19	829.43	69.45
林业	2	58.07	79.57	61.7	78.61	79.75	78.09
畜牧业	3	460.68	50.62	511.6	50.37	564.54	49.80
渔业	4	133.77	69.36	143.6	68.87	153.58	68.26
农、林、牧、渔服务业	5	18.91	40.92	19.6	39.29	20.78	39.29
采矿业	B	178.19	35.71	157.88	39.13	179.04	41.80
制造业	C	2 951.87	30.00	3 758.94	28.74	4 275.01	32.04
电力、燃气及水的生产和供应业	D	276.2	3 465.00	391.33	31.38	431.96	34.26
建筑业	E	679.94	30.73	828.24	29.68	1 014.99	28.20
交通运输、仓储和邮政业	F	393.91	53.60	448.17	50.25	503.43	51.87
信息传输、计算机服务和软件业	G	123.34	56.52	150.9	65.56	165.13	84.57
批发和零售业	H	431.49	78.03	473.94	82.17	542.46	81.00
住宿和餐饮业	I	197.43	50.28	204.7	54.62	235.24	54.91
金融业	J	121.69	60.81	127.98	70.97	186.03	59.24
房地产业	K	150.74	81.28	191.08	85.96	227.22	84.59
租赁和商业服务业	L	114.5	36.05	137.78	35.91	108.76	40.13
科研、技术服务和地质勘察业	M	58.31	55.91	66.48	58.07	78.91	54.86
水利、环境和公共设施管理业	N	19.87	82.74	22.35	87.72	25.85	85.02
居民服务和其他服务业	O	56.11	51.48	82.6	58.29	80.47	65.53
教育	P	149.43	79.50	190.54	81.34	226.63	79.26
卫生、社会保障和社会福利业	Q	141.15	50.19	150.51	57.71	179.92	53.74
文化、体育和娱乐业	R	42.01	57.98	44.9	59.94	53.31	53.35
公共管理和社会组织	S	197.69	58.35	261.74	56.36	310.29	57.79
国际组织	T						

从增加值率角度看，2006 年增加值率较高行业依次为水利、环境和公共设施管理业（N），房地产业（K），信息传输、计算机服务和软件业（G），批发和零售业（H）和教育（P）其增加值率分别为 85.02%，84.59%，84.57%，81.00% 和 79.26%。值得一提的是，由于广西积极引入林浆纸一体化项目、木薯酒精制造等，使得广西林业增加值率仅次于教育，位居第六（表 20.3）。

20.1.5　固定资产投资增长情况

1980—2006 年，全社会固定资产投资额呈显著递增趋势，由 1980 年的 12.18 亿元增长到 2006 年的 2 246.57 亿元，其中，增长最快的年份是 1995—2000 年，平均增长速度高达 103.5%。从产业看，1980—2006 年，广西第一、二、三产业均有较快增长，其中增长最快的是第三产业，由 1980 年的 5.15 亿元增长到 2006 年的 1 259.67 亿元，增长了约 240 倍，其在全社会固定资产投资中所占的比例最高，始终处于 50% 左右。第一产业固定资产投资额相对较小，约占 5%（图 20.4）。

2006 年广西全社会固定资产投资额为 2 246.57 亿元，比上年增长 27.0%。其中，第一产业固定资产投资额为 85.53 亿元，比上年增长 7.9%，占全社会固定资产投资额的 3.8%；第二产业固定资产投资额为 901.37 亿元，比上年增长 39.3%，占全社会固定资产投资额的 40.1%；第三产业固定资产投资额为 1 259.67 亿元，比上年增长 20.8%，占全社会固定资产投资额的 56.1%（图 20.4）。

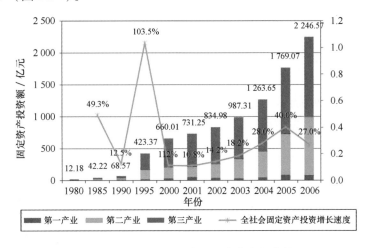

图 20.4　1980—2006 年广西固定资产投资情况

2006 年广西下辖 3 个沿海地级市全社会固定资产投资总额为 274.29 亿元，约占全区的 12.2%；其中第一产业投资额为 14.42 亿元，约占全区的 16.9%；第二产业投资额为 103.04 亿元，约占全区的 11.4%；第三产业投资额为 156.83 亿元，约占全区的 12.5%。

20.1.6　对外贸易情况

改革开放以来，广西对外贸易迅速发展。1978 年，全区进出口总额仅为 2.69 亿美元，2006 年达到 66.74 亿美元，增长 23.8 倍，年平均增速达到 8.2%。对外贸易的迅速发展，使其对国民经济发展的作用增强，外贸依存度（进出口总额相当于 GDP 的比重）由 1978 年的

6.04％提高到2006年的10.8％。

20.1.6.1 进出口总额增长情况

2006年广西外贸进出口总额为667 398万美元，比上年增长149 109万美元，增长28.8％；其中，出口额359 863万美元，比上年增长25.1％；进口额为307 535万美元，比上年增长33.4％；全年实现贸易顺差52 328万美元（图20.5）。

1980—2006年，广西对外贸易额总体呈递增趋势。其中，在1990—1995年增长最快，平均增长率超过50％，然而，受东南亚金融危机的影响，1995—2001年广西对外贸易大幅下滑，降幅高达7.3％。然而，从2002年起，随东盟自由贸易区的影响不断加大和北部湾经济开发的影响，广西对外贸易又呈现了显著增长态势，年均增长幅度在30％左右（图20.5）。

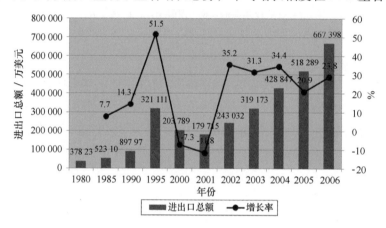

图20.5 1980—2006年广西对外贸易进出口总额及增长率

值得注意的是，广西历年出口额占对外贸易总额的比例呈下降趋势（图20.6），由1980年的96.7％下降到2006年的53.9％，说明广西对外贸易结构正趋于平衡，从根本上改变了贸易顺差过大的状况。

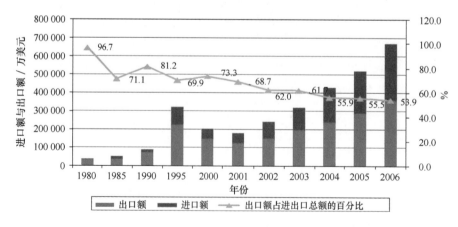

图20.6 1980—2006年广西进口额与出口额

2006年北海市外贸进出口总额为29 505万美元，占广西外贸总额的4.4％，比上年增长59.8％；防城港市2006年外贸进出口总额为102 900万美元，占广西外贸总额的15.4％，比上年增长 21.1%；钦州市 2006 年外贸进出口总额为 44 040 万美元，占广西外贸总额的 6.6%，比上年增长 121.9%。由以上数据可知，2006 年广西下辖 3 个沿海地级市对外贸易总额约占全区的 25%，并呈现较强的增长态势。

20.1.6.2 利用外资情况

2006 年广西合同利用外资额为 145 421 万美元，其中实际利用外资额为 71 140 万美元，占 48.9%。北海、防城港和钦州三市 2006 年合同利用外资总额为 29 326 万美元，占广西合同利用外资总额的 20.2%；2006 年三市实际利用外资额为 17 855 万美元，占当年三市合同利用外资总额的 60.9%，利用率相对较高。

20.1.6.3 区域经济合作情况

改革开放以来，广西不断巩固港澳台、美国、日本及欧盟市场，积极开拓新兴市场，与周边国家（地区）、东盟及其他贸易伙伴的贸易合作蓬勃发展，贸易市场多元化格局逐步形成。与广西有贸易往来的国家和地区增加到 192 个，其中贸易总额过亿美元的贸易伙伴达 19 个。

1）与港澳台合作

广西与港澳台的合作有着悠久的历史，改革开放以来，广西与港澳台联系更加密切，经贸合作不断加强。据统计，2001—2007 年港澳台企业累计在广西的直接投资达 14.14 亿元，占同期外区外商直接投资总量的 52.2%，港澳台地区是广西最大的外资投资来源地。

2）与东盟合作

随着中国—东盟自由贸易区的逐步建立，广西同东盟各国的经济交流日益加深。2007 年，广西与东盟国家贸易额达 29.08 亿元，比 2000 年增长 5.62 倍，年均增长 31%，占广西进出口总额的比重也从 21.6% 提高到 31.3%，东盟已经成为广西最大的对外贸易伙伴。

东盟企业对广西投资迅速增加，2003 年以来，东盟各国在广西投资额达 3.1 亿美元，占同期广西引进外资总量的 11.4%，年均增长 29%，东盟各国正在成为广西外来投资最具有潜力的来源地之一。

20.1.7 交通运输情况

目前，北部湾（广西）经济区已经建立了初具规模的集铁路、公路、航空、内河等各种运输方式为一体的综合运输系统。

20.1.7.1 交通运输生产情况

1980—2006 年，广西交通运输线路长度有明显增加，其中铁路营业里程从 1980 年的 1 710 km 增加到 2006 年的 2 737 km，增长了 60.1%；公路里程从 1980 年的 31 624 km 增加到 2006 年的 90 318 km，增长了 185.6%；内河航道里程从 1980 年的 4 519 km 增加到 2006 年的 6 157 km，增长了 36.2%。由以上数据可知，公路运输是广西主要的运输方式，其增幅也最快；铁路运输和航运受地形限制，其增长空间不大。广西下辖的 3 个沿海地级市也以公路运输为最主要的运输方式，2006 年北海市、防城港市和钦州市的公路里程分别达到 1 831 km、1 691 km 和 3 850 km，三市公路总里程约占广西的 8.2%。

据 2007 年调查统计，北海市从 1995 年开始有铁路营业里程统计，从 1995 年到 2006 年的一直为 60 km，11 年来未见增长；北海市公路网络四通八达，平均每百平方千米国土面积有公路 70.03 km。目前，北海公路已初步形成以国道、省道等干线公路为主骨架，以重要县乡公路为支骨架的便捷的公路网络。2006 年北海市公路总里程达 1 831 km，其中高速公路里程 110 km。

据 2007 年调查统计，防城港市从 1995 年开始有铁路营业里程统计，从 1995 年到 2006 年的一直为 30 km，11 年来未见增长；公路方面，防城港市已建设成为以市区为枢纽，以高等级公路为主骨架，沟通国道和越南，贯通市内东西南北，连接区县市辐射乡村的公路网络系统，公路里程从 1995 年开始有统计，2006 年达 1 691 km；2000 年以前防城港市高速公路里程为 0 km，从 2000 年到 2006 年，高速公路里程一直为 44 km，6 年来未见增长；防城港市从 1995 年开始有内河航道里程统计，从 1995 年到 2006 年的一直为 103 km，11 年来未见增长。

钦州市是广西沿海与广西内地及大西南交通联系的交通枢纽，拥有包括公路、铁路、水路的立体交通运输网。据本次调查统计，钦州市从 2000 年开始有铁路营业里程统计，到 2006 年的铁路营业里程达 219 km。公路方面有钦州—南宁、钦州—防城港、钦州—北海高速公路以及南宁—北海、钦州—玉林、钦州—浦北二级公路在钦州交汇，贯通整个西南、华南公路网；一级公路由钦州市直达港区。2006 年，公路里程达 3 850 km；钦州市 2000 年以前高速公路里程为 0 km，从 2000 年到 2006 年的一直为 95 km，6 年来未见增长。2000 年以前内河航道里程为 0 km，从 2000 年到 2006 年的一直为 321 km，6 年来未见增长。

20.1.7.2 交通运输情况

1980—2006 年广西铁路、公路、水运及民航货运量均稳步增长。公路仍为广西最主要的交通运输途径，而水路运输增长较快。2006 年全区货运总量为 45 453.9×10⁴ t，比上年增长 10.8%，其中铁路货运量为 9 374×10⁴ t，比上一年增长 10.1%，约占全区货运总量的 20.6%；公路货运量为 30 525×10⁴ t，比上一年增长 9.6%，约占全区货运总量的 67.2%；水运货运量为 5 549×10⁴ t，比上一年增长 19.5%，约占全区货运总量的 12.2%；航空货运量为 5.6×10⁴ t，比上一年增长 14.3%，仅占全区货运总量的 0.01%（图 20.7）。

1980—2006 年，广西铁路、公路、水运及民航客、货运量均稳步增长，其中公路仍为广西最主要的交通运输途径，而航空客运量增长最快。2006 年全区客运总量为 56 634.8 万人次，比上一年增长 8.5%，其中铁路客运量为 2 346.8 万人次，比上一年增长 15.2%，约占全区客运总量的 4.1%；公路客运量为 52 609 万人次，比上一年增长 7.9%，约占全区客运总量的 92.9%；水运客运量为 1 022.8 万人次，比上一年增长 15.8%，约占全区客运总量的 1.8%；航空客运量为 656.2 万人次，比上一年增长 22.4%，约占全区客运总量的 1.2%（图 20.8）。

根据 2007 调查结果，北海市近 20 年来货运量的增长速率以铁路交通运输最高（28%），其次是公路交通运输（13.4%），水运较铁路和公路运输增长相对较慢（5.1%）；而客运量的增长速度以水运最高（11.6%），其次是公路交通运输（10.3%），铁路交通客运量增加速度相对缓慢（2.3%）。民航的货运量和客运量都是在逐年减少。近 10 年来防城港市货运量

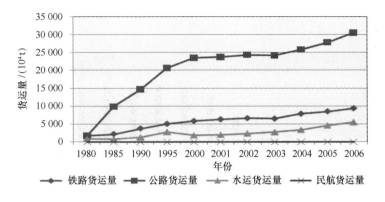

图 20.7　1980—2006 年广西货物运输情况

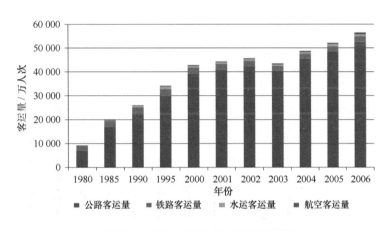

图 20.8　1980—2006 年广西客运情况

的增长速率以水运（11.9%）和铁路交通运输最高（11.3%），其次是公路交通运输（4.5%）；而在客运量方面，公路交通运输量有一定增长（2.5%），而铁路和水运的交通运输客运量均呈下降趋势。此外，近 10 年来钦州市水运交通较之公路运输相比发展更为迅猛，其货运量和客运量每年都以较高的增长速率发展，分别为 8% 和 10.8%。公路交通运输相对较慢，但其货运量和客运量的增速也分别达到 5.0% 和 5.7%。

20.1.8　能源生产及消耗情况

1980—2006 年，广西煤炭产量始终小于消耗量，特别是 2000 年后，随着经济的快速发展，煤炭消耗量迅速递增，至 2006 年广西 87% 以上的煤炭需靠外部输入（图 20.9）；自 2000 年以来石油产量始终保持在 5×10^4 t 左右，远小于广西石油消耗量，而随着广西经济的不断发展，石油消耗量迅速递增，至 2006 年广西需从外部输入近 100% 的石油（图 20.10）；电力生产和消耗同步增长，电力生产基本能够满足消耗需求。2006 年广西电产量为 5 233 500 × 10^4 kW，比上年增长 17.3%；电能消耗为 5 794 618 × 10^4 kW，比上年增长 13.6%；电能消耗略高于生产，二者相差 561 118 × 10^4 kW（图 20.11）。

2006 年沿海三市煤炭消耗总量为 281.01 × 10^4 t，约占全区的 10.5%；石油消耗总量为 142.37 × 10^4 t，约占全区的 14.6%；电力消耗总量为 249 107.7 × 10^4 t，约占全区的 4.3%。

457

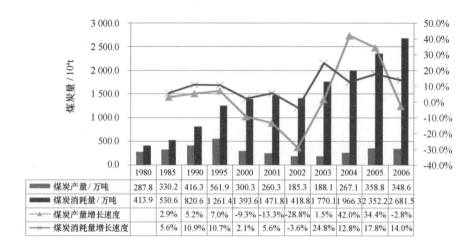

图 20.9　1980—2006 年广西煤炭生产及消耗情况

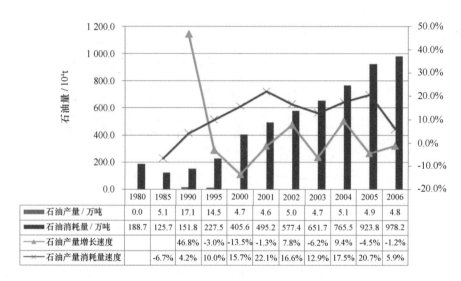

图 20.10　1980—2006 年广西石油生产及消耗情况

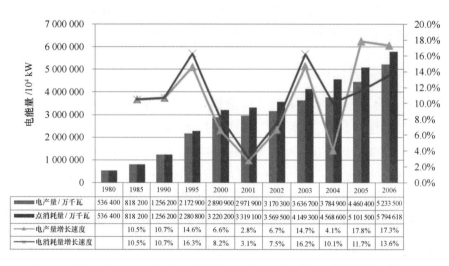

图 20.11　1980—2006 年广西电能生产及消耗情况

2007 年调查结果显示，北海市煤炭消耗量的年均增长率是几种统计的能源中最高的，达到 21.0%，其次是电消耗量（12%），最后是石油消耗量（5.2%），而天然气消耗量是呈下降趋势的。需要特别注意的是，在 2005 年以前电供不应求，而 2005 年开始电产量大幅度增加，不但满足本市的消耗，还能供给其他城市。钦州市电消耗量的年均增长率是几种统计的能源中最高的，达到 10.8%，其次是石油消耗量（7.6%），最后是煤炭消耗量（5.3%）。电产量是处于下降趋势的，电产量与电消耗量远远不匹配。防城港市数据不全，无法参加比较。

单位 GDP 能耗是一次能源供应总量与国内生产总值的比率，该指标说明一个国家经济活动中对能源的利用程度，反映经济结构和能源利用效率的变化。2006 年，广西万元 GDP 能耗为 0.758 t 标准煤/万元，小于当年全国万元 GDP（1.206 t 标准煤/万元）。2006 年，北海市、防城港市和钦州市万元 GDP 能耗分别为 1.141 t 标准煤/万元、0.493 t 标准煤/万元和 0.545 t 标准煤/万元，除北海市外，其余两个沿海地级市万元 GDP 能耗量均远小于广西和全国平均水平。

20.1.9　临海功能园区发展建设情况

2006 年，广西国家级临海功能园区规划面积 6 km²，已开发面积 5 km²，累计投资额 32 970 万元，年生产总值 202 540 万元，利税总额 2 382 万元，从业人数 1 855 人；省级临海工业园规划面积 116 km²，已开发面积 27 km²，累计投资额 731 400 万元，年生产总值 987 355 万元，利税总额 70 982 万元，从业人数 18 072 人（表 20.4）。

表 20.4　广西临海功能园区建设情况

级别	规划面积/km²	已开发面积/km²	累计投资/万元	生产总值/万元	利税总额/万元	从业人数/人
	1	2	3	4	5	6
国家级	6	5	32 970	202 540	2 382	1 855
省级	116	27	731 400	987 355	70 982	18 072
市级						
县区级						
合计	122	32	764 370	1 189 895	73 364	19 927

广西国家级临海功能园区主要分布在北海市和防城港市，规划面积分别为 1 km² 和 5 km²，均已全部开发；自治区级临海功能园区主要分布在北海市和钦州市，规划面积分别为 27 km² 和 89 km²，已开发面积分别为 12 km² 和 15 km²，实际开发比例较小。

20.1.10　科研与教育情况

20.1.10.1　科技经费筹集和支出情况

1995—2006 年，广西科技经费筹集与支出总体呈增长趋势。2006 年广西科技经费筹集额为 86 547 万元，比上年增长 19.0%。其中 71 022 万元来自于政府资金；占总额的 82.1%；

5 561万元来自于企业资金，占总额的 6.4%；201 万元来源于金融机构贷款，仅占总额的 0.2%。可见，政府资金是广西科技经费的最主要来源。2006 年广西科技经费内部支出额为 89 897 万元，比上年增长 22.1%；研究与试验发展经费支出额为 20 252 万元，比上年增长 25.7%；技术市场成交额为 94 230 万元，比上年增长了 0.2%（图20.12）。

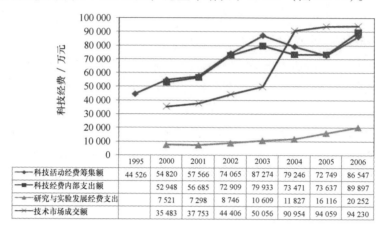

图 20.12　广西 1995—2006 年科技经费筹集及支出情况

	1995	2000	2001	2002	2003	2004	2005	2006
◆ 科技活动经费筹集额	44 526	54 820	57 566	74 065	87 274	79 246	72 749	86 547
■ 科技经费内部支出额		52 948	56 685	72 909	79 933	73 471	73 637	89 897
▲ 研究与实验发展经费支出		7 521	7 298	8 746	10 609	11 827	16 116	20 252
✕ 技术市场成交额		35 483	37 753	44 406	50 056	90 954	94 059	94 230

2006 年，北海、防城港和钦州三市科技活动经费筹集额分别为 1 658.8 万元、127 万元和 263 万元，分别比上年增长 4.9%、12.4% 和 -18.8%；三市 2006 年科技经费内部支出额 1 344 万元、127 万元和 242 万元，分别比上年增长 -5.2%、12.4% 和 -43.1。三市科技活动经费筹集额占全区的 2.4%，科技经费内部支出额占全区的 1.9%。可见，广西 3 个沿海地级市的科研经费在自治区所占比重很少。

20.1.10.2　科技机构及人员情况

2006 年广西共有科技机构 206 个，就业人员 14 426 人，其中专业技术人员 7 904 人。2006 年北海、防城港和钦州三市科研机构分别为 10 个、5 个和 9 个，科研机构就业人员分别为 288 人、71 人和 145 人，其中专业技术人员分别为 163 人、15 人和 77 人。

20.1.10.3　高等教育基本情况

截至 2006 年，广西共有研究生培养机构 9 个，教师人数 2 856 人，全部为普通高校；普通高校 55 个，教师 22 450 人，教育经费 162 732 万元，其中本科院校 19 所，专科院校 36 所；广西共有成人高等学校 7 所，教师人数 1 705 人，教育经费 6 928 万元；其他民办 4 所，教师 96 人，教育经费不详。

截至 2006 年，广西下辖的 3 个沿海地级市高等教育基本情况如下：北海市共有普通高校 4 所，其中本、专科院校各 2 所，普通高校教师人数为 0.05 万人，教育经费 6 237 万元；成人高校共 3 所，教师数 0.01 万人，教育经费 320 万元。防城港市无高等教育机构。钦州市有普通高校 1 所，教师数为 463 人，教育经费为 4 253 万元。以上数据显示，广西沿海地级市高等教育水平仍较低。

1980—2006 年，广西高校毕业生人连年递增，由 1980 年的 600 人增加到 2006 年的 84 863 人，增加了约 140 倍。此外，近年来广西硕士、博士毕业生在高校毕业生中所占比例显著增加，2006 年已达 3.0%（图 20.13）。

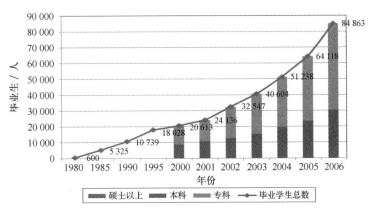

图 20.13 1980—2006 年广西普通高等学校（机构）毕业学生情况图

20.1.10.4 海洋专业教育情况

广西海洋专业教育情况相对落后，截至 2006 年，全区仅有广西大学一所高等院校拥有海洋相关专业（水产养殖专业），该专业在校本科生人数为 202 人，在校硕士生人数为 12 人。

20.2 人口与城镇化

20.2.1 沿海地区人口基本情况

20.2.1.1 人口总量

2006 年，北海市人口数达 152 万人，钦州市人口数达 348.56 万人，防城港市人口数达 82.21 万人，3 个临海地级市的人口共计 582.77 万人（图 20.14），约占广西区人口的 11.75%，比 2000 年的 11.51% 增加了 0.24 个百分点。

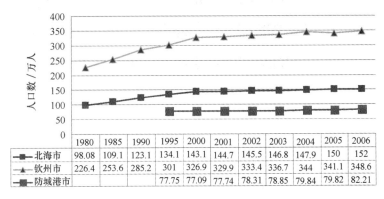

	1980	1985	1990	1995	2000	2001	2002	2003	2004	2005	2006
北海市	98.08	109.1	123.1	134.1	143.1	144.7	145.5	146.8	147.9	150	152
钦州市	226.4	253.6	285.2	301	326.9	329.9	333.4	336.7	344	341.1	348.6
防城港市				77.75	77.09	77.74	78.31	78.85	79.84	79.82	82.21

图 20.14 广西沿海城市历年人口数

2006 年北海、钦州和防城港市自然增长率分别为 1.27%、1.61% 和 1.05%，均高于全省水平，且均超过 20 个百分点。1980—1995 年，广西各沿海城市的人口自然增长率呈明显的下降趋势，与广西的人口自然增长率的变化趋势接近。而 2000—2006 年，广西各沿海城市的人口增长率则有着较大的波动起伏，与广西的人口自然增长率保持平稳的态势形成鲜明对比，并且均高于广西的人口增长率，其中钦州市的人口增长率高于北海市和防城港市（图 20.15）。

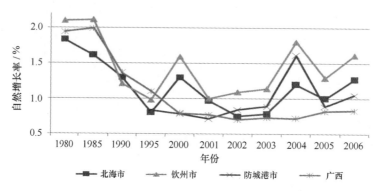

图 20.15　广西及其沿海城市历年人口自然增长率

20.2.1.2　人口文化构成

2006 年钦州市不识字或识字很少、小学、初中、高中、大专以上文化程度的人口占 6 岁以上人口的 6.27%、48.08%、34.87%、8.84% 和 1.95%；北海市不识字或识字很少、小学、初中、高中、大专以上文化程度的人口占 6 岁以上人口的 7.55%、35.47%、42.00%、11.99% 和 2.97%；2005 年广西沿海城市的初中及以上、高中及以上和大专以上文化程度的人口比例均低于广西的比例（图 20.16），说明沿海地区人口的文化素质综合水平还未达到全自治区的平均水平。

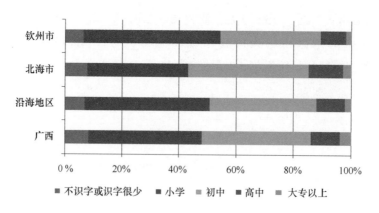

图 20.16　2005 年广西及其沿海地区（6 岁以上）人口文化程度构成（防城港市数据暂缺）

20.2.1.3　人口年龄构成

2000 年沿海地区 0~14 岁人口数为 147.62 万人，占沿海地区总人口数的 41.80%，比广西的比例高出 15.6 个百分点；15~64 岁人口数位 168.65 万人，占总人口数的 47.75%，比广西的比例低了 18.74 个百分点；65 岁以上人口数为 36.89 万人，占总人口数的 10.45%，比广西的比例高了 3.14 个百分点（表 20.5）。沿海地区人口中 0~14 岁和 65 岁以上人口的比例都远高于广西的平均水平，而 15~64 岁的青壮年人口则远低于广西平均水平，使得总抚养比远高于广西全区水平。

表 20.5　2000 年沿海城市不同年龄人口分布状况

	0~14 岁		15~64 岁		65 岁以上	
	人口数	比例/%	人口数	比例/%	人口数	比例/%
北海	41.09	28.29%	93.42	64.33%	10.72	7.38%
防城港	13.64	18.22%	56.97	76.09%	4.26	5.69%
钦州	92.89	69.81%	18.26	13.72%	21.91	16.47%
沿海地区	147.62	41.80%	168.65	47.75%	36.89	10.45%
广西	1176.1	26.20%	2 985.3	66.50%	328	7.31%

20.2.1.4　人口性别构成

从广西的情况来看，人口性别比偏高的问题非常突出，并且广西的性别比一直保持着上升的趋势，即男女性别失衡情况不断加重。2006 年广西性别比率高达 111.2，比上年增加 0.54 个百分点，比同时期全国性别比（106.29）高 4.91，明显超出性别比的正常范围。广西沿海地区性别比率比广西的平均水平要更加高，2006 年甚至高出 10 个百分点。更值得注意的是，近几年来，出生性别比率在不断上升，广西沿海地区上升的趋势快于广西（图 20.17）。这说明广西沿海地区性别失衡现象已经超出全区平均水平，而且在不断加剧中。

图 20.17　广西与沿海城市性别比趋势对比

20.2.1.5　人口城乡构成

近年来，广西城镇化水平大幅度提高，从 2000 年的 29.14% 提高到 2006 年的 33.62%（图 20.18）。但城镇化水平仍远落后于全国平均水平，与 42.99% 的全国水平相差 9.37 个百分点。2006 年广西沿海城市的城镇化平均水平为 34.36%，略高于全区水平，但比 2000 年的 35.49% 降低了约 1 个百分点，城镇化进程在广西沿海地区并未加快发展，反而出现了迟滞现象。

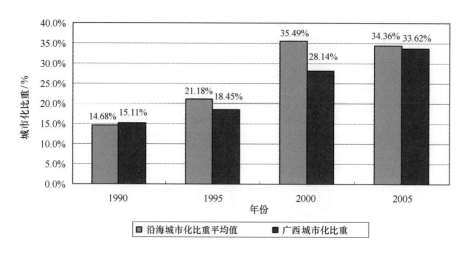

图 20.18　广西及其沿海城市城市化比重对比

20.2.1.6　沿海地区人口就业情况

2005 年广西就业人口数为 2 703 万，比 2000 年增加 137 万人，增长 5.34%；就业人口占总人数的比例为 54.88%，比 2000 年增加了 0.87 个百分点。

2005 年沿海三市就业人口总数为 293.64 万，比 2000 年增加 11.23 万人，增长 3.98%；就业人口占总人数的比例为 51.43%，比 2000 年下降了 0.2 个百分点（图 20.19）。

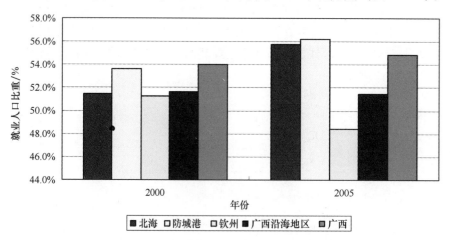

图 20.19　广西及其沿海城市就业人口比重对比

广西沿海三市中，北海和防城港市的就业人口比重有明显的增加，其中，防城港市就业人口比重最高，高于其他二市，也高于广西的平均水平；北海市就业人口比重增长最快，接近防城港市的比重，同样也高于广西的平均水平。说明北海市和防城港市是广西沿海地区的就业中心，也是广西的就业中心。

广西沿海三市就业人员主要还是集中在农林牧渔业，除此之外，北海市和钦州市制造业、住宿和餐饮业的就业人员较多，而防城港市则集中于批发和零售业。

20.2.2 沿海地区城镇化现状

20.2.2.1 城镇发展较缓慢，城镇化水平偏低

广西沿海地区的历史悠久，远在 4000 年前的新石器时代，就有先人从事狩猎、捕鱼、采集等原始农业活动。但因远离我国经济比较发达的中原地区，加上交通不便，经济发展缓慢。

在历史上，广西沿海地区的行政隶属关系变化过于频繁，曾数次在广东和广西划进划出，其辖区内的行政区划也时常更替，这在一定程度上影响了广西地区的城镇化进程。该地区生产总值为 564.32 亿元，占广西生产总值的 11.69%。以 2006 年末为例，沿海地区的地区生产总值为 564.32 亿元，人均 9 683 元，高于广西的平均值（9 733 元）50 元，据测算本区的人口密度为 286 人/km²，高于广西人口密度（210 人/km²）的 1.36 倍和全国平均人均密度的 2.09 倍，但非农业人口（2005 年）的比重为 18.34%，低于广西平均水平（18.89%）0.55个百分点。沿海地区城区面积最大的北海市，市辖区人口也仅为 53.93 万人；建国以后相当长时间作为沿海地区政治中心所在地的钦州市城区的人口年均增长率也只有 4% 左右，城镇化进程十分缓慢。

20.2.2.2 城镇分布受河流和公路交通的影响显著

广西沿海地区的主要城镇都分布在区域内的南流江、大风江、钦江、茅岭江、防城江等沿岸冲积带上，从城镇分布的现状看，沿海地区的城镇有一半以上分布在这 5 大河流域的干支流沿岸。其他城镇多数也是紧靠江河及海洋布局，河流的交通、灌溉作用和河谷平原、盆地的农耕作用对区域城镇分布起到了决定性的影响，同时海洋渔业的发展也造就了一批沿海城镇。此外，随着南北、钦防高速公路及铁路的建成通车，在高速公路、二级公路及省道公路沿线分布的城镇也超过半数以上，主要城镇都分布在这几条干线公路上，随着广西滨海一级公路的建成，加上钦州港、防城港、北海港的进一步完善，广西沿海地区的城镇空间格局将形成新的空间态势。

20.2.2.3 城镇规模小，职能单一，个性不明显

在广西沿海地区，目前城镇城区人口大于 5 万人口的只有北海市城区、钦州市城区和防城港市城区及合浦县的廉州镇。其他城镇的城区总人口数绝大部分不足 10 000 人，而且城镇规划欠合理，职能单一，经济结构雷同，制糖、食品、爆竹、竹编等传统工业成为主导工业，缺乏以某种专业化部门为特色的城镇职能，只停留在作为农村的商品集散地这一集贸职能。乡镇企业薄弱，绝大多数的城镇在经济职能方面差别不大，城镇的总体表现为较浓厚的乡村气息，在城镇的人口结构上，居住在城镇的农业户籍人口占城区人口的 20% 以上，有 1/3 的城镇其城镇户籍人口只占 50% 左右，因此城镇的城镇化水平低下，无法形成自身的个性，只扮演城乡商品集散地的职能，对区域的辐射能力低下。

20.2.2.4 城镇发展的地域差异显著

在广西沿海地区如果以东、中、西 3 个地带来划分，东部的北海市（含合浦县）因开发历史长，人口密度最高，因地势平坦，农林水产资源丰富，加上南流江便利的交通及灌溉条

件和该区系我国"海上丝绸之路"的始发港之一，使之一直处在广西沿海地区经济发展的前列，北海市的合浦县也是广西沿海地区经济发展水平较高的县份，1980 年以来北海市作为我国首批对外开放的城市之一，其城镇化水平提升较快，城镇化水平达 28.5%，在沿海各地市中居领先水平。

中部和东北部包括钦州市辖区和灵山、浦北两县，虽然这一地区也有悠久的开发历史，但由于在相当长的时期内钦州是有海无港，优越的建港条件无法得到有效的开发利用，港口对地方经济的支撑作用不明显，而灵山、浦北两县地处沿海内陆的丘陵低山地区，属于沿海地区相对闭塞的县份，城镇的发展只依赖于当地原有的农业基础，从总数上看，城镇的数量相对较多，但各城镇的规模普遍偏小，集聚力和辐射力较弱，据 2005 年末数据，全国城镇化水平为 40.53%，广西城镇化水平为 33.6%。钦州市城镇化水平仅为 24.2%，其中灵山县为23%，浦北县为 19.8%，钦南区为 18.8%，钦北区 25.6%，远低于广西的平均水平。

西部包括防城港市辖区、东兴市和上思县，境内有十万大山横亘，是广西沿海地区少数民族聚居的区域，也是我国京族唯一的聚居地，人口密度较低，历史上经济的发展和城镇的出现都明显落后于广西沿海其他地区。目前防城港市的港口区、防城区、东兴市及上思县的主要城镇，其城区常住人口大都在 2~5 万人左右，但从总体上看，因受自然条件的限制和影响，人口在城镇的集聚度较高，城镇化水平为 20%~30%，但城镇中的农业人口占户籍人口的 40%，城镇化发展较快的地区只限于沿海及边境的部分城镇，其他地区的城镇化水平依然很低。

20.3　小结

广西沿海三市 2006 年生产总值为 564.32 亿元，占广西的 11.69%。除钦州市人均生产总值低于全区人均生产总值外，其他两市都高于全区人均生产总值。自改革开放以来，广西地区经济增长迅速，生产总值由 1980 年的 973 300 万元，增长到 2006 年的 48 285 100 万元，特别是 2004 年以来，经济增长高于全国平均水平。

2006 年广西下辖 3 个沿海地级市对外贸易总额约占全区的 25%，并呈现较强的增长态势；煤炭消耗总量为 281.01×10^4 t，约占全区的 10.5%；石油消耗总量为 142.37×10^4 t，约占全区的 14.6%；电力消耗总量为 $249\,107.7 \times 10^4$ t，约占全区的 4.3%。2006 年，除北海市外，其余两个沿海地级市万元 GDP 能耗量均远小于广西和全国平均水平；2006 年广西国家级临海功能园区规划面积 6 km^2，已开发面积 5 km^2，累计投资额 32 970 万元，年生产总值202 540 万元，利税总额 2 382 万元，从业人数 1 855 人；省级临海工业园规划面积 116 km^2，已开发面积27 km^2，累计投资额 731 400 万元，年生产总值 987 355 万元，利税总额 70 982 万元，从业人数 18 072 人。广西临海功能园区建设以省级为主；2006 年广西沿海城市的城镇化平均水平为 34.36%，略高于全区水平，沿海三市就业人口总数比 2000 年增长 3.98%。

21 海洋经济及主要海洋产业发展状况

自改革开放以来，广西沿海地区对全区社会经济发展拉动作用日益明显。广西北部湾沿海经济在广西整个社会经济中所占的比重越来越大。本章利用2006年广西沿海社会经济调查统计资料，阐述广西沿海三市的海洋经济及主要海洋产业发展状况。

21.1 海洋经济总量

近年来，广西开始重视发展海洋经济，沿海地区的经济优势也进一步凸显。2006年，沿海的北海、钦州、防城三市经济增长速度均高于全区平均水平。海洋渔业、海洋交通运输业和海洋旅游业的发展也有一定的基础。

"十五"期间广西海洋经济总产值，由2000年的110亿元增加到2005年的147.21亿元，年均增长6%。其中，海洋渔业产值占56.1%，海洋油气业产值占8.8%，海洋矿业产值占0.02%，海洋盐业产值占0.15%，海洋船舶工业产值占0.07%，海洋生物医药业产值占0.43%，海洋工程建筑业产值占4.0%，海洋电力业产值占6.3%，海水利用业产值占5.7%，海洋交通运输业占5.2%，滨海旅游业占13.2%。海洋传统渔业仍占据主导地位。

2006年，全国海洋生产总值为20 958亿元，比上年增长13.97%；占国内生产总值的比重为10.01%。其中，海洋产业增加值12 365亿元（包括主要海洋产业增加值及其修正值8 949亿元、海洋科研教育管理服务业增加值3 416亿元），海洋相关产业增加值8 593亿元。滨海旅游业、海洋渔业、海洋交通运输业等海洋支柱产业继续保持领先优势，占主要海洋产业比重达64.3%，海洋生物医药业、海洋船舶工业等产业发展迅速。海洋三次产业结构为14：42：44。

2006年，广西海洋生产总值为300.7亿元，占广西地区生产总值的6.2%，只占全国平均水平的2/3。海洋三次产业生产总值分别为45.7亿元、129.7亿元和125.4亿元，三次产业结构的比例为15.2：43.1：41.7。广西海洋生产总值的构成情况为：海洋产业增加值为184.9亿元，占广西海洋生产总值的61.5%，其中主要海洋产业增加值为142.5亿元，占广西海洋产业增加值的77.1%。

但与全国其他沿海省的海洋经济相比，目前广西海洋经济仍处于自我发展状态和初步发展阶段。

21.2 主要海洋产业发展状况

21.2.1 海洋渔业

广西2006年远洋渔业从业人员5 838人，远洋捕捞总产量46 907 t；海洋水产苗种主要为对虾，海洋水产苗种数量 178.6 亿尾；海洋水产品加工生产企业 213 个，年加工能力 332 550 t，实际水产加工量 446 609 t，超过加工能力 34.3%；海洋渔业总产值 1 100 683 万元，增加值 506 097 万元，海洋渔业相关产业总产值 43 462 万元，增加值 6 461 万元。广西区远洋渔业从 1980 年 450 人从业人员、远洋捕捞总产量 7 442 t 到 2006 年 5 838 名从业人员、远洋捕捞总产量 46 907 t，26 年来从业人员增长了 11.97 倍，远洋捕捞总产量增长了 5.3 倍。对比历史调查数据，广西 2001 年水产品产量为 248.4 × 10⁴ t，2006 年达到 296.4 × 10⁴ t，5 年大约增加了 48 × 10⁴ t，年均增长率 3.9%；水产品出口贸易由 2001 年的 0.034 6 亿美元，增加到 2006 年的 0.718 7 亿美元，增长 20 多倍；渔民人均纯收入也由 2001 年的 5 431 元，增加到 2006 年的 6 580 元，净增 1 149 元。加工、流通和出口贸易得到了快速发展。按照"出口 1 万美元劳动密集型农产品可带动 40 个就业岗位"的标准推算，广西出口 0.7187 亿美元，也可以增加 28.74 万个就业岗位。

21.2.2　海洋生物医药业

广西海洋生物医药业发展起始于从 20 世纪 80 年代，至今已有近 30 年的历史。1995 年广西海洋生物技术研究中心在广西海洋研究所生物研究室的基础上正式组建，继而被审核批准为"广西海洋生物工程中心"，并承担了大量国家和自治区的重大攻关项目。1997 年科技部正式批准成立"全国科技兴海技术转移广西中心"，中心与其他科研单位合作承担了国家"863"计划项目。

2004 年广西首个以海洋生物为资源的制药加工基地在北海市建成投产，建成包括滴眼液、片剂、胶囊剂、颗粒剂、丸剂、散剂共 6 个 GMP 车间，成为剂型较为齐全的制药加工基地。这一基地也是总投资 12 亿元的国家海洋生物科技园的一期工程。整个科技园依托北部湾丰富的海水珍珠、海藻、动物甲壳等资源，生产药品、保健品、生物农药等产品。

目前，广西从事海洋生物制药及保健品生产的企业主要集中在北海和钦州，发展已有成效，由于珍珠是广西地道品种，故产品品种主要集中在珍珠及鱼肝油的开发上，品种有 20 余种，藻类、甲壳类等未能实现加工利用产业。

21.2.2.1　总体经济状况及产品结构

20 世纪 90 年代以来，作为广西海洋生物医药业来说，占广西海洋产业 GDP 总量比较低。2001 年以前，广西从事海洋生物制药、保健产品开发的企业有 9 家，年产量突破 1 000 t，年产值约 1.3 亿元。截至 2008 年年底，广西共有海洋生物、药品、保健品及化妆品企业 33 家，从业人员约 3 500 人。其中上市公司 1 家，中外合资 3 家，内资企业 29 家。生物制药 5 家，生物制品 3 家，保健品 22 家，化妆品 3 家。2008 年产值约为 2.8 亿元，占广西海洋产业总值约 1.3 %。大部分企业集中在北海市，钦州有 4 家，防城港有 1 家等（表 21.1）。

21.2.2.2　广西主要海洋生物品及保健品企业发展现状

经过 20 余年的发展，以北海国发、北海蓝海洋、北海兴龙、北海黑珍珠、钦州南珠、东园家酒等为代表的公司或企业在开发利用广西北部湾海洋生物资源（表 21.1），在海洋生物药品及保健品研发、生产及产品推广方面初具成效。

表 21.1　广西沿海地区海洋生物制药企业基本情况

地区名称	企业名称	产品名称	计量单位	产量	产品销售收入/万元	主要原料
海城区	北海国发海洋生物产业股份有限公司制药厂	滴眼液	瓶	337 159	1 298.09	珍珠、两面光贝壳
海城区		珍珠粉	盒	258 284	124.53	珍珠、两面光贝壳
海城区	北海蓝海洋生物药业有限责任公司	鱼肝油乳	t	324.36	270	鲨鱼肝
海城区		复方银耳鱼肝油	t	61.41	31	鲨鱼肝
海城区		九维鱼肝油	t	93.88	83	鲨鱼肝
海城区		二维鱼肝油凝胶	t	8.9	9	鲨鱼肝
海城区		罗汉果鱼油饮液	t	148.03	120	鲨鱼肝
海城区		参茸鱼肝油凝胶	t	31.46	15	鲨鱼肝
海城区		葡萄糖鱼肝油乳剂	t	36.34	20	鲨鱼肝
海城区	北海兴龙生物制品公司	鲎试剂	万支	47	215	东方鲎
海城区	北海凯运药业公司	御宝常清脂胶囊	t	0.6	25	甲壳素
海城区	北海康源生物工程公司	螺旋藻片剂	kg	2 664	47.2	螺旋藻
海城区	北海康源生物工程公司	甲壳素胶囊	kg	2 222	115.1	壳聚糖
海城区	北海阳光药业公司	珍珠粉	万盒	36	96	珍珠母
海城区	北海阳光药业公司	珍珠末	万盒	21	85	珍珠
海城区	广西生巴达生物科技公司	螺旋藻片	t	35	14	螺旋藻粉
海城区	广西生巴达生物科技公司	螺旋藻粉	t	75	300	螺旋藻粉
合浦县	合浦源通生物制品有限公司	氨基酸葡萄糖盐酸盐	t	76	645	贝壳

21.2.3　海洋油气业

广西已开发的油气田有涠 10 - 3、涠 6 - 1、涠 11 - 4。广西自 1985 年开始生产石油，当年产量 5.13×10^4 t，1990 年达到最高产量 17.14×10^4 t，2000 年以来，石油产量始终维持在 $4.64 \sim 5.13 \times 10^4$ t 之间；1980 年以来广西石油消耗量逐年递增，到 2006 年石油消耗量为 978.15×10^4 t。由于广西石油产量很少，绝大部分石油靠外地输入，2006 年外地输入的石油量是本地生产石油量的 201 倍。2006 年石油消耗量是 1980 年的 5.18 倍。

21.2.4　沿海三市矿业开发利用情况

21.2.4.1　钦州市

2006 年，全市年矿石产量 637.98×10^4 t，比上年增长 11.8%；矿产品销售收入 19 966 万元，比上年下降 14.16%，从业人员 7 788 人。2007 年，全市开采的矿种主要有：煤、铁、锰、钛、铅锌、磷、石膏矿、矿泉水和砂、石、黏土等矿产。到 2007 年 9 月底，全市持证矿山 269 个，其中，灵山县 82 个，浦北县 41 个，钦北区 58 个，钦南区 57 个，市级发证 25 个，区厅发证 6 个。

21.2.4.2 北海市

2006 年，北海市开发固体矿产 7 种，有矿山企业 99 个，年产矿石量 420×10^4 t。高岭土：合浦县十字路矿区北风塘矿段兖矿北海高岭土有限公司 2003 年建成投产，2006 年开采 61.7×10^4 t，2007 年估计达 80×10^4 t。石英砂：2006 年北海南海洋石英砂有限公司建成投产，2006 年产量 15×10^4 t，2007 年将达 20×10^4 t 以上。石膏：已建成两家中型矿山企业，设计开采量为 50×10^4 t/a，因安全生产问题，自 2001 年 5 月起停产，至今尚未复产。黏土：目前有将近 70 家企业开采，除小部分原料在本地加工生产外，主要是以原矿形态销往外地或国外。2006 年，陶瓷黏土开采量 9.28×10^4 t，耐火黏土开采量 3.72×10^4 t，砖瓦用黏土开采量 115.6×10^4 t。

21.2.4.3 防城港市

2006 年，全市开采的矿种主要有：煤、锰、锡、萤石、水泥和石料用灰岩、建筑用砂、建筑用花岗岩、黏土等矿产。全市持证矿山 128 个，其中，大型 1 个，中型 3 个，小型 81 个，小矿 43 个。2006 年，全市年矿石产量 189×10^4 t，矿产品销售收入 3 743.55 万元。

从沿海三市矿产资源开发利用的情况看，开发利用最多的都集中在砖瓦用黏土、高岭土、建筑用砂和建筑用砂岩，而玻璃用砂、石英、石膏、钛铁矿等的开发利用很少，甚至还处于未开发利用状态。

21.2.5 海洋盐业

沿海三市共有 7 座盐场，盐田总面积 4 634 hm^2，其中生产面积 2 657 hm^2。7 座盐场年生产能力 162 216 t，年产量 114 714 t。2006 年人均原盐年产量为 0.002 吨（表 21.2），远低于山东 400~450（吨/人·年）的平均水平，与天津塘沽盐场生产效率差距更大，较国际水平相去甚远。

表 21.2　广西沿海地区盐田情况表

地区名称	盐场名称	盐田总面积 /hm^2	盐田总面积 /hm^2 生产面积	年产量/t	年生产能力 /t
海城区	竹林盐场	957	628	45 806	80 000
合浦县	榄子根盐场	527	305	12 129	15 000
铁山港区	北暮盐场	541	369	22 319	17 000
防城港市	江平盐场	538	254	3 072	7 500
防城港市	企沙盐场	808	489	20 216	20 216
钦州市	犀牛脚	725	358	8 100	15 000
东兴市	江平盐场	538	254	3 072	7 500

另外，由于缺乏技术支撑，海盐产品比较单一，以原盐为原料的盐化工产品产业链延伸较短，造成产品附加值不高。盐业生产工艺落后，盐场缺乏高标准规划，小滩田、小结晶池、小盐场已经难以适应现代化、高机械化生产的需要，造成广西盐业生产效能、效益低下。

21.2.6　海洋化工业

目前广西主要的海洋化工企业有 7 家，均在北海市（表 21.3），以盐化工产品为主，生产盐品、炭黑、过磷酸钙、柴油稳定剂、腐殖酸液肥、肥料添加剂、复混肥，总产量约 242 136.6 吨，总产品销量收入 14 724.5 万元。

表 21.3　广西沿海地区海洋化工企业基本情况表

地区名称	企业名称	企业所在地	产品名称	产品类别	产量计量单位	产量	产品销售收入/万元
海城区	中盐广西盐业有限公司北海碘盐中心	北海市北合公路外贸垌尾仓北	盐品	盐化工产品	t	104 197	6 283
海城区	南海西部石油北海炭黑厂	北海市海城区涠洲镇	炭黑	海洋石油化工	t	9 312.6	2 746.5
海城区	北海市沃源化肥公司	北海市	过磷酸钙	盐化工产品	t	122 391	4 603
海城区	北海广信高科实业公司	北海市	柴油稳定剂	海水化工产品	t	12	175
海城区	北海高美施活性液肥公司	北海市	腐殖酸液肥	盐化工产品	t	73	176
海城区	北海高美施活性液肥公司	北海市	肥料添加剂	盐化工产品	t	18	5
银海区	北海市强力化肥公司	北海市	复混肥	盐化工产品	t	6 133	736

"十一五"沿海工业发展面临着极为有利的发展环境和难得的发展机遇。根据广西沿海工业"十一五"发展规划，"十一五"期间，广西将抓住国家调整重化工业战略布局的重大机遇，利用南海丰富的天然气资源及进口石油、石油副产品的有利条件，全力培育和发展沿海石油化工产业集群。将在沿海建设 $1\,500 \times 10^4 \sim 2\,000 \times 10^4$ t 炼油、300×10^4 t 液化天然气、西南成品油管道二期工程等重大项目，形成 600 亿元以上的产业规模，打造沿海石油工业基地。同时，利用沿海炼油和液化天然气的原料优势，实施上游带动战略，延长产业链，大力发展石油化工产业，带动下游合成材料、有机化工、精细化工、化学建材和纺织、服装等相关产业的发展。重点建设 90×10^4 t 乙烯、30×10^4 t 合成氨、52×10^4 t 大颗粒尿素、40×10^4 t 乙醇、40×10^4 t 聚氯乙烯、6×10^4 t 乙烯—醋酸乙烯共聚物（EVA）、60×10^4 t 天然气甲醇、60×10^4 t 聚酯（PX）、20 万吨/年丙烯腈等项目，形成 1 200 亿元以上的产业规模，成为我国重要的石化工业基地。

21.2.7　海洋电力

21.2.7.1　海上风力发电

广西沿海自铁山港至白龙尾一带的风能潜力较丰富，可以划为 3 个风能丰富区，一是白龙尾至钦州湾以西沿岸，这里的年有效风能最高达 1 252 kW·h/m²；二是涠洲岛，年有效风能达 811 kW·h/m²；第三个竹林盐场至铁山港附近沿（表21.4），年有效风能为 500 kW·h/m² 左右。这 3 个区域的年有效风速频率都在 50% 左右，年有效风速小时数在 4 000 h 以上，且风向较为稳定，有较高的利用价值。

表 21.4　广西沿海地区风能参数统计表

站　名	有效风能密度 / (W·m⁻²)	年有效风速 小时数/h	年平均有效风能 / (kW·h·m⁻²)	年有效风速 频率/ (%)
北海	89.5	2 591	231.9	30.3
涠洲	189.2	4 287	811.1	49.0
白龙尾	263.9	4 747	1 252.7	54.3
龙门	145.3	4 456	647.4	51.9
防城	150.3	3 656	549.5	43.1
东兴	86.7	1 235	107.1	13.7
钦州	70.9	2 673	189.5	
合浦	61.8	3 055	188.6	
犀牛脚	89.4	3 421	305.8	
企沙	169.0	4 290	750.1	
竹林	127.3	4 151	528.4	
榄子根	105.4	4 016	423.2	

21.2.7.2　潮汐发电

潮起潮落，日复一日，年复一年，由此产生的潮汐能是沿海地区和岛屿取之不尽、用之不竭的可再生能源，与河川电能源相比，它有循环往复、年内年际变化不大、无丰枯水区别、无需移民等优点。

除了海洋风能，潮汐、波浪外，海流、海水温差和海水盐差等都蕴含着巨大的能量。随着技术的不断发展，这些能量都将逐步被开发利用，海洋电力也必定会持久地成为人类重要而清洁的能源来源。

根据《广西壮族自治区沿海工业发展"十一五"规划》，按照国家积极发展核电等新能源的电力发展方针，今后广西将利用沿海便利的运输条件和较为低廉的运输成本，适应石化、钢铁、林浆纸、建材等高耗能产业的需求，调整水电比例偏大的电源结构，大力发展以火电、核电为主的电力工业。重点支持建设钦州 2×120×10⁴ kW、防城港 2×120×10⁴ kW、北海 60×10⁴ kW 等火电项目，加快广西防城港白龙沿海核电厂 4×100×10⁴ kW 核电项目和白龙风电场项目前期工作，力争"十一五"开工建设，努力提高电力供应能力。

21.2.8　海洋交通运输业

广西沿海港口群位于我国沿海弓形对外开放带的西南端，广西南部濒临北部湾，是大西南地区与东南亚各国两个扇面的枢纽位置，具有面向东南亚、背靠大西南的区位优势。

广西沿海港口主要包括北海、钦州、防城港三港，作为西南地区的出海口，广西沿海整

个海域面积约 12.93×10^4 km²，大陆海岸线 1 595 km，约占全国 1/10，沿岸大小港点 21 个，各类港口大小泊位 151 个，其中万吨级以上泊位 20 个。2007 年，全区港口货物吞吐量累计完成超亿吨，达到 $11\,321.06 \times 10^4$ t，同比增长 30.37%，其中外贸完成 $5\,044.91 \times 10^4$ t，同比增长 42.05%；全区集装箱吞吐量为 39.05×10^4 TEU，同比增长 39.57%。

21.2.8.1 广西全区

广西沿海北钦防三市东连珠三角，南临北部湾，背靠大西南，面向东南亚，土地面积 2.03×10^4 km²，占广西土地面积的 8.55%，海域总面积达 12.93×10^4 km²，拥有大陆海岸线 1 595 km，规划岸线 186 km，其中深水岸线 160 多 km，主要有防城港、钦州港、北海港等港口，自古以来便是我国西南地区对外开放的重要口岸。

1968 年 3 月 22 日，防城港作为对越援助的战备港口开始建设，至 1983 年 10 月开放，随着 1、2 号泊位的建成，结束了广西没有万吨级码头的历史。1985 年北海港开始建设石步岭新港区并于 1986 年建成投产 2 个万吨级泊位，形成 30 万吨吞吐能力。1994 年 1 月，钦州港建成 2 个万吨级通用泊位建成投入使用，并宣布正式开港，至 1997 年 6 月，钦州港作为国家一类口岸正式对外开放。自此，广西沿海港口建设发展驶上了快车道。

广西全区沿海港口建设步伐加快，以防城、北海、钦州三港为主体，其他地方商贸、工业码头为补充的总体格局初步形成，港口规模和服务范围均长足发展，逐步发展成为广西经济发展的重要依托和西南地区联系国内外市场的重要出海口。

广西北、钦、防三港因其优越的区位，进入 21 世纪后与东盟国家等的贸易往来日益频繁，步入了前所未有的发展黄金时期，沿海港口近年主要大宗货物吞吐量基本上超过 100% 的增长速度（表 21.5）。据统计，截至 2007 年底，广西沿海港口共有生产性泊位 150 个，万吨级以上泊位 34 个，吞吐能力 $6\,853 \times 10^4$ t，集装箱 26×10^4 TEU。沿海货物吞吐量完成 $7\,191.70 \times 10^4$ t，外贸货物吞吐量完成 $4\,965.19 \times 10^4$ t，比上年增长 42.63%。北钦防港口群已经成为环北部湾乃至泛北部湾港口群中一支重要力量，为广西发展临港产业奠定了坚实的基础，将极大地带动广西港口经济乃至整个广西经济的发展，进而影响整个西南和东盟国家的经济发展。

表 21.5 2007 年广西沿海港口主要大宗货物吞吐量完成情况

分类	单位	2007 年度	2006 年度	同比
金属矿石	$\times 10^4$ t	1 456.76	1 186.06	122.82%
煤炭及制品	$\times 10^4$ t	2 299.92	1 050.08	219.02%
粮食	$\times 10^4$ t	373.18	388.22	98.7%
石油及制品	$\times 10^4$ t	391.32	343.47	113.93%
化肥	$\times 10^4$ t	332.37	199.97	166.21%
集装箱	$\times 10^4$ TEU	27.42	20.92	131.07%

注：摘自《2007 年度广西壮族自治区交通经济运行分析》

21.2.8.2 防城港

防城港是在 1968 年 3 月为开辟援越抗美海上隐蔽运输航线而建设，被称为"海上胡志明小道"。港口可开发利用的深水岸线达超过30 km，可建设近100个0.5~20万吨级泊位。全市有防城港、企沙港、潭油港、茅岭港、潭吉港、白龙港、竹山港等港口，可建港岸线56 km（企沙半岛），现已使用岸线长6.41 km。目前，市辖区内共有各类大小泊位91个，2007年全市港口货物吞吐量达5 052×10⁴ t，同比增长49.4%，货物吞吐量再创新高。

防城港为国家沿海25个主要港口之一，是国家一类对外贸易口岸，承担广西和西南地区主要出海口的地位和作用。防城港拥有泊位35个，其中万吨级以上深水泊位14个，设计最大靠泊能力5万吨级，年实际通过能力超过2 500×10⁴ t，专用集装箱泊位年通过能力25×10⁴ TEU。广西沿海港口标志性工程—防城港20×10⁴ t级矿石码头两边均能靠船，开创国内可直接"船到船"直装直卸作业的先河；码头设施配备现代化，配有卸率每小时1 500 t的桥式卸船机3台、卸率每小时600 t的门座式起重机4台，昼夜卸率达13.8×10⁴ t，高居华南沿海各港口之首。全国唯一的硫磷专业码头不但填补了国内无硫磷专业码头的空白，还创下自动化程度最高、卸船效率最快、配套设施最好等多项全国纪录。码头每小时卸率高达2 000 t，是非专业码头卸率的5倍，进一步巩固了防城港作为我国硫黄最大进口港的地位。10号集装箱码头是目前广西沿海港口功能最齐、配套最好、效率最高的第三代集装箱码头，每小时单桥装卸效率达25 TEU。5万吨级液体化工码头结束了广西沿海没有液体化工公共码头的历史，港口公共管道装卸运输短腿的局面也成为过去，其配套的3 000亩仓储加工区用地，打破了广西没有石化加工、仓储、分销配送一体化的工业、物流园区的局面。目前，防城港每周开往国内外的集装箱班轮接近30班。2007年，防城港集装箱吞吐量占广西沿海港口集装箱吞吐量的70%。

21.2.8.3 钦州港

钦州港深水岸线长68 km，港池地形隐蔽宽阔，避风条件良好，航道水深，可挖性好，潮差大，回淤少，是全国为数不多的深水良港之一。钦州市所辖海岸线西起钦防界茅岭江口，东至北钦界大风江口，岸线总长520.8 km。港口规划岸线86.05 km，其中深水岸线54.09 km，可建1×10⁴~30×10⁴ t级深水泊位约200个。全港现有生产性泊位35个，其中万吨级以上泊位8个，1 000~5 000吨级泊位5个，现有进港航道为3万吨级，全港设计年吞吐能力1 026万吨。截至2007年12月31日，钦州港全年完成货物吞吐量1 206.3万吨，同比增长58.3%，完成年度计划任务的120.6%。

"十一五"期间，钦州市将重点建设深水航道和泊位、临海工业专用码头、集装箱码头，主要项目为：钦州港10万吨级航道、10万吨级原油专用码头等项目。争取至2010年底建成万吨级以上泊位23个，港口吞吐能力4 000万吨以上，港口吞吐量3 500万吨以上。

21.2.8.4 北海港

北海港东起英罗湾，西至大风江，岸线总长500多km，全港共分为石步岭港区、铁山港区和大风江港区等几个港区，共有泊位43个，其中万吨级以上泊位7个，设计吞吐能力710×10⁴ t。2007年全港完成港口货物吞吐量932.2×10⁴ t，增长15.9%；集装箱吞吐量4.7×10⁴ TEU，增长39.1%。

北海港目前按统计范围来分，全港包含北海市区内的商用和专业货主码头。按管辖来说，北海港管辖北海老港区，石步岭港区，铁山港港区和大风江港区。北海老港区、石步岭港区是在营运港区，铁山港港区在建设中，大风江港区是规划建设港区。北海老港区、石步岭港区和铁山港港区的状况如下：

北海港老港区（第一作业区）：现有生产用泊位 5 个，非生产用泊位 2 个。生产用泊位：200 t 级 2 个，700 t 级 2 个，1 000 t 级 1 个。核定年吞吐能力 35×10⁴ t。另外在 200 t 级和 700 t 级泊位之间改造成 1 000 t 级客轮泊位 1 个，年旅客吞吐能力 30 万人次。

北海港石步岭港区（第二作业区）：现有泊位 4 个，其中 1×10^4 t 级 2 个，2×10^4 t 级 1 个，3.5×10^4 t 级 1 个，年吞吐能力 180×10^4 t（其中集装箱 4.8×10^4 TEU）。

铁山港港区：在建 2 个 2×10^4 t 级杂泊位，年吞吐能力 95×10^4 t。因后续资金还未到位，而在陆域形成方面做了大量工作，替他工程项目现还未开工。另外，北海港货主码头有 7 个，年吞吐能力 90×10^4 t。其中海运公司码头 1 个，年吞吐能力 10×10^4 t；航海公司码头 1 个，年吞吐能力 2×10^4 t；外贸公司码头 1 个，年吞吐能力 10×10^4 t；广西中油水产码头 1 个，年吞吐能力 10×10^4 t；石油公司冠头岭码头一个，年吞吐能力 5×10^4 t；二级站码头 1 个，年吞吐能力 3×10^4 t：化工厂油码头 1 个，年吞吐能力 50×10^4 t。

21.2.9　滨海旅游业

2001 年，整个广西滨海国际旅游业共接待国际游客 67 562 人次，营业收入 1 410 万美元，而到了 2006 年共接待国内游客 471.19 万人次，国内旅游收入 25.69 亿元，实现旅游创汇 890.56 万美元。2007 年，广西滨海旅游业产值 39.04 亿元，接待中外游客 904.82 万人次，其中，接待香港、澳门、台湾同胞及境外游客 12.265 6 万人次，国际旅游收入 2.0 亿元。2008 年，广西滨海旅游业产值 35.241 亿元，接待中外游客 969.362 万人次，其中，接待香港、澳门、台湾同胞及境外游客 11.142 万人次，7 年来增长了 64.9%，年均增长率为 7.4%；国际旅游收入 2.0 亿元，7 年来增长了 105.6%，年均增长率为 10.8%。

广西区沿海三市 2000 年旅游收入 160 089 万元（钦州市未统计），2006 年旅游收入达到 280 203 万元，比上年增加 16.1%，其中北海市旅游收入最高，占 3 市旅游收入总和的 67.6%（表 21.6）。

表 21.6　广西区沿海三市 2000—2006 年旅游收入 　　　　　单位：万元

地区名称	地区代码	2000 年	2001 年	2002 年	2003 年	2004 年	2005 年	2006 年
北海市	450 500	154 400	159 106	175 502	161 600	145 313	161 718	189 300
防城港市	450 600	5 689	5 500	5 358	2 407	4 017	4 358	5 059
钦州市	450 700					62 656	75 264	85 844
合计		160 089	164 606	180 860	164 007	211 986	241 340	280 203

21.3　海洋经济发展状况评价

21.3.1　海洋经济在自治区经济发展中的地位

20 世纪 90 年代以来，海洋产业不断增值扩大，目前已经发展成为不断增值扩大的海洋产业群，并在沿海地区经济增长中发挥越来越大的作用，成为地区经济发展新的增长点。

2000 年，全国海洋产业增加值 2 297 多亿元，占国内生产总值的 2.6%，占沿海省区市 GDP 总量 5.5 万亿元的 6.88%。2005 年全国海洋产业增加值为 7 185.05 亿元，比 2000 年增加 2.12 倍，相当于全国国内生产总值的 4%，占沿海省区市 GDP 总量 11.512 万亿元的 6.24%（数据来源于《中国海洋统计年鉴》）。

2000 年广西海洋产业增加值总量为 75 亿元，在全国 11 个沿海省份中位于第 10 位（列河北之前），说明其发展水平还很低。但是，海洋经济对本地区国民经济贡献率为 3.66%，在全国 11 个沿海省份中位列第 9 位（在江苏和河北之前）（表 21.7）。

表 21.7　沿海地区 GDP 与海洋产业增加值的关系（2000 年）

地区	国内生产总值/亿元	海洋产业增加值 */亿元	占 GDP%
辽宁	4 669.06	260	5.57
河北	5 088.96	69	1.26
天津	1 639.36	149.8	9.14
山东	8 542.44	520	6.1
江苏	8 582.73	190	2.21
上海	4 551.15	260	5.71
浙江	6 036.34	257	4.26
福建	3 920.07	460	11.73
广东	9 662.23	750	7.76
广西	2 050.14	75	3.66
海南	518.48	95	18.32
合计	55 260.96	3 085.8	6.88

*数据来源于《21 世纪初广西海洋产业发展研究》

21.3.2　海洋经济的产业结构及三次产业发展程度

在 2000 年统计的全国 7 个主要海洋产业中，海洋渔业及相关产业独占鳌头，占海洋产业总产值的 51%，其他产业按所占比例大小依次为海洋交通运输业占 18%，滨海国际旅游业占 15%，海洋油气与天然气开采业占 9%，海洋造船业占 5%，盐业占 2%，滨海砂矿开采不足占 1%。而 2000 年广西的主要各海洋产业占海洋产业总产值比例结构依次为海洋渔业（98.5%）、滨海国际旅游业（1.059%）、盐业（0.435%）、矿砂（0.027%）（表 21.8）。

表 21.8　2000 年沿海地区海洋产业总产值（分产业）　　单位：亿元

地区	合计	海洋渔业及相关产业	石油与天然气	砂矿	盐业	造船	交通运输	国际旅游
天津	138.63	6.66	67.43		4.81	2.33	38.23	19.17
河北	69.19	33.05			8.07	2.71	19.45	5.91
辽宁	326.58	211.3	4.92		4.42	47.23	37.48	21.23
上海	601.37	13.1				74.53	380.37	133.37

续表21.8

地区	合计	海洋渔业及相关产业	石油与天然气	砂矿	盐业	造船	交通运输	国际旅游
江苏	146.04	114.37			5.39	9.71	11.28	5.29
浙江	399.53	300.74			0.72	21.4	40.06	36.61
福建	419.15	347.76		0.96	1.05			69.38
山东	737.76	551.77	36.23	0.05	57.17	26.08	45.38	21.08
广东	1114.57	335.63	275.19	0.28	0.58	39.8	144.82	318.27
广西	110.45	108.77		0.03	0.48			1.17
海南	70.23	61.19		1.73	0.38	0.18	0.33	6.42
总计	4 133.5	2 084.34	383.77	3.05	83.07	223.97	717.4	637.9

* 数据来源于《21世纪初广西海洋产业发展研究》

2005年的全国有统计海洋产业为13个，为了与2000年比较，在13个产业中选取跟2000年相同的7个主要海洋产业（表21.9），由表可知，海洋渔业虽然依然占据第一比例，占海洋产业总产值的35.94%，但是却不再是一枝独秀，滨海国际旅游业有了很大的发展，占30.96%，其他产业依次为，海洋交通运输业占18.64%，海洋油气与天然气开采业占6.81%，海洋造船业占6.81%，盐业占0.66%，滨海砂矿开采占0.17%。2005年广西的主要各海洋产业占海洋产业总产值比例结构依次为海洋渔业（83.762%）、滨海国际旅游业（14.607%）、矿砂（1.082%）、海洋交通运输（0.306%）、盐业（0.227%）、造船（0.016%）。

表21.9　2005年沿海地区主要海洋产业总产值　　　　　　　　单位：亿元

地区	合计	本次比较所选取的7个产业合计	海洋渔业及相关产业	石油与天然气	砂矿	盐业	造船	交通运输	国际旅游
天津	1 447.5	959.83	9.27	329.08		8.69	18.63	261.43	332.73
河北	324.6	214.98	59.30	1.76		9.50	10.20	51.90	82.32
辽宁	1 039.9	989.11	490.59	5.31		6.32	169.00	93.11	224.78
上海	2 296.5	2 294.72	32.14	4.83			233.40	944.34	1 080.01
江苏	739.6	505.13	216.89			5.58	157.18	19.92	105.56
浙江	2 298.8	1 472.61	647.99		15	1.05	139.00	299.20	370.37
福建	1 503.8	1 336.58	756.78		1.57	1.12	41.07	233.64	302.40
山东	2 418.1	2 004.28	1 286.45	48.73	0.16	50.05	34.52	194.16	390.21
广东	4 288.4	2 600.92	828.36	477.20	2.63	1.00	64.80	268.76	958.17
广西	147.2	127.54	106.83		1.38	0.29	0.02	0.39	18.63
海南	250.9	229.19	142.96		1.29	0.52		7.19	77.23
全国	16 755.1	12 734.83	4 577.50	866.91	22.03	84.12	867.82	2 374.04	3 942.41

* 数据来源于《中国海洋统计年鉴》

从11个沿海省市区2005年的数据相比中看出（表21.9），经济发达的沿海省份海洋产业门类较齐全，结构比例也比较平衡；中等发达的省份也具有较齐全的海洋产业门类，但以海洋水产业为主导的第一产业比例过大；而经济总体实力较弱或相对落后的省区，海洋产业结构极度不合理，几乎是海洋水产业的独霸天下。

以上分析表明，广西的海洋产业的总体实力在全国 11 个沿海地区中处于落后地位。首先，总产值绝对量小。2000 年广西海洋产业的总体实力位居倒数第 3，产值总量略高于海南、河北两省，与居第一位的近邻广东省相差 10 倍之多，而 2005 年位居倒数第 1，与居第一位的近邻广东省相差 100 倍之多，差距及其悬殊。其次，产业结构不合理，2000 年第一产业海洋水产的产值占海洋产业总产值的 98.5%，2005 年为 83.8%，而且产业门类单一，虽然拥有丰富的旅游资源和相对便捷的临海交通优势，但海洋第三产业不发达，这与沿海地区依据交通便捷、气候适宜而占据发展第三产业天时、地利的沿海经济发达省份形成鲜明对比。

从 1990 年以来全国三次海洋产业比重变化趋势可以看出，产业结构发生了积极变化，由"八五"末海洋一、二、三次产业比值为 48:14:38 发展到"九五"末的 50:17:33，而 2003 年一、二、三次产业比重为 28:29:43，这一数据到了 2007 年则为 5:46:49，产业结构进一步优化。可以看出在这十几年中，第二海洋产业发展较快，第一海洋产业相对速度减慢，第三海洋产业保持稳步增长，但与目前世界海洋产业"二三一"的结构相比，我国高科技引领的海洋第二产业比重还有待进一步提高。

值得注意的是，在全国海洋第二产业迅速发展的进程中，广西的海洋第二产业不仅没有新起色，而且直线回落。任何区域经济的发展过程，都势必经历一个产业结构从低级向高级的成长，也即三次产业结构的优化调整遵循一二三到二一三，再到三二一的过程。事实表明，广西的海洋产业尚处于初级阶段，海洋二三次产业与传统的第一产业（水产业）之间尚不具可比性。区域海洋产业的发展尚有很长一段路要走。

21.4　小结

2006 年，广西海洋生产总值为 300.7 亿元，占广西地区生产总值的 6.2%，海洋生产总值的构成情况为：海洋产业增加值为 184.9 亿元，占广西海洋生产总值的 61.5%，其中主要海洋产业增加值为 142.5 亿元，占广西海洋产业增加值的 77.1%。2008 年，渔业总产值 207 亿元，水产品产量 250×10^4 t，分别比 1978 年增长了 422 倍和 21.3 倍。渔民人均纯收入由 1978 年的 412 元提高到 2007 年 8 123 元；沿海三市共有 7 座盐场，生产面积 2 657 hm^2。7 座盐场年产量 114 714 t。人均原盐年产量远低于山东的平均水平，与天津塘沽盐场生产效率差距更大；主要的海洋化工企业有 7 家，均在北海市，以盐化工产品为主，生产盐品、炭黑、过磷酸钙、柴油稳定剂、腐殖酸液肥、肥料添加剂、复混肥，总产量约 242 136.6 t，总产品销量收入 14 724.5 万元；2007 年底，港口吞吐能力 6 853 $\times 10^4$ t，集装箱 26×10^4 TEU。其中，外贸货物吞吐量完成 4 965.19 $\times 10^4$ t，比上年增长 42.63%；2008 年，广西滨海旅游业产值 35.241 亿元，接待中外游客 969.362 万人次，近 7 年来增长了 64.9%；国际旅游收入 2.0 亿元，近 7 年来增长了 105.6%，年均增长率为 10.8%。

但是，广西的海洋产业尚处于初级阶段。广西的海洋产业的总体实力在全国 11 个沿海地区中处于落后地位。主要体现在总产值绝对量小和产业结构单一两方面。2000 年广西海洋产业的总体实力位居倒数第 3，产值总量略高于海南、河北两省，与居第一位的近邻广东省相差10倍之多，而2005年位居倒数第1，与居第一位的近邻广东省相差100倍之多，差距极其悬殊；2000年第一产业海洋水产的产值占海洋产业总产值的98.5%，2005年为83.8%，而且产业门类单一，虽然拥有丰富的旅游资源和相对便捷的临海交通优势，但海洋第三产业不发达；在全国海洋第二产业迅速发展的进程中，广西的海洋第二产业不仅没有新起色，而且直线回落。

第六篇　广西沿海经济的可持续发展

22 广西近海资源变化与开发利用现状

广西近海具有丰富的海岸线、港湾、滩涂及海岛资源，是广西海洋经济发展的主要物质保障。本章重点评述广西海岛、海岸线和滩涂资源变化和开发利用现状，为广西沿海海洋经济可持续发展建议提供背景依据。

22.1 海岛资源开发主体单一，资源利用率低

当前广西海岛，尤其是沿岸海岛基本上均处于不同程度的开发状态中，但是资源利用率较低，具体表现在两个方面：一是海岛开发基本以传统农业、渔业为主，处于粗放型状态，集约化程度不高；二是海岛开发缺乏系统、科学规划或者规划不合理。例如，有的地区为了眼前利益，肆意开采岛上砂石、土方进行围塘养殖，既破坏海岛岸线资源，又损坏了海岛及周边海洋生态环境，从而使养殖效益逐年下降，许多虾场被闲置、荒废；有的地区开发海岛用于农林种植，由于缺乏规划和管理，种植作物单一，产出不高；近年来，七十二泾、龙门群岛、渔沥岛以及大风江口等海岛开始种植速生桉这样耗水、耗肥的速生树种，极有可能出现地力减退和衰竭，引起物种丧失、水土流失等生态问题；而对于旅游资源较为丰富的海岛，由于缺乏充分的科学论证和规划，一些房地产公司以旅游开发之名行房地产开发之实，占用海岛，浪费海岛资源；一些被用于城镇建设的海岛，由于当地有关部门缺乏长远考虑，多采用填海、修筑非透水构筑物等方式，将海岛连陆变为半岛，造成海岛岸线资源受损严重，港湾纳潮量减少，致使港口管理部门和有关企业每年都需要斥巨资用于航道疏浚，得不偿失。

尽管广西海岛用途趋于多元化，但开发主体单一。广西海岛开发主要用于城镇建设、港口设施建设、旅游、围海养殖、农林种植等，呈现出多元化态势。用于城镇建设的海岛如龙门岛，20世纪60年代被开发建设成为军港，现为钦州市钦南区龙门镇政府所在地，目前常住人口8 054人。用于港口设施建设的海岛如渔沥岛，现已开发建设成深水良港，目前年吞吐能力已接近4 000×10⁴ t，预计全部建成后年吞吐能力可达亿吨，将成为我国沿海14个主枢纽港之一。用于旅游资源开发建设的海岛有涠洲岛、斜阳岛、麻蓝岛、七十二泾、六墩、沙耙墩等，其中涠洲岛已建设有国家级地质公园、海底珊瑚公园等。用于围海养殖的海岛如龙门群岛、长榄岛、珍珠墩等，自20世纪90年代中期以来，当地群众就开发用于围海养殖。此外，还有部分海岛被沿海群众开发用于种植松树、速生桉、农作物等。虽然广西海岛用途呈现多元化态势，但开发利用主体较为单一，主要是沿海群众自发进行，企业主体相对欠缺，政府部门仅投资于少数港址资源或者旅游资源丰富的海岛。由于开发主体单一，社会融资渠道不通畅，科技与资金实力不强，海岛开发缺乏准确的定位和集约化经营，因此海岛开发效果不理想，甚至如七十二泾风景区、仙岛公园和麻蓝仙岛等拳头旅游产品也人气不足，经营惨淡。

22.2　人工岸线增加，自然岸线呈现逐年递减的趋势

　　受围塘养殖、盐田修建、港口围填以及人工海堤修建的影响，广西自然岸线的长度呈逐年递减的趋势，自然岸线逐渐转变为人工岸线，且岸线平直化趋势严重，各岸段人工岸线增长速率为：北仑河口段人工岸线的长度由 1970 年的 37.2 km 增加至 2007 年的 81.5 km，年均增长速率为 2.14%；防城港区段人工岸线的长度由 1980 年的 9.1 km 增加至 2007 年的 33.4 km，年均增长速率为 4.93%；钦州港区段人工岸线的长度由 1980 年的 17.2 km 增加至 2007 年的 30.6 km，年均增长速率为 2.16%；北海银海区段人工岸线的长度由 1970 年的 25.9 km 增加至 2007 年的 41.8 km，年均增长速率为 1.30%；铁山港区段人工岸线的长度由 1970 年的 34.2 km 增加至 2007 年的 70.5 km，年均增长速率为 1.97%；英罗港区段人工岸线的长度由 1970 年的 13.4 km 增加至 2007 年的 20.1 km，年均增长速率为 1.10%。而且，随着北部湾经济区规划的实施，广西海岸开发力度将会逐渐加大，自然岸线的减少将不可避免。

22.3　滩涂养殖活动增强，滩涂湿地面积锐减

　　目前，广西沿岸滩涂的开发利用方式多以海水养殖为主，沿海三市海水养殖面积达 6.14 万公顷，占滩涂总面积的一半以上；其他方式，如盐业、临海工业、围垦和城镇建设等使用滩涂约 1 万公顷，约占滩涂总面积的 10%。广西滩涂湿地面积由 1955 年的 1.115×10^5 公顷减少至 1998 年的 0.988×10^5 公顷，40 余年里减少了 11.4%；其中递减速率最快的是砂砾质滩涂和泥质滩涂。

22.4　小结

　　从广西近海资源变化与开发利用现状来看，目前广西在海洋资源开发利用方面存在的问题为：海岛资源开发主体单一，资源利用率低；自然岸线资源呈现逐年递减的趋势；滩涂养殖活动增强，滩涂湿地面积锐减。

23　广西近海环境现状

近年来，广西海岸带由于受工农业活动排污、过度捕捞、人工海堤修建和围填海等人类活动的影响，其生态环境质量总体上看并不乐观。如何解决海岸带环境保护和资源开发利用的矛盾，是实施广西海洋经济可持续发展所面临的重要问题。本章重点评述广西近海海洋环境现状。

23.1　湿地生态系统破坏日趋严重

滩涂面积减少的直接效应是湿地生态系统遭受严重破坏，特别是广西独具特色的生态系统，如红树林，珊瑚礁和海草等，退化尤为严重。广西海岸曾有 23 904 hm² 红树林，而现存红树林面积仅 9 197.4 hm²，面积减少了近 3 倍；广西沿岸的珊瑚礁目前仅存于涠洲岛 – 斜阳岛一带海域，且涠洲岛部分礁坪上珊瑚的死亡率和白化率占覆盖率的 50% ~ 90%，其生态系统面临的威胁仍不断加大；合浦海草床 1980 年面积为 2 970 hm²（韩秋影等，2007），是目前铁山港与沙田海域海草总面积（788.6 hm²，2008 年调查数据）的 3.8 倍。

23.2　近海水体总体清洁，但个别区域石油烃污染严重

广西近岸水体总体比较清洁，秋冬季节好于春夏季节。污染较重的是 DO、无机氮和石油烃，个别站位为三类水质；其次部分汞、锌、pH、磷酸盐、铅为二类水质；多数要素符合一类水质标准。与历史资料相比，中西部海域营养盐污染逐渐好转，东部的铁山港未被控制；西部的珍珠湾的石油烃比历史上污染严重，中东部各湾逐步好转。

23.3　近海沉积物已受到污染

广西近海沉积环境良好。沉积物种总氮污染较重，多数站位为二类沉积物质量；其次是部分站位的镉、有机碳、硫化物和石油烃超过一类沉积物标准；其余均符合一类标准。

但是广西潮滩底质沉积物中 TP 和 Cu 的超标情况最为严重，超标率分别高达 21.43% 和 20.73%，其余元素的超标情况相对较轻，超标率均低于 10%；超标站位多集中分布在河流入海口、港口区和工业园区附近。特别是自 20 世纪 80 年代初至今，各类污染物的入海通量也明显增强。

海底沉积物污染又通过食物链污染海产品，最终危害着人类健康。近几年底栖生物体内残毒的含量大幅上升。例如，广西近海生物体中铬含量较高，均超出一类生物质量标准，其余重金属和 666、DDT 在部分生物体中超过一类标准；潮间带底栖生物体重的 Cd 和 As 从

2003 年至今 As 的含量增长了近 10 倍，As 元素已经成为制约广西近岸生物体质量的首要因子。

23.4　个别海湾海水环境容量趋于饱和，环境承载力降低

在广西珍珠湾、防城港湾、钦州湾、廉州湾和铁山港湾 5 个海湾中，珍珠港和防城港的氮、磷营养盐和 COD 有一定剩余通量；钦州湾趋于饱和；铁山港营养盐趋于饱和，COD 有一定剩余；廉州湾营养盐超过二类水体，COD 趋于饱和。结合各海湾实际排海通量，为保持一类水质，西部的珍珠湾还有一定的纳污能力；东部的铁山港营养盐排放通量不宜增加，COD 还有部分容量；防城湾已达饱和，DIN 和 COD 排放通量不能再增加，应削减 20% 的磷酸盐；中部的廉州湾和钦州湾则需要大幅度削减营养盐排污量，维持 COD 排放通量。

各海湾环境承载力相对量顺序由大到小为廉州湾、钦州湾、防城港、铁山港、珍珠港，其中廉州湾、钦州湾承载力较高，铁山港和防城港承载力居中，珍珠港环境承载力较低。而在考虑社会支持能力后，顺序变为廉州湾、钦州湾、铁山港、防城港、珍珠港，铁山港的环境承载力较不考虑社会支持能力排名前进了 1 个，表明其环境承载力在社会经济条件的支持下得以增大。

23.5　岸线变化导致海湾局部流场和冲淤变化

岸线变化造成了钦州湾局部流场改变，在钦州湾口附近填海造成水道变窄，增加了该区域最大流速，增大冲刷量，码头附近的填海造成局部的流速减弱，造成工程附近局部泥沙淤积。在 1994 年岸线下，钦州湾海底处于动态平衡状态，湾口附近微淤积；2007 年岸线下，湾口航道附近出现微冲刷状态，冲淤变化小于 1 cm/a。

23.6　滩涂过度采挖和过度养殖导致原生经济种濒临灭绝

附近居民过度采捕（电虾、挖螺、挖沙虫等）和过度养殖（蛤类），不仅使原有野生经济种（如方格星虫、竹蛏、对虾等）濒临灭绝，而且殃及了那些对环境改变适应力较差的非经济种（沙蚕、幼虾、幼鱼等）。当前，广西潮滩生物种类以蛤类（多为人工养殖）、螺类（表栖的非经济种）和蟹类（适应力较强的非经济种）为主，生物多样性和群落结构严重退化。以铁山港区营盘镇彬塘村青山头村为例，这里曾是北海最有名的沙虫产地之一，挖沙虫是村民的主要经济来源，但近年来随着环境污染和过度挖捕，这里的沙虫已经越来越少，沙虫挖采量从十几年前的每小时几斤，锐减至现在的一天几两。

23.7　非法采矿导致近海海底环境失衡

受经济利益的驱动，近 10 年来，广西近海非法采活动日益猖獗。以茅尾海为例，从 2000 年起开始出现采矿船抽砂采取钛铁矿，此后逐渐增多，高峰期每天高达 400 多艘采矿船同时在茅尾海非法抽砂采矿。这些非法采矿活动对茅尾海的环境和生态带来了严重危害，如

采矿船排出的污水污染了周边的海水，导致了自净能力较差的茅尾海海洋生态环境恶化，进而对大蚝育苗、水产养殖及堤内对虾养殖等海水养殖业带来了灾难性的后果；采矿作业不仅留下星罗棋布的小沙丘分布于航道两侧，妨碍了船只的航行安全，而且扰乱了茅尾海泥沙的输运规律，进而导致了茅尾海的纳潮量减少，龙门航道流速减缓、泥沙淤积，直接危及钦州港的建设发展。

23.8　小结

从近海环境质量来看，目前广西近海环境存在的问题为：湿地生态系统破坏日趋严重；尽管近海水体总体清洁，但个别区域石油烃污染严重；沉积物质量总体良好，但个别区域已受到污染；个别海湾海水环境容量趋于饱和，环境承载力降低；岸线变化导致海湾局部流场和冲淤态势发生了变化；滩涂过度采挖和过度养殖导致原生经济种濒临灭绝；非法采矿导致近海海底环境失衡。

24　海洋经济可持续发展建议

本章依据广西近海资源开发利用和环境现状，针对当前广西近海存在的主要问题，提出相应的近海海洋经济可持续发展建议。

24.1　资源开发与保护建议

24.1.1　海岸线资源开发与保护建议

海岸线是不可再生的稀缺性资源，1 628 km 长的海岸线是广西北部湾经济区的核心竞争优势；同时，广西沿岸分布有红树林、珊瑚礁和海草等典型生态系统，这类生态系统的健康与岸线的自然属性休戚相关。因此，随着广西北部湾经济开放开发的深入发展，在最大限度保护岸线自然属性的前提下，科学合理地开发利用海岸线资源，不仅事关广西北部湾经济区开放开发的大局，而且直接制约了广西北部湾经济区的可持续发展。

24.1.1.1　开展岸线资源现状评价，实现岸线资源等级划分

评价工作是任何资源开发利用的首要任务。海岸线作为广西重要的不可再生海洋资源之一，为了确保其合理地开发利用，资源评价是必不可少的工作。岸线资源评价的主要内容应该包括：岸线类型与分布、海岸的稳定性、当前岸线的开发利用现状、岸线的资源功能等，并从功能角度进行岸线等级划分。广西"908 专项"岸线修测对当前广西的岸线类型与展布规律及海岸稳定类型进行了系统的调查，实现了广西海岸线数据的全面更新。广西海岸线资源评价的主要任务包括：

1）海岸线抽象自然属性向功能属性的转变

从开发利用角度确定岸线（海岸）向陆、海的延伸范围，在确定的范围内，充分利用广西"908 专项"岸线修测取得的有关岸线类型与分布、海岸的稳定性等资料，结合岸滩调查和近海环境调查取得的成果，系统归纳广西岸线的自然属性；在此基础上，结合广西北部湾经济区发展规划和海洋功能区划，对不同的岸段赋予相应的资源功能属性。

尽管在《广西北部湾经济区发展规划》中，根据广西社会发展的需要，将北部湾经济区海岸线划分为 7 种类型（分别为港口及工业岸线、城镇建设岸线、旅游观光岸线、休闲游憩岸线、养殖岸线、生态保护岸线和其他岸线），但是，这种完全从经济发展角度进行岸线分类是否符合岸线的自然属性，仍值得进一步推敲，科学合理的方案应该是在充分分析研究岸线自然属性的基础上，客观地进行岸线功能分类。

2）开展岸线资源价值评估，实现岸线资源等级划分

在资源经济学中，岸线是一个空间概念，指可实现一定功能的空间区域，包括一定范围的水域和陆域，是水域和陆域的结合地带；岸线的资源价值包括两方面，一是岸线的物质价值，即岸线潜在的功能性、稀缺性和有限性，二是岸线资本价值，它是人类对岸线资源的劳动投入，包括物化劳动和活劳动投入。因此，岸线价值化使岸线不仅具有自然属性，而且具有商品属性、资产属性和法律属性。

岸线的价值化是将岸线的利用从静态到动态、从无偿到有偿、从资源到资产的过程，是将岸线资源客观存在的价值得以实现、计量和显化的过程。

对岸线资源进行合理的价值评估是实施岸线资源有偿使用的前提。岸线资源价值评估是在岸线功能定位的基础上，分析岸线的各种属性的综合评定，采用的方法为层次分析模型。以港口岸线为例，其资源价值评估体系包括岸线的自然状态、腹地经济发展水平、社会和交通运输网等因素，而这些因素又由各类要素组成，如此构成了港口岸线资源价值定量评价层次。以岸线资源价值为标准，便可以实现各类功能岸线的资源等级划分。

24.1.1.2　开展岸线资源潜力预测，实现岸线资源开发与保护"双赢"

随着人口不断地向海迁移，沿海城市面临更加沉重的资源与人口压力。一条重要出路就是发展海洋经济，向海洋要食物、要空间，在这样的大背景下海岸带首当其冲。但是，资源开发是一把"双刃剑"，度的把握成为打造千里幸福海岸的关键。开发必须在保护好生态与环境的前提下进行，没有开发就没有发展，而缺少保护意识的开发则是一种短见的开发。

因此，建议在本次"908"海岸带综合调查的基础上，总结和明确具体岸段的保护级别，并完善海岸开发与保护的法规体系，尽快制定《广西海岸线开发与保护管理条例》，实行海岸线空间管制制度，规范海岸开发行为。如实行海岸线占用补偿制度，用于海岸线修复与景观生态建设。

此外，还建议建立港口、工业、填海造地等建设项目占用岸线审批许可制度，通过投资强度、岸线占用产出比等指标，合理安排占用海岸线建设项目；调整非涉海产业占用海岸线项目，提高岸线利用效益，降低海岸生态风险。

24.1.2　滩涂资源开发与保护建议

沿海滩涂既是渔民重要的生产生活基础，也是海洋生态系统的组成部分，同时也是广西临海主要的后备土地资源。随着北部湾经济区的快速发展，沿海人口和港口吞吐量的锐增以及临海工业园区的兴建，滩涂开发势在必行。但是，滩涂湿地是受陆地、海洋和人类活动共同作用下的具有典型生态"边缘效应"的地带，也是生态环境相对脆弱的区域，极易受人类活动的干扰发生环境改变，甚至导致湿地生态系统的退化。如何有序的、可持续地利用滩涂湿地资源已成为当前关注的热点。

24.1.2.1　开展滩涂资源评价，实现滩涂功能区划

广西潮滩总面积约212万亩（不包括潮间带河道和大型海汊水域），其中已开发的养殖区（虾池、养鱼池等）约20万亩，开发潜力巨大。开展滩涂资源评价工作是确保滩涂合理、

可持续开发利用的首要任务。滩涂资源评价的主要内容应该包括：滩涂类型、分布与面积、滩涂的冲淤稳定性、当前滩涂的开发利用现状、滩涂的资源功能等，并从功能角度进行滩涂资源划分。广西"908 专项"滩涂地貌调查对当前广西的滩涂类型、空间分布及其稳定性进行了系统的调查，实现了广西海岸带滩涂数据的全面更新。广西滩涂资源评价的主要任务包括：首先，依据海岸带调查专题对岸滩的类型的划分及不同类型滩涂的空间分布，对其主要的功能和价值进行定位，分别赋予各类滩涂资源功能属性和保护意义，如对广西滩涂可分为海水养殖滩和砂矿资源利用滩涂，红树林、海草滩和珊瑚礁保护滩涂等，在此基础上，圈定各类滩涂资源分区和保护类型分区；随后针对具体类型进行资源价值评价或生态价值评价。其中，生态系统服务价值评价又包括直接利用价值（海水养殖、滩涂渔业价值等）、间接利用价值（护堤减灾、气候调节、生物多样性、科学研究、净化水质价值等）和非利用价值（选择、存在、遗传价值等）评价。需要注意的是，滩涂资源和岸线资源紧密伴生，因此，滩涂资源评价与区划应与岸线资源评价和功能等级划分同步、兼顾进行。

24.1.2.2　基于滩涂功能区划，制定完善的滩涂围垦规划

对滩涂资源的无序开发，不仅会破坏滩涂生态系统，同时也不利于滩涂资源的繁衍和循环再生。因此，在滩涂功能区划编制的基础上，制定完善的北部湾滩涂围垦总体规划是完全必要的。滩涂规划应坚持综合、立体、高效和可持续利用的原则，而且总体上应与《广西壮族自治区海洋功能区划》、《广西壮族自治区土地利用总体规划（2006—2020 年）》、《广西沿海港口布局规划》、《广西养殖水域滩涂规划（2005—2015 年)》、《广西海洋产业发展规划》、《广西壮族自治区海洋环境保护规划》和《广西北部湾经济区发展规划》及各沿海市城市总体规划（2008—2025 年）等相衔接，统筹考虑各地的围垦容量，同时明确近期和远期开发的功能和目标，充分发挥滩涂资源的经济、社会和生态效益。沿海各市、县要按照全区滩涂围垦总体规划，认真组织修编区域滩涂围垦规划。

24.1.2.3　开展滩涂环境综合评价，推进滩涂生态开发模式

利用滩涂资源与利用其他自然资源一样，都需要从当地的自然条件和宏观的社会经济条件出发，遵循经济效益、社会效益与生态环境效益相统一的原则。滩涂开发利用应在不破坏生态环境的前提下，通过科学论证，坚持开发中保护、保护中开发，统筹规划、科学开发，否则有可能造成一定的负面影响，得不偿失。

1）重视环境影响评价工作，做到人涂和谐相处

按照国内外的滩涂工程建设惯例，一般在工程建设立项前，有必要对该项工程开展环境影响评价工作。这是一项广泛的本底调研与科学预测工作，对滩涂开发的可持续发展具有重大意义。沿海滩涂环境质量和资源开发不仅直接影响开发利用的经济效益，而且关系到沿海地区人民的生活环境质量和身体健康，故必须加强保护。环境影响评价工作一般包括现状调查、工程对环境的近期影响、远期评价，以及提出减少不利影响的措施和对策等，为项目决策部门和环境管理部门提供科学依据。

需要指出的是，围垦工程的环境影响评价属于区域规划环境影响评价，其评价地域和空间范围较大，因素较多。因此，评价工作应强调其综合性和整体性。从自然环境和社会环境

等各种要素入手，全面分析利弊得失，以便得到正确的评价结论，不能片面强调围垦工程的正面效应。

2）坚持开发与保护并重原则，推进滩涂生态开发模式

滩涂湿地因其具有调节气候、补充地下水、降解环境污染、蓄洪抗旱、控制土壤侵蚀、促淤造陆、保护生物多样性等多种功能，被称为"地球之肾"。保护湿地生物多样性，保证湿地资源的可持续利用，愈来愈引起世界各国的高度重视。因此，在滩涂资源开发过程中，应坚持滩涂资源开发与生态环境保护并重的原则，实现滩涂围垦发展和生态环境保护双赢。

（1）积极倡导"生态围垦"，坚持围垦系统规划的生态性；大力开展设计创新，提高围涂技术水平，以符合"生态围垦"的设计要求；创新施工工艺，优化施工组织，以满足"生态围垦"工程的建设要求；坚持适度分期开发，积极开展绩效评估，以适应"生态围垦"工程的运行管理要求。

（2）保护好海洋珍稀濒危物种及其生境、典型海洋生态系统、有代表性的海洋自然景观和具有重要科研价值的海洋自然历史遗迹等，例如，对那些保存完好的生物滩涂区（红树林、海草和珊瑚礁），应加强滩涂湿地的保护工作，并应积极筹建营盘马氏珍珠贝保护区、党江红树林自然保护区、涠洲岛珊瑚礁自然保护区和茅尾海红树林自然保护区等一些自治区级的保护区。保护区内严格控制人为活动对保护对象的干扰，严禁任何不符合保护区功能或改变地形地貌、植被、地表构成的滩涂开发建设活动。

（3）在海湾、半封闭海的非冲积型海岸地区原则上不得围垦，防止开发目标超过环境容量和滩涂资源的承载能力。以茅尾海为例，由于滩涂插桩养殖、海水吊筏养殖和围塘养殖等人类活动造成茅尾海内纳潮量减少、水动力变弱，滩涂大面积淤积严重、湿地生态功能退化。因此，茅尾海内不建议进行大规模滩涂围垦开发活动。

24.1.3　矿物资源开发与环境保护建议

据统计，世界上96%的锆石、90%的金刚石和金红石、80%的独居石和30%的钛铁矿都来自于滨海砂矿，故滨海砂矿的开发受到多数国家的高度重视。本次广西近岸海底重矿物资源评价和前人研究（黎广钊等，1988）结果也都表明，广西近岸沉积物的重矿物钛铁矿、锆石和电气石也具有资源潜力，其中，钛铁矿和电气石分别主要富集和分布在广西近岸的西部和东部，而锆石品位Ⅱ级以上异常在沿岸区域均有分布，其中钦州湾是砂矿资源最好的远景区。但是，茅尾海砂矿开采教训也警示：无序的过度的砂矿开采也给区域海洋环境带来了灾难性的后果，因此，我们建议在进一步开展近岸海底砂矿资源评价的同时，必须兼顾解决采矿带来的环境效应问题。

24.1.3.1　开展重矿物资源的深入评价，确定重矿物资源矿区

矿产资源评价的最终目的是圈定可供开采的矿区，而矿区的圈定需要大量的钻孔沉积物矿物品位数据控制。但是，本次以及前人对广西滨海砂矿的调查与评价均基于稀疏的表层沉积物或浅孔表层沉积物矿物测试数据，因此，尽管本研究圈定了钛铁矿和锆石潜在资源分布区，但只是提供了可供进一步勘探的靶区，还算不上开采矿区。因此，为了开发利用广西近岸海底砂矿资源，必须进行更详细的资源调查、评价工作，包括海岸带和近海重矿物资源类

型与分布特征综合调查；重矿物潜在资源靶区的资源储量及其价值评估；伴生矿物综合开发利用研究等。

24.1.3.2 开展重矿物资源开发的环境效应评价

由于广西近岸海底重矿物资源分布区属于经济开发建设区，或紧临重点生态区，因此，重矿物资源的开发利用必须考虑引发的环境、生态效应问题。为此，我们提出以下几点建议：

1）对重矿物资源潜在分布区进行环境基线研究，以剔除那些可能因开发利用引起环境和生态灾害的区域；

2）在选定的靶区开展环境和生态效应评价工作，并进行经济损益分析；

3）提高重矿物砂矿资源的开采技术，综合开发利用多重矿物资源，以最大限度降低矿物资源开发带来的环境和生态风险。

24.1.4 海洋生物资源保护建议

24.1.4.1 加强海洋渔业资源的保护

控制和压缩近海捕捞强度，继续实行禁渔区、禁渔期和休渔制度，并在近岸重点增养殖区建设一批生态养殖示范区；加强重点渔场、江河出海口、海湾等海域水生资源繁育区的保护，强化渔业资源开发的生态环境保护监管；继续完善广西近海二长棘鲷幼鱼、幼虾、牡蛎等天然苗种场和繁殖场的管理，建议将此类海域列入限制开发区；制定鱼、虾、贝放流增殖方案，规范放流增殖活动，提高海洋生物物种多样性指数；继续开展人工渔礁建设和封岛栽培试点，加强珍稀濒危水生野生动物救护工作，鼓励开展人工驯养繁殖和放流，探索保护濒危水生物种的有效方式，努力恢复近海海洋生物资源。

24.1.4.2 科学合理利用特殊价值的海洋生物

对北部湾特有的具有医药功能性质的海洋生物，如海马、海蛇等，应控制捕捞量、合理利用。此外，要切实做好茅尾海近江牡蛎母本资源、合浦珍珠贝苗资源等保护工作。

24.2 生态环境保护与生态系统修复建议

沿海社会经济可持续发展的核心内涵是在确保近海环境和生态系统不受破坏的前提下，合理开发利用海洋资源。广西良好的海洋生态状况及潜在的海洋资源，为海洋经济提供了宽广的发展空间。对正在到来的广西北部湾经济区大规模开发热潮，海洋生态环境的保护是必须正面迎对的课题，尤其是中央从近年开始实施的环境保护目标控制及责任指标等措施，既为充分发掘广西海洋生态及资源潜力空间提供了难得的机遇，又使广西海洋经济面临着能否可持续发展的挑战。实现海洋生态和资源的和谐循环，生态环境与经济和社会协调发展，也是广西海洋事业发展的主要目标之一。

24.2.1 加强生态保护和生态区建设

海洋生态保护要建立在可持续发展的理念基础之上，重点是加强典型海洋生态系统保护，修复近海重要生态功能区，建立和完善各具特色的海洋自然保护区，形成良性循环的海洋生态系统。广西海洋生态保护的着力点在保护区，应结合不同保护区的生态特点，因地制宜，合理养护与开发并举，在保护的前提下开发利用，在利用的情况下促进保护区的发展。

24.2.2 加强重要海洋生态功能区的保护与生态修复

加强对现有的山口红树林自然保护区、合浦儒艮自然保护区、北仑河口自然保护区等3个国家级保护区的建设和管理，提高管理水平。保护区的核心区范围全部列入禁止开发区，缓冲区范围列入限制开发区，实验区范围列入优化开发区。规划建设具有保护价值的海洋自然生态、自然遗址、地质地貌、种质资源、珍稀濒危物种、滨海湿地等海洋自然保护区和海洋特别保护区，初步形成开发与保护相结合的保护区网络，有效保护典型生态系统、珍稀濒危物种和海洋生物资源及其生存环境。建立新的海洋生态功能区。规划建设茅尾海海洋特别保护区、涠洲岛—斜阳岛珊瑚礁海洋生态区、北海沙田中华白海豚生态区、钦州三娘湾中华白海豚生态区、钦州七十二泾生态区，均列入限制开发区，使海洋生态功能区与自然保护区形成功能上的梯级体系，实现生态保护和建设在规模上持续发展、在管理模式与经济开发上与时俱进。加强近海重要生态功能区的修复和治理，在重要海洋生态区域建设海洋生态监控区，强化海洋生态功能区的监测、保护和监管，开展海洋生态保护及开发利用示范工程建设。

24.2.3 查明污染源，做好海洋污染防治工作

尽管总体上广西近海相对"洁净"，但是，调查评价结果表明，钦州湾和廉州湾水体中的石油烃、氮、磷等营养盐浓度仍超过二类水质标准，钦州湾沉积物中总氮、总磷超过二类沉积物标准；近海环境中部分有毒有害重金属元素超标严重，如廉州湾水体中的汞、铅、铜，贝类中的镉、铬、铜、锌，钦州湾水体中的锌，沉积物中的镉，贝类中的镉；防城湾水体中的汞，沉积物中的镉，贝类中的镉、铅、铬；铁山湾水体中的铅，贝类中的镉、铅、铜；珍珠港水体中的汞、锌，沉积物中的镉，贝类中的镉等都严重超标。因此，当务之急是尽快查明污染源，以便采取有效的防治措施。

24.2.3.1 严格控制近海环境污染

以修复和改善近岸海域水质与生态环境为目标，以控制入海污染物和海洋生态修复为重点，进一步加强对沿海城镇、开发区和旅游风景名胜区等重点地区陆源污染的控制。严格控制陆源污染物排放。加快沿海城市、江河沿岸城市生活污水、垃圾处理和工业废水处理设施建设，提高污水处理率、垃圾处理率。实施重点陆源污染物直接排放单位主要污染物在线监测监控。逐步实施重点海域污染物排污总量控制和排污许可制度，控制陆源污染排放入海量。按照环境功能区的水质标准建立沿岸增排污宏观调控体系，对已确定的防城港和珍珠港、钦州湾、廉州湾、铁山港等4个有源区的排污区块，实行4个独立体系的排海控制方案。对经过海洋环境保护方案确定的入海排污口、废物倾倒区划入限制开发区，严格限制重金属、有毒物质和难降解污染物排放，并继续维护未污染海域的环境质量。

24.2.3.2 加强海上污染源管理

加大港口、船舶污水及垃圾处理力度，提高船舶和港口防污设备的配备率。新建港口、

码头必须配置回收船舶残油、废油、含油废水、压舱水和船舶垃圾等废弃物的设施，油码头必须配备防止油污染事故的处理设施。加强海洋工程和船舶溢油的管理，严防海上突发污染事故的发生。沿海主要港口所在地政府要成立海洋污染事故应急指挥中心，制定相应的应急预案。规范海水养殖行为，合理控制养殖品种、规模和密度。2012年以前，大中型港口和海洋工程全部安装废水、废油、垃圾回收与处理装置，达标排放；建立完善环境污染、溢油与赤潮灾害监测及应急处理体系，控制重大涉海污染事故的发生。

24.2.3.3　加强海洋环境监测能力建设

建立和完善海洋环境监测体系、海洋防灾减灾体系、海洋生态环境管理体系和重大海洋污损事件应急处理机制。依法对海洋工程、海岸工程进行海洋环境动态跟踪监测。积极开展海洋环境监测能力的标准化建设，建立海洋环境质量公报、滨海旅游海域环境质量信息公告制度。进一步加强海洋与渔业环境监测协作网络建设，提高海洋环境监测水平、污染事故鉴定和应急处理能力。建设面向近海典型港湾、重点养殖水域和沿海城市开发的海域环境自动、立体、实时监测网络。加强对各种海洋开发活动的环境跟踪监测，实施环境保护动态管理。合理调整沿海工业结构和布局，严格限制高污染项目在重点海域沿岸的布点，临海企业逐步推行全过程清洁生产。对于一些开发强度大、工业集中的港湾或沿海经济开发区，要建立统一的污染物排放集中处理控制区。依法对重大沿海基础设施、海岸工程、海洋工程分别进行严格的环境影响评价、海洋环境影响评价论证，优先发展资源节约型、环境友好型的开发项目。

24.2.3.4　开展局部受污海域治理

加强北海外沙内港、防城港区、钦州湾湾顶、铁山港湾顶以及南流江口、南康江入海口、鲎港江入海口等局部受污海域的综合整治和管理，争取使该区水质符合环境功能区确定的要求。

24.2.3.5　加强赤潮等海洋生物性灾害的预报、防治

通过控制过量无机氮、无机磷排入近海水域，尤其是港湾水域，防止水体富营养化，预防和减少赤潮发生。

24.2.3.6　防止外来物种的入侵

对引进外来物种要严格审核，特别是禁止对本地物种危害严重的物种的引进。

24.3　海洋产业发展建议

依照经济发展的规律，继续加强现有支柱产业发展，将传统海洋产业做大做强，全力构筑好广西海洋经济在发展阶段的稳固基础；着重加快临海大产业的发展，积极培育新兴海洋产业，为海洋产业升级做好充分的经济、技术储备。

24.3.1　加快发展海洋交通运输业、船舶修造业

广西海洋交通运输业发展现状以港口业为主，航运业所占比重不大。2005 年沿海港口货物吞吐量为 $3\,700 \times 10^4$ t，集装箱吞吐量 15.4×10^4 TEU。"十二五"期间，按照建立（广西）沿海港口群的目标，合理利用岸线，统筹港口布局，加强基础、配套设施建设，拓展以现代物流为中心的港口功能，以港口业发展为重点，航运业也将逐步发展。

24.3.1.1　合理利用港口资源

珍惜港口岸线、港用陆域和水域资源，按照统筹规划、远近结合、深水深用、综合开发的原则，进一步明确各段岸线、各块陆域、各片水域的功能定位，推进港区规划与城市总体规划、土地利用总体规划、交通建设规划、临港产业发展规划相衔接。打破行政区划界限，按照港口发展规律，加大重要港湾的协调和整合力度，建立港政、航政、运政一体化管理，解决各自为政、重复建设、无序竞争等问题，优化配置港口资源。

24.3.1.2　完善西南出海大通道的交通基础设施建设

广西已形成了 25 个万吨级以上泊位和两个海洋航运公司，公路、铁路、机场等综合交通网络已基本构成跨省、跨国连接，"十一五"期间着重于组建物流中心，通过建设融中转、仓储、加工、流通和信息于一体的物流综合服务平台，建设西南地区重要的综合物流中心，推进港口经济与腹地经济的互联互动。

24.3.1.3　加强以深水港为核心的枢纽港建设

建设广西北部湾沿海组合港，大力整合沿海港口资源，在统一规划，合理布局基础上，以建设深水航道、大吨位深水泊位和集装箱码头为重点，2010 年沿海组合港货物吞吐能力达到 1×10^8 t，2020 年力争到达到 3×10^8 t。在建设好广西沿海组合港的基础上，按照全国沿海港口布局规划所划定的发展布局，积极协调与湛江港、海口港的分工合作，优化港口间运输关系和主要货类运输的经济合理性，共同打造西南沿海地区港口群体，服务于西部地区开发。

24.3.1.4　提高现有港口的吞吐能力

按照合理分工、相对集中、突出重点和大型化、集约化发展的原则，重点抓好防城港、钦州、北海（石步岭区、铁山港区）三大港口建设，着力提高大型集装箱、油气化工、煤炭和矿石四大货类通过能力，形成规模化、专业化、信息化程度较高的现代化港口群，成为我国西南地区名副其实的最便捷的对东盟通道和出海通道。

24.3.1.5　加快船舶修造业发展

抓住国际船舶工业重组转移的有利机遇，充分发挥沿海及主要岛屿岛屿众多，厂址条件较好等优势，建设发展高附加值、高技术含量的出口船舶、游艇和各种大中型船舶、渔船等修造，带动形成船用机械、机电设备等配套产业链，打造现代船舶修造业，使船舶工业成为广西有特色、有实力的重要海洋产业。近期在发展本地中小货轮修配、大型捕捞渔船修造的基础上，通过引进国内外业主，力争"十二五"期间完成沿海大型修造船建设项目。

24.3.1.6 拓展港口经济腹地

围绕增强港口对腹地的辐射带动作用，重点在区内疏港公路和铁路沿线，合理规划布局产业集中区和物流园区，推进城镇带和产业带建设，完善枢纽站场配套体系和通港交通体系，提高换乘、换载效率和港口疏通能力。

24.3.1.7 提高综合运输能力

加快调整船舶结构，重点开发和发展节能、高效的集装箱运输船，鼓励发展大动力、高效益的运输船舶，促进船舶向大型化、专业化、智能化方向发展，提高海运队伍整体素质。进一步培育集装箱干线航线，努力开辟新的远洋国际航线和对东盟国家航线，加强海上通道建设。沿海国内客运以发展客货滚装运输为主，适当发展高速客轮和双体客轮，在滨海旅游区发展新型旅游船。加快区内海运业的优势整合，大力发展沿海运输、远洋运输和江海联运。推进航运企业的重组和改造，培育壮大优势企业，鼓励企业向集团化、规模化方向发展，树立品牌意识；促进中小航运企业采用信息技术，提高专业化和组织管理水平，节约能源消耗，降低运营成本，逐步增强行业竞争能力。

24.3.1.8 培育和发展现代港口物流业

依托枢纽港和重要港口，统筹规划建设一批现代物流园区，扶持培育一批大中型综合性现代物流中心，建设与现代物流相配套的内陆中转货运网络，推行水、陆、空多式联运，促进港口集疏运体系向多元化、立体化方向发展。建设大型物流配送中心或专业配送中心，形成多层次、点线面结合的物流网络体系。延伸保税区政策功能，实施区港联动模式，引进一批国际大型先进物流企业，推广先进的物流管理经验。加快整合现有物流资源，推进传统物流企业转型。

24.3.2 加快发展临海产业

临海大产业作为临近海洋且与开发利用海洋密切相关的经济活动，已成为广西发展海洋经济的一个重要组成部分。同时，临海大产业所形成的现代化产业体系和较好的产业发展环境，也成为海陆互动、发展海洋经济的直接动力。

24.3.3 重点发展滨海旅游业

将广西北部湾经济区旅游业的发展，放在构建环北部湾旅游圈和南宁、防城港、北海组成的"金三角"的层面上，以旅游资源的近似性、地域联系的聚集性为基点，整体形成北部湾滨海旅游品牌。

24.3.3.1 打造滨海旅游带

突出海洋生态和海洋文化特色，实施旅游精品战略，提升滨海休闲度假、滨海文化体验、滨海生态观光三大主导旅游功能，将广西沿海建成我国重要的滨海旅游目的地和具有鲜明地方特色的蓝色滨海旅游带。

24.3.3.2 建立环北部湾滨海跨国旅游区

重点发展具有地方特色的滨海旅游业，突出海洋生态、海洋文化与北部湾的热带气候、沙滩海岛、边关风貌、京族风情的特色。以滨海休闲度假为主题，辅之以旅游观光和出境旅游以及休闲渔业旅游，与越南沿海共同打造滨海跨国旅游区，即海南三亚—广东湛江—广西北海、钦州、防城港—越南下龙湾旅游轴线。

24.3.3.3 加快海岛旅游开发

广西北部湾经济区的涠洲岛、斜阳岛、龙门诸岛和麻蓝岛等岛屿各具特色，通过建立海上植物园、动物园等景区景点，使其成为特色鲜明的海岛型旅游休闲度假区。

24.3.3.4 构筑滨海旅游新格局

使滨海旅游向海洋旅游扩展，形成海上、海岸、腹地3大旅游产品系列，休闲度假、生态观光、宗教文化、都市体验4大旅游产品类型，海滨都市休闲游、海滨文化体验游、海滨民俗宗教游等黄金旅游线路，创办有浓郁地方特色的海洋文化旅游节庆。完善沿海一线旅游城市的功能，强化旅游城市在集聚旅游产业和延伸旅游产业链中的作用。

24.3.3.5 开发滨海旅游精品

充分发挥滨海条件独特、文化内涵深厚、生态环境良好和中越关系密切的优势，突出旅游产品特色，提升旅游产品功能，优化旅游产品结构，培植强势旅游品牌，构建以"旅游品牌、重点项目、精品线路、经典节庆"为载体的旅游产品体系。积极发展海洋文化产业，筹划建设滨海影视基地，建立专题海洋博物馆。

24.3.4 进一步提高海洋渔业发展水平

坚持海洋捕捞与海水养殖相结合的方针，发展水产品深加工及配套服务产业。

24.3.4.1 加快发展水产品精深加工及流通服务业

拓宽海水产品加工的广度和深度，改进珍珠加工工艺和技术，扩大贝类、藻类、低值鱼类等大宗产品的精深加工，增强海水产品市场竞争力。提高冷藏、配送能力，推广集装箱保鲜、气体置换包装保鲜、冻结保鲜等新技术，提高国内外市场供应能力。积极发展水产品来进料加工，充分利用好国外资源，扩大国内就业。建设自治区和国家级水产品加工示范基地，推进水产加工产业集聚。重点发展一批辐射带动能力大、产业关联度高、市场开拓能力强、创汇水平高、具有国际市场竞争力的水产龙头企业。近期要尽快建立水产品冷冻加工基地，建立广西水产品的冷藏链系统，提高海水产品的加工比例。其次要加快水产品物流中心的建设，形成海产干货、海鲜品、专业批发交易中心，建设重点渔港的水产品冰鲜批发市场，使回港鱼货和海水养殖产品快速流通。

24.3.4.2 进一步压缩近海捕捞，加快发展远洋捕捞

由广西、广东、海南三省（区）和越南为主的渔船在北部湾内的捕捞量远超过了100×

10^4 t，在总量上海域的渔业资源在总量上已过度捕捞。因而要继续控制近内海捕捞强度，对于中越两国共同渔区及我国专属经济区海域的捕捞要从以底层鱼类为主转向中上层鱼类为主，限制底拖网捕捞作业，鼓励外海及远洋渔业，加快北部湾口以南外海渔业资源开发，同时加强渔港基础设施建设，发挥渔港整体综合功能。加快培植一批国际竞争力强的远洋渔业龙头企业和远洋渔业生产基地、冷藏加工基地。大力实施海洋捕捞渔民减船转产工程，加强转产渔民培训工作，引导渔民从事养殖、加工、水产品运销等行业，不断拓宽渔民就业渠道。

24.3.4.3 加快近海水域养殖开发

促进和引导水产养殖业增长方式转变行动，促进标准化、规范化养殖生产，推广生态型海水养殖模式。实施海水养殖苗种工程，加快建设水产原良种场和区域引种中心，提高良种覆盖率。建设升降式大型抗风浪深水网箱养殖产业化基地和鱼虾贝藻生态互补的立体养殖示范基地，积极发展工厂化养殖等节能、节水、高效益、自动化的环保型设施养殖业。近期应侧重发展特色名贵品种养殖，合理控制养殖的区域及面积，积极防治养殖污染；加快发展高位池和工厂化对虾养殖，大力推进对虾健康养殖和对虾产品升级；提高贝类养殖的综合效益；积极发展鱼类网箱养殖，加快浅海养殖开发步伐。

24.3.4.4 重视发展休闲渔业

发展渔业观光旅游、水族观赏、观赏鱼养殖和满足休闲娱乐要求的垂钓活动，建设一批休闲渔业主题园、海上游钓公园、海上休闲渔庄、海上休闲渔排、观赏鱼养殖基地等，延伸海洋渔业产业链。

24.3.5 积极开发海洋生物医药及海洋化工业

通过引进、消化国内外海洋高新技术产业的成果，以企业为突破口，逐步开发海洋新兴产业。

24.3.5.1 海洋生物医药业

以研制具有知识产权的海洋新药为目标，重点发展海洋生物活性物质提取与筛选技术，海洋药源微生物高通量筛选与化合物结构解析技术，海洋基因工程药物以及水产品加工下脚料高值化综合利用技术，开发抗肿瘤、抗感染、对神经系统和心血管系统有特效治疗的海洋药物，加快海洋传统药源和中成药以及保健食品的研究开发步伐，建立健全海洋药物研究开发和产业化良性发展体系。重点开发虾、蟹壳提取甲壳素及其系列产品和藻类提取碘、胶及其系列产品，提高海洋资源的综合利用水平。扶持海洋药用资源开发中试、产业化基地和基因工程药物开发产业化、中试基地建设，加大海洋药物科研成果的转化力度，推进海洋生物制药产业化进程。着力建设南宁、北海两个海洋药业和保健品研发生产基地，研发、生产一批高附加值、市场前景好的新型海洋医药、保健型和功能型海洋食品及具有特殊功能的海洋生物化妆品等，使"蓝色药业"成为新的海洋主导产业。近期以医用海洋动植物的养殖和栽培为重点，加快人才的培养与引进，促进与区域外科研机构的联合开发；发展海洋生物制品业和海洋药业，主要包括以生产多糖、蛋白质、氨基酸、酯类、生物碱类、萜类和淄醇类等为主的生物制品和天然药物产业和以鲎试剂、珍珠系列药品和保健品等特色产品为基础的药物、功能食品、生化制品和农用产品产业。依托广西初步建立的海洋生物医药企业，推动海洋生物技术加快发展，逐步开发海洋生物制品。

24.3.5.2　海洋化工业

适当调整现有海洋盐场，利用其基地和海盐，逐步引进、吸收国内海洋化工业发展水平较高地区的开发提溴、提钾等新技术和开发溴系列制品、苦卤综合利用制品、精细化工产品等技术成果，为发展有广西特色的海洋化工业奠定技术基础。

24.3.6　力争海洋油气业及滨海矿产开发取得突破

勘探与开发并重，利用靠近北部湾油气田的有利因素，争取国家在广西建立油气加工基地。

24.3.6.1　继续勘探、开发海底油气资源

北部湾盆地是我国沿海已发现的六大含油气盆地之一，据 2000 年的评价结果，北部湾盆地拥有石油资源量 16.7×10^8 t，天然气（伴生气）资源量 $1\,457 \times 10^8$ m³。目前由于勘探程度较低，油气资源的开采规模受到制约。今后要积极推进国家继续勘探海底油气资源，并与越南共同开发国际海域油气资源。

24.3.6.2　积极建立油气储备基地

南海大陆架的琼东南盆地和莺歌海盆地是我国近海天然气资源主要分布区，天然气资源量 8.6×10^{12} m³，目前开采规模还在不断扩大。广西有着改善能源结构和建设大型燃气发电厂的极大需求，要利用邻近北部湾油气田的有利因素，争取将莺歌海盆地的部分天然气和石油输送到广西境内储存和加工。

24.3.6.3　积极发展滨海矿产业

根据广西海岸带和海域石英砂、钛铁矿、高岭土、油气等矿产资源的分布特点，大力勘查开发海岸带滨海和海域中的矿产资源，构建资源节约型的海洋矿业。大力发展外向型矿业经济，发展与资源相关的高附加值矿产加工业，形成非金属矿产品及加工出口优势。积极争取中央支持，利用"908"近海资源调查与评价，做好大陆架地质调查和部分海底调查的前期工作，寻找新的矿产地，扩大远景区。加大海洋油气资源的勘探力度，力争实现新的突破。"十一五"期间继续扩大合浦官井钛铁矿的开采规模，实行规模化开采。同时，加强对钦州湾等海滨钛铁矿的勘查，力争形成一定的矿产储备。广西的石英砂具有砂质好、品位高的优点，但为保护海岸带和促进滨海产业的可持续发展，对开采滨海石英砂资源必须划定一定的限制开发区，限制开采规模。

24.3.7　大力培育和促进未来海洋产业的发展

24.3.7.1　加快发展海洋风力和海洋能发电业

充分利用广西沿海较丰富的海洋风能优势，在沿海地区和海岛推广风力发电。开展近中

期可开发的良好风电场址的前期工作，加快风电场项目的建设。同时，加大开发利用海流能、波浪能等海洋可再生能源的力度，推进平潮汐能电站项目建设的前期工作。

24.3.7.2 鼓励发展海水综合利用业

根据国家《海水利用专项规划》要求，把海水利用作为一个综合性大产业来抓。针对广西沿海地区的实际情况，加快制定并实施《广西海水利用专项规划》，积极推进海水直接利用项目建设，在缺水海岛（涠洲岛和斜阳岛）和远洋渔船上大力推广海水淡化技术，力争使海水成为缺水海岛上的第一用水水源。积极鼓励和引导临港石化、火电及重化工业等大量使用海水作为工业冷却水，建设若干海水直接利用和综合利用高技术产业化示范工程。积极创建海水淡化与综合利用示范城市，积极探索尝试以海水作为大生活用水。积极开发海水化学资源和卤水资源及其深加工，推进盐业改造提升，尽快突破利用海水提取钾、镁等技术，重点发展钙盐、镁盐、钾盐、溴和溴加工系列产品，以产品优势提升产业优势。

24.3.7.3 支持发展海洋信息服务业

大力推进信息咨询服务业的社会化、产业化，促进信息市场的发育，逐步建立海洋信息综合服务体系，使其成为促进海洋经济发展的新兴产业。坚持政府主导、统筹规划、统一标准、联合建设、互联互通、资源共享的发展方针，整合利用全区海洋信息技术和资源，建设以近海地区及北部湾动态监测和综合管理信息系统为主要内容的"数字海洋"，在数据基础平台上实现多功能、多用户、高精度、数字化的信息服务，依托海洋信息服务公共平台，努力实现海洋资源、环境、经济和管理信息化。以园区、产业基地、项目组团建设为载体，完善科技研发、金融服务、行业中介等公共服务平台建设，加快海洋产业集聚，推动海洋产业跨越式发展。

24.4 临海产业布局建议

相对而言，广西近海资源开发利用程度较低，具有较大的临海工业发展潜力。但是，广西近岸典型的生态系统（红树林、珊瑚礁和海草等）广泛的分布又限制了广西近海资源开发的综合利用。因此，如何在不破坏生态环境的前提下，合理地开发利用广西近海资源，科学地临海工业布局规划是非常重要的。本节依据前几章的评价结论，提出对于广西临海产业布局的建议。

24.4.1 广西主要入海河口及邻近区均不宜兴建化工企业

从南流江、大风江、茅岭江、钦江和防城江的剩余环境容量可以看出，5条河流均已无氨氮剩余环境容量；也就是说，河流的氨氮排放量已经超过海洋沉积物承受力，如果在5条入海河口及邻近区兴建化工企业，势必使该区沉积环境进一步恶化，从而引发生态灾难。

24.4.2 南流江河口及临近区不宜围塘养殖

从各污染物质的南流江剩余环境容量预测结果来看，Cu 和 As 元素已无剩余环境容量，也就是说，南流江的 Cu 和 As 的排放量已经超过海洋沉积物承受力，而围塘养殖势必增加 Cu

的排放量，进而给海底沉积环境带来额外负担，可能引发底质环境的进一步恶化。此外，由于生物富集作用的影响，该处围塘养殖势必增加生物体内 Cu 和 As 的含量，对食用的人群产生危害。

24.4.3　防城港区和钦州港区仍有围填潜力

钦州湾冲淤变化的数值模拟结果表明，港口围填导致的岸线变化造成了钦州湾局部流场改变，在钦州湾口附近填海造成水道变窄，增加了该区域最大流速，增大冲刷量，码头附近的填海造成局部的流速减弱，造成工程附近局部泥沙淤积，湾口航道附近出现微冲刷状态，冲淤变化小于 1 cm/a。可以看出，尽管钦州湾近年围填海力度加大，但是对钦州湾整体的流场和沉积物冲淤的影响不十分明显。此外，从钦州港区和防城港区围填海潜力预测结果来看，按照目前的开发趋势，钦州港区和防城港区围填海可供应时间约为 12 年；即在围填海造成的资源环境压力可承受的范围内，可持续开发至 2020 年左右。但在开发中应注意围填海的集约化空间布局，并保留敏感资源区。

24.4.4　茅尾海滩涂不宜大规模围垦开发

在海湾、半封闭海的非冲积型海岸地区原则上不得围垦，以防止开发目标超过环境容量和滩涂资源的承载能力。茅尾海属于半封闭海湾，由于滩涂插桩养殖、海水吊筏养殖和围塘养殖等人类活动造成茅尾海内的纳潮量减少、水动力变弱，滩涂大面积淤积严重、湿地生态功能退化。因此，茅尾海内不建议大规模滩涂围垦开发。

24.4.5　优先开发利用防城港湾和茅尾海复合型矿物资源

从重矿物资源潜在分布来看，复合型矿物（钛铁矿＋锆石）资源主要分布于防城湾、茅尾海、廉州湾和铁山港。但是，随着防城港和钦州港码头等的兴建，致使防城港湾和茅尾海内的水动力强度明显变弱，淤积严重。因此，有专家建议可以通过海湾清淤的办法增加海湾的纳潮量，进而从根本上缓解这种不断淤积的现状。假如该方法可行（在不危及湾内生态系统的前提下），可顺便从清出的沉积物中提取钛铁矿和锆石等重矿物资源，起到"一举两得"的效果。

24.5　小结

鉴于广西近海当前的环境现状和资源开发利用中存在问题，从沿海经济可持续发展角度，提出了资源开发与保护建议、生态环境保护与生态系统修复建议、海洋产业发展建议和和临海产业布局建议。

在资源开发与保护方面，提出了 9 条建议：①开展岸线资源现状评价，实现岸线资源等级划分；②开展岸线资源潜力预测，实现岸线资源开发与保护"双赢"；③开展滩涂资源评价，实现滩涂功能区划；④基于滩涂功能区划，制定完善的滩涂围垦规划；⑤开展滩涂环境综合评价，推进滩涂生态开发模式；⑥开展重矿物资源的深入评价，确定重矿物资源矿区；⑦开展重矿物资源开发的环境效应评价；⑧加强海洋渔业资源的保护；⑨科学合理利用特殊价值的海洋生物。

在生态环境保护和生态修复方面，提出了 5 条建议：①加强生态保护和生态区建设；②加强重要海洋生态功能区的保护与生态修复；③查明污染源，做好海洋污染防治工作；④加强赤潮等海洋生物性灾害的预报、防治；⑤防止外来物种的入侵。

在海洋产业发展方面，提出了 7 条建议：①加快发展海洋交通运输业、船舶修造业；②加快发展临海产业；③重点发展滨海旅游业；④进一步提高海洋渔业发展水平；⑤积极开发海洋生物医药及海洋化工业；⑥力争海洋油气业及滨海矿产开发取得突破；⑦大力培育和促进未来海洋产业的发展。

在临海工业布局方面，提出了 5 条建议：①主要入海河口及邻近区均不宜兴建化工企业；②南流江河口及临近区不宜围塘养殖；③防城港区和钦州港区仍有围填潜力；④茅尾海滩涂不宜大规模围垦开发；⑤优先开发利用防城港湾和茅尾海复合型矿物资源。

参 考 文 献

保继刚, 等. 1991. 滨海沙滩旅游资源开发的空间竞争分析: 以茂名市沙滩开发为例 [J]. 经济地理, 11 (2): 89 – 93.

鲍献文, 等. 2004. 钦州湾三维潮流数值模拟 [J]. 广西科学, 11 (4): 375 – 378, 384.

北海市人民政府主办. 2008. 北海年鉴 (2008) [M]. 北京: 民族出版社.

蔡英亚, 刘志刚, 张志强, 等. 1986. 北部湾的文昌鱼. 热带海洋, 5 (2): 42 – 50.

曹德民, 方国洪. 1990. 北部湾潮汐和潮流的数值模拟 [J]. 海洋与湖沼, 21 (2): 105 – 113.

曹惠美, 蔡锋, 苏贤泽. 2005. 华南沿海若干砂质海滩粒度特征的分析 [J]. 海洋通报, 24 (4): 36 – 45.

柴寿升, 严冬平. 2002. 滨海旅游发展现状及对策思索 [J]. 海岸工程, 21 (1): 63 – 67.

陈本良. 2008. 加强海洋资源产业建设, 促进北部湾区域海洋经济发展 [J]. 南方经济, (8): 69 – 72.

陈波, 等. 2001. 广西沿岸主要海湾余流场的数值模拟 [J]. 广西科学, 8 (3): 227 – 231.

陈波, 邱绍芳. 1999. 北仑河口河道冲蚀的动力背景, 广西科学, 6 (4), 317 – 320.

陈波, 邱绍芳. 1999. 河流动力及海洋动力对北仑河口河槽演变的影响 [J]. 广西科学, 6 (3): 227 – 230.

陈波, 邱绍芳. 1999. 谈北仑河口北侧岸滩资源保护 [J]. 广西科学院学报, 15 (3): 108 – 111.

陈波, 邱绍芳. 1999. 谈北仑河口北侧岸滩资源保护 [J]. 广西科学院学报, 15 (3): 108 – 111.

陈波, 邱绍芳. 2000. 北仑河口动力特征及其对河口演变的影响 [J]. 湛江海洋大学学报, 20 (1): 39 – 44.

陈波. 1987. 广西沿岸海区余流特性初步分析 [J]. 海洋通报, 6 (1): 11 – 15.

陈波. 1997. 广西南流江三角洲海洋环境特征. 北京: 海洋出版社.

陈波. 1997. 广西南流江三角洲海洋环境特征 [M]. 北京: 海洋出版社.

陈长平, 高亚辉, 林鹏. 2007. 福建漳江口红树林保护区浮游植物群落的季节变化研究 [J]. 海洋科学, 31 (7): 25 – 31.

陈航, 王跃伟. 2005. 浅论我国海岛旅游文化资源及其开发 [J]. 海洋开发与管理, 5: 72 – 75.

陈坚, 范航清, 陈成英. 1993. 广西英罗港红树林区水体浮游植物种类组成和数量分布的初步研究 [J]. 广西科学院学报 (红树林论文专辑), 9 (2): 31 – 36.

陈菁. 1999. 福建省滨海旅游业可持续发展 [J]. 国土与自然资源研究, 1: 61 – 63.

陈烈, 王山河, 丁焕峰, 等. 2004. 无居民海岛生态旅游发展战略研究——以广东省茂名市放鸡岛为例 [J]. 经济地理, 24 (3): 416 – 418.

陈群英, 李凤华. 2008. 广西沿海地区海洋生态环境保护状况及对策建议 [J]. 环境科学与管理, 33 (9): 146 – 149, 185.

陈群英. 2001. 广西廉州湾水质状况评价 [J] 海洋环境科学, 20 (2): 56 – 58.

陈群英. 2001. 广西廉州湾水质状况评价 [J]. 海洋环境科学, 21 (2): 56 – 58.

陈天然, 余克服, 施祺, 等. 2009. 大亚湾石珊瑚群落近 25 年的变化及其对 2008 年极端低温事件的响应 [J]. 科学通报, 54 (6): 812 – 820.

陈田, 牛亚菲, 李宝田. 2006. 旅游资源调查需要注意的若干问题 [J]. 旅游学刊, 21 (1): 14 – 18.

陈小明, 林鹏. 1999. 我国红树林对全球气候变化的响应及其作用 [J]. 海洋湖沼通报, 2: 11 – 17.

陈小燕, 韦善豪, 覃照素. 2006. 广西沿海地区气候资源开发利用研究 [J]. 广西师范学院学报 (自然科学版), 23 (6): 31 – 36.

陈新军. 2004. 渔业资源与渔场学 [M]. 北京: 海洋出版社: 11 – 160.

陈延昌. 2006. 广西实施沿海经济发展战略的进程及其对广西工业的影响 [J]. 经济与社会发展, 4 (12): 93 – 95, 176.

陈则实，王文海，吴桑云，等. 2007. 中国海湾引论 [M]. 北京：海洋出版社.

程岩，赵凡. 2002. 辽宁省滨海区域旅游资源特色与开发 [J]. 国土与自然资源研究，1：63 - 64.

戴亚南，彭检贵. 2009. 江苏海岸带生态环境脆弱性及其评价体系构建 [J]. 海洋学研究，27 (1)：78 - 82.

邓超冰. 2002. 北部湾儒艮及海洋生物多样性 [M]. 南宁：广西科学技术出版社.

邓朝亮，黎广钊，刘敬合，等. 2004. 铁山港湾水下动力地貌特征及其成因 [J]. 海洋科学进展，22 (2)：170 - 176.

邓家刚，杨柯，施学丽，等. 2008. 广西海洋药用资源及民间应用的调查 [J]. 广西中医学院学报，11 (4)：34 - 37.

地质矿产部南海地质调查指挥部. 1981. 南海北部沿岸第四纪地质地貌调查报告 [R].

丁春晓，杨富贵，2006. 潮间带沉积物重金属污染的地球化学研究 [J]. 山东理工大学学报（自然科学版），20 (6)：81 - 85.

范航清，何斌源，2001. 北仑河口的红树林及其生态恢复原则 [J]. 广西科学，8 (3)：210 - 214.

范航清，黎广钊. 1997. 海堤对广西沿海红树林的数量、群落特征和恢复的影响. 应用生态学报，8 (3)：240 - 244.

范航清，梁士楚. 1995. 中国红树林研究与管理 [M]. 北京：科学出版社.

范航清，彭胜，石雅君，等. 2007. 广西北部湾沿海海草资源与研究状况 [J]. 广西科学，14 (3)：289 - 295.

范航清，邱广龙. 2004. 中国北部湾白骨壤红树林的虫害与研究对策 [J]. 广西植物，24 (6)：481 - 487.

范航清，石雅君，邱广龙. 2009. 中国海草植物 [M]. 北京：海洋出版社.

范航清. 1995. 广西海岸红树林现状及人为干扰 [A] //范航清，梁士楚. 中国红树林研究与管理 [C]. 北京：科学出版社，189 - 202.

范航清. 2000. 红树林——海岸环保卫士 [M]. 南宁：广西科学出版社.

范业正，郭来喜. 1998. 中国海滨旅游地气候适宜性评价 [J]. 自然资源学报，13 (4)：304 - 311.

付博，姜琦刚，任春颖. 2011. 扎龙湿地生态脆弱性评价与分析 [J]. 干旱区资源环境，25 (1)：49 - 53.

付会，刘晓丹，孙英兰. 2009. 大沽河口湿地生态系统健康评价 [J]. 海洋环境科学，28 (3)：329 - 332.

傅中平，黄巧. 2002. 广西海洋资源概况及开发刍议 [J]. 广西地质，15 (6)：61 - 64，68.

高东阳，李纯厚，刘广锋，等. 2001. 北部湾海域浮游植物的种类组成与数量分布 [J]. 湛江海洋大学学报，21 (3)：13 - 18.

高生泉，卢勇敢，曾江宁，等. 2005. 乐清湾水环境特征及富营养化成因分析 [J]. 海洋通报，24 (6)：25 - 32.

高亚峰. 2005. 河北省滨海旅游综合发展概况及方向 [J]. 海洋信息，1：16 - 18.

高振会，黎广钊. 1995. 北仑河口动力地貌特征及其演变 [J]. 广西科学，2 (4)：19 - 23.

古小松，龙裕伟，等. 2008. 泛北部湾合作发展报告（2008）[M]. 北京：社会科学文献出版社.

谷东起，吴桑云. 2001. 廉州湾南部海域泥沙来源及运移趋势分析 [J]. 黄渤海海洋，119 (1)：1 - 8.

广西地质矿产局. 1985. 广西壮族自治区区域地质志 [M]. 北京：地质出版社.

广西海洋开发保护管理委员会. 1996. 广西海岛资源综合调查报告 [M]. 南宁：广西科学技术出版社.

广西海洋开发保护管理委员会办公室. 1996. 广西海岛志 [M]. 南宁：广西科学技术出版社.

广西海洋研究所. 1985. 广西壮族自治区海岸带与滩涂资源综合调查报告. 第四卷，海洋生物.

广西海洋研究所. 1992. 广西海岛资源综合调查地貌与第四纪地质调查报告 [R].

广西海洋研究所. 1986. 广西海岸带海水化学调查报告.

广西海洋研究所. 1992. 广西海岛资源综合调查海水化学调查报告.

广西区气候中心. 2007. 广西气候 [M]. 北京：气象出版社.

广西沿海物流业与港口、工业发展研究课题组. 2006. 广西沿海物流业与港口、工业发展研究 [J]. 学术论坛,（1）：124 – 128.

广西遥感中心. 2001. 广西海洋海岸带遥感综合调查成果报告 [R].

广西壮族自治区测绘局. 1989. 中国海岸带和海涂资源综合调查图集—广西分册 [R].

广西壮族自治区地名委员会办公室. 1993. 广西海域地名志 [M]. 南宁：广西民族出版社.

广西壮族自治区地质局. 1982. 广西壮族自治区区域地质志 [R].

广西壮族自治区地质矿产局. 1990. 北海市区域综合地质调查报告上册（基础地质、矿产、旅游资源）[R].

广西壮族自治区地质矿产局. 1990. 防城港及其周围综合地质调查报告 [R].

广西壮族自治区地质矿产局第四地质队. 1993. 区域综合地质调查报告（钦州幅、龙门幅和犀牛脚幅）[R].

广西壮族自治区海岸带和海涂资源综合调查领导小组. 1986. 广西壮族自治区海岸带和海涂资源综合调查报告,第二卷（气候）[R].

广西壮族自治区海岸带和海涂资源综合调查领导小组. 1986. 广西壮族自治区海岸带和海涂资源综合调查报告,第七卷（植被和林业）[R].

广西壮族自治区海岸带和海涂资源综合调查领导小组. 1986. 广西壮族自治区海岸带和海涂资源综合调查报告,第三卷（水文、海水化学、海洋环境）[R].

广西壮族自治区海岸带和海涂资源综合调查领导小组. 1986. 广西壮族自治区海岸带和海涂资源综合调查报告,第四卷（底栖生物）[R].

广西壮族自治区海岸带和海涂资源综合调查领导小组. 1986. 广西壮族自治区海岸带和海涂资源综合调查报告,第一卷（综合报告）[R].

广西壮族自治区海岸带和海涂资源综合调查领导小组. 1986. 广西壮族自治区海岸带和海涂资源综合调查报告第六卷（地貌、第四纪地质）[R].

广西壮族自治区海岸带和海涂资源综合调查领导小组. 1986. 广西壮族自治区海岸带和海涂资源综合调查报告第五卷上册（地质部分）[R].

广西壮族自治区海岸带和海涂资源综合调查领导小组. 1986. 广西壮族自治区海岸带和海涂资源综合调查报告第五卷下册（矿产部分）[R].

广西壮族自治区区域地质志. 1985. 广西壮族自治区地质矿产局. 北京：地质出版社.

广西壮族自治区水产畜牧局. 2006. 广西养殖水域滩涂规划（2005—2015 年）.

广西壮族自治区水产畜牧局. 2006. 广西水产业"十一五"发展规划 [R].

广西壮族自治区水产畜牧兽医局. 2008. 广西壮族自治区渔业统计报表 [R].

郭秀锐,毛显强,冉圣宏. 2000. 国内环境承载力研究进展 [J]. 中国人口·资源与环境,10（3）.

国家海洋局. 2002. GB 18668 – 2002 海洋沉积物质量 [S]. 北京：中国标准出版社：1 – 3.

国家海洋局. 2007. 中国海洋统计年鉴 [M]. 北京：海洋出版社. 2008.

国家海洋局"908专项"办公室. 2005. 海洋底质调查技术规程 [M]. 北京：海洋出版社.

国家海洋局"908专项"办公室. 2006. 海洋生物生态调查技术规程 [M]. 北京：海洋出版社.

国家海洋局"908专项"办公室. 2006. 海底地形地貌调查技术规程 [S]. 北京：海洋出版社.

国家海洋局"908专项"办公室. 2006a. 国家近海海洋综合调查与评价专项海洋化学调查技术规程 [S]. 北京：海洋出版社.

国家海洋局"908专项"办公室. 2006b. 国家近海海洋综合调查与评价专项海洋生物生态调查技术规程 [S]. 北京：海洋出版社.

国家海洋局第一海洋研究所. 1995. 广西近海海底地形图测绘技术报告 [S]. 内部资料.

国家海洋局海洋发展战略研究所课题组. 2007. 中国海洋发展报告 [M]. 北京：海洋出版社.

国家环境保护局,中国环境监测总站. 1990. 中国土壤元素背景值 [M]. 北京：中国环境科学出版社.

国家林业局森林资源管理司. 2002. 全国红树林资源调查报告 [R].

国家质量技术监督局海洋监测规范编写组. 2001. 海洋监测规范 GB17378 [S]. 北京：中国标准出版社.

海洋监测质量保证手册编写组. 2000. 海洋监测质量保证手册 [S]. 北京：海洋出版社.

韩秋影，黄小平，施平，等. 2007. 人类活动对广西合浦海草床服务功能价值的影响 [J]. 生态学杂志, 26 (4)：544 – 548.

韩秋影，黄小平，施平，等. 2008. 广西合浦海草床生态系统服务功能价值评估 [J]. 海洋通报（英文版），10 (1)：87 – 96.

韩维栋，高秀梅，卢昌义，等. 2000. 中国红树林生态系统生态价值评估 [J]. 生态科学, 19 (1)：40 – 46.

何本茂，童万平，韦蔓新. 2005. 北海湾悬浮颗粒物的分布及其与环境因子间的关系 [J]. 广西科学, 12 (4)：323 – 326.

何本茂，韦蔓新. 1986. 北部湾近岸海区磷酸盐的分布变化特征 [J]. 南海海洋, (2)：33 – 36.

何本茂，韦蔓新. 1988. 北部湾近岸海域硅酸盐分布变化特征 [J]. 海洋湖沼通报, 36 (2)：59 – 67.

何本茂，韦蔓新. 2004. 北海湾水体自净能力的探讨 [J]. 海洋环境科学, 23 (1)：16 – 18.

何本茂，韦蔓新. 2004. 北海湾水体自净能力的探讨 [J]. 海洋环境科学, 23 (1)：16 – 18.

何本茂，韦蔓新. 2006. 防城港的环境特征及其水体自净特点分析 [J]. 海洋环境科学, 25（增刊1）：64 – 67, 78.

何本茂，韦蔓新. 2009. 北海湾赤潮形成原因及机理 [J]. 海洋环境科学, 28 (1)：62 – 66.

何本茂，韦蔓新. 2010. 钦州湾近20a来水环境指标的变化趋势Ⅶ：水温、盐度和pH的量值变化及其对生态环境的影响. 海洋环境科学, 29 (1)：51 – 55.

何碧娟. 2001. 广西铁山港海域环境容量及排污口位置优选研究 [J]. 广西科学, 8 (3)：232 – 235.

何斌源，莫竹承. 1995. 红海榄人工苗光滩造林的生长及胁迫因子研究 [J]. 广西科学院学报, 11 (3)：37 – 42.

侯振宇. 2007. 出路——广西发展前沿问题思考与研究 [M]. 南宁：广西师范大学出版社.

侯振宇. 2007. 地缘北部湾 [M]. 南宁：广西民族出版社.

侯振宇. 2007. 泛北部湾经济合作概览 [M]. 南宁：广西师范大学出版社.

黄初龙，郑伟民. 2004. 我国红树林湿地研究进展. 湿地科学, 2 (4)：303 – 308.

黄道建，黄小平. 2007. 海草污染生态学研究进展 [J]. 海洋湖沼通报, S1：182 – 188.

黄鹄，陈锦辉，胡自宁. 2007. 近50年来广西海岸滩涂变化特征分析 [J]. 海洋科学, 31 (1)：37 – 42.

黄鹄，戴志军，胡自宁，等. 2005. 广西海岸环境脆弱性研究 [M]. 北京：海洋出版社.

黄鹄，胡自宁，陈新庚，等. 2006. 基于遥感和 GIS 相结合的广西海岸线时空变化特征分析 [J]. 热带海洋学报, 25 (1)：66 – 70.

黄河东. 2007. 大力发展海洋产业加快北海率先崛起 [J]. 边疆经济与文化, (11)：7 – 8.

黄辉，马滨儒，练健生，等，2009. 广西涠洲岛珊瑚礁现状及保护对策 [J]. 热带地理, 29 (4)：307 – 312.

黄家庆. 2007. 广西沿海高校专业设置服务地方产业发展刍议 [J]. 广西教育学院学报, (6)：58 – 61.

黄嘉宏，李江南，李自安，等. 2006. 近45a广西降水和气温的气候特征 [J]. 热带地理. 26 (1)：23 – 28.

黄婕. 2008. 广西"十五"科技事业发展概况及创新环境与潜力的调查分析 [J]. 大众科技, (5)：203 – 204.

黄日富. 2007. 综合开发利用北部湾资源推动广西海洋经济发展 [J]. 南方国土资源, (12)：13 – 15.

黄锡富. 2004. 广西沿海地区中小企业发展方向及重点选择 [J]. 经济与社会发展, 2 (12)：7 – 9.

黄小平，黄良民，李颖红，等. 2006. 华南沿海主要海草床及其生境威胁 [J]. 科学通报, 52：114 – 119.

黄小平，黄良民，李颖红，等. 2007. 中国南海海草研究 [M]. 广州：广东经济出版社.

黄雪松，周惠文，黄梅丽，等. 2005. 广西近50年来气温、降水气候变化 [J]. 广西气象. 26 (4)：9 – 11.

黄宗国. 1994. 中国海洋生物种类与分布 [M]. 北京：海洋出版社.

黄祖珂, 黄磊. 2005. 潮汐原理与计算 [M]. 青岛：中国海洋大学出版社.

蒋国芳, 洪芳. 1993. 山口红树林自然保护区昆虫的初步调查. 广西科学院学报, 9 (2)：63 - 66.

蒋国芳. 1996. 钦州港红树林昆虫群落及其多样性初步研究 [J]. 广西科学院学报, 12 (3&4)：50 - 53.

蒋国芳. 1997. 山口红树林区昆虫种类组成及其季节变动的初步分析 [J]. 广西科学院学报, 13 (2)：11 - 17.

蒋国芳. 2000. 英罗港红树林昆虫群落及其多样性的研究 [J]. 应用生态学报, 11 (1)：95 - 98.

蒋磊明, 等. 2008. 廉州湾三角洲泥沙运移与海洋动力条件的关系 [J]. 广西科学院学报, 24 (1)：1 - 3.

蒋磊明, 等. 2009. 钦州湾潮流模拟及其纳潮量和水交换周期计算 [J]. 广西科学, 16 (2)：193 - 195, 199.

蒋卫国, 李京, 李加洪, 等. 2005. 辽河三角洲湿地生态系统健康评价 [J]. 生态学报, 25 (3)：408 - 414.

康乐, 李兆华, 阎广慧. 2007. 广西沿海地区发展滨海旅游的 SWOT 分析 [J]. 绵阳师范学院学报, 26 (11)：81 - 84, 94.

孔海燕. 2005. 发展旅游对海岛环境的影响及应对策略研究 [J]. 四川环境, 24 (3)：22 - 24.

孔宁谦, 邓朝亮. 1997. 广西沿海气候成因及其分析 [J]. 广西气象, 18 (4)：31 - 35.

况雪源, 苏志, 涂方旭. 2007. 广西气候区划 [J]. 广西科学, 14 (3)：278 - 283.

赖廷和, 邱绍芳. 2005. 北海近岸水域浮游植物群落结构及数量周年变化特征 [J]. 海洋通报, 24 (5)：27 - 32.

蓝锦毅, 廉雪琼, 巫强. 2006. 广西近海沉积物环境质量现状与评价. 海洋环境科学, 25 (增刊1)：57 - 59.

黎广钊, 梁文, 廖思明. 1996. 广西沿海全新世以来气候变化 [J]. 海洋地质与第四纪地质, 16 (3)：49 - 60.

黎广钊, 梁文, 刘敬合. 2001. 钦州湾水下动力地貌特征 [J]. 地理学与国土研究, 17 (4)：70 - 75.

黎广钊, 梁文, 刘敬合. 2002. 从沉积物中重矿物动力分区论钦州湾泥沙来源及运移趋势 [J]. 海洋通报, 21 (5)：61 - 68.

黎广钊, 梁文, 农华琼. 1999. 北海外沙潟湖全新世硅藻、有孔虫组合与沉积相演化 [J]. 广西科学, 6 (4)：311 - 316.

黎广钊, 梁文, 农华琼. 2004. 涠洲岛珊瑚礁生态环境条件初步研究 [J]. 广西科学, 11 (4)：379 - 384.

黎广钊, 刘敬合, 方国祥. 1994. 南流江三角洲沉积特征及其环境演变 [J]. 广西科学, 3：21 - 25.

黎广钊, 刘敬合, 农华琼. 2000. 广西铁山港海区表层沉积物与沉积相 [J]. 海洋科学, 18 (4)：35 - 42.

黎广钊, 刘敬台, 农华琼. 1991. 广西铁山港海区表层沉积物与沉积相 [J]. 沉积学报, 2：78 - 85.

黎广钊, 农华琼, 刘敬合, 等. 1995. 广西沿海主要岛屿区海滩沉积 [J]. 广西科学院学报, 11 (3)：11 - 16.

黎广钊, 农华琼, 刘敬合. 1997. 防城湾自然环境与沉积物组成分析 [J]. 广西科学院学报, 13 (4)：1 - 8.

黎广钊, 叶维强, 庞衍军. 1988. 广西滨海砂矿特征及其富集条件 [J]. 海洋地质与第四纪地质, 8 (3)：85 - 92.

黎遗业. 2008. 广西红树林湿地现状与生态保护的研究 [J]. 资源调查与环境, 29 (1)：55 - 60.

李崇蓉. 2004. 对广西滨海旅游开发的思考 [J]. 南方国土资源, 9：13 - 14.

李春干. 2003. 广西红树林资源的分布特点和林分结构特征. 南京林业大事学报（自然科学版）, 27 (5)：15 - 19.

李从先. 1978. 三角洲沉积率及其地质意义 [J]. 海洋科学, (3)：30 - 33.

李凤华, 赖春苗. 2007. 广西沿海地区环境状况及其保护对策探讨 [J]. 环境科学与管理, 32 (11)：59 - 62, 108.

李赋屏. 2005. 广西矿业循环经济发展模式研究 [D]. 北京：中国地质大学（北京）, 5.

李蕾蕾. 2003. 深圳的滨海旅游开发与形象构建 [J]. 特区理论与实践, 5: 24 – 27.

李蕾蕾. 2004. 海滨旅游空间的符号学与文化研究 [J]. 城市规划汇刊, 2: 58 – 61.

李平, 等. 1999. 滨海旅游发展中的环境问题及对策 [J]. 海岸工程, 2: 38 – 41.

李少游. 2005. 广西国土资源特征与区域经济发展研究 [D]. 吉林大学.

李淑, 余克服, 施祺, 等. 2008. 海南岛鹿回头石珊瑚对高温响应行为的实验研究 [J]. 热带地理, 28 (6).

李淑媛, 刘国贤, 苗丰民. 1994. 渤海沉积物中重金属分布及环境背景值 [J]. 中国环境科学, 14 (5): 370 – 376

李淑媛, 苗丰民, 刘国贤, 等. 1995. 海底质重金属环境背景值初步研究 [J]. 海洋学报, 17 (2): 78 – 85.

李树华, 等. 2001. 广西近海的潮流和余流特征 [J]. 海洋通报, 20 (4): 11 – 19.

李树华, 等. 2001. 广西重点港湾的潮流和余流 [J]. 广西科学, 8 (1): 74 – 79.

李树华, 方龙驹. 1989. 钦州湾潮汐和潮流的变化特征 [J]. 海岸工程, 8 (3): 39 – 45.

李树华, 黎广钊. 1993. 中国海湾志第十二分册 (广西海湾) [M]. 北京: 海洋出版社.

李树华, 夏华永, 陈明剑. 2001. 广西近海水文及动力环境研究 [M]. 北京: 海洋出版社.

李树华, 夏华永. 2000. 防城港口门外抛泥区潮流及质点轨迹模拟 [J], 广西科学, 7 (4): 279 – 281.

李树华. 1986. 钦州湾潮汐潮流数值计算 [J]. 海洋通报, 5 (4): 27 – 32.

李文华. 2006. 生态系统服务功能是生态系统评估的核心 [J]. 资源科学, 28 (4): 4.

李信贤, 温远光, 何妙光. 1991. 广西海滩红树林主要建群种的生态分布和造林布局 [J]. 广西农学院学报, 10 (4): 82 – 89.

李燕宁. 2007. 广西环北部湾滨海旅游发展优势及策略 [J]. 经济与社会发展, 11: 90 – 93.

李瑛, 郝心华. 2003. 海滨旅游度假区季节性供求特性及应对策略——以北戴河为例 [J]. 西北大学学报 (哲学社会科学版), 2: 34 – 37.

李元超, 黄晖, 董志军. 2008. 珊瑚礁生态修复研究进展 [J]. 海洋通报, 28 (10): 5047 – 5054.

李悦铮. 1996. 发展滨海旅游业建设海上大连 [J]. 经济地理, 4: 105 – 108.

李云, 郑德璋, 廖宝文, 等. 1996. 红树林引种驯化现状和展望 [J]. 防护林科技, 28 (3): 24 – 27.

李云, 郑德璋, 廖宝文, 等. 1997. 盐度和温度对红树植物无瓣海桑种子发芽的影响 [J]. 林业科学研究, 10 (2): 137 – 142.

李云, 郑德璋, 廖宝文, 等. 1999. 红树植物无瓣海桑引种的初步研究 [A]. 红树林主要树种造林与经营技术研究 [C], 北京: 科学出版社, 208 – 214.

李兆华, 秦成, 王晓丽. 2006. 广西滨海旅游资源开发现状与对策研究 [J]. 广西师范学院学报 (自然科学版), 23 (1): 80 – 84.

李志强. 2004. 广东省海滨旅游现状与发展初探 [J]. 海洋开发与管理, 4: 61 – 64.

廉雪琼, 王运芳, 陈群英. 2001. 广西近岸海域海水和沉积物及生物体中的重金属 [J]. 海洋环境科学, 20 (2): 59 – 62.

廉雪琼. 2002. 广西近岸海域沉积物中重金属污染评价 [J]. 海洋环境科学, 21 (3): 39 – 42.

梁华. 1998. 澳门红树林植物组成及种群分布格局的研究 [J]. 生态科学, 1: 25 – 31.

梁士楚, 刘镜法, 梁铭忠. 2004. 北仑河口国家级自然保护区红树植物群落研究 [J]. 广西师范大学学报 (自然科学版), 22 (2): 70 – 76.

梁士楚. 1996. 广西英罗湾红树植物群落的研究 [J]. 植物生态学报, 20 (4): 310 – 321.

梁士楚. 2000. 广西红树植物群落特征的初步研究 [J]. 广西科学, 7 (3): 210 – 216.

梁文, 黎广钊, 刘敬合. 2001. 南流江水下三角洲沉积物类型特征及其分布规律 [J]. 海洋科学, 25 (12): 34 – 37.

梁文, 黎广钊. 2002. 涠洲岛珊瑚礁分布特征与环境保护的初步研究 [J]. 环境科学研究, 15 (6): 5 – 9.

梁文，黎广钊. 2002. 应用遥感技术分析廉州湾悬沙的动态特征 [J]. 地理学与国土研究，18 (2)：49 - 51，84

梁文，黎广钊. 2002. 应用遥感技术分析钦州湾悬沙的动态特征 [J]. 海洋通报，21 (6)：47 - 51.

梁文，黎广钊. 2003. 北海市滨海旅游地质资源及其保护 [J]. 广西科学院学报，19 (1)：44 - 48.

林鹏，等. 1983. 广西的红树林 [J]. 广西植物，3 (2)：95 - 102.

林鹏，胡继添. 1983. 广西的红树林 [J]. 广西植物，3 (2)：95 - 102.

林鹏. 1981. 中国东南部海岸红树林的群落入其分布 [J]. 生态学报，1 (3)：283 - 290.

林鹏. 1984. 红树林 [M]. 北京：海洋出版社.

林鹏. 1987. 红树林的种类及其分布 [J]. 林业科学，23 (4)：481 - 490.

林鹏. 1990. 我国药用的红树植物 [A]. (1980 - 1989) 红树林研究论文集 [C]. 厦门：厦门大学出版社，85 - 91.

林鹏. 1997. 中国红树林生态系 [M]. 北京：科学出版社，36 - 53.

凌申. 2004. 海岛旅游村镇建设刍议—以刘公岛为例 [J]. 小城镇建设，3：78 - 79.

刘宝君. 1980. 沉积岩石学. 北京：地质出版社.

刘定慧，宫银燕. 2000. 我国的海洋污染防治对策初探 [J]. 中国环境管理干部学院学报，10 (2)：34 - 38.

刘国强，史海燕，魏春雷，等. 2008. 广西涠洲岛海域浮游植物和赤潮生物种类组成的初步研究 [J]. 海洋通报，27 (3)：43 - 48.

刘焕云. 2008. 北部湾经济发展对广西高等教育专业结构影响的研究 [M]. 广西师范大学.

刘家明. 2000. 国内外海岛旅游开发研究 [J]. 华中师范大学学报（自然科学版），34 (3)：349 - 352.

刘敬合，黎广钊，农华琼. 1991. 涠洲岛地貌与第四纪地质特征 [J]. 广西科学院学报，7 (1)：28 - 36.

刘敬合，叶维强. 1989. 广西钦州湾地貌及其沉积特征的初步研究 [J]. 海洋通报，8 (2)：49 - 57.

刘镜发. 2005. 北仑河口国家级自然保护区的老鼠簕群落 [J]. 海洋开发与管理，41 - 43.

刘素美，张经. 1998. 沉积物中重金属的归一化问题——以 Al 为例. 东海海洋，16 (3)：48 - 55.

刘文爱，范航清. 2009. 广西红树林主要害虫及其天敌 [M]. 南宁：广西科技出版社.

刘小伟，郑文教，孙娟. 2006. 全球气候变化与红树林 [J]. 生态学杂志，25 (11)：1418 - 1420.

刘洋. 2008. 基于泛北部湾经济合作区的广西主导产业选择 [M]. 桂林：广西师范大学，4.

龙晓红，覃秋荣. 2000. 广西近岸海域水质现状与发展趋势 [J]. 海洋环境科学，19 (1)：44 - 47.

陆善勇. 2007. 沿海欠发达地区经济发展模式新探——以广西北部湾经济区为例 [J]. 广西大学学报（哲学社会科学版），29 (12)：6 - 9.

吕俊. 2008. 南流江干流水污染发展趋势 [J]. 广西水利水电，1：26 - 28.

吕英鹰. 2007. 谋划新蓝图促进新发展——广西内河水运发展规划和沿海港口布局规划出台 [J]. 珠江水运，(12)：14 - 15.

马宁，罗帮. 2007. 广西合浦儒艮国家自然保护区海水环境质量变化趋势与评价 [J]. 海洋环境科学，26 (4)：373 - 375.

马勇，何彪. 2005. 我国滨海旅游开发的战略思考 [J]. 世界地理研究，14 (1)：102 - 107.

缪绅裕，陈桂珠. 2007. 李海生编著红树林植物桐花树和白骨壤及其湿地系统 [M]. 广州：中山大学出版社.

莫墩洲. 2007. 中国水域中华白海豚遗传多样性的研究 [D]. 中山大学硕士学位论文.

莫永杰. 1988. 广西海岸带水动力过程与海岸地貌演化 [J]. 海洋科学，2：25 - 27.

莫竹承. 2002. 广西红树林立地条件研究初报. 广西林业科学，31 (3)：122 - 127.

农业部渔业局. 中国渔业年鉴 2008 [M]. 北京：中国农业出版社. 2008.

欧阳志云，赵同谦，赵景柱，等. 2004. 海南岛生态系统生态调节功能及其生态经济价值研究 [J]. 应用生态学报, 15 (8): 1395 – 1402.

庞衍军, 林光汗, 杨玉英. 1991. 广西沿岸石英砂矿特征及其资源保护 [J]. 广西科学院学报, 7 (2): 23 – 30.

庞衍军. 广西合浦沙田 – 大风江儒艮自然保护区调查报告 [R]. 1987. 广西海洋研究所、广西北海海洋环境监测中心站.

亓发庆, 黎广钊, 吴桑云, 等, 2004. 北部湾涠洲洲岛地貌的基本特征 [J]. 海洋科学进展, 21 (1): 41 – 50.

钱君龙, 王苏民, 薛滨, 等. 1997. 湖泊沉积研究中一种定量估算陆源有机碳的方法 [J]. 科学通报, 42 (15): 1655 – 1658.

钱宁, 万兆惠. 1983. 泥沙运动力学 [M].

钦州市人民政府主办. 2002. 钦州年鉴 (1999—2001) [M]. 南宁: 广西民族出版社.

钦州市人民政府主办. 2003. 钦州年鉴 (2002—2003) [M]. 南宁: 广西民族出版社.

秦延文, 苏一兵, 郑丙辉, 等. 2007. 渤海湾表层沉积物重金属与污染评价 [J]. 海洋科学, 31 (12): 28 – 33.

邱绍芳, 赖廷和. 1998. 广西铁山港海域环境质量调查 [J]. 广西科学院学报, 14 (1): 44 – 47.

全国矿产储量委员会办公室. 1987. 矿产工业要求参考手册 (修订版) [M]. 北京: 地质出版社.

石洪华, 郑伟, 陈尚, 等. 2007. 海洋生态系统服务及其价值评估研究 [J]. 生态经济, (3): 139 – 142.

石洪华, 郑伟, 丁德文, 等. 2008. 典型海洋生态系统服务功能及价值评估——以桑沟湾为例 [J]. 海洋环境科学, 27 (2): 101 – 104.

时海宁, 鲁征. 2007. 广西沿海港口资源整合与发展趋势研究 [J]. 企业科技与发展, (18): 138 – 139.

宋德海, 鲍献文, 等. 2009. 基于 FVCOM 的钦州湾三维潮流数值模拟 [J]. 热带海洋学报, 28 (2): 7 – 14.

宋金明. 2004. 中国近海生物地球化学 [M]. 济南: 山东科技出版社.

苏庆勇, 吴世先. 2008. 广西能源形势和能源产业的若干思考 [J]. 能源与环境, 6: 20 – 22.

苏姗. 2001. 天津如何塑造国际滨海旅游名城 [J]. 港口经济, 3: 38 – 40.

苏伟. 2008. 广西近海环境与经济可持续发展协调性分析 [J]. 环境与可持续发展, (1): 46 – 49.

苏志, 余纬东, 黄理, 等. 2009. 北部湾海岸带的地理环境及其对气候的影响 [J]. 气象研究与应用, 30 (3): 40 – 47.

粟庆品, 黄荣胜. 2004. 有待挖潜的广西蓝色国土——对广西海洋生物资源的开发与应用的思考 [J]. 南方国土资源, (1): 11 – 13.

隋淑珍, 张乔民. 1999. 华南沿海红树林海岸沉积物特征分析 [J]. 热带海洋, 4: 17 – 23.

孙和平, 业冶铮. 1987. 广西南流江三角洲沉积作用的沉积相 [J]. 海洋地质与第四纪地质, 7 (3): 1 – 12.

孙洪亮, 黄卫民. 2001. 北部湾潮汐潮流的三维数值模拟 [J]. 海洋学报, 23 (2): 1 – 8.

孙洪亮, 黄卫民. 2001. 广西近海潮汐和海流的观测分析与数值研究 – I. 观测与分析 [J]. 黄渤海海洋, 19 (4): 1 – 11.

孙洪亮, 黄卫民. 2001. 广西近海潮汐和海流的观测分析与数值研究 – II. 数值研究 [J]. 黄渤海海洋, 19 (4): 12 – 21.

孙洪亮, 黄卫民. 2001. 广西近海潮汐和海流的观测分析与数值研究 II—数值研究 [J]. 黄渤海海洋, 19 (4): 12 – 21.

孙丕喜, 王宗灵, 战闰, 等. 2005. 胶州湾海水中无机氮的分布与富营养化研究 [J]. 海洋科学进展, 23 (4): 466 – 471.

覃合. 2005. 广西沿海经济发展思路 [J]. 改革与战略, (3): 42 – 45.

覃秋荣, 龙晓红. 2000. 北海市近岸海域富营养化评价 [J]. 海洋环境科学, 19 (2): 43 – 45.

谭启新，孙岩. 1988. 中国滨海砂矿［M］. 北京：科学出版社，33 – 142.

谭庆梅. 2008. 广西沿海水功能区水污染状况与水环境保护［J］. 广西水利水电，（4）：4 – 19，31.

谭庆梅. 2009. 钦江流域水污染状况与水环境保护［J］. 广西水利水电，1：49 – 51.

唐拥军，杨永德，张林，等. 2006. 省域旅游产业综合实力评价理论及应用［M］. 北京：中国经济出版社.

田琦. 2006. 泥沙及温盐数学模型在北部湾海域的应用［D］. 天津大学硕士论文.

童万平，韦蔓新，赖廷和. 2003. 北海湾叶绿素 a 的分布特征及其影响因素［J］. 海洋环境科学，22（1）：34 – 37.

涂方旭，苏志，刘任业. 1997. 广西气候带的划分［J］. 广西科学. 4（3）：196 – 199.

王保栋，陈爱萍，刘峰. 2003. 海洋中 Redfield 比值的研究［J］. 海洋科学进展，21（2）：233 – 235.

王保栋. 2005. 河口和沿岸海域的富营养化评价模型［J］. 海洋科学进展，23（1）：82 – 86.

王昌雄. 2000. 环北部湾地区海洋资源开发与保护的战略思考［J］. 桂海论丛，16（6）：6 – 58.

王成，龚庆杰，李刚，等. 2007. 从南海沉积物中的主量元素比值变化看沉积物源区化学侵蚀变化［J］. 海洋地质动态，23（1）：1 – 5.

王芳. 2000. 北部湾海洋资源环境条件评述及开发战略构想［J］. 海洋资源，（1）：37 – 41.

王富玉. 2001. 国际热带滨海旅游城市发展道路探析——三亚建成国际热带滨海旅游城市的战略思考［M］. 北京：中国旅游出版社.

王国忠，吕炳全，全松青. 1987. 现代硝酸盐和陆源碎屑的混合沉积作用——涠洲岛珊瑚岸礁实例［J］. 石油与天然气地质，8（1）：15 – 25.

王国忠，全松青，吕炳全. 1991. 南海涠洲岛现代沉积环境和沉积作用演化［J］. 海洋地质与第四纪地质，11（1）：69 – 82.

王国忠. 2001. 南海珊瑚礁区沉积学［M］. 北京：海洋出版社.

王俭，孙铁珩，李培军. 2005. 环境承载力研究进展［J］. 应用生态学报，16（4）.

王丽荣，李贞，蒲杨婕，等. 2010. 近 50 年来海南岛红树林群落的变化及其与环境关系分析——以东寨港、三亚河和青梅港红树林自然保护区为例［J］. 热带地理，30（2）：114 – 120.

王留芳，廖国一. 2007. 环北部湾经济圈的区域旅游合作研究［J］. 改革与战略，5：79 – 81.

王丕烈. 1998. 中华白海豚和儒艮. 大自然，2：8 – 11.

王倩，杨光，吴孝兵，等. 2006. 广西合浦国家级自然保护区及邻近水域鱼种数及保护对策［J］. 应用生态学报，17（9）：1715 – 1720.

王树功，郑耀辉，彭逸生，等. 2010. 珠江口淇澳岛红树林湿地生态系统健康评价［J］. 应用生态学报，21（2）：391 – 398.

王文介，等. 2007. 中国南海海岸地貌沉积研究［M］，广州：广东经济出版社.

王欣，黎广钊. 2009. 北部湾涠洲岛珊瑚礁研究现状及展望［J］. 广西科学院学报，25（1）：72 – 75.

王修林，李克强. 2006b. 渤海主要化学污染物海洋环境容量［M］. 北京：科学出版社.

王永红，张经，沈焕庭. 2002. 潮滩沉积物重金属累计特征研究进展［J］. 地球科学进展，17（1）：69 – 77.

王雨，雷安平，谭凤仪，等. 2007. 深圳福田红树林区浮游藻类时空分布的研究［J］. 厦门大学学报（自然科学版），46（Sup. 1）：176 – 180.

王铮，梅安新. 1994. 海岸线轮廓演化解析研究［J］. 地理研究，13（4）：105 – 111.

王志成，等. 2008. 北海营盘近海区马氏珠母贝自然资源调查. 广西科学，15（2）：205 – 208.

韦蔓新，何本茂，童万平. 2006. 广西南流江口海域盐度的锋面特征及其与环境因子的关系［J］. 台湾海峡，25（4）：526 – 532.

韦蔓新，何本茂. 1988. 北部湾北部沿海硝酸盐含量分布的初步探讨［J］. 海洋科学，15（4）：46 – 52.

韦蔓新，何本茂. 1989. 广西钦州近岸水域环境质量现状与防治对策初探［J］. 广西科学院学报，5（2）：

75 – 79.

韦蔓新，何本茂. 2003. 钦州湾近20a来水环境指标变化趋势Ⅱ油类的分布特征及其污染状况. 海洋环境科学，22（2）：49 – 52.

韦蔓新，何本茂. 2004. 钦州湾近20a来水环境指标的变化趋势Ⅲ微量重金属的含量分布及其来源分析 [J]. 海洋环境科学，23（1）：29 – 32.

韦蔓新，何本茂. 2006. 钦州湾近20a来水环境指标变化趋势Ⅳ有机污染物（COD）的含量变化及其补充、消减途径. 海洋环境科学，25（4）：48 – 51.

韦蔓新，何本茂. 2008. 钦州湾近20a来水环境指标的变化趋势Ⅴ浮游植物生物量的分布及其影响因素 [J]. 海洋环境科学，27（3）：253 – 257.

韦蔓新，何本茂. 2009. 钦州湾近20a来水环境指标的变化趋势Ⅵ1溶解氧的含量变化及其在生态环境可持续发展中的作用 [J]. 海洋环境科学，28（4）：403 – 409.

韦蔓新，赖廷和，何本茂. 2002. 南流江下游磷的时空变化及其来源分析 [J]. 南海研究与开发，1：17 – 21.

韦蔓新，赖廷和，何本茂. 2002. 钦州湾近20a来水环境指标变化趋势Ⅰ平水期营养盐状况. 海洋环境科学，21（3）：49 – 52.

韦蔓新，赖廷和，何本茂. 2003. 防城湾水质特征及营养状况趋势研究 [J]. 海洋通报，22（1）：44 – 49.

韦蔓新，赖廷和，何本茂. 2003. 涠洲岛水域生理化学环境特种及其相互关系 [J]. 海洋科学，27（2）：67 – 71.

韦蔓新，黎广钊，何本茂，等. 2005. 涠洲岛珊瑚礁生态系中浮游动植物与环境因子关系的初步探讨. 海洋湖沼通报，2：34 – 39.

韦蔓新，童万平，何本茂，等. 2000. 北海湾各种形态氮的分布及其影响因素. 热带海洋，19（3）：59 – 66.

韦蔓新，童万平，何本茂，等. 2000. 北海湾无机氮的分布及其与环境因子的关系. 海洋环境科学，19（2）：25 – 29.

韦蔓新，童万平，何本茂，等. 2000. 北海湾无机磷和溶解氧的空间分布及其相互关系研究. 海洋通报，19（4）：29 – 35.

韦蔓新，童万平，何本茂，等. 2001. 北海湾海水中溶解性Si的地球化学特征. 海洋环境科学，20（4）：26 – 29.

韦蔓新，童万平，何本茂，等. 2001. 北海湾磷的化学形态及其分布转化规律. 海洋科学，25（2）：50 – 53.

温远光，刘世荣，元昌安. 2002. 广西英罗港红树植物种群的分布 [J]. 生态学报，22（7）：1160 – 1165.

文彦. 2001. 茅尾海红树林自然保护区可持续发展探讨 [J]. 中南林业调查规划，20（4）：37 – 39.

吴彩莲. 2008. 中越海上划界前后广西北部湾渔民生产方式的变迁：1949—2006年 [M]. 桂林：广西师范大学，4.

吴郭泉，唐善茂，王艳，等. 2004. 防城港市滨海旅游开发研究 [J]. 经济地理，24（3）：430 – 432.

吴敏兰，方志亮. 2005. 米草与外来生物入侵 [J]. 福建水产，3（1）：56 – 59.

吴晓敏. 2007. 广西提出建设现代化沿海港口体系 [J]. 珠江水运，（1）：33.

吴征镒，等. 1985. 中国植被 [M]. 北京：科学出版社.

吴之庆，王萍. 1995. 总有机碳（TOC）测定及在环境监测中的应用 [J]. 海洋环境科学，14（1）：44 – 49.

吴中伦，等. 1983. 国外树种引种概论 [M]. 北京：科学出版社.

吴自库，等. 2003. 北部湾潮汐的伴随同化数值模拟 [J]. 海洋学报，25（2）.

夏华永，等. 1997. 防城港二期围海工程后的潮流变化及溢流悬沙输移 [J]. 广西科学，4（4）：285 – 290，297.

夏华永，古万才. 2000. 广西沿海海洋站观测海水温度的统计分析. 海洋通报，19（4）：15 – 21.

向婧，王力峰，李艳艳. 2007. 北海滨海旅游在泛北部湾旅游圈发展中的协同作用研究［J］. 沿海企业与科技，7：6－8.

徐国万，卓荣宗. 1985. 我国引种互花米草的初步研究［J］. 南京大学学报（米草研究的进展——22 年来的研究成果论文集）：212－225.

许家帅，李蓓，张征. 2008. 钦州港总体布局规划方案泥沙回淤研究［J］. 水道港口，29（1）：31－35.

薛万俊. 1983. 北海组的地质时代及其沉积环境［J］. 海洋地质与第四纪地质，3（3）：31－48.

阎新兴，刘国亭. 2007. 钦州湾近海区沉积特征及航道淤积研究［J］. 水道港口，27（2）：79－83.

杨德渐，孙瑞平. 1988. 中国近海多毛环节动物［M］. 北京：农业出版社.

杨鲲，吴永亭，等. 2009. 《海洋调查技术及应用》［M］. 武汉：武汉大学出版社.

杨乃裕. 2008. 广西北部湾经济区矿产资源的现状与对策研究［J］. 经济与社会发展，（6）：9－13.

杨世民，董树刚. 2006. 中国海域常见浮游硅藻图谱［M］. 青岛：中国海洋大学出版社.

杨细根，乐培九. 1998. 钦州港西航道拦门沙开挖回淤研究［J］. 水道港口，（2）：1－9.

杨治家，林国军，吴龙生. 1989. 防城港拦门沙航道稳定因素的分析［J］. 海洋与湖沼，20（6）：244－251.

杨宗岱，吴宝玲. 1981. 中国海草床的分布、生产力及其结构与功能的初步探讨［J］. 生态学报，1（1）：84－89.

杨宗岱. 1979. 中国海草植物地理学的研究［J］. 海洋湖沼通报，2：41－46.

叶维强，黎广钊. 1988. 北部湾涠洲岛珊瑚礁海岸及第四纪地质特征［J］. 海洋科学（6）：13－17.

叶正伟. 2008. 洪泽湖湿地生态脆弱性的驱动力系统与评价［J］. 水土保持研究，15（6）：245－249.

尤芳湖，等. 1980. 防城港"拦门沙"航道泥沙冲淤变化规律的研究［J］. 海洋科学，1：13－18.

余克服，蒋明星，程志强，等. 2004. 涠洲岛 42 年来海面温度变化及其对珊瑚礁的影响［J］. 应用生态学报，15（3）：506－510.

沉金山，许翠娅，罗冬连. 2000. 福建兴化湾侮水、沉积物及水产生物体内重金属含量分析与评价［J］. 热带海洋，19（1）：52－57.

袁蔚文. 1992. 北部湾底层渔业资源的数量变动和种类更替［J］. 中国水产科学，2（2）：56－65.

曾维华，王华东，薛纪渝，等. 1998. 环境承载力理论在湄洲湾污染控制规划中的应用. 中国环境科学，18（suppl1）.

曾昭璇，梁景芬，丘世钧. 1997. 中国珊瑚礁地貌研究［M］. 广州：广东人民出版社.

张广海，陈婷婷. 2006. 山东省海洋旅游经济地域结构研究［J］. 时代经济与管理，24：70－74.

张广海，陈婷婷. 2006. 山东省海洋旅游业区域整合与管理体制创新研究［J］. 海洋开发与管理，3：132－137.

张广海，刘佳. 2006. 青岛市海洋旅游资源及其功能区划［J］. 资源科学，28（3）：137－141.

张桂宏. 2009. 广西沿海地区潮汐特性分析［J］. 人民珠江，（1）：29－30.

张宏科，刘勐伶. 2008. 广西北部湾海洋环境保护的现状及对策分析［J］. 气象环境，（11）：122－123.

张经旭. 2002. 广西滨海旅游资源可持续开发研究［J］. 国土与自然资源研究，3：44－46.

张敬怀，李小敏，兰胜迎. 2006. 广西近岸海域底栖生物体内重金属含量与污染评价［J］. 广西科学，13（2）：143－146.

张莉. 2003. 湛江市滨海旅游业现状与发展措施［J］. 资源开发与市场，3：182－184.

张娆挺，林鹏. 1984. 中国海岸红树植物区系研究［J］，厦门大学学报（自然科学版），23（2）：232－239.

张燕，等. 2007. 广西近岸海域潮流数值模拟［J］. 海洋通报，26（5）：17－20.

赵焕庭，张乔民，等. 1999. 华南海岸和南海诸岛地貌与环境［M］. 北京：科学出版社.

赵美霞，余克服，张乔民，等. 2008. 三亚鹿回头石珊瑚物种多样性的空间分布［J］. 生态学报，28（4）：0241－8241.

赵志模，郭依泉. 1990. 群落生态学原理与方法 [M]. 科学技术文献出版社重庆分社. 科学通报，第51卷，增刊Ⅱ：108 – 113.

郑暖方. 1988. 钦州湾水动力条件及悬沙分布变化特征 [J]. 海岸工程，7（1）：48 – 54.

中国海岸带水文编写组. 2006. 中国海岸带和海涂资源综合调查报告集（中国海岸水文）[G]. 北京：海洋出版社.

中国海湾志编纂委员会. 1988. 中国海湾志（第十四分册）（重要河口 [M]）. 北京：海洋出版社.

中国海湾志编纂委员会. 1993. 中国海湾志（第十二分册，广西海湾）[M]. 北京：海洋出版社.

中国科学院动物研究所，等. 1962. 南海鱼类志 [M]. 北京：科学出版社.

中国水产科学研究院，等. 2002. 广西壮族自治区海洋产业发展规划（渔业部分）[R].

周开亚，徐信荣，唐劲松. 2003. 北部湾儒艮现状的调查兼记印度洋白海豚 [J]. 兽类学报，23（1）：21 – 26.

周启星，孔繁翔，朱琳. 2004. 生态毒理学 [M]. 科学出版社.

周山. 1997. 广西滨海旅游资源开发初探 [J]. 广西师范学院学报（自然科学版），14（4）：80 – 84.

周伟划，袁翔城，霍文毅，等. 2004. 长江口邻域叶绿素a和初级生产力的分布 [J]. 海洋学报，26（3）：143 – 151.

朱坚真. 2001. 北部湾海洋资源开发与环境保护机理研究 [J]. 环境保护，（2）：56 – 62.

朱同兴，冯心涛，于远山，等. 2005. 广西北海现代海岸沉积作用 [J]. 沉积与特提斯地质，25（4）：66 – 70.

祝会兵，于颖，2000. 北仑河口附近海域海浪基本要素的统计分析 [J]. 宁波大学学报（理工版），13（4）：59 – 62.

庄军莲，何碧娟，许铭本. 2009. 广西钦州茅尾海潮间带生物生态特征 [J]. 广西科学海洋与湖沼，16（1）：96 – 100.

邹桂斌，师银燕，朱罡. 2008. 略论北部湾经济区海洋生物资源开发与保护 [J]. 泛北部湾区域研究，（3）：45 – 49.

邹仁林. 1991. 中国珊瑚礁的现状与保护对策 [G] // 中国科学院生物多样性委员会，等. 生物多样性研究进展. 北京：中国科学技术出版社，281 – 290.

Agarwal S. 1999. Restructuring and local economic development：im – plications for seaside resort regeneration in Southwest Britain [J]. Torism Management, 1999, 20：511 – 522.

Alfaro, S. C., Gaudichet, A., Gomes, L., et al., 1998. Mineral aerosol production by wind erosion：Aerosol particle sizes and binding energies [J]. Geophysical Research Letters, 25 (7)：991 – 994.

Ali C D, Fatih E, Suha B. 2008. Quantifying coastal inundation vulnerability of Turkey to sea – level rise. Environ Monit Assess, 138：101 – 106.

Aloupi M, Angelidis M O, 2001. Geochemistry of natural and anthropogenic metals in the coastal sediments of the island of Lesvos, Aegean Sea [J]. Environmental Pollution, 113：211 – 219.

Amy L L, David B L, Leonard S S, et al. 2003. A method for quantifying vulnerability, applied to the agricultural system of the Yaqui Valley, Mexico. Global Environmental Change, (13)：255 – 267.

ANON. 1979. Report on revised standard for metals in food [R]. Appendix I ~ V. Canberra：Commonwealth Government Printers.

Blumberg, A. F., Mellor, G. L., 1987. A description of a three dimensional coastal ocean circulation model [J]. In：N. Heaps (Eds.), Three – Dimensional Coastal Models. American Geophysical Union, Washington D. C., 1 – 16.

Buat – Menard P, Chesselet R. 1979. Variable influence of the atmospheric flux on the trace metal chemistry of oceanic suspended matter [J]. Earth Planet Sci Lett, 42: 398 – 411.

Callahan J, Dai M, Chen R F, et al. 2004. Huang W. Distribution of dissolved organic matter in the Pearl River estuary, China. Marine Chemistry, 89: 211 – 224.

Caroline S Roger. 1990. Review: responses of coral reefs and reef organisms to sedimentation. Mar. Ecol. Prog. Ser. , Vol. 62: 185 – 202.

Cohen A D, Spackman W. 1997. Phytogenic organic sediments and sedimentary environments in the Everglades – mangrove complex. Palaeontograph, 10 – 144.

Costanza R, dArge R, Groot R, et al. 1997. The value of the world's ecosystem services and natural capital [J]. Nature, 387: 253 – 260.

Dahdouh – Guebas F, Koedam N. 2008. Long – term retrospection on mangrove development using transdisciplinary approaches: A review. Aquatic botany, 89: 80 – 92.

Daily GC. 1997. Nature's Services: Societal Dependence on Natural Systems [M]. Island Press, Washington, DC.

Dwyer L, Forsyth P. 1998. Economic significance of cruise tourism [J]. Annals of Tourism Research, 25 (2): 394 – 415.

Emerson S, Hedges J I. 1988. Processes controlling the organic carboncontent of open ocean sediments [J]. Paleoceanography, 3: 621 – 634.

Eric G, Joanna E, Richard C. 2007. Assessment of mangrove response to projected relative sea – level rise and recent historical reconstruction of shoreline position. Environ Monit Assess, 124: 105 – 130.

Fang G. 1986. Tide and tidal current charts for the marginal seas adjacent to China [J]. J Oceanal and Limnol, 4 (1): 1 – 16.

Gilman E L, Ellison J, Duke N C, et al. 2008. Threat mangrove from climate change and adaptation options. Aquatic Botany, xxx – xxx

Grasshoff, K. , Kremling, K. , Ehrhardt, M. , 1999. Methods of Seawater Analysis, 3rd ed. WILEY – VCH Verlag GmbH, Weinheim.

Grousset F E, Jouanneau J M, Castaing P, et al. 1999. A 70 year Record of Contamination from Industrial Activity along the Garonne River and its Tributaries (SW France) [J]. Estuarine, Coastal and Shelf Science, 48: 401 – 414.

Hatcher A I, Larkum A W D. 1982. The effects of short term exposure to Bass Strait crude oil and Corexit 8667 on benthic community metabolism in Posidonia australis Hook. dominated microcosms [J]. Aquatic Botany, 12: 219 – 227.

Holmer M, Olsen A B. 2002. Role of decomposition of mangrove and seagrass detritus in sediment carbon and nitrogen cycling in a tropical mangrove forest. Marine Ecology Progress Series, 230: 87 – 101.

Hosack, G, Dumbauld B, Ruesink J. et al. , 2006. Habitat associations of estuarine species: Comparisons of intertidal mudflat, seagrass (Zostera marina) , and oyster (Crassostrea gigas) habitats. Oecologia. 29: 1150 – 1160.

Howard S, Baker J M, Hiscock K. 1989. The effects of oil and dispersants on seagrasses in Milford Haven [C]. Dicks B. Ecological Impacts of the Oil Industry. John Wiley, Sons Ltd. Chichester, 61 – 98.

Huang X P, Huang L M, Li Y H, et al. 2006. The main seagrass beds and their threats in South China coastal [J]. Chinese Science Bulletin, 52: 114 – 119.

Huang X P, Huang L M, Li YH, et al. 2006. Main seagrass beds and threats to their habitats in the coastal sea of South China [J]. Chinese Science Bulletin, 51 (Supplement): 136 – 142.

Häkanson L. 1980. An ecological risk index for aquatic pollution control: A sedimentological approach [J]. Water Res, 14: 975 – 1001.

515

Jacobs, P W M. 1980. Effects of the Amoco Cadiz oil spill on the seagrass community at Roscoff, with special reference to the benthic in fauna [J]. Marine Ecological. Progress Series. 2: 207 – 212.

Janet A N, Virginia D E, Pete B, et al., 2009. An integrated approach to assess broad – scale condition of coastal wetlands – the Gulf of Mexico Coastal Wetlands pilot survey. Environ Monit Assess, 150: 21 – 29.

Jennerjahn T C, Ittekkot V. 2002. Relevance of mangroves for the production and deposition of organic matter along tropical continental margins. Naturwissen schaften, 89: 23 – 30.

June Marie Mowa, Elizabeth Taylor, Marion Howard, et al. 2006. Collaborative planning and management of the San Andres Archipelago's coastal and marine resources: A short communication on the evolution of the Seaflower marine protected area [J]. Ocean & Coastal Man – agement.

Kennedy H, Gacia E, Kennedy D P, et al. 2004. Organic carbon sources to SE Asian coastal sediments. Estuarine, Coastal and Shelf Science, 60: 59 – 68.

Koch B P, Harder J, Lara R J, et al. 2005. The effect of selective microbial degradation on the composition of mangrove derived pentacyclic triterpenols in surface sediments. Organic Geochemistry, 36: 273 – 285.

Large, W. S. Pond, S., 1981. Open ocean momentum flux measurements in moderate to strong winds [J], J. Phys. Oceanogr. 11: 324 – 406.

Leivuori M, Niemistö L. 1995. Sedimentation of trace metals in the Gulf of Bothnia [J]. Chemosphere, 31 (8): 3839 – 3856.

Loneragan N R, Bunn S E, Kellaway D M. 1997. Are mangroves and seagrasses sources of organic carbon for penaeid prawns in a tropical Australian estuary? A multiple stable – isotope study. Marine Biology, 130: 289 – 300.

Loring D H. 1991. Normalization of heavy – metal data from estuarine and coastal sediments [J]. ICES Journal of Marine Science, 48: 101 – 115.

Magurran A E. 1988. Ecological Diversity and Its Measurement. Princeton [J]. New Jeresey: Princeton Univ. Pres. 61 – 81.

Maragos, J E Crosby, M P and McManus. 1996. Coral reefs and biodiversity: a critical and threatened relationship. Oceanography, Vol. 9, (1): 83 – 99.

Marba N. Santiago R, Dıaz – Almela E, Alvore Z E, et al. 2006. Seagrass (Posidonia oceanica) vertical growth as an early indicator of fish farm – derived stress. Estuarine Coastal and Shelf Science, 67: 475 – 483.

Mason, C. C., Folk, R. L. 1958. Differentiation of beach, dune and aeolian flat environment by size analysis [J]. Journal of Sedimentary Petrology, 28: 211 – 216.

Masood E, Garwin L. 1998. Costing the Earth: when ecology meets economics [J]. Nature, 395, 426 – 427.

Matthew J W, Rebecca M, Sarah F, et al. 2007. A multiproxy peat record of Holocene mangrove palaeoecology from Twin Cays, Belize. The Holocene, 17 (8): 1129 – 1139.

Mazda Y, Magi M, Kogo M, et al. 1997. Mangrove on coastal protection from waves in the Tong King Delta, Vietnam. Mangroves and Salt Marshes, 1: 127 – 135.

Millennium Ecosystem Assessment (MA). 2005. Ecosystems and Human Well – being: Synthesis [R]. Washington DC: Island Press.

Milliman J D, Xie Q, Yang Z S, 1984. Transfer of particulate organic carbon and nitrogen from the Yangtze River to the ocean [J]. American J Sci, 284: 824 – 834.

Monika T. Thielea, Richard B. Pollnac, Patrick Christie. 2005. Rela – tionships between coastal tourism and ICM sustainability in the central Visayas region of the Philippines [J]. Ocean & Coastal Management, 48: 378 – 392.

Montefalcone M. 2009. Ecosystem health assessment using the Mediterranean seagrass Posidonia oceanica: A review. Ecological Indicators, 9: 595 – 604.

Natalie M M, Ursula M G, Bruce P F, et al. 2009. Mangrove ecosystem changes during the Holocene at Spanish Lookout Cay, Belize. Palaeogeography, Palaeoclimatology, Palaeoecology, 280: 37 – 46.

Omo O Omo – Irabor, Samuel B O, Joe A, et al. Mangrove vulnerability modeling in parts of Western Niger Delta, Nigeria using satellite images, GIS techniques and Spatial Multi – Criteria Analysis (SMCA). Environ Monit Assess DOI 10. 1007/s10661 – 010 – 1669 – z.

Omori, M. Fujiwara, S. 2004. Manual for restoration and remediation of coral reefs [J]. Nature Conservation Bureau. Ministry of Environment. 1 – 84.

Ong Jin Eong. 1993. mangrove – a carbon source and sink. Chemosphere, 27 (6): 1097 – 1107.

Putman R J, Wratten S D. 1984. Principles of Ecology [M]. London and Canberra: Croom Helm Australia Pty Ltd. 320 – 337.

Robins, J. A., Edginton, D. N. 1975. Determination of resent sedimentation rates in Lake Michgan using 210Pb and137Cs [J]. Geochimica et Cosmochimica Acta, 39: 285 – 304.

Ruiz – Fernández A C, Hillaire – Marcel C, Páez – Osuna F. 2007. 210Pb chronology and trace metal geochemistry at Los Tuxtlas, Mexico, as evidenced by a sedimentary record from the Lago Verde Crater Lake [J]. Quaternary Research, 67: 181 – 192.

Ruiz – Fernández A C, Páez – Osuna F, Machain – Castillo M L, et al. 2004. 210Pb geochronology and trace metal fluxes (Cd, Cu and Pb) in the Gulf of Tehuantepec, South Pacific of Mexico [J]. Journal of Environmental Radioactivity, 76: 161 – 175.

Salminen R, GregorauSkiene V. 2000. Considerations regarding the definition of a geochemical baseline of elements in the surficial materials in areas differing in basic geology [J]. Applied Geochemistry, 15: 747 – 653.

Sanchez – Cabeza J A, Ani – Ragolta I, Masque P. 2000. Some considerations of the 210Pb constant rate of supply (CRS) dating model [J]. Limnology and oceanography, 45 (4): 990 – 995.

Shi H – H, Zheng W, Wang Z – L, et al. 2009. Sensitivity and Uncertainty Analysis of Regional Marine Ecosystem Services Value [J]. Journal of Ocean University of China (Oceanic and Coastal Sea Research), 8 (2): 150 – 154.

Snoussi M, Aoul E H T. 2000. Integrated coastal zone management programe northwest African region case [J]. Ocean & Coastal Management, 43: 1033 – 1045.

Turner B L, Pamela A M, James J. McCarthye, et al. 2003. Illustrating the coupled human environment system for vulnerability analysis: Three case studies. PNAS, 100 (14): 8080 – 8085.

Turner B L, Roger E. K, Pamela A. M, et al. 2003. A framework for vulnerability analysis in sustainability science. PNAS, 100 (14): 8074 – 8079.

Veron JEN, M Stafford – Smith. 2000. Corals of the World [M]. Cape Ferguson: Australian Institute of Marine Science.

Vina L, Ford J. 1998. Economic impact of proposed cruiseship busi – ness [J]. Annals of Tourism Research, 25 (4): 205 – 208.

Wong P P. 1998. Coastal tourism development in Southeast Asia: rele – vance and lessons for coastal zone management [J]. Ocean & Coastal Management, 38: 89 – 109.

Wood R E. 2000. Caribbean cruise tourism – globalization at sea [J]. Annals of Tourism Research, 27 (2): 345 – 370.

Zhang J, Liu C L. 2002. Riverine composition and estuarine geochemistry of particulate metals in China Weathering features, anthropogenic impact and chemical fluxes [J]. Estuarine, Coastal and Shelf Science, 54: 1051 – 107.

Zhen Li, Zhiying Zhang, Jie Li et al. 2008. Pollen distribution in surface sediments of a mangrove system, Yingluo

517

Bay. Review of Palaeobotany and Palynology 152: 21 – 31.

Zieman J C, Orth R, Phillips RC, et al. 1984. The effects of oil on seagrass ecosystems [C]. Cairns J, Buikema A L. Restoration of Habitats Impacted by Oil Spills. Butterworth, Boston: 37 – 64.

Álvarez – Iglesias P, Quintana B, Rubio B, et al. 2007. Sedimentation rates and trace metal input history in intertidal sediments from San Simón Bay (Ría de Vigo, NW Spain) derived from ^{210}Pb and ^{137}Cs chronology [J]. Journal of Environmental Radioactivity, 98: 229 – 250.